A. I. Kitaigorodski · Molekülkristalle

A. I. KITAIGORODSKI

MOLEKÜLKRISTALLE

Autorisierte Übersetzung

In deutscher Sprache herausgegeben von
Professor Dr. rer. nat. H. NEELS
Dozent Dr. sc. nat. G. KÜHN

Mit 172 Abbildungen und 44 Tabellen

AKADEMIE-VERLAG · BERLIN
1979

А. И. Китайгородский
Молекулярные Кристаллы
Erschienen im Verlag Nauka, Moskau

Übersetzung aus dem Russischen von
Dr. rer.-nat. K.-O. Backhaus, Berlin
Dr. rer. nat. R. Broddack, Leipzig

Erschienen im Akademie-Verlag, DDR-108 Berlin, Leipziger Straße 3—4

Lizenznummer: 202 · 100/546/79
Gesamtherstellung: VEB Druckerei „Thomas Müntzer", 582 Bad Langensalza
Einband und Schutzumschlag: Nina Striewski
Bestellnummer: 762 347 5 (6376) · LSV 1174
Printed in GDR
DDR 68,— M

Inhaltsverzeichnis

Vorwort der Herausgeber

Mit der Herausgabe der deutschen Übersetzung dieses einmaligen Buches existiert in der deutschsprachigen Fachliteratur erstmals eine umfassende Darstellung zur Kristallographie, Strukturchemie und Physik von Molekülkristallen. Der Inhalt des Buches wird wesentlich durch die experimentellen Arbeiten und theoretischen Ansichten des Autors, einem Pionier auf diesem Gebiet, und seiner Mitarbeiter geprägt. Die deutsche Ausgabe enthält im Vergleich zur russischen und auch zur englischen Ausgabe wesentliche Ergänzungen, so zum Beispiel zu Fragen der elektrischen Eigenschaften, der Konformation und Gitterdynamik. Dafür und für den damit vorliegenden neuesten Stand sind die Herausgeber dem Autor zu großem Dank verpflichtet. Im Interesse einer schnellen Drucklegung wurden SI-Einheiten nicht durchgehend ergänzt, sondern das bisherige Maßsystem in den Diagrammen und zum Teil auch im Text beibehalten. Die Herausgeber danken Herrn Dr. R. Broddack für die Übersetzung der Ergänzungen sowie zahlreichen Fachkollegen für Diskussionen und Herrn Dozent Dr. sc. A. Zschunke für die Durchsicht des Kapitels „Kernresonanz". Besonderer Dank gilt dem Akademie-Verlag für die ständige Förderung des Gedankens, die deutsche Übersetzung dieses Werkes herauszubringen, und ebenso für die gute Zusammenarbeit, die u. a. auch zu einer guten Ausstattung des Buches führte.

Die Herausgeber

Vorwort des Autors zur deutschen Ausgabe

Mit großem Vergnügen komme ich der Bitte des Verlages nach, ein besonderes Vorwort für diese deutschsprachige Ausgabe meines Lebenswerkes zu schreiben.

Vor dreißig Jahren verteidigte ich meine Dissertation eines Doktors der Wissenschaften. Der Titel der Dissertation lautete „Molekülpackungen". Die Verknüpfung dieser beiden Wörter war damals neu. Die Aufmerksamkeit der Kristallographen war zur damaligen Zeit auf den Bau von Metall- und Ionenkristallen gerichtet. Probleme der Molekülpackungen wurden erstmals behandelt.

Es war nicht einmal bekannt, wie weit man überhaupt berechtigt war, über Molekülpackungen zu sprechen. Die spärlichen Kenntnisse, die zu jener Zeit über die Bauzusammenhänge bei organischen Kristallen vorhanden waren (man kannte die Strukturen von 2—3 Dutzend Verbindungen), dienten zur Beurteilung der interatomaren Abstände innerhalb der Moleküle. Die Lage der Wasserstoffatome im organischen Molekül ließ sich nicht aus dem Experiment bestimmen. Bei Molekülen, die „frei schweben", konnte von einer Berührung zwischen ihnen nicht die Rede sein. Strukturtafeln, auf denen die Wasserstoffatome nicht dargestellt waren, führten zu der Auffassung, daß organische Kristalle als äußerst wenig dicht gepackt angesehen werden müßten.

Interesse für organische Kristalle zeigten einzig und allein Chemiker. Doch es interessierte sie nur die Struktur der Moleküle, aber keineswegs deren wechselseitige Beziehung.

Die Verteidigung meiner Dissertation eines Doktors der physikalisch-mathematischen Wissenschaften erfolgte in dem Institut, das von Professor P. L. Kapiza und dem verstorbenen Professor L. D. Landau geleitet wurde. Unsere Physiker hörten zum ersten Mal aus meiner Verteidigung, daß organische Kristalle klassische Beispiele für Molekülkristalle sind. Bis zu dieser Zeit glaubten sie, daß Molekülkristalle eine Seltenheit sind, und zählten zu ihnen nur tiefgekühlte, feste Gase wie Sauerstoff, Stickstoff und Kohlendioxid.

Es ist interessant, daß die Vorstellung darüber, daß das organische Molekül eine gegebene Form haben könnte, kristallographisch nicht behandelt worden war. Aufgrund ihrer Untersuchung von Molekülen im gasförmigen und flüssigen Zustand gaben Stuart und Briegleb schon 1934 ein Konzept für den Bau von Molekülen aus aufgeschnittenen Kugeln. Es ist auch jetzt noch Grundlage für unsere Molekülmodelle, die fast alle im Maßstab 1 Ångström gleich 1 Zentimeter hergestellt werden.

Die Arbeiten dieser Autoren waren mir und anderen Kristallographen jedoch nicht bekannt. Die Frage nach der Packung organischer Moleküle in Kristallen wurde vor meinen Untersuchungen nicht bearbeitet. Ich begann damit Ende der dreißiger Jahre, und meine Arbeiten wurden — unterbrochen durch den Krieg — schließlich in dieser Dissertation beendet und dann im Jahre 1946 verteidigt.

Unter Berücksichtigung der Lage der Wasserstoffatome konnte gezeigt werden, daß organische Kristalle ein hervorragendes Beispiel für dichte Packungen von Teilchen darstellen. Das war die Formulierung des Prinzips „Ausbuchtung in Einbuchtung", und aus dieser allgemeinen Gesetzmäßigkeit dichter Packungen war eine Reihe von Folgerungen abzuleiten, die die wahrscheinliche Symmetrie der Raumgruppen organischer Kristalle betreffen. Ich behauptete, daß für organische Kristalle nicht viele Raumgruppen möglich seien und die Mehrzahl der Raumgruppen sehr selten vorkomme, und schlug dazu eine sehr kurze Liste von Raumgruppen vor, die typisch für organische Kristalle sind.

Einige Male war ich so kühn, die Aussagen dieser oder jener Arbeit, die den Regeln der organischen Kristallchemie widersprachen, a priori als falsch zu bezeichnen. Die experimentelle Überprüfung ergab später, daß diese Regeln immer zutreffend sind.

Anfang der fünfziger Jahre veröffentlichte ich mein erstes Buch über die Struktur organischer Kristalle. Damit war der Begriff „Organische Kristallchemie" geboren. Obwohl das Buch in russischer Sprache herausgegeben worden war [1], fand es bereits kurz darauf im Ausland Resonanz und erschien 1961 in den USA in englischer Übersetzung. Lange debattierte man über die Frage, welche Bezeichnung für die Lehre von der Struktur und den Eigenschaften organischer Kristalle richtiger sei, „Organisch-chemische Kristallographie" oder „Organische Kristallchemie". Der Verlag entschied sich für die zweite Variante.

Die englische Ausgabe enthielt als Ergänzung meine neuesten Arbeiten auf dem Gebiet der Packung von Kettenmolekülen und der Struktur fester Lösungen.

Ende der vierziger Jahre behandelte ich in einer kleinen Mitteilung die Zweckmäßigkeit, valenzfreie Wechselwirkung als Punktpotentiale darzustellen. Es war klar, daß ein solches Herangehen das Problem der intermolekularen Wechselwirkungen lösen könnte, dessen Erforschung zu dieser Zeit in eine Sackgasse geraten war. Es war auch klar, daß die Darstellung des Moleküls als punktförmige Kraft, punktförmiger Dipol oder Quadrupol einer strengen Kritik nicht standhalten würde. Diese Annahme kann nur in dem Falle gelten, in dem die Moleküle weit voneinander entfernt liegen.

Wie nun in solchen Fällen verfahren, wenn wir einen festen Körper untersuchen? Die einzige Möglichkeit besteht darin, daß wir die Atome der Moleküle als Punkte betrachten und die Wechselwirkungsenergie des Moleküls als Summe der Wechselwirkungen der in ihm enthaltenen Atome.

In den vierziger Jahren war die praktische Verwertung dieser Idee nicht möglich. Die Atom-Atom-Potential-Methode, wie ich sie bezeichnete, begann erst im Zeitalter der Computer praktikabel zu werden.

Die Möglichkeit, die Wechselwirkungsenergien zu berechnen, bedeutete, daß die organische Kristallchemie im Vergleich mit der Kristallchemie anderer Substanzen, in denen der Austausch von Elektronen zwischen den Bausteinen eine wichtige, ja entscheidende Rolle spielt, eine quantitative Wissenschaft werden konnte.

In den sechziger Jahren widmete ich mich mit meinen Mitarbeitern der Entwicklung der Atom-Atom-Potential-Methode und demonstrierte die vorzügliche Brauchbarkeit dieser Methode für die Voraussage von Kristallstrukturen, der Gitterdynamik und von thermodynamischen Eigenschaften. Als Ergebnis entstand schließlich 1971 mein Buch „Molekülkristalle".

Nebenvalenzwechselwirkungen — das sind nicht nur Wechselwirkungen zwischen benachbarten Molekülen; sie treten auch innerhalb von Molekülen auf und bestimmen die Konformationen der Moleküle. Daher widmete sich ein Teil meiner Mitarbeiter — parallel zur Anwendung der Atom-Atom-Potential-Methode für den Aufbau einer quantitativen Kristallphysik der Molekülkristalle — dem Studium der Konformation organischer Moleküle, sowohl nieder- wie hochmolekularer und auch biologischer Moleküle.

Als Ergänzung zum Buch „Molekülkristalle" schrieb ich zwei Kapitel über Molekülkonformation, die ich der englischen Ausgabe „Molekülkristalle und Moleküle" (1973 erschienen) anfügte.

Das vorliegende Buch ist eine deutsche Übersetzung des russischen Buches „Molekülkristalle". Es eignet sich für Physiker, Kristallographen, Technologen und auch für solche Chemiker, die sich für Reaktionen im festen Zustand interessieren.

Die Arbeiten auf dem Gebiet der Physik des festen organischen Zustandes haben in den letzten Jahren in vielen Ländern der Welt einen großen Umfang angenommen.

Für die vorliegende Ausgabe stellte ich mir nicht die Aufgabe, all die verschiedenen Richtungen und Anwendungen der organischen Kristallchemie zu behandeln. Für eine solche Zielsetzung müßte man gegenwärtig ein vielbändiges Werk schreiben. Trotzdem blieb ich meinem Prinzip treu: eine Monographie im wahrsten Sinne dieses Wortes zu verfassen und nicht einfach kompilatorisch alle Arbeiten zusammenzustellen, die sich mit der Physik des festen organischen Zustandes befassen. Deshalb findet der Leser in diesem Buch nur die Darstellung von mir und meinen Mitarbeitern. Auf Arbeiten von amerikanischen, englischen, französischen, deutschen, italienischen und anderen Autoren wird hingewiesen. Eine große Anzahl von Wissenschaftlern griff die Idee der Atom-Atom-Potentiale auf, und gegenwärtig wird auf Symposien und Konferenzen über ihre Anwendung auf verschiedene Abschnitte der Physik und physikalischen Chemie diskutiert.

Mit Rücksicht auf meine Begeisterung für die Atom-Atom-Potentiale wird der Leser — so hoffe ich — mir meine ungewöhnliche Kühnheit verzeihen, die ich bei der Verbreitung dieser Methode an den Tag legte. Die Zukunft wird zeigen, in welchem Grade die Hoffnungen bezüglich dieser Voraussagekraft der Atom-Atom-Potential-Methode berechtigt sind.

Bei der Vorbereitung der deutschen Übersetzung halfen mir meine Mitarbeiter und Freunde. R. M. Mjasnikowa ergänzte den Abschnitt über die festen Lösungen. R. P. Schibajewa beschrieb eindrucksvoll ihre interessante Untersuchung an Molekülverbindungen, als deren Resultate sie Kristalle mit besonderen elektrischen Eigenschaften entdeckte. A. J. Perzin arbeitete die Berechnungsmethoden für die freie Energie aus, die es erlaubten, das Schwingungsmodell des Moleküls vorherzusagen. P. M. SORKI fertigte eine Reihe wertvoller Ergänzungen für die geometrischen Modelle organischer Kristalle an. W. G. DASCHEWSKI — Verfasser ausgezeichneter Bücher, die die Konformation organischer Moleküle behandeln — ergänzte den entsprechenden Abschnitt des Buches. Kleine Einfügungen machten W. M. KOSHIN und W. F. TESLENKO. Das Kapitel über die Gitterdynamik ergänzte JE. MUCHTAROW.

Der Autor drückt seinen aufrichtigen Dank allen Helfern aus und auch allen — vor allem H. NEELS und G. KÜHN —, die sich der Mühe der Bearbeitung der deutschen Übersetzung dieses Buches unterzogen haben.

Im Dezember 1976 A. I. KITAIGORODSKI

1. Die Struktur der Kristalle

A. *Das Prinzip der dichten Packung*[1]

1.1. Das geometrische Modell des Molekülkristalls

Die Behauptung, ein Kristall bestehe aus Molekülen, ist ungenau. Versteht man unter einem Molekül, wie es in der Chemie geschieht, das kleinste Teilchen einer chemischen Verbindung, dann ist diese Aussage unberechtigt. Tatsächlich kann man in einem Steinsalzkristall kein Teilchen, das aus einem Natriumatom und einem Chloratom besteht, als isoliertes Paar entdecken. Man sagt, derartige Kristalle sind aus Atomen oder Ionen aufgebaut. Bezeichnet man als Molekül ein System von Atomen, die unter sich stärker gebunden sind als mit anderen Molekülen, dann ist das richtig. Kristalle, die aus Molekülen bestehen, die durch ihre geometrische Abgrenzung gegen die Umgebung und starke intramolekulare Bindungen gekennzeichnet sind, finden wir in der organischen Chemie. Zu den Molekülkristallen zählen wir z. B. auch die Kristalle der Kohlenwasserstoffe. Der Abstand zwischen Wasserstoffatomen, die verschiedenen Molekülen angehören, liegt nicht unter 2,2—2,4 Å, während die Kohlenstoff–Wasserstoff-Abstände im Molekül etwa 1 Å betragen. Der Kohlenstoff–Kohlenstoff-Bindungsabstand bewegt sich zwischen 1,2—1,5 Å. Kohlenstoffatome benachbarter Moleküle sind in jedem Fall mindestens 3,3 Å voneinander entfernt. Aus dieser Beschreibung wird klar, daß jedes Molekül eines Kristalls dadurch gekennzeichnet ist, daß sich die zu ihm gehörenden Atome durch einen geschlossenen Kurvenzug begrenzen lassen. Es bedarf keines besonderen Beweises, daß die geometrische Abgrenzung bedeutet: die Energie der intramolekularen Bindungen der Atome ist wesentlich größer als die Energie der intermolekularen Wechselwirkungen. — Die angegebenen Zahlenwerte liefern eine ungefähre Vorstellung von den Unterschieden zwischen den kürzesten intra- und intermolekularen Abständen. Sie sind um das Zwei- bis Dreifache voneinander verschieden.

Aus der Klasse der Molekülkristalle kann man, wiederum nach rein geometrischen Merkmalen, eine sehr verbreitete Gruppe von Kristallen abgrenzen, deren Moleküle über sogenannte Wasserstoffbrückenbindungen verknüpft sind. Solche Bindungen treten dann auf, wenn das Molekül Hydroxyl-(OH)- oder Amino-(NH_2)- Gruppen enthält. Wenn sich eine dieser Gruppen der anderen, einem Sauerstoff- oder einem Stickstoffatom nähert, dann bildet sich eine Wasserstoffbrückenbindung aus. Das geometrische Merkmal dieser Bindung ist folgendes: das Proton befindet sich auf einer fast geraden Linie, die die beiden nächsten Sauerstoffatome oder das Stickstoffatom mit dem Sauerstoffatom verbindet. Gewöhnlich behält das Proton den Abstand zu

[1]) Eine eingehende Darstellung des Prinzips der dichten Molekülpackung findet man in [1].

dem Atom bei, das ihm im freien Molekül benachbart ist, aber der Abstand zum „fremden" Atom verkürzt sich auf 1,6—1,8 Å. Dabei ist trotz der starken Ausrichtung der Wasserstoffbrückenbindung auch in diesem Falle die Begrenzung des Moleküls, das heißt seine Darstellung als in sich enggebundene Atomgruppe, völlig eindeutig.

Welche chemischen Verbindungen bilden Molekülkristalle? Vor allem sind das — wie bereits gesagt — die organischen Verbindungen mit Ausnahme der Salze organischer Basen, der Hydrohalogenide organischer Kationen und einiger anderer ionogener Verbindungen. Die Klasse der organischen Substanzen, die Molekülkristalle bilden, ist unbegrenzt groß. Im Prinzip ist die Physik der Molekülkristalle mit der Physik organischer Kristalle identisch.

Was die anorganischen Verbindungen angeht, so gibt es unter ihnen auch Molekülkristalle. Dazu gehören Substanzen, deren Moleküle aus Stickstoff und Phosphor, aus Schwefel und Phosphor bestehen sowie die Metallcarbonyle. Auch Stickstoff- und Sauerstoffatome bilden Molekülkristalle. Alles das sind aber einzelne Beispiele, und die Existenz einer kleinen Anzahl anorganischer Molekülkristalle ändert nichts an der Richtigkeit der Feststellung, daß die Physik der Molekülkristalle die Physik organischer Kristalle ist.

Zum Gegenstand unserer Darlegungen gehören nicht solche kristallinen Substanzen, bei denen der Unterschied zwischen inter- und intramolekularen Abständen 5—10% nicht übersteigt. In diesem Fall gibt es zwischen den Atomen benachbarter Moleküle einen merklichen Elektronenaustausch. Während die grundlegende Besonderheit der Molekülkristalle, auf der ihre sehr ähnlichen Eigenschaften beruhen, eben im Fehlen eines Elektronenaustausches zwischen benachbarten Molekülen besteht.

Wie in den folgenden Kapiteln gezeigt wird, bestimmt in erster Linie die gegenseitige Anordnung der Moleküle die physikalischen Eigenschaften der Molekülkristalle. Wir werden von der Molekülpackung sprechen und zunächst die Zweckmäßigkeit dieses Begriffes erläutern. Nehmen wir an, daß auf diese oder jene Weise (sagen wir durch Kombination von Röntgenstrukturanalyse und Neutronenbeugung) die Koordinaten aller Atome des Moleküls in bezug auf die Achsen der Elementarzelle des Kristalls lokalisiert wurden. Verfügen wir über solche Kenntnisse für eine große Zahl organischer Kristalle, können wir zur Suche nach Gesetzmäßigkeiten der Molekülpackung übergehen.

Das grundlegende Resultat einer solchen Analyse ist die Tatsache, daß die kürzesten Abstände zwischen Atomen ein und derselben Art, die zu benachbarten Molekülen gehören, in bestimmten Grenzen nur unbedeutend schwanken. Das spricht für die Möglichkeit einer Näherungsdarstellung des Kristalls durch ein geometrisches Modell.

Zu diesem Modell erster Näherung gelangen wir auf folgende Weise. Wir analysieren die Abstände zwischen den Atomen nächster Moleküle, suchen die kürzesten Abstände zwischen Atomen aller Molekülpaare (sagen wir, für Moleküle, die durch eine Translation längs der b-Achse und der c-Achse verknüpft sind, ferner durch die Symmetrieoperation einer zweizähligen Schraubenachse, wie in der Raumgruppe $P\,2_1/a$) und nennen diese die „bestimmenden Kontakte". Nun suchen wir die Werte der zwischenmolekularen Radien der Atome, deren Summen die beste Übereinstimmung mit den experimentellen Werten ergeben. Diese zwischenmolekularen Radien sind mittlere Radien für eine gegebene Struktur. Mit ihrer Hilfe bauen wir ein räumliches Modell des Moleküls. Es ist klar, daß wegen der ungenauen Übereinstimmung der Summen der mittleren zwischenmolekularen Radien mit den wahren Abständen eine Packung entsteht, in der einige Atompaare sich leicht überlappen und andere Paare sich nicht berühren werden. Immer wird es aber durch geringe Translationen oder Rotationen der Moleküle Möglichkeiten für eine ideale Packung derart geben, daß die Moleküle sich weder überlappen noch Zwischenräume zwischen ihnen auftreten.

Ideale und reale Packung unterscheiden sich nur wenig voneinander. Die Ursache ist einfach: Die Mittelwerte der intermolekularen Radien ändern sich von Struktur zu Struktur nur geringfügig. So entsteht zum Beispiel die ideale Packung für den Naphthalinkristall mit der Koordinationszahl 12 in der bei Zimmertemperatur experimentell bestimmten Elementarzelle, wenn der Radius für Kohlenstoff mit 1,76 Å und für Wasserstoff mit 1,18 Å angenommen wird. Die Unterschiede der Orientierungen der Moleküle in der idealen und der realen Struktur sind nicht größer als 2—3°. Der für die Röntgenstrukturanalyse wesentliche Umstand ist der, daß die Idealpackung, die durch die geometrische Analyse gefunden wird, ein solches Strukturmodell liefert, das als Ausgangsbasis zur ersten Phasenbestimmung der Strukturamplituden dienen kann.

Die Gesetzmäßigkeit, die wir bei der Betrachtung von Molekülpackungen in Kristallen verschiedener Substanzen finden, ist folgende: Die Struktur der organischen Kristalle kann als dichte Packung („Ausbuchtung" ragt in „Einbuchtung") der Moleküle, die durch ihre intermolekularen Radien räumlich bestimmt sind, dargestellt werden. Um diese Regel zu demonstrieren, ist es vorteilhaft, räumliche Molekülmodelle und ein Struktursuchgerät zu haben. Letzteres ist ein Gerät, das je nach Größe der gegebenen Elementarzelle die möglichen Packungsarten der Moleküle zu finden gestattet. Abbildung 1.1 zeigt das Schema eines solchen Geräts. In einigen speziellen Fällen ist der Charakter der Molekülpackung auch aus Zeichnungen ersichtlich. Als Beispiel benutzen wir das 1,5-Dinitronaphthalin (siehe [2]). Die Struktur wird durch eine flache Elementarzelle charakterisiert: $a = 7{,}76$ Å, $b = 16{,}32$ Å,

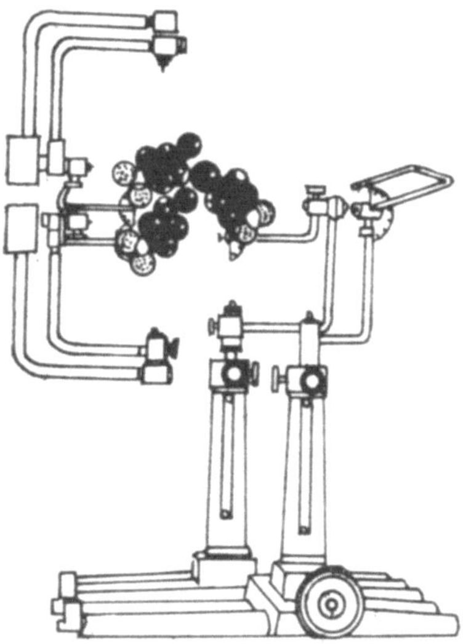

Abb. 1.1. Molekülpackung auf dem Struktursuchgerät

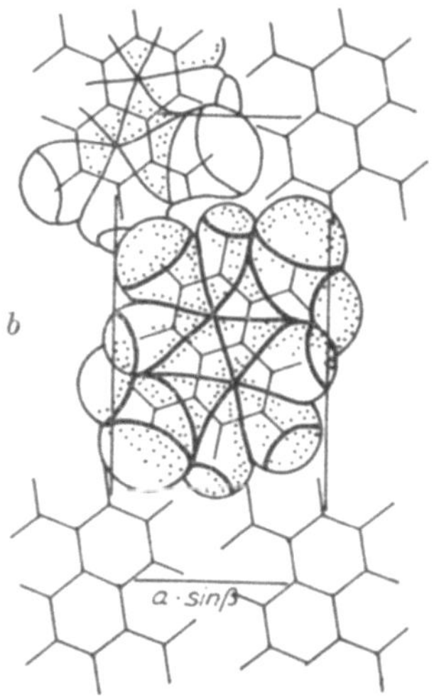

Abb. 1.2. xOy-Projektion der Struktur des 1,5-Dinitronaphthalins

$c = 3{,}70$ Å, $\beta = 101°48'$; Raumgruppe $P\,2_1/a$ mit $Z = 2$. Die Ebene des Naphthalingerüstes fällt praktisch mit der a,b-Ebene der Elementarzelle zusammen (Abb. 1.2). In dieser Ebene liegen die Stickstoffatome. Die Sauerstoffatome liegen abwechselnd etwa 0,79 Å ober- und unterhalb der Ebene. Die Ebene der Nitrogruppen bildet mit der Ebene des aromatischen Systems einen Winkel von 49°, und zwar so, daß das Molekül sein Symmetriezentrum behält.

Die Koordinaten der Wasserstoffatome werden selten experimentell mit genügender Genauigkeit bestimmt. Aber es gibt bezüglich der Richtungen und Bindungslängen der C—H-Bindungen gut bekannte und einfache Regeln. Deshalb kann man in der Mehrzahl der Fälle ihre Lage in der Struktur ohne große Mühe festlegen. Ferner können die Moleküle mit Hilfe der zwischenmolekularen Radien umgrenzt werden, wobei die charakteristische Besonderheit der Molekülpackung anschaulich wird, über die wir weiter unten sprechen werden. Sie besteht darin, daß die „Ausbuchtung" eines Moleküls in die „Einbuchtung" des benachbarten ragt, so daß die Molekülpackung dicht wird, mit möglichst minimalen Lücken entsprechend den Abmessungen der Elementarzelle.

Ein weiteres einfaches Beispiel, welches das Prinzip „Ausbuchtung in Einbuchtung" demonstriert, ist die Struktur des Hexachlorbenzols [3]. In der Elementarzelle

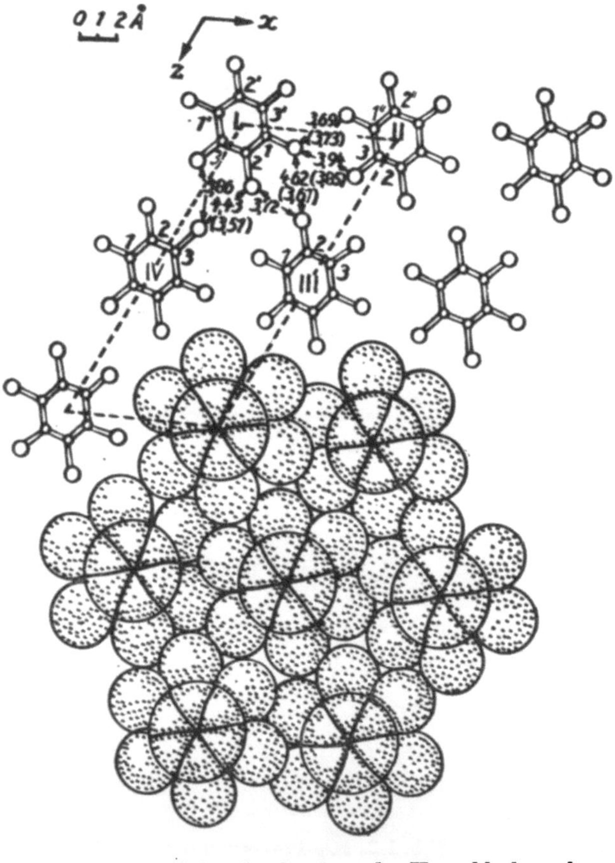

Abb. 1.3. xOz-Projektion der Struktur des Hexachlorbenzols

($a = 8{,}08$ Å, $b = 3{,}87$ Å, $c = 16{,}65$ Å; $\beta = 117{,}0°$; Raumgruppe $P\,2_1/c$; $Z = 2$) ist die Ebene des Hexachlorbenzols gegen die (xOz)-Ebene um einen Winkel von $\approx 22°$ geneigt. Deshalb ist in der Projektion auf die x, y-Ebene die Molekülpackung gut erkennbar (Abb. 1.3).

Wir betonen noch einmal, daß, wie aus der Analyse einer großen Zahl von Molekülstrukturen hervorgeht, die Molekülpackung nach dem Prinzip „Ausbuchtung in Einbuchtung" eine allgemeine Regel der organischen Kristallchemie ist. Dank eines solchen Packungstyps werden die organischen Strukturen gewöhnlich durch eine große Koordinationszahl, das heißt eine große Zahl sich berührender Nachbarn, charakterisiert. Aus den unregelmäßigen Molekülformen ist diese Tatsache nicht ohne weiteres erkennbar und bedarf des Beweises (siehe Abschnitt 1.6.). Rein empirisch kann man sagen, daß in organischen Strukturen die Koordinationszahl 12 (wie bei der dichtesten Kugelpackung) am häufigsten auftritt, seltener trifft man Strukturen mit den Koordinationszahlen 10 oder 14.

Ein derartiges Herangehen gestattete dem Autor, schon vor mehr als 30 Jahren die Methode der geometrischen Analyse zu entwickeln, mit deren Hilfe nur aus der Kenntnis der Größe der Elementarzelle eine a priori-Strukturbestimmung (das heißt bis zur Durchführung der direkten Röntgenstrukturuntersuchung) eines Molekülkristalls möglich wurde. Das Wesen dieser Methode wird bei der Beschreibung der Struktur des 2,6-Dimethylnaphthalins verständlich, die dadurch gefunden wurde [4]. Kristalle des 2,6-Dimethylnaphthalins sind orthorhombisch. Die Zellparameter sind: $a = 7{,}54$ Å; $b = 6{,}07$ Å; $c = 20{,}20$ Å; Raumgruppe *Pbca*; $Z = 4$. Deshalb nimmt das Molekül des 2,6-Dimethylnaphthalins

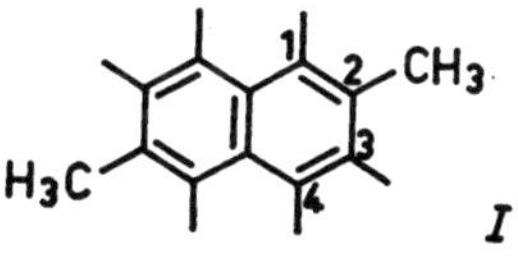

I

im Kristall eine zentrosymmetrische Lage ein. Vier Modelle dieses Moleküls, die mit Hilfe der Näherungswerte der zwischenmolekularen Radien $R_C = 1{,}72$ Å und $R_H = 1{,}2$ Å entstanden, wurden auf dem Struktursuchgerät so bewegt, daß die Abstände zwischen ihren Zentren den Abmessungen der Elementarzelle entsprachen. Dabei zeigte sich, daß nur eine einzige Variante der Orientierung des Bezugsmoleküls möglich ist: $\varphi_1 = 5°$, $\varphi_2 = 2°$ und $\varphi_3 = 23°$. Die Bezeichnung der Winkel ist folgende: in einem orthogonalen Rechtssystem der Koordinaten wird die Anfangslage so gewählt, daß die Achsen y_0 und z_0 mit den Achsen y und z zusammenfallen. Die Orientierung wird durch aufeinanderfolgende Drehungen um φ_3, bezogen auf die $z_0(z)$-Achse, um φ_2, bezogen auf die x-Achse, und φ_1, bezogen auf die y-Achse, eingestellt. Abbildung 1.4 stellt den a,b-Schnitt durch die Elementarzelle des Kristalls durch die Kohlenstoffatome 1 und 4 dar, die durch die Translation b verknüpft sind, das heißt durch den dichtest gepackten Bereich. Der Schnitt ist auf die Winkel $\varphi_1 = \varphi_2 = 0$ bezogen. Aus der Zeichnung geht hervor, daß bei der gegebenen Molekülorientierung erstens das C_4-Atom des einen Moleküls mit dem H_1-Atom des zweiten Moleküls in Kontakt kommt, wobei letzteres Molekül gegenüber dem ersten um b verschoben ist; zweitens, bei einer geringen Drehung um φ_1 kommt dasselbe H_1-Atom mit dem Kohlenstoffatom des Moleküls in Berührung, das mit den ersten beiden durch eine Gleitspiegelebene längs b (senkrecht zur a-Achse) verknüpft ist.

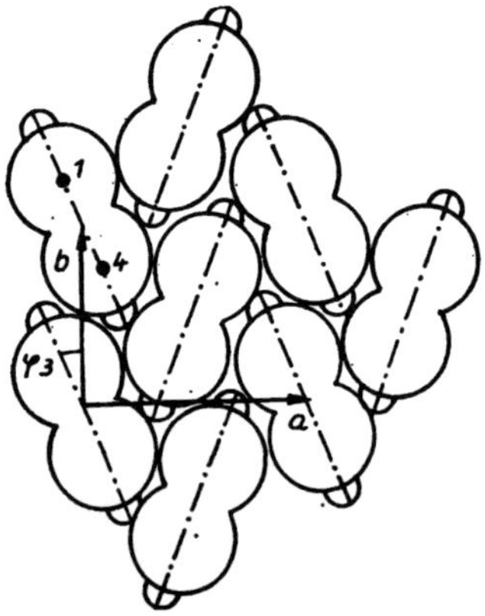

Abb. 1.4. Schnitt durch die Zelle des 2,6-Dimethylnaphthalins mit der größten Anzahl von Berührungen der Moleküle

Der erste Kontakt wird durch die Winkel φ_2 und φ_3 bestimmt, der zweite durch φ_1 und φ_3. Führen wir folgende Bezeichnungen ein: r_{CC} — die C---C-Bindungslänge im Naphthalinsystem, r'_{CC} — Bindungslänge zwischen den Kohlenstoffatomen des Kerns und denen der Methylgruppe, r_{CH} — die C---H-Bindungslänge, ε — der Winkel HCC der Methylgruppe, R_H und R_C — die intermolekularen Radien der Wasser- bzw. Kohlenstoffatome.

Damit schreiben wir die Kontaktbedingungen:

a) für die Moleküle, die durch die Translation b verknüpft sind:

$$(R_H + R_C)^2 = b^2 + (2r_{CC} + r_{CH})^2 - 2b(r_{CC} + r_{CH}) \cos\varphi_3 \cos\varphi_2;$$

b) für die Moleküle, die durch eine Gleitspiegelebene verknüpft sind:

$$(R_H + R_C)^2 = \left[\frac{b}{2} - r_{CH}\cos\varphi_3\right]^2 + \left[\frac{a}{b} - (2r_{CC} + r_{CH})\sin\varphi_3 - 2r_{CC}\cos 30^\circ \sin\varphi_1\right].$$

Betrachten wir jetzt den Schnitt durch die Zentren der Methylgruppen, so erhalten wir die Kontaktbedingungen für den Fall der frei drehbaren Methylgruppe. Weitere zwei Bedingungen der Berührung (wir führen hier nicht alle Formeln an, sondern verweisen die Interessenten auf die Arbeit [4]) erhalten wir aus der Betrachtung der Kontakte der Moleküle, die zu verschiedenen Schichten gehören.

Verwenden wir die Bindungslängen (in Å) $r_{CC} = 1{,}405 \pm 0{,}05$, $r_{CH} = 1{,}085 \pm 0{,}005$ und $r'_{CC} = 1{,}54 \pm 0{,}005$, so erhalten wir für die Winkel, die die Molekülorientierung in der Zelle bestimmen, die Werte

$$\varphi_1 = -3°55', \qquad \varphi_2 = 4°10', \qquad \varphi_3 = 22°45'$$

und für die intermolekularen Radien

$$R_H = 1{,}19\text{ Å} \quad \text{und} \quad R_C = 1{,}72\text{ Å}.$$

Kennen wir die Winkel $\varphi_1, \varphi_2, \varphi_3$, so kann man leicht die Koordinaten aller Atome in der Elementarzelle ausrechnen. Die mit diesen Koordinaten berechneten Intensitätswerte gebeugter Röntgenstrahlen $F(hkl)$ stimmten zufriedenstellend mit den experimentell erhaltenen überein.

So kann mit der Methode der geometrischen Analyse (natürlich in nicht zu komplizierten Systemen) die Molekülpackung gefunden werden, die man als ideal bezeichnen kann. Sie kann nicht, wie schon gesagt, stark von der wirklichen Packung abweichen, die mit Hilfe der Röntgenstrukturanalyse direkt bestimmt wird.

Es versteht sich, daß die Unterschiede zwischen idealen und realen Molekülpackungen nicht zufällig sind. Dieses grobe Modell — das Modell erster Näherung — weicht natürlich von der Forderung nach dem Minimum der Molekülwechselwirkungsenergie ab (siehe Kapitel 2); obwohl in einigen Fällen, wie beispielsweise für Kristalle des Jodoforms, die Gründe für die Abweichung der realen von der idealen Packung geometrisch interpretiert werden können.

Jodoformkristalle (CHJ_3) gehören zur Raumgruppe $C6_3$, mit zwei Molekülen in der Elementarzelle. Die Zellparameter sind $a = 6{,}83$ Å, $c = 7{,}53$ Å. Die C- und H-Atome liegen auf dreizähligen Achsen, die Jodatome nehmen allgemeine Lagen ein [5]. Bei der Betrachtung der Abbildung 1.5a, die die Molekülpackung in der *a,b*-Ebene zeigt, kann folgende Frage auftreten: Warum erfolgt eine Packungsverdichtung nicht durch eine kleine Drehung des Moleküls um die dreizählige Achse so, daß jedes Jodatom nicht zwei Jodatome zweier Moleküle berührt, sondern vier Jodatome dreier Moleküle, wie es Abbildung 1,5b zeigt? Der Grund dafür liegt offenbar

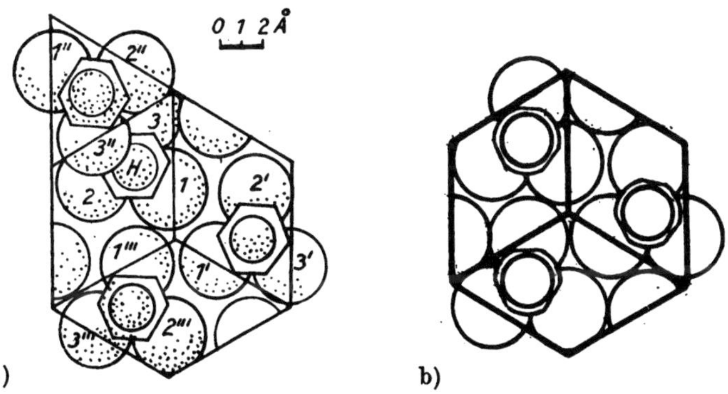

Abb. 1.5. a) Projektion der Struktur von Jodoform auf die (*a,b*)-Ebene; b) hypothetische Struktur des Jodoform mit nicht dichter Packung in der (*a,b*)-Schicht

darin, daß bei einer solchen Anordnung in der Schicht eine bedeutende Verringerung der Dichte in der Schichtpackungsfolge eintreten würde. Das ist tatsächlich so, wenn wir die Parameter der realen Struktur und der idealen, die eine nicht-dichte Packung in der *a,b*-Schicht besitzt, vergleichen: $a = 6{,}83$ Å; $c = 7{,}53$ Å; $V = 303$ Å^3; Idealstruktur: $a = 6{,}67$ Å; $c = 7{,}96$ Å; $V = 307$ Å^3. Die Zellvolumina sind praktisch gleich, das heißt, die Verdichtung in der Schicht führt nicht zu einer Erhöhung der Packungsdichte insgesamt, da die Schichten ihren Abstand vergrößern. Die kürzesten J---J-Abstände zwischen Molekülen verschiedener Schichten nehmen wie folgt zu: J_2---$J_{3''}$ (siehe Abbildung 1.5a) von 4,41 auf 4,60 Å, J_3---$J_{3''}$ von 4,43 auf 4,50 Å; der Abstand H---$J_{3''}$ bleibt gleich der Summe der intermolekularen Radien. Somit ist die reale Jodoformstruktur, in der der Molekülpackungskoeffizient k (siehe weiter unten) gleich 0,76 ist, „besser“ als die ideale.

Es ist jedoch wichtig zu betonen, daß die ideale Packung, das heißt die Packung mit gemittelten intermolekularen Abständen, ganz und gar nicht vom Standpunkt unseres Modells zweiter Näherung (dem Schema der Atom-Atom-Potentiale), das die Molekülwechselwirkung als Summe der allgemein richtigen Atom-Atom-Potentiale betrachtet (siehe nächstes Kapitel) und die Kräfte zwischen den Atomen als zentral wirkende, die beste sein muß. Das deutliche Minimum der potentiellen Energie für die berechnete Kristallstruktur des Naphthalins (siehe Seite 38 und 192) entspricht gar nicht der Struktur, in der die bestimmenden Kontakte zwischen den Atomen der entsprechenden Art zu einheitlichen intermolekularen Abständen führen. Folglich findet der geringe Unterschied zwischen der realen und der idealen Packung seine Erklärung im Modell zweiter Näherung. Im einzelnen werden der kurze C—H-Abstand zwischen den Molekülen, die durch eine 2_1-Achse verknüpft sind, und der leicht vergrößerte H—H-Abstand zwischen den Molekülen benachbarter Schichten (siehe die Abstände in Abbildung 1.32) durch die Minimisierung der Energie automatisch erhalten, die mit universellen gleichgewichteten Abständen aus den Atom-Atom-Potential-Kurven berechnet werden.

So ist die Störung der kürzesten intermolekularen Kontakte nicht als Zeichen „besonderer" Kräfte anzusehen. Vom Standpunkt unseres komplizierteren Modells erscheint es günstiger, an einer Stelle die Abstände zu verkürzen und an anderen Kontakten zu vergrößern, als einheitliche Kontaktabstände zwischen allen Molekülpaaren beizubehalten.[1]) Darin besteht auch die Näherung des geometrischen Modells, da es nur die sich berührenden Atome in Betracht zieht, obwohl die Atomwechselwirkung nicht so schnell abnimmt, daß man sie für Atompaare, die untereinander Abstände mit größten Radiensummen haben, vernachlässigen könnte. Es versteht sich, daß die erstnächsten Atome benachbarter Moleküle die bestimmende Rolle spielen; aber Strukturdetails (die auch die Unterschiede zwischen realer und idealer Packung bestimmen) hängen von der Wechselwirkung mit entfernteren Atomen ab. In Kapitel 2 wird gezeigt, daß eine Struktur durch benachbarte Atome bestimmt wird, die vom Bezugsmolekül einen Abstand bis zu 10 Å haben.

1.2. Bestimmung der intermolekularen Radien

Um die Molekülform zu finden, geht man von der Vorstellung aus, daß sich jedes Paar benachbarter Moleküle berührt. Die entstehenden Kontakte können von einem oder mehreren Atompaaren, Atomen einer oder mehrerer Sorten herrühren. Dabei genügt es, nur die kürzesten Abstände zwischen den Atomen jedes Paares benachbarter Moleküle zu berücksichtigen; das sind diejenigen, die wir bestimmende Kontakte nennen.

Damit keine Unsicherheit bei der Auswahl der Größen der intermolekularen Radien aus den zwischenatomaren Abständen entsteht, beginnt die Untersuchung mit solchen Strukturen, in denen die bestimmenden Abstände allein von einer Atomsorte gebildet werden. Geht man dann zu Strukturen mit zwei, drei und mehreren Kontakttypen über, kann man die schon gefundenen intermolekularen Radien einzelner Atome zur Bestimmung der neuen heranziehen.

[1]) Im übrigen zweifle ich sehr stark daran, daß zur Erklärung der Struktur vom Typ des Alloxans [6] die Einführung „besonderer" Kräfte erforderlich ist.

Es gibt viele Molekülkristalle, bei denen die „Oberfläche“ des Moleküls nur von Atomen einer Sorte besetzt ist. Die Strukturen solcher Kristalle können als „Eichsubstanzen“ zur Bestimmung der intermolekularen Radien dienen. Einige von ihnen werden wir jetzt beschreiben.

a) *Zwischenmolekularer Radius des Wasserstoffatoms.* Adamantan (symmetr.-Tricyclodekan) $(CH)_4(CH_2)_6$ kristallisiert kubisch-flächenzentriert mit $a = 9{,}426 \pm 0{,}008$ Å; seine Raumgruppe ist $F\,\bar{4}3m$; $Z = 4$. Die Molekülsymmetrie $\bar{4}3m$ bleibt im Kristall erhalten. Durch Röntgenstrukturanalyse [7] wurden nur die Koordinaten der Kohlenstoffatome bestimmt (Abb. 1.6). Die Koordinaten der Wasserstoffatome findet man leicht geometrisch, wenn man voraussetzt, daß die C—H-Bindungslängen in den CH- und CH_2-Gruppen gleich sind und 1,08 Å betragen und daß alle Bindungswinkel C—C—H und H—C—H tetraedrisch sind.

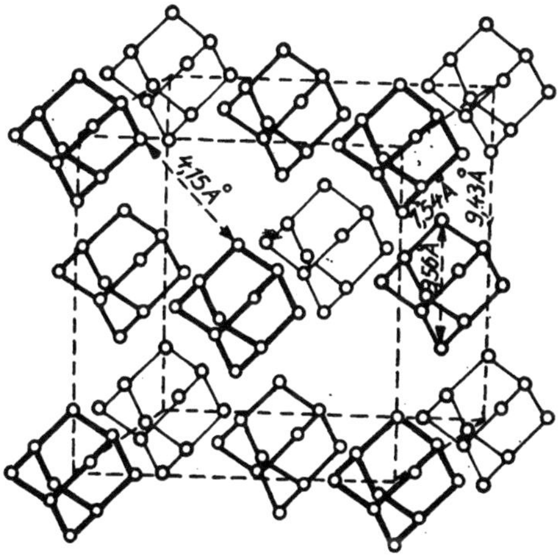

Abb. 1.6. Die Kristallstruktur des Adamantan (die H-Atome sind nicht eingezeichnet)

Das Adamantan-Molekül, das von Wasserstoffatomen eingehüllt ist, hat nahezu Kugelform. Benachbarte Moleküle berühren sich untereinander nur über Wasserstoffatome. Das H-Atom jeder CH-Gruppe berührt 3 H-Atome der CH-Gruppen benachbarter Moleküle. Jedes H-Atom einer beliebigen CH_2-Gruppe berührt ein H-Atom der CH_2-Gruppe des benachbarten Moleküls. Kontakte zwischen H-Atomen, wobei eines einer CH-Gruppe und das andere einer CH_2-Gruppe angehört, fehlen. Als symmetrisch unabhängig erweisen sich von den 24 Kontakten insgesamt zwei, wobei in beiden Fällen der H—H-Abstand gleich 2,34 Å ist. Daraus folgt der intermolekulare Radius des Wasserstoffatoms R_H zu 1,17 Å. In allen in den letzten Jahren untersuchten Strukturen ergab sich kein anderer R_H-Wert.

b) *Zwischenmolekularer Radius des Kohlenstoffatoms.* Es bietet sich an, den intermolekularen Radius des Kohlenstoffatoms aus der Graphitstruktur abzuschätzen. Die Graphitstruktur wird charakterisiert durch die hexagonale Symmetrie mit den Zellparametern $a = 2{,}46$ Å, $c = 6{,}70$ Å; ihre Raumgruppe ist $C\,6/mmc$; $Z = 4$. Es ist eine Schichtstruktur (Abb. 1.7). Die Atome innerhalb einer Schicht bilden ein regelmäßiges hexagonales Netz mit einer Seitenlänge eines Sechsecks von 1,42 Å, das heißt, jede Schicht stellt für sich genommen ein unendliches aromatisches Molekül dar.

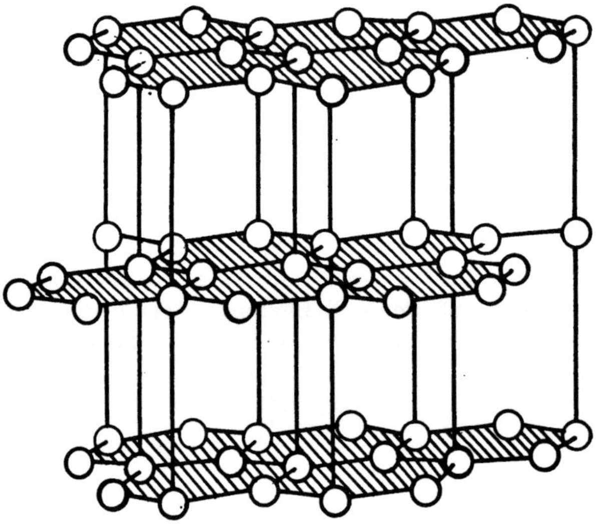

Abb. 1.7.
Kristallstruktur des Graphit

Innerhalb der Schicht sind die Atome kovalent gebunden, und deshalb ordnen sich die Kohlenstoffatome im Abstand des intermolekularen Radius an. Die Schichten sind übereinander gestapelt, aber gegeneinander verschoben, so daß die c-Translation gleich dem doppelten Abstand zwischen benachbarten Schichten ist. Der kürzeste Abstand zwischen den Atomen benachbarter Schichten ist $d = 3{,}35$ Å.

„Reine" C---C-Abstände findet man in Kristallstrukturen, die von großen aromatischen Molekülen, „die als „Bruchstücke" einer Graphitschicht aufgefaßt werden können, gebildet werden. In allen diesen Fällen (eine Reihe von Strukturen wird im Abschnitt B dieses Kapitels behandelt) lagern sich die Moleküle so dicht übereinander, daß sich so weit wie möglich die größere Zahl der Atome eines Moleküls zwischen den Atomen benachbarter Moleküle anordnet. Die räumliche Struktur läßt jedoch eine vollständige Einpassung von Ausbuchtungen in Einbuchtungen nicht zu. Tatsächlich wäre es am günstigsten, die C-Atome der folgenden Schicht in den Zentren der Sechsecke der vorhergehenden Schicht anzuordnen. So ist es im Falle des Graphits; aber schon das nächste Atom liegt über einem darunterliegenden (Abb. 1.8a), das heißt, nur die Hälfte der Stapelung ist optimal mit sechs Nachbarn in einem einheitlichen Abstand von $\sqrt{3{,}35^2 + 1{,}42^2}$ Å $= 3{,}64$ Å, und die andere Hälfte

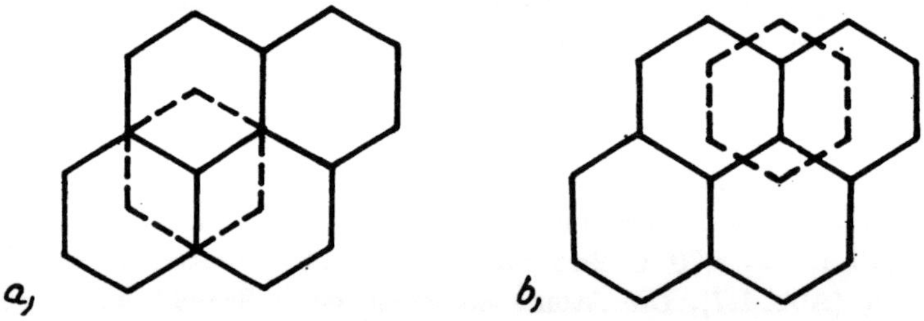

Abb. 1.8. a) Überlagerung der Atome benachbarter Schichten im Graphit.
b) Optimale Überlagerung von Molekülschichten

(Atom zu Atom) mit einem Abstand von 3,35 Å und 3 Abständen von 3,64 Å am ungünstigsten. Logisch wäre es (obwohl Logik hier immer nur bedingt gilt), einen mittleren Atomradius des Kohlenstoffs mit $(0{,}9 \cdot 3{,}64 + 0{,}1 \cdot 3{,}35)/2$ anzunehmen, das heißt mit einem $R_C = 1{,}80$ Å zu rechnen.

Es ist nicht verwunderlich, daß in Strukturen mit aromatischen Molekülen das Stapelungsproblem anders zu lösen ist. Größtenteils befinden sich alle Atome in einer einheitlichen Lage. Unschwer ist zu verstehen, daß sich alle Kohlenstoffatome zweier benachbarter aromatischer Moleküle in einheitlicher Lage (relativ zu den nächsten Nachbarn) im Falle einer Stapelung befinden, wie sie in Abbildung 1.8b dargestellt wird. Der nächste Nachbar befindet sich jetzt im Abstand $\sqrt{d^2 + 0{,}7^2}$, zwei Nachbarn im Abstand $\sqrt{d^2 + 1{,}2^2}$, weitere zwei $\sqrt{d^2 + 1{,}2^2 + 1{,}4^2}$ und einer $\sqrt{d^2 + 2{,}1^2}$ Å entfernt. Bei $d = 3{,}35$ Å, wie beim Graphit, würde das Werten von 1,72; 1,78; 1,91 und 1,98 Å entsprechen. Die beiden letzten Zahlen sind etwas zu groß, und man nimmt an, daß der Kontakt durch drei Nachbarn erfolgt (siehe Abbildung 1,8b). Ein Abstand zwischen den Ebenen von 3,35 Å ist bei aromatischen Molekülen niemals realisiert. Er schwankt gewöhnlich zwischen 3,4—3,5 Å (siehe Abschnitt B), was dem oben eingeführten Wert für den Kohlenstoffradius $R_C = 1{,}80$ Å entspricht.

Das aliphatische Kohlenstoffatom (das heißt ein Atom, das mit vier Nachbarn verknüpft ist) ist „versteckt“ und nimmt nicht an den Kontakten teil. Sein Radius erscheint im geometrischen Modell nicht. Es gibt eine sehr geringe Zahl von Strukturen mit konjugierten Dreifachbindungen (−C≡C−C≡), bei denen C—C-Kontakte zwischen benachbarten Molekülen erfolgen. Auch in diesen Fällen stellt der Wert 1,80 Å für das Kohlenstoffatom die vernünftigste Größe dar.

c) *Zwischenmolekularer Radius des Stickstoffatoms.* Er wird einfach aus der symmetrischen Struktur des Triazids der Cyanursäure [8] bestimmt.

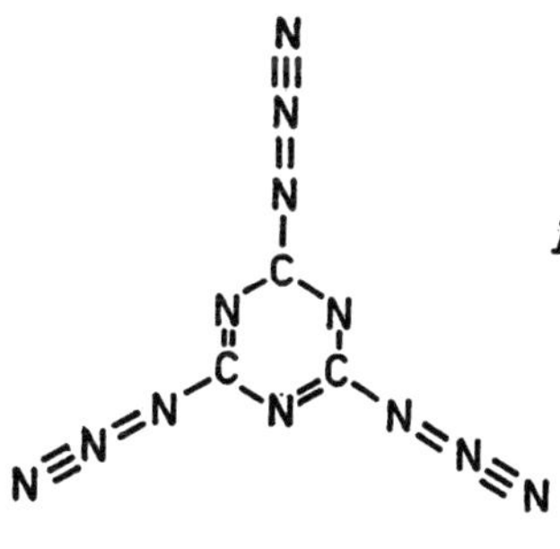

II

Die Raumgruppe ist $C\,6_3/m$; $Z = 2$ und die Molekülsymmetrie $3/m$ bleiben im Kristall voll erhalten. Hier liegt der seltene Fall der Anordnung eines ebenen Moleküls in einer Symmetrieebene vor, in der sich eine dichte Schicht mit der Molekülkoordination 6 (Abb. 1.9) ausbildet. Die folgende Schicht ist gegenüber der vorhergehenden verschoben und gewährleistet damit die hohe Stapelungsdichte (Abb. 1.10). Für die Packung sind die Kontakte des Stickstoffatoms bestimmend. Die Anzahl der unabhängigen Kontakte dieser Art ist vier. Die kürzesten intermolekularen N---N-Abstände führen zu einem Radienwert von $R_N = 1{,}58$ Å. Dieser wird auch für andere Strukturen bestätigt.

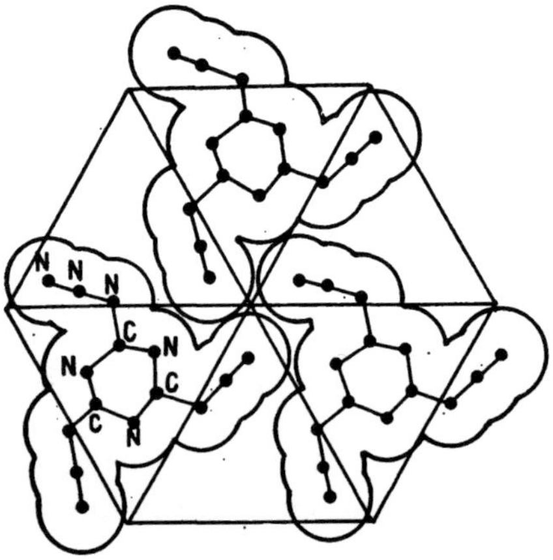

Abb. 1.9. Triazid der Cyanursäure. Dichte Packung in der (a,b)-Schicht

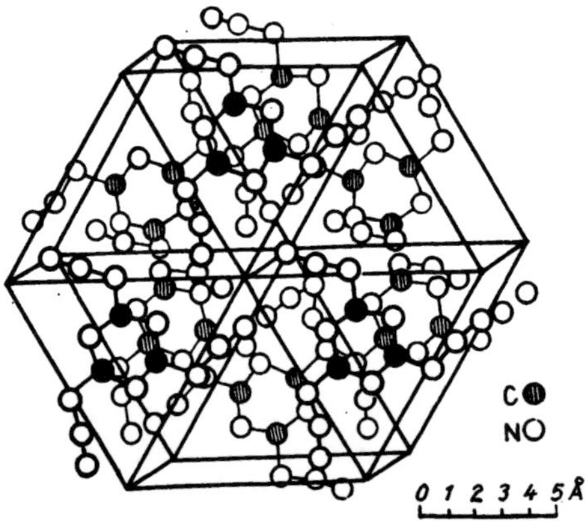

Abb. 1.10. Anordnung der Moleküle des Triazids der Zyansäure in der Elementarzelle

d) *Zwischenmolekularer Radius des Sauerstoffatoms.* Die Kontakte vom O—O-Typ kann man zum Beispiel aus solchen Strukturen wie Hexanitrobenzol bestimmen. Die Kristallstruktur des Hexanitrobenzols [9] besitzt eine monokline Elementarzelle mit den Parametern $a = 13{,}32$ Å; $b = 9{,}13$ Å; $c = 9{,}68$ Å; $\beta = 95°3'$; seine Raumgruppe ist $I\,2/c$; $Z = 4$. Die Moleküle nehmen spezielle Lagen auf den zweizähligen Symmetrieachsen ein. Der Benzolkern des Moleküls ist eben und mit den C—N-Bindungen koplanar. Aus räumlichen Gründen sind die Ebenen der Nitrogruppen um die C—N-Bindung um einen Winkel von 53° gedreht. Die Molekülpackung ist locker ($k = 0{,}64$). Die Struktur ist aus Molekülschichten aufgebaut, die parallel $(10\bar{1})$ (Abb. 1.11) ver-

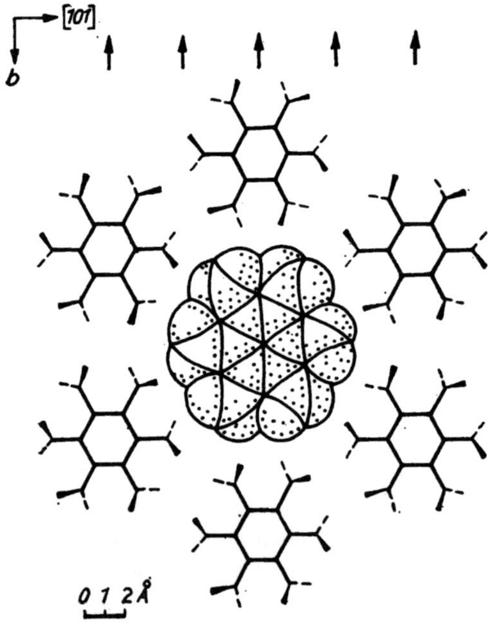

Abb. 1.11. Dichteste Molekülschicht von Hexanitrobenzol

laufen. Die Molekülpackung in der Ebene ist praktisch hexagonal mit Sechserkoordination. So wird der Charakter der Packung durch die originelle Molekülgestalt, die an eine runde Tablette erinnert, bedingt. Die Stapelung der Molekülschichten wird auch auf die dichteste Art durch die Symmetriezentren realisiert.

Im Ergebnis dessen ist das Bezugsmolekül, das sich auf der zweizähligen Achse 0, y, $^1/_2$ befindet, von 14 Nachbarn umgeben, das heißt, die für organische Kristalle maximale Koordinationszahl ist realisiert. In der Struktur fehlen intermolekulare C—C-Kontakte, was durch die Abschirmung des Benzolkerns durch die Nitrogruppen bedingt wird. Entsprechend zeigt sich, daß zwischen den dichtesten Schichten der Abstand am größten ist ($d(10\bar{1})/2 = 4{,}00$ Å). Gewöhnlich beträgt der Abstand zwischen den Molekülebenen in Kristallen aromatischer Verbindungen 3,4—3,6 Å. Die Mehrzahl der intermolekularen O---O-Abstände liegt zwischen 3,02 und 3,42 Å. Indes ist aus der Packungsanalyse der Moleküle ersichtlich, daß die O—O-Kontakte durch Atome realisiert werden, deren Abstände zwischen 3,02 und 3,12 Å liegen. Der mittlere Abstand ist gleich 3,07 Å, woraus der intermolekulare Radius des Sauerstoffs mit $R_O = 1{,}53$ Å folgt.

In der Struktur des Eisenpentacarbonyls (Strukturbeschreibung siehe Seite 59) haben die erstnächsten O-Atome benachbarter Moleküle einen Abstand von 3,15 Å.

Für die Radienbestimmung des Sauerstoffatoms kann man ferner die Alloxan-Struktur

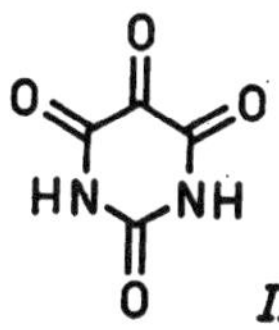

III

[6] heranziehen. Die Kristalle dieser Verbindung sind tetragonal; die Zellparameter sind $a = 5{,}886$ Å; $b = 14{,}100$ Å; ihre Raumgruppe ist $P\,4_12_12$; $Z = 4$. Das Molekül hat eine spezielle Lage, nämlich auf einer zweizähligen Achse. Die Kontakte in der Struktur (Abb. 1.12) werden durch die Sauerstoffatome benachbarter

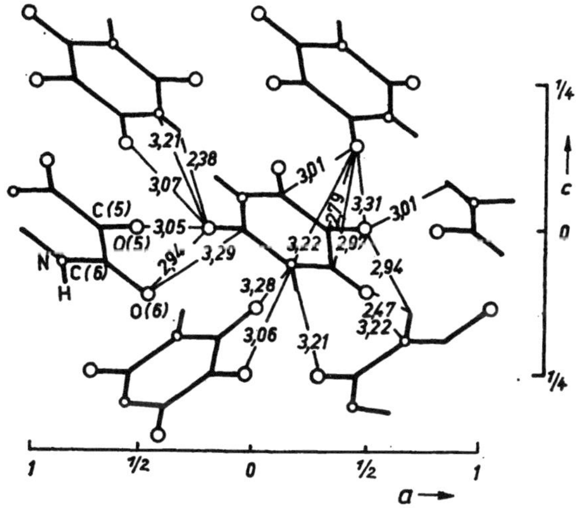

Abb. 1.12. Projektion der Struktur des Alloxan auf die (*a*,*c*)-Ebene

Moleküle realisiert, die folgende Abstände haben: 2,94; 3,05; 3,07 Å. Daraus folgt die mittlere Größe für $R_0 = 1{,}51$ Å. Einen Wert $R_0 = 1{,}52$ Å gibt BONDI an [10]. Die Größe $R_0 = 1{,}36$ Å vom Autor [1] erweist sich als zu niedrig. Der Wert von 1,52 Å wird auch durch unlängst durchgeführte energetische Berechnungen bestätigt, die an der CO_2-Struktur durchgeführt wurden [11].

Analog kann man auch die intermolekularen Radien anderer Atome bestimmen. Es sei nochmals unterstrichen, daß man die Bedeutung und die Möglichkeiten des geometrischen Modells nicht überschätzen darf. Es steht fest, daß wir kleine Unterschiede in den intermolekularen Abständen zwischen gleichen Atomen sowohl in einer Struktur als auch beim Vergleich verschiedener Strukturen antreffen können. Mit Fehlergrenzen von wenigen Prozenten werden die kontaktbildenden intermolekularen Radien durch ein und dieselben Zahlen ausgedrückt. Dabei wird die Additivität der Radien eingehalten.

Was die Unterschiede der Abstände angeht, so hat ihre Untersuchung begrenztes Interesse, und sie ist nur in dem Fall zweckmäßig, wenn es sich um analoge Strukturen handelt, besonders solche, die in homologen Reihen auftreten. Im allgemeinen können die Differenzen sowohl auf die Abweichungen zwischen dem geometrischen Modell und dem Ausdruck für die molekulare Wechselwirkungsenergie bezogen werden als auch auf die unterschiedliche Rolle der Molekülschwingungen in verschiedenen Kristallen. Die geometrischen Schlußfolgerungen für die Wechselwirkungsenergie müssen mit einiger Vorsicht behandelt werden, weil es Unterschiede in den charakteristischen Temperaturen der Kristalle gibt, und außerdem sind die Schmelztemperaturen weit von der Zimmertemperatur entfernt, bei der die überwiegende Mehrzahl der Untersuchungen durchgeführt wurde.

Die Differenzen zwischen realer und idealer Packung und auch die Schwankungen in den Werten der mittleren intermolekularen Radien von Struktur zu Struktur finden ihre Erklärung mit Hilfe des Modells zweiter Näherung, das in den folgenden Kapiteln eingeführt wird.

1.3. Der Packungskoeffizient

Beim geometrischen Modell hat die Untersuchung der Unterschiede in den Abständen keine besondere Bedeutung, da zur Charakterisierung der Packungsdichte Mittelwerte benutzt werden. Für eine große Gruppe von Verbindungen sind die gleichen intermolekularen Radien verwendbar. Mit ihrer Hilfe kann man das Eigenvolumen des Moleküls berechnen. Aus Röntgenuntersuchungen wird das Volumen, das ein Molekül im Kristall einnimmt, bestimmt. Das Verhältnis beider Volumina bezeichnen wir als Packungskoeffizient (k).

Die Packungskoeffizienten liegen für die überwiegende Mehrzahl von Kristallen zwischen 0,65 und 0,77, das heißt nahe den Werten für die Koeffizienten dichter Kugel- und Ellipsoidpackungen. Wenn die Molekülgestalt keinen Packungskoeffizienten größer als 0,6 zuläßt, so ist der Übergang zum Glaszustand bei Temperaturerniedrigung zu erwarten. Sehr interessant ist folgende Regel: Morphotrope Sprünge, die unter Symmetrieverlust vor sich gehen, werden von einer Zunahme der Packungsdichte begleitet. Dazu ein sehr bemerkenswertes Beispiel: Kristalle von $Sn(C_6H_5)_4$, $Sn(C_6H_4CH_3)_4$ und $Sn(C_6H_4OCH_3)_4$ sind tetragonal. Ihre Packungskoeffizienten sind dementsprechend gleich 0,70, 0,68 bzw. 0,62. Der Kristall des $Sn(C_6H_4OC_2H_5)_4$ ist monoklin mit dem Packungskoeffizienten 0,67. Der Symmetrieverlust wird durch den Gewinn an Packungsdichte kompensiert.

Durch experimentelle Untersuchungen an Benzol, Naphthalin und Anthrazen wurde festgestellt, daß diese Stoffe Packungskoeffizienten von k größer als 0,68 im festen Zustand besitzen; beim Übergang vom festen zum flüssigen Zustand verringert sich k sprunghaft auf 0,58. Bei weiterer Temperaturerhöhung der Flüssigkeit bis zum Siedepunkt verringert sich k beim Naphthalin auf 0,51. Bei $k \leqq 0{,}5$ befinden sich diese Stoffe im gasförmigen Zustand [12].

Wählen wir ein anderes Beispiel, das ebenfalls den physikalischen Inhalt des Packungskoeffizienten demonstriert. Die Kompressibilitätsmoduli der Kristalle des Tolans, Dibenzyls und Stilbens wurden vom Autor gemessen und sind gleich 4,07, 4,54 bzw. $6{,}50 \cdot 10^{10}\,\mathrm{dyn/cm^2}$. Die Packungskoeffizienten sind 0,69, 0,71 bzw. 0,72. Das heißt, für ähnliche Strukturen gilt, daß die Kompressibilität dem Packungskoeffizienten umgekehrt proportional ist.

Zur Berechnung des Packungskoeffizienten der Moleküle im Kristall muß man unbedingt das Volumen des Moleküls selbst kennen. Die Berechnung des Eigenvolumens des Moleküls ist möglich, wenn die Bindungslängen, die Valenzwinkel und intermolekularen Abstände bekannt sind. Nachdem man das Molekül durch die intermolekularen Radien umgrenzt hat, teilt man das Gesamtmolekülvolumen in Teile (Inkremente) ein, das heißt in die von den einzelnen Atomen eingebrachten Anteile des Gesamtvolumens. Bei der Konstruktion des Molekülmodells des 4-Chlordiphenyls zeichnet man zuerst (Abb. 1.13a) vom Kohlenstoffatom als Zentrum einen Kugel-

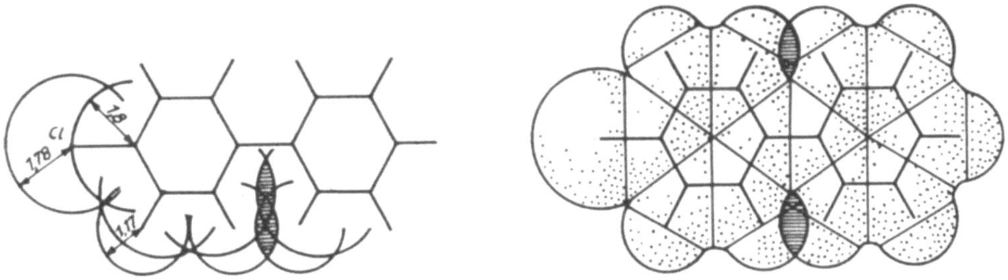

a) b)

Abb. 1.13. Modell des 4-Chlordiphenyl-Moleküls. a) Anfangsstadium der Konstruktion, b) fertiges Modell

ausschnitt mit dem Radius $R_C = 1{,}8$ Å und vom Wasserstoffatom als Zentrum einen Kugelausschnitt mit dem Radius $R_H = 1{,}17$ Å (in beliebigem Maßstab). Die Kugeln schneiden sich in Kreisen, und die durch sie gelegte Ebene schneidet die überflüssigen Kugelgebiete ab, die nicht am äußeren Molekülaufbau teilnehmen. Das fertige Modell des 4-Chlordiphenyls in Abbildung 1.13b läßt sich in einzelne Inkremente zerlegen: neun Inkremente $>$C—H, zwei $>$C— und ein $>$C—Cl. Solche Volumeninkremente kann man nach der Formel

$$\Delta V = \frac{4}{3}\pi R^3 - \sum_i \frac{1}{3}\pi h_i^2(3R - h_i)$$

berechnen. Dabei ist R der intermolekulare Radius des betrachteten Atoms.

$$h_i = R - \frac{R^2 + d_i^2 - R_i^2}{2d_i},$$

wobei R_i die intermolekularen Radien der Atome angeben, die mit den betrachteten kovalent gebunden sind und sich im Abstand d_i von ihnen befinden.

Tabelle 1.1. Werte der Volumeninkremente von häufig auftretenden Atomgruppen ($R_C = 1{,}80$ Å, $R_H = 1{,}17$ Å, $R_{Cl} = 1{,}78$ Å)

Atom oder Atomgruppe		ΔV/Å³	Atom oder Atomgruppe	ΔV/Å³
Aromatisches Kohlenstoffatom	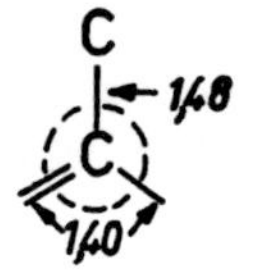	8,4	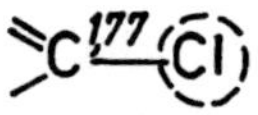	19,9
C—H-Gruppe (aromatisch)	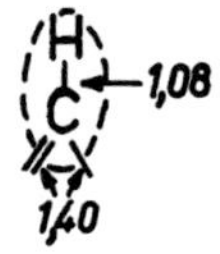	14,7	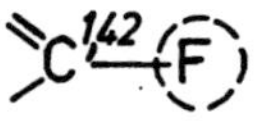	9,6
C—H-Gruppe (aliphatisch)	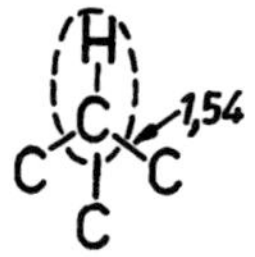	11,1	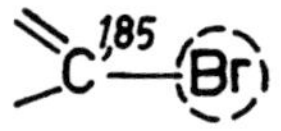	26,0
CH_2-Gruppe	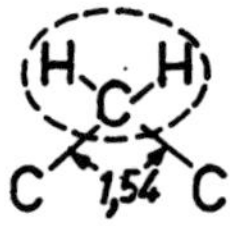	17,1	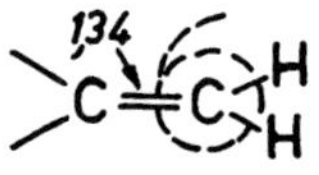	13,1
CH_3-Gruppe	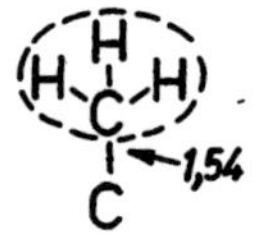	23,5	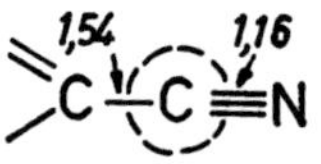	5,9
Vierergruppe des Kohlenstoffatoms	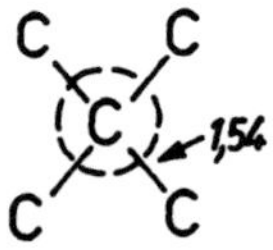	5,0	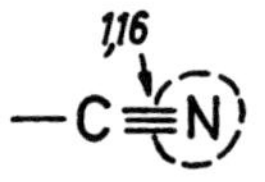	10,0
Nitrogruppe	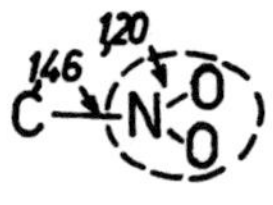	23,0	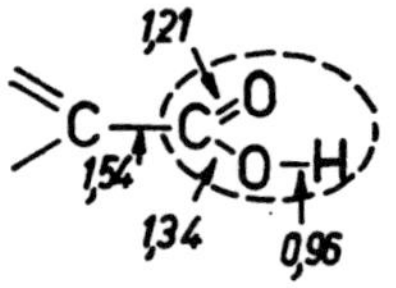	23,1
Aminogruppe	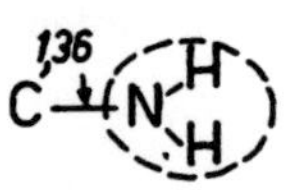	19,7	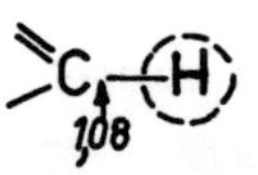	2,0

Die Volumeninkremente einiger Atomgruppen, die man am häufigsten in Molekülen antrifft, sind in Tabelle 1.1 angeführt. Sie können zur Berechnung der Packungskoeffizienten benutzt werden. Bei der Berechnung des Moleküleigenvolumens mit Hilfe der Inkremente muß man immer berücksichtigen, daß ein solcher Schematismus die sterische Behinderung unberücksichtigt läßt, die nicht selten zwischen den Atomen eines Moleküls auftreten kann (zum Beispiel entsprechen die gestrichelten Gebiete in Abbildung 1.13b sich überlappenden Wasserstoffatomen, die sich in Orthostellung befinden.).

Nach Bedarf werden notwendige Korrekturen eingeführt. Im allgemeinen können zur genauen Berechnung des Eigenvolumens von Molekülen beliebiger Kompliziertheit elektronische Rechenmaschinen und entsprechende Programme benutzt werden.

1.4. Dichte Packung und Kristallsymmetrie

Die Analyse der Molekülpackung in organischen Kristallen läßt folgende Schlußfolgerung zu: Die gegenseitige Lage der Moleküle im Kristall ist immer derart, daß die „Ausbuchtung“ eines Moleküls in die „Einbuchtung“ des benachbarten greift. Es ist verständlich, daß die Betrachtung aller möglicher Molekülpackungen für Elementarzellen verschiedener Symmetrie und Größe undurchführbar ist. Trotzdem erscheint die Feststellung, daß die reale Struktur zu einer der denkbaren dichtesten Packungen gehört, völlig sinnvoll.

Die Prüfung dieser Vorstellung erfolgte durch Sorki, Porai-Koschiz und Presman [13—18] für den zweidimensionalen Fall, das heißt für Strukturen, in denen ebene Schichten ebener Moleküle (die Ebene der Moleküle fällt mit der Ebene der Schicht zusammen) vorliegen und für kettenförmige Van-der-Waals-Strukturen, zum Beispiel des $PdCl_2$ und $BeCl_2$, in denen unendliche Ketten des Typs

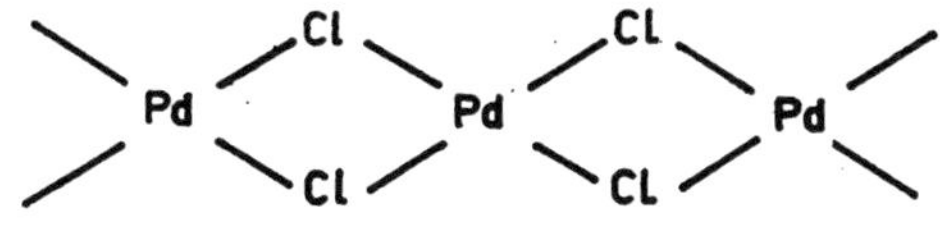

auftreten.

Die real beobachtbaren Strukturen erwiesen sich als dichteste oder eine der dichtesten, wobei sich im letzteren Fall die Packungsdichtekoeffizienten der realen Packungen und der dichtesten Anordnungen um nicht mehr als 0,01 unterscheiden.

Die Verwirklichung einer dichten Packung ist, wie schon festgestellt wurde, bei hohen Werten für die Molekül-Koordinationszahlen möglich. Erfahrungsgemäß haben diese Zahlen meistens die Werte 14, 12 und 10.

Als Beispiel einer Struktur mit der Koordinationszahl 14 kann die Kristallstruktur des Hexamethylentetramins $N_4(CH_2)_6$ angeführt werden [14]. Die Kristalle dieser Verbindung haben eine kubisch-innenzentrierte Elementarzelle der Symmetrie $I\bar{4}3m$ mit den Parametern $a = 7{,}02$ Å; $Z = 2$. Das Molekül, das im Würfelzentrum liegt (Abb. 1,14), realisiert N—H-Kontakte mit acht Molekülen, die an den Würfelecken sitzen. Außerdem verknüpfen die C—C-Kontakte der CH_2-Gruppen das betrachtete Molekül mit sechs anderen Molekülen, die sich in den Zentren der benachbarten Zellen

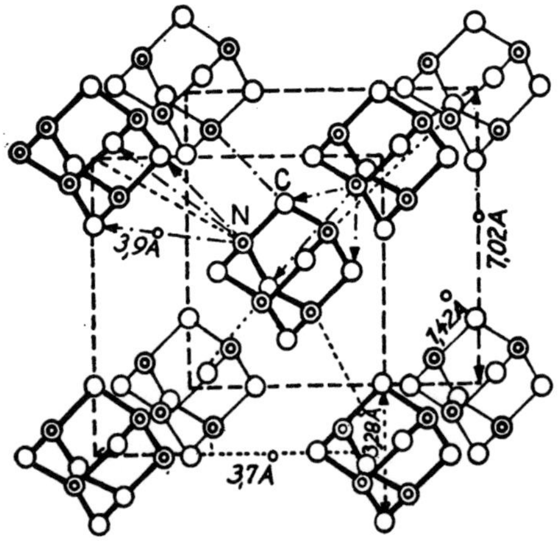

Abb. 1.14. Kristallstruktur des Hexamethylentetramins (die H-Atome sind nicht eingezeichnet)

befinden. Bei der Koordinationszahl 14 ist der Packungskoeffizient des Hexamethylentetramin-Moleküls gleich dem allgemeinen Wert von 0,72. Indes sind die Abstände zwischen den die Kontakte realisierenden Atomen ein wenig größer als die allgemein üblichen, nämlich N---H = 2,86 Å anstatt 1,57 Å + 1,17 Å = 2,74 Å; C—C=3,72 Å. Offenbar hängt diese Tatsache mit der außergewöhnlich großen „Berührungsfläche" der Moleküle zusammen.

Die Koordinationszahl 10 liegt in der Harnstoffstruktur vor:

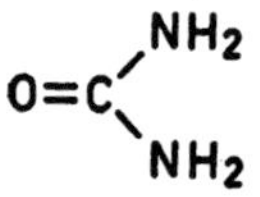

IV

Kristalle dieser Verbindung haben eine tetragonale Elementarzelle: $P\,4\bar{2}_1m$; $Z = 2$ [20]. Das Molekül behält seine volle Symmetrie *mm* im Kristall bei. Die Zellparameter sind: $a = 5{,}67$ Å, $c = 4{,}73$ Å. Das Bezugsmolekül berührt (Abb. 1.15) zwei andere, die durch Translation längs *c* erzeugt werden, vier, die durch die $\bar{4}$-Achsen (oder 2_1-Achsen oder durch die Gleitspiegelebene) erzeugt werden, und weitere vier, die durch Translationen längs *c* mit dem Bezugsmolekül verknüpft sind.

Hohe Koordinationszahlen können bei Vorliegen der entsprechenden Symmetrie im Kristall auftreten. In der bereits zitierten Monographie des Autors [1] wird der Versuch unternommen, alle möglichen Raumgruppen organischer Kristalle vom Prinzip der dichten Packung her abzuleiten. Die Auswahl der Raumgruppe geschieht auf folgende Weise. Zuerst wird die Symmetrie der zweidimensionalen Schichten bestimmt, die die Realisierung der Molekülpackung in der Schicht mit der Koordinationszahl 6 bei beliebiger Neigung des Moleküls zu den Achsen der Elementarmasche der Schicht gestattet. Im allgemeinen gibt es für Moleküle beliebiger Form nur zwei solcher Schichten: eine Schicht mit einem schiefwinkligen Netz mit Inversionszentren und eine Schicht aus rechtwinkligen Maschen, die mittels Translationen und ihnen parallelen zweizähligen Schraubenachsen erzeugt wird. Danach wählen wir die Raumgruppen aus, in denen ähnliche Schichten möglich sind und sich derart überlagern,

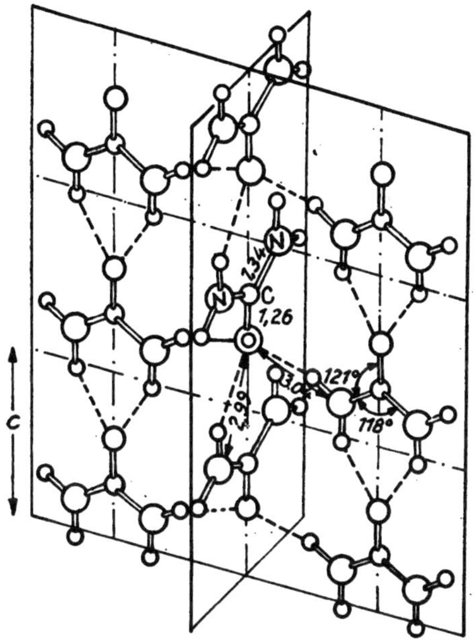

Abb. 1.15. Kristallstruktur des Harnstoffs (H-Atome sind nicht eingezeichnet)

daß eine möglichst hohe Koordinationszahl erreicht wird. Es ist klar, daß zum Beispiel Schichtstapelungen über Symmetrieebenen hier ausgeschlossen sind. Beschränken wir uns auf den ebenen Fall. Diese Betrachtung macht das Prinzip des Herangehens an die Auswahl der Raumgruppen klar, die für Molekülkristalle prädestiniert sind.

1.5. Dichteste ebene Symmetriegruppen

Wir betrachten die Packungsmöglichkeiten der Moleküle in jeder der 17 ebenen Symmetriegruppen.

Dabei vereinbaren wir, eine ebene Molekülschicht als dicht zu betrachten, wenn in ihr die Koordinationszahl 6 realisiert ist, das heißt, jedes Molekül berührt sechs Nachbarn.

Eine Molekülschicht soll dichtest heißen, wenn die Koordinationszahl 6 bei beliebiger Orientierung des Moleküls zu den Achsen der Elementarzellen möglich ist.

Eine Molekülschicht wird bei gegebener Symmetrie einer Figur in der Schicht äußerst dicht genannt, wenn die Sechserkoordination bei beliebiger Neigung (bei beliebiger Orientierung zu den Achsen der Elementarzelle) unter Beibehaltung der Symmetrie der Figur in der Schicht möglich ist.

Es ist klar, daß bei allgemeiner Betrachtung, die Molekülform beliebig sein soll.

Wie aus Abbildung 1.16 zu sehen ist, kann man immer eine Translation t_1 so auswählen, daß die durch sie verknüpften Moleküle sich untereinander auf dichteste Art berühren. Durch eine zweite Translation t_2, die mit t_1 nicht koplanar ist, kann man ein drittes Molekül zuführen, das zu den ersten beiden so liegt, daß es in die Einbuchtung zwischen ihnen hineinragt, das heißt, beide berührt. Insofern sind den

Abb. 1.16. Dichte Schicht der *p*1-Symmetrie

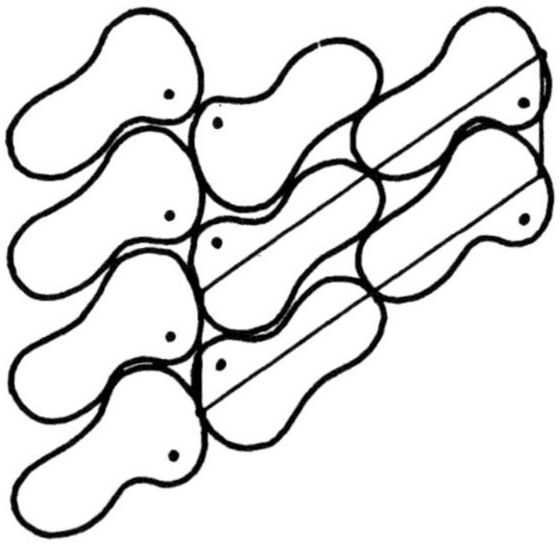

Abb. 1.17. Dichte Schicht der *p*2-Symmetrie

Translationen t_1 und t_2 keine Begrenzungen auferlegt, was kein Hindernis für die Auswahl der Elementarzellen mit minimaler Fläche bei gegebener Molekülform ist.

Folglich ist in der ebenen Gruppe *p*1 durch die Wahl der Größen t_1 und t_2 und des Winkels zwischen ihnen die Bildung einer dichtesten Schicht bei beliebiger Molekülform möglich.

Der Übergang zur zentrosymmetrischen Gruppe *p*2 erschwert nicht die Bildung einer dichtesten Schicht. Tatsächlich ist die Translation t_1 (Abb. 1.17), die zwei sich einander dicht berührende Moleküle verknüpft, dieselbe wie im vorhergehenden Fall. Ändert man die Größe t_2 und den Winkel zwischen t_1 und t_2, ist es immer möglich, ein drittes Molekül so anzuordnen, daß es die beiden Bezugsmoleküle berührt und mit ihnen über ein Inversionszentrum verknüpft ist. Es entsteht eine dichteste Schicht mit Sechserkoordination und zentrosymmetrischer Elementarzelle, die schiefwinklig ist und zwei Moleküle enthält.

Die ebenen Gruppen *pm* und *pmm* sind nicht zur Bildung irgendeiner Schicht mit Sechserkoordination befähigt. Tatsächlich ordnen sich Moleküle, die durch Spiegelgeraden (Spur einer senkrechten Spiegelebene oder einer in der Ebene liegenden zweizähligen Achse) verknüpft sind, nach dem Prinzip „Ausbuchtung an Ausbuchtung" an, und man erhält eine Schicht mit Viererkoordination (Abb. 1.18 und 1.19).

Betrachten wir die ebene Gruppe *pg*. Mit Hilfe der Translation t_1 bilden wir eine Reihe dicht aneinander grenzender Moleküle. Ändert man den Koordinatensprung und die Größe der Translation t_2, die senkrecht zu t_1 sei, so kann man eine mit t_2

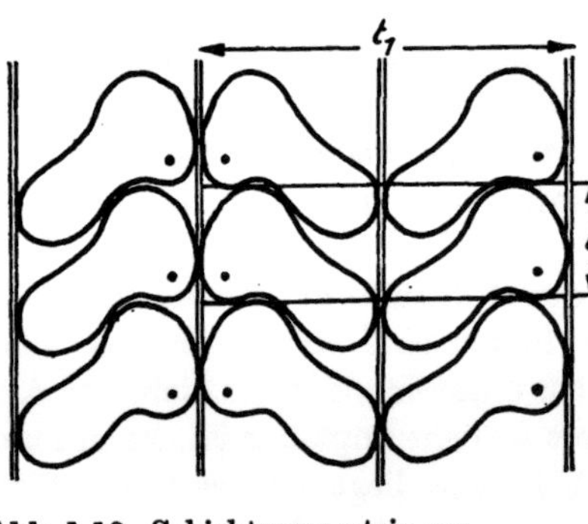

Abb. 1.18. Schichtsymmetrie *pm*

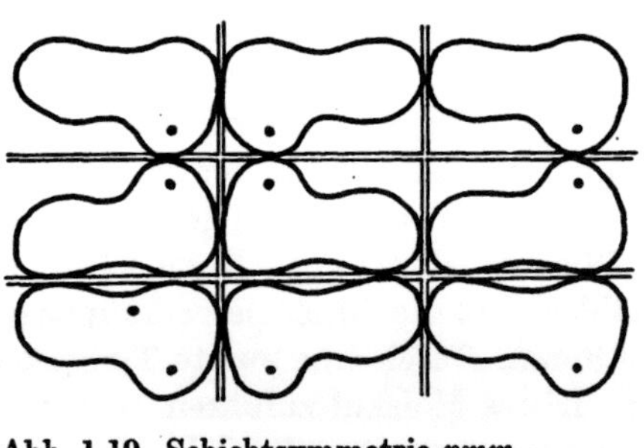

Abb. 1.19. Schichtsymmetrie *pmm*

zusammenfallende Gleitspiegelgerade so anordnen, daß ein Molekül, das durch diese Translation aus dem ursprünglichen hervorgeht, in die Vertiefung zwischen zwei Molekülen der ersten Reihe paßt (Abb. 1.20). Man erhält eine Schicht mit Sechserkoordination, welche am dichtesten wird, weil keine Beschränkungen für die Neigung der Moleküle gegenüber den Zellkanten oder spezielle Forderungen an seine Form vorliegen.

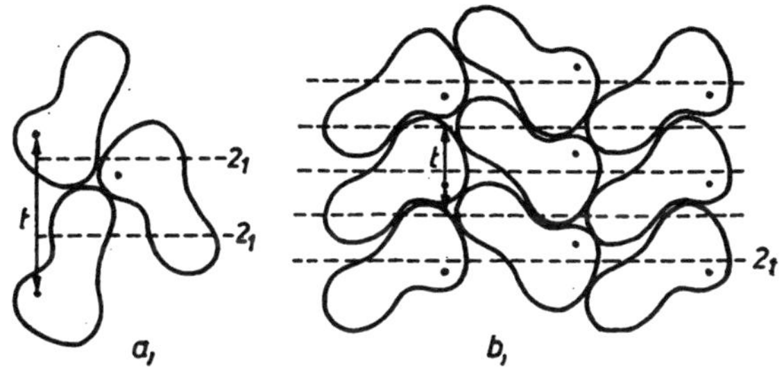

Abb. 1.20. *pg*-Schicht mit verschiedener Orientierung (a und b) der Figuren zu den Symmetrieelementen

Für die zentrosymmetrische Gruppe *pgg* können die Überlegungen analog sein, wenn wir ein Paar dicht gepackter Moleküle, die über ein Symmetriezentrum verknüpft sind, als einen Baustein betrachten. Mit Hilfe der Translation t_1 kann man eine dicht gepackte Reihe solcher Paare erzeugen (in Abbildung 1.21 z. B. die oberste Reihe). In dieser Gruppe ist der Koordinatenursprung, das Symmetriezentrum, fixiert.

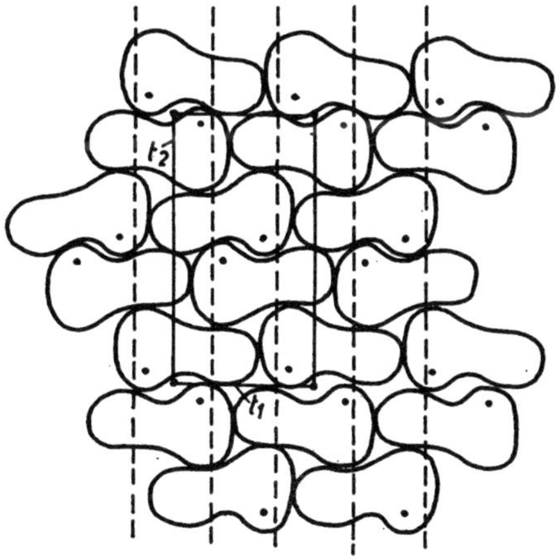

Abb. 1.21. *pgg*-Schicht mit Sechserkoordination, die durch Figurenpaare hervorgerufen wird, die über Symmetriezentren verknüpft sind

Durch die Wirkung der zu t_1 senkrechten Gleitspiegelgeraden, die sich im Abstand $t_1/4$ vom Ursprung befindet, kann man eine solche Reihe von Molekülen erzeugen, daß jedes davon mit zwei Molekülen der Bezugsreihe Kontakt hat, das heißt eine Schicht mit der Koordinationszahl 6. Die zweite Gleitspiegelgerade, senkrecht zur ersten und in $t_2/4$ liegend, erscheint als Ergebnis des gemeinsamen Wirkens der Geraden, die mit Inversionszentren besetzt ist, und der dazu senkrechten Gleitspiegelgeraden.

Die auf diese Art und Weise erhaltene Schicht ist dennoch nicht die dichteste für asymmetrische Moleküle in dem Sinne, wie wir diesen Begriff am Anfang des Abschnittes eingeführt haben, weil die minimale Fläche der Elementarmasche durch die zusätzliche Forderung nach der „besten" Packung der Molekülpaare, die ein Symmetriezentrum besitzen, entsteht. Im Falle einer Orientierung der Figuren wie in Abbildung 1.22 erhalten wir für diese Symmetrie nicht die Sechserkoordination.

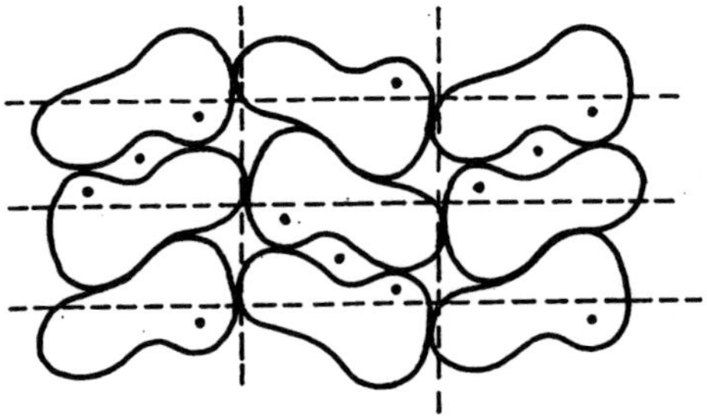

Abb. 1.22. *pgg*-Schicht mit Viererkoordination

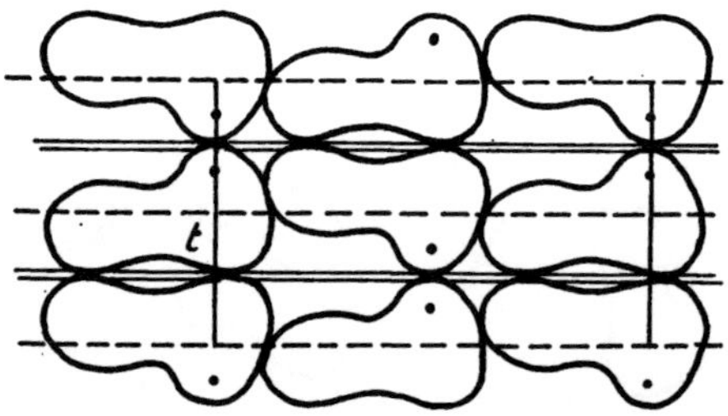

Abb. 1.23. Schichtsymmetrie *cm*

In den ebenen Gruppen *cm* und *cmm* ist die Bildung von Schichten mit Sechserkoordination bei beliebiger Molekülform unmöglich. Im Unterschied zu den Gruppen *pg* und *pgg*, wo die Existenz von Gleitspiegelgeraden zur Bildung einer dichten Packung führt, verlaufen in diesen Gruppen Symmetriegeraden den Gleitspiegelgeraden parallel (Abb. 1.23 und 1.24), wonach sich Moleküle mit „Ausbuchtung an Ausbuchtung" aneinanderlagern, und es entsteht eine Schicht mit Viererkoordination. Für beliebige Molekülformen sind Packungen mit Sechserkoordination auch in der ebenen Gruppe *pmg* unmöglich (Abb. 1.25).

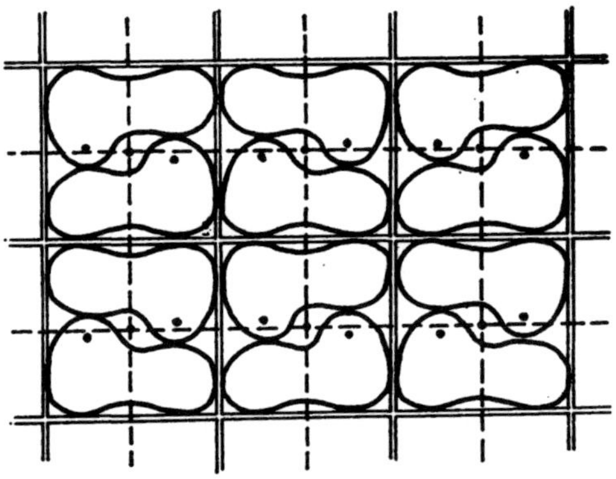

Abb. 1.24. Schichtsymmetrie *cmm*

In den ebenen Gruppen höherer Symmetrie — den tetragonalen (*p*4, 4*pm*, *p*4*g*) und den hexagonalen (*p*3, *p*3*m*1, *p*31*m*, *p*6, *p*6*m*) — führt die durch die Symmetrie bedingte Gleichheit der Achsen der Elementarmasche ($a = b$) dazu, daß es sich in diesen Gruppen als unmöglich erweist, Figuren beliebiger Form ohne Überlappung anzuordnen (Abb. 1.26).

So ergibt sich, daß von neun ebenen Gruppen sich nur vier für die Bildung dichtester Packungen von Molekülen beliebiger Form am günstigsten erweisen, nämlich *p*1, *p*2, *pg* und *pgg* — letztere nur für zentrosymmetrische Molekülpaare.

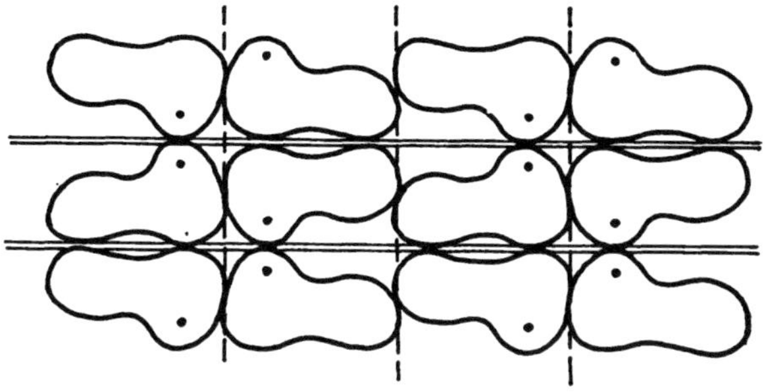

Abb. 1.25. Schichtsymmetrie *pmg*

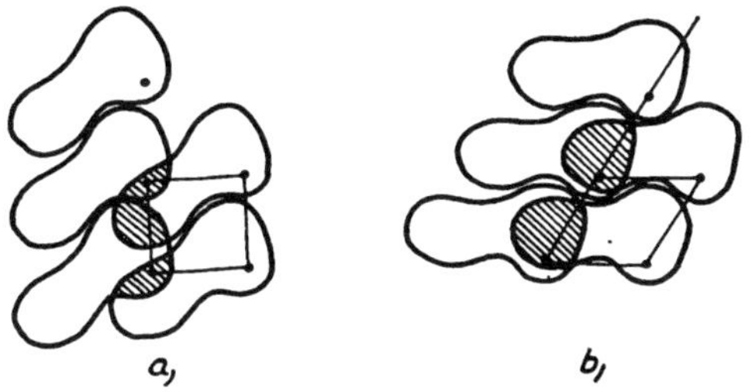

Abb. 1.26. Ungünstige Packung von tetragonalen (a) und hexagonalen (b) Zellen von Figuren beliebiger Form

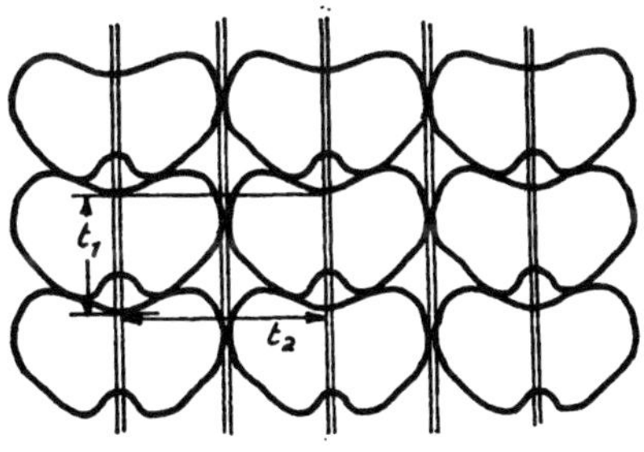

Abb. 1.27. Schicht *pm* aus Figuren mit Symmetriegerade

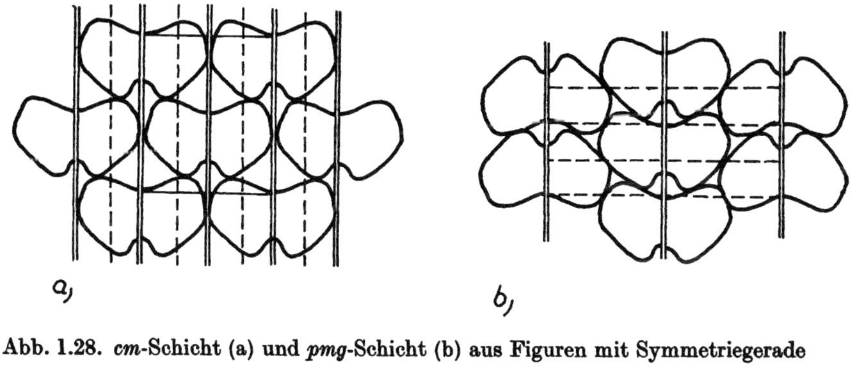

Abb. 1.28. *cm*-Schicht (a) und *pmg*-Schicht (b) aus Figuren mit Symmetriegerade

Verbleiben noch die Fälle, in denen sich solche Packungen ausbilden, die wir als äußerst dicht bezeichnet haben.

Besitzt die Figur eine Symmetriegerade, kann man sie im Prinzip in eine der drei Gruppen *pm*, *pmg* oder *cm* einordnen; obwohl im ersten Fall (Abb. 1.27) die Sechserkoordination für Figuren beliebiger Form nicht realisierbar ist. In den beiden anderen Gruppen wird die Sechserkoordination immer erreicht. Tatsächlich kann man immer mit Hilfe einer Translation senkrecht (in der Gruppe *cm*, Abb. 1.28a) oder parallel (in der Gruppe *pmg*, Abb. 1.28b) zur Gleitspiegelgeraden eine Reihe sich einander dicht berührender Figuren erhalten. Wählt man die zweite Translation senkrecht zur ersten, kann man die daraus folgende Reihe zur Berührung mit der ersten bringen. Die Existenz der Gleitspiegelgeraden gewährleistet eine Verschiebung in der Packung der Reihen derart, daß jede Figur zwei der benachbarten Reihe berührt. Das führt zur Sechserkoordination in der Schicht. Die Bildung solcher Schichten ist notwendigerweise außer von der Form der Moleküle auch von der Lage der Symmetriegeraden abhängig, um die Moleküle in ganz bestimmter Art und Weise anordnen zu können. Ist diese strenge Forderung erfüllt, dann sind zur Bildung äußerst dichter Schichten die beiden Gruppen *cm* und *pmg* günstig. Wie aus den Zeichnungen zu sehen ist, ist die Packung mit der besten Ebenenausfüllung manchmal in dieser, manchmal in jener Gruppe zu erreichen, ganz in Abhängigkeit von der Form der Figur.

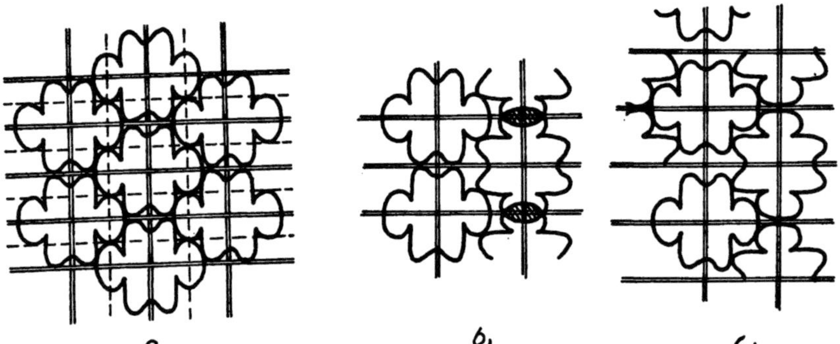

Abb. 1.29. Schichten aus Figuren mit zwei Symmetriegeraden

Besitzt die Figur zwei Symmetriegeraden und nimmt sie eine spezielle Lage im Gitter ein, dann verliert sie alle Freiheitsgrade. Abbildung 1.29a zeigt, daß Figuren solcher Symmetrie und beliebiger Form eine Packung mit Sechserkoordination in der ebenen Gruppe *cmm* mit zentrierter Elementarmasche bilden. Diese Figuren können auch in einer Schicht mit der Symmetrie *pmm* gepackt werden; allerdings ist dabei die Sechserkoordination bei beliebiger Form der Figur unmöglich. Die Figuren werden sich entweder in der zweiten Reihe überlappen (Abb. 1.29b) oder berühren sich nicht mit der ersten (Abb. 1.29c).

Betrachten wir die möglichen Packungen von Figuren, die ein Symmetriezentrum besitzen. Im Falle einer schiefwinkligen Masche (ebene Gruppe *p*2) ist alles, was für asymmetrische Figuren gesagt wurde, auch für die zentrosymmetrischen Figuren richtig. Tatsächlich ergibt sich: Bildet man mit Hilfe der Translation t_1 eine Reihe aus zentrosymmetrischen Figuren, so sehen wir, daß die Operation des zwischen den

Figuren liegenden Symmetriezentrums mit der Operation der Translation t_1 identisch ist (Abb. 1.30).

Folglich kann die zweite Translation t_2, der nach Größe und Richtung keine Beschränkung auferlegt ist, immer die Berührung einer Bezugsfigur mit zwei Figuren der Nachbarschicht erreichen. Die Sechserkoordination wird hier ohne weiteres erreicht.

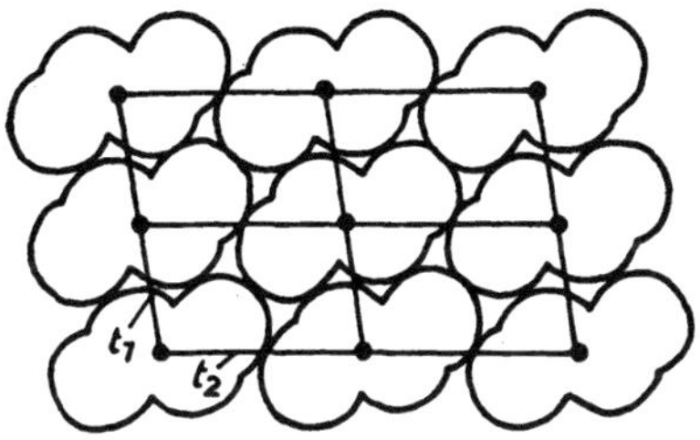

Abb. 1.30. Schichtsymmetrie *p*2 aus zentrosymmetrischen Figuren

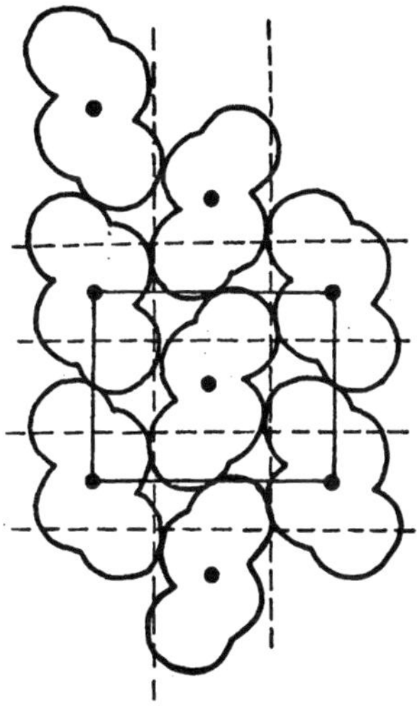

Abb. 1.31. Schichtsymmetrie *pgg* aus zentrosymmetrischen Figuren

In den ebenen Gruppen *pmg* und *cmm* werden die zentrosymmetrischen Figuren durch die Operation der Symmetriegeraden gepackt, was aber nicht zu einer Sechserkoordination führt, und damit sind diese beiden zentrosymmetrischen Gruppen weniger günstig.

Es bleibt die zentrosymmetrische Gruppe *pgg*. Betrachten wir eine Reihe zentrosymmetrischer Figuren (Abb. 1.31), die durch die Pseudotranslation der Symmetriezentren gebildet wird. Oben wurde gezeigt, daß, falls die zentrosymmetrischen Figuren die Symmetriezentren der Reihe besetzen, die Pseudotranslation der einfachen Translation äquivalent ist. Die Gleitspiegelgeraden können nicht beliebig angeordnet werden. Sie verlaufen zwischen zwei benachbarten Symmetriezentren. Kann unter diesen Bedingungen eine dichte Packung in der Schicht mit Sechserkoordination realisiert werden? Das geht. Und dabei wird der Packung in der ersten Reihe keine Beschränkung auferlegt, ungeachtet der fixierten Lage der Gleitspiegelebenen. Die zweite Reihe erhält man aus der ersten mit Hilfe der Gleitgeraden und der Verringerung der Gleitkomponente, wobei sich beide Reihen nähern. Jede Figur der zweiten Reihe berührt gleichzeitig zwei der ersten, da die zweite Reihe um die halbe Translation gegenüber der ersten verschoben ist. Folglich wird die Sechserkoordination in dieser Schicht ohne irgendeine Beschränkung hinsichtlich der Packung der Bezugsreihe zentrosymmetrischer Figuren erreicht.

Damit ist die äußerst dichte Packung in der Schicht möglich: in den ebenen Gruppen *pmg* und *cm* bei Erhaltung der Symmetriegeraden der Figur, in der ebenen Gruppe *cmm*, wenn die Figur zwei Symmetriegeraden hat, und in den ebenen Gruppen *p*2 und *pgg* für zentrosymmetrische Figuren beliebiger Form.

1.6. Raumgruppen, die für dichte Molekülpackungen geeignet sind

Kristalle niederer Symmetrie, typisch für organische Verbindungen, bauen sich durch Stapelung von Schichten dreidimensionaler Figuren auf, wobei eine dichteste Stapelung angestrebt wird. Das bedeutet vor allem, daß die Schichtstapelung nicht durch Spiegelungssymmetrie zustande kommt. Die dichteste Stapelung der Schichten kann entweder durch eine monokline Verschiebung (Translation, die einen beliebigen Winkel mit der Schichtebene bildet) oder durch Symmetriezentren, Gleitspiegelebenen oder Schraubenachsen erreicht werden. Die Herausbildung einer dichtesten Packung bei der Stapelung von Schichten durch eine zweizählige Achse ist wenig wahrscheinlich, aber dennoch realisierbar, weil es Fälle gibt, in denen die Moleküle durch zweizählige Achsen verknüpft sind, was nicht zu einer gegenseitigen Berührung führt und damit nicht eine dichteste Packung durch andere Symmetrieelemente stört.

Durch eine Analyse der Anordnungsmöglichkeiten der Moleküle in jeder Raumgruppe zeigte der Autor [1], daß für Moleküle ohne Eigensymmetrie eine dichteste Packung in den Raumgruppen $P\bar{1}$, $P2_1$, $P2_1/c$, Pca, Pna und $P2_12_12_1$ vorliegt.[1]) Für zentrosymmetrische Moleküle ist die Zahl der Raumgruppen noch geringer, nämlich $P\bar{1}$, $P2_1/c$, $C2/c$ und $Pbca$. In diesen Fällen ist die Sechserkoordination in der Schicht bei beliebiger gegenseitiger Orientierung der Moleküle möglich.

Allen erwähnten Gruppen ist eine Besonderheit gemeinsam: die dichten ebenen Schichten, wie sie oben behandelt wurden, werden in ein, zwei oder drei Systemen von Ebenen realisiert. Eine ebensolche Verknüpfung gibt es zwischen den sehr dicht gepackten ebenen Schichten für eine gegebene Molekülsymmetrie und den entsprechenden Raumgruppen. Hat das Molekül zum Beispiel die Symmetrie 2 und bleibt diese im Kristall erhalten, so ist die äußerst dichte Packung solcher Moleküle in den Gruppen $C2/c$, $P2_12_12_1$ und $Pbcn$ möglich. In Tabelle 1.2 sind alle Fälle der Packung unter Berücksichtigung der Symmetrie des Moleküls im Kristall angeführt.

Die statistische Verteilung der Molekülkristalle nach Raumgruppen bestätigt im wesentlichen die dargelegten theoretischen Erwägungen. Belski und Sorki [21] wer-

Tabelle 1.2. Dichteste Raumgruppen und Raumgruppen maximaler Dichte für organische Kristalle

Molekülsymmetrie im Kristall								
Raumgruppen	1	2	m	$\bar{1}$	mm	$2/m$	222	mmm
dichteste	$P\bar{1}$ $P2_1$ $P2_1/c$ Pca Pna $P2_12_12_1$	keine	keine	$P\bar{1}$ $P2_1/c$ $C2/c$ $Pbca$	keine	keine	keine	keine
maximale Dichte	keine	$C2/c$ $P2_12_12$ $Pbcn$	Cmc Cmc $Pnma$	keine	Fmm $Pmma$ $Pmmn$	$C2/m$ $Pbam$ $Cmca$	$C222$ $F222$ $I222$ $Ccca$	$Cmmm$ $Fmmm$ $Immm$

[1]) Die Gruppe $P1$ fällt nicht in diese Beschreibung: Ohne besonderen Beweis ist klar, daß sich die Parallelität aller Moleküle mit den Forderungen an eine dichte Packung im Widerspruch befindet.

Tabelle 1.3. Die häufigsten Raumgruppen der Molekülkristalle

Gruppe	Zahl der Strukturen	%	Gruppe	Zahl der Strukturen	%
$P2_1/c$	717	38,8	*Pbca*	69	3,7
$P2_12_12_1$	183	10,0	*Pnma*	58	3,1
$P\bar{1}$	176	9,5	$Pna2_1$	45	2,4
$C2/c$	143	7,8	$P2_1/m$	23	1,2
$P2_1$	81	4,4	*Cc*	19	1,0

teten die Literaturangaben bis 1968 über den Bau von 1848 Molekülkristallen statistisch aus. (Es handelt sich um Homomolekülkristalle, das heißt Kristalle, die aus gleichen Molekülen bestehen.) Die Ergebnisse sind in Tabelle 1.3 dargestellt.

Aus der Tabelle ist ersichtlich, daß auf die 10 häufigsten Gruppen etwa 82% der Kristallstrukturen entfallen.

Vom Standpunkt der Forderung nach dichter Packung ist die Raumgruppe $P2_1/c$ in der organischen Kristallchemie offensichtlich die dominierende. Nur in dieser Gruppe gibt es die Möglichkeit, dichteste Schichten in allen drei Koordinationsebenen der Elementarzelle aufzubauen.

Zu den dichtesten Gruppen gehören auch die nichtzentrosymmetrischen Gruppen $P2_1$ und $P2_12_12_1$; obwohl ihre Möglichkeiten zur Bildung dichter Packungen geringer sind als bei der Gruppe $P2_1/c$, ist es völlig natürlich, daß man sie in solchen Fällen antrifft, in denen die Moleküle selbst nur in ihrer linken oder rechten Form auftreten.

Bekanntlich bilden Moleküle hoher Eigensymmetrie recht häufig Kristalle, in denen diese Moleküle spezielle Lagen unter Erniedrigung der Zahl der Freiheitsgrade, ja sogar Lagen ohne Freiheitsgrad (Hexamethylentetramin, Diparaxylilen) einnehmen. Natürlich sind hier die Möglichkeiten der dichten Packung dadurch erschwert, daß die Symmetrie der Lagen eine bestimmte gegenseitige Orientierung der Moleküle vorschreibt; obwohl in einem Fall, wenn nämlich das Molekül im Kristall eine zentrosymmetrische Lage einnimmt, die Möglichkeit der dichten Packung in vollem Maße erhalten bleibt.

In diesem Fall, wie auch für Moleküle in allgemeiner Lage, kann man dichte Schichten mit Sechserkoordination für beliebige Neigungen der Molekülachsen gegen die Achsen der Elementarmasche aufbauen. Das ist wiederum eine schiefwinklige Schicht, entstanden durch die Wirkung des Symmetriezentrums, und eine rechtwinklige Schicht, deren Symmetrie der Schicht (b, c) der Raumgruppe $P2_1/c$ entspricht, die auch in diesem Fall ihre Vorherrschaft behält, jetzt aber mit zwei Molekülen pro Elementarzelle.

Der Umstand, daß die Erhaltung des Symmetriezentrums im Kristall nicht mit einem Verlust der Packungsdichte verbunden ist, führt dazu, daß dieses Symmetrieelement im Kristall fast immer erhalten bleibt. In der Regel verlieren Moleküle der Symmetrie *mmm* im Kristall ihre Symmetrieebenen und behalten das Symmetriezentrum bei (z. B. das Naphthalin).

Die Erhaltung einer anderen Symmetrie im Kristall ist zweifellos mit der Erniedrigung der Packungsdichte verbunden. Die Analyse konkreter Fälle zeigt, daß die Erhaltung der Symmetrie im Kristall, falls das Molekül auf einer zweizähligen Achse oder einer Symmetrieebene liegt, mit einer Erniedrigung des Packungskoeffizienten um 0,02—0,03 verbunden ist. Das geometrische Modell kann keine Erklärung für die

Bevorzugung dieser oder jener symmetrischen Anordnung geben. Indes kann man mit seiner Hilfe die Raumgruppe ableiten, die eine dichteste Packung unter Erhaltung einer bestimmten Molekülsymmetrie im Kristall gewährleistet. Diese Gruppen wurden von uns abgeleitet, so zum Beispiel, in voller Übereinstimmung mit der Erfahrung, die Gruppe *Pnma* für Moleküle, die im Kristall ihre Symmetrieebenen behalten, und die Gruppen $C2/c$ und *Pbcn* für Moleküle, die im Kristall auf einer zweizähligen Achse liegen.

Es macht keine Mühe, eine Liste der möglichen Raumgruppen, die eine dichte Molekülpackung unter Erhaltung der Molekülsymmetrie im Kristall gewährleisten, aufzustellen.

Das in der Arbeit [21] erörterte Bild der Verteilung der Molekülkristalle nach Strukturklassen[1]) (Tabelle 1.4) bestätigt diese Schlußfolgerungen. Das Verhältnis zwischen der Eigensymmetrie der Moleküle und der Symmetrie ihrer Positionen im Kristall wurde auf der Grundlage einer statistischen Analyse der Literaturdaten bis einschließlich 1971 von Belski [22] betrachtet. Er zeigte, daß nur in 13,6% der Fälle ein Molekül, selbst wenn es ein Symmetrieelement besitzt, im Kristall seine ideale Symmetrie beibehält. Gleichzeitig bleibt das Symmetriezentrum in 92% der Fälle

Tabelle 1.4. Die häufigsten Strukturklassen der Molekülkristalle*)

Klasse		Zahl der Strukturen	%
A. Nichtzentrosymmetrische Positionen der Moleküle			
$P2_1/c$,	$Z = 4(1)$	420	30,2
$P2_12_12_1$,	$Z = 4(1)$	177	12,7
$P1$,	$Z = 2(1)$	99	7,1
$P2_1$,	$Z = 2(1)$	68	4,9
$C2/c$,	$Z = 4(2)$	68	4,9
$Pnma$,	$Z = 4(m)$	53	3 8
$C2/c$,	$Z = 8(1)$	49	3,5
$Pbca$,	$Z = 8(1)$	42	3,0
$Pna2_1$,	$Z = 4(1)$	41	2,9
$P2_1/c$,	$Z = 8(1,1)$	20	1,4
B. Zentrosymmetrische Positionen der Moleküle			
$P2_1/c$,	$Z = 2(1)$	259	58,6
$P1$,	$Z = 1(1)$	56	12,7
$Pbca$,	$Z = 4(1)$	27	6,1
$C2/c$,	$Z = 4(1)$	22	6,0
$P2_1/c$,	$Z = 4(1,1)$	15	3,4
$C2/m$,	$Z = 2(2/m)$	12	2,7
$P1$,	$Z = 2(1,1)$	10	2,3

*) Die in der Tabelle angegebenen Prozentzahlen geben den Anteil der Strukturen der gegebenen Klasse an der Gesamtzahl der Strukturen mit nichtzentrosymmetrischen Lagen der Moleküle bzw. mit zentrosymmetrischen an.

[1]) Eine Strukturklasse ist die Gesamtheit der Kristalle mit gleicher Raumgruppe, in der die Moleküle einen Typ von Systemen äquivalenter Positionen besetzen. Die Symmetrie der Lage wird nach der Zahl Z der Moleküle in der Elementarzelle in Klammern angegeben. Beispielsweise bezeichnet $P2_1/c, Z = 4(1)$ ein einziges System äquivalenter Positionen, $P2_1/c, Z = 4(1, 1)$ zwei Systeme von Positionen in den Symmetriezentren.

(es sind 32 Ausnahmen bekannt) erhalten. Moleküle, die eine zweizählige Achse besitzen, behalten diese in 43% der Strukturen, und liegen einige Achsen dieser Art vor, bleibt in 80% der Strukturen eine von ihnen erhalten. Von den Molekülen, die eine Symmetrieebene besitzen, nehmen im Kristall nur 10% ihre Lage in der Spiegelebene ein.

Wesentlich ist, daß in allen bekannten Fällen der Erhaltung der Molekülsymmetrie im Kristall der Verlust an Packungsdichte nur gering ist. Wenn aber dieser Verlust nicht realisierbar ist, geht die Symmetrie teilweise oder ganz verloren. Deshalb trifft man die Fälle, die in Tabelle 1.2 eingerahmt sind, nur als Einzelfälle an. Es zeigt sich, daß es den Molekülen nicht so sehr „schwer fällt", ein ungünstiges Symmetrieelement, wie eine Symmetrieebene oder eine zweizählige Achse, beizubehalten. Die Beibehaltung noch höherer Symmetrie ersetzt nicht einen großen Verlust in der Packungsdichte.

Der Umstand, daß die Erhaltung der Symmetrie 2 oder *m* im Kristall bei Molekülen mit der Symmetrie *mm* eine gut erfüllte Regel ist, führt zur Vermutung eines „thermodynamischen" Vorteils der symmetrischen Anordnung.

Die Anordnung von Molekülen im Kristall entspricht dem Minimum der freien Energie

$$F = U + F^{\mathrm{Schw}},$$

wo U die Gitterenergie ist. Ein Minimum an potentieller Molekülwechselwirkungsenergie, das heißt ein Minimum der Gitterenergie, entspricht der dichtesten Packung (siehe Seite 198). Das Minimum des Schwingungsanteils der Energie F^{Schw} wird hauptsächlich durch den großen Entropiewert bestimmt, der von der Freiheit der Molekülbewegung abhängt, die offenbar größer ist, wenn die Symmetrie im Kristall erhalten bleibt. Diese qualitative Darstellung ist die Begründung für die Auswahlregeln der Raumgruppen, welche wir besprochen haben. Ausnahmen von dieser Regel gibt es praktisch nicht. Mit anderen Worten, uns sind Strukturen organischer Kristalle mit Packungskoeffizienten kleiner als 0,65—0,70 unbekannt; realisiert sind in der überwiegenden Anzahl die dichtesten Packungen. Unter Erhaltung der höheren Molekülsymmetrie im Kristall erfolgt die Kristallisation in der für die Packung günstigsten Raumgruppe.

Eine Betrachtung aller Strukturen organischer Kristalle, die in den Structure Reports von 1952—1956 beschrieben wurden, zeigt, daß von 315 Strukturen 268 (86%) zu dichtesten Packungen gehören, in 14 Fällen bleibt die hohe Symmetrie in den günstigsten Raumgruppen erhalten, in 9 Fällen sind die Strukturen nicht geordnet. 10 Fälle gibt es, wo die Forderungen nach dichter Packung sozusagen übererfüllt sind. Hier befindet sich mehr als ein Molekül in allgemeiner Lage. 7—8 Fälle sind zweifelhaft und bedürfen einer Überprüfung. Die restlichen Strukturen beziehen sich auf sehr selten anzutreffende Packungen, in denen entweder die Moleküle zwei nicht äquivalente Lagen verschiedener Symmetrie oder eine allgemeine Lage in Kristallen tetragonaler oder hexagonaler Symmetrie einnehmen.

Wenn die Molekülform eine dichte Packung zuläßt, ungeachtet der Beschränkungen, die ihr durch die hohe Symmetrie des Kristalls auferlegt werden, führt die Besetzung von zwei und mehr symmetrisch unabhängigen Lagen (z. B. Biphenylen: 4 Moleküle in allgemeiner Lage, 2 im Symmetriezentrum) zur Erhöhung der Zahl der Freiheitsgrade in der Elementarzelle, und es wird eine besonders dichte Packung erreicht.

An diesen schönen Strukturen kann man die Unzulänglichkeit der einfachen Packung zeigen, zum Beispiel, daß alle denkbaren Elementarzellen des Biphenylens mit der Symmetrie $P2_1/c$ ($Z = 2$) Packungen geben, die der Dichte nach schlechter sind als die wirklich beobachteten.

Daraus kann man schlußfolgern, daß das geometrische Modell Ergebnisse liefert, die mit dem Experiment gut übereinstimmen.

Die Gründe für diese sehr gute Übereinstimmung bedürfen der Erklärung. Wie wir weiter unten zeigen werden, beschreibt das geometrische Modell hinreichend genau das Ergebnis, das aus dem Anstreben des Minimums der potentiellen Energie der Molekülwechselwirkung hervorgeht. Die Eigenschaft, die Symmetrie zu erhalten, soll, wie eben gesagt wurde, seine Erklärung im Anstreben des Minimums der freien Energie des Kristalls finden und muß vor allem durch die Entropieforderungen diktiert werden. Man kann annehmen, daß die Strukturen der Kristalle beim absoluten Nullpunkt dem geometrischen Modell bedeutend näher kommen als bei 300 K. In einer Reihe von Fällen beobachten wir Phasenübergänge bei tiefen Temperaturen, die mit dem Verlust der im Kristall herrschenden Molekülsymmetrie einhergehen. Sicherlich beobachten wir in vielen Fällen aus kinetischen Gründen keine polymorphen Umwandlungen bei tiefen Temperaturen, ganz abgesehen davon, daß nur in den seltensten Fällen das Verhalten einer Substanz bei Temperaturen niedriger als die des flüssigen Stickstoffs untersucht wurde.

Das geometrische Modell des organischen Kristalls kann keine Erklärung für die Erhaltung der Molekülsymmetrie im Kristall geben (mit Ausnahme der Symmetrie $\bar{1}$), und es kann ferner nicht die seltenen Fälle, in denen sich mehr als ein Molekül in allgemeiner Lage befindet, erklären.[1]) Weiterhin kann es nicht die Differenzen in den intermolekularen Abständen innerhalb einer Struktur und von Kristall zu Kristall erklären. Das Modell kann lediglich die Struktur mit ihren Packungseigenschaften verknüpfen und ist somit nur qualitativer Natur. Trotzdem behält es seine Bedeutung, vor allem als anschauliche Methode zur Beschreibung der gegenseitigen Lage der Moleküle im Kristall und außerdem als Hilfsmittel zum Auffinden unbekannter Strukturen.

Eine Reihe von Autoren benutzte bisher die Packungsanalyse der Moleküle im Kristall erfolgreich zur Ermittlung eines groben Strukturmodells, was bis zur Analyse der Röntgenbeugungsintensitäten führen kann. Gegenwärtig wird die geometrische Analyse mittels elektronischer Rechenmaschinen und auch mit Hilfe von Molekülmodellen durchgeführt, das heißt das Auffinden der möglichen Lagen der Moleküle, die mit ihrer Form verträglich sind, bei bekannter Größe und Symmetrie der Elementarzelle. In einfachen Fällen kann man eine eindeutige Lösung finden, in komplizierteren gibt es mehrere; allenfalls ist es möglich, die Zahl der in Frage kommenden Anordnungen einzuschränken. Für die vom Standpunkt des geometrischen Modells berechneten möglichen Strukturen kann eine Analyse der Intensitäten durchgeführt werden, und man erhält dann die richtige Lösung. Gangbar ist auch ein anderer Weg. Für das Auffinden der Struktur minimisiert man eine bestimmte Funktion, die sich aus der Summe der üblichen R-Werte (siehe Seite 246) und einem Ausdruck ergibt, für dessen Minimum sich die geometrisch richtigen Lösungen errechnen.

[1]) Diese Bemerkung bezieht sich nicht auf die häufigen Fälle, in denen sich durch Wasserstoffbrückenbindungen dimere Moleküle ausbilden.

Wir kommen nochmals auf die Fragestellung über die theoretische Voraussage der wahrscheinlichsten Raumgruppen und Strukturklassen der Molekülkristalle zurück und verweisen auf das Herangehen SORKIS — die Methode der Symmetrie der Potentialfunktionen [23]. Die Potentialfunktion $U_{\delta\varepsilon\xi}(x, y, z)$ drückt die Abhängigkeit der Wechselwirkungsenergie zweier Moleküle (das Ausgangsmolekül befinde sich im Zentrum O_0 und das herangeführte im Punkt O_1) von den Koordinaten des Punktes O_1 bei konstanten Winkeln δ, ε und ξ aus, die die relative Orientierung der Moleküle beschreiben. Unter Anwendung einer Reihe spezieller Theoreme kann man die Symmetrie der Funktion U betrachten und danach die Symmetrie der Ketten, Schichten und Strukturen, die bei der Anlagerung weiterer Moleküle entstehen. Hierbei ist es nicht erforderlich, dem Molekül irgendeine äußere Form zu geben. Die wahrscheinlichsten Gruppen und Strukturklassen erscheinen als Resultat einer optimalen Anpassung der Moleküle aneinander — gleich welcher Art diese Anpassung auch sei. Mit Hilfe der Symmetriemethode gelang es nicht nur, die typischsten Arten der Molekülpackungen abzuleiten [23, 24], sondern auch, eine quantitative Interpretation der statistischen Verteilung der Molekülkristalle nach den Raumgruppen und Strukturklassen zu geben [25]. Die Ergebnisse waren in vielem denen ähnlich, die bei geometrischem Herangehen erhalten werden. Das ist nicht verwunderlich, da das Streben nach einer dichten Packung, wie wir schon sagten, in vieler Beziehung das Streben nach einem Minimum der potentiellen Energie genügend genau wiedergibt.

B. Typische Strukturen

1.7. Lineare aromatische Systeme

a) *Kondensierte Systeme.* Dazu gehören Stoffe, die folgende Molekülformen haben:

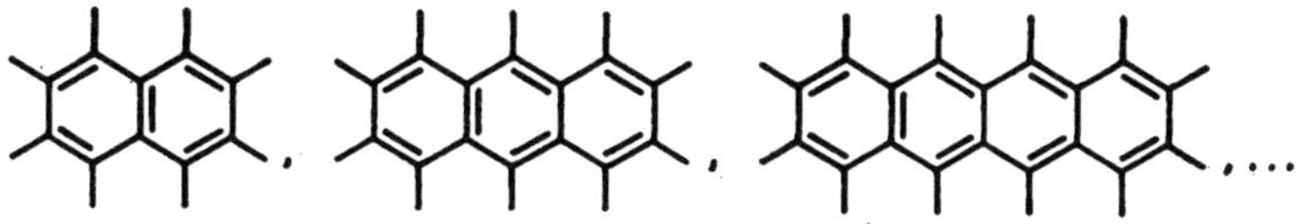

V

Der erste Vertreter dieser Verbindungsklasse ist das *Naphthalin* [26]. Die Eigensymmetrie des Moleküls ist *mmm*. Im Kristall behalten die Moleküle nur das Symmetriezentrum. Seine Raumgruppe lautet $P2_1/a$; $Z = 2$. Die Zellparameter betragen $a = 8{,}235$ Å; $b = 6{,}003$ Å; $c = 8{,}685$ Å; $\beta = 122°55'$, das Eigenvolumen des Moleküls $V^{\mathrm{Mol}} = 126{,}8$ Å^3, $k = 0{,}706$. Die dichteste Molekülschicht fällt mit der a,b-Ebene der Elementarzelle zusammen. Die Schichten überlagern sich mit einer monoklinen Verschiebung durch eine Translation längs c (Abb. 1.32a, b). Die Kontakte benachbarter Schichten werden durch Wasserstoffatome realisiert, die einen Abstand H---H = 2,40 Å haben. Daraus erhält man den intermolekularen Radius des Wasserstoffatoms mit $R_{\mathrm{H}} = 1{,}20$ Å. Gleichzeitig erhält man aus den kürzesten C---H-Abständen (2,82 Å) innerhalb der a,b-Schicht einen stark erniedrigten Wert für den intermolekularen Radius des Kohlenstoffatoms: $R_{\mathrm{C}} = 2{,}82$ Å $- 1{,}20$ Å $= 1{,}62$ Å. Allerdings ist dieser Widerspruch zur Hypothese der Additivität der intermolekularen Radien offenbar für das geometrische Modell unwesentlich.

Die Lage der Moleküle in der realen Struktur wird durch die Euler-Winkel φ_1^0, φ_2^0, φ_3^0 beschrieben. Gehen wir von diesen zu den Winkeln φ_1, φ_2, φ_3 über, die man im Ergebnis der Lösung der vier Gleichungen für die vier Grundkontakte in der Struktur erhält, so zeigt sich, daß die einzige allgemeine Lösung bei Werten von $R_{\mathrm{H}} = 1{,}17$ Å und

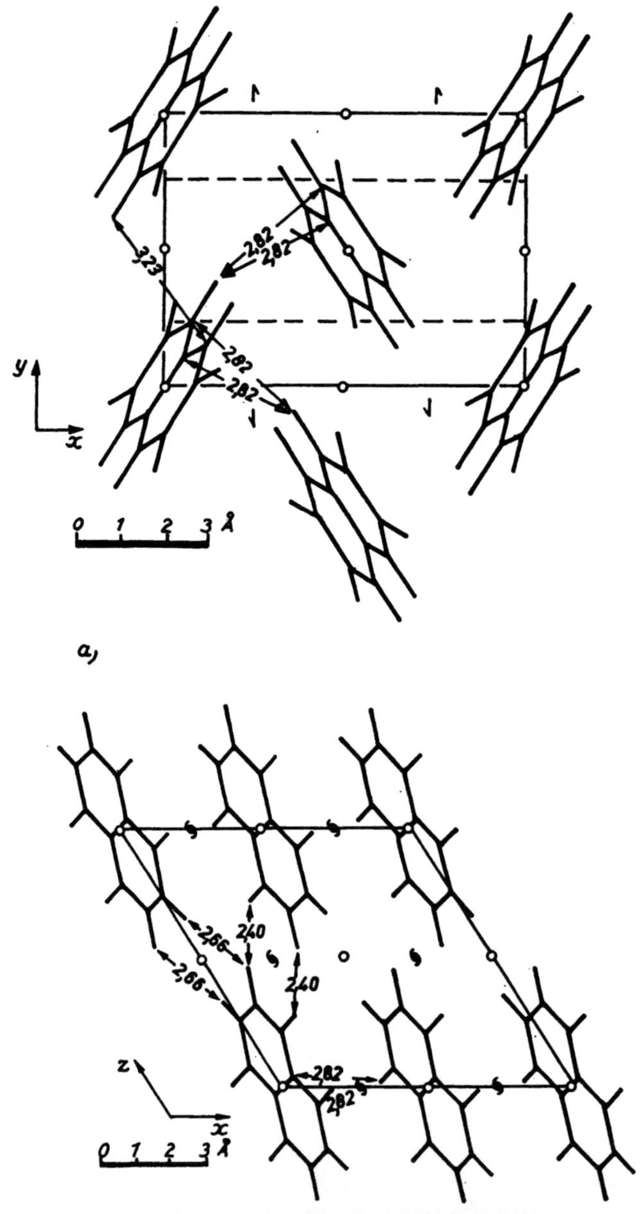

Abb. 1.32. (*a,b*)- (a) und (*a,c*)-Projektionen (b) der Naphthalin-Struktur

$R_C = 1{,}74$ Å existiert [27]. Die gefundenen Euler-Winkel unterscheiden sich dabei nur um 2—3° von den realen.

Die Kristallstruktur des *Anthracens* — ein zweiter Vertreter dieser Molekülklasse —

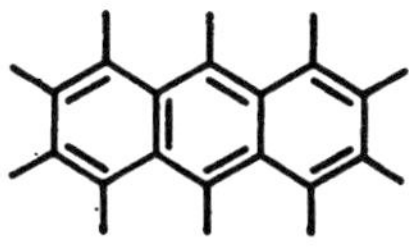

VI

ist der des Naphthalins ähnlich [28]. Die Zellparameter sind $a = 8{,}561$ Å; $b = 6{,}036$ Å; $c = 11{,}163$ Å; $\beta = 124°\ 42'$; Raumgruppe $P2_1/a$; $Z = 2$. Die Packung der Moleküle in der (a,b)-Schicht ist völlig identisch mit der des Naphthalins. Die Vergrößerung der Zahl der aromatischen Kerne im Anthracenmolekül gegenüber Naphthalin führt zur gesetzmäßigen Zunahme der c-Gitterkonstante (Abb. 1.33),

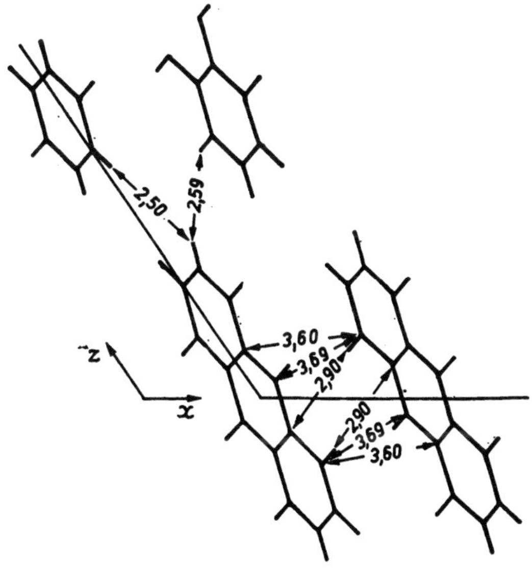

Abb. 1.33. (a, c)-Projektion der Anthracen-Struktur

Tabelle 1.5. Kristallographische Daten linearer kondensierter aromatischer Systeme

Verbindung	Naphthalin	Anthracen	Tetracen	Pentacen	Hexacen
	Kristallsystem				
Gitterparameter	monoklin	monoklin	triklin	triklin	triklin
a, Å	8,24	8,56	7,90	7,90	7,9
b, Å	6,00	6,04	6,03	6,06	6,1
c, Å	8,66	11,16	13,53	16,01	18,4
α, °	90,0	90,0	100,3	101,9	102,7
β, °	122,9	124,7	113,2	112,6	112,3
γ, °	90,0	90,0	86,3	85,8	83,6
V, Å³	360	474	583	692	800
Z	2	2	2	2	2
Raumgruppe	$P2_1/a$	$P2_1/a$	$P\bar{1}$	$P\bar{1}$	$P\bar{1}$
V^{Mol}	126,8	170,2	213,6	257,0	300,4
k	0,704	0,718	0,733	0,743	0,751

längs der sich die lange Achse des Moleküls erstreckt. Die Stapelung der Schichten aufgrund der Translation ist offensichtlich lockerer als die Molekülpackung innerhalb der Schicht, was durch die vollkommene Spaltbarkeit nach der (a,b)-Ebene der Naphthalin- und Anthracenkristalle bestätigt wird.

Kristalle, deren Moleküle vier und mehr aromatische Kerne haben, gehören schon zum triklinen System, dabei sind die Moleküle in zwei symmetrisch nicht verknüpften Gruppen von Zentren angeordnet und bilden eine Doppelschichtpackung.

Alle kristallographischen Daten dieser Stoffklasse enthält Tabelle 1.5 [29]. Bemerkenswert ist die beträchtliche Zunahme des Packungskoeffizienten mit der Vergrößerung der Zahl aromatischer Ringe im Molekül.

b) *Polyphenyle* sind Verbindungen, deren Moleküle folgende Form haben:

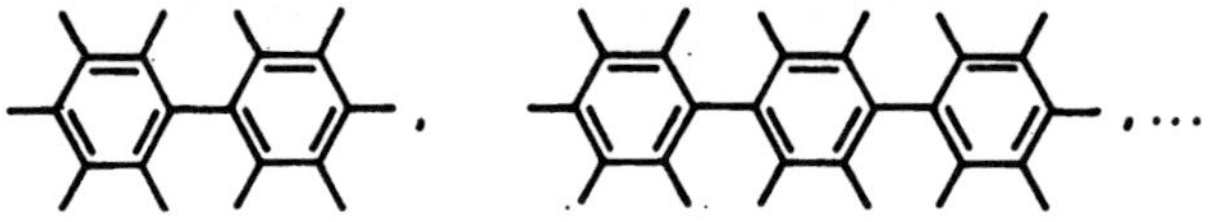

VII

Der erste Vertreter der ersten Reihe — das Diphenyl — hat eine monokline Elementarzelle mit den Parametern $a = 8{,}12$ Å; $b = 5{,}64$ Å; $c = 9{,}47$ Å; $\beta = 95° 24'$ Raumgruppe $P2_1/a$; $Z = 2$ [21]. Die Packung in der (a,b)-Schicht ist die für aromatische Moleküle übliche. Hier realisieren folgende Atome die Kontakte: H_2---C_1 = 2,93 Å; H_2---C'_1 = 2,80 Å; C_3---H_6 = 2,91 Å. Die Stapelung der Schichten durch die Translation in Richtung c ist lockerer (Abb. 1.34) mit den Kontakten H_4---C_3 = 3,16 Å, H_4---C_5 = 3,26 Å und H_4---H_3 = 2,49 Å. Die Struktur wurde bis zu einem R-Wert von 8,9% verfeinert (über die Größenordnung der R-Werte in der Strukturanalyse siehe Kapitel 4) und die Wasserstoffatome nach geometrischen Gesichtspunkten lokalisiert. Dabei wurde vorausgesetzt, daß die C---H-Bindungslänge 1,08 Å

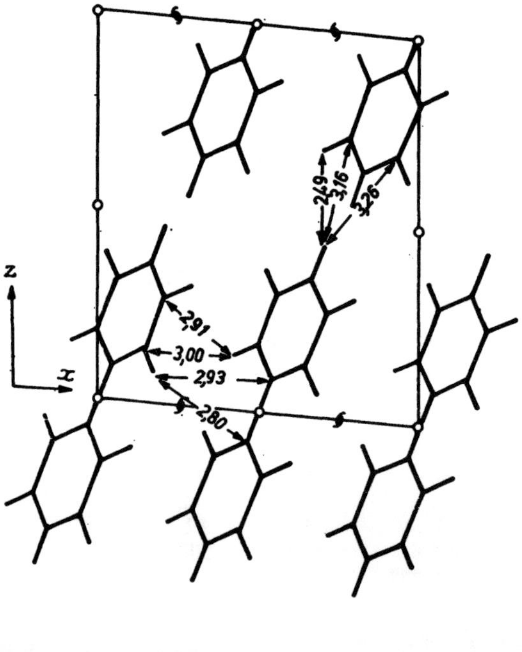

Abb. 1.34. (a,c)-Projektion der Diphenyl-Struktur

ist und die Koordinaten aller Wasserstoffatome dabei nur zur Verringerung des *R*-Faktors benutzt wurden [30]. In den Arbeiten werden nur die intermolekularen C---C-Abstände angeführt. Davon überschreiten alle die Summe der intermolekularen Radien (3,81 Å ist der kürzeste von ihnen). Die Molekülpackung wird ohne Zweifel durch die C—H-Kontakte in der Schicht *a*, *b* und zwischen diesen Schichten bestimmt.

Die Kristallstrukturen des Terphenyls und des Quatrophenyls ändern sich nur durch die Verlängerung des Moleküls, obwohl das Symmetriezentrum des Terphenylmoleküls im Unterschied zu Molekülen mit einer geraden Zahl aromatischer Ringe im Zentrum des mittleren Ringes liegt.

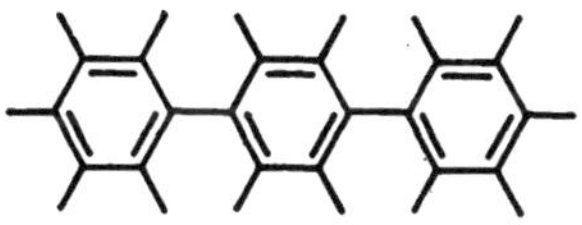
VIII

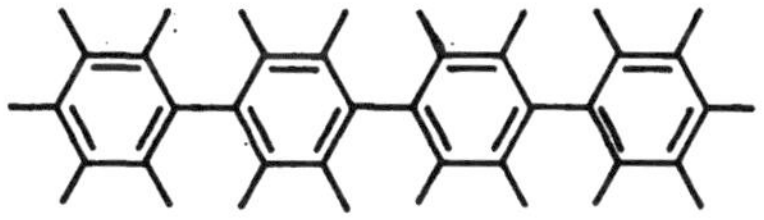
IX

Die kristallographischen Daten für diese Verbindungsklasse sind in Tabelle 1.6 enthalten.

Tabelle 1.6. Kristallographische Daten von Polyphenylen

Verbindung	Diphenyl	Terphenyl	Quaterphenyl
Gitterparameter	Kristallklasse		
	monoklin	monoklin	monoklin
a, Å	8,12	8,12	8,05
b, Å	5,64	5,62	5,55
c, Å	9,47	13,62	17,81
β, °	95,4	92,4	95,8
V, Å³	431,8	621,0	791,7
Z	2	2	2
Raumgruppe	$P2_1/a$	$P2_1/a$	$P2_1/a$
V^{Mol}	155,4	233,1	310,8
k	0,720	0,751	0,785

Die in diesem Abschnitt angeführten Strukturen können als Beispiele einer charakteristischen Erscheinung dienen, die man homologe Isomorphie nennen kann. Die geometrisch äquivalenten Moleküle in jeder homologen Reihe bilden ausschließlich ähnliche Packungen. In jeder Reihe bleibt einer der Schnitte durch die Elementarzelle fast unverändert, aber einer der Parameter wächst mit dem Wert, der der „Verlängerung" des Moleküls entspricht. In der Reihe Naphthalin—Anthracen— ... ist die Verlängerung des Moleküls gleich der Breite des Benzolringes, das heißt 2,4 Å; die *c*-Achse der Elementarzelle des Anthracens ist um 2,50 Å größer als die des Naphthalins, die *c*-Achse des Tetracens ist um 2,37 Å größer als beim Anthracen usw. In den triklinen Strukturen dieser Reihe bilden die Moleküle eine Schicht so aus, als wären die Moleküle durch eine 2_1-Achse verknüpft. Eine noch größere Ähnlichkeit tritt in der Reihe der Polyphenyle auf (siehe Tabelle 1.6).

1.8. Nichtlineare kondensierte aromatische Moleküle der Symmetrie *mm* und *mmm*

1,12-*Benzperylen* [31]:

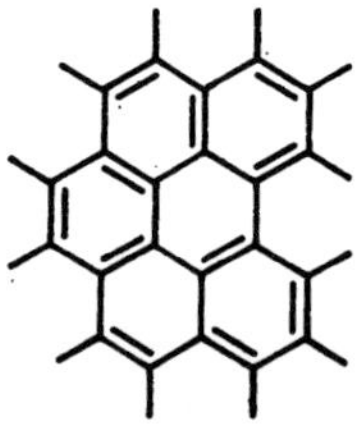

X

Die Zellparameter sind $a = 11{,}72$ Å; $b = 11{,}88$ Å; $c = 9{,}89$ Å; $\beta = 98°\,30'$; Raumgruppe $P2_1/a$; $Z = 4$. Die Eigensymmetrie des Moleküls ist wahrscheinlich 2; aber im Kristall nimmt es eine allgemeine Lage ein, wobei es alle seine Symmetrieelemente

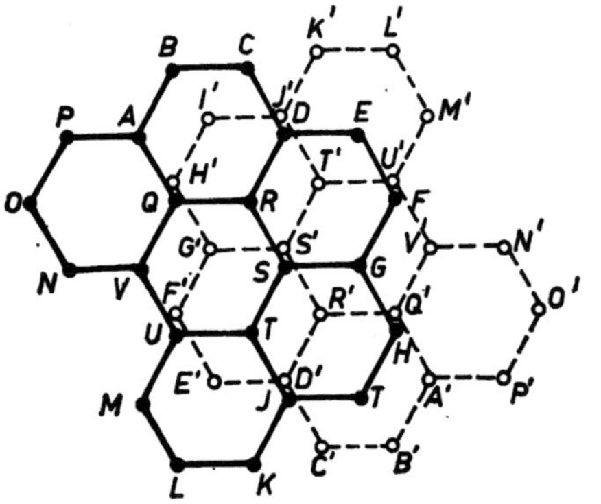

Abb. 1.35. 1,12-Benzperylen. Stapelung von Molekülen, verbunden durch 1

verliert. Die benachbarten parallelen Moleküle überlagern sich gegenseitig mit einer Verschiebung (Abb. 1.35). Der Abstand zwischen den Ebenen ist 3,38 Å. Die kürzesten intermolekularen Abstände sind: C(S)---C(S') = 3,38 Å; C(D)---C(J') = 3,39 Å; CH(F)---C(U) = 3,39 Å und C(Q)---CH(H') = 3,39 Å.

1,14-*Benz-bis-anthren* [32]:

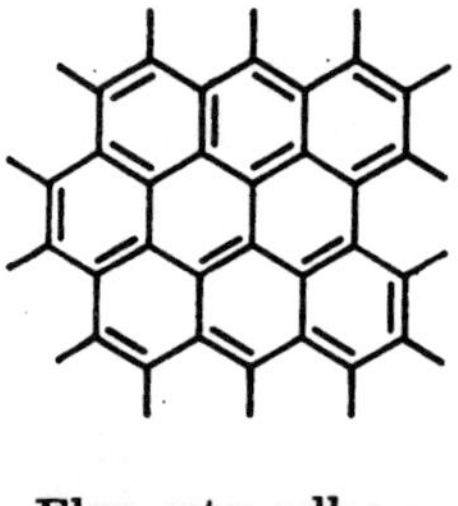

XI

Elementarzelle: $a = 36{,}13$ Å; $b = 10{,}26$ Å; $c = 4{,}68$ Å; $\beta = 90°\,30'$; Raumgruppe Pa; $Z = 4$; das heißt, die Struktur enthält zwei unabhängige Moleküle in allgemeiner Lage. Die Moleküle verlieren völlig ihre Eigensymmetrie. Der senkrechte Abstand zwischen den Molekülebenen, die durch eine Translation längs b verknüpft werden, ist 3,4 Å, wie man es gewöhnlich in Kristallstrukturen mit aromatischen Kohlenwasserstoffen jenes Typs antrifft.

Pyren [33]:

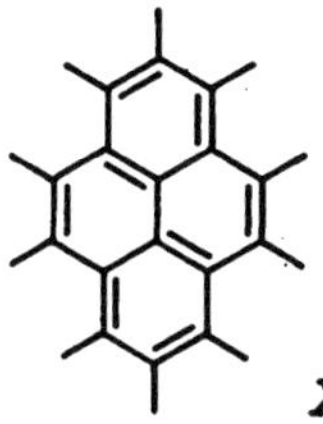

XII

Elementarzelle: $a = 13{,}60$ Å; $b = 9{,}24$ Å; $c = 8{,}37$ Å; $\beta = 100° \, 12'$; Raumgruppe $P2_1a/$; $Z = 4$. Die Eigensymmetrie des Moleküls ist *mmm*; im Kristall nimmt es eine allgemeine Lage ein. In dieser Struktur übernimmt ein Molekülpaar die Rolle eines Moleküls. Die Einzelmoleküle sind über ein Symmetriezentrum verknüpft (Abb. 1.36).

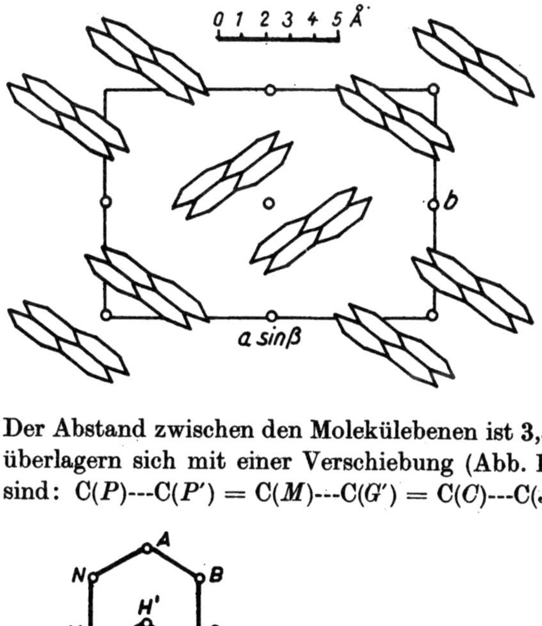

Abb. 1.36. (a^*, b)-Projektion von Pyren

Der Abstand zwischen den Molekülebenen ist 3,53 Å. Die Moleküle, die Inseln bilden, überlagern sich mit einer Verschiebung (Abb. 1.37). Die intermolekularen Abstände sind: C(*P*)---C(*P'*) = C(*M*)---C(*G'*) = C(*C*)---C(*J'*) = C(*K*)---C(*F'*) = 3,54 Å. Andere

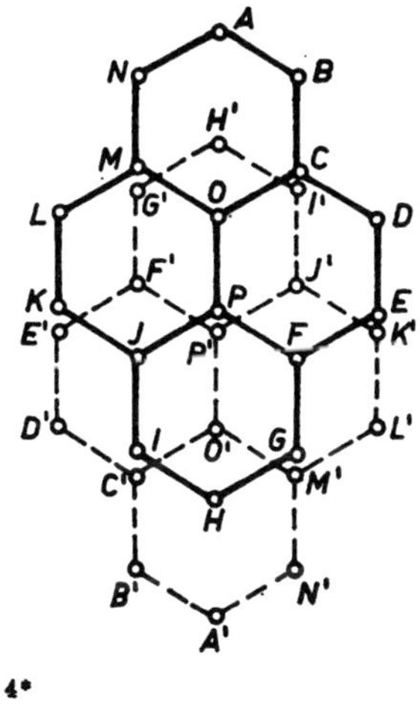

Abb. 1.37. Stapelung von Pyren-Molekülen, verbunden durch I

Abstände haben größere Werte: C(*D*)---C(*O'*) = 3,61 Å; C(*D*)---C(*P'*) = 3,64 Å und C(*A*)---C(*N'*) = 3,96 Å. Wir haben hier den seltenen Fall (wenn nicht den einzigen) einer Packung, bei der das Molekül, das die Symmetrie *mmm* im freien Zustand hat, im Kristall eine allgemeine Lage einnimmt.

Coronen [34]:

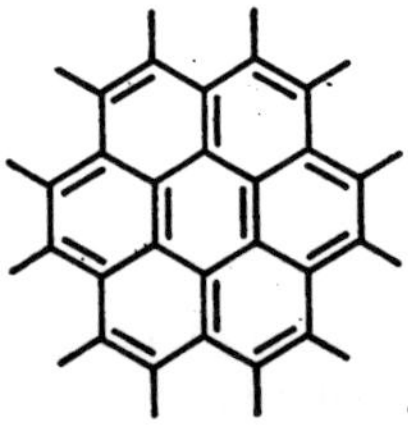

XIII

Elementarzelle: $a = 16{,}10$ Å; $b = 4{,}695$ Å; $c = 10{,}15$ Å; $\beta = 110° 48'$; Raumgruppe $P2_1/a$; $Z = 2$. Der Abstand zwischen den Molekülebenen, die durch eine Translation längs *b* verknüpft sind, beträgt 3,40 Å. Jedoch sind diese Moleküle gegenseitig verschoben überlagert (Abb. 1.38), so daß die C---C-Abstände größer sind als

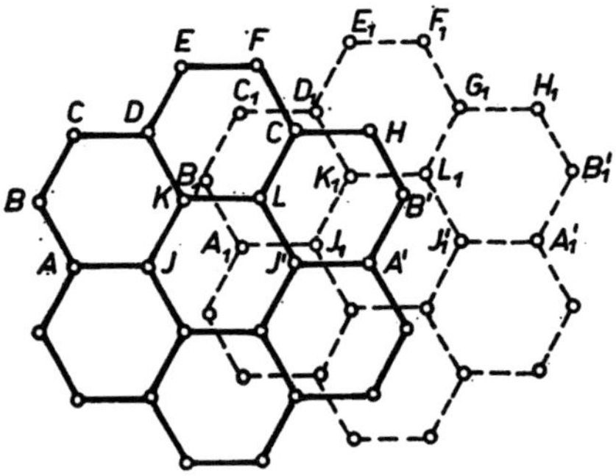

Abb. 1.38. Stapelung von Coronen-Molekülen durch *b*-Translation (Buchstaben mit dem Index 1 sind die Atome des zweiten Moleküls)

die genannte Größe: C(*J'*)---C(J_1) = C(*G*)---C(D_1) = 3,43 Å, C(*K*)---C(B_1) = C(*J*)---C(L_1) = 3,44 Å. Die restlichen C---C-Abstände zwischen den Molekülen sind größer als 3,5 Å. Für Moleküle, die durch eine Translation entlang der *c*-Achse verknüpft sind, gilt: C(*E*)---C(*E'*) = 3,87 Å, C(*E*)---C(*G'*) = 3,93 Å. Für Moleküle, die über eine Gleitspiegelebene verknüpft sind, gilt: C(*J*)---C(*B*) = 3,77 Å, C(*J*)---C(*J'*) = 3,97 Å. Alle übrigen intermolekularen Abstände sind größer als 4 Å.

Ovalen [35]:

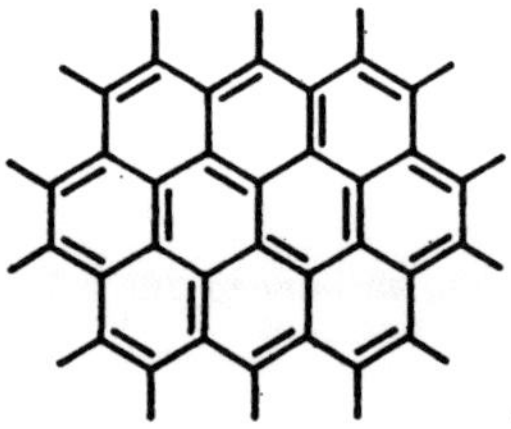

XIV

Elementarzelle: $a = 19{,}47$ Å; $b = 4{,}70$ Å; $c = 10{,}12$ Å; $\beta = 105°$; Raumgruppe $P2_1/a$; $Z = 2$. Die Eigensymmetrie des Ovalenmoleküls ist wie beim Coronen *mmm*. Im Kristall behalten die Moleküle nur das Symmetriezentrum bei.

In allen in diesem Abschnitt beschriebenen Strukturen ist die Art der Überlagerung der ebenen Molekülschichten von Interesse. Wie aus den Abbildungen zu ersehen ist, erfolgt durch die monokline Verschiebung keine „Atom über Atom"-Stapelung. Es gibt auch keine solche Verschiebung, bei der einige Atome unter optimalen Bedingungen übereinander liegen würden (über der Mitte des Sechsecks der vorhergehenden Schicht), weil dann andere in diesem Fall genau „Atom über Atom" angeordnet wären. Die Natur wählt diejenige Lösung aus, bei der alle Atome unter fast gleichen Bedingungen vorliegen.

1.9. Struktur der Normalparaffine

Die Normalparaffine C_nH_{2n+2} (n-Paraffine) bilden eine Stoffklasse, die eine Zwischen- oder Übergangsstellung zu den Hochpolymeren einnimmt. Man kann sie mit vollem Recht als niedermolekulare Polymere bezeichnen. Die Strukturuntersuchung der Polymere erfordert als ersten Schritt eine detailliertere Aufklärung des Baues der einfachsten Vertreter dieser Stoffklasse. In den Strukturen der n-Paraffine ordnen sich die Achsen aller Moleküle unabhängig von der kristallinen Modifikation immer parallel zueinander an.

Die Untersuchung der n-Paraffine hat eine große Bedeutung für das Verständnis der Gesetzmäßigkeiten der organischen Kristallchemie. Es ist klar, daß sie auf Grund ihres einfachen Baues für diesen Zweck am besten geeignet sind.

Das Interesse an n-Paraffinen wird auch dadurch hervorgerufen, daß sie in der Lage sind, eine Vielfalt polymorpher Formen zu bilden. Die Analyse der Molekülpackung verschiedener Formen dient dem besseren Verständnis der Ursachen, warum die eine kristalline Modifikation stabiler ist als die andere. Die n-Paraffine erlauben die Untersuchung der Polymorphie sowohl in Abhängigkeit von der Temperatur als auch von der Zahl der Kohlenstoffatome in der Kette [36].

a) *Die Konfiguration der aliphatischen Kette.* In allen Verbindungen, in denen Kohlenstoffatome kovalent mit anderen, aber gleichwertigen Atomen gebunden sind, zum Beispiel CH_4, CCl_4 und anderen, beobachtet man ideale Tetraederwinkel zwischen den Bindungen. Im Fall der einfachen aliphatischen Kette

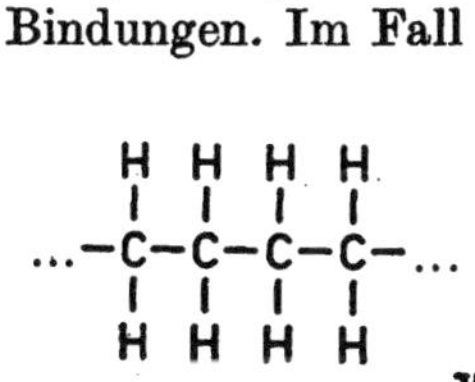

XV

verbinden sich mit jedem Kohlenstoffatom zwei weitere C-Atome und H-Atome. Ungeachtet der Nichtidentität dieser vier Atome sind alle Winkel zwischen ihnen etwa Tetraederwinkel, obwohl es gesetzmäßige Abweichungen gibt, die weiter unten beschrieben werden. Dieser Umstand erklärt jedoch noch nicht völlig die Form der Kette, weil Drehungen jedes ihrer Glieder um die C—C-Bindungen möglich sind.

Ausgehend von spektroskopischen und thermischen Daten, die aus Untersuchungen an Dämpfen erhalten wurden, kamen Pitzer [37] und Taylor [38] zu dem Schluß, daß nicht alle Drehungen einem Energieminimum entsprechen. So benutzte Taylor bei thermodynamischen Berechnungen folgenden Ausdruck, der die Abhängigkeit der potentiellen Energie V vom Drehwinkel φ um eine gewöhnliche Bindung beschreibt:

$$V = V_0[x(1 - \cos \varphi) + (1 - x)(1 - \cos 3\varphi)],$$

in dem x irgendeinen Parameter darstellt. Die Gleichung von Taylor ergibt die Konfiguration, die einem Minimum der potentiellen Energie entspricht, nämlich eine ebene Zickzackanordnung der Kohlenstoffatome.

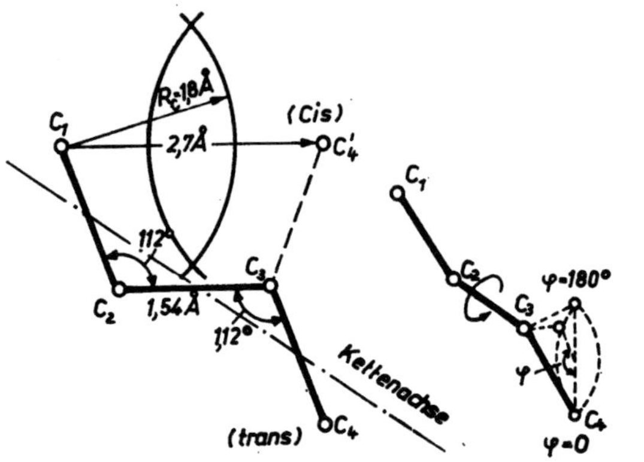

Abb. 1.39. Form einer aliphatischen Kette und die dafür verantwortlichen Wechselwirkungen der nebenvalent gebundenen Atome

In Abbildung 1.39 verläuft die Kettenachse durch die Mitte der C—C-Bindungen. Die Wasserstoffatome liegen in Ebenen senkrecht zur Kettenachse. Die H—C—H-Winkel sind fast tetraedrisch. Das Minimum der potentiellen Energie entspricht der Transstellung ($\varphi = 0°$). Die strukturelle Begründung der energetischen Bevorzugung einer solchen Konfiguration liefert die Analyse der Wechselwirkungen der nicht durch Hauptvalenzen gebundenen Atome.

Die Bindungswinkel in der aliphatischen Kette ergeben sich aus der Wechselwirkung zwischen allen vier Atomen, die mit jedem Kohlenstoffatom kovalent gebunden sind. Interessant ist, daß übereinstimmend mit den Strukturdaten [39, 40] der C—C—C-Winkel immer größer als der ideale Tetraederwinkel ($\approx 112°$ anstatt $109° 30'$) ist. Das trifft auch für das mechanische Modell des Autors zu, in dem alle Abweichungen von den idealen Winkeln in aliphatischen Verbindungen durch die Abstoßung der nicht durch Hauptvalenzen gebundenen Atome beschrieben werden [41].

Diese Besonderheiten der intermolekularen Wechselwirkung bestimmen die ebene Zickzackform der Kohlenstoffkette. Wie aus Abbildung 1.39 hervorgeht, führt die cis-Konfiguration ($\varphi = 180°$) zu einem C_1---C_4'-Abstand von 2,7 Å, der bedeutend unter dem Wert von $2\,R_C = 3{,}6$ Å liegt. Es ist deshalb klar, daß das Energieminimum der trans-Konfiguration ($\varphi = 0°$) entspricht. Zu derselben Schlußfolgerung führen Berechnungen der Konformationsenergie.

Die Wasserstoffatome der Methylengruppen liegen in Ebenen, die durch die Kohlenstoffatome senkrecht zur Kettenachse verlaufen. Sie wurden durch elektronographische Untersuchungen von Wainschtein und Pinsker bestimmt [42]. Der H—C—H-Winkel liegt bei 108°—109°.

b) *Ergebnisse der experimentellen Strukturuntersuchungen.* Die Untersuchung der Struktur und der Eigenschaften der einfachsten Kettenverbindungen ist mit einer Reihe spezifischer Schwierigkeiten verknüpft. Dazu rechnet vor allem die präparative Gewinnung der einzelnen Kohlenwasserstoffe in reiner Form, ohne Beimengungen verwandter Homologa, und auch die Schwierigkeit der Züchtung reiner Einkristalle für die Röntgenstrukturanalyse. Außerdem erfordert der Vielfalt kristalliner Modifikationen, in denen die n-Alkane existent sind, von demjenigen, der die physikalisch-chemischen Eigenschaften untersucht, eine gute Kenntnis der Literatur der bekannten Kristallstrukturen. Das Fehlen eines engen Kontaktes zwischen den beiden erwähnten Untersuchungsrichtungen und die Benutzung von Objekten ungenügend hoher Reinheit sind die Ursachen für die Veröffentlichung einer Reihe fehlerhafter Arbeiten.

Klassifikation nach kristallinen Modifikationen. Einer der hervorragendsten Kenner der Struktur der n-Paraffine, dessen grundlegende Arbeitsergebnisse später bestätigt wurden, ist MÜLLER [43]. Seine ersten systematischen Untersuchungen wurden mit der Pulvermethode ausgeführt. Außerdem gelang es ihm, hinreichend gute Einkristalle von n-$C_{29}H_{60}$ zu züchten und deren Struktur vollständig aufzuklären.

Es zeigt sich, daß die Moleküle im Kristall aus ebenen zickzackförmigen Ketten von Kohlenstoffatomen bestehen, deren Achsen untereinander parallel verlaufen. Senkrecht zu diesen Achsen kann man Ebenen durch die Endgruppen legen, die eine Schicht von Molekülen von der anderen trennt. Die Struktur ist eine Doppelschichtstruktur, da die Schichten paarweise translationsidentisch sind. Die Elementarzelle ist orthorhombisch mit den Parametern: $a = 7{,}45$ Å; $b = 4{,}97$ Å; $c = 7{,}72$ Å. MÜLLER fand für die n-Paraffine die Raumgruppe *Pnam*; jedoch konnte SMITH, der Strukturuntersuchungen an Objekten größerer Reinheit durchführte, eine andere Raumgruppe, nämlich *Pcam* nachweisen [44].

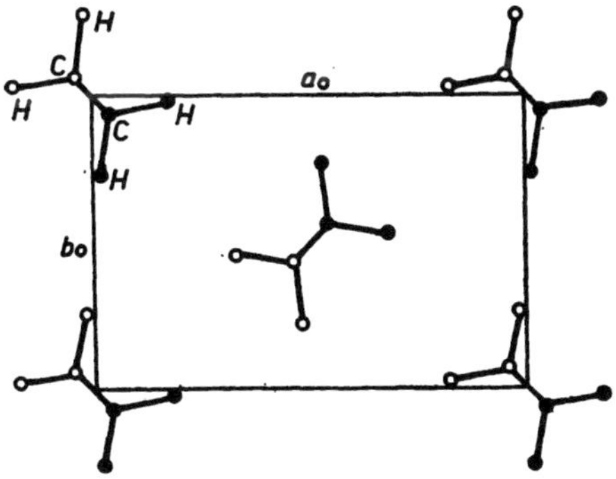

Abb. 1.40. (a_0,b_0)-Ebene einer rhombischen Paraffin-Elementarzelle (Molekülachsen senkrecht zur Zeichenebene)

Die (a,b)-Fläche der Elementarzelle senkrecht zu den Kettenachsen wurde von MÜLLER als Basisebene bezeichnet. Ein Schnitt durch die Lagen der Molekülketten (Abb. 1.40) ist außerordentlich charakteristisch für die Mehrheit der n-Paraffine und viele andere Kettenverbindungen, darunter auch einer Reihe von Hochpolymeren. In der Abbildung liegen die Atome, dargestellt durch Kreise und Punkte, auf unterschiedlichen Höhen in c_0. Der Abstand ist $c_0/2 = 1{,}27$ Å. In diesem letzten Fall entfallen die Komplikationen, die durch die Endgruppen hervorgerufen werden. Es können aber andere Schwierigkeiten entstehen, die mit dem Ersatz der Kohlenstoffatome durch andere Atomarten oder mit dem Einbau einer Atomgruppe zusammenhängen.

Am einfachsten ist der Fall beim Polyethylen, das eine unendliche, ebene Zickzackanordnung der Methylengruppen besitzt und dessen Struktur von BUNN untersucht wurde [45]. Praktisch stimmt sie mit der oben betrachteten Struktur einer Schicht des Paraffinmoleküls überein, wenn man sich vorstellt, daß die Zahl der Kohlenstoffatome in der Kette gegen unendlich geht, und die Besonderheiten der Packung der endständigen Gruppen nicht berücksichtigt. Einen komplizierteren Bau haben Polyäther, Fettsäuren und andere Verbindungen mit aliphatischen Zickzackketten, obwohl alle gemeinsame Züge aufweisen.

Um diese Gemeinsamkeit auszudrücken, die zwischen verschiedenen Strukturen kettenartig aufgebauter Kristalle auftritt, führte VAND den Begriff der Subzelle ein, die durch die Lage der Methylengruppen bestimmt wird [46]. Der verbreitetste Typ dieser Subzelle ist die rhombische Zelle des Polyethylens mit den Parametern: $a_0 = 7{,}45$ Å; $b_0 = 4{,}97$ Å; $c_0 = 2{,}54$ Å (Periode der ebenen aliphatischen Zickzackkette).

Diese ist aber nicht der einzige Subzellentyp. Schon MÜLLER bemerkte den Unterschied zwischen zwei Typen geradzahliger n-Paraffine, einem langkettigen und einem kürzeren. Zur Erklärung dieser Tatsache schlug er vor, die Energie des Kristalls in zwei Komponenten zu zerlegen, eine davon wird durch die seitliche Wechselwirkung der Molekülketten bedingt, die andere durch die der Endgruppen. Beim Übergang zu kürzeren Molekülen ändert sich das Verhältnis zwischen ihnen und ruft eine Veränderung der Kristallstruktur hervor.

1948 identifizierten MÜLLER und LONSDALE die Elementarzelle des n-$C_{18}H_{38}$ als triklin [47]. Da der von MÜLLER gezüchtete Einkristall keine ausreichende Qualität hatte, benutzten die Autoren zur Indizierung der Reflexe nur Pulverdiagramme. Die Struktur des n-$C_{18}H_{38}$ beruht auf einem anderen Subzellentyp, der von den Autoren nicht gefunden wurde. Die Parameter der zutreffenden Subzelle werden von uns im Laufe der weiteren Ausführungen mitgeteilt. Das Vorhandensein von nur einem Molekül in der Zelle weist auf die Parallelität zwischen den Ebenen hin, die durch die Kohlenstoffatome der zickzackförmigen Ketten gehen. Die triklinen Kristalle des n-$C_{18}H_{38}$ besitzen denselben Strukturtyp wie auch die anderen Glieder der homologen Reihe mit gerader Anzahl der Kohlenstoffatome von C_6 bis C_{24} („gerade" n-Paraffine).

Außer der Existenz von zwei Typen kristalliner Strukturen in der Reihe der „geraden" n-Paraffine wurden auch Unterschiede in den physikalisch-chemischen Eigenschaften zwischen den „geraden" und „ungeraden" n-Paraffinen gefunden. Der Grund für diese Erscheinung wird von MÜLLER in der Struktur der Kette selbst gesehen, die für „gerade" und „ungerade" Moleküle verschiedene Symmetrie besitzt. Er kam zu dem Schluß, daß bei Betrachtung in Richtung der c-Achse im Kristall des „ungeraden" n-Paraffins jedes zweite Molekül translationsidentisch ist, während bei den „geraden" alle aufeinanderfolgenden Moleküle durch eine einfache Translation verknüpft sind.

Gleichzeitig mit der Lösung der Struktur einzelner Vertreter der homologen Reihe der n-Paraffine untersuchten einige Autoren die Abhängigkeit irgendeines Parameters von der Zahl der Kohlenstoffatome in der Kette. Solche Arbeiten sind geeignet, die n-Paraffine nach kristallinen Modifikationen zu klassifizieren, ohne daß eine Detailuntersuchung aller Glieder der homologen Reihe erfolgt. So setzten PIPER und Mitarbeiter [48] die Arbeiten zur genauen Messung der Periode fort, die von MÜLLER begonnen wurden. Mit der großen oder langen Periode bezeichnen sie den Abstand zwischen den Ebenen des Kristallgitters, die durch die endständigen Gruppen der Kettenmoleküle verlaufen. (Besser wäre der Begriff „Zwischenschichtabstand", den wir auch benutzen werden.) Dieser Abstand besitzt die Größenordnung der Kettenlänge eines Moleküls und ist der Untersuchung leicht zugänglich, da die entsprechenden Linien auf dem Pulverdiagramm ohne Schwierigkeiten zu erkennen sind, da sie im Bereich relativ kleiner Beugungswinkel liegen.

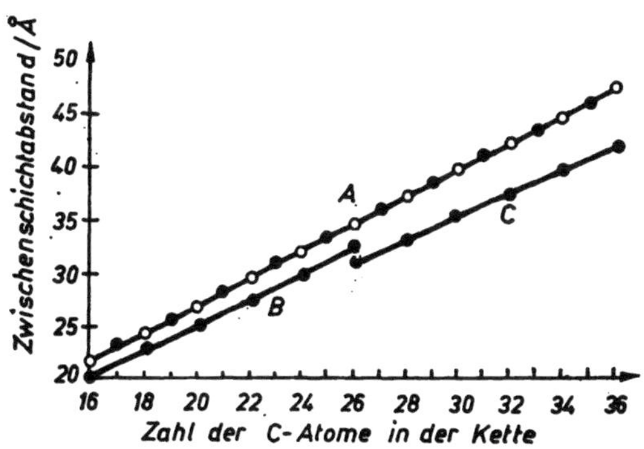

Abb. 1.41. Abhängigkeit des Zwischenschichtabstandes von der Anzahl *n* der Kohlenstoffatome in der Kette (mit offenen Kreisen sind die Werte für die rhombische Struktur angegeben, die auftritt, wenn die Verbindung verunreinigt ist)

Die Ergebnisse dieser Untersuchungen, teilweise von uns nach den Angaben anderer Autoren korrigiert [44, 49], sind in Abbildung 1.41 dargestellt. Sie vermittelt eine gute Vorstellung von der Zugehörigkeit der Glieder der homologen Reihe der n-Paraffine zu verschiedenen kristallinen Modifikationen. Die Punkte für alle „ungeraden" Paraffine liegen auf der Geraden *A*. Sie besitzen die Struktur mit rhombischer Subzelle und rechtwinkliger Schicht, wie sie von MÜLLER (n-$C_{29}H_{60}$) und SMITH (n-$C_{23}H_{48}$) bestimmt wurden.

Die triklinen Paraffine („gerade" Glieder der homologen Reihe bis zu C_{24}) sind aus schiefwinkligen Schichten aufgebaut, und die Gerade *B* in Abbildung 1.41, die durch die entsprechenden Punkte gelegt ist, verläuft etwas unterhalb der Geraden *A*. Wie schon gezeigt wurde, bestimmten MÜLLER und LONSDALE die Elementarzelle dieser n-Paraffine am n-$C_{18}H_{38}$: $a = 4{,}28$ Å; $b = 4{,}82$ Å; $c = 23{,}07$ Å; $\alpha = 91° \, 6'$; $\beta = 92° \, 4'$; $\gamma = 107° \, 18'$; $d(001) = 23{,}04$ Å; $Z = 1$. Der Subzellentyp und die Kristallstruktur der n-Paraffine dieser Gruppe wurden vom Autor (siehe weiter unten) bestimmt [50].

Die geraden n-Paraffine von C_{28} und höher haben eine rhombische Subzelle und eine Packung aus noch schiefwinkligeren Schichten, wobei die sie kennzeichnende Gerade *C* in Abbildung 1.41 noch tiefer liegt. Die Kristallstruktur dieser Gruppe wurde von SHEARER und VAND am Beispiel des n-$C_{36}H_{74}$ untersucht. Die wahre Elementarzelle ist monoklin mit $a = 5{,}57$ Å; $b = 7{,}42$ Å; $c = 48{,}35$ Å; $\beta = 119° \, 6'$. Seine Raumgruppe lautet $P2_1/a$; $Z = 2$. Die rhombische Subzelle und die Koordinaten der Kohlenstoffatome entsprechen genau denen, die im Polyethylen in der Arbeit von BUNN

[45] angegeben sind, und auch denen, die von WAINSCHTEIN und PINSKER [41] für Gemische von Paraffinen unbestimmter Zusammensetzung erhalten wurden.

Phasenumwandlungen. Außer den schon betrachteten kristallinen Formen gibt es noch eine weitere stabile, in der n-Paraffine vorkommen können. Bei einer bestimmten Temperatur in der Nähe des Schmelzpunktes entdeckte MÜLLER eine reversible Phasenumwandlung, bei der die Winkel zwischen den Diagonalen der (a,b)-Fläche der rhombischen Zelle (Abb. 1.40) den Wert von 60° einnehmen und die Symmetrie sich auf hexagonal erhöht. Diese Form entspricht der dichten Packung von Zylindern und ist ein Sonderfall des sogenannten gaskristallinen Zustands (oder rotationskristallin) (siehe Seite 80), der durch eine strenge Ordnung in der Lage der Molekülzentren (oder -achsen) und keine Unordnung in ihren Azimutaldrehungen charakterisiert wird. Diese Erscheinung ist recht verbreitet.

Die vollständigste Vorstellung über das Verhalten der Phasen der n-Paraffine liefert das Diagramm der Abbildung 1.42, das von SCHAERER und Mitarbeitern aufgestellt wurde und in dem die Schmelztemperaturen und Temperaturen der reversiblen Phasenübergänge im festen Zustand¹) dargestellt werden [51]. Dabei benutzten die Autoren teilweise neue Daten für sehr reine Substanzen. Der experimentelle Teil der Arbeit hinterläßt keine Zweifel, was sich jedoch von der Deutung der Ergebnisse nicht sagen läßt.

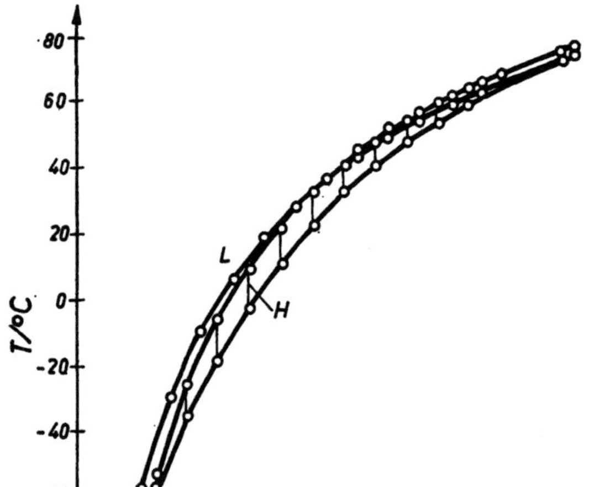

Abb. 1.42. Gegenwärtig bekannte Phasenübergänge von n-Paraffinen. Untere Kurve — Phasenübergang in die H-Modifikation, obere Kurven — Schmelzkurven

¹) Die n-Paraffine C_{24} und C_{26} zeigen im Vergleich zu anderen n-Paraffinen ein komplizierteres Phasenverhalten, das noch nicht vollständig untersucht wurde, und nehmen ihrer Struktur nach eine Zwischenstellung ein.

In Abbildung 1.42 sind die von den Autoren gewählten Bezeichnungen weggelassen und einige Korrekturen eingeführt worden. Die Bezeichnung für die kristallinen Tieftemperaturmodifikationen jedes Gliedes der homologen Reihe ist angeführt. Das Existenzgebiet der hexagonalen *H*-Modifikation ist im Diagramm durch senkrechte Striche gekennzeichnet. *T* ist die trikline Struktur des Typs n-C_{18}; *O* ist die orthorhombische Phase der Typen n-C_{23} und n-C_{29}; *M* ist die monokline Struktur mit einer *O*-Subzelle des Typs n-C_{36}, und *H* ist die hexagonale gaskristalline Struktur.

Wie aus dem Diagramm zu ersehen ist (und seine Autoren lenken selbst die Aufmerksamkeit darauf), gibt es für die Glieder der Reihe kleiner als C_{20} eine Aufspaltung der Kurve der Schmelztemperaturen der „geraden" und „ungeraden" Glieder der homologen Reihe. Oberhalb C_{20} gibt es das nicht, aber dort finden wir eine Aufspaltung der Kurve der Phasenübergänge im festen Zustand. Tatsächlich liegen die Schmelztemperaturen im Bereich von n-C_6 bis n-C_{20} der „geraden" Glieder der homologen Reihe auf einer Kurve, die über der Schmelzpunktkurve der „ungeraden" Glieder liegt; die gaskristalline Struktur in der Nähe des Schmelzpunktes (*H*-Modifikation) gibt es nur bei den „ungeraden" Gliedern der Reihe. Bei den n-Paraffinen mit größerer Kettenlänge sehen wir, daß sie unabhängig von der Parität alle die *H*-Modifikation im entsprechenden Temperaturintervall bilden, wobei die Schmelzpunkte auf eine Kurve fallen. Die Punkte der Phasenübergänge im festen Zustand liegen auf verschiedenen Kurven in Abhängigkeit von der Parität.

Schaerer und Mitarbeiter [51] versuchen, diese Erscheinungen zu erklären, ohne zu berücksichtigen, daß die n-Paraffine in verschiedenen kristallinen Modifikationen existieren. Obwohl rhombische, trikline, monokline und hexagonale Elementarzellen existieren, berücksichtigen die genannten Autoren nur zwei kristalline Modifikationen: S_α und S_β.

Außerdem kann man auf der Abbildung 1.42 noch folgendes erkennen. Der Wechsel der physikalisch-chemischen Eigenschaften zwischen „geraden" und „ungeraden" n-Paraffinen wird durch den Wechsel des Kristallstrukturtyps bedingt: für kürzere Glieder wechseln *O* und *H* der „ungeraden" Glieder mit *T* der „geraden", für längere wechseln *O* und *M* entsprechend. Das Fehlen eines solchen Übergangs der *H*-Modifikation bei n-Paraffinen mit größer als C_{22} ist ganz natürlich, da die Strukturen für alle Glieder der Reihe, unabhängig von ihrer Parität, vom gleichen Typ sind.

c) *Die dichte Packung der Kettenmoleküle.* Das gesamte Wissen über die Struktur der n-Paraffine wurde nach einem einheitlichen System in den Arbeiten [52, 53] dargestellt. Ausgehend von den allgemeinen Prinzipien der dichten Molekülpackung in organischen Kristallen, wurde gezeigt, daß im Falle der Kettenmoleküle die Anwendung der geometrischen Analyse zur Vorhersage einer ganzen Anzahl möglicher kristalliner Strukturen Erfolg hatte, wobei sich unter ihnen alle bisher ermittelten Strukturen befinden. Eine Betrachtung im großen Stil erleichtert die folgende Ausgangssituation. Die Struktur besteht immer aus Schichten von Molekülen ebener zickzackförmiger Gestalt, deren Achsen parallel verlaufen. Die Frage der Molekülpackung wird sowohl von der Packung in der Schicht wie von der Packung der Schichten her in allgemeinen Zügen betrachtet.

Sind die Ketten azimutal (Drehungen um die Achse) beliebig angeordnet, dann sind die Schnitte senkrecht zur Achse im Mittel kreisförmig, und es entsteht eine zylinderförmige Packung (hexagonal). Für den Fall, daß die Moleküle beliebig geschnitten werden, sind zwei Typen dichter Schichten möglich, nämlich solche mit schiefwinkliger und andere mit rechtwinkliger Zelle. Symbolisiert man den Schnitt durch die Kette durch irgendeinen Umriß, so ergeben sich drei Packungstypen, wie sie in Abb. 1.43a—c dargestellt sind.

Für die geometrische Strukturanalyse ist es vor allem notwendig, dem aliphatischen Molekül, wie in der organischen Kristallchemie üblich, eine „räumliche" Form zu geben, das heißt, man wendet die intermolekularen Standardradien der Kohlen- und

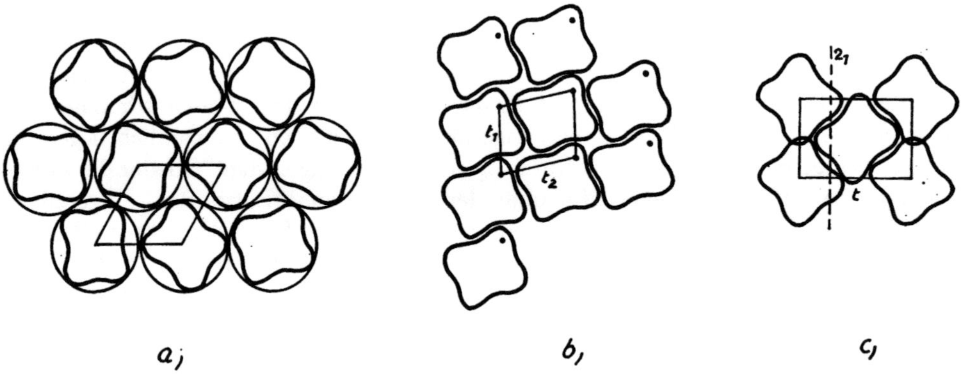

Abb. 1.43. Drei mögliche Typen der dichten Packung von Schnitten kettenförmiger Moleküle: a) hexagonale, b) schiefwinklige, c) rechtwinklige Zelle

Wasserstoffatome an (ein solches Modell des Moleküls wird in den Abbildungen 1.45 und 1.48 gezeigt). Die Analyse beginnt mit der Betrachtung der dichtesten Anlagerung zweier Molekülketten unendlicher Länge. Diese wird nur möglich sein, wenn das Wasserstoffatom eines Moleküls in eine „Einbuchtung", die von drei Wasserstoffatomen des benachbarten Moleküls gebildet wird, hineinpaßt. Es kann nun zwei Typen solch dichter Kontakte zwischen parallelen Molekülen, die gegeneinander durch eine einfache Translation verschoben sind, geben. Diese sind durch die Lagen t_M und t_T in Abbildung 1.44 (die Kettenachsen stehen senkrecht zur Zeichenebene) sowie die in Abbildung 1.45 wiedergegeben. Die Lage t_R in Abbildung 1.44 entspricht dem Fall c) in Abbildung 1.43, wenn die Ebenen der Zickzackanordnungen nicht parallel

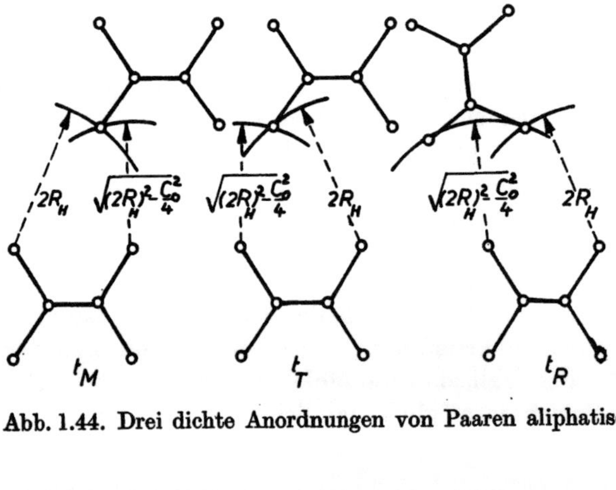

Abb. 1.44. Drei dichte Anordnungen von Paaren aliphatischer Ketten

sind. Jeder der drei gezeigten Typen der Lage von Kettenpaaren führt zu einer dichtesten Packung. Das Schema t_T liefert eine Struktur mit trikliner Subzelle[1]) (T), t_M eine monokline (M) und t_R eine rhombische Subzelle (R).

Der weitere Weg der geometrischen Analyse soll kurz mit der Ableitung der Struktur, die aus der Lage t_T folgt, beschrieben werden. Zwei Moleküle, die durch die Translation t_T verknüpft sind, bestimmen selbst die Art der Packung der unendlichen Molekülreihe in einer der Richtungen im Kristall. Die dichte Packung zweier solcher Reihen findet man ohne Schwierigkeiten durch geometrische Konstruktion oder mit Hilfe von Molekülmodellen. Sie realisiert sich durch die Translation b_0 senkrecht zu den Molekülachsen. So findet man die einzige Lage, die zu einer Sechserkoordination führt. Das ist die ideale Struktur, das heißt diejenige, in der alle intermolekularen H---H-Abstände gleich sind. Wenn man $R_H = 1{,}3$ Å setzt, dann entsteht eine Zelle, die zwei CH_2-Gruppen enthält und folgende Parameter besitzt:

$$a_0 = 4{,}3\,\text{Å}\,, \quad b_0 = 4{,}45\,\text{Å}, \quad c_0 = 2{,}54\,\text{Å} \quad (T\text{-Zelle})\,,$$

$$\alpha_0 = 90^\circ\,, \quad \beta_0 = 107^\circ\,, \quad \gamma_0 = 102^\circ\,.$$

Analog findet man die idealen Parameter der R- und M-Zellen:

$$a_0 = 7{,}42\,\text{Å}\,, \quad b_0 = 4{,}96\,\text{Å}\,, \quad c_0 = 2{,}54\,\text{Å} \quad (R\text{-Zelle})\,,$$

$$a_0 = 4{,}2\,\text{Å}\,, \quad b_0 = 4{,}4\,\text{Å}\,, \quad c_0 = 42{,}54\,\text{Å}\,, \quad \gamma_0 = 111^\circ \quad (M\text{-Zelle})\,.$$

Im Falle der Molekülketten unendlicher Länge sind die Elementarzellen die wahren Zellen. Aber eine Schicht aus Molekülen endlicher Länge hat nur eine zweidimensionale Periodizität und stellt keinen Kristall dar. In diesem Fall sind die R-, M- und T-Zellen, die in der Molekülschicht vorliegen, Subzellen, das heißt, sie charakterisieren die Packung der Methylengruppen.

Für Schichten, die aus Molekülen endlicher Länge bestehen, muß man einen neuen Parameter berücksichtigen, nämlich den Neigungswinkel der durch die endständigen Gruppen gehenden Ebenen zu den Molekülachsen. Ist dieser gleich 90°, so sind die Schichten rechtwinklig, andererfalls sind sie schiefwinklig. Dieser Winkel kann jedoch keine beliebigen Werte annehmen, und zwar deshalb, weil die parallelen Verschiebungen längs der Molekülachsen, die zu verschiedenen Varianten der wahren Zelle führen und dabei die Packung der Methylengruppen nicht ändern, gleich mc_0 sein sollen, mit m als ganzer Zahl.

Die Tatsache, daß man alle Strukturvarianten für Kettenmoleküle aus einer Grundstruktur durch die angegebenen diskreten Verschiebungen der Moleküle erhalten kann, wurde vor dreißig Jahren von Schoon [54] vorausgesagt, aber sie konnte natürlich noch nicht auf der Basis der gegenwärtig existierenden Strukturvorstellungen erklärt werden. Gegenwärtig ist diese Feststellung klar. Dazu genügt es, Abbildung 1.45 zu betrachten. Wenn ein beliebiges Molekül längs seiner Achse um ein ganzes Vielfaches der Kettenperiode (= 2,54 Å) verschoben wird, dann ordnen sich die hervorspringenden Teile eines Moleküls von neuem in den Einbuchtungen des anderen ein, und der Charakter der Lagen der Methylengruppen ändert sich nicht.

[1]) Die Subzelle wird aus den Periodizitätsvektoren der Methylengruppen aufgebaut.

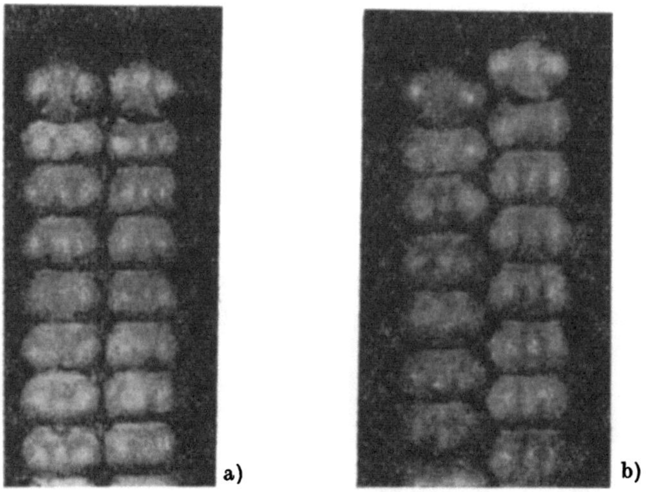

Abb. 1.45. Modell der Anordnung von Paaren von Ketten des Typs t_M (a) und t_T (b)

Bezeichnen wir mit m die Verschiebung der Moleküle, die durch die Translation a_0 verknüpft sind, und mit n die Verschiebung der durch b_0 verknüpften Moleküle, so wird die zweidimensionale Zelle der Schicht durch die Subzelle und die Zahlen m und n bestimmt. Im Gegensatz zu den R- und M-Subzellen besitzt die T-Subzelle infolge ihrer Struktur keine rechtwinkligen Schichten, weil die Methylengruppen, die durch die a_0-Translation verknüpft sind, in ihr um $c_0/2$ verschoben sind. Deshalb werden die möglichen zweidimensionalen Zellen durch Symbole charakterisiert:

$$R[m, n]\,, \qquad M[m, n]\,, \qquad T[m + {}^1/_2, n]\,.$$

Man muß noch berücksichtigen, daß die Schichten, die sich durch die Vorzeichen von m und n unterscheiden, nicht äquivalent sind. Jedes Zahlenpaar liefert vier Schichten: m, n; $m, \bar{n}$; $\bar{m}, n$; $\bar{m}, \bar{n}$. Diesen Unterschied erläutert Abbildung 1.46. Es ist nicht erforderlich, alle möglichen Verschiebungen der Kette zu betrachten. Wenn eine Verschiebung zweier benachbarter Ketten eine Periode c_0 überschreitet, dann entstehen Kontakte der endständigen Gruppen mit den Methylengruppen, was

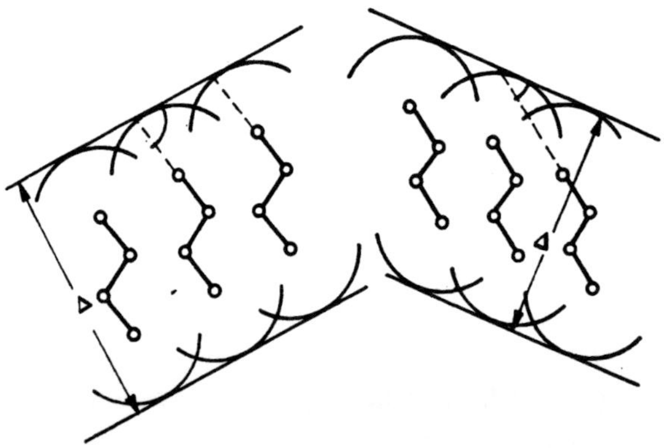

Abb. 1.46. Schichten, die sich nur im Vorzeichen der Verschiebung unterscheiden

Tabelle 1.7a. Parameter der Subzellen von n-Paraffinen

Subzelle	a_0, Å	b_0, Å	c_0, Å	α_0	β_0	γ_0
H	4,8	—	—	90°	900°	120°
R	7,42	4,96	2,54	90°	90°	90°
M	4,2	4,4	2,54	90°	90°	111°
T	4,3	4,45	2,54	90°	107° 30′	102°

Tabelle 1.7b. Mögliche Molekülpackungen in n-Paraffinen

Schicht	Parameter der Schicht, Å			φ_a	φ_b	φ_c
H [0, 0]	$a = 4{,}8$			90°	90°	0°
R [0, 0]	$a = 7{,}42$,	$b = 4{,}96$,	$\gamma = 90°$	90°	90°	0°
R [0, ±2]	$a = 9{,}0$,	$b = 4{,}96$,	$\gamma = 90°$	90°	55° 30′ 124° 30′	34° 30′
R [±1, 0]	$a = 7{,}42$,	$b = 5{,}57$,	$\gamma = 90°$	63°, 117°	90°	27°
R [0, ±1]	$a = 7{,}85$,	$b = 4{,}96$,	$\gamma = 90°$	90°	71°, 109°	19°
R [±1, ±1]	$a = 7{,}85$,	$b = 5{,}57$,	$\gamma = 81° 30'$	63°, 117°	71°, 109°	31° 30′
R [∓1, ±1]	$a = 7{,}85$,	$b = 5{,}57$,	$\gamma = 98° 30'$	63°, 117°	71°, 109°	31° 30′
M [0, 0]	$a = 4{,}2$,	$b = 4{,}4$,	$\gamma = 111°$	90°	90°	0°
M [±1, 0]	$a = 4{,}9$,	$b = 4{,}4$,	$\gamma = 107°$	59°, 121°	90°	32°
M [0, ±1]	$a = 4{,}2$,	$b = 5{,}1$,	$\gamma = 107°$	90°	60°, 120°	32°
T [±1/2, 0]	$a = 4{,}3$,	$b = 4{,}5$,	$\gamma = 103°$	73°, 107°	90°	18°
T [1/2, 1] *T* [−1/2, 1]	$a = 4{,}3$,	$b = 5{,}2$,	$\gamma = 109°$	73°, 107°	120°, 60°	36°

zu einer Verminderung der Packungsdichte führt. Deshalb genügt es, die Packungsparameter mit minimaler Verschiebung anzugeben (Tab. 1.7a, b).

Alle Schichten mit einer *T*-Subzelle sind schiefwinklig. Wenn die (a,b)-Ebene der zweidimensionalen Zelle der Schicht mit der (a_0,b_0)-Ebene der Subzelle zusammenfällt, haben die Schichten die Symbole $T[^1/_2, 0]$ und $T[-^1/_2, 0]$. In den Schichten mit einer *T*-Subzelle hat jedes Molekül sechs Nachbarn, die durch die Vektoren $\pm\, \boldsymbol{a}_0$, $\pm\, \boldsymbol{b}_0$ und $\pm\, \boldsymbol{c}_0$[1]) translatiert werden. Die Bedingung, nach der die Verschiebung eines beliebigen Moleküls nicht größer als eine Einheit ist, gestattet nur noch zwei Schichten $T[^1/_2, 1]$ und $T[-^1/_2, 1]$.

In Tabelle 1.7a und b sind alle auf diese Weise erhaltenen Schichten mit den Parametern ihrer zweidimensionalen Zelle und den Neigungswinkeln φ_a, φ_b und φ_c der Molekülachsen gegen a, b und zur Normalen auf die (a,b)-Ebene angegeben.

Ferner werden von uns die möglichen rhombischen, monoklinen und triklinen Strukturen, die durch Stapelung der Schichten entstehen, behandelt. Dabei kann man die Strukturen der triklinen Symmetrie durch Stapelung von Schichten beliebiger Symmetrie *R*, *M* und *T* durch willkürliche Verschiebungen erhalten.

Hier muß daran erinnert werden, daß die Schichten niemals exakt übereinanderliegen, das heißt, daß sie nicht über Symmetrieebenen verknüpft sein können, weil in diesem Falle die „Ausbuchtungen" der einen genau gegenüber den „Ausbuchtungen" der anderen Schicht liegen würden, und die Packung wäre nicht dicht, wie es Abbildung 1.47a zeigt.

[1]) Wie gewöhnlich nehmen wir für γ einen stumpfen Winkel an.

Da die Stapelung benachbarter Schichten immer mit einer Verschiebung beider verbunden ist, fällt die c-Achse der wahren Elementarzelle, die durch identische Punkte der Moleküle benachbarter Schichten geht, nicht mit der Richtung der Molekülachse zusammen (Abb. 1.47b). Die Achsen fallen nur im Falle der rhombischen Doppelschichtstruktur zusammen, in der die dritte Schicht erst über der ersten liegt (Abb. 1.47c).

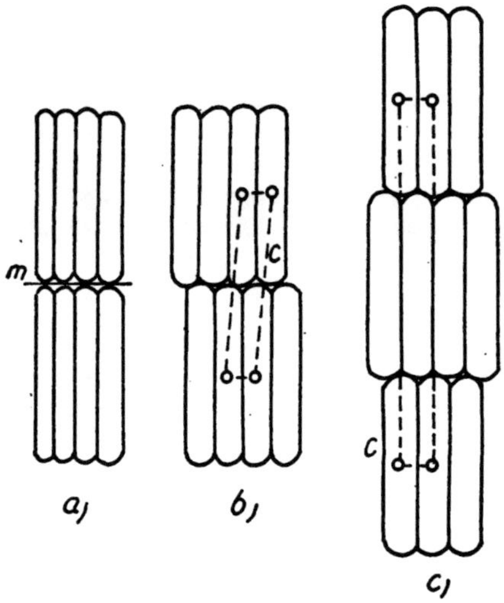

Abb. 1.47. Stapelung der Schichten in Strukturen der n-Paraffine

Im Hinblick auf eine dichte Packung ist eine willkürliche Verschiebung günstiger als eine monokline Verschiebung oder rhombische Symmetrie. Trotzdem wird die trikline Verschiebung nicht immer realisiert, weil die Erzielung des Minimums an freier Energie nicht allein mit dem Streben nach höchster Packungsdichte einhergeht, sondern auch mit der Eigenschaft, die höhere Symmetrie des Moleküls im Kristall zu erhalten. Das bezieht sich auch auf Molekülschichten, die durch Stapelung den Kristall aufbauen.

Die vollständige Charakteristik der hier behandelten Strukturen wird in den oben zitierten Arbeiten angeführt [39, 43, 44, 47, 51]. Die angegebenen Strukturtypen können nicht nur in n-Paraffinen auftreten, sondern auch in anderen Verbindungen mit langer Kette, in der die aliphatische Zickzackform die Hauptrolle in der Packung spielt. Die geometrische Betrachtung auf der Grundlage der Vorstellung von der dichten Packung erklärt auch den Ursprung der strukturellen Vielfalt, die kettenförmige Moleküle haben können, und sie zeigt, daß diese Vielfalt im Grunde für die „geraden“ Glieder der homologen Reihe der n-Paraffine charakteristisch ist, während für die „ungeraden“ nur zwei Strukturvarianten mit rhombischer Zelle zu erwarten sind.

Struktur der triklinen n-Paraffine. Eine Bestätigung der oben dargelegten Theorie findet man in [50] über die Bestimmung der Kristallstruktur des Paraffins n-$C_{18}H_{38}$. Der Untersuchungsgang war in diesem Fall sehr verschieden vom klassischen Gang einer Strukturanalyse. Zunächst wurden die experimentellen Werte der Neigungswinkel der Molekülachsen zu den Achsen der Elementarzelle, wie sie von MÜLLER und LONSDALE gewählt wurden, eingesetzt:

$$\varphi_a = 74^\circ\,, \qquad \varphi_b = 91^\circ\,, \qquad \varphi_c \approx \varphi_{c^*} = 18^\circ\,.$$

Diese Zahlen stimmen ausgezeichnet mit den entsprechenden theoretischen Werten der Schichten $T[+{}^1/_2, 0]$ überein (siehe Tabellen 1.7a, b). Genauso wird der Subzellentyp mit den entsprechenden Atomkoordinaten des Kohlenstoffs erklärt. Die entsprechenden Daten — unter Berücksichtigung weiter unten begründeter Korrekturen — lauten: trikline Subzelle T, die zwei CH_2-Gruppen enthält, mit den Parametern

$$a_0 = 4{,}3\ \text{Å}\,, \qquad b_0 = 4{,}8\ \text{Å}\,, \qquad c_0 = 2{,}54\ \text{Å}\,,$$

$$\alpha_0 = 90^\circ\,, \qquad \beta_0 = 107{,}5^\circ\,, \qquad \gamma_0 = 107^\circ\,.$$

Die Kohlenstoffatome haben die Koordinaten (der Ursprung liegt in der Mitte der C—C-Bindung):

$$x_1 = 0{,}008\,, \qquad y_1 = 0{,}095\,, \qquad z_1 = {}^1/_4\,,$$

$$x_2 = 1 - x_1\,, \qquad y_2 = 1 - y_1\,, \qquad z_2 = {}^3/_4\,.$$

Außerdem wurde gezeigt, daß die n-$C_{18}H_{38}$-Kristalle nicht aus $T[+{}^1/_2, 0]$-Schichten, sondern aus $T[-{}^1/_2, 0]$-Schichten aufgebaut sind. Die Struktur dieser Kristalle, die auf dem einzig möglichen Weg der dichten Stapelung dieser Schichten gebildet werden, ist in Abbildung 1.48 in einem Modell dargestellt. Erinnern wir uns, daß andere n-Paraffine, entsprechend der Geraden B (Abb. 1.41), vom gleichen Typ sind.

Dichte der R- und T-Packungen. Die Daten, die in den oben zitierten Arbeiten mitgeteilt werden, erlauben den Vergleich der Packungsdichten der Moleküle in den R- und T-Subzellen. Die Genauigkeit, mit der die Parameter bekannt sind, ist dafür ausreichend, obwohl man hinzufügen muß, daß ein solcher Vergleich nicht streng ist, weil es sich um verschiedene, wenn auch stofflich gleichartige, Strukturen handelt.

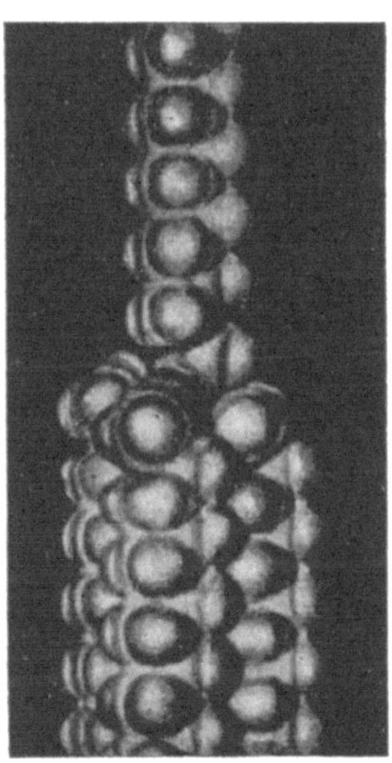

Abb. 1.48. Packung der Moleküle in triklinen n-Paraffinen

Der Parameter c_0 ist in beiden Fällen gleich 2,54 Å. Deshalb bestimmt man die Dichte der Molekülpackung in der Subzelle aus der Fläche, die ein Molekül in dem Schnitt senkrecht zu den Ketten einnimmt. Die gesuchte Schnittfläche für die R-Subzelle ist

$$S_R = a_0 b_0/2 = 18{,}5_6 \text{ Å}^2 .$$

Um den entsprechenden Wert auch für die T-Subzelle zu finden, muß die Fläche $a_0 b_0$ in die Ebene projiziert werden, die senkrecht zu den Ketten liegt, und man rechnet die Projektion der Fläche nach

$$S_T = b_0 a_{0\perp} \cos(\gamma_0 - 90°) = b_0 \sqrt{a_0^2 - \left(\frac{c_0}{2}\right)^2} \cos(\gamma_0 - 90°)$$

aus. Setzt man die Werte $a_0 = 4{,}28$ Å, $b_0 = 4{,}82$ Å und $\gamma = 107°\ 18'$ ein, so erhält man

$$S_T = 18{,}7_3 \text{ Å}^2 .$$

Der geringe Unterschied in der Flächengröße ($< 1\%$) erklärt sich offenbar durch die Existenz beider Subzellentypen — R und T — in der Art, daß die energetische Begünstigung dieser oder jener Struktur vor allem durch die molekulare Packungsdichte bestimmt wird.

Hier ist es angebracht, eine Frage zu stellen, deren Beantwortung eine große Bedeutung für das Verständnis der Polymorphie der n-Paraffine hat. Wie kann man die Stabilität der Strukturen der triklinen Modifikationen für „gerade" n-Paraffine mit einer Zahl von Kohlenstoffatomen $n < 26$ und den Übergang zu Strukturen mit R-Zelle bei $n > 26$ erklären? Die Antwort erhält man, indem man von der Voraussetzung ausgeht, daß die freie Energie der T-Subzelle etwas größer ist als die der R-Subzelle. Dabei wird die energetische Bevorzugung der triklinen Strukturen dadurch gewährleistet, daß die trikline Stapelung der Schichten, wie schon gezeigt wurde, überhaupt dichter ist. Aber je länger das Molekül ist, um so geringer ist dieser Gewinn in der Packungsdichte der Endgruppen, und bei hinreichend großem n erweist er sich schließlich als unzureichend dafür, daß die Struktur mit T-Subzelle den energetischen Vorzug vor der mit der R-Zelle erhält. Auf diese Frage kommen wir noch einmal bei der Behandlung experimenteller Daten zurück, die sich auf feste Lösungen und n-Paraffine (siehe Seite 122) beziehen.

Auf jeden Fall ist es klar, daß die Differenz der freien Energie der Kristalle vom Packungstyp R und T nicht groß ist. Das folgt sowohl aus dem bloßen Vergleich ihrer Dichten als auch daraus, daß bereits einige Prozente an Beimengungen benachbarter Homologa die trikline Struktur in die rhombische überführen. Auf dieser Grundlage unternahmen wir den erfolgreichen Versuch, die T-Packung in Polyäthylenproben zu finden [55]. Unabhängig von uns fanden Teare und Holmes [56] eine trikline Modifikation des Polyethylens, wobei sie unter Hinweis auf deren Instabilität die oben gewonnenen Aussagen über die R- und T-Packungen bestätigten.

Kabalkina [57] führte röntgenographische Untersuchungen an den Paraffinen n-$C_{30}H_{67}$, n-$C_{32}H_{66}$ und n-$C_{34}H_{70}$ bei einem Druck von 15000 atm durch. Dabei wurde als interessante Tatsache die Anwesenheit eines bestimmten Anteils der triklinen Modifikation in der Struktur festgestellt, die noch einige Tage nach der Druckbehandlung stabil blieb. Die Interpretation dieser Erscheinung wird dadurch erschwert, daß der angelegte Druck kein hydrostatischer war.

1.10. Eisenorganische Verbindungen

a) *Sandwichartige Moleküle.* Ein interessanter Vertreter dieser Verbindungsklasse ist das Ferrocen $Fe(C_5H_5)_2$. Das Ferrocen kristallisiert [58] in der monoklinen Raumgruppe $P2_1/a$ (a = 5,91 Å; b = 7,59 Å; c = 10,51 Å; β = 121° 6′; Z = 2), das heißt, die Molekülzentren (die Eisenatome) nehmen eine spezielle Lage ein; das Molekül hat im Kristall die Symmetrie $\bar{1}$. Folglich ist für die Ferrocenmoleküle die antiprismatische Lage der Fünferringe charakteristisch (Abb. 1.49). Die Molekülsymmetrie ist D_{5d}. Ein deutlicher Anstieg der Elektronendichte zwischen den Kohlenstoffatomen, die sich in den Differenzsynthesen der Elektronendichte zeigt, wird offenbar durch die starken Schwingungen der Kohlenstoffringe bedingt.

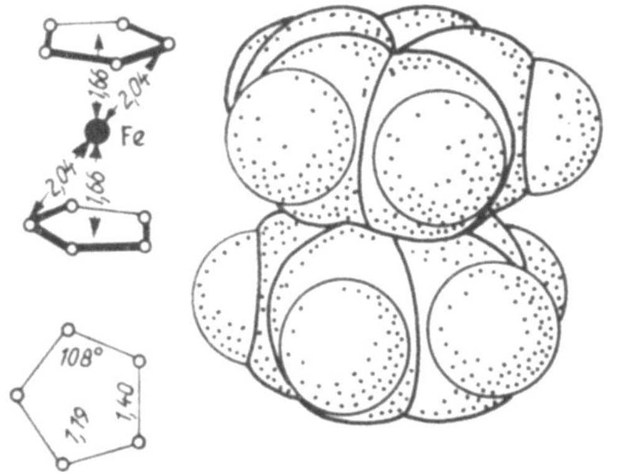

Abb. 1.49. Konfiguration und Form des Ferrocenmoleküls

Wie aus Tabelle 1.8 zu ersehen ist, stört das Vorliegen des ungewöhnlichen Bindungstyps „Metall-Fünferring“ nicht dabei, daß die Dicyclopentadienyl-Metall-Verbindungen nach den allgemeinen Regeln der organischen Kristallchemie sowohl in

Tabelle 1.8. Kristallographische Daten von Metall-Dicyclopentadienyl-Verbindungen

Verbindung	Gitterparameter a, Å	b, Å	c, Å	β	Zelle V, Å³	Z	Raumgruppe
$Fe(C_5H_5)_2$	5,91	7,59	10,51	121° 6′	403,6	2	$P2_1/c$
$Co(C_5H_5)_2$	5,90	7,71	10,60	121° 6′	412,8	2	$P2_1/c$
$Ni(C_5H_5)_2$	5,88	7,86	10,68	121° 6′	422,2	2	$P2_1/c$
$V(C_5H_5)_2$	5,88	8,02	10,82	121° 12′	436,0	2	$P2_1/c$
$Cr(C_5H_5)_2$	5,92	7,88	10,72	121° 12′	427,6	2	$P2_1/c$
$Mg(C_5H_5)_2$	5,98	8,04	10,98	121° 54′	448,0	2	$P2_1/c$
$Be(C_5H_5)_2$	5,9	7,7	10,8	122°	420	2	$P2_1/c$
$Ru(C_5H_5)_2$	7,13	8,59	12,81	—	—	4	$Pnma$
$Os(C_5H_5)_2$	7,159	8,988	12,800	—	—	4	$Pnma$
$Hg(C_5H_5)_2$*)	13,1	13,4	5,8	α = 99° 48′ β = 104° 24′ γ = 88° 48′	993	4	$P1$ oder $P\bar{1}$
$Mn(C_5H_5)_2$	15,20	11,74	9,96	γ = 114° 46′	—	8	$P2_1/b$

*) Bei $t°$ = −90 °C

antiprismatischer (Ferrocentyp) als auch in prismatischer (Rhutenocentyp) Konfiguration der Moleküle kristallisieren.

Als Beispiel nehmen wir die Kristallstruktur des Diferrocenyls [59]. Das Diferrocenylmolekül

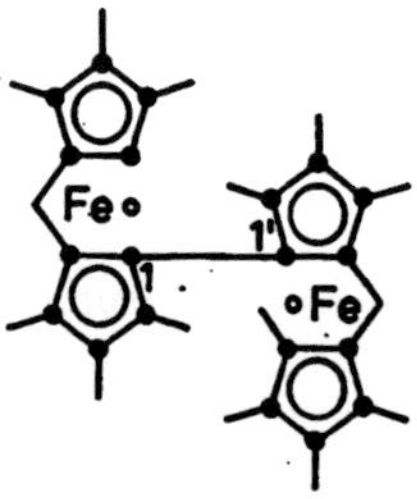

XVI

hat in der monoklinen Elementarzelle der Symmetrie $P2_1/c$ ($a = 10{,}17$ Å; $b = 7{,}86$ Å; $c = 12{,}62$ Å; $\beta = 132°$; $Z = 2$) eine zentrosymmetrische Lage, das heißt, es besitzt trans-Konfiguration bezüglich der C_1—C_1'-Bindung zwischen den Ferrocenresten. Die Bindungslängen (Fe---C = 2,03 Å, C---C = 1,42 Å) und die Bindungswinkel (C—C—C = 108° $\pm$ 2° 30′) in diesen Resten stimmen mit den im Ferrocen gefundenen überein. Die Bindungslänge C_1---C_1' = 1,48 Å zwischen den Ferrocenresten ist etwas verkürzt. Interessant ist, daß sich der Drehungswinkel $\varphi = 16°$ eines Cyclopentadienylkerns im Sandwich relativ zu dem anderen als Zwischenwert zwischen der charakteristischen prismatischen ($\varphi = 0°$) und der antiprismatischen ($\varphi = 36°$) Konfiguration erweist.

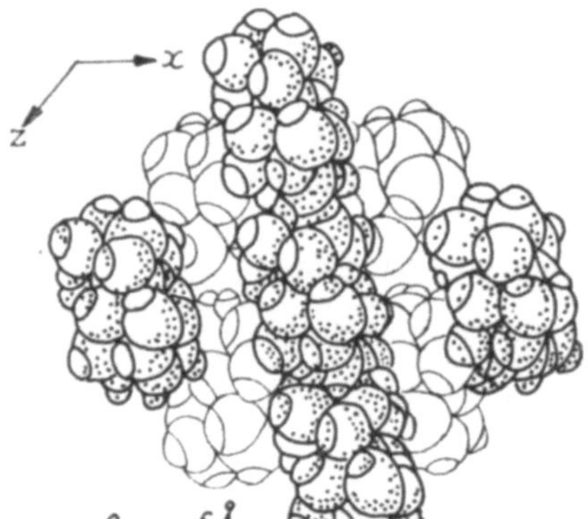

Abb. 1.50. Molekülpackung in der Diferrocenyl-Struktur

Die Struktur des Diferrocenyls (Abb. 1.50) stellt eine dichte Packung von Schichten mit Sechserkoordination parallel zur Ebene (10$\bar{1}$) dar. Offenbar gewährleistet die trans-Konfiguration des Moleküls seine günstige, fast sphärische Form und schafft somit die Voraussetzung für die Realisierung einer fast dichten Packung. Dabei ist jedes Molekül der Struktur von 12 Nachbarn umgeben; der Packungskoeffizient ist 0,71. Der kürzeste intermolekulare C---C-Abstand ist gleich 3,60 Å. Unter den C---H-Abständen gibt es verkürzte. Der kürzeste von ihnen (2,52 Å) nimmt weiter ab ($\approx$ 2,3 Å), wenn bei gleicher Elementarzelle die Ferrocensandwiches auf Grund der Drehung der äußeren Ringe prismatische Konformation annehmen.

b) *Die Strukturen einiger Eisencarbonyle.* Im Molekül des Eisen-Pentacarbonyls $Fe(CO)_5$ liegt die Ebene durch das Eisen und drei Carbonylgruppen senkrecht zu der Ebene, die durch das Fe und die beiden restlichen Carbonylgruppen verläuft [60].

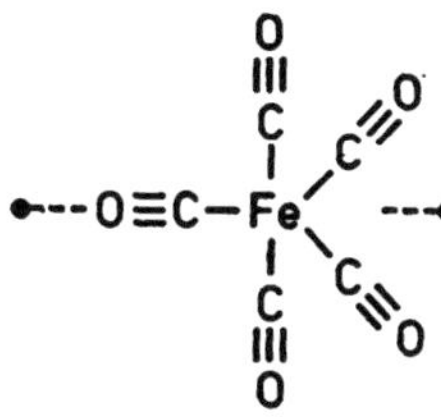

XVII

In der Elementarzelle monokliner Symmetrie ($a = 11{,}71$ Å, $b = 6{,}80$ Å; $c = 9{,}28$ Å; $\beta = 107^\circ\,36'$; Raumgruppe $C2/c$; $Z = 4$) liegen die Moleküle auf zweizähligen Achsen. Dank der Tatsache, daß die Moleküle nur von Sauerstoffatomen begrenzt werden, sind in der Molekülpackung nur O—O-Kontakte realisiert. Die bestimmenden Kontakte (Abb. 1.51) sind davon die O—O-Kontakte mit 3,15; 3,19 und 3,21 Å. Daraus folgt der mittlere intermolekulare Radius des Sauerstoffatoms mit 1,59 Å, der etwas größer ist als der oben eingeführte von 1,52 Å.

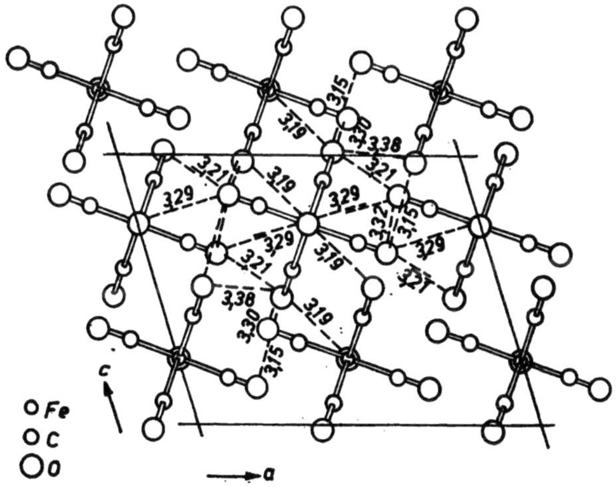

Abb. 1.51. Intermolekulare Abstände in der Eisenpentacarbonyl-Struktur

Solche O---O-Abstände (der kleinste ist 3,1 Å) findet man auch in der $Fe_2(CO)_9$-Struktur [61], deren Molekül folgendes Aussehen hat:

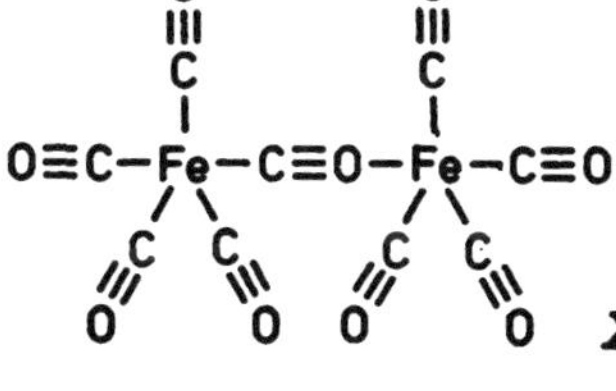

XVIII

Die Kristalle dieser Verbindung sind hexagonal ($a = 6{,}45$ Å; $c = 15{,}98$ Å; Raumgruppe $C6_3/m$; $Z = 2$).

Die Struktur des Eisen-acrylonitril-tetracarbonyls ist monoklin ($a = 12{,}09$ Å; $b = 11{,}45$ Å; $c = 6{,}585$ Å; $\beta = 110° 24'$; Raumgruppe $P2_1/a$; $Z = 4$). Die Moleküle haben die Form [62]:

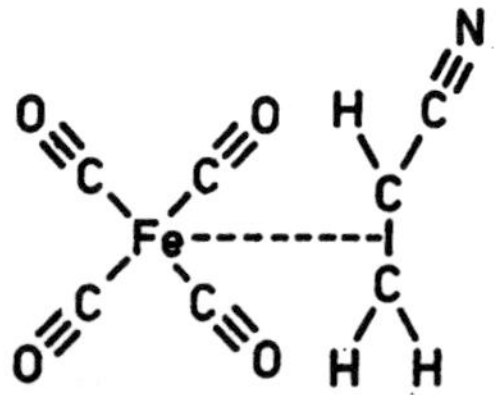

XIX

Die Kontakte benachbarter Moleküle (Abb. 1.52) werden durch O—O-Atome (der kürzeste Abstand beträgt 3,04 Å) sowie N—O und C—N realisiert. Die Autoren berücksichtigen nicht die H-Atome. Deshalb ist die Analyse der Kontakte nur unvollständig.

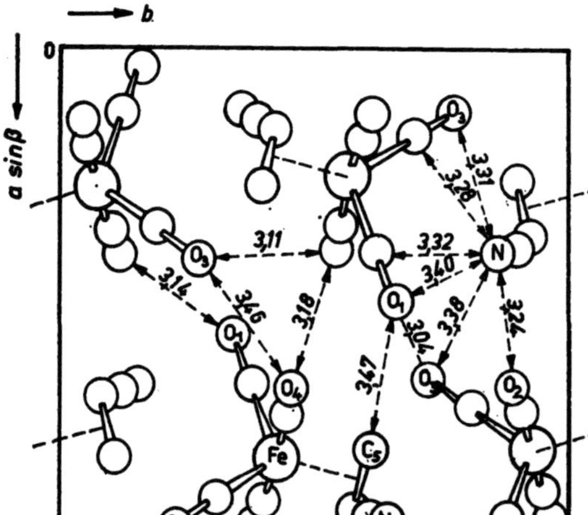

Abb. 1.52. Intermolekulare Abstände in der Eisentetracarbonyl-Struktur

Eine allgemeine Schlußfolgerung aus der Betrachtung des Baues von Kristallen, die aus Molekülen mit außergewöhnlichen Bindungen eines Atoms mit einer Atomgruppe aufgebaut sind, ist, daß kein Zweifel darüber besteht, daß die Packung ähnlicher Moleküle im Kristall durch dieselben Gesetze realisiert wird wie die für Moleküle mit „gewöhnlichen" kovalenten Bindungen.

1.11. Tetraarylverbindungen

Tetraarylverbindungen bestehen aus Molekülen XAr_4, wobei X ein vierbindiges Element und $Ar = C_5H_6$ bedeuten. Das Interesse an diesen Stoffen wird hervorgerufen erstens durch die hohe Symmetrie ($\bar{4}$), die das Molekül im Kristall besitzt, und zweitens durch die Möglichkeit der Untersuchung der gegenseitigen räumlichen Behinderung durch benachbarte Wasserstoffatome zweier Benzolkerne, die in einer Ebene liegen.

Wie aus Tabelle 1.9 zu ersehen ist, bilden die zur Zeit bekannten Strukturen der Tetraarylverbindungen eine isomorphe Reihe (gemeinsame Raumgruppe $P\bar{4}2_1/c$). Deshalb genügt es, die Diskussion des Konformationsproblems auf einen Vertreter dieser Gruppe zu beschränken, zum Beispiel Tetraphenylmethan $C(C_6H_5)_4$.

Tabelle 1.9. Kristallographische Daten von Tetraarylverbindungen

Verbindung	Gitterpatameter/Å		
	a	*c*	d_{X-C}, Å
$C(C_6H_5)_4$	10,86	7,26	1,54
$Si(C_6H_5)_4$	11,30	7,08	1,94
$Ge(C_6H_5)_4$	11,60	6,85	1,98
$Pb(C_6H_5)_4$	12,03	6,55	2,23
$Sn(C_6H_5)_4$	11,85	6,65	2,17

Die Struktur des Tetraphenylmethans wurde in der Projektion auf die Basisebene mit Hilfe der geometrischen Analyse bestimmt [63]. Die Eigensymmetrie des Moleküls ist $\bar{4}2m$, 222, *m* oder 1 (in Abhängigkeit von den Verdrehungen der Benzolkerne). Im Kristall ist sie $\bar{4}$.

Bevor die Molekülpackung im Kristall analysiert wird, betrachten wir die Konformation des freien Moleküls (Abb. 1.53). Das Molekül soll die Symmetrie $\bar{4}$ haben.

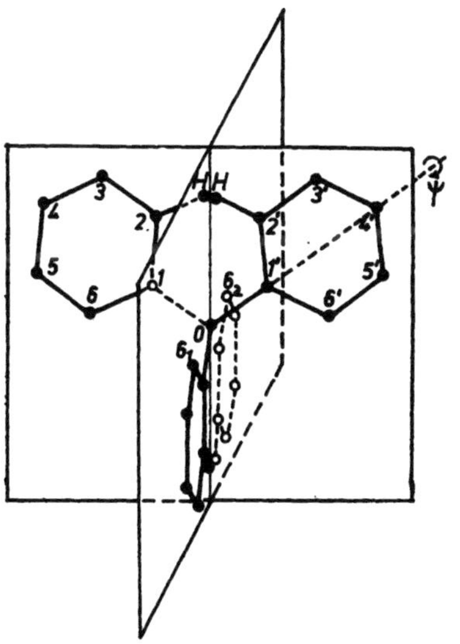

Abb. 1.53. Molekül einer Tetraarylverbindung XAr_4. Gezeigt ist die Ausgangslage zweier Benzolkerne in einer Ebene

Die enge Nachbarschaft der ortho-ständigen Wasserstoffatome der Benzolkerne läßt keine beliebige Drehung dieser Kerne um die X—C-Bindungen zu. Sind die Kerne in vertikalen, durch die $\bar{4}$-Achsen verlaufenden Ebenen angeordnet, so ist der Abstand zwischen den Zentren der ortho-ständigen Wasserstoffatome in den Benzolkernen des Moleküls, die durch eine zweizählige Achse miteinander verknüpft sind, sehr klein, und bei X = C, das heißt bei $d_{X-C} = 1{,}50$ Å beträgt er nur noch 0,58 Å.

Wir benutzen eine Lage der Arylkerne, in der sie paarweise in einer Ebene angeordnet sind (Abb. 1.53), als Ausgangslage und beschreiben die Konfiguration durch den Winkel ψ zwischen der Ringebene und der senkrechten Ebene. Die Zentren der orthoständigen Wasserstoffatome (Positionen 2 und 6) beschreiben bei einer Drehung des Kerns um die X—C-Bindung des Moleküls einen Kreis mit dem Radius

$$R = (d_{C-C} + d_{C-H}) \cos 30° = 2{,}15 \text{ Å}$$

mit d als Bindungslänge. Die Wasserstoffatome in den Lagen 3 und 5 beschreiben denselben Kreis; das Atom 4 befindet sich auf der Drehachse.

Der Mittelpunkt des Kreises der Atome 2 und 6 liegt auf dem Durchmesser des Benzolrings im Abstand ϱ vom Zentralatom X:

$$\varrho = d_{X-C} + (d_{C-C} - d_{C-H}) \sin 30° = r_{X-C} + 0{,}16 \text{ Å}\,.$$

Benutzt man die in Tabelle 1.9 aufgeführtn Werte der X—C-Bindungslängen, erhält man verschiedene ϱ-Werte:

$$\varrho_{C-C} = 1{,}7 \text{ Å}; \quad \varrho_{Si-C} = 2{,}1 \text{ Å}; \quad \varrho_{Sn-C} = 2{,}33 \text{ Å}; \quad \varrho_{Pb-C} = 2{,}39 \text{ Å}\,.$$

Wenn die Tetraederwinkel des Zentralatoms nicht verzerrt sind, dann ist das Quadrat des Abstandes vom Wasserstoffatom in Orthostellung zur $\bar{4}$-Achse, die durch das Zentrum des Zentralatoms verläuft.

$$D^2 = (\varrho \sin 54° \, 44' - R \cos \psi \cos 54° \, 44')^2 + R^2 \sin^2 \psi\,,$$

worin 54° 44′ der halbe Tetraederwinkel ist. Für die oben angeführten vier verschiedenen X erhalten wir

$$D^2 = \left[\begin{Bmatrix} 1{,}388 \\ 1{,}715 \\ 1{,}903 \\ 1{,}952 \end{Bmatrix} - 1{,}24 \cos \psi\right]^2 + 2{,}15^2 \sin^2 \psi\,.$$

Der Abstand D soll nicht kleiner sein als der intermolekulare Radius des Wasserstoffatoms $R_H = 1{,}17$ Å, weil sich im entgegengesetzten Fall die Wasserstoffatome verschiedener Benzolkerne, die sich in Orthostellung befinden (2 und 2′, 6 und 6′), untereinander behindern würden. Aus diesem Grunde sind die ψ-Werte von 0° bis 23° bzw. 31° 30′ (beim Übergang von Pb nach C) nicht erlaubt.

Außer dieser Einschränkung gibt es noch eine andere. Die orthoständigen Atome zweier Benzolringe, zwischen denen der minimale Abstand bei $\psi = 0°$ liegt, entfernen sich voneinander bei Zunahme von ψ; infolgedessen nähert sich jedes von ihnen einem Wasserstoffatom des anderen Benzolkerns, das heißt, 2 nähert sich 6′ und 6 nähert sich 2′. Da sich infolge der Symmetrie $\bar{4}$ alle Kerne gleichsinnig drehen, wird bei $\psi = 90°$ der Abstand zwischen diesen Wasserstoffatomen gleich $2\varrho \sin 54° \, 44'$.

Die Wasserstoffatome 2 und 6′ (2′ und 6) befinden sich bei beliebigem ψ in gleichem Abstand von der Ausgangsebene und auf einer Seite von ihr. Die Projektion der Abstände zwischen ihnen auf die horizontale (das heißt senkrecht zur $\bar{4}$-Achse) Ebene ist konstant und gleich $2\varrho \sin 54° \, 44'$. Die Rechnung zeigt, daß für X = C, Si, Sn und Pb ψ-Werte für folgende Intervalle verboten sind: 44—90°; 66—90°; 71—90° und 72—90°.

Somit kann das Molekül des Tetraphenylmethans Konfigurationen mit $\psi \approx 32-44°$ und $\psi \approx 136-148°$ annehmen, für das Pb-Tetraphenylmolekül sind $\psi \approx 23-72°$ und $90-157°$ möglich.

Den Winkel δ der Normalen zum Arylkern mit der $\bar{4}$-Achse finden wir mit Hilfe der Beziehung

$$\cos \delta = \cos \psi \cos 54° \, 44' \, .$$

In allen betrachteten tetragonalen Strukturen ist die Translation entlang der c-Achse relativ klein. Wenn sich die durch sie verknüpften Moleküle über Kohlenstoffatome der Benzolringe berühren, ist $c \cos \delta = 3{,}6$ Å oder $\sin \psi = 2{,}9$ Å. Der Parameter c wächst von 6,5 auf 7,2 Å an. Folglich entspricht der Kontakt einem ψ-Wert von etwa $24-28°$. Bei größeren ψ-Werten hören die Benzolringe der angegebenen Moleküle auf, sich zu berühren. Wie oben gezeigt wurde, sind aber diese kleinen ψ-Werte verboten.

Somit fehlt in allen tetragonalen Kristallen des Verbindungstyps XAr_4 der Molekülkontakt durch die Translation entlang der c-Achse.

Wie eine eingehende Untersuchung der Strukturen des Sn-tetra-p-tolyls und des Sn-tetra-p-methoxyphenyls [64] zeigte, wird der Kontakt zwischen den Molekülen, die durch eine Translation a verknüpft sind, auch über eine 2_1-Achse realisiert.

In allen untersuchten Kristallstrukturen des Verbindungstyps XAr_4 ist die Koordinationszahl der Moleküle gleich 12.

Das Experiment zeigt ferner, daß im Kristall der Winkel etwa in der Mitte des erlaubten Intervalls liegt:

$$\psi = 55° \quad \text{für} \quad C(C_6H_5)_4 \, , \qquad \psi = 37° \quad \text{für} \quad Si(C_6H_5)_4 \, ,$$

$$\psi = 42° \quad \text{für} \quad Sn(C_6H_5)_4 \, , \qquad \psi = 50° \quad \text{für} \quad Pb(C_6H_5)_4 \, .$$

Die Orientierung der Arylkerne wird durch das Experiment mit einer Genauigkeit von einigen Graden erhalten, obwohl die Ergebnisse der Strukturbestimmung eine Unbestimmtheit enthalten, die möglicherweise in der Abweichung der Valenzwinkel vom tetraedrischen besteht. Das bedeutet jedoch keinen Widerspruch zur Symmetrie $\bar{4}$.

Der Packungskoeffizient der Moleküle des Tetraphenylkerns ist 0,73. Entsprechend dem Anwachsen der X—C-Bindungslänge nimmt der Packungskoeffizient beim Übergang zu den Si-, Sn- und Pb-Verbindungen ab. Da genaue Angaben über die intermolekularen Radien des Si, Sn und Pb fehlen, kann man den Koeffizienten nur abschätzen: 0,71, 0,70 bzw. 0,69.

1.12. Polymorphe Modifikationen

Es ist wahrscheinlich, daß die Mehrzahl der organischen Verbindungen in der Lage ist, Kristalle verschiedener Strukturen zu bilden. Besonders verbreitet sind die monotropen Modifikationen (nennen wir sie A und B) ein und derselben Substanz. Kristallisiert man die Substanz aus verschiedenen Lösungsmitteln, so erhalten wir verschiedene Kristalle. Bringen wir diese Kristalle miteinander in Berührung, so können wir unter Umständen die Modifikation A in B umwandeln; manchmal erfolgt dies jedoch nur durch Temperaturänderung. Aber unter keinen Bedingungen geht B in A über. Das heißt, daß für beliebige Zustandsparameter die freie Energie des Kristalls B niedriger ist als die des Kristalls A. In diesem Fall folgt daraus, daß der Kristall A instabil ist.

Ein instabiler Kristall kann praktisch völlig beständig sein. Für Molekülkristalle setzt uns dieser Umstand nicht in Erstaunen, da der Übergang in den stabilen Zustand mit der Überwindung hoher Barrieren verbunden ist. Es ist leicht zu verstehen, daß die Selbstdiffusion im idealen, defektfreien Molekülkristall, der aus mehr oder weniger großen Molekülen aufgebaut ist, fast unmöglich ist.

Außerdem ist aller Wahrscheinlichkeit nach die Differenz in den freien Energien der monotropen Modifikationen immer sehr klein, und deshalb ist die thermodynamische Triebkraft unbedeutend. Zum Beispiel übersteigt im Falle des normalen Propylbenzols die Differenz der freien Energien der stabilen und instabilen Modifikation nie 70 cal/mol. Das ist eine kleine Größe, die nur ein geringer Prozentsatz der gesamten freien Energie (einschließlich der Gitterenergie) des Kristalls ist.

Betrachten wir einige Beispiele.

Einige polymorphe Modifikationen beobachtet man beim Acridin, einer Verbindung, deren Molekül

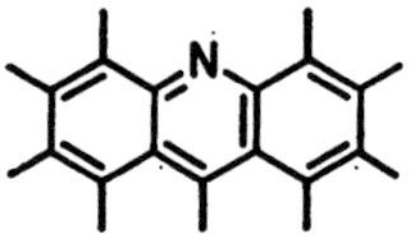

XX

Einbuchtungen in der Mitte hat und deshalb für eine Packung ungünstig ist. Die Elementarzelle wurde röntgenographisch für wenigstens fünf Acridin-Modifikationen [65, 66] bestimmt, die entweder aus verschiedenen Lösungsmitteln oder durch Sublimation (Acridin IV) oder aus der Schmelze (Acridin II) erhalten wurden. In Tabelle 1.10 sind die kristallographischen Daten für vier Acridin-Modifikationen, die bei verschiedenen Autoren unterschiedlich bezeichnet wurden, angeführt. Wir benutzen die Bezeichnungsweise von PHILIPPS und in Klammern die aus den Arbeiten [65, 66].

Tabelle 1.10. Polymorphe Modifikationen von Acridin und Phenazin

Modifikation	Gitterparameter				Z	Raum-	$\varrho_{\text{röntg}}$
	a	b	c	β		gruppe	
Acridin-II (α)	16,34	18,90	6,08	95° 5′	8	$P2_1/a$	1,27
Acridin-III	11,41	5,99	13,69	98° 48′	4	$P2_1/n$	1,29
Acridin-IV (δ)	15,75	29,43	6,20	—	12	$P2_12_12_1$	1,24
Acridin (β)	16,37	5,95	30,01	141° 20′	8	Aa	1,29
α-Phenazin	13,22	5,061	7,088	109° 13′	2	$P2_1/a$	1,33
β-Phenazin	11,64	11,58	6,88	99° 19′	4	$P2_1/n$	1,28

Die stabilste dieser Modifikationen ist das Acridin II, das bei Zimmertemperaturen bis zum Schmelzpunkt existiert. Acridin I ist ein Monohydrat. Die Zahl der Moleküle pro Zelle ist $Z = 15{,}75 \pm 0{,}15$ (der Zusammensetzung $C_{13}H_9N \cdot H_2O$). Bei Erhitzung verliert Acridin I das Wassermolekül und geht in Acridin II über. Das Acridin III wandelt sich bei 45 °C und das Acridin IV bei 70 °C in die Modifikation II um. Es ist kennzeichnend, daß nur das Acridin III eine „normale" Zahl von Molekülen pro Elementarzelle ($Z = 4$) hat. Die für die Packung ungünstige Molekülform ist offensichtlich der Grund dafür, daß in den Elementarzellen der anderen Modifikation mehr als ein unabhängiges Molekül in allgemeiner Lage existiert. Interessant ist, daß die Strukturen aller polymorphen Modifikationen völlig verschieden sind.

Als Beispiel eines polymorphen Stoffes mit ähnlichen Strukturen soll das Phenazin [67] dienen. Das Phenazinmolekül

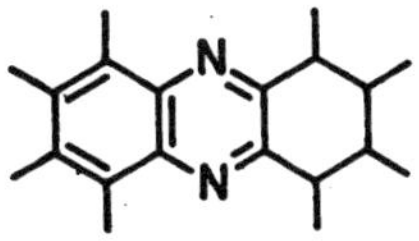

XXI

ist symmetrischer als das Acridinmolekül und für eine Packung offenbar günstiger, da die beiden Einbuchtungen symmetrisch angeordnet sind. Es werden zwei polymorphe Phenazinmodifikationen beschrieben, deren kristallographische Daten die Tabelle 1.10 enthält.

Im Fall der enantiotropen polymorphen Umwandlungen erfolgt diese von einem Einkristall in einen anderen und in umgekehrter Richtung. Die Umwandlungsgrenze, die durch den Einkristall verläuft, kann erhalten bleiben, und die beiden sich berührenden polymorphen Modifikationen ein und derselben Substanz können unbegrenzt lange nebeneinander im Gleichgewichtszustand existieren.

Die isotherme Umwandlungswärme ist für eine große Anzahl von Kristallen gemessen worden. Geht der Kristall in den rotations-kristallinen Zustand über, sind die Umwandlungswärmen groß und übersteigen die Schmelzwärmen. Beim Phasenübergang Kristall–Kristall haben die Umwandlungswärmen Größenordnungen von 500 cal/mol (= 2,1 kJ/mol), und der Entropiezuwachs beträgt Zehner- bzw. Einergrößenordnungen in cal/grd · mol(J/grd · mol).

Von einzelnen Ausnahmen abgesehen, sind alle polymorphen Umwandlungen bei organischen Kristallen mit einer Volumenänderung verknüpft. Die Strukturen verschiedener Modifikationen eines Stoffes können ähnlich oder völlig verschieden sein.

So ist zum Beispiel die trikline Modifikation des p-Dichlorbenzols [68] (a = 7,32 Å; b = 5,95 Å; c = 3,98 Å; α = 93° 10′; β = 113° 35′; γ = 93° 30′; Raumgruppe $P\bar{1}$;

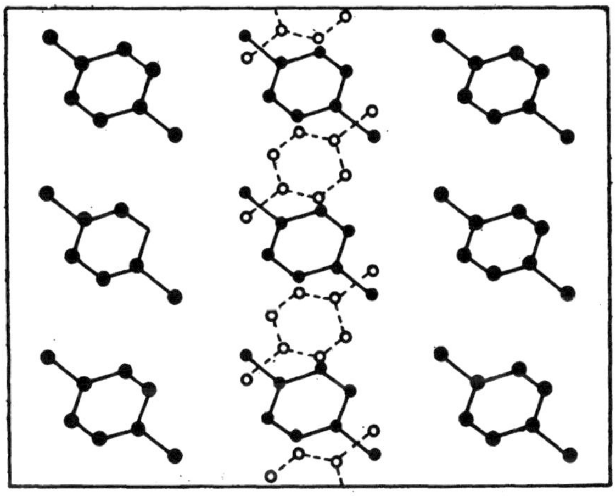

Abb. 1.54. Orientierungen der Moleküle in triklinen und monoklinen Modifikationen des p-Dichlorbenzols

$Z = 1$) ähnlich der monoklinen [69] ($a = 14{,}80$ Å; $b = 5{,}78$ Å; $c = 3{,}99$ Å; $\beta = 113°0'$; Raumgruppe $P2_1/a$; $Z = 2$). Die Neigung der Moleküle in der Schicht ist praktisch gleich. Der Unterschied besteht nur darin, daß im triklinen Kristall (Abb. 1.54) die Schichten translations-identisch sind, während im monoklinen die benachbarten Schichten der Moleküle durch zweizählige Schraubenachsen verknüpft sind.

Man muß unterstreichen, daß diese Verwandtschaft der Strukturen keineswegs auf das Vorhandensein eines gemeinschaftlichen Verlaufs der polymorphen Umwandlung schließen läßt. Wie in Arbeiten von Mnjuch [70] gezeigt wurde, verläuft das Kristallwachstum in dem sich umwandelnden Kristall in einigen Fällen nach denselben Gesetzen wie in der Schmelze, ohne Beziehung zur Orientierung der Kristalle der polymorphen Modifikationen.

Der Ähnlichkeit der Strukturen darf man nicht irgendeine Bedeutung zuschreiben. Es ist klar, daß Gleichheit der freien Energien zweier Strukturen bei beliebigen p, T sowohl bei ähnlichen als auch bei unähnlichen Strukturen auftreten kann.

1.13. Wasserstoffbrückenbindung in Kristallen

Dieses Gebiet der organischen Kristallchemie ist noch keiner systematischen Untersuchung unterzogen worden. Sozusagen als zusätzliches Produkt der Forschungsarbeiten wurde ein Einblick in den Charakter der Wasserstoffbrückenbindung in dieser oder jener Verbindung gewonnen.

Ungeachtet dessen, daß mögliche spektroskopische Hinweise auf Wasserstoffbrückenbindungen mit vielen Atomen existieren, entsteht diese Art von Bindungen nur in den Strukturen der Molekülkristalle mit Sauer- und Stickstoffatomen. Es sind hinreichend starke Bindungen, und aus einer Reihe von indirekten Annahmen folgt, daß die Energie jeder dieser Bindungen von der Größenordnung 3 kcal/mol (= 12,6 kJ/mol) ist.

Jetzt, nachdem die Berechnung der Gitterenergie mit Hilfe der Atom–Atom-Potentiale erfolgreich vollzogen ist, sollen systematische Untersuchungen der Sublimationswärmen organischer Kristalle mit Wasserstoffbrückenbindung folgen. Subtrahieren wir die experimentellen Werte der Gitterenergie von der Energie der Wechselwirkung, die für alle Atompaare berechnet wird (wobei die Existenz des Protons, das für die Wasserstoffbrückenbindung verantwortlich ist, vernachlässigt wird), erhalten wir die Summe der Energie der Wasserstoffbrückenbindung. Die sich daraus ergebende interessante Untersuchung einer Reihe von Verbindungen, die zum Beispiel Hydroxyl-, Hydroxyl- und Carbonyl- oder Hydroxyl- und Aminogruppen enthalten, steht noch aus.

Es erweist sich als völlig zweckmäßig, die Atom–Atom-Näherung für den Ausdruck der Gitterenergie auch auf die Wasserstoffbrückenbindungen zu übertragen.

Die Parameter der Potentiale der Wasserstoffbrückenbindungen variieren wahrscheinlich leicht beim Übergang von einem Molekül zum anderen. Indes kann man hoffen, daß man gute Resultate in bezug auf die Molekülpackung selbst in dem Fall erhalten wird, wenn diese Parameter universell benutzt oder bestenfalls die Parameter der Sauerstoffatome der Hydroxyl- und Carbonylgruppen unterschiedlich angesetzt werden (in diesem Fall gibt es nach Literaturdaten einen hinreichend starken Unterschied in den Gleichgewichtswerten der Wasserstoffbrückenbindungen).

Die Herausbildung jeder Wasserstoffbrückenbindung bedeutet eine wesentliche Energieerniedrigung. Deshalb ist es klar, daß wir die Tendenz zur Absättigung aller Wasserstoffbrückenbindungen beobachten. Wenn sich irgendeine Bindung nicht ausbildet, so erfolgt dies nur aus geometrischen Gründen.

Das Experiment zeigt, daß es der Natur gelingt, größtenteils eine solche Elementarzelle des Kristalls auszuwählen, in der die Bildung der Wasserstoffbrückenbindung nur geringfügig den Grad der molekularen Packungsdichte verschlechtert. Die Möglichkeit der gleichzeitigen Befriedigung der Forderung nach maximaler Packungsdichte (anders gesagt, nach dem Minimum der Summe der Atom–Atom-Potentiale, die sich auf Hauptwechselwirkungen beziehen) und der Tendenz zur maximalen Sättigung der Wasserstoffbrückenbindungen wird durch den Umstand erleichtert, daß die Bildung kleiner Winkel in der Wasserstoffbrückenbindung nur mit geringen Energieverlusten verbunden ist. Das geht aus der von uns vorgeschlagenen Form des Atom–Atom-Potentials der Wasserstoffbrückenbindung (siehe Seite 181) sowie aus der Analyse der experimentellen Daten und aus der Tatsache hervor, daß die Auslenkung des Protons aus der Bindungslinie nicht mit der Bindungslänge korreliert.

Um die Kristallchemie organischer Verbindungen, deren Moleküle im Kristall unter Beteiligung von Wasserstoffbrückenbindungen verknüpft sind, zu entwickeln, muß man alle Typen der Wasserstoffbrückenbindungen betrachten und innerhalb jedes Typs alle Arten von Bereichen, die durch Wasserstoffbindungen gebildet werden.

Die Klassifizierung nach Bindungstypen sollte unserer Meinung nach auf den Atomgruppen, die Wasserstoffbrückenbindungen bilden, beruhen:

1. Wasserstoffbrückenbindungen vom Typ O—H ... O findet man in den Gruppen: 1) COOH und COOH; 2) C=O und COOH; 3) OH und COOH; 4) C=O und OH; 5) OH und OH.

2. Wasserstoffbrückenbindungen vom Typ N—H ... O werden gebildet entweder a) durch das Stickstoffatom der NH_2-Gruppe:

1) NH_2 und COOH; 2) NH_2 und OH; 3) NH_2 und C=O
oder b) durch das Stickstoffatom der NH-Gruppe:

1) NH und COOH und andere.

In Abhängigkeit von der Zahl und der gegenseitigen Lage der Donator- und Akzeptorgruppen im Molekül kann die Sättigung der Wasserstoffbrückenbindung für jeden Bindungstyp durch verschiedenste Geometrien realisiert werden.

Wenn ein Molekülpaar untereinander nicht mehr als zwei Wasserstoffbrückenbindungen ausbilden kann, dann können die so verknüpften Moleküle entweder Ringe aus zwei, drei oder mehr Molekülen oder unendliche Ketten bilden. Der erste Fall entspricht formal der Bildung eines erweiterten kristallographischen „Moleküls" (Insel). Ist die Zahl solcher möglicher Bindungen drei, dann ist außerdem die Bildung räumlicher Systeme möglich, an deren Bildung auch, allgemein ausgedrückt, eine beliebige Anzahl von Molekülen teilnehmen kann.

In den Fällen, in denen die Wasserstoffbrückenbindungen zur Bildung von Ringen oder räumlichen Systemen führen und die Wechselwirkung dieser Bildungen unter sich durch Dispersionskräfte realisiert wird, kann eine Reihe spezifischer Eigenschaften der Wasserstoffbrückenbindungen fehlen (zum Beispiel zeigt sich keine Zunahme der Schmelztemperatur).

In den Fällen, in denen zwischen den Molekülen drei Wasserstoffbrückenbindungen möglich sind, kann die Struktur in einem Kettenbündel, aber auch in zweidimensionalen Schichten auftreten. Dabei werden nicht die Wasserstoffbrückenbindungen für eine Reihe von Kristalleigenschaften die entscheidende Rolle spielen, sondern die van der Waalsschen Kräfte, die die Kettenbündel oder die Molekülschichten im Kristall zusammenhalten.

Schließlich wird beim Auftreten von vier Wasserstoffbrückenbindungen die Bildung von Doppelschichten und dreidimensionalen Netzen möglich.

Im letzten Fall haben die Wasserstoffbrückenbindungen sehr starken Einfluß auf die Kristalleigenschaften, da bei Zerstörung des Kristalls in beliebige Elemente die Wasserstoffbrückenbindungen getrennt werden müssen.

Das Programm zum systematischen Studium der intermolekularen Wasserstoffbindungen ist noch lange nicht abgeschlossen. Um das Wesen der Dinge zu begreifen, ist es notwendig, die Struktur und die Eigenschaften zu kennen, wobei wir zwei bis drei Vertreter jedes geometrischen Typs stellvertretend für alle Bindungsarten verstehen wollen. Gegenwärtig ist die Mehrzahl der in der Klassifikation vorgeschlagenen Felder noch nicht gefüllt. Deshalb führen wir in Erwartung von Verallgemeinerungen, die nur dann möglich sind, wenn der Plan der Untersuchungen teilweise erfüllt sein wird, nur einige charakteristische Beispiele an.

Die Wasserstoffbrückenbindungen bilden unendliche Bänder von Molekülen

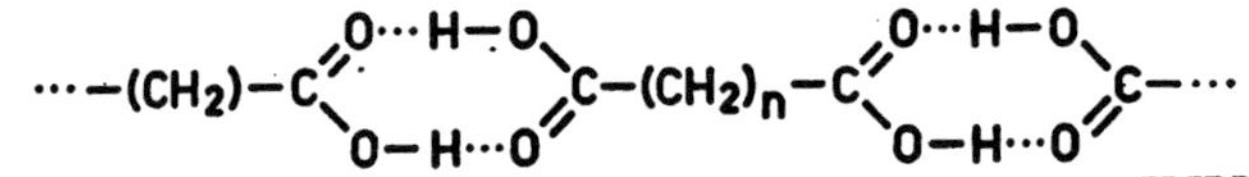

XXII

in den Strukturen der Dicarbonsäuren mit der allgemeinen Formel $HOOC(CH_2)_nCOOH$ ($n = 0$ entspricht der Oxalsäure, $n = 1$ — Malonsäure, $n = 2$ — Bernsteinsäure, $n = 3$ — Glutarsäure, $n = 4$ — Adipinsäure). Für diese Säuren ist die Existenz zweier polymorpher Modifikationen, die sich in ihrer inneren Energie nur geringfügig unterscheiden, kennzeichnend.

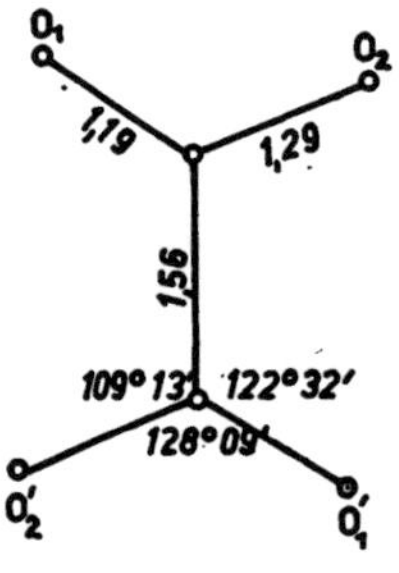

Abb. 1.55. Molekülkonfiguration der α-Form der Oxalsäure

Nehmen wir als Beispiel die Strukturen der α- und β-Form der Oxalsäure HOOC—COOH [71]. Die Elementarzelle der α-Oxalsäure hat die Parameter $a = 6{,}546$ Å; $b = 7{,}847$ Å; $c = 6{,}086$ Å; Raumgruppe *Pcab*, $Z = 4$. Die Eigensymmetrie des Moleküls ist $2/m$, im Kristall $\bar{1}$. Das Molekül ist eben (Abb. 1.55). Die intermolekularen

Abstände O—O in der Struktur sind (in Å):

$O_1(I)—O_2(II) = 2{,}71$,	$O_1(I)—O_2(III) = 3{,}54$,
$O_1(I)—O_2(II') = 3{,}21$,	$O_1(I)—O_2(III) = 3{,}46$,
$O_1(I)—O_1(IV) = 3{,}29$,	$O_1(I)—O_2(IV) = 3{,}29$,
$O_1(I)—O_1(IV') = 3{,}28$,	$O_1(I)—O_2(IV') = 3{,}24$,
$O_1(I)—O_1(IV'a) = 3{,}28$,	$O_2(I)—O_2(III) = 3{,}22$,
$O_2(I)—O_2(II') = 3{,}11$,	$O_2(I)—O_2(IIIa) = 3{,}32$,
	$O_2(I)—O_2(II'a) = 3{,}11$.

Der erste dieser Abstände weist zweifellos auf eine Wasserstoffbrückenbindung hin. Die übrigen Werte sind größer als 2 R_0. Jedes der O-Atome nimmt nur an einer Wasserstoffbrückenbindung O—H ... O teil. Diese Bindungen verknüpfen Moleküle zu unendlichen, gefalteten Schichten, parallel der (b,c)-Ebene (Abb. 1.56).

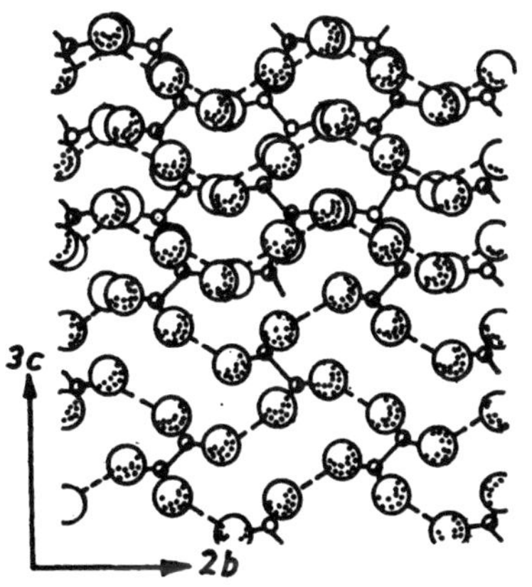

Abb. 1.56. α-Form der Oxalsäure ((b, c)-Projektion), ---- Wasserstoffbrückenbindungen. Im oberen Teil werden zwei sich überlagernde Schichten gezeigt

Die Elementarzelle der β-Oxalsäure ist: $a = 5{,}30$ Å; $b = 6{,}09$ Å; $c = 5{,}51$ Å; $\beta = 115° 30'$; Raumgruppe $P2_1/c$; $Z = 2$.

Von den intermolekularen O—O-Abständen (2,71; 3,11; 3,48; 3,45 Å) ist nur einer verkürzt (2,71 Å), der auf eine Wasserstoffbrückenbindung hinweist. Sowohl in den Strukturen der Bernsteinsäure und den höheren Gliedern der Dicarbonsäuren (aber im Gegensatz zur α-Oxalsäure) verknüpfen die Wasserstoffbrückenbindungen die Moleküle zu unendlichen Ketten. Die Ketten befinden sich in normalen intermolekularen Abständen voneinander.

In den Strukturen der α- und β-Form des Resorcins

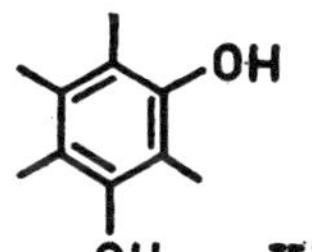

XXIII

kommen Wasserstoffbrückenbindungen des Typs O—H ... O vor.

Die Elementarzelle der α-Form des Resorcins [72] hat die Parameter $a = 10{,}53$ Å; $b = 9{,}53$ Å; $c = 5{,}66$ Å; Raumgruppe *Pna*; $Z = 4$.

Die Eigensymmetrie des Moleküls ist *mm*, *m*, 2 oder 1 (in Abhängigkeit von der Lage der OH-Gruppe), im Kristall ist sie 1.

Die Moleküle sind eben; ihre Packung wird durch stabile Wasserstoffbrückenbindungen (Abb. 1.57) bestimmt. Die intermolekularen O—O-Abstände sind 2,66 und 2,75 Å; der kürzeste C—O-Abstand ist 3,49 Å und der kürzeste C—C-Abstand 3,59 Å

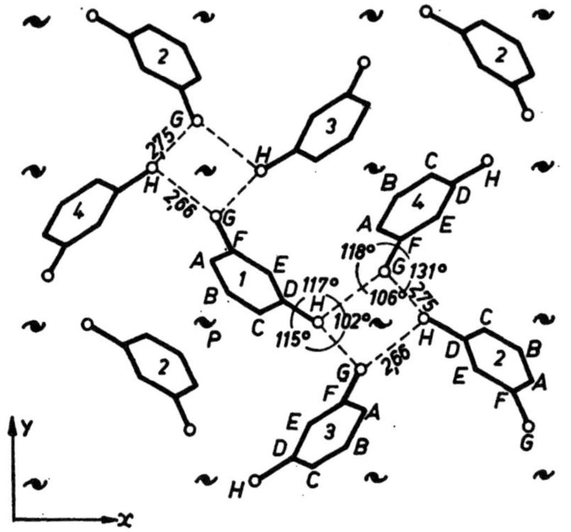

Abb. 1.57. α-Form des Resorcins in der *xy*-Projektion

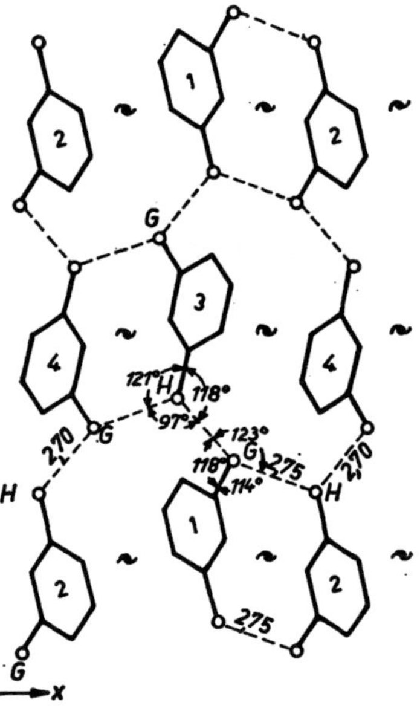

Abb. 1.58. β-Form des Resorcins in der *xy*-Projektion

Das β-Resorcin ist die Hochtemperaturform [73] mit einem Umwandlungspunkt $\alpha \rightarrow \beta$ bei 74 °C. Die Elementarzelle ist $a = 7{,}91$ Å; $b = 12{,}57$ Å; $c = 5{,}50$ Å; Raumgruppe *Pna*; $Z = 4$.

Der Unterschied zur Struktur der α-Form besteht in dem etwas anderen Charakter des Systems der Wasserstoffbrückenbindungen (Abb. 1.58). Infolge zweier Wasserstoffbrückenbindungen (2,70 und 1,75 Å) bilden die Moleküle ein dreidimensionales Netzwerk von O—H ... O-Bindungen aus. Die kürzesten intermolekularen C—O-Abstände sind 3,41 und die C—C-Abstände 3,54 Å.

Aus den angeführten Beispielen wird deutlich, daß der Abstand zwischen den Sauerstoffatomen verschiedener Moleküle, die an einer Wasserstoffbrückenbindung des Typs O—H ... O teilnehmen, um den Wert 2,70 Å schwankt (2,66—2,75 Å).

Gehen wir zu Beispielen mit Wasserstoffbrückenbindungen des Typs N—H ... N über.

Hexamethylendiamin $H_2N(CH_2)_6NH_2$ [74] hat die Elementarzelle mit $a = 6{,}94$ Å; $b = 5{,}77$ Å; $c = 19{,}22$ Å; Raumgruppe *Pbca*; $Z = 4$. Die Eigensymmetrie des Moleküls ist $2/m$, 2, *m* oder 1 (in Abhängigkeit von der Drehung um die Bindungen); im Kristall ist sie $\bar{1}$.

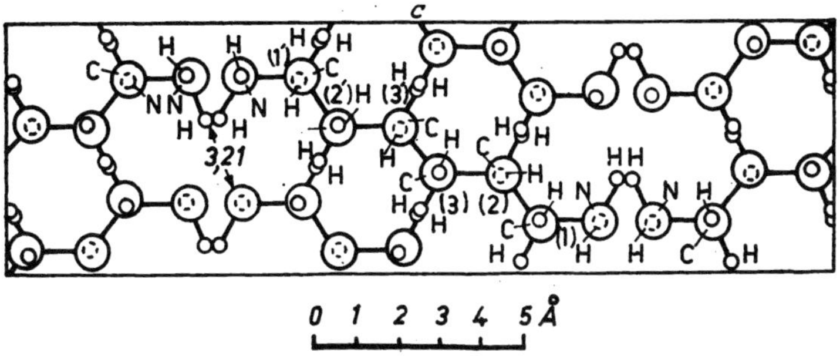

Abb. 1.59. Hexamethylendiamin (yz-Projektion), ← → Wasserstoffbrückenbindung

Das Molekül ist eben. Zwischen den NH_2-Gruppen benachbarter Moleküle bildet sich eine Wasserstoffbrückenbindung der Länge 3,21 Å (Abb. 1.59) aus. Die übrigen intermolekularen Abstände haben übliche Werte, wie NH_2---NH_2 = 3,68 Å und C_1---H_2 = 3,92 Å. In Richtung der x-Achse übersteigen alle intermolekularen Abstände die Größe von 4 Å.

Das 2-Amino-4,6-dichlorpyrimidin [75]

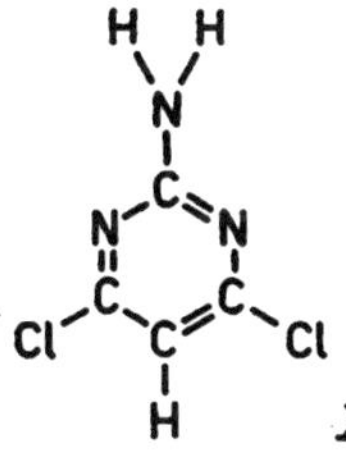

XXIV

hat eine Elementarzelle mit a = 16,457 Å; b = 3,845 Å; c = 10,283 Å; β = 107° 58′; Raumgruppe $P2_1/a$; Z = 4. Diese Struktur wird durch Wasserstoffbrückenbindungen N—H ... N der Längen 3,21 und 3,37 Å (Abb. 1.60) charakterisiert, die fast mit den Kernen koplanar sind. Unter den anderen intermolekularen Abständen gibt es leicht verkürzte Cl---Cl-Abstände: 3,44 und 3,56 Å anstelle von 2 R_{Cl} = 3,60 Å. Alle übrigen intermolekularen Abstände sind größer als 4 Å.

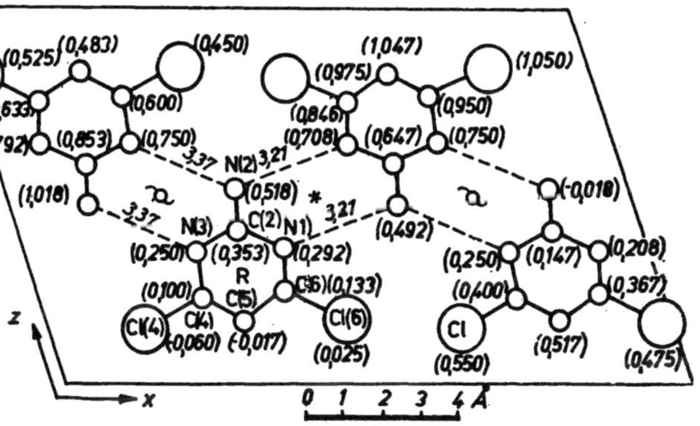

Abb. 1.60. 2-Amino-4,6-dichlorpyrimidin (xz-Projektion), ---- Wasserstoffbrückenbindung

Tabelle 1.11. Kristallographische Daten der drei Formen des Glycins [67]

Form des Glycins	a, Å	b, Å	c, Å	β	V_{Zelle}, Å^3	Raumgruppe	Z
α	5,102	11,971	5,458	111° 42′	309,7	$P2_1/n$	4
β	5,077	6,268	5,380	113° 12′	157,4	$P2_1$	2
γ	7,037	—	5,483	—	235,1	$P3_1$ oder $P3_2$	3

Es gibt eine große Anzahl von Strukturen mit Wasserstoffbrückenbindungen des Typs N—H ... O. Hierzu gehören Glycin und andere Aminosäuren.

Bekannt sind drei kristalline Modifikationen: das α-, β- und γ-Glycin. Die kristallographischen Daten enthält Tabelle 1.11. Im Unterschied zu den anderen Aminosäuren haben die Glycinmoleküle H_2NCH_2COOH kein asymmetrisches Kohlenstoffatom, und deshalb ist ihre Lösung optisch nicht aktiv. Allerdings sind die Glycinmoleküle im Kristall nicht eben, und sie können in zwei spiegelsymmetrischen Formen auftreten.

In der Struktur des α-Glycins sind die Moleküle nicht eben (Abb. 1.61). Das Stickstoffatom ragt aus der Ebene der Carboxlygruppe und des Atoms C_2 um 0,436 Å heraus. Die Molekülkonfigurationen in den Kristallen der β- und γ-Formen unterscheiden sich nur im Wert der Abweichung des Stickstoffatoms von der angegebenen Ebene: 0,583 und 0,309 Å.

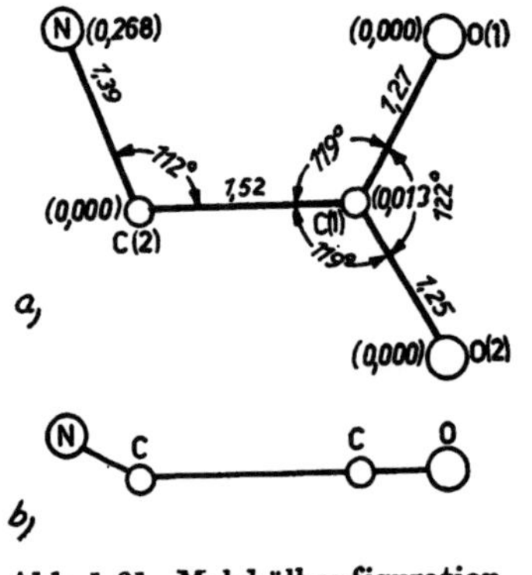

Abb. 1.61. Molekülkonfiguration in der α-Glycin-Struktur

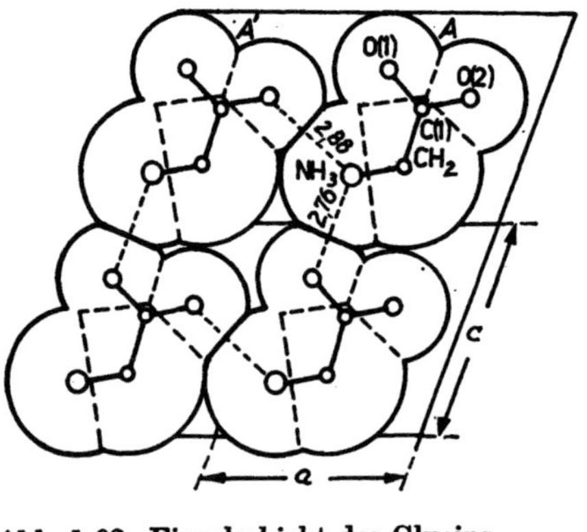

Abb. 1.62. Einzelschicht des Glycins

Die Molekülpackung in der Struktur des α-Glycins wird in der dichten (a,c)-Schicht, deren Moleküle durch Wasserstoffbrückenbindungen verknüpft sind, realisiert. Der Charakter der Packung entspricht gut der ausgeprägten Spaltbarkeit nach (001). Jedes Molekül ist durch vier Wasserstoffbrückenbindungen mit den Molekülen von vier benachbarten Elementarzellen verbunden, weshalb sich unendliche dichte Schichten bilden können (Abb. 1.62). Die Wasserstoffbrückenbindungen N—H ... O_1=2,76 Å und N—H ... O_2 = 2,88 Å in der Schicht sind sehr stabil und bilden untereinander einen Winkel von 108° 30′ und mit den C—N-Bindungen einen Winkel von 118° bzw. 120°, das heißt nahe dem tetraedrischen.

Die Stapelung der (a,c)-Schichten, die über das Symmetriezentrum in z = 0 und 1/2 verknüpft sind, erweist sich auch als sehr dicht durch die zwischen ihnen wirkenden Wasserstoffbrückenbindungen. Umgekehrt sind die Abstände zwischen den (a,c)-

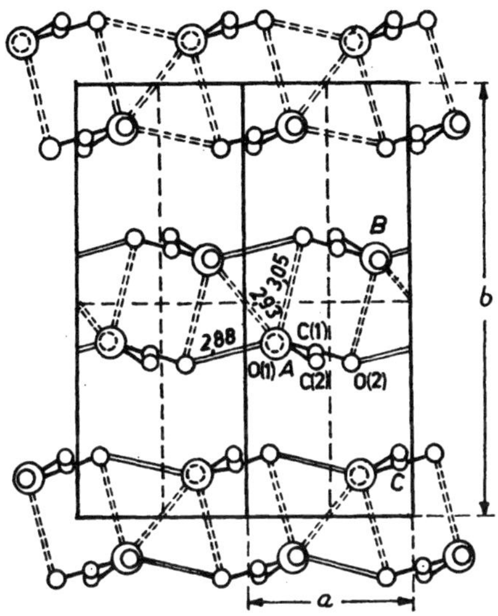

Abb. 1.63. (*a,b*)-Projektion des Glycins. Die Doppelschichten und die größeren Zwischenräume zwischen den Doppelschichten sind zu sehen (= = = = Wasserstoffbrückenbindungen)

Schichten, die durch die *n*-Gleitspiegelebenen in $z = 1/4$ und $3/4$ verknüpft werden, gleich der Summe der intermolekularen Radien, was gegen das Vorhandensein von Wasserstoffbrückenbindungen zwischen ihnen spricht. So ist die Struktur aus (*a,c*)-Doppelschichten aufgebaut, die durch Wasserstoffbrückenbindungen (Abb. 1.63) verknüpft sind.

Die „Paarbildung" der Schichten (Abb. 1.64) wird durch gegabelte Wasserstoffbrückenbindungen $\text{N—H}\begin{array}{l}\cdots\text{O}\\ \cdots\text{O}\end{array}$ realisiert, die von dem Atom H(3) und der NH_3-Gruppe gebildet werden, die an zwei Wasserstoffbrückenbindungen teilnehmen, nämlich N—H(3) ... (O_1) = 2,93 Å und N—H(3) ... (O_2) = 3,05 Å (siehe auch Abbildung 1.62).

In der *β*-Glycinstruktur [77] verknüpfen die Wasserstoffbrückenbindungen N—H ... O der Länge 2,758 und 2,833 Å die Moleküle zu Einzelschichten parallel zu (010). Die Bindung zwischen den Einzelschichten wird durch gegabelte Wasserstoffbrückenbindungen (3,002 und 3,022 Å) nicht paarweise realisiert wie beim *α*-Glycin, sondern in einem dreidimensionalen Netz.

In der Struktur des *β*-Glycins [77] verbinden die Wasserstoffbrückenbindungen der Länge 2,801 und 2,817 Å die Moleküle zu spiralförmigen Ketten um dreizählige

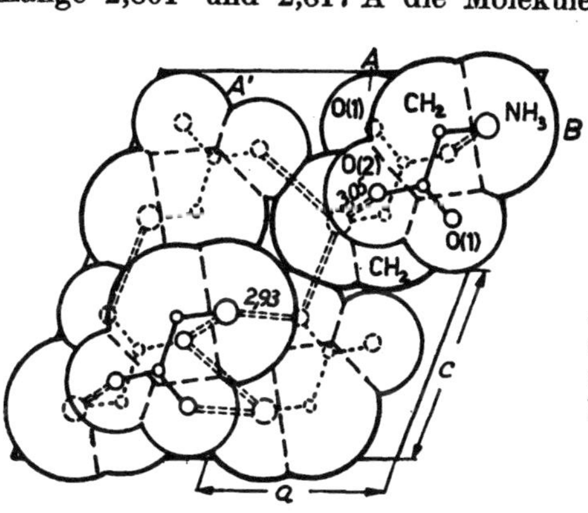

Abb. 1.64. Stapelung zweier dichter Schichten in der Glycinstruktur, —— obere Schicht, - - - - untere Schicht (= = = = Wasserstoffbrückenbindungen N—H...O)

Schraubenachsen parallel zur *c*-Achse. Die einzelnen Spiralen sind untereinander durch Wasserstoffbrückenbindungen der Länge 2,97 Å und elektrostatische Anziehungskräfte zwischen den nächstliegenden NH_3^+- und COO^--Gruppen verknüpft. In der Kristallstruktur des *d,l*-Alanins $H_2NCH(CH_3)COOH$ [78] bildet jede NH^+-Gruppe drei Wasserstoffbrückenbindungen mit den O-Atomen benachbarter Moleküle aus; die Abstände sind etwa gleich: 2,88; 2,84; und 2,78 Å. Diese Bindungen vereinigen die Moleküle zu einem dreidimensionalen Gerüst (Abb. 1.65).

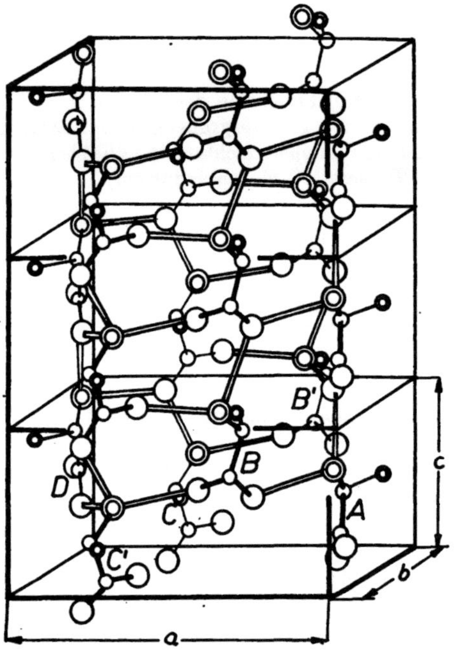

Abb. 1.65. Struktur des *d,l*-Alanins (doppelte Linien: Wasserstoffbrückenbindungen)

Wie schon unterstrichen, verfügt die organische Kristallchemie noch nicht über genügend Daten, um allgemeine Schlußfolgerungen über die intermolekularen Wasserstoffbrückenbindungen zu ziehen.

Jetzt drängt sich nur eine, für unser Thema wesentliche Schlußfolgerung auf: Die Bildung der Wasserstoffbrückenbindung ist kein Hindernis für die Anordnung der Moleküle entsprechend den allgemeinen Regeln der Molekülpackung im Kristall, die wir oben erörtert haben.

C. *Kristalle mit Elementen einer Fehlordnung*

1.14. Strenge Fehlordnung

Die Lage der Moleküle in der Elementarzelle, die durch Röntgenstrukturanalyse ermittelt wird, ist eine über alle Elementarzellen des Kristalls gemittelte Anordnung. Treten irgendwelche Fehlordnungen in der Lage der Moleküle im Kristall auf, findet die Röntgenmethode das „mittlere“ Molekül als Ergebnis der Überlagerung aller

Moleküle, die in ein und derselben kristallographischen Position der mittleren Elementarzelle enthalten sind.

Einer der einfachsten und gleichzeitig verbreitetsten Fälle gleichartiger Fehlordnung ist die Bildung von zentrosymmetrischen Kristallen aus Molekülen, die ein Scheinsymmetriezentrum besitzen. Dazu gehören zum Beispiel p-Chlorbrombenzol, p-Nitrochlorbenzol und Azulen (ein Kohlenwasserstoff, der aus verknüpften 5er- und 7er-Ringen besteht). Das mittlere Molekül in solchen Kristallen wird durch zwei Moleküle, deren Atome nur mit dem halben Gewicht zählen, dargestellt, die zentrosymmetrisch zueinander liegen.

Konstruiert man hypothetisch das Raumgitter der aus dem Mittel gewonnenen Elementarzelle — in allen drei angeführten Fällen hat das Gitter die Symmetrie $P2_1/c$ mit zwei Molekülen pro Elementarzelle —, dann zeigt sich, daß es eine gleiche Anzahl von Gitterpunkten mit Molekülen gibt, die in entgegengesetzten Richtungen angeordnet sind. Ganz offensichtlich ist, daß sich eine gleichartige Fehlordnung nur in dem Fall ausbilden kann, wenn beide Lagen des Moleküls sich bezüglich der Energie nicht sehr unterscheiden. Um diese Situation zu verdeutlichen, führten wir mit den Atom–Atom-Potentialen eine einfache Rechnung für den Azulen-Kristall durch.

Die Kristallstruktur des Azulen [79]

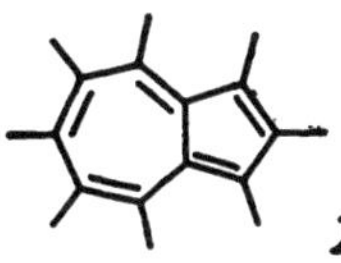

XXV

wird durch eine monokline Elementarzelle charakterisiert mit den Parametern $a = 7{,}884$ Å; $b = 5{,}988$ Å; $c = 7{,}840$ Å; $\beta = 101°\ 33'$; Raumgruppe $P2_1/a$. Die Elementarzelle enthält zwei Moleküle, woraus folgt, daß das nichtzentrosymmetrische Molekül des Azulen in den Symmetriezentren liegt. In diesem Sinne ist die Azulenstruktur fehlgeordnet, da das Symmetriezentrum statistisch besetzt ist: in zwei Molekülen, die in benachbarten Gitterpunkten liegen, sind die 5er- (und 7er-) Ringe in verschiedene Richtungen angeordnet.

Abbildung 1.66 zeigt das gemittelte Molekül der gemittelten Zelle des Azulen, wie es in der Originalarbeit angegeben wurde. Wir ergänzten diese Zeichnung durch die Angabe der Koordinaten der an den Kontakten teilnehmenden Wasserstoffatome. Die Struktur ist der des Naphthalin sehr ähnlich. Unschwer sieht man, daß die Inversion des Moleküls (die Hälfte des gemittelten Moleküls) am Symmetriezentrum die Kontakte zwischen den Molekülen der (a,b)-Schichten praktisch nicht ändert.

Wir betrachten alle möglichen gegenseitigen Lagen des Azulenmoleküls in der Nähe der nächsten Nachbarn in der (x,y)-Ebene. Dabei zeigt sich, daß 23 Lagevarianten ungünstig sind, da sie zu einer höheren Energie als die Wechselwirkungsenergie der Moleküle führen, die im richtigen nichtzentrosymmetrischen Gitter ($P2_1$) liegen. Sieben Varianten erweisen sich als günstiger, wobei zwei von ihnen zu einer Energie führen, die um 0,4 kcal/mol (= 1,68 kJ/mol) kleiner ist als die für den geordneten Fall.

Wesentlich ist auch das Ergebnis dieser Überlegung, wonach alle Entwürfe der gegenseitigen Lage Wechselwirkungsenergien liefern, die im Bereich von 1 kcal/mol

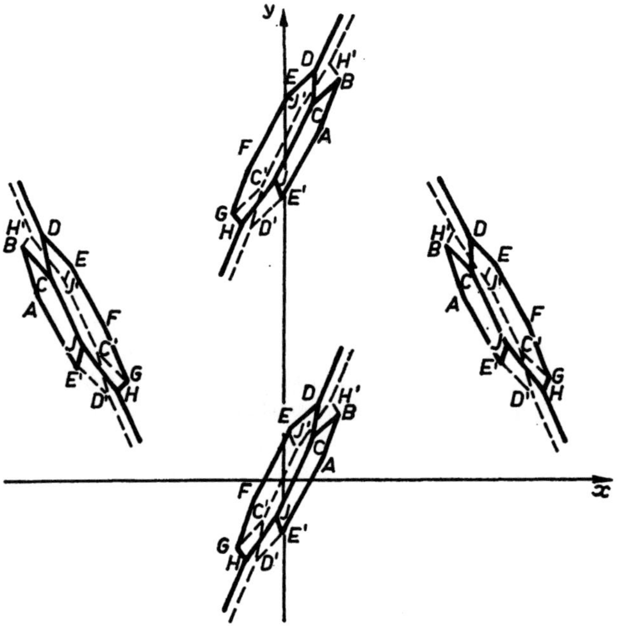

Abb. 1.66. Azulen (xy-Projektion), die H-Atome (nicht eingezeichnet) ersetzen sich gegenseitig beim Invertieren der Molekülhälften

(= 4,2 kJ/mol) liegen. Gleichzeitig ist die Konfigurationsentropie für die Verteilung auf zwei Positionen bei Zimmertemperatur $RT \ln 2$ gleich 0,42 kcal/mol (= 1,76 kJ/mol).

Diese Rechnung zeigt, daß man erstens in dieser Packung keine Phasenübergänge zweiter Ordnung erwarten darf, da die Beibehaltung der Ordnung in diesem Gitter von Molekülzentren wesentlich ungünstiger ist. Ferner ist offensichtlich, daß im Fall des Azulens die Verluste an Gitterenergie auf Grund der unvermeidlich ungünstigeren gegenseitigen Lage die Entropiegewinne kompensieren können.

Damit beweisen wir natürlich nicht, daß das Azulen notwendigerweise fehlgeordnet kristallisieren muß. Für diesen Beweis müßte man, wie auch in analogen Fällen, zeigen, daß alle anderen denkbaren Azulenstrukturen ungünstiger sind als die beobachtete fehlgeordnete. Trotzdem zeigt sich, daß unser physikalisches Modell das richtige Verständnis für das Wesen der Herausbildung fehlgeordneter Strukturen liefert.

Als ein weiteres interessantes Beispiel fehlgeordneter Strukturen kann die des p-Chlornitrobenzols [80] dienen. Die monokline Elementarzelle mit den Parametern $a = 3{,}84$ Å; $b = 6{,}801$ Å; $c = 13{,}35$ Å; $\beta = 97° \, 31'$; Raumgruppe $P2_1/c$ enthält zwei Moleküle der Art:

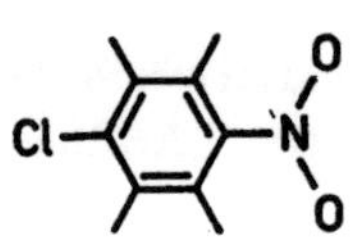

XXVI

Die nichtzentrosymmetrischen Moleküle im Kristall, die sich im Symmetriezentrum befinden, sind in folgendem Sinne fehlgeordnet: Im Mittel sind bei der einen Hälfte der Moleküle die Nitrogruppen nach rechts und bei der anderen nach links gerichtet. Die Volumeninkremente der Cl- und NO_2-Gruppen sind 29 bzw. 23 $Å^3$. Damit ist das Volumen irgendeines gemittelten Substituenten gleich 26 $Å^3$. Der Packungskoeffizient derartiger „gemittelter" Moleküle in der realen Struktur ist gleich 0,62. Es ist verständlich, daß die Besetzungsfehlordnung durch in ihrem Volumen verschiedene Gruppen zu einer recht lockeren Packung führt, deren Existenz durch den Entropiegewinn offenbar bestätigt wird.

Eine sehr interessante Klasse fehlgeordneter Strukturen bilden die hexasubstituierten Benzolderivate. Werden als Substituenten Halogenatome, Methylgruppen und andere benutzt, kann man eine große Anzahl von isomorphen Kristallen vom Hexachlorbenzoltyp erhalten (normale zentrosymmetrische monokline Struktur mit zwei Molekülen in der Elementarzelle).

Untersuchungen, die im Laboratorium des Autors mit Hilfe von Röntgenstrukturanalyse und Quadrupolkernresonanz [81] durchgeführt wurden, zeigten, daß der Charakter der Orientierungsverteilung der Moleküle sich von Kristall zu Kristall wesentlich verändert. Da das gemittelte Molekül zentrosymmetrisch ist, haben wir im Kristall drei unabhängige Lagen, auf die sich die Substituenten des Benzolringes in irgendeiner Art verteilen können.

In einer Reihe von Fällen sind die Ergebnisse sehr einfach. Zum Beispiel befinden sich im Monobrompentachlorbenzol in jeder Lage 1/6 Bromatom und 5/6 Chloratom. Wenn im Hexachlorbenzolmolekül Bromatome, die sich in Ortho- oder Metastellung befinden, durch zwei Chloratome substituiert werden, erscheint auch dieses Ergebnis einfach: 1/3 jeder Lage wird mit Bromatomen besetzt und 2/3 mit Chloratomen. In diesen und vielen anderen Fällen ist die Symmetrie des gemittelten Moleküls $6/mmm$.

Ein besonderes Verhalten zeigen die Moleküle des Tetrachlor-p-dibrombenzols. Die Symmetrie des gemittelten Moleküls ist mmm. Eine Gitterlage erweist sich als stark bevorzugt: 2/3 der Moleküle befinden sich in einheitlicher Orientierung, das restliche Drittel ist über die beiden anderen Orientierungen gleichverteilt. Hierunter gibt es einige Fälle, an denen interessant ist, daß sich die kristallographisch ermittelten als die bevorzugten erweisen.

Diese Beispiele zeigen, daß wir in Kristallen mit Fehlordnungselementen dieses Typs eine gleichmäßige oder ungleichmäßige Verteilung auf die Gitterlagen antreffen können.

Es besteht nun ein großes Interesse an der Untersuchung der Nahordnung der Positionen verschieden orientierter Moleküle. Solche Arbeiten sind jedoch offenbar noch nicht durchgeführt worden.

Die Moleküle organischer Kristalle mit Fehlordnungselementen führen dieselben Bewegungen aus wie in völlig geordneten Kristallen. Wir können hier sowohl Moleküle antreffen, die nur Schwingungen um die Gleichgewichtslage zeigen (p-Nitrochlorbenzol, Azulen), als auch Moleküle, die sich gegenüber einer ihrer Achsen umorientieren. Es ist wahrscheinlich, daß alle Hexaderivate des Benzols kleiner Substituenten diese Neigung zur Umorientierung haben. Das Auftreten der Umorientierung in Molekülen, die Protonen enthalten, wurde von französischen Forschern [82] mittels NMR nachgewiesen.

1.15. Der rotations-kristalline Zustand

Kristalle mit Fehlordnungselementen, die wir im vorhergehenden Paragraphen behandelt haben, geben gute Röntgenbeugungsaufnahmen, die aus Hunderten von Reflexen bestehen. Das bedeutet, daß die Schwankungen der Größe und Form der Elementarzelle um einen Mittelwert nur wenig größer sind als für den geordneten Fall. Dieses Ergebnis wurde auch durch unsere Berechnungen für den Azulenkristall bestätigt. Verschiedene gegenseitige Anordnungen der Moleküle in Elementarzellen gleicher Größe unterschieden sich nur geringfügig in ihrer Energie. Die charakteristische Strukturbesonderheit fehlgeordneter Kristalle dieses Typs ist die, daß beim Umklappen der Moleküle in eine andere Lage ein Teil der Atome völlig oder teilweise vertauscht wird. Jedenfalls fallen hierbei einige wesentliche geometrische Elemente der Moleküle — Ebenen oder Achsen — zusammen.

Wir betrachteten bis jetzt Strukturen, deren Fehlordnung durch eine relativ kleine Anzahl verschiedener Orientierungen bedingt ist, unter Beibehaltung der Ordnnug bezüglich einer der Molekülachsen, nämlich der Normalen zu ihrer Ebene. Die Existenz auch solcher Strukturen ist sehr wahrscheinlich, die niedrigsymmetrisch sind, gut geordnet und in denen die Fehlordnung durch Drehungen um die lange Molekülachse oder infolge räumlich verschiedener Orientierungen bewirkt wird.

Man kann sagen, daß ungeordnete Kristalle dieses Typs sowohl in der statischen als auch in der dynamischen Version möglich sind. Die Umorientierung der Moleküle führt in diesem Fall zu keinen strukturellen Besonderheiten. Mehr noch, sie zeigt sich auch nicht in den thermodynamischen Eigenschaften. Hätten wir nicht eine solche Methode wie die NMR, so könnte man die Molekülumorientierung nicht beweisen.

Eine Klassifizierung ist bis zu einem gewissen Grade immer unter Vorbehalt zu sehen. Trotzdem kann man die oben beschriebenen Kristalle mit Fehlordnungselementen überzeugend von der recht verbreiteten Stoffklasse abgrenzen, die in der englischen Literatur häufig als plastische Kristalle bezeichnet werden. Wir wollen unterstreichen, daß im letzten Fall von einem sehr spezifischen Zustand einer Substanz gesprochen wird, der stets sein eigenes Existenzgebiet im Zustandsdiagramm besitzt. Deshalb ziehen wir den Begriff rotations-kristalliner Zustand vor. Die typischen Besonderheiten dieser Substanzen, die von TIMMERMANS entdeckt wurden, sind in verschiedenen Arbeiten gut beschrieben worden [83] (siehe auch Tabelle 1.12). Wir behandeln nur zwei von ihnen: Die hochsymmetrischen Elementarzellen, die für Kugel- und Zylinderpackungen charakteristisch sind und die auf Röntgenbeugungsaufnahmen nicht mehr als zehn Reflexe zeigen, das heißt, die Streuung der Größen der Elementarzellen beträgt ein oder auch zwei Ångström. Der rotations-kristalline Zustand ist typisch für Moleküle, die nahezu Kugelform haben, wie zum Beispiel Derivate des Methans und des Äthans mit kleinen Radikalen, oder Zylinderform, wie die Moleküle der Paraffine.

Die Lage der niedrigsymmetrischen Moleküle auf Plätzen mit hoher Symmetrie ist in zwei Fällen möglich. Entweder sind alle Orientierungen zu den Kristallachsen gleichwahrscheinlich (das gemittelte Molekül hat die Symmetrie einer Kugel oder eines Zylinders), oder das Molekül tritt im Kristall in einigen fixierten Orientierungen auf, die mit Hilfe der Symmetrieelemente des Kristalls aus einer beliebigen Lage hergeleitet werden können. In diesem zweiten Fall wird das Molekül, das keine Symmetrie

Tabelle 1.12. Kristallstrukturen von plastischen Kristallen

Substanz	Gittertyp oder Raumgruppe*)	Zahl der Moleküle in der Elementarzelle	Gitterparameter Å	D_{eff} **) / D_{max}
Tetraedrische Moleküle				
$C(SCH_2)_4$	*bcc*	2	8,15	
$(CH_3)_3$ CCl	*fcc*	4	8,40	
$(CH_3)_3$ CBr	*fcc*	4	8,70	
$(CH_3)_3$ CSH	*fcc*	4	8,82	
$C(NO_2)_4$	$I\bar{4}3m$	2	7,08	
SiF_4	$I\bar{4}3m$	2	5,41	
SiI_4	$Pa3$	8	11,90	
Ditraedrische Moleküle				
$Cl_3C—CCl_3$	$Im3m$	2	7,43	
$(CH_3)_2$ C—$C(CH_3)_3$	*bcc*	2	7,69	
$(CH_3)_3$ C—$C(CH_3)$ Cl_2	*bcc*	2	7,38	
$(CH_3)_3$ C—$C(CH_3)_2$ Cl	*bcc*	2	7,62	
$(CH_3)_2$ ClC—$C(CH_3)_2$ Cl	*bcc*	2	7,58	
$(CH_3)_2$ ClC—CCl_3	*bcc*	2	7,4	
$Br_3C—CBr_3$	*bcc*	2	—	
$(CH_3)_3$ Si—$Si(CH_3)_3$	*bcc*	2	8,47	
$(CH_3)_3$ C—COOH	$Fm3m$	4	8,82	
Cyclische Moleküle				
Cyclobutan	*bcc*	2	6,06	5,25/6,22
Cyclopentan	hexagonal	2	5,86	5,83/6,81
Cyclohexan	*fcc*	4	8,76	6,19/6,57
Triacyklohexan	*fcc*	4	8,69	—
Cyclohexanol	$Fm3m$	4	8,83	6,24/7,01
Cyclohexanon	*fcc*	4	8,61	—
Chlorcyclohexan	*bcc*	—	9,05	—
Cykloheptatrien	kubisch	8	10,6	—
Terpenartige Moleküle				
Chinuclidin	*fcc*	4	8,977	6,35/7,22
symmetr.-Tricyclodekan	$F\bar{4}3m$	4	9,426	—
d,l-Campher	*fcc*	4	10,1	7,14/8,45
d,l-Camphen	*bcc*	2	8,00	—
Borneol	*fcc*	4	10,25	—
Bornylchlorid	*fcc*	4	10,39	—

*) Gittertypen: *fcc* — kubisch-flächenzentriert; *bcc* — kubisch-innenzentriert.
**) Für viele Verbindungen liegen entsprechende Daten nicht vor.

besitzt, in den Gitterpunkten eines kubisch-flächenzentrierten Gitters in 48 verschiedenen Orientierungen vorliegen, ein zentrosymmetrisches in 24, ein Molekül der Symmetrie D_{3h} in 8 Orientierungen usw.

Welche dieser Hypothesen sich auch immer als unrichtig erweisen mag, so gibt es doch keinen Zweifel, daß in plastischen Kristallen die Nahordnung der Molekküllagen stark ausgeprägt ist oder sogar eine Domänenstruktur auftreten kann, in der verschieden geordnete Gebiete infolge „fehlerhaft" angeordneter Moleküle ineinander übergehen. Zweifellos ist auch die Nahordnung sehr instabil, weil ohne Ausnahme alle Substanzen, die sich im rotations-kristallinen Zustand befinden, Molekülumorientierung zeigen.

Die Existenz einer Nahordnung folgt aus vielen Tatsachen. Unter diesen ist vor allem zu beachten, daß der maximale Durchmesser des Moleküls immer wesentlich größer ist als die mittlere Größe des effektiven Kugeldurchmessers (die Differenz kann bis zu 1 Å betragen). Weiterhin folgt aus thermodynamischen Daten: bei freier Drehbarkeit des Moleküls sollte der kristalline Anteil der Wärmekapazität ungefähr 9 cal/grd · mol (= 38,7 kJ/grd · mol) ausmachen; er beträgt jedoch fast 12 cal/grd · mol (= 50,3 J/grd · mol) wie in geordneten Kristallen. Schließlich folgt aus den NMR-Untersuchungen, daß die Energieschwelle für die Umorientierung einige kcal/mol erfordert und daß die größte Zeit über jedes Molekül um die Gleichgewichtslage schwingt und nur manchmal durch einen Sprung aus einem Gleichgewichtszustand in den anderen übergeht.

Kehren wir zum Fragenkomplex der Molekülpackung zurück. Ungeachtet der großen Anzahl von Untersuchungen sind zwei Grundprobleme noch nicht als gelöst anzusehen. Der Charakter der Nahordnung ist unklar, und das Fehlen oder die Existenz von Orientierungen gegenüber den Kristallachsen ist nicht bewiesen.

Das Vorhandensein einer endlichen Anzahl von Orientierungen, so wird oft argumentiert, ist durch die schlechte Übereinstimmung der Entropie des Übergangs — aus dem geordneten in den rotations-kristallinen Zustand — mit dem Konfigurationsgewinn der Entropie bedingt. So muß zum Beispiel das Molekül des Bicycloheptans aufgrund seiner Symmetrie 24 verschiedene Orientierungen einnehmen, um die Symmetrie der kubischen Gitterpunkte zu erfüllen. Die Übergangsentropie liegt bei $R \ln 24 = 6{,}3$ cal/grd · mol (=26,4 J/grd · mol). Das stimmt mit dem experimentellen Wert überein. Uns scheint es so, daß man sich schwer auf solche Vergleiche stützen kann. Sicher ist, daß die Schwingungsamplituden der Moleküle im rotations-kristallinen Zustand viel größer sind als im gewöhnlichen Kristall. Deshalb müßte der wesentliche Anteil der Übergangsentropie wahrscheinlich den Freiheitsgraden der Bewegung zuzuschreiben sein.

Eines ist nur klar: je mehr die Molekülform einer Kugel nahekommt, desto weniger liegen Gründe vor, Orientierungen zu erwarten, die gegenüber den Kristallachsen fixiert sind.

Zur Lösung des Problems der Nahordnung im Rahmen eines dieser beiden Modelle könnte man so vorgehen, daß man die Frage nach der Wahrscheinlichkeit der gegenseitigen Anordnung in einer Gruppe aus einigen Molekülen stellt. Der Gedanke liegt nahe, diese Aufgabe für zwei und drei Moleküle sowie für eine Koordinationssphäre, das heißt für eine Gruppe aus 13 Molekülen (Zentralmolekül und 12 Nachbarn) zu betrachten. Dies kann in den Termini des geometrischen Modells oder durch Berechnung des Energieminimums mit Hilfe der Atom–Atom-Potentiale erfolgen. Eine genauere Lösung der gleichen Aufgabe ist durch das Ising-Modell möglich.

Für zwei (oder auch drei) Moleküle kann die Aufgabe wie folgt formuliert werden: man ermittle die optimale Anordnung eines Molekülpaares, deren Zentren einen mittleren Abstand haben, der durch das Röntgenexperiment bestimmt wurde.

Den Gedanken der Berechnung für eine Gruppe von Molekülen, die eine Koordinationssphäre bilden, konkretisieren wir am Beispiel der linearen Paraffine. Bekanntlich wandeln sich die Paraffinkristalle bei Temperaturen nahe dem Schmelzpunkt polymorph um und gehen in den rotations-kristallinen Zustand über, der als dichte Zylinderpackung mit einem effektiven Durchmesser von 4,8 Å dargestellt werden kann.

Am besten ist uns, was die potentielle Energie angeht, die optimale Anordnung einer Gruppe aus 7 Molekülen (Zentralmolekül und 6 Nachbarn) bekannt. Das ist die in der organischen Kristallchemie gewohnte Packung in rechtwinkligen Elementarzellen mit Schraubenachsensymmetrie. Das ist auch die Packung, deren Fernordnung bis zum polymorphen Umwandlungspunkt aufrechterhalten bleibt. Das Optimum der Anordnung der Zentren solcher Gruppen aus sieben Molekülen ist durch die Gitterpunkte des hexagonalen Gitters realisiert. Aus Abbildung 1.67 geht hervor, daß die Stapelung auf sechs verschiedene Weisen realisiert werden kann. Damit ist das

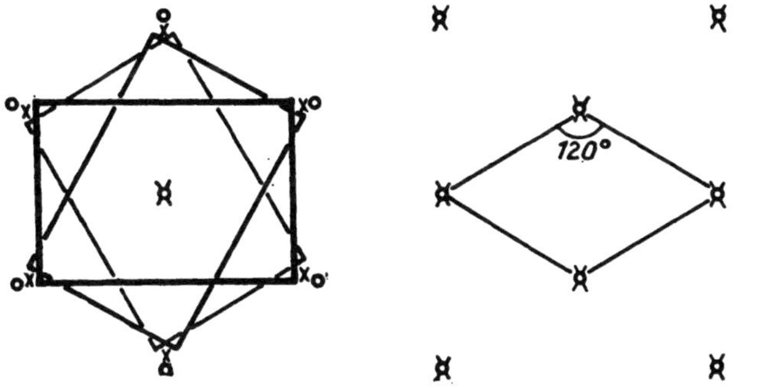

Abb. 1.67. Schematische Erklärung der Entstehung des rotationskristallinen Zustandes

angenommene Modell aus einheitlichen Komplexen aufgebaut, die in sechs unterschiedlichen Stellungen zu den Kristallachsen orientiert sind. Die gemittelte hexagonale Elementarzelle, die bei der Stapelung von sechs rechtwinkligen entsteht, wird natürlich etwas kleiner sein, als man im Experiment beobachtet. Man kann annehmen, daß der wesentliche Zuwachs des Elementarzellenvolumens, der beim Übergang in den rotations-kristallinen Zustand eintritt, notwendigerweise mit der Existenz von Übergangsschichten verbunden ist. Kennt man die potentielle Energie und die freie Energie der Domänen, könnte man durch Konstruktion der möglichen Übergangsschichten den Versuch machen, die wahrscheinliche gegenseitige Lage der Moleküle aufzufinden.

In analoger Weise könnte man im Fall der dichtesten Kugelpackungen vorgehen, indem man die Existenz von Packungsebenen (die Ebene (111) des kubisch-flächenzentrierten Gitters) mit kleinen geordneten Gebieten annimmt, in denen die Moleküle nach demselben Symmetriegesetz angeordnet sind wie in der (a,b)-Ebene der Raumgruppen $P2_1/a$ oder $P2_1$.

Es ist auch eine exaktere Lösung des Problems der Nahordnung möglich. Sie wird in einer früher erschienenen Arbeit [84] dargelegt.

Da der Rotationsübergang von einer Lage in eine andere recht selten ist, kann man den Kristall als ein System von Molekülen auffassen, deren Zentren die Gitterpunkte besetzen; dabei sind die Orientierungen in irgendeiner Weise über verschiedene Orientierungszustände verteilt. In dem Modell, das wir in diesem Buch benutzen, ist die Wechselwirkung der Moleküle auf Paare bezogen. Deshalb kann man den Konfigurationsanteil des HAMILTON-Operators des Kristalls in der Form

$$H = {}^1/_2 \sum_{\substack{\boldsymbol{R},\boldsymbol{R}'\\ m,l}} V_{ml}(\boldsymbol{R} - \boldsymbol{R}')\, c_m(\boldsymbol{R})\, c_l(\boldsymbol{R}')$$

schreiben, wobei die Indizes m, l die ν verschiedenen Orientierungszustände jedes Moleküls bezeichnen, $\boldsymbol{R}$ ist der Radiusvektor der kristallographischen Gitterpunkte, in denen sich die Schwerezentren der Moleküle befinden,

$$c_m(\boldsymbol{R}) = \begin{cases} 1, & \text{wenn sich das Molekül im Punkt } \boldsymbol{R} \text{ im Zustand } m \text{ befindet,} \\ 0 & \text{im inversen Fall.} \end{cases}$$

Die Zufallsgrößen $c_m(\boldsymbol{R})$ werden der Normierungsbedingung

$$\sum_{m=l}^{\nu} c_m(\boldsymbol{R}) = 1 \quad (\text{für alle } \boldsymbol{R})$$

unterworfen; dabei ist $V_{ml}(\boldsymbol{R} - \boldsymbol{R}')$ die Paarwechselwirkungsenergie der Moleküle in $\boldsymbol{R}$ und $\boldsymbol{R}'$ und den Zuständen m, l $(m, l = 1, 2, \ldots, \nu)$.

Nun gilt folgende Beziehung:

$$V_{ml}(\boldsymbol{R} - \boldsymbol{R}') = V_{lm}(\boldsymbol{R}' - \boldsymbol{R}), \qquad V_{mm}(\boldsymbol{R} - \boldsymbol{R}') = V_{ll}(\boldsymbol{R} - \boldsymbol{R}'),$$

das heißt, die Matrix, die aus den Größen $V_{ml}(\boldsymbol{R} - \boldsymbol{R}')$ aufgebaut wird, ist hermetisch.

Die Bestimmung thermodynamischer Größen erfordert die Berechnung der statistischen Summen, summiert über alle möglichen Konfigurationen:

$$Z = \sum_{\{c_m(R)\}=0}^{1} \exp\left[-{}^1/_2\,(kT)^{-1} \sum_{\substack{R, R' \\ m, l}} V_{ml}(\boldsymbol{R} - \boldsymbol{R}')\, c_m(\boldsymbol{R})\, c_l(\boldsymbol{R}')\right] \times \prod_{R} \delta\left(\sum_m c_m(\boldsymbol{R}) - 1\right).$$

Die Normierungsbedingung wird in die statistische Summe mit der Funktion $\delta(x)$ eingeführt, die durch die Gleichung

$$\delta(x) = \frac{1}{2\pi} \int_0^{2\pi} \exp ixt\, \mathrm{d}t = \begin{cases} 1 & \text{für } x = 0, \\ 0 & \text{in den übrigen Fällen} \end{cases}$$

bestimmt wird.

Die Berechnung dieser statistischen Summe ist komplizierter als die Berechnung für den Fall des ISING-Modells mit $m, l = 1, 2$. Dazu ist der Einsatz von Näherungsmethoden der Berechnung erforderlich. Die statistischen Berechnungen der vorliegenden Arbeiten beruhen auf der self-consistent field-Methode. Diese führt zu Ergebnissen, die für hohe und tiefe Temperaturen hinreichend genau sind.

Die Rechnung ergibt, daß nur bei sehr hohen Temperaturen (das heißt, wenn $V \ll kT$ ist) alle Orientierungen gleich wahrscheinlich sind. Kristalle, die in diesem Abschnitt zur Diskussion stehen, schmelzen bei Temperaturen bis 300 K (RT=0,6 kcal/mol = 2,5 kJ/mol). Die Wechselwirkungsenergie zweier organischer Moleküle, zum Beispiel vom Ethantyp, ist von der gleichen Größenordnung. Somit trifft man eine völlige Unordnung im rotations-kristallinen Zustand offenbar nicht an.

Die Theorie zeigt, daß bei tieferen Temperaturen eine Reihe von Lösungen möglich ist, die partiell geordneten Systemen entsprechen. Das heißt, daß einige Orientierungen mit einer Wahrscheinlichkeit größer als $1/\nu$ möglich sind und andere mit einer entsprechend geringeren. Es erwies sich, daß bei Temperaturerniedrigung der Übergang von völliger Unordnung zur völligen Ordnung über einige partiell geordnete Phasen verlaufen kann.

Die Theorie gestattet im Prinzip, die Parameter der polymorphen Umwandlungen zu bestimmen. Auch erscheint es möglich, die Nahordnung der Lagen verschieden orientierter Moleküle und vor allem die Wahrscheinlichkeit der Zweiernachbarschaft irgendwelcher Orientierungen zu ermitteln.

Die oben aufgeführten Formeln sind die gleichen, wie sie für die Nachbarschaftswahrscheinlichkeit in festen Lösungen gelten (siehe weiter unten, Seite 126).

D. Binäre Systeme

1.16. Bildungsbedingungen fester Lösungen

Die Vorstellung vom organischen Kristall als eine Packung von Körpern, die eine bestimmte Form und Größe haben, ermöglichte die Behandlung von Gesetzmäßigkeiten der gegenseitigen Löslichkeit organischer Stoffe im festen Zustand. 1956 wurden vom Autor die geometrischen Bedingungen zur Bildung fester Lösungen formuliert [85], die in ihrer allgemeinen Form auf andere Verbindungsklassen nicht anwendbar sind, in denen interatomare Elektronenbindungen den Einfluß der Symmetrie und der dichten Packung völlig unterbinden.

Es ist verständlich, daß, wenn man von der Mischbarkeit zweier organischer Stoffe spricht, man nur eine Bildung fester Lösungen vom Substitutionstyp erwarten kann. Tatsächlich sagt die Molekülpackung „Ausbuchtung in Einbuchtung" mit einem Packungskoeffizienten von 0,6—0,8 aus, daß die Lücken in der Struktur zu klein sind, verglichen mit der Größe der Moleküle selbst, so daß die Ausfüllung dieser Lücken durch andere zugesetzte Moleküle, das heißt die Bildung fester Lösungen vom Einlagerungstyp, offenbar nur in seltenen Fällen möglich sein wird (bisher unbekannt), und zwar dann, wenn die zugesetzten Moleküle viel kleiner sind als die Matrixmoleküle.

Im weiteren wollen wir nur über feste Lösungen vom Substitutionstyp sprechen.

Eine notwendige und hinreichende Bedingung für die Bildung fester Lösungen von zwei oder mehr organischen Substanzen ist die Ähnlichkeit der Formen und Größe der Moleküle der Ausgangsstoffe. Nur unter diesen Bedingungen führt der Ersatz einiger Moleküle im Matrixgitter (Lösungsmittel) durch fremde Moleküle zu keinen wesentlichen Änderungen in der Zahl der Kontakte des zugefügten Moleküls mit den benachbarten und auch nicht in der Größe der intermolekularen Abstände, das heißt, er führt zu keinem bedeutenden Zuwachs an freier Energie des Mischkristalls gegenüber der reinen Hauptkomponente. Das Experiment zeigt, daß sich zum Beispiel bei der Verkürzung von 2—3 intermolekularen Kontakten, sagen wir um 30%, die Löslichkeit rasch verringert (Anthracen in Acridin). Die Vergrößerung einiger intermolekularer Abstände, das heißt der Ersatz weniger Moleküle durch größere, geht bedeutend leichter vor sich (Acridin in Anthracen, Naphthalin in β-Chlornaphthalin), als aus der Asymmetrie der Kurve der Wechselwirkungspotentiale folgt.

Verständlich ist, daß für die Bildung einer lückenlosen Reihe fester Lösungen zweier Substanzen außer den Packungsfaktoren Forderungen erfüllt werden müßten, die von der Symmetrie bestimmt werden. Die Strukturen sich mischender Verbindungen müssen isomorph sein, nämlich die gleiche Raumgruppe und Zahl der Moleküle pro Elementarzelle und auch ähnliche Molekülpackungen besitzen. Sind alle diese

Bedingungen nicht erfüllt, gibt es unbedingt eine Diskontinuität in der Löslichkeit. Als Beispiel kann das System Diphenyl-α,α'-Dipyridil dienen:

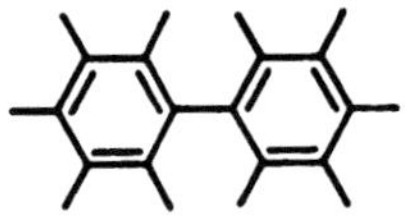

XXVII

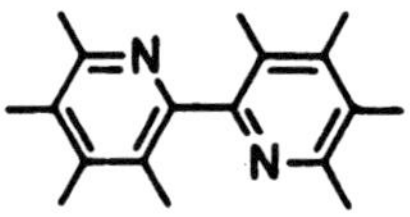

XXVIII

Beide Stoffe kristallisieren mit zwei Molekülen in der Elementarzelle der Symmetrie C_{2h}^5. Allerdings unterscheiden sich die Packungen der Moleküle (Abb. 1.68) stark. Experimentell wurde festgestellt, daß es in diesem System nur eine begrenzte Löslichkeit gibt [86] (das Zustandsdiagramm gehört zum Typ V nach der ROOZEBOOM-Klassifikation, Abb. 1.69).

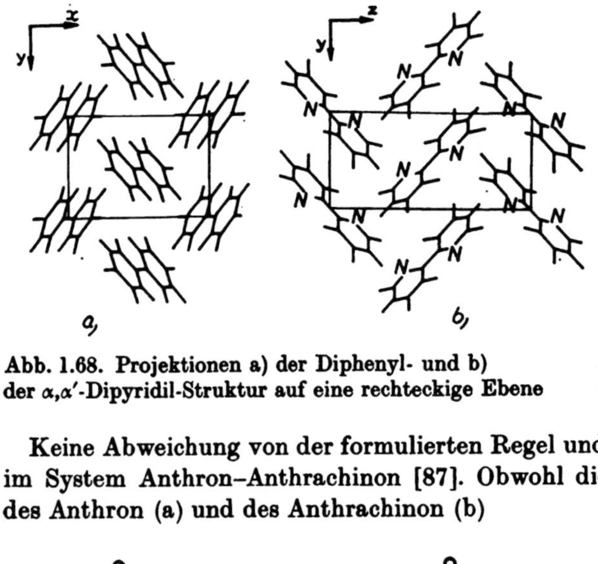

Abb. 1.68. Projektionen a) der Diphenyl- und b) der α,α'-Dipyridil-Struktur auf eine rechteckige Ebene

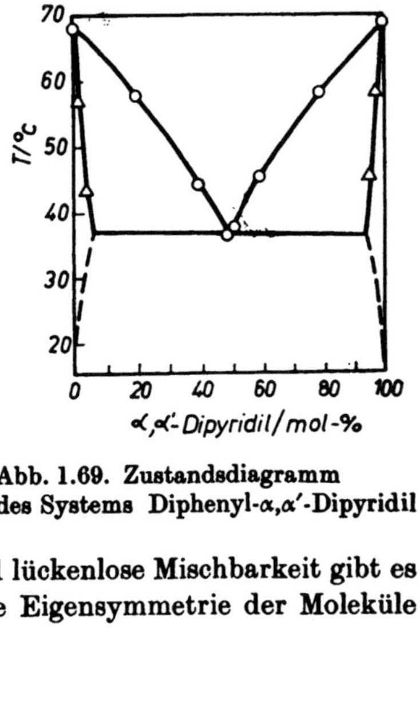

Abb. 1.69. Zustandsdiagramm des Systems Diphenyl-α,α'-Dipyridil

Keine Abweichung von der formulierten Regel und lückenlose Mischbarkeit gibt es im System Anthron–Anthrachinon [87]. Obwohl die Eigensymmetrie der Moleküle des Anthron (a) und des Anthrachinon (b)

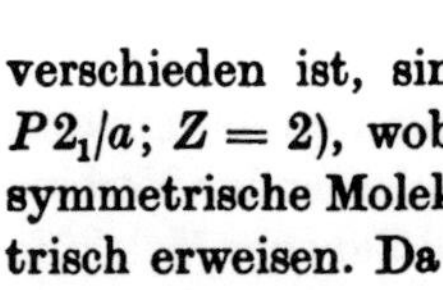

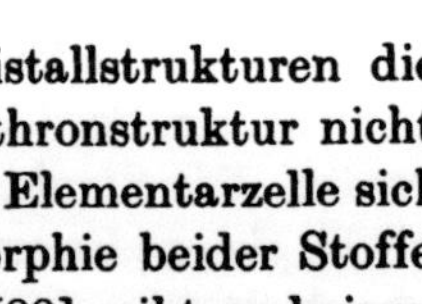

XXIX *XXX*

verschieden ist, sind die Kristallstrukturen dieser Stoffe isomorph (Raumgruppe $P2_1/a$; $Z = 2$), wobei die Anthronstruktur nicht geordnet ist, da zwei nichtzentrosymmetrische Moleküle in der Elementarzelle sich gemeinschaftlich als zentrosymmetrisch erweisen. Da die Isomorphie beider Stoffe im Detail durch Röntgenstrukturuntersuchungen erwiesen ist [88], gibt es keinen Zweifel an der vom Autor festgestellten Fähigkeit dieser Verbindungen, sich untereinander ohne Änderung der Molekülpackung in allen Verhältnissen zu mischen.

Von dieser Regel könnten Verbindungen ausgeschlossen sein, deren Moleküle asymmetrisch sind. Die Hinzufügung schon eines Moleküls der linken (oder rechten) Form zum Racemat (50% rechte und 50% linke Molekülformen) muß sprunghaft zur Änderung der Symmetrie des Racematkristalls führen, und ferner muß sich die Löslichkeit bei allen Konzentrationen als lückenlos erweisen.

Diese Regel wurde unlängst durch eine Reihe experimenteller Arbeiten französischer Wissenschaftler bestätigt. Am vollständigsten sind sie von BAERTA [89] dargelegt.

Bei der Prüfung der Möglichkeiten der Bildung von Kristallen in fester Lösung aus zwei organischen Substanzen in irgendeinem Konzentrationsintervall muß man nicht nur den Packungsfaktor berücksichtigen, das heißt, nicht nur den Verlust an Wechselwirkungsenergie der Moleküle.

Im allgemeinen folgt die Änderung der freien Energie des Kristalls A bei Ersatz einiger seiner Moleküle durch $x\%$ Moleküle des Zusatzes B aus folgenden Gründen [90]:

1. Der Unterschied in Größe und Form des beigemischten Moleküls führt zu „Spannungen" im Gitter, welche die Gitterenergie um ΔU ändern.

2. Die freie Energie eines Mols sinkt auf den Wert

$$\Delta F^{\text{Misch}} = T\,|\Delta S_k|\,,$$

worin $\Delta S_k = R[(1-x)\ln(1-x) + x\ln x]$ die Konfigurationsentropie ist.

3. Bei Molekülersatz ändert sich die freie Energie des Schwingungsspektrums des Kristallgitters um den Wert ΔF^{Schw}.

4. Die Möglichkeit der Konformationsänderung des Fremdmoleküls beim Eintritt in das Gitter des Lösungsmittels wird durch ΔE berücksichtigt.

Sind n_A und n_B die Molzahlen der Komponenten in der Phase mit der Struktur A, dann sind die Konzentrationen

$$x = \frac{n_B}{n_A + n_B} \quad \text{und} \quad (1-x) = \frac{n_A}{n_A + n_B}\,.$$

Die freie Energie der festen Lösung, die aus n_A und n_B Molen der Komponenten A und B besteht, kann in der Form

$$F_1 = (n_A + n_B)\,F_A + \Phi(n_B) + (n_A + n_B)\,\Delta F_B^{\text{Misch}}$$

geschrieben werden. Hier beziehen sich F_A und F_B^{Misch} auf ein Mol des Stoffes. Dieser Ausdruck läßt sich auch wie folgt ausdrücken:

$$F_1 = F_A + \varphi(x) + RT[(1-x)\ln(1-x) + x\ln x];$$

worin F_1 und $\varphi(x)$ sich ebenfalls auf ein Mol beziehen.

Die Änderung $\varphi(x)$ der freien Energie der Matrix durch den Zusatz (genauer: diese Änderung, abzüglich der Mischungsenergie, die hier in der einfachsten Form dargestellt ist, berücksichtigt nicht die mögliche Nahordnung in der gegenseitigen Lage der zugesetzten Moleküle) kann man in eine Reihe entwickeln:

$$\varphi(x) = F'(0)\,x + \tfrac{1}{2}F''(0)\,x^2 + \dots$$

Wir beschränken uns auf die lineare Näherung. Damit ist

$$F_1 = F_A + xF'_B + RT[(1-x)\ln(1-x) + x\ln x]\,.$$

Dieser Ausdruck ist hinreichend genau für verdünnte Lösungen erfüllt, wenn die Moleküle des Zusatzes in der Mehrzahl der Fälle von Matrixmolekülen umgeben sind.

Werden F_1 und F_A kalorimetrisch gemessen, kann man xF' finden. Bisher sind solche Messungen nicht durchgeführt worden. Weiter unten zeigen wir, welche Schlußfolgerungen bezüglich F' mit Hilfe der Analyse des Zustandsdiagramms gezogen werden können.

Man kann folgenden Versuch zur Berechnung von F' machen. Man stellt in Übereinstimmung mit den oben aufgezählten Gründen diese Größe als Summe der Glieder dar, die bei Substitution zur Änderung der freien Energie führen. Dabei ist es zweckmäßig anzunehmen, daß

$$xF' = \Delta U + \Delta E + \Delta F^{\text{Schw}}$$

ist.

Benutzt man diese einfache Darstellung der freien Energie der festen Lösung, so kann man die Löslichkeits- und Gleichgewichtsbedingungen beschreiben.

Die Löslichkeitsbedingungen erhalten wir, wenn wir berücksichtigen, daß bei einer gegebenen Temperatur auch die Bildung mechanischer Gemische mit der freien Energie $xF_B + (1 - x) F_A$ möglich ist; folglich ist für die Bildung fester Lösungen erforderlich, daß

$$F_1 < xF_B + (1 - x) F_A$$

wird.

Nach einfachen Umformungen und Eliminierung der freien intramolekularen Energie, die von der Wechselwirkung der Moleküle nicht beeinflußt wird, aus beiden Teilen der Ungleichung ergibt sich die thermodynamische Bedingung für die Existenz einer festen Lösung mit

$$T|\Delta S^k| > x(F_A^{\text{Kr}} - F_B^{\text{Kr}}) + xF'_B\,.$$

Eine analoge Ungleichung kann man auch für den Fall einer festen Lösung der Phase A in der Phase B schreiben.

Selbstverständlich ist, daß eine begrenzte Löslichkeit, das heißt die Existenz von Grenzpunkten im Zustandsdiagramm, durch die Löslichkeiten von beiden Seiten des Diagramms her bestimmt wird.

Bezeichnen wir für eine feste Lösung von A in B die veränderlichen Werte der Molzahlen der Komponenten mit n'_A und n'_B, so ist

$$x' = \frac{n'_B}{n'_A + n'_B}$$

die Konzentration der Moleküle B im Kristall B, das heißt $x < x'$.

Die freie Energie des Kristalls der festen Lösung der Struktur B kann durch

$$F_2 = (n'_A + n'_B)\, F_B + \Psi(n'_A) + (n'_A + n'_B)\, \Delta F_A^{\text{Misch}}$$

ausgedrückt werden.

In einer Schmelze eutektischer Zusammensetzung befinden sich bei der Temperatur T_{eu} zwei Phasen im Gleichgewicht, nämlich die festen Lösungen mit den Strukturen A und B. Unter diesen Bedingungen gelingt es bisweilen, Kristalle beider Phasen auf einem Keim abzuscheiden (siehe im folgenden Abschnitt).

Die Gleichgewichtsbedingungen für beide Phasen schreibt man wie folgt:

$$\begin{cases} \left(\frac{\partial F_1}{\partial n_A}\right)_{n_B=\text{const}} = \left(\frac{\partial F_2}{\partial n_A'}\right)_{n_B'=\text{const}}, \\ \left(\frac{\partial F_1}{\partial n_B}\right)_{n_A=\text{const}} = \left(\frac{\partial F_2}{\partial n_B'}\right)_{n_A'=\text{const}}. \end{cases}$$

Nach einer Reihe von Umwandlungen erhalten die Gleichgewichtsbedingungen die Form

$$\frac{1-x}{1-x'} = e^{\varepsilon} e^{\alpha}; \quad \frac{x}{x'} = e^{\varepsilon} e^{-\beta},$$

worin

$$\varepsilon = \frac{F_B^{\text{Kr}} - F_A^{\text{Kr}}}{RT}; \qquad \alpha = \frac{1}{RT} \frac{\partial \psi}{\partial(1-x')} \approx \frac{1}{RT} F_A';$$

$$\beta = \frac{1}{RT} \frac{\partial \varphi}{\partial x} \approx \frac{1}{RT} F_B'$$

sind. Aus diesen Gleichungen erhalten wir

$$x = \frac{e^{(\alpha+\varepsilon)} - 1}{e^{(\alpha+\beta)} - 1}; \qquad x' = \frac{e^{-(\alpha+\varepsilon)} - 1}{e^{-(\alpha+\beta)} - 1}.$$

So hängen die Löslichkeitsgrenzen x und x' ab von den Löslichkeiten α und β, gleichzeitig von beiden Enden des Diagramms her, und auch von der Differenz der freien Energien der Komponenten. Natürlich ist es schwer zu erklären, warum sich A in B unabhängig von der Löslichkeit von B in A löst; der Charakter der Löslichkeit erklärt sich aus dem Vergleich, um wieviel eine Lösung von A in B energetisch günstiger ist als B in A oder umgekehrt.

Man muß die hier beschriebenen Gleichgewichtsbedingungen zweier fester Lösungen noch genauer analysieren. Tatsache ist, daß, wenn die Größen α, β und ε für zwei beliebige Substanzen bekannt wären, man mit unseren Gleichungen die Grenzen ihres Zustandsdiagramms ohne Experiment voraussagen könnte. Offenbar ist es aber einfacher, das Zustandsdiagramm experimentell zu bestimmen, das heißt x und x' zu ermitteln. In diesem Fall können die beiden Gleichungen, die die Gleichgewichtsbedingungen zweier fester Lösungen festlegen, zur Abschätzung der drei unbekannten Größen α, β und ε benutzt werden.

Der Parameter ist der Differenz der freien Energien der reinen Komponenten A und B direkt proportional, das heißt $\Delta F = F_B^{\text{Kr}} - F_A^{\text{Kr}}$. Ihn kann man berechnen, wenn für die Komponenten die Wärmekapazität und die Sublimationswärmen gemessen wurden und die Frequenzen der intramolekularen Schwingungen bekannt sind. So können, wenn unmittelbar kalorimetrische Angaben über die festen Lösungen fehlen, auch die zwei Gleichungen für die Löslichkeit zur Bestimmung der Größen φ und ψ, die die Änderungen der freien Energie der Grenzzusammensetzung (von beiden Seiten des Zustandsdiagramms) gegenüber den reinen Komponenten angeben, benutzt werden. Warum sind diese Größen von solchem Interesse? In die drei Glieder, die φ und ψ bestimmen, gehen ΔU, ΔE und ΔF^{Schw} ein. Der Zuwachs an Gitterenergie ΔE durch die mögliche Änderung der Konformation des Gastmoleküls beim Eintritt in das Matrixgitter kann meist vernachlässigt werden, wenn die Moleküle starr sind (Naphthalin, Anthracen). Für deformierbare Moleküle (Dibenzyl, Stilben) muß ΔE berechnet werden. Den Wert von ΔF^{Schw} kann man grob abschätzen, wenn aus den Röntgenintensitäten die allgemeinen Temperaturfaktoren für die Struktur der reinen Komponente B_{rein} und die der festen Grenzlösung, die die Struktur der Komponente B_{Lsg} besitzt, bekannt sind. Berechnet man nach der Formel $\overline{u^2} = \frac{B}{8\pi^2}$ die entsprechenden Werte der mittleren quadratischen Verschiebungen, kann man das Verhältnis der charakteristischen Temperaturen der Kristalle gleich

$$\frac{\Theta_{\text{rein}}}{\Theta_{\text{Lsg}}} = \sqrt{\frac{\overline{u^2_{\text{rein}}}}{\overline{u^2_{\text{rein}}}}}$$

setzen. Ferner erhalten wir bei Anwendung der Debye-Näherung

$$\Delta F^{\text{Schw}} = 6RT \ln \frac{\Theta_{\text{rein}}}{\Theta_{\text{Lsg}}}.$$

Die Größenordnung der auf diese Weise abgeschätzten Werte ist sicher richtig ermittelt.

Nach Einsetzen der abgeschätzten Größen in die Ausgangsformeln ergeben sich die Werte ΔU_A und ΔU_B, das heißt die Energieänderungen infolge von Gitterspannungen, die durch irgendwie geartete Nichtübereinstimmung der Größe der sich mischenden Moleküle hervorgerufen werden. Bei Annahme verdünnter Lösungen spricht man von Spannungen, die durch ein Gastmolekül im Gitter der Wirtskomponente hervorgerufen werden.

Die auf empirischem Wege erhaltenen Werte für ΔU_A und ΔU_B können für die Analyse der intermolekularen Wechselwirkung verwendet werden, zum Beispiel zur Bestätigung der Zuverlässigkeit der Atom–Atom-Potential-Methode.

Bei Anwendung der Atom–Atom-Potentiale können wir ΔU auf folgende Weise berechnen. Wir ordnen dazu in der Matrixstruktur anstelle eines Moleküls ein Gastmolekül derart an, daß beispielsweise die Zahl der Kontakte erhalten bleibt, und berechnen danach die Wechselwirkungsenergie dieses „fremden" Moleküls mit allen Matrixmolekülen innerhalb eines Radius von ungefähr 15 Å. Die so erhaltene Energie U_A wird sich von der Gitterenergie der reinen Komponente (der Matrix) U_M um den Betrag $U_A - U_M$ unterscheiden. Enthält das Matrixgitter x% Fremdzusatz, dann ist die Gesamtenergie gleich

$$xU_A + (1 - x)\, U_M = x(U_A - U_M) + U_M\,,$$

das heißt $\Delta U = x\,(U_A - U_M)$.

Das ist jedoch ein Grenzwert, da bei einer solchen Berechnung nicht die Gitterdeformation berücksichtigt wird, die bei der Bildung fester Lösungen unvermeidlich ist. Gleichfalls wird die Wechselwirkung der Fremdmoleküle nicht berücksichtigt. Folglich gestattet der Vergleich des berechneten Wertes von ΔU mit den experimentell gefundenen ΔU_A (oder ΔU_B) nur eine Aussage über die Richtigkeit der gewählten Atom–Atom-Potentiale sowie eine solche über den Charakter der Neuverteilung der Spannungen in der Struktur der festen Lösung.

Als Beispiel folgt hier die detaillierte Analyse der Löslichkeitsbedingungen im System Tolan–Hg-Diphenyl.

Das Zustandsdiagramm dieses Systems wurde durch Züchtung von Einkristallen der festen Lösungen [91] (Abb. 1.70) aufgestellt. Bei der Temperatur des Eutektikums $t_{eu} = 56$ °C befinden sich die festen Lösungen im Gleichgewicht: a) die Tolanphase mit $x = 0{,}14$ und $1 - x = 0{,}86$; b) die Hg–Diphenyl-Phase mit $x' = 0{,}92$ und $1 - x' = 0{,}08$.

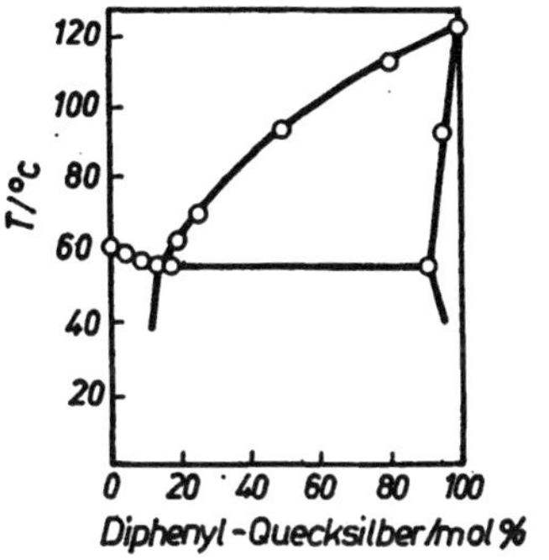

Abb. 1.70. Zustandsdiagramm des Systems Tolan–Hg-Diphenyl

Die Moleküle des Tolans und des Hg-Diphenyls haben die Form:

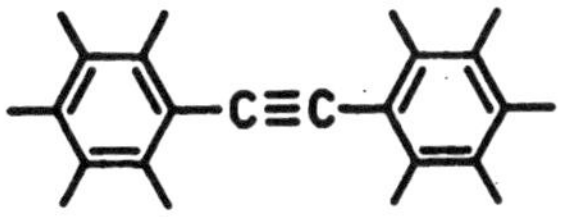

XXXI

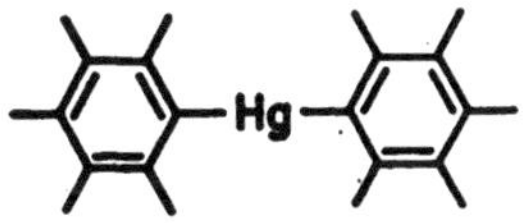

XXXII

Sie sind eben und haben praktisch gleiche geometrische Abmessungen. Man kann annehmen, daß Konformationsänderungen der Moleküle der Fremdkomponente nicht auftreten, das heißt $\Delta E = 0$.

Der kristalline Anteil der freien Energie der Komponenten, der in ΔF eingeht, kann dargestellt werden als die Summe der Sublimationswärmen und der Schwingungsanteile der freien Energie. Die Sublimationswärmen des Tolans und des Hg-Diphenyls wurden gemessen [92]: $\Delta H_A = +21{,}2$ kcal/mol (= 88,8 kJ/mol) und $\Delta H_B = 27{,}0$ kcal/mol (= 113 kJ/mol). Die Werte der freien Energien der Translations- und Vibrationsbewegungen der Moleküle des Tolans und des Hg-Diphenyls sind in [93] angeführt:

$$F_A^{\text{Kr Schw}} = -6{,}3 \text{ kcal/mol} \quad \text{und} \quad F_B^{\text{Kr Schw}} = -6{,}6 \text{ kcal/mol}\,.$$

Folglich ist

$$F_A^{\text{Kr}} = -\Delta H_A + F_A^{\text{Kr Schw}} = -21{,}2 - 6{,}3 = -27{,}5 \text{ kcal/mol}$$

und

$$F_B^{\text{Kr}} = -\Delta H_B + F_B^{\text{Kr Schw}} = -27{,}0 - 6{,}6 = -33{,}6 \text{ kcal/mol}\,,$$

und daraus folgt

$$\Delta F = F_B^{\text{Kr}} - F_A^{\text{Kr}} = -6{,}1 \approx -6 \text{ kcal/mol}\,.$$

Setzen wir diese Werte in die Gleichgewichtsbedingungen ein, so erhalten wir

$$F'_B = -4{,}9 \text{ kcal/mol } (= -20{,}5 \text{ kJ/mol})\,,$$

$$F'_A = +7{,}4 \text{ kcal/mol } (= +31 \text{ kJ/mol})\,.$$

So unterscheidet sich die freie Energie der festen Lösung der Tolanphase von der freien Energie des reinen Tolans um $\varphi(x) = x(-4{,}9\ \text{kcal/mol})\ (= x(-20{,}5\ \text{kJ/mol})) = -0{,}69\ \text{kcal/mol}\ (= -2{,}9\ \text{kJ/mol})$, und für die Phase mit Hg-Diphenyl-Struktur ist der Unterschied zur freien Energie des reinen Hg-Diphenyl-Kristalls

$$\psi(x') = (1 - x')\,(+7{,}4\ \text{kcal/mol}) = 0{,}592\ \text{kcal/mol} \quad \text{bzw.}$$

$$(1 - x')\,(+31\ \text{kJ/mol}) = 2{,}48\ \text{kJ/mol}\,.$$

Zur Abschätzung des Schwingungsterms der freien Energie des Kristalls der festen Lösung benutzen wir die in [91] angeführten Daten über die Änderung des allgemeinen Temperaturfaktors der Struktur bei Zunahme der Konzentration an Gastsubstanz. Für die Phase mit Toleranstruktur ist $B_{\text{rein}} = 4{,}7\ \text{Å}^{-2}$ (reines Tolan) und $B_{\text{Lsg}} = 3{,}7\ \text{Å}^{-2}$ (feste Lösung mit 14% Hg-Diphenyl). Da im vorliegenden Fall der Verlauf von $B(x)$ durch ein Minimum geht (Abb. 1.71), erweist es sich als unmöglich, die

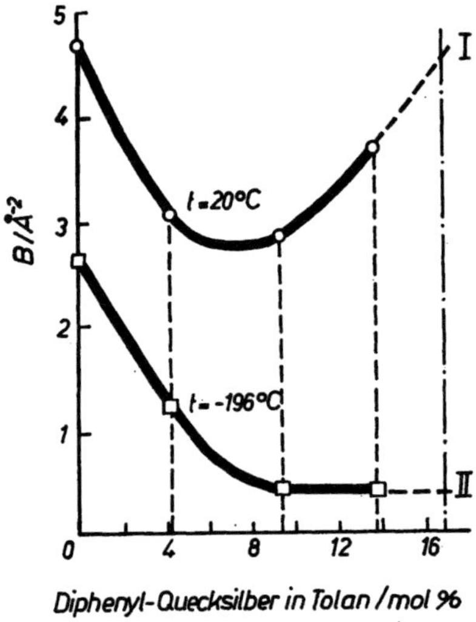

Abb. 1.71. Abhängigkeit des Temperaturfaktors B vom Gehalt an Hg-Diphenyl in der Tolanphase; I — 300 K, II — 77 K

statischen Verschiebungen $\overline{u^2_{\text{stat}}}$ von den dynamischen Gitterschwingungen $\overline{u^2_{\text{dyn}}}$ zu trennen. Jedoch sind die $\overline{u^2_{\text{stat}}}$ in erster Näherung vernachlässigbar klein, da die Abmessungen der sich mischenden Moleküle praktisch gleich sind. Dann ist mit $\overline{u^2_{\text{dyn}}} = B/8\pi^2$,

$$\frac{\Theta_{\text{rein}}}{\Theta_{\text{Lsg}}} \approx \sqrt{\frac{(\overline{u^2_{\text{dyn}}})_{\text{Lsg}}}{(\overline{u^2_{\text{dyn}}})_{\text{rein}}}} = \sqrt{\frac{B_{\text{Lsg}}}{B_{\text{rein}}}} = \sqrt{\frac{3{,}7}{4{,}7}} = 0{,}89\,.$$

Hieraus folgt $\Delta F_B^{\text{Schw}} = 6\,RT \ln \frac{\Theta_{\text{rein}}}{\Theta_{\text{Lsg}}} = -0{,}43\ \text{kcal/mol}\ (= -1{,}82\ \text{kJ/mol})$. Somit ist, $\Delta E = 0$ vorausgesetzt,

$$\varphi(x) = -0{,}69\ \text{kcal/mol}\ (= -2{,}92\ \text{kJ/mol}) = \Delta U_B - 0{,}43\ \text{kcal/mol}$$

$$(= 1{,}82\ \text{kJ/mol})$$

und daraus $\Delta U_B = -0{,}69 + 0{,}43 = -0{,}26\ \text{kcal/mol}\ (= -1{,}1\ \text{kJ/mol})$.

Für die Durchführung einer analogen Abschätzung für die Phase mit Hg-Diphenyl-Struktur liegen keine experimentellen Daten vor. Mit Hilfe der Atom-Atom-Potential-Methode kann man die Grenzwerte von ΔU berechnen. Für diese Rechnungen, die mit Computern durchgeführt wurden, benutzten wir die Potentialkurven der Wechselwirkung der Atome C—C, C—H und H—H, die hinreichend bekannt sind [94], sowie auch die der Atome Hg—Hg, Hg—C und Hg—H, die bisher nur aus der Kristallstruktur des Hg-Diphenyls bestimmt wurden [95]. Bei geometrischem Ersatz der Moleküle in den Matrixstrukturen wurde angenommen, daß sich die Atomkoordinaten des Benzolrings nicht ändern, so daß jeder Ersatz zum Ersatz der —C≡C-Brücke durch —Hg— führt oder umgekehrt.

a) *Feste Lösung mit Tolanstruktur.* Durch direkte Röntgenstrukturanalyse wurde festgestellt [96], daß die Gastmoleküle des Hg-Diphenyls die Tolanmoleküle nur in der Schicht *I* ersetzen; das ist eine von zwei nicht symmetrisch miteinander verknüpften Molekülschichten in der Tolanstruktur. In Abbildung 1.72 ist die entsprechende Elektronendichteprojektion dargestellt, zu deren Berechnung die experimentellen Werte $|F_{h0l}|$ mit Vorzeichen versehen wurden, die sich aus den nur 12 C-Atomen der beiden Benzolringe ergaben. Das starke Maximum, das auf der Projektion b) im Punkt 0 liegt, entspricht dem Hg-Atom. Im Punkt (0, 1/2) befindet sich kein Maximum.

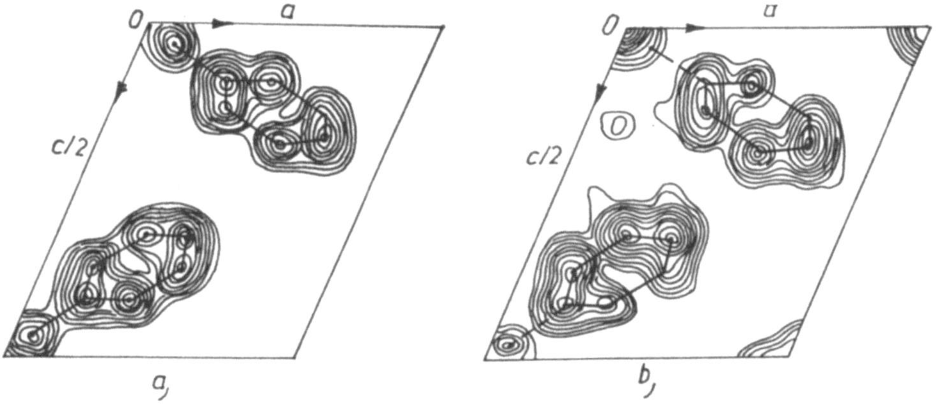

Abb. 1.72. (*a*, *c*)-Projektion der Elektronendichte. a) Struktur von Tolan; b) Struktur der festen Lösung von Hg-Diphenyl in der Tolanphase

Energieberechnungen bestätigen die Ergebnisse der Röntgenanalyse. Der Ersatz eines Tolanmoleküls durch ein Hg-Diphenyl-Molekül in der Schicht I ändert die Gitterenergie auf −4,88 kcal/mol (= −20,5 kJ/mol) und bei Ersatz in der Schicht II auf −2,52 kcal/mol (= −10,6 kJ/mol); die Differenz beträgt $\Delta = 2{,}26$ kcal/mol (= 9,9 kJ/mol). Benutzt man die Boltzmann-Verteilung, so kann man daraus das Verhältnis der Wahrscheinlichkeiten der Verteilung der Gastmoleküle auf die nicht äquivalenten Schichten abschätzen:

$$\frac{\omega_{\mathrm{I}}}{\omega_{\mathrm{II}}} = e^{-\frac{\Delta}{RT}} \approx 51 .$$

Die Abschätzung zeigt, daß die Wahrscheinlichkeit des Ersatzes in der Schicht I etwa 50mal größer ist als in der Schicht II. Somit kann man damit rechnen, daß die Gesamtheit der Fremdsubstanz praktisch in der Schicht I eingebaut wird.

Die Gitterenergie einer festen Lösung ist (für den Fall verdünnter Lösungen)

$$U_{\text{Lsg}} = U_0 + x(U_A - U_M),$$

worin U_0 die Gitterenergie der reinen Komponente ist, U_A die Gitterenergie, die ein beigemischtes Molekül liefert und x die Konzentration der beigemischten Moleküle.

Bei der Bildung fester Lösungen ändert sich die Gitterenergie um

$$\Delta U = x(U_A - U_M).$$

Der berechnete Wert $U_A - U_M = -4{,}88$ kcal/mol ($= -20{,}5$ kJ/mol) (Fremdmoleküle nur in der Schicht I) führt zu einem $\Delta U = 0{,}14\,(-4{,}88) = -0{,}68$ kcal/mol ($= -2{,}85$ kJ/mol). Das ist der Grenzwert, der nicht die Spannungen berücksichtigt, die um das Fremdmolekül auftreten — gemittelt über das Gesamtvolumen des Kristalls —, der aber 2,5mal größer ist als der aus experimentellen Daten der Löslichkeitsuntersuchungen gefundene.

b) *Feste Lösung mit Hg-Diphenyl-Struktur.* Die Moleküle des Hg-Diphenyls bilden eine Einschichtpackung. Der Ersatz einiger Moleküle in der Struktur durch Tolanmoleküle ändert, wie die Ergebnisse von Energieberechnungen zeigen, die Gitterenergie der festen Lösung der Grenzkonzentration ($x' = 0{,}08$) im Vergleich mit der reinen Komponente um den Betrag $\Delta U = +0{,}303$ kcal/mol ($= 1{,}27$ kJ/mol). Aus der Analyse der Löslichkeitsbedingungen erhält man einen Wert $\psi(x') = +0{,}592$ kcal/mol ($= 2{,}48$ kJ/mol), in den außer ΔU_A der Wert ΔF_A^{Schw} ($\Delta E = 0$ vorausgesetzt) eingeht.

So erweist sich die Abschätzung von ΔU in beiden festen Lösungen als völlig vernünftig.

Für tiefe Temperaturen kann man die Berechnung des Zustandsdiagramms exakter ausführen [97]. Berechnen wir die freie Energie eines Zweikomponentensystems, das aus N_A Hauptmolekülen und N_B Molekülen der Beimischung ($N_B \ll N_A$) besteht. Die Gesamtzahl der Moleküle beträgt

$$N_A + N_B = N.$$

Das Verhältnis der Höhe der Symmetrie der Haupt- und Fremdmoleküle sei so, daß für jedes Molekül der Beimischung die Möglichkeit besteht, eine von zwei nichtäquivalenten Lagen B_1 und B_2 zu besetzen, wobei

$$N_{B1} + N_{B2} = N_B$$

ist.

Wir nehmen folgende Vereinfachung an: erstens, es ist nur die Wechselwirkung mit den nächsten Nachbarn wesentlich (Näherung der ersten Koordinationssphäre), und zweitens, die Konzentration der Fremdmoleküle ist klein, und jedes von ihnen ist nur von Hauptmolekülen umgeben.

Unter Berücksichtigung dieser Voraussetzungen berechnen wir die Werte der Wechselwirkungsenergie des Systems in Abhängigkeit vom Ordnungsgrad der Fremdmoleküle.

$$E(B_1B_1B_1 \dots B_1) = N \cdot z \cdot \tfrac{1}{2} m_A V_{AA} - m_B(V_{AA} - 2V_{AB1}) = E_0;$$
$$E(B_2B_1B_1 \dots B_1) = E_0 + 1 \cdot z(V_{AB2} - V_{AB1});$$
$$E(B_2B_2B_1 \dots B_1) = E_0 + 2 \cdot z(V_{AB2} - V_{AB1});$$
$$\vdots$$
$$E(B_2B_2B_2 \dots B_2) = E_0 + N_B \cdot z(V_{AB2} - V_{AB1}),$$

mit $m_A = N_A/N$; $m_B = N_B/N$; z — Zahl der nächsten Nachbarn; V_{AA}, V_{AB1}, V_{AB2} — Potentiale der zwischenmolekularen Wechselwirkungen; $E(B_1B_1B_1 \dots B_1)$ — Wechselwirkungsenergie des Systems in dem Fall, wenn alle beigemischten Moleküle geordnet sind und jedes sich in der Lage B_1 befindet; $E(B_2B_1B_1 \dots B_1)$ — Wechselwirkungsenergie des Systems, wenn ein beigemischtes Molekül sich in der Lage B_2 befindet, aber alle übrigen in B_1, usw.

Dann ergibt sich die Zustandssumme Z aus der Berechnung der Summe der Reihe

$$Z = \frac{N!}{N_A!N_B!}\left\{\exp\left[-\frac{E(B_1B_1B_1 \dots B_1)}{T}\right] + \frac{N_B!}{1!(N_B-1)!} \times \exp\left[-\frac{E(B_2B_1B_1 \dots B_1)}{T}\right] + \frac{N_B!}{2!(N_B-2)!}\exp\left[-\frac{E(B_2B_2B_1 \dots B_1}{T}\right] + \dots + \exp\left[-\frac{E(B_2B_2B_2 \dots B_2)}{T}\right]\right\},$$

die nach Substitution des Spektrums der Wechselwirkungsenergien leicht ausgerechnet wird und gleich

$$Z = \frac{N!}{N_A!N_B!}\exp\left(-\frac{E_0}{T}\right)\left\{1 + \exp\left[-\frac{z(V_{AB2} - V_{AB1})}{T}\right]\right\}^{N_B}$$

ist.

Durch Logarithmieren erhalten wir die freie Energie des Systems

$$F = -kT\ln Z = kN\left\{\frac{z}{2}[m_A V_{AA} - m_B(V_{AA} - 2V_{AB1})] - Tm_B \ln\left[1 + \exp\left(\frac{-z(V_{AB2} - V_{AB1})}{T}\right)\right] + Tm_A \ln m_A + Tm_B \ln m_B\right\}.$$

Wir erkennen, daß die letzte Gleichung leicht für den Fall einer beliebigen Zahl möglicher nichtäquivalenter Lagen der Moleküle der Beimischung verallgemeinert werden kann:

$$F = kN\left\{\frac{z}{2}[m_A V_{AA} - m_B(V_{AA} - 2V_{AB1})] - Tm_B \times \ln\left[\sum_{p=1}^{k}\exp\left(-\frac{z(V_{ABp} - V_{AB1})}{T}\right)\right] + Tm_A \ln m_A + Tm_B \ln m_B\right\},$$

wobei k gleich der Zahl der nichtäquivalenten Lagen der beigemischten Moleküle ist.

Ohne Begrenzung der Allgemeingültigkeit wurden alle weiteren Berechnungen für das System Diphenyl—Dipyridil durchgeführt, dessen Zustandsdiagramm in Abbildung 1.69 dargestellt ist. Die festen Lösungen der α-Phase haben die Struktur des Diphenyls und enthalten 0 bis 8% Beimischung Dipyridil, und die festen Lösungen der β-Phase mit der Struktur des Dipyridils enthalten 0 bis 5% Beimischung Diphenyl. In der α-Phase sind die beigemischten Dipyridilmoleküle ungeordnet, und jedes von ihnen kann eine von zwei nichtäquivalenten Lagen B_1 und B_2 besetzen. In der β-Phase sind die Fremdmoleküle völlig geordnet und stören die Symmetrie des Gitters nicht.

Die Gleichung der freien Energie der α-Phase ($k = 2$) hat folgende Form:

$$F_\alpha = N_\alpha f_\alpha = N_\alpha(Ax_A^\alpha + B + Tx_A^\alpha \ln x_A^\alpha + Tx_B^\alpha \ln x_B^\alpha)\,,$$

mit x_A^α—Konzentration der A-Komponente (Diphenyl) in der α-Phase; x_B^α—Konzentration der Beimischung (Dipyridil) in der α-Phase;

$$A = z\left(\frac{V_{A1A1} + V_{A1A2}}{2} - \frac{V_{A1B1} + V_{A2B1}}{2}\right) + T\ln\left\{1 + \exp\left[-\frac{z}{T}\left(\frac{V_{A1B2} + V_{A2B2}}{2} - \frac{V_{A1B1} + V_{A2B1}}{2}\right)\right]\right\};$$

$$B = -\frac{z}{2}\left(\frac{V_{A1A2} + V_{A1A1}}{2} - 2\frac{V_{A1A1} + V_{A2B1}}{2}\right) - T\ln\left\{1 + \exp\left[-\frac{z}{T}\left(\frac{V_{A1B2} + V_{A2B2}}{2} - \frac{V_{A1B1} + V_{A2B1}}{2}\right)\right]\right\}.$$

Die Gleichung der freien Energie der β-Phase ($k = 1$) lautet

$$F_\beta = N_\beta f_\beta = N_\beta(Lx_B^\beta + M + Tx_B^\beta \ln x_B^\beta + Tx_A^\beta \ln x_A^\beta)\,,$$

mit x_B^β—Konzentration der B-Komponente (Dipyridil) in der β-Phase; x_A^β—Konzentration der Beimischung (Diphenyl) in der β-Phase;

$$L = z\left(\frac{V_{B1B1} + V_{B1B2}}{2} - \frac{V_{AB1} + V_{AB2}}{2}\right);$$

$$M = -\frac{z}{2}\left(\frac{V_{B1B1} + V_{B1B2}}{2} - 2\frac{V_{AB1} + V_{AB2}}{2}\right).$$

Der folgende Schritt besteht in der Anwendung der thermodynamischen Gleichgewichtsbedingungen eines Zweiphasensystems. Ist die freie Energie des Systems als Funktion der Konzentration einer der beiden Komponenten bekannt, dann kann man

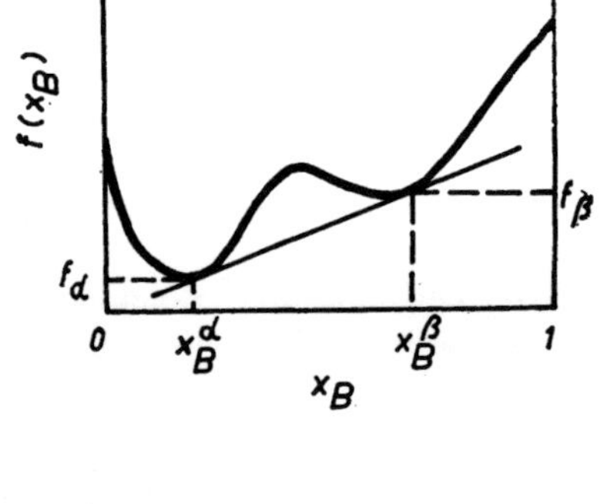

Abb. 1.73. Für binäre Systeme charakteristische Kurve der Abhängigkeit der freien Energie von der Konzentration

die Gleichgewichtsbedingungen mit Hilfe der Tangentenmethode bequem graphisch formulieren (Abb. 1.73).

Die erste Bedingung

$$\frac{\partial f_\alpha}{\partial x_A^\alpha} = \frac{\partial f_\beta}{\partial x_A^\beta}$$

ergibt einen Zusammenhang zwischen den Konzentrationen der Komponenten in beiden Phasen

$$x_A^\alpha = \frac{x_A^\beta}{K + x_A^\beta(1 - K)},$$

wobei $K = \exp\left(\frac{A + L}{T}\right)$ ist.

Die zweite Bedingung

$$f_\alpha - f_\beta = \frac{\partial f_\alpha}{\partial x_A^\alpha}(x_A^\alpha - x_A^\beta)$$

bestimmt die Gleichgewichtskonzentration der Beimischung in der α- und β-Phase in expliziter Form

$$x_A^\beta = \frac{\exp\left(\frac{B + A - M}{T}\right) - \exp\left(\frac{A + L}{T}\right)}{1 - \exp\left(\frac{A + L}{T}\right)}$$

und

$$x_B^\alpha = \frac{\exp\left(\frac{L + M - B}{T}\right) - \exp\left(\frac{A + L}{T}\right)}{1 - \exp\left(\frac{A + L}{T}\right)}.$$

Wir benutzten weiterhin die Ergebnisse der energetischen Berechnungen, die die Energieänderung eines Diphenylkristalls bei Einführung eines beigemischten Moleküls Dipyridil in die Lagen $B_1(\Delta U_1)$ und $B_2(\Delta U_2)$ und die Energieänderung eines Dipyridilkristalls bei Einführung eines beigemischten Diphenylmoleküls (ΔU) ergeben [98]: $\Delta U_1 = 1{,}21$ kcal/mol (= 5,07 kJ/mol); $\Delta U_2 = 1{,}23$ kcal/mol (= 5,15 kJ/mol); $\Delta U = -0{,}25$ kcal/mol (= −1,05 kJ/mol).

Die Gleichungen lassen sich durch diese Differenzen leicht in

$$x_A^\beta = \frac{\exp\left(-\frac{\Delta U + \Delta U_1}{2T}\right) - \exp\left(-\frac{\Delta U + \Delta U_1}{T}\right)\left[1 + \exp\left(-\frac{\Delta U_2 - \Delta U_1}{T}\right)\right]}{1 - \exp\left(-\frac{\Delta U + \Delta U_1}{T}\right)\left[1 + \exp\left(-\frac{\Delta U_2 - \Delta U_1}{T}\right)\right]},$$

$$x_B^\alpha = \frac{\exp\left(-\frac{\Delta U_2 + \Delta U_1}{2T}\right) - \exp\left(-\frac{\Delta U + \Delta U_1}{T}\right)\left[1 + \exp\left(-\frac{\Delta U_2 - \Delta U_1}{T}\right)\right]}{1 - \exp\left(-\frac{\Delta U + \Delta U_1}{T}\right)\left[1 + \exp\left(-\frac{\Delta U_2 - \Delta U_1}{T}\right)\right]}$$

überführen.

Die Ergebnisse der Berechnung der Löslichkeitsgrenzen sind in der Abbildung 1.74 dargestellt. Wie zu erwarten war, weichen im Bereich hoher Temperaturen ($T > \Theta_D = 100 - 150$ K) die Kurven der Grenzwerte der Löslichkeit stark von den für das Experiment erwarteten ab. Bei diesen Temperaturen hat der Schwingungsanteil der freien Energie, den wir hier nicht betrachteten, entscheidende Bedeutung. Im Bereich tiefer Temperaturen ($T < \Theta_D$) ist die durch diese Kurven beschreibbare Abhängigkeit vernünftig.

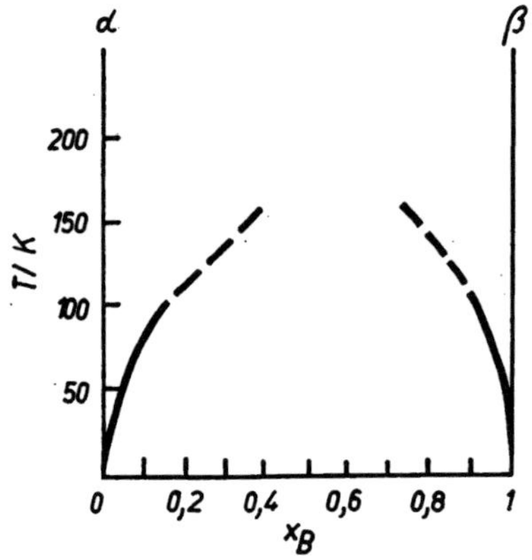

Abb. 1.74. Für den Tieftemperaturbereich theoretisch berechnetes Zustandsdiagramm des Systems Diphenyl—Dipyridil

Die Ergebnisse der theoretischen Berechnung sind um so wertvoller, da sie bereits unter diesen einfachen Voraussetzungen gestatten, die experimentell festgestellte Asymmetrie der Löslichkeitsgrenzen zu bestimmen und ihre Ursachen zu erklären. Tatsächlich ist es nicht schwer, sich davon zu überzeugen, daß für den gesamten Temperaturbereich, der dem festen Zustand des Systems Diphenil–Dipyridil entspricht, die Differenz der Gleichgewichtswerte der Löslichkeitsgrenzen ($x_B^\alpha - x_A^\beta$) positiv ist. Andererseits wird, wenn man die zwei nichtäquivalenten Anordnungen B_1 und B_2 der Moleküle der Beimischung in der α-Phase nicht berücksichtigt, diese Differenz Null:

$$x_B^\alpha - x_A^\beta = \frac{\exp\left(-\dfrac{\Delta U + \Delta U_1}{2T}\right) - \exp\left(\dfrac{\Delta U + \Delta U_1}{2T}\right)}{1 - K} = 0\,.$$

Auf diese Weise wird die Asymmetrie der Löslichkeitsgrenzen im Bereich tiefer Temperaturen durch die Vergrößerung der Entropie die α-Phase durch die Unordnung der Fremdmoleküle erklärt.

Die hier vorgeschlagene einfache Methode der Berechnung von Zustandsdiagrammen für den Bereich tiefer Temperaturen könnte zweifelsohne für eine ganze Reihe anderer anologer organischer Systeme genutzt werden.

1.17. Symmetrieverhältnisse in Strukturen fester Lösungen von Molekülverbindungen

Röntgen- und optische Untersuchungen der Kristalle fester Moleküllösungen zeugen davon, daß mit einer gewissen Näherung, die im Falle schwacher Lösungen genügend gut erfüllt wird, der Prozeß der Substitution eines Moleküls der Matrix M durch ein

Molekül der Beimischung P durch eine nicht sehr große Zahl von Möglichkeiten — meist nur einer — vor sich geht. Offensichtlich führt die real ablaufende Substitutionsart zur kleinsten freien Energie eines solchen Zweikomponentensystems. Für verdünnte feste Lösungen genügt wahrscheinlich die Forderung nach dem Minimum der potentiellen Wechselwirkungsenergie. Sicher fallen diese für die optimale Substitution erforderlichen Forderungen bei tiefen Temperaturen zusammen.

Die optimale Substitution ist natürlich der Wirkung der Symmetrieelemente untergeordnet. Betrachten wir dies im Detail [99].

Die Punktsymmetriegruppe eines Benzolmoleküls

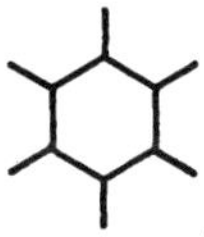

XXXII/1

ist $6/mmm$; alle Atome befinden sich in einer speziellen Lage mit der Zähligkeit 6. Man kann sich vorstellen, daß ein Molekül des Monoderivats des Benzols C_6H_5R,

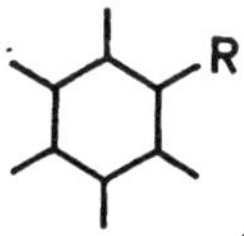

XXXII/2

das die Symmetrie mm besitzt, das Benzolmolekül substituiert; das substituierende Radikal R (ein Atom oder eine Atomgruppe) befindet sich in der Schnittlinie zweier Symmetrieebenen und besitzt die Zähligkeit 1. Wenn diese Substitution auf optimale Weise realisiert wird, sagen wir so, daß die Ebenen der Benzolringe und die Koordinaten aller C- und H-Atome zusammenfallen, dann ist klar, daß R mit gleicher Wahrscheinlichkeit sechs Lagen einnehmen kann.

Bei einer optimalen Substitution eines Naphthalinmoleküls, das die Symmetrie mmm besitzt, durch ein 2-R-Naphthalin-Molekül $C_{10}H_7R$ (Symmetrie m)

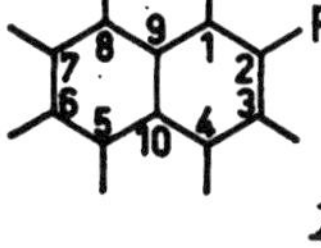

XXXII/3

kann die Gruppe R mit gleicher Wahrscheinlichkeit vier Lagen einnehmen (2, 3, 6 und 7). Es ist klar, daß, wenn nicht nach optimaler Substitution gestrebt wird, sondern die Moleküle der Beimischung beliebig angeordnet werden, sich der Substituent durch die Symmetrieelemente der Punktgruppe $6/mmm$ 24mal und in der Gruppe mmm 8mal wiederholt.

Wir wollen folgende Bezeichnungen einführen: S_M — Zähligkeit der substitierbaren Lage (Atom, Atomgruppe) in der Punktgruppe, die der Eigensymmetrie des Moleküls der Matrix M entspricht, S_P — Zähligkeit der Lage des Substituenten R in der Punktsymmetriegruppe des Moleküls der Beimischung P, S_{PM} — Zähligkeit der Lage von R

in der für die Moleküle M und P gemeinsamen Symmetrieuntergruppe. Das Verhältnis S_M/S_{PM} charakterisiert die Zahl der symmetrisch äquivalenten optimalen Substitutionen eines Moleküls der Matrix durch ein Molekül der Beimischung.

Im ersten der oben angeführten beiden Beispiele ist $S_M = 6$, $S_P = 1$, $S_{PM} = 1$ und $S_M/S_{PM} = 6$ und im zweiten $S_M = 4$, $S_P = 1$, $S_{PM} = 1$, $S_M/S_{PM} = 4$.

Ein interessantes Beispiel ist die Substitution eines Moleküls der Symmetrie *mmm*

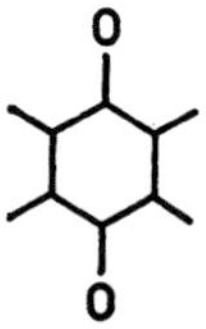

XXXII/4

durch ein Molekül der Symmetrie 6m2

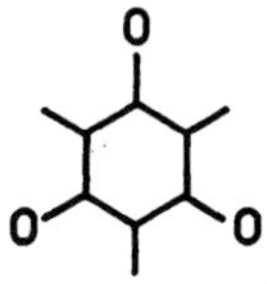

XXXII/5

(kaum in der Praxis bis zu merklichen Konzentrationen zu verwirklichen).

Hierbei ist $S_M = 2$, $S_P = 3$, $S_{PM} = 1$ (die für M und P gemeinsame Symmetrieuntergruppe ist *mm*, die Lage von R in der Schnittlinie zweier Symmetrieebenen hat die Zähligkeit 1), $S_M/S_{PM} = 2$. Besonders interessant ist ein solcher Fall, in dem das Molekül der Beimischung mehr als einen Substituenten (Atom oder Atom gruppe) besitzt. Der Austausch eines Benzolmoleküls durch ein beliebiges der disubstituierten Benzolderivate,

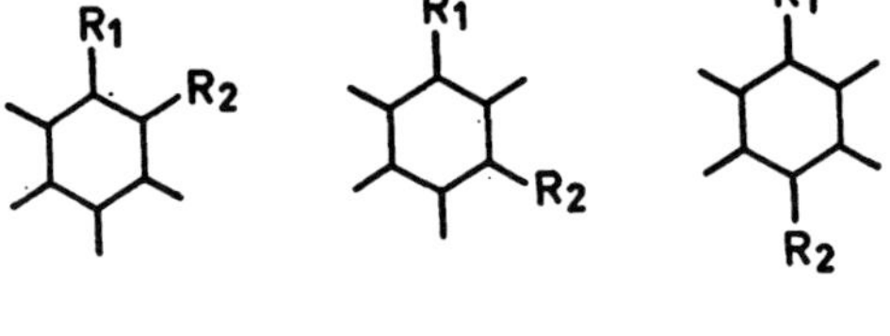

XXXII/6

die die Symmetrie *m* besitzen, kann zum Beispiel auf sechs Arten erfolgen; jedoch bei $R_1 = R_2$ haben die ersten beiden Moleküle der Beimischung die Symmetrie *mm*, behalten aber sechs Möglichkeiten der Substitution des Benzolmoleküls, während man für das dritte (Symmetrie *mmm*) nur drei Substitutionsmöglichkeiten unterscheiden kann. Das scheinbare Paradoxon klärt sich leicht auf, wenn man sich erinnert, daß in diesen Fällen das Molekül M eine substituierbare Lage einnimmt; aber beim Molekül P besteht die substituierende Lage nicht aus einem Atom, sondern aus zweien, wobei man bei der Bestimmung der Zähligkeit ihrer Position solch ein Paar als einheitliches Ganzes betrachten muß, das heißt, beim Austausch eines Moleküls Benzol durch Moleküle, sagen wir, ortho- oder meta-Dichlorbenzol erhalten wir $S_M = 6$,

$S_P = 1$, $S_{PM} = 1$ und $S_M/S_{PM} = 6$, aber in dem Fall, wenn als Beimischung para-Dichlorbenzol dient, $S_M = 3$, $S_P = 1$, $S_{PM} = 1$, $S_M/S_{PM} = 3$.

Bisher haben wir über die Symmetrie beim Austausch eines Moleküls durch ein anderes ohne Berücksichtigung der Kristallstruktur der Matrix gesprochen. Die symmetrisch äquivalenten Substitutionen, die oben behandelt wurden, bleiben jedoch nicht existent, wenn man berücksichtigt, daß die Moleküle im Kristall selten eine Lage einnehmen, die ihrer Eigensymmetrie entspricht. Dieser Umstand begrenzt die Zahl der symmetrisch unabhängigen optimalen Substitutionen. Wir kennzeichnen durch S_{KM} die Zähligkeit der substituierbaren Lage im Kristall der Matrix. Benzol zum Beispiel kristallisiert in der rhombischen Raumgruppe *Pbca* mit $Z = 4$, das heißt, das Zentrum des Moleküls fällt mit dem Zentrum der Inversion der Struktur zusammen; alle C- und H-Atome befinden sich in einer gemeinsamen Lage [100]. Folglich ist $S_{KM} = 2$.

Man kann folgendes feststellen: Wenn die Symmetrie des Moleküls der Beimischung höher ist als die Symmetrie des Moleküls der Matrix, oder wenn diese Symmetrien übereinstimmen, gibt es nur eine Art der Substitution.

Von Interesse sind auch andere Fälle.

A) Die Punktsymmetriegruppe des Moleküls der Beimischung selber enthält keine Symmetrieelemente des Moleküls der Matrix, das heißt $S_{PM} = 1$. In diesem Fall wird die optimale Substitutionslage mit der Zähligkeit S_M multipliziert, wobei sich von S_M Lagen die Zahl der kristallographisch unabhängigen zu S_M/S_{KM} ergibt.

B) Die Punktsymmetriegruppe des Moleküls der Beimischung enthält einen Teil der Symmetrieelemente des Moleküls der Matrix. In diesem Fall sind zwei Varianten möglich: 1. Bei optimaler Substitution fallen die Symmetrieelemente der Gruppen, die S_P und S_M entsprechen, nicht zusammen — dieser Fall unterscheidet sich in nichts von A); 2. bei optimaler Substitution fällt ein Teil der Symmetrieelemente der Gruppen, die S_M und S_P entsprechen, zusammen. Dann erfolgt die Multiplikation der optimalen Lage mit der Zähligkeit S_M/S_{PM}, und die Zahl der kristallographisch nichtäquivalenten Substitutionen ergibt sich aus $S_M/S_{PM} \cdot S_{KM}$.

Wir unterstreichen, daß die Symmetrieelemente eines Moleküls der Beimischung, die nicht in der Punktsymmetriegruppe eines Moleküls der Matrix enthalten sind, bei dieser Betrachtung keine Rolle spielen.

Für die Berechnung der Gesamtzahl der Einbauvarianten des Moleküls der Beimischung ist es erforderlich, zwei Summierungen durchzuführen: Erstens muß man über die Zahl der optimalen Substitutionen summieren, und zweitens ist es notwendig, die Fälle zu berücksichtigen, in denen die Moleküle der Matrix mehr als eine kristallographisch nichtäquivalente Lage in der Elementarzelle einnehmen.

So kann die Zahl der Einbauvarianten durch die Doppelsumme $\Sigma\Sigma S_M/S_{PM}$ und die Zahl der kristallographisch nichtäquivalenten Substitutionen durch den Ausdruck $\Sigma\Sigma S_M/S_{PM} \cdot S_{KM}$ dargestellt werden.

Die Untersuchungen, wie die Moleküle der Beimischung in bezug auf die kristallographisch nichtäquivalenten Positionen im Gitter der Matrix wie auch auf die unterschiedlichen Arten der optimalen Substitutionen verteilt sind, besitzen großes Interesse: erstens für das Studium der zwischenmolekularen Wechselwirkungen und zweitens für die Erforschung der Gitterdynamik der Molekülkristalle. Die Berechnungen der Substitutionsenergie werden nur im Fall stark verdünnter fester Lösungen einfach, das heißt, es ist die Annahme berechtigt, daß das Molekül der Beimischung nur mit den Molekülen der Matrix wechselwirkt. Dann wird die Verteilung der Moleküle der Beimischung in bezug auf zwei ungleichwertige Lagen durch die Differenz der Substitutionsenergie ΔU bestimmt. Der Boltzmann-Ausdruck $\exp(\Delta U/kT)$ charakterisiert dann das Verhältnis der Konzentrationen der beigemischten Moleküle in jeder der Lagen. Man kann sich überlegen, daß die Abschätzung der Größe ΔU, die nur schwach von den dafür benutzten Wechselwirkungspotentialen abhängt, wesentlich genauer erfolgen kann als die Berechnung der Substitutionsenergie für den Fall einer einzigen Substitutionsart.

Experimentell könnte das Problem der Verteilung der Moleküle der Beimischung im Prinzip mit Hilfe der Methoden der klassischen Röntgenstrukturanalyse gelöst werden. Tatsächlich kann man, wenn das Molekül der Beimischung ein schweres Atom besitzt, durch Konstruktion des Elektronendichtediagramms oder der Differenzdiagramme das Verhältnis der Konzentrationen der beigemischten Moleküle bei ihrem Einbau, zum Beispiel auf zwei kristallographisch nichtäquivalente Plätze in der Struktur der Matrix, finden. Auf diese Weise haben wir eine unmittelbare Methode der Messung der Differenz der Substitutionsenergien ΔU zur Verfügung.

In den Systemen Tolan-Diphenylquecksilber [96] und Stilben-Diphenylquecksilber konnten die beigemischten Diphenylquecksilbermoleküle nur auf zwei symmetrisch nicht verknüpfte Positionen verteilt werden. Da das Hg-Atom ($Z = 80$) das Zentrum der Gruppe $-\mathrm{C}\equiv\mathrm{C}-$ oder $-\mathrm{CH}=\mathrm{CH}-$ substituierte, waren 10–14 mol-% der Beimischung ausreichend, um dieses Molekül auf der Projektion der Elektronendichtelinien gut zu erkennen, da in beiden Beispielen die Substitution bevorzugt an einer der beiden symmetrisch nichtäquivalenten Positionen erfolgte. Im allgemeinen Fall, wenn sich die in bezug auf den Durchmesser und die Form ähnlichen Moleküle der Matrix und Beimischung dadurch unterscheiden, daß irgendein Substituent am Molekül der Matrix die Atomzahl Z_M hat und am Molekül der Beimischung die Atomzahl Z_P, hängt die Möglichkeit der direkten Beobachtung der Moleküle der Beimischung im Elektronendichtediagramm von der Differenz $Z_P - Z_M$ ab, von der Zahl der kristallographisch nichtäquivalenten Substitution, aber auch vom Anteil der Moleküle der Beimischung in jeder der symmetrisch verknüpften Lagen $y = x/\Sigma S_{KM}$, mit x — Konzentration der Moleküle der Beimischung im Kristall.

Wenn auf dem Elektronendichtediagramm der Kristallmatrix die Größe des uns interessierenden Maximums (in erster Näherung) Z ist, dann wird diese Höhe bei der Substitution von x % Molekülen der Matrix durch Moleküle der Beimischung gleich $(1 - x) Z_M + x Z_P$ bei nur einer möglichen Art der Substitution. Wenn es jedoch einige gleichwahrscheinliche Substitutionsarten gibt, dann erfolgt eine „Verschmierung“ der Elektronendichte über alle möglichen Positionen, so daß die Größe eines jeden entsprechenden Maximums dem Ausdruck

$$\left(1 - \frac{x}{\Sigma\Sigma\, S_M/S_{PM}}\right) Z_M + \frac{x}{\Sigma\Sigma\, S_M/S_{PM}} \cdot Z_P$$

entspricht.

Hier einige Beispiele. Wir nehmen als Matrix Hexamethylbenzol,

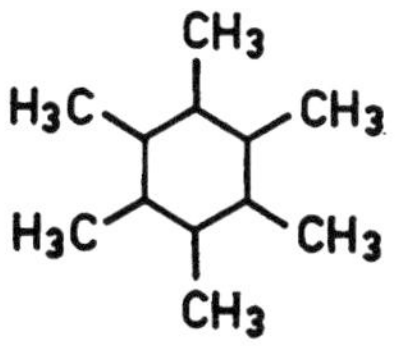

XXXII/7

dessen Molekül die Symmetrie 6/*mmm* (unter der Bedingung, daß die CH_3-Gruppen rotieren) besitzt. Die Zähligkeit der Anordnung der CH_3-Gruppen ist $S_M = 6$. Im Kristall mit trikliner Elementarzelle [101] nimmt dieses Molekül die Lage 1 mit der Zähligkeit $S_{KM} = 2$ ein. Als Beimischung können die Moleküle Chlor-, Brom- oder Jodpentamethylbenzol dienen, deren Eigensymmetrie *mm* und Zähligkeit $S_P = 1$ ist. Daraus ergibt sich $S_{PM} = 1$. Die Zahl der möglichen Substitutionen beträgt 6 und die Zahl der kristallographisch nichtäquivalenten Substitutionen (die Summenzeichen entfallen unter der Annahme, daß nur eine optimale Art der Substitution gegeben ist) $S_M/S_{PM}S_{KM} = 6/2 = 3$.

In allen drei Systemen sollte es eine genügend große gegenseitige Löslichkeit der Komponenten im festen Zustand geben: Die Größe der der Substitution unterliegenden Gruppen ist genügend ähnlich ($\Delta V_{-CH_3} = 22$ Å^3, $\Delta V_{-Cl} = 20$ Å^3, $\Delta V_{-Br} = 26$ Å^3, $\Delta V_{-J} = 31$ Å^3), so daß die Differenz zwischen ihnen bei einem Volumen des Moleküls Hexamethylbenzol von 180 Å^3 5% nicht übersteigt.

Wie wird ein Halogenatom des Moleküls der Beimischung in dem Elektronendichtediagramm sichtbar? Wenn die Moleküle der Beimischung auf alle Positionen gleichmäßig verteilt sind, dann verändert sich die Größe jedes symmetrisch unabhängigen Maximums der Elektronendichte nach

$$Z_M - \left(1 - \frac{x}{\Sigma\Sigma\, S_M/S_{PM}}\right) Z_M - \frac{x}{\Sigma\Sigma\, S_M/S_{PM}} Z_P = (Z_M - Z_P)\frac{x}{\Sigma\Sigma\, S_M/S_{PM}},$$

das heißt in unserem Beispiel, wenn wir annehmen, daß $Z_M = Z_{CH_3} = 9$ und $x = 0{,}10$ ist, erhalten wir eine Veränderung der Höhe des Maximums um $-0{,}27$ Elektronen für Chlor-, um $-0{,}87$ für Brom- und um $-1{,}47$ für Jod-pentamethylbenzol. Diese Veränderung durch Vergleich mit dem Elektronendichtediagramm der reinen Komponente M zu erkennen, ist eine schwierige Aufgabe.

Die Sachlage ändert sich, wenn die Substitution der symmetrisch nichtäquivalenten Positionen unterschiedlich wahrscheinlich ist.

Nehmen wir den Spezialfall an: Die Substitution soll sich in unserem Beispiel als eindeutig erweisen; dann erfolgt die „Verschmierung" der Elektronendichte Z_P nur über zwei mit dem Inversionszentrum verbundene Positionen ($y = 0{,}10/2 = 0{,}05$). Die Höhe eines der drei uns interessierenden Peaks ergibt sich zu $0{,}95 \cdot 9 + 0{,}05 \cdot Z_P$, das heißt 9,40 für Chlor-, 10,30 für Brom- und 11,20 für Jod-pentamethylbenzol. Auf diese Weise kann man das schwerste Atom am deutlichsten „sehen".

Noch ein Beispiel. Das Molekül Anthanthron

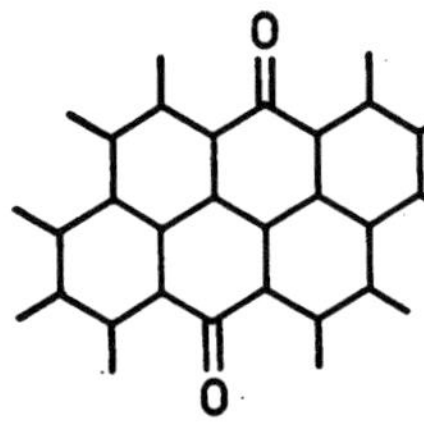

XXXII/8

hat die Eigensymmetrie $2/m$; die Struktur ist monoklin, die Symmetrie $P2_1/c$; die Elementarzelle enthält acht solcher Moleküle, die in drei unabhängigen Lagen angeordnet sind, so daß sich ein unabhängiges Molekül in einer allgemeinen Lage befindet und die zwei anderen in zwei Familien von Symmetriezentren eingeordnet werden [102]. Es sind feste Lösungen mit Beimischungen der Moleküle des Typs

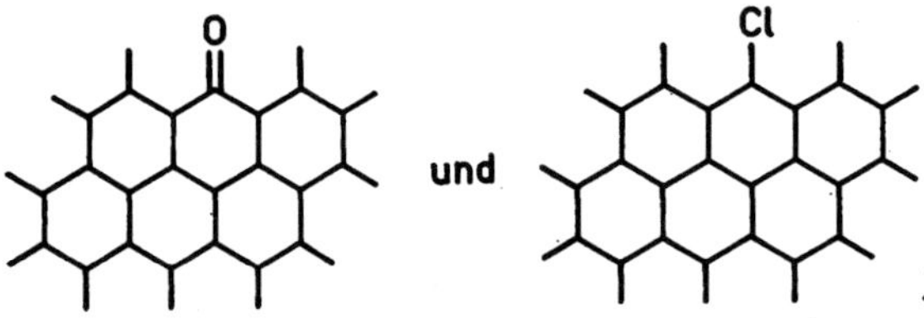

XXXII/9

möglich.

Wenn die Ebenen der kondensierten aromatischen Kerne optimal angeordnet werden, dann gibt es auch für jedes der unabhängigen Moleküle eine optimale Art der Lage des Molekülsubstituenten. Dann können die Moleküle in allgemeiner Lage auf zwei kristallographisch nichtäquivalente Arten substituiert sein und in jeder speziellen auch auf zwei, aber schon kristallographisch äquivalente Arten. So wird, allgemein gesprochen, die Elektronendichte über sechs Positionen, davon vier unabhängige, „verschmiert".

Die Ermittlung, wie die Moleküle der Beimischung auf vier Positionen verteilt sind, könnte, wenn sie sich als experimentell möglich erweist, reiche Informationen über die zwischenmolekulare Wechselwirkung geben.

So gestattet die Analyse der Höhe der Maxima auf dem Elektronendichtediagramm eines Kristalls einer festen Lösung im Prinzip eine Aussage darüber, ob die Einordnung der Moleküle der Beimischung auf alle symmetrisch unabhängigen Positionen gleich wahrscheinlich ist. Eine gleich wahrscheinliche Verteilung findet nicht statt, wenn die Wechselwirkung jedes der substituierbaren Atome (oder Atomgruppen) mit den sie umgebenden Molekülen unterschiedlich ist.

Tatsächlich wurde bei der Analyse der Packung der Moleküle in der Struktur des reinen Tolans festgestellt [96], daß zwei symmetrisch nicht verknüpfte Schichten der Moleküle in bezug auf ihre summare Wechselwirkung mit der gesamten Umgebung nicht gleich sind: Die Wechselwirkungsenergie der Moleküle der ersten Schicht beträgt 12,22 kcal/mol (=51,16 kJ/mol), die der zweiten nur 11,90 kcal/mol (=49,82 kJ/

mol). Auch die Substitution der Tolanmoleküle durch Moleküle des Diphenylquecksilbers erfolgt, wie im vorhergehenden Abschnitt gezeigt wurde, hauptsächlich in der ersten, das heißt in der energetisch günstigeren Schicht.

Ein analoges Bild wurde für das System Stilben-Diphenylquecksilber erhalten [109]. In der Doppelschichtstruktur des Stilbens [103] beträgt die energetische Bevorzugung der Anordnungen der Moleküle in der Schicht A —2,2 kcal/mol (= —9,21 kJ/mol) gegenüber der Schicht B. Es wurde festgestellt, daß bei einem Gehalt von 8 mol-% Diphenylquecksilber in der festen Lösung der Stilbenphase die Substitution der Matrixmoleküle im wesentlichen gerade in der Schicht A vor sich geht. Berechnungen mittels der Methode der Atom—Atom-Potentiale mit der Näherung einer unendlich verdünnten festen Lösung (ein Molekül der Beimischung ist in dem Raum, über den summiert wird (Summationsradius 15 Å), nur von Matrixmolekülen umgeben) zeigten folgendes: Wenn die Substitution nur inder Schicht A abläuft, dann ist die Wechselwirkung eines Moleküls der Beimischung mit der gesamten Umgebung, das heißt mit den Stilbenmolekülen, um $\Delta U = -2{,}3$ kcal/mol (= —9,63 kJ/mol) günstiger, als wenn die Substitution in der Schicht B vor sich geht. In diesen Berechnungen haben augenscheinlich nur die Differenzen der Energien physikalischen Sinn, da erstens die Genauigkeit der Bestimmung der Stilbenstruktur nicht hoch ist, zweitens die Kurven der zwischenmolekularen Wechselwirkungen der Hg-Atome nur näherungsweise bestimmt sind und drittens das Substitutionsmodell grob ist: Austausch der Brückengruppe — CH = CH — durch — Hg — ohne Veränderung der Lage der Phenylringe. Jedoch, wenn man den Wert $\Delta U = -2{,}3$ kcal/mol (= — 9,63 kJ/mol) gelten läßt, dann ist das Verhältnis der Wahrscheinlichkeiten des Einbaus der Beimischung in die Schicht A oder B

$$\frac{w_A}{w_B} = \exp\left(-\frac{\Delta U}{RT}\right) = \exp\left(\frac{2{,}3}{0{,}6}\right) \approx 45\,,$$

was den Ergebnissen der Röntgenanalyse entspricht.

Wir führen noch ein Beispiel an. Das System Acenaphthen — α-Nitronaphthalin [104] ist deshalb von Interesse, da es in der Kristallstruktur des Acenaphthens [105] zwei symmetrisch nichtäquivalente Positionen für die Substitution gibt.

Die Moleküle Acenaphthen und α-Nitronaphthalin genügen den geometrischen Bedingungen, die für die Bildung fester Substitutionsphasen erforderlich sind. In der Abbildung 1.76 ist ein Molekül α-Nitronaphthalin in seiner optimalen Konformation dargestellt, das heißt, der Winkel φ zwischen der Ebene der Nitrogruppe und der Ebene des aromatischen Kerns beträgt etwa 47° [106].

Außerdem erscheint eine bestimmte Anlagerung eines beigemischten α-Nitronaphthalinmoleküls an einen von ihm einnehmbaren Platz im Acenaphthengitter deshalb möglich, weil die Abweichung des Winkels φ vom Gleichgewichtswert um 5—7° keinen großen energetischen Aufwand erfordert [107].

In der Elementarzelle des Acenaphthens sind vier Moleküle enthalten, die in die einzelnen Positionen auf den Symmetrieebenen eingebaut sind. Auf diese Weise erhalten die Moleküle im Kristall eine von den zwei Symmetrieebenen, die ihnen zugeordnet werden können, und insbesondere die senkrechte Ebene des Moleküls (Abb. 1.75). Als symmetrisch unabhängig erwiesen sich die Hälften der zwei Moleküle. Die beigemischten α-Nitronaphthalinmoleküle besitzen keine entsprechende Symmetrie, deshalb müssen sie, da sie in der Acenaphthenmatrix die Lage *m* einnehmen, im Mittel diese Symmetrie in bezug auf den Kristall dadurch verwirklichen, daß sie sich mit ihrer Nitrogruppe abwechselnd einmal links, einmal rechts von der Ebene *m* anordnen. Außerdem müssen sich die Moleküle der Beimischung mit einer Wahrscheinlichkeit auf zwei symmetrisch nichtäquivalente Positionen verteilen. Folglich gilt, daß bei einer gleich wahrscheinlichen Einordnung von 10% der Moleküle der Beimischung jede der substituierbaren Positionen nur 2,5% NO_2-Gruppen an-

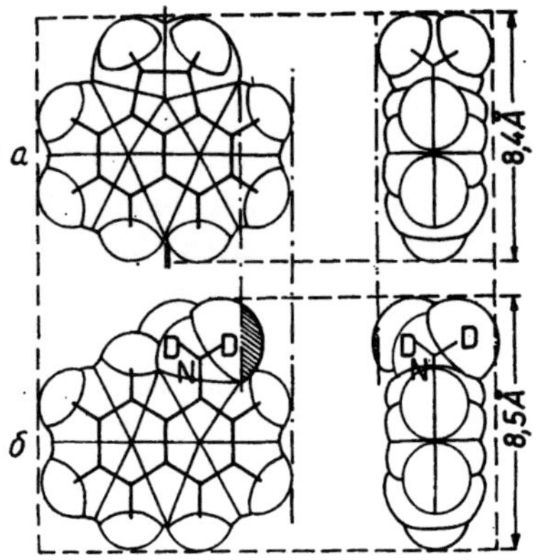

Abb. 1.75. Vergleich der Form und der Durchmesser der Moleküle des Acenaphthens (a) und α-Nitronaphthalins (b) in zwei Projektionen

stelle von CH_2-Gruppen aufweist. Bei einer Differenz der summaren Atomgewichte $Z_{NO_2} - Z_{CH_2} = 23 - 8 = 15$ und 2,5% Beimischung auf jeder der Positionen verändert sich die Elektronendichte nur um $15 \cdot 0{,}025 = 0{,}375$ Elektronen, jedoch nicht im Punktmaximum, sondern in einem bestimmten Volumen (3 Atome). Es ist allerdings schwierig, eine solche Veränderung mit den üblichen Methoden der Röntgenstruktur festzustellen.

Die Analyse der Packung der Acenaphthenmoleküle im Kristall bei Anwendung der Methode der Atom—Atom-Potentiale für die Berechnung der Gitterenergie zeigte jedoch, daß sich die unabhängigen Moleküle in ihrer summaren Wechselwirkung mit allen Molekülen, die jedes einzelne von ihnen umgeben, unterscheiden.

Dabei erweist sich die Lage des ersten Moleküls, dessen Ebene mit der Ebene (001) der Elementarzelle zusammenfällt, um etwa 0,6 kcal/mol (= 2,51 kJ/mol) günstiger als die Lage des zweiten unabhängigen Moleküls, dessen Ebene zur (001)-Ebene um 20° geneigt ist. In den Senken der Potentialmulden, die der Wechselwirkung nur der uns interessierenden CH_2-Brücken-Gruppen mit der gesamten Umgebung entsprechen, ist der Unterschied noch größer — etwa 1,8 kcal/mol (= 7,54 kJ/mol) zugunsten des ersten Moleküls. Folglich könnte man in Analogie zu den oben beschriebenen Systemen auch in diesem Fall eine unterschiedlich wahrscheinliche Einordnung der Moleküle der Beimischung erwarten.

Es wurde eine Berechnung der Substitutionsenergie mit der Näherung einer unendlich verdünnten festen Lösung durchgeführt. Das Molekül der Beimischung ist dabei auf geometrisch optimale Weise abwechselnd auf den Platz des ersten oder zweiten unabhängigen Moleküls der Acenaphthenmatrix eingebaut. Die Rechenprogramme berücksichtigten die mögliche Veränderung des Winkels φ zwischen der Ebene der Nitrogruppe und der Ebene des aromatischen Kerns. Die Ergebnisse der Rechnung zeigten, daß es für das Molekül der Beimischung wesentlich günstiger ist, in die erste der beiden unabhängigen Lagen der Acenaphthenstruktur eingebaut zu werden. Wenn man jedoch das α-Nitronaphthalinmolekül in die zweite Lage einbaut, dann erweist sich einer der zwischenmolekularen Abstände O---H als derartig verkürzt, daß dies sogar in der Summe zu einem positiven Wert der Substitutionsenergie führt.

Für eine Röntgenstrukturanalyse wurden Kristalle gezüchtet, die ungefähr 10% an α-Nitronaphthalin enthielten. Wegen der starken Flüchtigkeit der Substanzen gelang es mit der Filmmethode, nur 375 von Null verschiedene Intensitätswerte zu erhalten, die visuell ausgewertet wurden. Der danach konstruierte Elektronendichteverlauf zeigte genügend sicher, daß das beigemischte α-Nitronaphthalin bevorzugt auf den Platz der ersten der beiden symmetrisch nichtäquivalenten Positionen in der Acenaphthenmatrix eingebaut wird.

In den hier angeführten Beispielen erfolgte der Einbau der Moleküle der Beimischung vorzugsweise in eine der symmetrisch unabhängigen Lagen. Deshalb wurden die Berechnungen der Substitutionsenergie nach der Methode der Atom—Atom-Potentiale nur als zusätzliche Bestätigung der Ergebnisse des Experiments betrachtet.

Die Untersuchung der Systeme, in denen eine Verteilung der Moleküle der Beimischung auf nichtäquivalente Positionen im Matrixgitter mit einer nicht gleich, aber nahe Null liegenden Wahrscheinlichkeit vorliegt, gestattet es, das umgekehrte Problem zu lösen. Tatsächlich kann man in solchen Fällen aus dem Vergleich der Höhen der entsprechenden Maxima der Elektronendichte das Verhältnis der Konzentrationen der Moleküle der Beimischung in jeder Lage abschätzen, was nach der Boltzmann-Gleichung gestattet, die Differenz der Substitutionsenergien ΔU zu berechnen.

Die Größen ΔU können, wenn sie den nach der Methode der Atom—Atom-Potentiale berechneten Werten gegenübergestellt werden, als unabhängige Prüfung der Richtigkeit der Auswahl der Wechselwirkungspotentiale dienen. Die Analyse der Spezifik der Molekülpackung, die zu den gefundenen Werten ΔU führt, gestattet es, über die zulässigen Schwankungen der zwischenmolekularen Radien und über den Einfluß der entsprechenden „Löcher" und „Häufungen" auf den Charakter der Verzerrungen der Elementarzelle zu schließen. Wenn man dazu noch die röntgenographisch ermittelten Temperaturfaktoren der Strukturen berücksichtigt, dann gestattet dies, Aussagen über den Einfluß der Substitution auf die Gitterdynamik zu machen.

Abschließend ist noch zu bemerken, daß die experimentelle Prüfung der hier dargelegten Theorie mit einer Reihe von Schwierigkeiten verbunden ist. Ein mühsamer Prozeß ist die Bestimmung des Zustandsdiagramms binärer Systeme, die über die Züchtung von Einkristallen realisiert werden muß.

Wenn es gelingt, Kristalle fester Lösungen zu züchten, dann haben sie einen normalen Habitus, häufig tafelförmig, so daß man für ein gutes Röntgenexperiment Kugeln und Stäbe aus ihnen präparieren muß, was oft unausweichlich zur Zerstörung der Kristalle mit großem Gehalt an Beimischungen führt, während bei geringer Konzentration an beigemischten Molekülen das Risiko besteht, das Ergebnis durch Überlagerung vieler Fehler zu verfälschen. Den mit den Röntgendaten verbundenen Fehlern überlagern sich: ungenaue Kenntnis der Struktur der Kristallmatrix, Verzerrungen der Elementarzelle, Verschiebungen der Atomzentren, die durch die Unterschiede in der äußeren Form der Moleküle der miteinander vermischten Substanzen hervorgerufen werden. Diese Schwierigkeiten sind aber prinzipiell überwindbar.

1.18. Bestimmung von Zustandsdiagrammen

Zur Bestimmung der Zustandsdiagramme wird eine Vielfalt von Methoden benutzt: Aufnahme von Zeit-Temperatur-Kurven (Thermographie) bzw. die Differentialthermoanalyse (DTA), die Ermittlung der Mikro- und Makrostruktur der zu untersuchenden Schmelzen, die röntgenographische Phasenanalyse, die Messung physikalischer Eigenschaften (wie spezifisches Gewicht, Wärmeausdehnung, elektrischer Widerstand) und mechanischer Eigenschaften in Abhängigkeit von Zusammensetzung und Temperatur. Alles dies gestattet es, die Zahl und den Aufbau der Phasen im System und ihre Existenzgebiete mit großer Genauigkeit zu bestimmen.

Man muß hier vorausschicken, daß organische Stoffe eine starke Neigung zur Unterkühlung und bei Phasenumwandlungen nur kleine thermische Effekte zeigen. Eben deshalb erweist sich die Empfindlichkeit der üblichen thermographischen Methode für die Untersuchung organischer Systeme als unzureichend. Man kann einige Dutzend binärer Systeme nennen, deren Zustandsdiagramme im Ergebnis der thermographischen Analyse den Typen I bzw. III nach Roozeboom zugeordnet werden können (Abb. 1.76). Dazu gehören im einzelnen die Systeme Acridin-Anthracen, Anthracen-Phenantren, Naphthalin-β-Chlornaphthalin, Naphthalin-β-Naphthylamin und Dibenzyl-Stilben, deren Komponenten verschiedene Symmetrie besitzen und schon deshalb keine lückenlose Reihe fester Lösungen bilden können. Durch DTA-Messungen und auch mit der Entwicklung des Heizmikroskops wurde ein Teil dieser Zustandsdiagramme korrigiert.

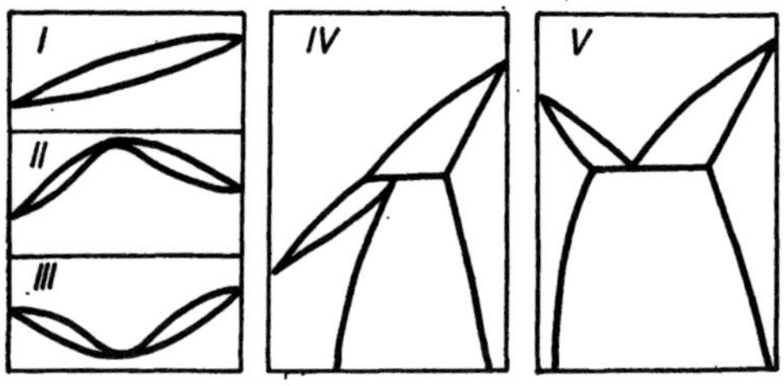

Abb. 1.76. Fünf Typen von Zustandsdiagrammen fester Lösungen nach Roozeboom: I, II, III — mit lückenloser Mischbarkeit im festen Zustand, IV — beschränkte Mischbarkeit mit peritektischem Punkt; V — beschränkte Mischbarkeit mit eutektischem Punkt

Die Thermoanalyse mit Heizmikroskop ist bedeutend empfindlicher als die thermographische. Mikroskopische Untersuchungen werden mit Präparaten durchgeführt, die zwischen Objektträger und einem Deckgläschen liegen, wobei zwei Arbeitsweisen angewendet werden. Im ersten Fall untersucht man an einem Pulverpräparat, das heißt einem dünn aufgetragenen Gemisch, den Schmelzprozeß und bestimmt dabei die eutektische Temperatur. Im zweiten Fall wird eine Kristallschicht, die sich zwischen Träger- und Deckglas befindet, beobachtet, um den Punkt der Primärkristallisation zu bestimmen. Eine ausführliche Beschreibung dieser Methode findet man in der Monographie von L. und A. KOFLER [108]. Zur Aufstellung von Zustandsdiagrammen arbeiteten die Autoren eine Methode mit „Kontaktpräparaten“ aus. Auf einen Objektträger werden nebeneinander feingemörserte Mengen der reinen Komponenten gebracht, mit einem Deckglas abgedeckt und auf dem Heiztisch erhitzt. Die niedrig schmelzende Komponente entwickelt eine Kontaktzone mit der noch ungeschmolzenen, wobei sich zunächst eine geringe Menge mischen kann oder diese mit der Schmelze reagiert, bis schließlich alles geschmolzen ist. Eine schnelle Abkühlung und wiederholtes Aufheizen dieses Präparats gestattet, Phasenumwandlungen im festen Zustand, die Zahl der Phasen im System, die Anwesenheit fester Lösungen oder eutektischer Gemische und anderes in einem Präparat zu beobachten bzw. zu bestimmen. Mit Hilfe eines solchen Kontaktpräparats läßt sich somit das Zustandsdiagramm eines binären Systems bestimmen.

Diese Methode liefert ein zuverlässiges qualitatives Bild der Phasenumwandlungen in einem System, obwohl sie nicht den Anspruch auf große Genauigkeit erheben kann. Das recht komplizierte Zustandsdiagramm des Systems p-Dibrombenzol — p-Chlornitrobenzol (Abb. 1.77) wurde mit Hilfe von Einkristallen aufgestellt [109] und konnte qualitativ durch Untersuchungen mit dem Heizmikroskop bestätigt werden. Die Genauigkeiten betragen 10% bei der Zusammensetzung und 5—10° bei der Temperatur. Das hängt offenbar damit zusammen, daß es unmöglich ist, unter dem Deckglas den Gleichgewichtszustand zwischen der flüssigen und der festen Phase über das gesamte Volumen herzustellen.

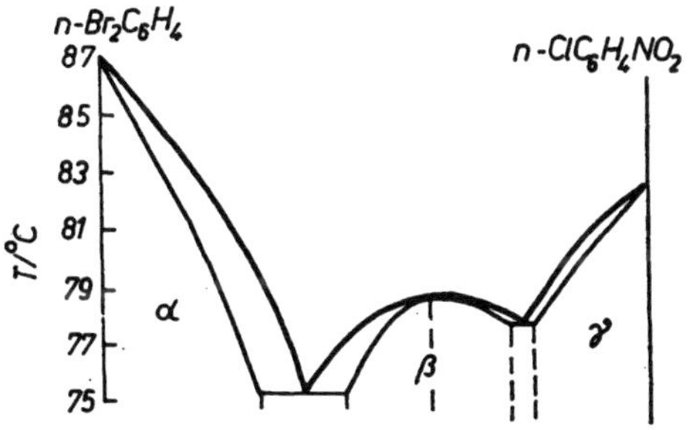

Abb. 1.77. Zustandsdiagramm des Systems n-Dibrombenzol—n-Chlornitrobenzol

Die Methode, über die Herstellung von Einkristallen das Zustandsdiagramm aufzustellen, nach der die Mehrzahl der Diagramme dieses Abschnittes gewonnen wurde, sind in den Jahren 1956—1957 im Laboratorium des Autors speziell zur experimentellen Bestätigung der Bildungsbedingungen der Kristalle fester Lösungen aus zwei organischen Substanzen ausgearbeitet worden.

Die Methode beruht auf der maximalen Näherung an den Gleichgewichtszustand unter Kristallisationsbedingungen in der Schmelze. Den Kristallisator, der das Gemisch zweier Stoffe gegebener Konzentration enthält, taucht man in einen Thermostaten mit durchsichtigen Wänden ein. Damit läßt sich der Wachstumsprozeß visuell verfolgen. Der Schmelzpunkt der am Keimhalter in der Schmelze dieses Gemisches gebildeten Kristallkeime bestimmt den der gegebenen Konzentration entsprechenden Punkt der Liquiduskurve. Bei geringfügiger Unterkühlung der Schmelze — um 0,1 bis 0,2° (± 0,05°) — wachsen auf dem Keimhalter Einkristalle, deren maximale Größe während einer 5—10stündigen Laufzeit des Thermostaten 1—2 mm erreicht. Die

Zahl der Phasen im System wird sowohl nach der äußeren Form der gewachsenen Kristalle als auch röntgenographisch bestimmt.

Aus 3—4 g des Gemisches gewinnt man 10—15 mg Kristalle, so daß man sie in erster Näherung bezüglich der Zusammensetzung als homogen ansehen kann. Diese Einkristalle werden nun für verschiedene Zielstellungen benutzt. Da Kristalle aus zwei Komponenten in einem Temperaturintervall schmelzen, kann man aus den Endpunkten der Schmelzabläufe die Soliduskurve bestimmen, wenn die Liquiduskurve des Diagramms bereits vorliegt. Die Soliduskurve, das heißt die Zusammensetzung der gezüchteten Kristalle, kann man auch über die mikroanalytische Bestimmung eines beliebigen Elements, das nur in einer der beiden Komponenten vorkommt, erhalten. Die Beobachtung des Zerfalls dieser Kristalle bei Temperaturerniedrigung erlaubt es, die Löslichkeitsgrenzen im festen Zustand zu ermitteln. Und schließlich verwendet man die Mischkristalle für umfassende Röntgenuntersuchungen. Darüber soll im nächsten Abschnitt berichtet werden.

Diese Methode der Bestimmung von Zustandsdiagrammen ist recht umständlich; aber der Aufwand wird durch eine hohe Genauigkeit belohnt: ± 0,05 °C und Schwankungen kleiner als ± 0,5% in der Zusammensetzung, sogar im Gebiet des eutektischen oder des peritektischen Punktes, nach dem die Liquiduskurve häufig extrapoliert wird. Die Richtigkeit einer solchen Extrapolation wird nicht selten dadurch bestätigt, daß in der Schmelze der gegebenen Zusammensetzung auf dem Keimhalter Kristalle beider Phasen gleichzeitig auftreten. Die Zusammensetzung der Mischkristalle variiert um nicht mehr als 1—2%.

Wir möchten zwei Beispiele für das Studium von Zweikomponentensystemen anführen. Bei der Untersuchung des Systems Acenaphthen — α-Nitronaphthalin [110] kamen zwei verschiedene Methoden zur Bestimmung des Zustandsdiagramms zur Anwendung. Zunächst wurde das Zustandsdiagramm nach der in der Arbeit [111] beschriebenen Methode der Beobachtung des Schmelzvorganges der Gemische in

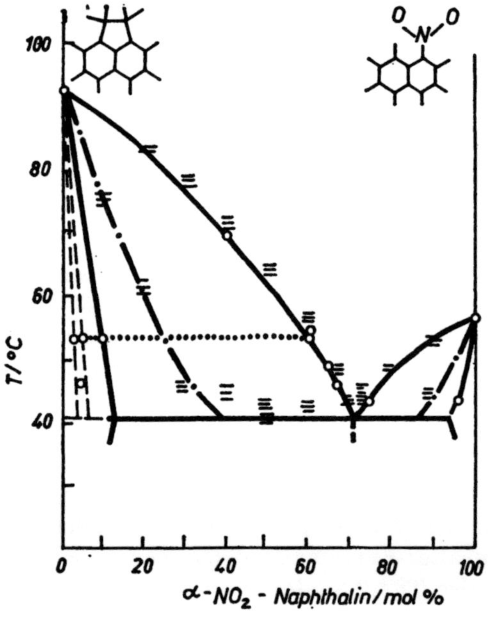

Abb. 1.78. Zustandsdiagramm des Systems Acenaphthen—α-Nitronaphthalin

Kapillaren bestimmt, aber mit dem Unterschied, daß wir die Kapillare im Thermostaten nicht kontinuierlich aufheizten, sondern stufenweise, wobei kurz vor Erreichen der Schmelztemperatur die Temperatur in Stufen von 0,1 K 15—30 Minuten lang konstant gehalten wurde. Trotz sorgfältiger Durchmischung und Zerkleinerung der zusammengeschmolzenen Mischung erreichte die Abweichung der Temperaturwerte am Schmelzende (jede Einwaage wurde auf 3—4 Kapillaren verteilt) manchmal 1 K für die Punkte der Liquiduskurve (Striche in der Abb. 1.78). Mit noch geringerer Genauigkeit gelang die visuelle Fixierung des Schmelzbeginns der pulverförmigen Mischung in der Kapillare, das heißt der Punkte der Soliduskurve. Danach wurden die Liquidus- und Soliduskurven über die Einkristallzüchtung im geschmolzenen Gemisch der Komponenten mit vorgegebener Konzentration präzisiert (Kreise in der Abb. 1.78).

Das Zustandsdiagramm gehört zum Typ V: Der eutektische Punkt, $T_E = 313{,}85\,K$, entspricht der Zusammensetzung 70,5% α-Nitronaphthalin und 29,5% Acenaphthen.

Als weiteres Beispiel dient die Einkristallzüchtung aus der Schmelze der Zusammensetzung 60% α-Nitronaphthalin und 40% Acenaphthen. Gewöhnlich werden Kristalle fester Lösungen durch eine konstante minimale Unterkühlung ΔT der Schmelze von etwa 0,1 — 0,2 K gezüchtet. Versuche, die Temperaturdifferenz in einem breiteren Bereich zu variieren, zeigten, daß in der Schmelze ein und derselben Zusammensetzung Kristalle mit sehr unterschiedlichem Gehalt wachsen können. In Abbildung 1.79 sind diese Ergebnisse als Kreise dargestellt, die als „zufällige“ Punkte bezeichnet wurden, da deren Lage nicht nur durch die in jedem Versuch exakt

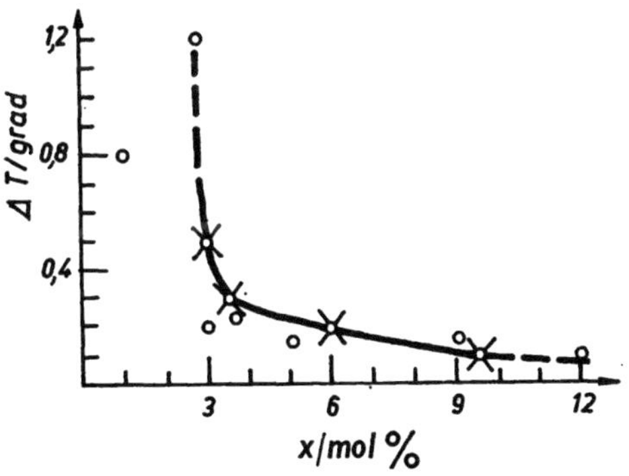

Abb. 1.79. Abhängigkeit der Konzentration der Fremdmoleküle in den Kristallen von der Unterkühlung der Schmelze während der Züchtung

fixierten Werte ΔT bestimmt ist, sondern auch durch solche schwierig kontrollierbaren Anfangsbedingungen, wie die Konstanthaltung der vorgegebenen Temperaturdifferenz bis zur Einführung der Impfnadel, die Größe der Unterkühlung der Impfnadel bis zu ihrer Einführung in die Schmelze, das Vorhandensein oder Fehlen von am Boden oder an den Wänden schon abgeschiedenen Kristallen und vieles andere.

Deshalb wurde ein spezieller Versuch durchgeführt, dessen Ergebnisse die Kreuze und die durch sie gezogene Kurve in Abbildung 1.79 widerspiegeln. Jedes Kreuz entspricht einer neu vorbereiteten Gemischprobe der gleichen oben angegebenen Konzentration. Die Anfangsbedingungen wurden so gewählt, daß der sich an der Impfnadel befindende Kristallkeim der erste innerhalb der Schmelze war und auch der einzige während der Wachstumszeit blieb. Die Kristalle der Acenaphthenphase wachsen stark gestreckt nach der a-Achse als rhombische Prismen. Wenn die lange Kante des Prismas 1,0–1,2 mm (etwa 0,1 · 0,3 mm² im Querschnitt) erreichte, wurde die Nadel mit dem Kristall bis über die Oberfläche der Schmelze herausgezogen und der Thermostat abgeschaltet. Die Oberfläche des erhaltenen Kristalls wurde zur Entfernung der Schmelzkruste stets mit einem Lösungsmittel behandelt. Der Gehalt an Zusatz im Kristall wurde durch Bestimmung der Endtemperatur seines Schmelzintervalls ermittelt.

Der Verlauf der Kurve in der Abbildung 1.79 zeugt erstens davon, daß — wenn es möglich wäre, noch näher an die Bedingungen der Gleichgewichtskristallisation heranzukommen, das heißt $\Delta T \ll 0{,}1$ K einzuhalten — die Menge des Zusatzes im Kristall mehr als 10% betragen könnte. Folglich kann die Krümmung der Soliduskurve des Zustandsdiagramms ein Gradmesser dafür sein, wie weit das Experiment von den Gleichgewichtsbedingungen abweicht. Zweitens zeigen dieser Versuch und eine Reihe anderer langjähriger Beobachtungen deutlich, daß es keine leichte Aufgabe ist, die Gleichgewichtsbedingungen der Kristallisation zu erreichen. Die Kristallisationsgeschwindigkeit spielt hierbei eine wichtige Rolle. Auf den ersten Blick könnte es scheinen, daß bei sehr starker Unterkühlung, das heißt großer Kristallisationsgeschwindigkeit, im Kristall der festen Lösung mehr vom Zusatz aufgenommen werden würde als bei langsamer Kristallisation. Wenden wir uns jedoch der Abbildung 1.80

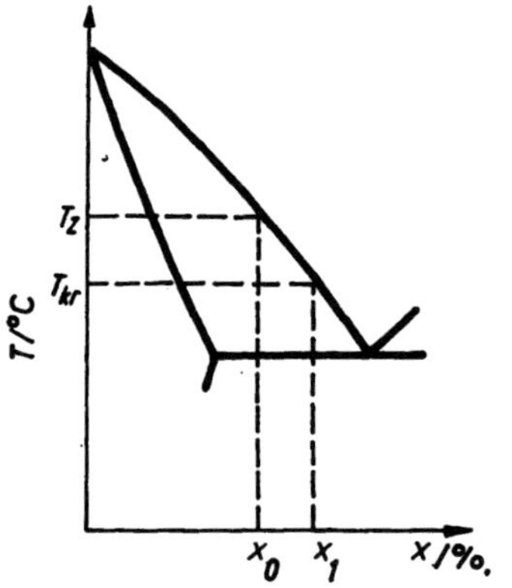

Abb. 1.80. Schema zur Erläuterung der Kurvenart auf der vorhergehenden Abbildung 1.79

zu. Die Gleichgewichtstemperatur für das geschmolzene Gemisch der Konzentration x_0 sei T_z. Wenn man diese Schmelze bis zur Temperatur $T_{kr.}$ unterkühlt und an der Spitze einer in die Schmelze eingeführten Impfnadel das Wachstum des ersten Kriställchen induziert, dann zwingt das Streben des gesamten Systems nach dem Gleichgewichtszustand, entsprechend der von uns eingestellten Temperatur, den wachsenden Kristall, eine maximale Menge des Zusatzes in die Schmelze abzugeben, damit sich die Konzentration der Schmelze schneller dem neuen Gleichgewichtswert x_1 nähert.

Es ist wahrscheinlich, daß die Kurve der Abhängigkeit der Menge des einbaubaren Zusatzes von der Kristallisationsgeschwindigkeit durch einen Extremwert geht.

Das Problem der Kinetik des Einbaus des Zusatzes verdient spezielles Interesse. Bisher haben wir in unseren Untersuchungen diesem Problem keine Aufmerksamkeit geschenkt, sondern nur danach gestrebt, das Wachstum der Kristalle der festen Lösung so langsam wie möglich zu gestalten. Bei dieser Annäherung an die Gleichgewichtsbedingungen wurde erreicht, daß aus einer großen Menge Schmelze ein kleiner Kristall herausgezüchtet wurde, dessen Gewicht den Wert von 0,1% des Gewichts der Schmelze nicht übertrifft. Dieser Kristall wird als Vertreter einer festen Lösung angesehen, die sich im Gleichgewicht mit dem geschmolzenen Gemisch einer bestimmten Zusammensetzung befindet. Was die praktischen Schlußfolgerungen aus der Art der in Abbildung 1.79 dargestellten Kurve betrifft, so ist völlig klar, daß es nicht gelingt, eine Substanz durch Umkristallisation von unerwünschten Beimengungen zu reinigen, wenn die Moleküle der Substanz und der Beimengungen den geometrischen Bedingungen der Bildung fester Lösungen genügen.

Nachdem die in Abbildung 1.79 gezeigten Ergebnisse vorlagen, entstanden Zweifel, ob nicht die Verteilung des Zusatzes beim Übergang von einem Kristall zum anderen im allgemeinen zufällig ist. Nach Präzisionsmessungen der Netzebenenabstände zu urteilen, ist dem nicht so. In der Tabelle 1.13 sind die d_{hkl}-Werte aufgeführt, die aus Meßergebnissen mit CuK_{α_1}- und CuK_{α_2}-Strahlung ausgemittelt wurden; in Klammern ist die Abweichung von den ausgemittelten Werten angegeben. Man vergleiche paarweise die Kristalle Nr. 3 und 4, die gleichzeitig in der Schmelze bei $\Delta T = 0{,}1$ K wuchsen, und die Kristalle Nr. 6 und 7, gezüchtet in verschiedenen Schmelzen gleicher Zusammensetzung bei $\Delta T = 0{,}5$ K.

Die angeführten Resultate zeugen davon, daß unter gleichen Bedingungen Kristalle mit einer gleichartigen Verteilung der gleichen Menge des Zusatzes wachsen (natürlich in den Grenzen der Genauigkeit unseres Experiments).

Tabelle 1.13.

Nr. der Kristalle	$d_{18.0.0}$	$d_{9.0.8}$	$d_{17.0.3}$	Wachstumsbedingungen
3	0,77845 (4)	0,7817 (4)	verflüchtigt	$\Delta T = 0{,}1$ K
4	0,77845 (5)	0,7817 (3)	0,78977 (5)	
6	0,77845 (2)	0,7815 (3)	0,78998 (1)	$\Delta T = 0{,}5$ K
7	0,77841 (8)	0,7815 (1)	0,78985 (9)	Kristalle etwa gleicher Größe

Es sei hier bemerkt, daß wir in der praktischen Arbeit mit den Zustandsdiagrammen neben den gewöhnlichen Termini „niedrige“ und „hohe“ Löslichkeit, die nur das Endergebnis — den Gehalt des Zusatzes in der festen Phase — charakterisieren, die für die Beschreibung des Bildungsprozesses der festen Lösung adäquateren Termini „gute“ und „schlechte“ Löslichkeit verwenden. Als gut bezeichnen wir die Löslichkeit, wenn ein Kristall, der 5—10% Zusatz enthält, aus einer Schmelze mit einer Konzentration des Zusatzes von 15—20% wächst; dem entspricht im Zustandsdiagramm ein enger Zweiphasenbereich $S + L$. Wenn jedoch zur Unterbringung dieser 5—10% Zusatzmoleküle im Kristall der festen Lösung 40—50% in der Ausgangsschmelze erforderlich sind, dann wird die Löslichkeit als schlecht bezeichnet; ihr entspricht ein breiter Zweiphasenbereich $S + L$ (Abb. 1.81).

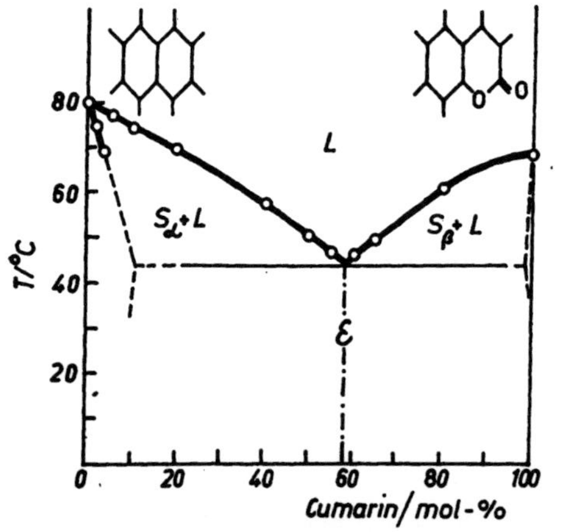

Abb. 1.81. Zustandsdiagramm des Systems Naphthalin—Cumarin

Das System Naphthalin—Cumarin ist nach unserer Terminologie ein Beispiel schlechser Löslichkeit im festen Zustand. Dieses System [112] besitzt aus folgendem Grunde Interesse. Beide Substanzen bestehen aus Molekülen ähnlicher „Modellform"; Abbildung 1.82 zeigt ihre auffallendsten, aber dennoch sehr geringen Unterschiede. So wird die geometrische Hauptbedingung der Bildung fester Molekküllösungen erfüllt. Im Unterschied zum unpolaren Naphthalinmolekül jedoch besitzt das Cumarinmolekül mit $\mu = 4{,}51$ D [113] ein erhebliches Dipolmoment. Es entsteht die Frage, ob in diesem Falle die geometrische Ähnlichkeit der Größe und Form der Moleküle auch hinreichende Bedingung für die gegenseitige Löslichkeit der Komponenten in genügend hohen Konzentrationen ist.

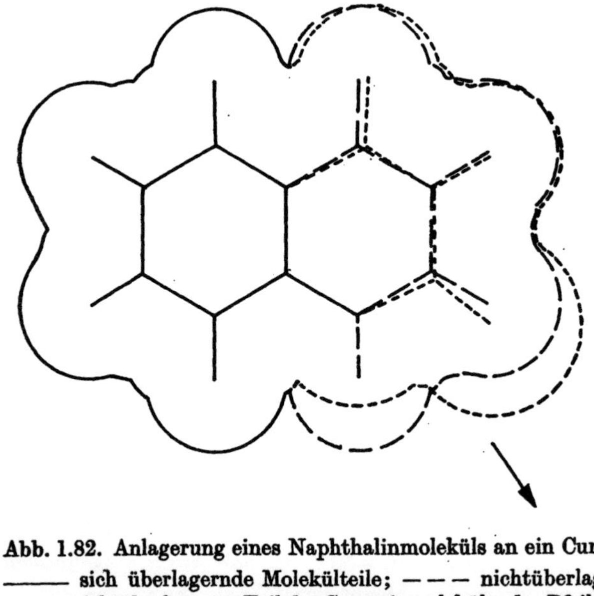

Abb. 1.82. Anlagerung eines Naphthalinmoleküls an ein Cumarinmolekül
——— sich überlagernde Molekülteile; — — — nichtüberlagerter Teil des Naphthalinmoleküls; - - - - - nichtüberlagerter Teil des Cumarinmoleküls; der Pfeil kennzeichnet die ungefähre Richtung des Dipolmoments des Cumarinmoleküls

Aus den in den letzten Jahren untersuchten Systemen kann man solche auswählen, in denen Substanzen mit polaren und unpolaren Molekülen vermischt werden. Im System Acridin-Anthracen [120] mit den polaren Acridinmolekülen ($\mu = 2{,}0$ D[1])) ist zum Beispiel die Löslichkeit von beiden Seiten des Zustandsdiagrammes aus gut[2]). Im System para-Dibrombenzol — para-Nitrochlorbenzol sind die Moleküle der zweiten Komponente polar ($\mu = 2{,}53$ D), aber im Kristall besetzen sie Inversionszentren derart, daß sie diese statistisch auffüllen [114]; das Zustandsdiagramm ist dreiphasig mit guter Löslichkeit in allen Phasen [109]. In den Systemen Naphthalin — β-Naphthol [115] und Anthron — Anthrachinon [87] wurde eine stetige gegenseitige Löslichkeit im festen Zustand festgestellt; die Komponenten erwiesen sich als paarweise isostrukturell dank dessen, daß die nichtzentrosymmetrischen Moleküle des β-Naphthols ($\mu = 1{,}4$ D) und Anthrons ($\mu = 3{,}5$ D) eine zentrosymmetrische Packung statistisch auffüllen. Im System Naphthalin — β-Chlornaphthalin besitzen die β-Chlornaphthalinmoleküle ein kleines Dipolmoment ($\mu = 1{,}6$ D); die Löslichkeit von beiden Seiten des Zustandsdiagramms aus ist gut, obgleich hier wegen der großen geometrischen Unterschiede der mischbaren Moleküle ein Typ räumlich ungleichmäßiger Löslichkeit in der Naphthalinphase beobachtet wird [116].

In allen solchen Systemen kristallisieren die Stoffe mit polaren Molekülen in zentrosymmetrischen Raumgruppen, in denen die polaren Moleküle manchmal Inversionszentren besetzen (statistische Verteilung), aber häufiger vereinigen sich die Moleküle mit Hilfe der Inversionszentren zu Paaren mit antiparalleler Richtung der Dipole. Die dichte Packung solcher elektrisch neutralen Molekülpaare ist charakteristisch für ähnliche Strukturen. Höchstwahrscheinlich verläuft auch der Substitutionsprozeß bei der Bildung fester Lösungen paarweise.

Im System Naphthalin—Cumarin ist die Situation anders. In der Naphthalinphase ist die Löslichkeit ganz normal: Die polaren Zusatzmoleküle substituieren die zentrosymmetrischen Matrixmoleküle statistisch, wobei sie die Bildung einer Nahordnung mit antiparalleler Ausrichtung der Dipole in den benachbarten Gitterpunkten anstreben. Mit Zunahme der Konzentration der Beimischung wird wie gewöhnlich die getrennte Kristallisation energetisch günstiger, und es treten Löslichkeitsgrenzen auf.

In der Cumarinphase wird die Eigenart der Packung der Matrixmoleküle zweifellos durch die elektrostatischen Wechselwirkungen diktiert: Die nichtzentrosymmetrische Struktur des Cumarins [117] wird durch eine sehr dichte Packung ($k = 0{,}77$) der Moleküle charakterisiert, die gleichsam auf der 2_1-Achse aufgereiht sind, so daß keine Kompensation der parallel zur 2_1-Achse verlaufenden Vektorkomponente des Dipolmomentes erfolgen kann. Die zugesetzten, dazu noch unpolaren Naphthalinmoleküle können nicht die unendliche Kette der Cumarindipole zerstören: feste Lösungen des Naphthalins im Cumarin werden gar nicht gebildet.

[1]) Bezüglich der überall angeführten Dipolmomente sei auf [4] verwiesen.

[2]) Man muß darauf hinweisen, daß die für das System Acridin—Anthracen in der Arbeit [118] erhaltene Abweichung von unseren Ergebnissen durch den Unterschied in den untersuchten Prozessen zu erklären ist:

Wir untersuchten das Gleichgewicht flüssig — fest der zwei Phasen (der Kristall wird innerhalb des geschmolzenen Gemisches gezüchtet) und die anderen Autoren [118] ein Dreiphasensystem flüssig — gasförmig — fest (der Kristall wird durch Sublimation aus dem geschmolzenen Gemisch gezüchtet).

Folglich ist die Cumarinphase im System Naphthalin—Cumarin ein Beispiel dafür, daß die notwendige Bedingung der Ähnlichkeit der geometrischen Größe der Moleküle gemischter Substanzen sich für die Bildung einer festen Substitutionslösung nicht als hinreichend erweist.

1.19. Röntgenographische Untersuchungen an Kristallen fester Lösungen

Die Aufgabe von Röntgenstrukturuntersuchungen an Kristallen fester Lösungen organischer Stoffe mit meist niedriger Symmetrie (überwiegend monoklin) kann nicht mit der Anfertigung von Debye-Scherrer-Aufnahmen von Pulverpräparaten gelöst werden. Im Fall niedrigsymmetrischer Stoffe braucht man selbst zur Messung der Parameter der Elementarzelle Einkristalle. Besonders deshalb erweist sich die Methode zur Bestimmung von Zustandsdiagrammen über die Züchtung von Einkristallen — ungeachtet der Schwierigkeiten — als unentbehrlich für die Untersuchung organischer Mischkristalle.

Die Messung der Parameter der Elementarzellen von Kristallen fester Lösungen mit Hilfe von Präzisionsröntgenmethoden gestattet es, für jede Phase die Abhängigkeit $V^{\mathrm{Mol}}(x)$ festzustellen, wobei x die Konzentration an Fremdmolekülen ist und $V^{\mathrm{Mol}} = V^{\mathrm{Zelle}}/Z$ das Volumen, das ein Molekül in der Elementarzelle einnimmt.

Sehr häufig kann man die Form der Funktion $V^{\mathrm{Mol}}(x)$ aus geometrischen Überlegungen erklären. Zum Beispiel lagern sich die Acridinmoleküle in der Acridin-II-Struktur, deren Kristalle aus der Schmelze gewonnen werden, derart, daß die Einbuchtung bei ⟩N von dem H-Atom des benachbarten Moleküls ausgefüllt wird

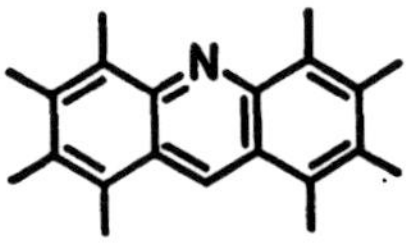

XXXIII

[119]. Wegen der „unbequemen" Form des Moleküls ist seine Packung ungewöhnlich. Die Elementarzelle der Symmetrie C_{2h}^5 enthält 8 Moleküle, das heißt zwei unabhängige Moleküle in allgemeiner Lage. Der Packungskoeffizient ist recht groß ($k = 0{,}713$).

Bei geometrischem Ersatz des Acridinmoleküls durch ein Anthrazenmolekül treten in der Struktur stark verkürzte H---H- und C---H-Abstände auf.

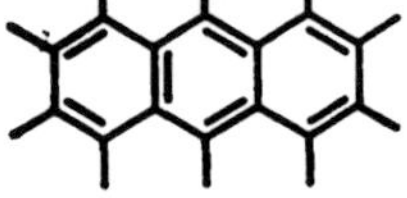

XXXIV

Experimentell beobachtet man eine starke Vergrößerung der Elementarzelle des Mischkristalls mit Acridinstruktur (Abb. 1.83); der Packungskoeffizient fällt auf 0,644 ab, und es tritt eine Lücke in der Löslichkeit auf, wenn die Schmelze 7% Anthracenmoleküle [120] enthält (Abb. 1.84).

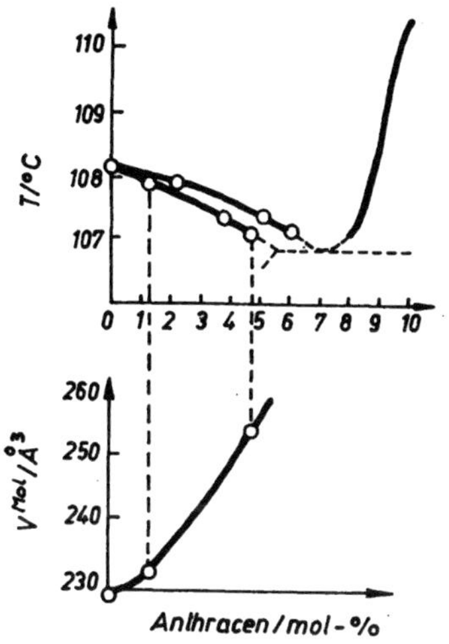

Abb. 1.83. Acridinreiche Seite des Zustandsdiagramms; Änderung des Molekülvolumens mit steigendem Anthracen-Gehalt

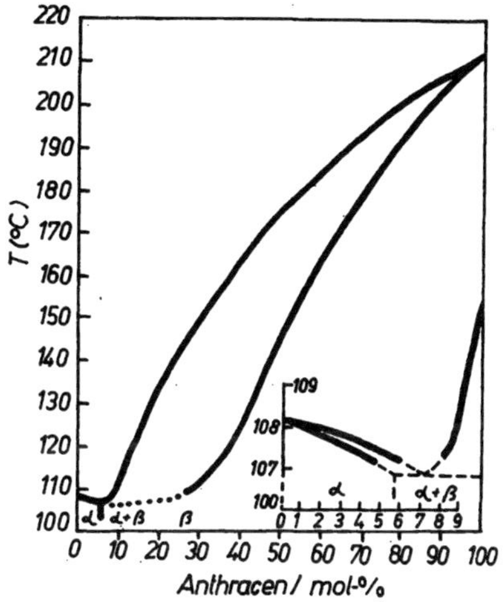

Abb. 1.84. Zustandsdiagramm des Systems Acridin—Anthracen (- - - - - thermographisch bestimmte Werte von Pascal)

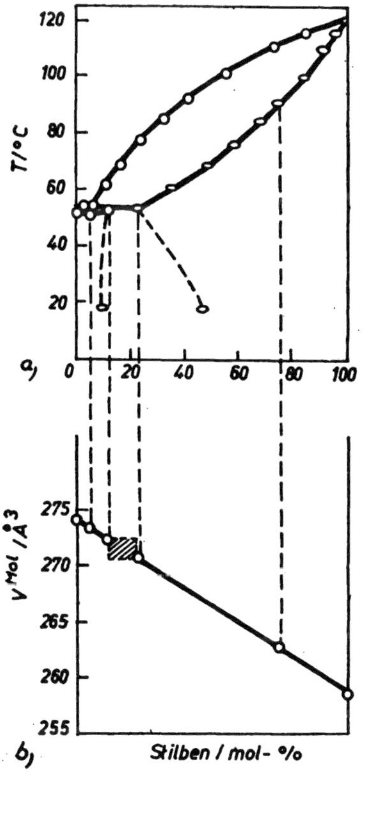

Abb. 1.85. a) Zustandsdiagramm des Systems Dibenzyl—Stilben; b) Änderung des Molekülvolumens mit steigendem Stilben-Gehalt

So ergibt sich im System Acridin-Anthracen durch Lösungsbehinderung des Anthracens im Acridin ein starkes Ansteigen von ΔU. Andererseits können Kristalle der festen Lösung mit Anthracenstruktur bis zu 72% Acridin enthalten. Dabei ändern sich die Parameter der Elementarzelle gesetzmäßig, der Packungskoeffizient fällt von 0,772 auf 0,707. Folglich vergrößert die Existenz von Lücken die freie Energie sehr viel mehr als Raummangel.

Im System Dibenzyl—Stilben (Abb. 1.85a) haben die Moleküle der Komponenten verschiedene Konformation [121]. Im Unterschied zum Stilbenmolekül (a) ist das

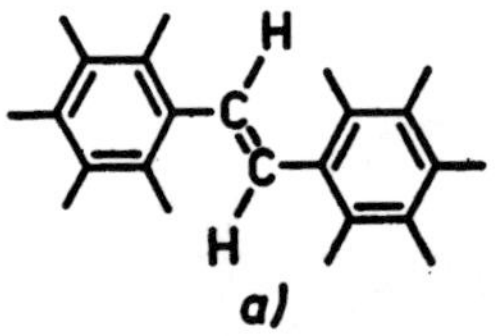

XXXV

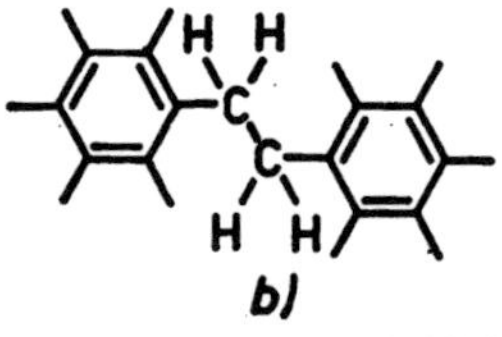

XXXVI

Dibenzylmolekül (b) nicht eben und hat zwei H-Atome mehr. Durch die Berechnung einer Reihe von Elektronendichten wurde gezeigt, daß dank der Aufweitung der Elementarzelle (Abb. 1.85b) offenbar keine wesentliche Konformationsänderung der Gastmoleküle in Strukturen fester Lösungen auftritt [122].

Der Ersatz einiger Moleküle in der Struktur des β-Chlornaphthalins durch die im Volumen kleineren Naphthalinmoleküle führt zu einer Verringerung der Abmessungen der Elementarzelle (Abb. 1.86). Eben aus diesem Grunde nimmt die Größe $V^{\mathrm{Mol}}(x)$ in der Dibenzylphase ab (Abb. 1.85b).

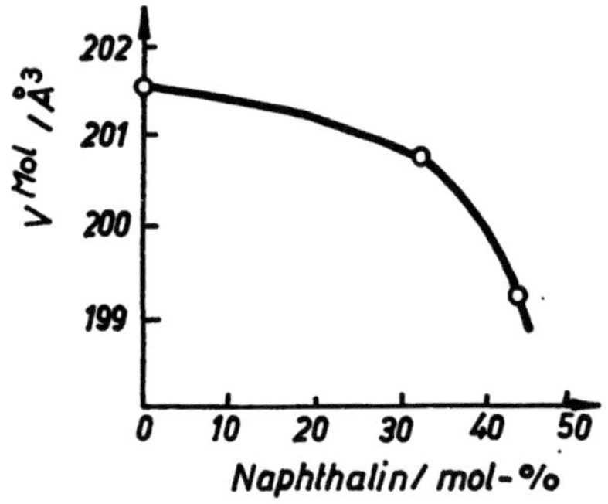

Abb. 1.86. Änderung des Molekülvolumens in der Phase mit β-Chlornaphthalin-Struktur in Abhängigkeit von der Naphthalin-Konzentration

Man findet eine einfache geometrische Erklärung der Änderung der Elementarzelle in den α- und β-Phasen des Systems p-Dibrombenzol–p-Dijodbenzol [123] (Abb. 1.87a). In diesem System (Abb. 1.87a) werden die drei Phasen verschiedener Symmetrie durch einen eutektischen und einen peritektischen Punkt getrennt (letzterer wurde übrigens nicht durch thermographische Analyse erhalten).

Von Interesse ist das Maximum der $V^{\mathrm{Mol}}(x)$-Kurve (Abb. 1.87b) für die γ-Phase. Ein analoges Maximum beobachtet man in der Tolanphase des Systems Tolan—Hg-Dibenzyl, in dem der geometrische Faktor faktisch gleich Null ist (Abb. 1.88). Die Analyse der Intensitäten auf Röntgenaufnahmen von Kristallen fester Lösungen des Systems p-Dibrombenzol—p-Dijodbenzol zeigt, daß der Ersatz der kleinen p-Dibrom-

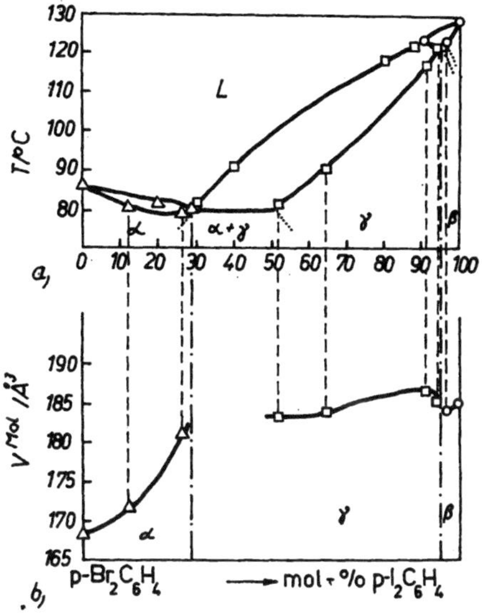

Abb. 1.87. a) Zustandsdiagramm des Systems p-Dibrombenzol—p-Dijodbenzol; b) Abhängigkeit V^{Mol} von der p-Dijodbenzol-Konzentration in allen drei Phasen

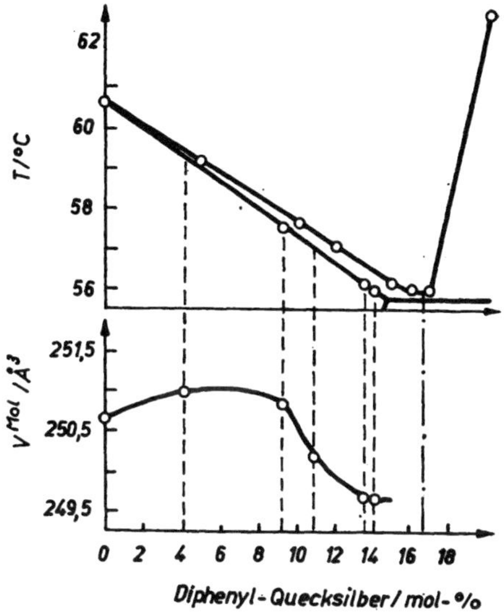

Abb. 1.88. a) Tolanseite des Zustandsdiagramms des Systems Tolan—Hg-Diphenyl; b) Abhängigkeit V^{Mol} von der Zusammensetzung

benzolmoleküle durch größere die Zunahme des Temperaturfaktors (α-Phase) bewirkt. In der β-Phase beobachtet man den interessanten Effekt einer Erniedrigung der Energie der Wärmeschwingungen (Abb. 1.89), was schon an der Erhöhung der Qualität der Röntgenaufnahme zu erkennen ist. Man könnte denken, daß ein perfekteres Gitter entsteht, aber eigentlich ruft die Fremdsubstanz statische Spannungen hervor. Dadurch erniedrigt sich $\overline{u^2_{dyn}}$, das heißt, es verringert sich die Intensität der Wärmeschwingungen der Moleküle im Kristall der festen Lösung. Man kann sich vorstellen, daß diese Situation nur eintritt, wenn die Beimengung von geringerer Dimension als die Matrix ist.

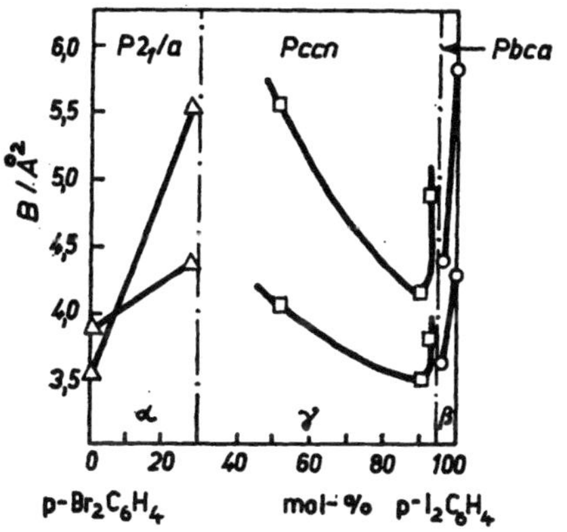

Abb. 1.89. Werte des Temperaturfaktors B für die Zonen $hk0$ und $hl0$ als Funktion der Zusammensetzung im System p-Dibrombenzol—p-Dijodbenzol für 300 K

In der γ-Phase verläuft die $B(x)$-Kurve durch ein Minimum. Leider sind diese Angaben nur für Zimmertemperatur erhalten worden. Die $B(x)$-Kurven der Tolanphase sind bei Zimmertemperatur und bei -196 °C bekannt. Das Minimum der $B(x)$-Kurve bei Zimmertemperatur ist viel stärker ausgeprägt [124].

Das Ergebnis ist nicht trivial. Wenn man davon ausgeht, daß

$$\overline{u^2_{\text{ges}}} = \frac{B}{8\pi^2} = \overline{u^2_{\text{stat}}} + \overline{u^2_{\text{dyn}}}$$

ist, worin $\overline{u^2_{\text{stat}}}$ nur von der Konzentration des Beimengungsmoleküls abhängt, aber $\overline{u^2_{\text{dyn}}}$ nur von der Temperatur, so sollte man ein Anwachsen von B mit Zunahme von x erwarten sowie auch einen synchronen Verlauf der $B(x)$-Kurven bei zwei verschiedenen Temperaturen. In Wirklichkeit hängt $\overline{u^2_{\text{dyn}}}$ nicht nur von der Temperatur ab, sondern auch von der Konzentration des beigemischten Moleküls. Offensichtlich sind die Hauptfaktoren sowohl in der Tolanhpase als auch in der γ-Phase des Systems n-$Br_2C_6H_4$ — n-$J_2C_6H_4$, die die Bildungsbedingungen fester Lösungen bestimmen, dynamische Effekte.

Neben einer großen Zahl von Beispielen der Bildung echter fester Lösungen, in denen der Ersatz der Matrixmoleküle von einer merklichen Änderung der Größe der Elementarzelle begleitet wird, gibt es Beispiele anderer Art. So ist der Ersatz des Naphthalinmoleküls durch Moleküle des β-Chlornaphthalins

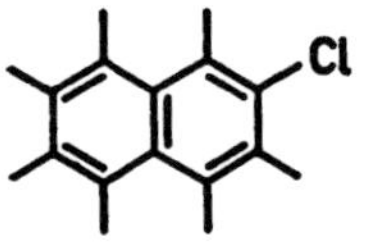

XXXVII

und auch des 1,5-Dinitronaphthalins

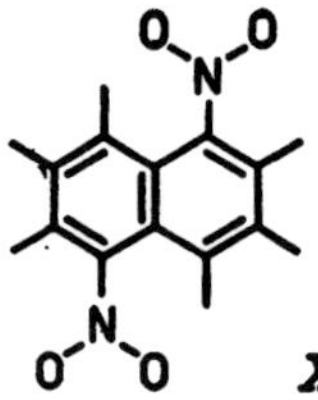

XXXVIII

sowie durch Moleküle des 1,8-Dinitronaphthalins

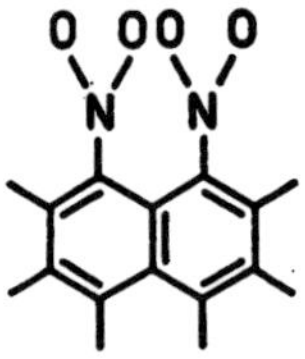

XXXIX

möglich, was sowohl mikroanalytisch als auch durch Beobachtung des Schmelzprozesses der Kristalle dieser festen Lösungen bestätigt wurde. Hier ändert sich aber $V^{\text{Mol}}(x)$ praktisch nicht (Abb. 1.90). Man kann sich vorstellen, daß, wenn sich zwei

Moleküle voneinander nur durch eine zusätzliche kleine Gruppe unterscheiden, der Ersatz nicht gesetzmäßig über das Gesamtvolumen des einkristallinen Blocks erfolgt, sondern nur in begrenzten Bereichen. Die zusätzlichen Volumen befinden sich so außerhalb der Blöcke und beeinflussen die Größe der Elementarzelle nicht.

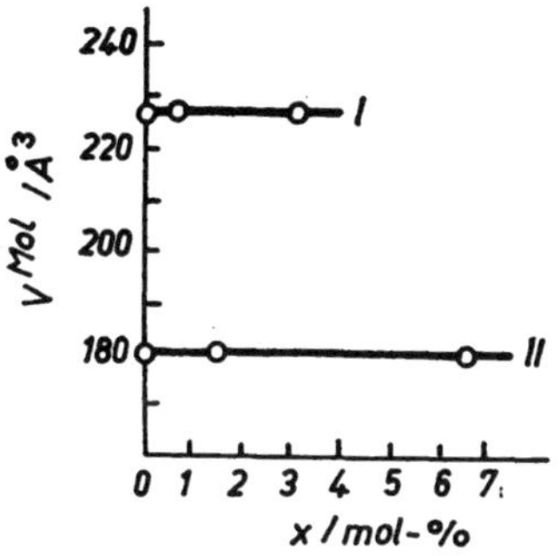

Abb. 1.90. Abhängigkeit $V^{Mol}(x)$. I — Lösung von 1,8-Dinitronaphthalin in 1,5-Dinitronaphthalin; II — Lösung von β-Chlornaphthalin in Naphthalin

Im Unterschied zu den echten festen Lösungen wurde diese Art Löslichkeit als „Zwischenblocktyp" bezeichnet. Es ist klar, daß ein solcher Löslichkeitstyp die partiell-geometrische Übereinstimmung der Gast- und Matrixmoleküle verlangt. Die Rolle dieser partiellen Übereinstimmung bei der Herstellung neuer Lumineszenz-Kristalle auf der Grundlage des Naphthalins und des Anthracens mit verschiedenen Zusätzen wurde in Arbeiten von G. S. Belikowa und L. M. Beljajew überzeugend dargestellt [125].

Es gibt eine Reihe indirekter Hinweise aus der Untersuchung von Lumineszenz- und Absorptionsspektren der gelösten Beimischung, die darauf hindeuten, daß das Molekül, das aus geometrischen Gründen nicht in das Gitter des Wirtskristalls eingebaut werden kann, sich dem Gitter auf ganz bestimmte Weise trotzdem anpassen kann, indem es Defektplätze des Wirtsgitters ausnutzt oder solche bildet. Besonders interessant sind in dieser Beziehung die Ergebnisse, die bei der Untersuchung aromatischer Moleküle gewonnen wurden. Zum Beispiel wurden diesen geschmolzene Paraffine in geringen Mengen beigemischt. Nach Einfrieren dieses Systems, läßt sich aus der Entstehung scharfer quasilinearer Spektren (Schpolski-Effekt) erkennen, daß die zugesetzten Moleküle immer die gleiche Umgebung von Matrixmolekülen haben [26]. Hier ist die Rolle der partiell-geometrischen Übereinstimmung ziemlich offensichtlich. So liefert zum Beispiel das Anthracen, das in Heptan gelöst wurde (die linearen Abmessungen der Moleküle stimmen überein) besonders scharfe Spektren [127].

1.20. Geometrische Analyse und energetische Berechnungen

Es ist bekannt, daß Röntgenuntersuchungen eines Mischkristalls ein „gemitteltes" Bild der Gitterverzerrungen widerspiegeln, die bei der Bildung fester Lösungen entstehen. Die Spannungen, die durch Nichtübereinstimmung der Größen und der Formen der sich mischenden Moleküle hervorgerufen werden, verteilen sich über das Gesamtvolumen des einkristallinen Körpers. Untersuchungen fester Lösungen mit der Kernquadrupolresonsnz (NQR) gestatten nun die Spannungen abzuschätzen, die durch die Gastmoleküle im Matrixgitter erzeugt werden. Wegen der hohen Empfindlichkeit der NQR-Methode gegenüber der Perfektion des Kristallgitters der Probe läßt sich der exponentielle Abfall der Amplitude des NQR-Signals bei Erhöhung der Konzentration der Beimengung angenähert beobachten. Es wurde festgestellt, daß je nach Größe und Form des beigemischten Moleküls die Resonanzbedingungen durch eine unterschiedliche Zahl benachbarter Moleküle gestört werden [128]. Die Abschätzungen zeigen, daß ein Molekül des p-Dijodbenzols in der Struktur des p-Dichlorbenzols statische Spannungen in einem Gebiet hervorruft, das etwa 450 Matrixmoleküle umfaßt. Kleinere Moleküle, wie das p-Bromchlorbenzol, p-Bromjodbenzol und p-Chloranilin, rufen in derselben Matrix Spannungen hervor, die 105, 330 bzw. 160 sie umgebende Matrixmoleküle erfassen. So rufen, wie die NQR bestätigt, kleinere Beimengungsmoleküle auch kleinere Spannungen im Matrixgitter hervor, das heißt, sie werden sich besser darin lösen.

Aus der geometrischen Analyse, die die geometrisch optimale Unterbringung des Gastmoleküls auf einem Platz des Matrixgitters (ohne Gitterspannungen) und die anschließende Berechnung aller intermolekularen Abstände beinhaltet, erhält man das Bild der maximalen Spannungen. Zum Beispiel bei dem geometrischen Ersatz des Acridinmoleküls durch ein Anthracenmolekül, das keine Einbuchtung im mittleren Ring enthält, entstehen in der Struktur verkürzte Abstände H---H (1,63 und 2,07 anstelle von 2,34 Å) und C---H (2,57 und 2,81 Å anstelle von 2,97 Å). Die Abschätzung anhand der allgemeinen Wechselwirkungskurve nicht kovalent gebundener Atome (siehe Kapitel 2) zeigt, daß alle Spannungen, die durch ein Anthracenmolekül hervorgerufen werden, die Wechselwirkungsenergie um $\Delta U = 1{,}02$ kcal/mol (= 4,27 kJ/mol) ändern.

Ein anderes Beispiel: Das Molekül des 1,8-Dinitronaphthalins erweist sich in der Struktur des 1,5-Dinitronaphthalins als stark „komprimiert“ durch benachbarte Moleküle. Zwei O---O-Abstände sind 1,89 und 1,99 Å anstatt 2,72 Å; zwei O---H-Abstände sind 1,69 Å anstatt 2,53 Å; zwei C---O-Abstände sind 2,91 Å anstatt 3,16 Å und ein N---O-Abstand ist gleich 1,87 Å anstatt 2,93 Å. Der Gesamtbetrag des Energieverlustes für alle genannten verkürzten Abstände erreicht ≈ 16 kcal/mol (= 67 kJ/mol), wenn im System eine echte Löslichkeit vorläge. Analog geht beim Ersatz eines Naphthalinmoleküls durch ein β-Chlornaphthalin notwendigerweise eine Energie von etwa 9—10 kcal/mol (38—42 kJ/mol) verloren.

So kann die geometrische Analyse zur energetischen Charakterisierung der echten festen Lösungen und der vom „Zwischenblocktyp“ herangezogen werden. Ist für den Ersatz des Lösungsmittelmoleküls durch ein Fremdmolekül eine Energie von 1—2 kcal/mol (4,2—8,4 kJ/mol) erforderlich, wird im System eine echte Löslichkeit vorliegen. Muß man für den Ersatz eine Energie von etwa 10—20 kcal/mol (42—84 kJ/mol) aufwenden, dann kann im System nur eine „Zwischenblock“-Löslichkeit vorliegen, wenn sie überhaupt auftritt.

Der steile Verlauf der Kurve des Atom-Atom-Potentials auf der Seite der Anziehung bestätigt unsere Schlußfolgerungen, daß die Aufrechterhaltung von Lücken in der Packung einen geringen Energieaufwand erfordert, so daß die Auflösung kleiner Moleküle in volumenmäßig etwas größeren eine echte feste Lösung ergibt.

Ein überzeugendes Beispiel, das diese Regel erhärtet, sind die festen Lösungen der n-Paraffine [129, 36]. Die Kristallstruktur der n-Paraffine wird durch eine dichte parallele Anordnung der Kohlenwasserstoffketten der Art

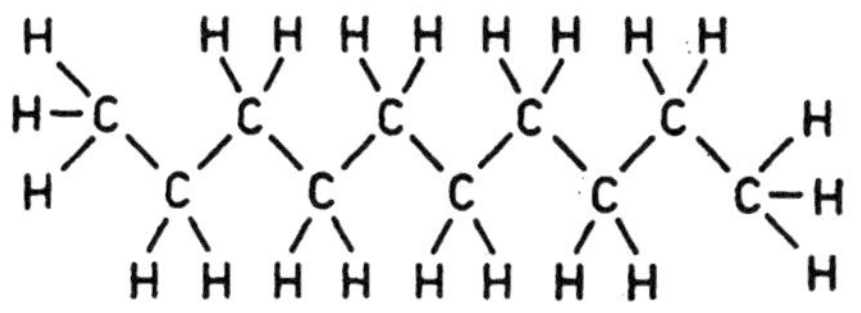

XL

charakterisiert. Abbildung 1.48 zeigt ein Beispiel der Packung der Paraffinmoleküle. Die freie Drehbarkeit der CH_3-Endgruppen gestattet eine dichte Stapelung der Schichten, die aus zueinander parallelen Molekülen gebildet werden.

Es ist gelungen, einfache Bildungsbedingungen für feste Lösungen der n-Paraffine zu formulieren. Die Forderung nach Ähnlichkeit in Form und Größe der sich mischenden Moleküle bedeutet hier einfach einen geringen Längenunterschied der Ketten. Weil gerade und ungerade Paraffine verschiedene Symmetrie besitzen, ist eine lücken-

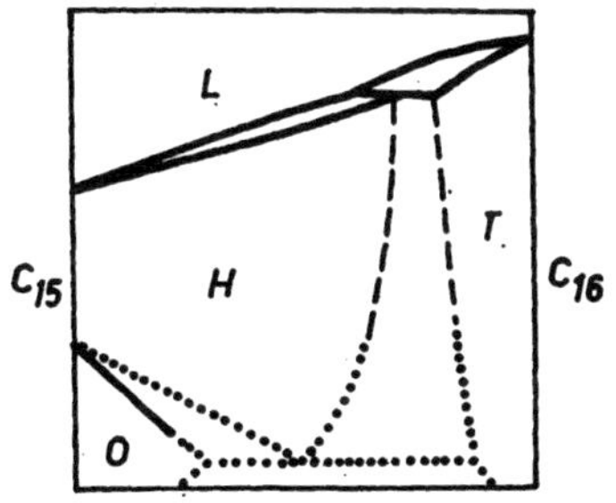

Abb. 1.91. Zustandsdiagramm des Systems der n-Paraffine $C_{15}H_{32}$—$C_{16}H_{34}$

lose Löslichkeit im System „gerade + ungerade" nicht möglich (siehe zum Beispiel das Diagramm in Abbildung 1.91). In den Systemen „ungerade + ungerade" Paraffine wird der Löslichkeitstyp von der relativen Moleküllänge abhängen, da alle ungeraden Paraffine untereinander isomorph sind. Gerade Paraffine, die verschiedene Symmetrie besitzen, bilden keine lückenlosen festen Lösungen (Abb. 1.92).

Die Analyse einer großen Zahl von Zustandsdiagrammen der n-Paraffine erlaubt die Schlußfolgerung, daß, wie es das Schema in Abbildung 1.93 illustriert, unter sonst gleichen Bedingungen bei der Lösung von n-Paraffinen mit kürzerer Kette in n-Paraffinen längerer Kette ein größerer Teil der Lösungsmittelstruktur erhalten bleibt

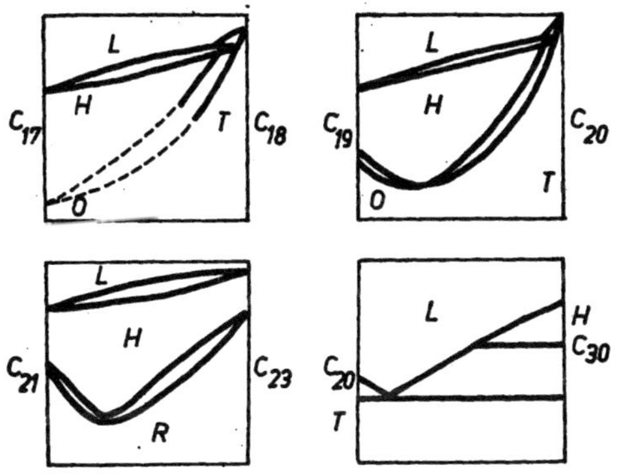

Abb. 1.92. Beispiele für Zustandsdiagramme der n-Paraffine

als im umgekehrten Fall. Aus dem Schema ist zu ersehen, daß für $B < A$ die angenommene Packung ohne Spannungen bleibt. Die Löslichkeitsgrenze beginnt, wenn die Zahl der Löcher groß wird und die Packungsdichte empfindlich fällt. Wenn $B > A$ ist, dann ruft sogar der Ersatz nur einer geringen Anzahl von Molekülen A eine nicht zu vernachlässigende Spannung hervor, und die Löslichkeit verschwindet rasch.

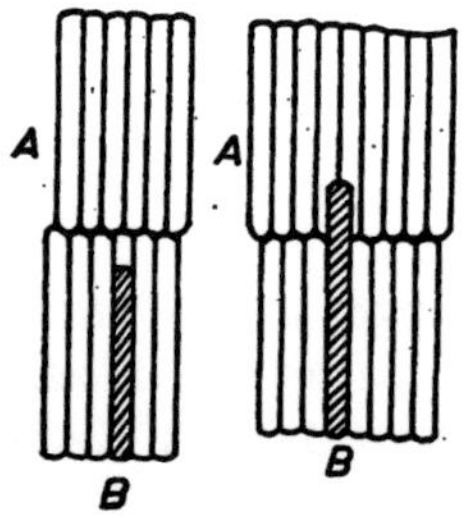

Abb. 1.93. Schematische Darstellung der Packung der Enden linearer Moleküle

Man muß nach obigem also zeigen, daß beim Ersatz der Matrixmoleküle durch Gastmoleküle die rein geometrische Beurteilung des dabei auftretenden merklichen Gitterenergieverlusts nur dann richtig ist, wenn der Ersatz zu einer starken Verkürzung einiger intermolekularer Abstände führt. Sind die Änderungen gering, dann gibt nur die Berechnung der gesamten Wechselwirkungsenergie eine richtige Vorstellung über die energetische Begünstigung des Ersatzes. Eine solche Rechnung wurde zum Beispiel für das System Diphenyl-α,α'-Dipyridil durchgeführt. Es zeigte sich, daß der Unterschied in den Energieänderungen nur wenig von der molekularen Zusammensetzung in der ersten Koordinationssphäre abhängt. So ist zum Beispiel beim Ersatz des Diphenylmoleküls durch das α,α'-Dipyridilmolekül und bei Anwesenheit eines Gastmoleküls in der ersten Koordinationssphäre $U_A - U_M = 1{,}23$ kcal/mol (= 5,15 kJ/mol). Im Falle von zwei, drei oder vier Gastmolekülen ist $U_A - U_M = 1{,}20$ kcal/mol (= 5,03 kJ)/mol. In der Struktur des reinen α,α'-Dipyridils sind die Moleküle so gepackt, daß die Einbuchtungen bei der $\gg$N-Gruppe unausgefüllt bleiben. Deshalb schafft der Einbau eine dichteste Packung, so daß die Gitterenergie des Mischkristalls sogar etwas erniedrigt wird: $U_A - U_M = -0{,}25$ kcal/mol (= −1,05 kJ/mol). So können die Verluste an potentieller Wechselwirkungsenergie kein Hemmnis für die Löslichkeit sein. Trotzdem ist die Löslichkeit von beiden Seiten des Diagramms dieses Systems unbedeutend. Der Grund kann nur einer sein: wesentlicher Einfluß auf das Schwingungsspektrum des Kristalls.

Es sei noch ein Beispiel angeführt. Im Zustandsdiagramm des Systems p-Dibrombenzol—p-Chlornitrobenzol [109] sind drei Phasen festgestellt worden (Abb. 1.94): die α-Phase mit der Struktur des p-Dibrombenzols, die γ-Phase mit der p-Chlornitrobenzol-Struktur und eine dazwischen liegende β-Phase, für die eine „Dualstatistik“ in der Molekülpackung charakteristisch ist: Zum statistischen Einbau der beiden Molekülarten auf die Kristallgitterpunkte kommt eine statistische Auffüllung durch die im Vergleich zur Molekülsymmetrie des p-Dibrombenzol weniger symmetrischen Moleküle des p-Chlornitrobenzol, da in der Raumgruppe $C2/m$ mit $Z = 2$ die „ausgemittelten“ Moleküle eine besondere Lage einnehmen müssen [130], Um die Bildung der neuen β-Phase im System zu begründen, wurden die Gitterenergien aller drei Phasen unter Berücksichtigung der Konzentration der in ihnen enthaltenen

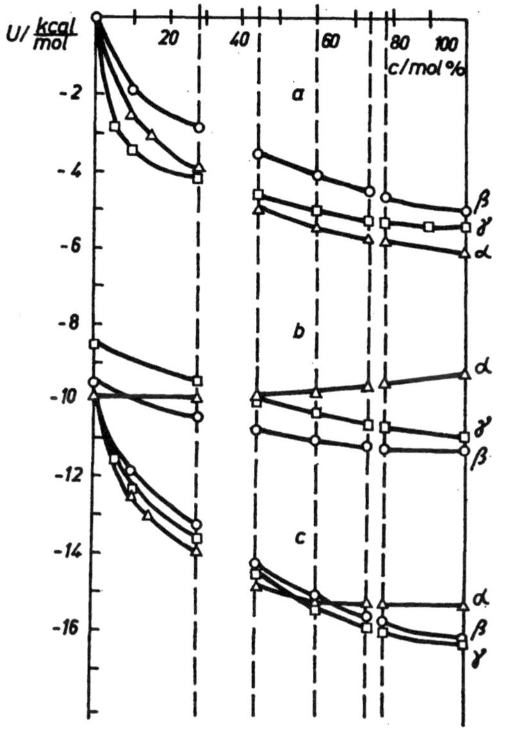

Abb. 1.94. a — Energie der Van-der-Waals-Wechselwirkungen, b — Energie der Dipol-Wechselwirkung, c — gesamte Gitterenergie; jeweils in Abhängigkeit von der Zusammensetzung

Moleküle der gemischten Stoffe berechnet. Der Van-der-Waals-Anteil der Gitterenergie wurde nach der Atom-Atom-Potential-Methode (Abb. 1.94a) berechnet. Es zeigt sich, daß die Struktur der β-Phase vom Standpunkt der Dispersionswechselwirkungen fast im gesamten Konzentrationsbereich energetisch bevorzugt ist. Die Berücksichtigung des Beitrages der elektrostatischen Wechselwirkung (Abb. 1.94b) in der Gitterenergiesumme veränderte die Energiebilanz an den Phasengrenzen (Abb. 1.94c). Dies veranlaßt uns zu der Schlußfolgerung [131], daß die Existenz des ausgedehnten β-Phasenbereiches nicht energetisch, sondern durch ein Entropieglied in der freien Energie des Kristalls bestimmt wird. Für diese Annahme spricht auch, daß das „mittlere“ Molekül in der Struktur der β-Phase in der Elementarzelle eine Lage höherer Symmetrie einnimmt als in der α- oder γ-Phase.

Bekanntlich kann die Partikelverteilung in einer binären festen Lösung durch das einfache statistische Ising-Modell beschrieben werden, in dem die Atome beider Komponenten Punkte eines Kristallgitters belegen und die zwischenatomare Wechselwirkung sich auf Atompaare bezieht. Das Ising-Problem ist exakt nur für ein- und zweidimensionale Gitter unter Einbeziehung nächster Nachbarn gelöst worden. Für den interessanteren dreidimensionalen Fall sind lediglich verschiedene Näherungsmethoden im Gebrauch.

Gegenwärtig gibt es folgende statistische Näherungsmethoden: die Methode nach Bragg-Williams und nach Gorski, die die Korrelationen in der Schmelze nicht berücksichtigen, die Methode von Bethe-Peierls, die quasichemische Näherung nach Guggenheim und Fowler und auch die von Kirkwood, die die statistische Summe in einer Reihe nach W/T entwickelt (W ist die Mischungsenergie der ersten Koordinationssphäre, T die absolute Temperatur in energetischen Einheiten). Die Unzulänglichkeiten dieser Theorien bestehen darin, daß sie die Wechselwirkungsenergien nur der erstnächsten Nachbarn berücksichtigen, wobei man gleichzeitig Annahmen über die Struktur der geordneten Phase macht (a-priori-Aufteilung der Kristallgitterpunkte in „eigene" und „fremde"). Infolgedessen ist diese Theorie nur für einen sehr begrenzten Typ von Kristallgittern brauchbar (eigentlich nur für AB-Legierungen, in denen die Atome einer Art in geordneter Weise die Atome der anderen umgeben).

Ein Teil dieser Unzulänglichkeiten wird von D. A. Badalian, Chatschaturian und dem Autor dieses Buches beseitigt [84, 132]. Ziel dieser Arbeiten ist eine Theorie der Substitution der Teilchen, die folgende Bedingungen erfüllt: 1. die Nahordnung von Teilchen mit Wechselwirkungen in einer beliebigen Anzahl von Koordinationssphären und bei beliebiger Art des Wechselwirkungspotentials wird berücksichtigt, 2. es werden keine a-priori-Vorstellungen über die Struktur des geordneten Kristallzustandes hineingesteckt, und 3. soll sie eine Methode der Beschreibung des Teilchenersatzes bei beliebiger Symmetrie des Ising-Gitters und beliebigem Strukturtyp der geordneten Phase enthalten. Die genannte Theorie ist eine Variante der thermodynamischen Störungstheorie, die ihrerseits eine Verallgemeinerung der Kirkwoodschen Methode ist.

Der Hamilton-Operator der Konfiguration eines binären Systems mit Paar-Wechselwirkung ist

$$H = \frac{1}{2} \sum_{r, r'} V_{rr'} c_r c_{r'} ,$$

worin c_r eine Funktion ist, die die Werte 0 und 1 hat, in Abhängigkeit davon, ob sich im Gitterpunkt $\boldsymbol{r}$ ein Molekül der Sorte A oder der Sorte B befindet;

$$V_{rr'} = v_{AA}(r, r') + v_{BB}(r, r') - 2v_{AB}(r, r')$$

sind die Mischungsenergien, die mit den Paar-Wechselwirkungspotentialen zwischen den Molekülen der Sorte A, der Sorte B und der Sorte A und B verknüpft sind, $V(0) = 0$. Die Summierung erfolgt über alle Gitterpunkte des Kristalls.

Die statistische Summe eines solchen Systems ist

$$Z = \sum_{c_r=0}^{1} \exp\left(-\frac{1}{2}\beta \sum_{r, r'} V_{rr'} c_r c_{r'}\right),$$

worin Z unter der Voraussetzung berechnet wird, daß die Gesamtzahl der Moleküle im System erhalten bleibt; $\beta = 1/T$.

Man kann zeigen, daß für eine ungeordnete feste Lösung der Moleküle A in der Struktur B die Wahrscheinlichkeit des gleichzeitigen Auftretens der Moleküle der Sorte A in den Bravais-Gitterpunkten $\boldsymbol{r}$ und $\boldsymbol{r}'$ gleich

$$\begin{aligned}\langle c_r c_{r'} \rangle = c^2 &- \frac{V(\boldsymbol{r} - \boldsymbol{r}')}{T} f_1^2 \\ &+ \frac{1}{2T^2}\left[V^2(\boldsymbol{r} - \boldsymbol{r}') f_1^2 f_2^2 + 2 f_1^3 \sum_{\boldsymbol{r}''} V(\boldsymbol{r}'' - \boldsymbol{r}) V(\boldsymbol{r}' - \boldsymbol{r}'')\right] \\ &- \frac{1}{6T^3}\Big[V^3(\boldsymbol{r} - \boldsymbol{r}') f_1^2 f_3^2 + 6 f_1^4 \sum_{\boldsymbol{r}'', \boldsymbol{r}'''} V(\boldsymbol{r}'' - \boldsymbol{r}''') V(\boldsymbol{r}''' - \boldsymbol{r}) V(\boldsymbol{r}' - \boldsymbol{r}'') \\ &- 12 f_1^4 V(\boldsymbol{r} - \boldsymbol{r}') \sum_{\boldsymbol{r}''} V^2(\boldsymbol{r}' - \boldsymbol{r}'') + 6 f_1^3 f_2^2 \sum V(\boldsymbol{r}'' - \boldsymbol{r}) V^2(\boldsymbol{r}' - \boldsymbol{r}'') \\ &+ 6 f_1^3 f_2^2 V(\boldsymbol{r} - \boldsymbol{r}') \sum_{\boldsymbol{r}''} V(\boldsymbol{r}'' - \boldsymbol{r}) V(\boldsymbol{r}' - \boldsymbol{r}'')\Big]\end{aligned}$$

ist [132]. Hier ist c die Konzentration der Moleküle A,

$$f_1 = c(1 - c)\,, \quad f_2 = 1 - 2c\,, \quad f_3 = 1 - 6c + 6c^2\,.$$

Hat die binäre Lösung die Konzentration 1/2, dann gilt

$$\langle c_{\boldsymbol{r}} c_{\boldsymbol{r}'} \rangle = \frac{1}{4} - \frac{V(\boldsymbol{r} - \boldsymbol{r}')}{16T} + \frac{\sum\limits_{\boldsymbol{r}''} V(\boldsymbol{r}'' - \boldsymbol{r})\, V(\boldsymbol{r}' - \boldsymbol{r}'')}{64T^2}$$
$$- \frac{1}{768T^3}\Big[2V^3(\boldsymbol{r} - \boldsymbol{r}') + 3 \sum_{\boldsymbol{r}'',\boldsymbol{r}'''} V(\boldsymbol{r}'' - \boldsymbol{r}''')\, V(\boldsymbol{r}''' - \boldsymbol{r})\, V(\boldsymbol{r}' - \boldsymbol{r}'')$$
$$- 6V(\boldsymbol{r} - \boldsymbol{r}') \sum_{\boldsymbol{r}''} V^2(\boldsymbol{r}' - \boldsymbol{r}'')\Big]\,.$$

Von Badaljan und Mitarbeitern wurde die Nahordnungstheorie auch auf mehrkomponentige organische Kristalle ausgedehnt [84]. Bei hinreichend hohen Temperaturen ($V \ll T$) wird die Wahrscheinlichkeit des gleichzeitigen Auftretens von Teilchen der Sorten α und β in den entsprechenden Gitterpunkten r und r' durch die folgende Näherungsformel ausgedrückt:

$$\langle c_\alpha(\boldsymbol{r})\, c_\beta(\boldsymbol{r}') \rangle$$
$$= c_\alpha c_\beta - \frac{c_\alpha c_\beta}{T}\left[V_{\alpha\beta}(\boldsymbol{r} - \boldsymbol{r}') - 2 \sum_{\gamma=1}^{\nu} V_{\alpha\gamma}(\boldsymbol{r} - \boldsymbol{r}')\, c_\gamma + \sum_{\gamma,\delta=1}^{\nu} V_{\gamma\delta}(\boldsymbol{r} - \boldsymbol{r}')\, c_\gamma c_\delta\right],$$

wo ν die Zahl der verschiedenen Teilchen ist, c_i die Konzentration der Teilchensorte i und $V_{ij}(\boldsymbol{r} - \boldsymbol{r}')$ die Paarwechselwirkung zweier Teilchen (Atome, Moleküle) der Sorten i und j in $\boldsymbol{r}$ und $\boldsymbol{r}'$.

Bis vor kurzem fehlten experimentelle Untersuchungen zur Nahordnung in festen Lösungen organischer Verbindungen völlig. Die erste Untersuchung dieser Art wurde in den letzten Jahren von Semenowskaja und Smirnowa [133, 134] mit Hilfe der diffusen Streuung von Röntgenstrahlen am System Tolan-Diphenylquecksilber durchgeführt.

Es wurde die Intensitätsverteilung der diffusen Streuung im Bereich I der Brillouin-Zone mit dem Zentrum im Nullpunkt des reziproken Gitters von Einkristallen fester Lösungen mit verschiedenem Diphenylquecksilbergehalt untersucht. Die Messungen wurden in einer evakuierten Kleinwinkelkamera im Winkelbereich 35 bis 8° mit CuKα-Strahlen vorgenommen. Ein Szintillationszähler diente zur Intensitätsregistrierung. Aus der gemessenen Intensität wurde die Untergrundstreuung eliminiert, die bedingt ist durch Streuung an in der Kamera verbliebenen Luftmolekülen, durch Streuung des Primärbündels an den Rändern der Blenden und durch Streuung an dem Probengefäß aus Lawsan. Die so erhaltenen Werte ergaben gleiche Absorptionskoeffizienten bei gleicher Probendicke.

In der Abbildung 1.95 werden Kurven der diffusen Streuung in reinem Tolan und in festen Lösungen verschiedener Zusammensetzung für die mit der 2_1-Achse zusammenfallende Richtung gezeigt. Aus der Abbildung 1.94 ist ersichtlich, daß die Streuintensität für die festen Lösungen um eine Größenordnung größer ist als für das reine Tolan. Dabei wächst mit Zunahme der Konzentration c des Diphenylquecksilbers in der festen Lösung die Streuintensität angenähert nach der Beziehung $c(1 - c)$. Eine derartige Konzentrationsabhängigkeit ist besonders für eine solche Streuung charakteristisch, die mit der Nahordnung zusammenhängt.

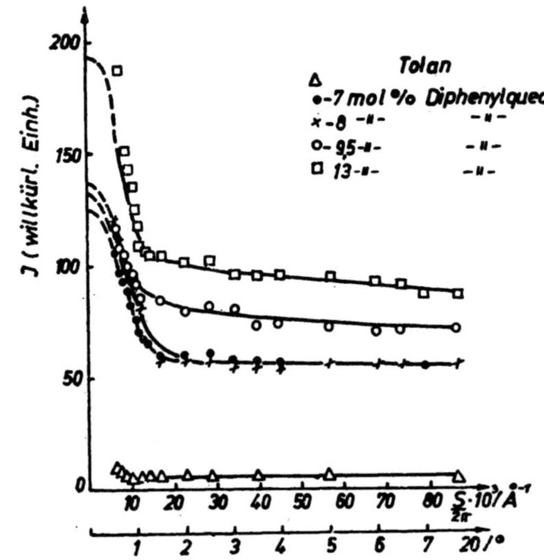

Abb. 1.95. Veränderung der Intensität der diffusen Streuung in Abhängigkeit von der Größe des Wellenvektors $|s|/2\pi$ ($|s| = 4\pi \sin \Theta/\lambda$ in Richtung der 2_1-Achse in Tolan und in festen Lösungen Tolan–Diphenylquecksilber

Auf diese Weise ist die — im Vergleich zur Streuung durch reines Tolan — zusätzliche Streuung durch feste Lösungen durch die in ihnen vorhandene Nahordnung bedingt.

Für die feste Lösung mit 8 mol-% Diphenylquecksilber wurde der Charakter der Intensitätsverteilung der diffusen Streuung in Abhängigkeit von der Richtung der Messung im reziproken Raum ausführlich untersucht. Die in der Abbildung 1.96

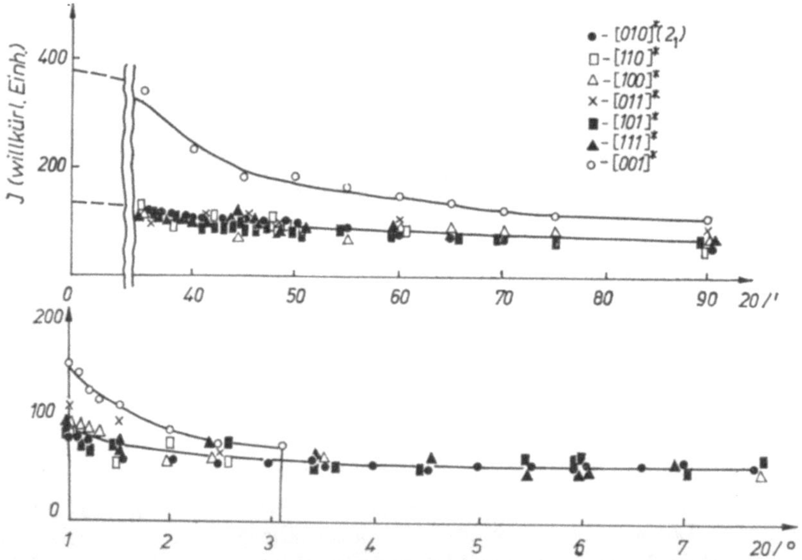

Abb. 1.96. Intensitätsverteilung der diffusen Streuung in Abhängigkeit von der Richtung der Messung im reziproken Raum für die feste Lösung Tolan mit 8 mol-% Diphenylquecksilber

dargestellten Ergebnisse der Messungen für sieben Richtungen decken zwei charakteristische Besonderheiten in der Intensitätsverteilung auf:

Die erste ist die Herausbildung eines diffusen Maximums im Zentrum der Brillouin-Zone. Eine derartige mit einer Nahordnung verknüpfte Intensitätsverteilung entspricht der Bildung einer Schichtungsnahordnung in der festen Lösung, indem die Moleküle einer gegebenen Art sich mit großer Wahrscheinlichkeit mit Molekülen der gleichen Art umgeben. Bei Temperaturerniedrigung zerfällt eine derartige feste Lösung in zwei mit verschiedener Zusammensetzung (im Zustandsdiagramm zeigt sich eine Mischungslücke).

Die zweite Besonderheit besteht darin, daß die Intensität der diffusen Streuung in allen anderen Richtungen des reziproken Raumes praktisch gleich ist, außer in der zu den Schichten senkrechten c-Richtung, in die die Diphenylquecksilbermoleküle eingebaut werden (siehe 1.16. und Abb. 1.72). Die Entstehung eines solchen Bildes ist offensichtlich durch zwei Effekte bedingt: durch eine Nahordnung, die eine sphärische, isotrope Intensitätsverteilung ergibt, und durch statische und Wärmeverzerrungen des Gitters, die zur Streuung in der c-Richtung führen.

Die Isotropie der mit der Nahordnung verbundenen Intensitätsverteilung zeugt davon, daß die zwischenmolekulare Wechselwirkung, die zur Nahordnung führt, fernwirkend ist.

Die Berechnung zeigte, daß diese fernwirkenden Kräfte mit dem Abstand bedeutend langsamer abnehmen als die van der Waals-Kräfte. Die Existenz der fernwirkenden Wechselwirkungen in der festen Lösung Tolan-Diphenylquecksilber ist offensichtlich mit der Anwesenheit der Quecksilberatome verbunden, die den Bindungscharakter ändern.

Quantitative Messungen der Intensität der mit der Nahordnung zusammenhängenden diffusen Streuung gestatten, nicht nur die Parameter der Nahordnung und die mittlere Zahl der Moleküle einer gegebenen Art, die sich im vorgegebenen Abstand von einem bestimmten Molekül befinden, zu bestimmen, sondern in Übereinstimmung mit [133, 134] auch die energetischen Parameter der Schmelzen — die Mischungsenergie $V_{rr'}$ und die Fourier-Komponenten der Mischungsenergie — zu finden, die freie Energie bei verschiedenen Temperaturen und Konzentrationen zu berechnen und das Zustandsdiagramm zu konstruieren. Dieses Verfahren wurde für die festen Lösungen Diphenylquecksilber in Tolan verwirklicht. Die aus Messungen der diffusen Streuung im Nahordnungsbereich berechnete Lage der Grenzen des Zweiphasenbereiches im Zustandsdiagramm (auf der Seite des Tolans) stimmt gut mit experimentellen Daten [91] überein (Abb. 1.70), was die Richtigkeit der Bestimmung der von der Nahordnung herrührenden Intensität bestätigt.

Abschließend sei bemerkt, daß das Problem des Aufbaus und der Eigenschaften von Mischkristallen von einer vollständigen Klärung noch weit entfernt ist, zum Beispiel bei Kristallen mit Wasserstoffbrückenbindungen. Für diese Verbindungen muß man solche Moleküle als Mischungspartner auswählen, die in das Netz der Wasserstoffbrückenbindungen des Matrixkristalls hineinpassen. So war ein Versuch, Moleküle des p-Dichlorbenzols in Hydrochinon einzubauen, erfolglos. Allerdings wurde die Nahordnung der Kristalle in fester Lösung hier nicht röntgenographisch untersucht, das heißt, es gibt keine Kenntnis über den Verteilungscharakter der Gastmoleküle. Schwierig gestaltet sich die Untersuchung des Zerfallprozesses fester Lösungen, da durch die behinderte Diffusion der Moleküle im festen Zustand eine übersättigte feste Lösung jahrelang als Einphasensystem existieren kann. Wenn auch durch Unterkühlung oder mechanische Einwirkung ein Zerfall in zwei Phasen bewirkt werden kann, so glückt es kaum, den Zerfallsprozeß in irgendeinem Stadium zu fixieren, um Röntgenbeugungsaufnahmen zu machen. Es gelingt auch nicht, den Kristall in den Ausgangszustand zurückzuführen, wie es häufig bei Untersuchungen metallischer Legierungen geschieht.

1.21. Molekülverbindungen

Häufig können Kristalle aus zwei Molekülsorten erhalten werden, die nicht statistisch ungeordnet sind, sondern in gleicher gegenseitiger Anordnung in allen Elementarzellen des Kristalls. In diesen Fällen spricht man von Molekülverbindungskristallen. Man trifft sie in der Regel in der Zusammensetzung 1:1 und 2:1 an; Fälle komplizierterer Zusammensetzung sind seltener. Die Bildung solcher Kristalle spricht nicht unbedingt für das Wirken irgendwelcher spezifischer Kräfte, die zwischen den Molekülen der „Verbindung" wirken.

Offensichtlich besitzt der Kristall, der aus zwei Arten von Molekülen aufgebaut ist, eine freie Energie, die niedriger ist als die mittlere Energie des Kristalls aus einer Molekülart. Es scheint sicher, daß die Packung des Zweimolekülkristalls günstiger ist als die Packung der einzelnen Komponenten für sich. Als Beispiel dient die Molekülverbindung zwischen Triphenylmethan und Benzol. Die Struktur dieses Kristalls ist unbekannt. Aber rein geometrisch kann man sich vorstellen, daß die Benzolmoleküle die nach der Form ungeeigneten Moleküle des Triphenylmethans veranlassen, sich günstiger anzuordnen.

Häufig können wir die Bildung bimolekularer Kristalle bei den Molekülen erwarten, die Wasserstoffbrückenbindungen bilden. In diesem Fall muß — wie oben gezeigt — die optimale Struktur sowohl die Forderungen nach dichter Packung als auch die Tendenz zur maximalen Sättigung der Wasserstoffbrückenbindungen befriedigen. Beispiele für Kristalle, bei denen keine zusätzliche Wechselwirkungsenergie entsteht, gibt es viele unter den aliphatischen Verbindungen (Fettsäuren) und auch unter den aromatischen, zum Beispiel das System Meta- und Parakresol (1:1), Dichloräthylen-Tetrachloracetylen (1:1), Chloroform-Äthyläther (1:1), Aldehyd-Äthylalkohol (1:1), Anilin-Phenol (1:1), Harnstoff-Nitrophenol (1:1) [135], p-Dibrombenzol-p-Chlornitrobenzol (3:2) [88].

Mit Hilfe der optischen und der Hochfrequenzspektroskopie wurde eine ganze Reihe physikalischer Daten über die spezielle Wechselwirkung von Molekülen bimolekularer Kristalle ermittelt, deren eine Komponente Nitrogruppen enthält [136]. Es wird vorausgesetzt, daß das Molekül, das ein stärkeres Dipolmoment besitzt, das Molekül der zweiten Komponente polarisiert. Ein solches Molekülpaar wird eine geringere elektrostatische Wechselwirkung besitzen. Im Grenzfall ist zwischen den Molekülen eines solchen Paares ein elektrischer Ladungsaustausch möglich.

Viele bimolekulare Kristalle dieses Typs wurden strukturell vollständig untersucht. Das grundsätzliche Ergebnis ist: in der Geometrie der gegenseitigen Anordnung der Moleküle finden wir im allgemeinen keine Besonderheiten gegenüber den monomolekularen Kristallen. Häufig sind die Moleküle, sich jeweils abwechselnd, zu Säulen verknüpft. Das trifft zum Beispiel zu im Fall des Molekülkomplexes Anthracen — symmetrisches Trinitrobenzol im Verhältnis 1:1. Die Struktur wurde bei zwei Temperaturen bestimmt: bei Zimmertemperatur und bei -100 °C [137]. Die Änderungen der Atomkoordinaten bei Temperaturerniedrigung sind unbedeutend. Die Kristalle sind monoklin, enthalten vier Molekülkomplexe in der Elementarzelle mit den Parametern $a = 11{,}70$ Å; $b = 16{,}20$ Å; $c = 13{,}22$ Å; $\beta = 132{,}8°$ (bei Zimmertemperatur); $a = 11{,}35$ Å; $b = 16{,}27$ Å; $c = 13{,}02$ Å; $\beta = 133{,}2°$ bei -100 °C; ihre Raumgruppe

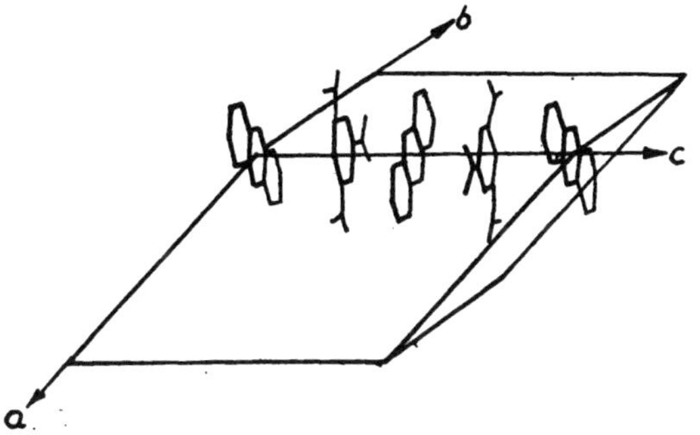

Abb. 1.97. Molekülverbindung Anthracen — symmetrisches Trinitrobenzol; Molekülstapelung längs der c-Achse

ist $C2/c$. Die beiden Molekülarten sind als unendliche Säule längs der c-Achse aneinandergereiht, jede in zwei verschiedenen Orientierungen (Abb. 1.97). Parallel c liegen die engsten intermolekularen Kontakte vor (Abb. 1.98).

Analoge Säulen aus Molekülen gibt es in Kristallen, in denen statt Anthracen das p-Jodanilin [138] eingebaut ist. Kristalle dieser Molekülverbindung sind auch monoklin (Raumgruppe $P2_1/c$; $Z = 4$). Die Parameter der Elementarzelle sind $a = 7{,}43$ Å; $b = 7{,}39$ Å; $c = 28{,}3$ Å; $\beta = 103°\ 44'$. Die Struktur ist aus Säulen sich abwechselnder ebener Moleküle beider Komponenten aufgebaut. Die Normalen der Molekülebenen sind etwas gegen die Säulenachse geneigt. In der Elementarzelle gibt es vier Säulen parallel zur a-Achse. Die Molekülzentren beider Komponenten sind fast wie in einer dichtesten hexagonalen Packung angeordnet. Die intermolekularen Abstände haben herkömmliche Werte. Das Fehlen merklicher Verkürzungen im Vergleich mit den

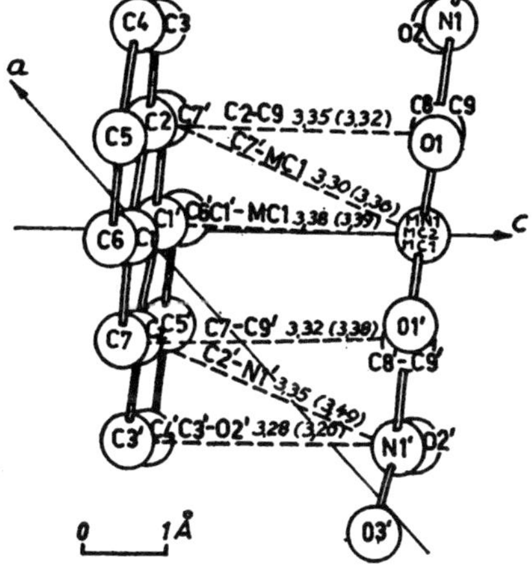

Abb. 1.98. Kürzeste zwischenmolekulare Abstände der Moleküle des Anthracens und des symmetrischen Trinitrobenzols

Summen der intermolekularen Radien spricht gegen die Existenz starker Bindungen zwischen den Molekülen der Komponenten.

In bimolekularen Kristallen, in denen die polarisierende Komponente das 4,4'-Dinitrodiphenyl ist, sind die Moleküle der Komponenten in einem Winkel von 90° zueinander angeordnet. Betrachten wir zum Beispiel ausführlicher die Struktur der Molekülverbindung des 4,4'-Dinitrodiphenyls mit dem 4-Hydroxydiphenyl [139]. Die Elementarzelle hat die Parameter $a = 20{,}06$ Å; $b = 9{,}46$ Å; $c = 11{,}13$ Å; $\beta = 99°39'$. Die Raumgruppe ist Cm und $Z = 2$ ($6 \cdot O_2NC_6H_4C_6H_4NO_2$ und $2 \cdot C_6H_5C_6H_4OH$).

Das Molekül des 4-Hydroxydiphenyls ist eben und liegt in der Symmetrieebene bei $y = 1/2$. Die Moleküle des 4,4'-Dinitrodiphenyls haben im Kristall die Symmetrie m, aber hier liegt die m senkrecht zur Molekülebene (die hier die Ebene der koplanaren Benzolkerne des Moleküls darstellt). Die Ebenen dreier Moleküle sind einander fast parallel und fallen mit der Netzebene ($20\bar{6}$) zusammen (auf Röntgenaufnahmen gibt es diffuse Reflexe, die auf starke Wärmeschwingungen der langen, ebenen Moleküle hinweisen, die in diesen Ebenen liegen).

Die Struktur dieser Molekülverbindung kann man als eine allseitig flächenzentrierte Packung der 4,4'-Dinitrodiphenyl-Moleküle auffassen. In dieser Packung gibt es gestreckte Lücken, die ebenfalls ein allseitig flächenzentriertes Motiv bilden und mit den Molekülen des 4-Hydroxydiphenyls ausgefüllt sind, wobei deren lange Achse fast senkrecht zu den Ebenen verläuft, in denen sich die 4,4'-Dinitrodiphenyl-Moleküle befinden. Jedes 4-Hydroxydiphenyl-Molekül ist von zwölf 4,4'-Dinitrodiphenyl-Molekülen in ziemlich gleichmäßigem Abstand umgeben. Daher ist es nicht möglich, aus dieser Struktur einen „molekularen Komplex“ abzuleiten. Alle intermolekularen Abstände haben übliche Werte, wobei die Kontakte zwischen Molekülen eines Typs durch dieselben Abstände realisiert werden wie die zwischen den Molekülen beider Komponenten.

Es besteht kein Zweifel darüber, daß auch Molekülverbindungen mit einer anderen Geometrie der gegenseitigen Anordnung der molekularen Komponenten gefunden werden. Offenbar gibt es eine große Vielfalt von Möglichkeiten, die elektrostatische Wechselwirkungsenergie zu erniedrigen.

Ein wesentliches Merkmal ist, daß in allen diesen Fällen keine Verringerung der üblichen Abstände zwischen nicht kovalent gebundenen Atomen benachbarter Moleküle eintritt.

Obwohl die Molekülpackungen solcher bimolekularer Kristalle zusätzliche Molekülwechselwirkungsenergien vermuten lassen, konnte von Frolowa und Kitaigorodski durch vergleichende Berechnungen der Packungskoeffizienten bimolekularer Kristalle und ihrer Einzelkomponenten gezeigt werden, daß keine Unterschiede bestehen (Tab. 1.14 [140]).

So bleibt der Grundterm der Energie — die Summe der universellen Atom-Atom-Potentiale — offenbar unverändert. Die Ursache für die Bildung bimolekularer Kristalle liegt offenbar darin, daß die Mischung von Dipolmolekülen mit solchen Molekülen, die ein induziertes Dipolmoment besitzen, zur Erniedrigung des elektrostatischen Anteils der Wechselwirkungsenergie führt. Es ist zweifelhaft, ob ein Ladungsübergang in der Gitterenergie wesentlich zum Ausdruck kommt.

Es wäre interessant, alle diese Vorstellungen experimentell zu prüfen, das heißt, thermodynamische Messungen und Berechnungen der Gitterenergie durchzuführen.

Tabelle 1.14. Packungskoeffizienten bimolekularer Kristalle

Verbindung A	B	Packungskoeffizient	Packungskoeffizient der reinen Komponenten A	B
Naphthalin	+ Trinitrobenzol	0,72	0,70	0,64
	+ Trinitrochlorbenzol	0,68	0,70	0,65
	+ Trinitrophenol	0,68	0,70	0,65
	+ α-Trinitrotoluol	0,68	0,70	0,63
	+ γ-Trinitrotoluol	0,78	0,70	0,62
Acenaphthen	+ Trinitrophenol	0,68	0,70	0,65
	+ α-Trinitrotoluol	0,64	0,70	0,63
	+ β-Trinitrotoluol	0,63	0,70	0,70
	+ γ-Trinitrotoluol	0,63	0,70	0,62
Phenanthren	+ Trinitrobenzol	0,71	0,68	0,64
	+ Trinitrochlorbenzol	0,7	0,68	0,65
	+ Trinitrophenol	0,56	0,68	0,65
	+ α-Trinitrotoluol	0,70	0,68	0,63
	+ β-Trinitrotoluol	0,65	0,68	0,70
Fluoren	+ α-Trinitrotoluol	0,67	0,69	0,63

Eine große Gruppe von Kristallen, die aus zwei oder mehreren Molekülsorten aufgebaut sind, sind die sogenannten Clathratverbindungen. Die Moleküle, die durch Wasserstoffbrückenbindungen verknüpft sind, bilden verschiedene Käfige (Hohlräume) unterschiedlicher Größe. Diese Lücken können von Molekülen einer anderen Sorte ausgefüllt werden. Die Wechselwirkung der Moleküle in den Lücken mit den Molekülen, die den Käfig bilden, kann sowohl durch ein geometrisches als auch ein physikalisches Modell analysiert werden. Man kann zum Beispiel den Packungskoeffizienten des kleinen Moleküls in dem Käfig berechnen. Die Rechnungen zeigen, daß die eingeschlossenen Moleküle diese Hohlräume nicht aufweiten. Es gibt Fälle, in denen die eingeschlossenen Moleküle sich günstig in den Hohlraum des Käfigs einlagern und nur geringe Bewegungen um die Gleichgewichtslage ausführen. In anderen Fällen befindet sich — wie Röntgenstrukturanalyse und thermodynamische Untersuchungen zeigen — das eingeschlossene Molekül in einem Zustand freier Drehbarkeit.

Als Beispiel wollen wir die Molekülverbindung des Hydrochinons mit SO_2 betrachten [141]. Die Elementarzelle mit den Parametern $a = 16{,}29$ Å; $c = 5{,}81$ Å (Raumgruppe $P\bar{3}$) enthält drei Formeleinheiten der Zusammensetzung $3C_6H_4(OH)_2M$, worin M ein kleines Molekül darstellt, hier das SO_2; aber auch H_2S, HCOOH, HCN, HCl, HBr, CH_3CN, CH_3OH sind möglich.

Die Hydrochinonmoleküle sind über Wasserstoffbrücken der Länge 2,75 Å miteinander verbunden und bilden ein unendliches dreidimensionales Gerüst (Abb. 1.99).

Die sechs O-Atome der sechs Hydrochinonmoleküle bilden ein ebenes Sechseck, parallel (a, b). Die zentralen Geraden O—O dieser sechs Moleküle sind von der Sechseckebene aus abwechselnd nach „oben“ und „unten“ gerichtet. Der Winkel zwischen den O—O-Geraden und (a, b) ist 44,5°. Diesen Wert hat auch der Winkel zwischen der Benzolringebene und (a, c).

Das zweite O-Atom jedes der angegebenen sechs Hydrochinonmoleküle gehört zu einem analogen Sechseck und bildet ein zweites Gerüst parallel dem in Abbildung 1.99

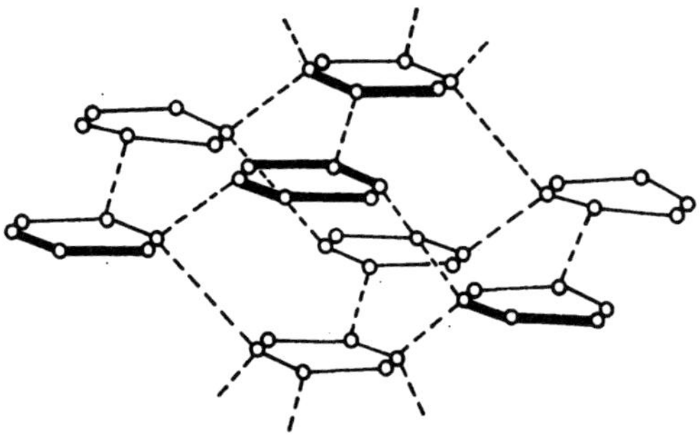

Abb. 1.99. Perspektivische Darstellung der Wasserstoffbrückenbindungen in der Hydrochinonstruktur

dargestellten, aber gegenüber dem ersten in c-Richtung um den halben Abstand zwischen zwei übereinanderliegenden Sechsecken verschoben. Beide Gerüste sind miteinander verflochten und durchdringen sich ohne Störung der intermolekularen Abstände. In dieser verflochtenen Struktur gibt es in jeder Zelle drei Lücken, das sind fast kugelförmige Käfige mit einem Durchmesser von 7,5 Å. Unter Berücksichtigung der intermolekularen Radien erkennt man leicht, daß bei einem Molekül in der Lücke ein freier Raum mit einem Durchmesser von 4 Å übrigbleibt, das heißt, er ist volumenmäßig völlig ausreichend für den Einbau kleiner Moleküle.

In einer anderen interessanten Struktur der Klathratverbindung des Hydrochinon mit SO_2 (Abb. 1.100) reicht die Größe der Lücke nicht zur freien Rotation des SO_2-Moleküls aus; jedoch sind starke Wärmebewegungen möglich.

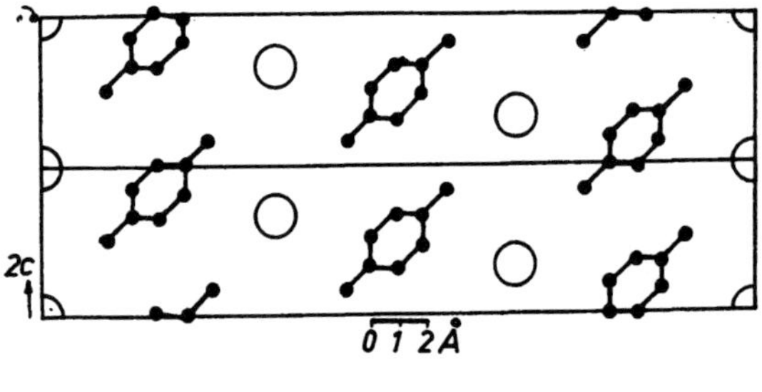

Abb. 1.100. Clathratverbindung $3\,C_6H_4(OH)_2 \cdot SO_2$ (110)-Projektion

Interessanterweise haben die Käfige dieser Gerüststruktur keine „Türen“. Das Molekül wird schon im sich bildenden Kristall eingebaut, und kann ihn auch bei sehr viel kleineren Abmessungen nicht verlassen. Deshalb bildet sich, ungeachtet der Flüchtigkeit des SO_2 und des Fehlens irgendwelcher zusätzlichen Bindung zwischen den Hydrochinonmolekülen und dem SO_2 eine stabile Molekülverbindung.

Sehr interessant sind Untersuchungen an Clathratverbindungen, in denen Wasserschichten große Moleküle umgeben, das heißt ganz allgemein das Problem der Kristallhydrate. Die Entdeckung wichtiger Gesetzmäßigkeiten auf diesem Gebiet verdanken wir Jeffrey und Mitarbeitern [142]. Uns scheint, daß eine einheitliche Betrachtung dieses Problems noch interessanter ist, wenn an einfachen Beispielen die Möglichkeit der Beschreibung von Wasserstoffbrückenbindungen mittels Atom-Atom-Potentialen untersucht wird.

Betrachten wir die Struktur einer Clathratverbindung des „Gashydrat“-Typs im Detail. Das unlängst untersuchte Kristallhydrat des Ethylenoxids $6{,}4\ C_2H_4O \cdot 46\ H_2O$ [143] besitzt eine hohe Symmetrie. Die Raumgruppe ist $Pm3m$, die Gitterkonstante

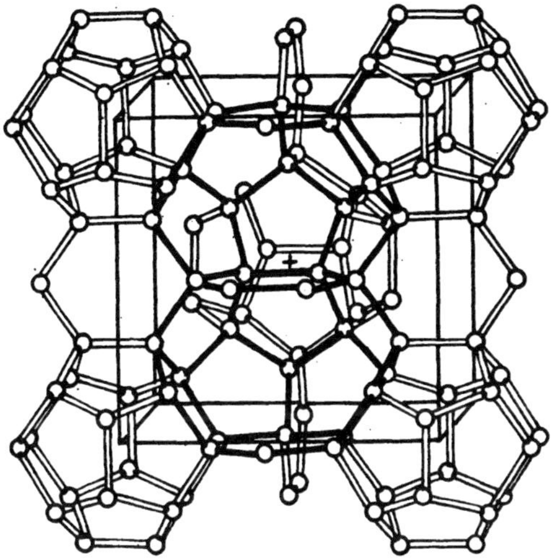

Abb. 1.101. Gerüst aus Polyedern, bestehend aus Wassermolekülen

ist 12,03 Å bei einer Temperatur von —25 °C. 46 Wassermoleküle sind über Wasserstoffbrückenbindungen zu einem Polyedergerüst verknüpft (Abb. 1.101). Die Abstände O ... O in den Wasserstoffbrückenbindungen schwanken zwischen 2,766 und 2,844 Å. Die Moleküle des Ethylenoxids besetzen sechs äquivalente Lücken in diesem Gerüst und zeigen auf Grund der Elektronendichteverteilung zwei statistisch gleichwahrscheinliche Orientierungen (Abb. 1.102) auf der $\bar{4}$-Achse. Die Struktur ist die eines normalen Kristallhydrats in dem Sinne, daß sich die Atome des Grundgerüstes und die darin eingeschlossenen Moleküle in normalen intermolekularen Abständen befinden, deren kürzeste O---O-Abstände 3,18 Å und O---C-Abstände 3,70 Å betragen, so daß man nicht von der Existenz irgendwelcher spezifischer Bindungen zwischen ihnen sprechen kann.

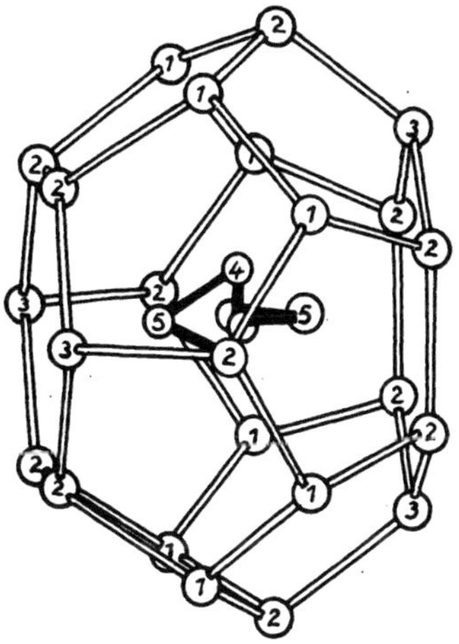

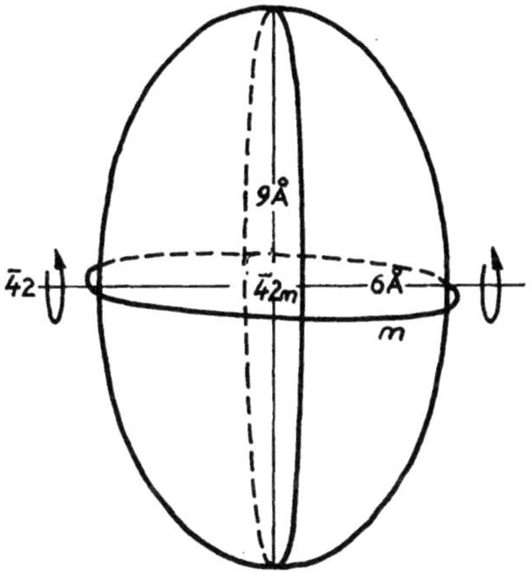

Abb. 1.102. Anordnung eines Ethylenoxidmoleküls in einer „Lücke“ des Gerüsts (Symmetrie und Abmessungen dieses Polyeders sind auf der rechten Zeichnung dargestellt)

Sowohl in den „Gashydrat“-Strukturen als auch in den Strukturen vom Typ der Hydrate peralkylierter Kationen [144], zum Beispiel $5(n\text{-}C_4H_9)_4 N^+F^- \cdot 16\ H_2O$, umschließen die Grundgitter, die durch Wasserstoffbrückenbindungen gebildet werden, Pentagondodekaeder $H_{40}O_{20}$, wobei zwischen diesen Gittern und den eingeschlossenen Molekülen oder Kationen keine Wasserstoffbrückenbindungen existieren. Es gibt Kristallhydrate auch anderen Typs [142]. So ist das Amin in der Struktur des $12\ (C_2H_5)_2NH \cdot 104\ H_2O$ durch eine Wasserstoffbrückenbindung in den Lücken des Wassergitters gebunden, das 18-Flächner mit 12 pentagonalen und 6 hexagonalen Flächen enthält, aber keine Dodekaeder. In der Struktur des $(CH_3)_4NOH \cdot 5\ H_2O$ befinden sich die Kationen in den Lücken eines Wasser-Anionengitters, das aus deformierten, abgestumpften Oktaedern besteht.

Die Untersuchung binärer Kristalle organischer Stoffe ist der Schlüssel zum Studium der intermolekularen Wechselwirkungen. Es besteht kein Zweifel, daß Untersuchungen auf diesem Gebiet zunehmen werden.

1.22. Quasieindimensionale Elektronensysteme

Vor etwa zehn Jahren wurden systematische Untersuchungen einer großen Klasse molekularer Verbindungen begonnen, die die Bezeichnung quasieindimensionale Elektronensysteme erhielt.

Die Anregung zu diesen Arbeiten ging 1964 von der Publikation Littles [145] aus, die zu der Hoffnung berechtigte, Hochtemperatursupraleiter in der Reihe ein- und zweidimensionaler Elektronensysteme zu finden.

Gegenwärtig sind zwei Klassen organischer Verbindungen mit quasieindimensionalem Elektronensystem bekannt:

1. Radikal-Salze des 7,7,8,8-Tetracyanochinodimethan-Anions

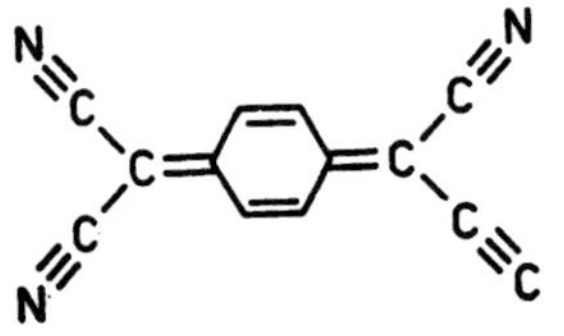

XL1 (TCNQ)

2. Radikal-Salze des Tetrathiofulvalen-Kations

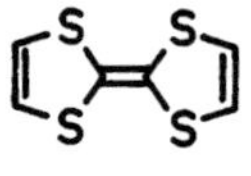

XL2 (TTF)

und Tetrathiotetracen-Kations

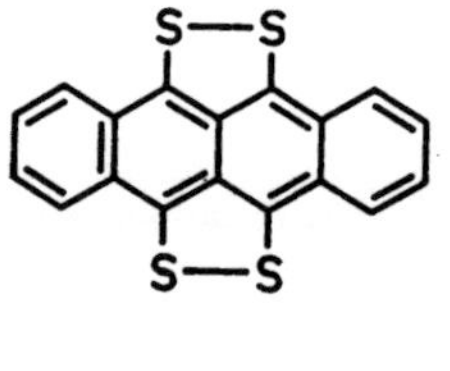

XL3 (TTT)

Besondere Aufmerksamkeit wurde anfangs der Verbindungsklasse des TCNQ gewidmet. Obwohl in den Komplexen des TCNQ bisher keine Supraleitfähigkeit entdeckt wurde, stellen sie doch eine interessante Verbindungsklasse mit ungewöhnlichen physikalischen Eigenschaften dar [146, 147]. So wurden unter ihnen die besten organischen elektrischen Leiter gefunden, deren Leitfähigkeit Werte über 10^2 S cm^{-1} bei Zimmertemperatur erreicht.

Zweifelsohne sollten die für die Verwirklichung des Exzitonen-Mechanismus der Supraleitfähigkeit erforderlichen Kristalle mit quasieindimensionalem Elektronensystem eine genügend hohe Leitfähigkeit, etwa metallische oder fast metallische, besitzen. Deshalb müßte eine zielgerichtete Suche nach neuen Systemen besonders unter diesem Gesichtspunkt erfolgen.

Gegenwärtig ist eine genügend große Zahl von Molekülkomplexen des TCNQ bekannt, und häufig unterscheiden sie sich auffällig in ihren Eigenschaften. Der Unterschied in den Eigenschaften ist mit dem Unterschied in der Kristallstruktur verbunden. Außerdem ist die Zahl der bekannten Strukturen der Molekülkomplexe zur Zeit schon genügend groß, um Gesetzmäßigkeiten in ihrem Bau aufklären zu können und festustellen, welche Abhängigkeit es zwischen der Struktur dieser Komplexe und ihren physikalischen Eigenschaften gibt.

TCNQ bildet drei Arten von Komplexen: Charge-transfer-Komplexe M · TCNQ, einfache Salze $M_n^+(TCNQ)_n^{\dot{-}}$ und zusammengesetzte Salze $M_n^+(TCNQ)_n^{\dot{-}}$ $(TCNQ)^\circ$, wobei die letzteren außer dem Anion-Radikal $(TCNQ)^{\dot{-}}$ das neutrale Molekül $(TCNQ)^\circ$ enthalten.

Die Strukturen der Charge-transfer-Komplexe des TCNQ unterscheiden sich nicht durch große Mannigfaltigkeit und sind im allgemeinen typisch für Molekülkomplexe mit Ladungsübertragung. Für alle ist das Vorhandensein von Stapeln aufeinanderfolgender Donator- und Akzeptormoleküle charakteristisch, manchmal mit im Vergleich zum gewöhnlichen Van-der-Waals-Abstand verkürztem Abstand (bis 3,20 Å). In der Regel besitzen die Charge-transfer-Komplexe des TCNQ eine geringe Leitfähigkeit ($\sigma \approx 10^{-3}$ bis 10^{-11} S cm^{-1}). Solcher Art sind die Komplexe des TCNQ mit Anthracen [148], Pyren [149], Pyrylen [150], Dimethyl-dibenz-tetrathiofulvalen [151] und anderer. In Abbildung 1.103 ist die Projektion der Struktur des Komplexes des TCNQ mit Dimethyl-dibenz-tetrathiofulvalen dargestellt, in der Stapel aufeinanderfolgender Donator- und Akzeptormoleküle mit einem Zwischenebenenabstand von 3,55 Å vorliegen.

Auf Grund der Strukturanalyse einfacher Ion-Radikal-Salze des TCNQ kann man diese in bezug auf die Packungsart der Anionen $(TCNQ)^{\dot{-}}$ in drei Gruppen einteilen:

a) Strukturen mit diskreten Anionenpaaren des $(TCNQ)^{\dot{-}}$.
Solche Strukturen besitzen die Komplexe des TCNQ mit den Kationen des 3,3'-Diethylthiacyanins (Abb. 1.104), Dibenzolchroms u. a. [152].

b) Strukturen mit Stapeln aus TCNQ, die in Paare unterteilt sind (Komplexe des TCNQ mit Kationen des Ditoluolchroms, Morpholins [153] u. a.). In der Abbildung 1.105 ist schematisch die Anordnung der Stapel $(TCNQ)^{\dot{-}}$ im einfachen Salz des Ditoluolchroms [154] dargestellt.

c) Strukturen mit unendlichen Stapeln aus TCNQ, in denen die Zwischenebenenabstände TCNQ—TCNQ gleich sind und in denen auch die charakteristische Art der Überlagerung zweier benachbarter Anionen gleich ist (Abb. 1.106) (Komplexe des TCNQ mit Kationen des N-Methylphenazins $(NMF)^+$ [155], Tetrathiofulvalens $(TTF)^+$ [156] und anderer).

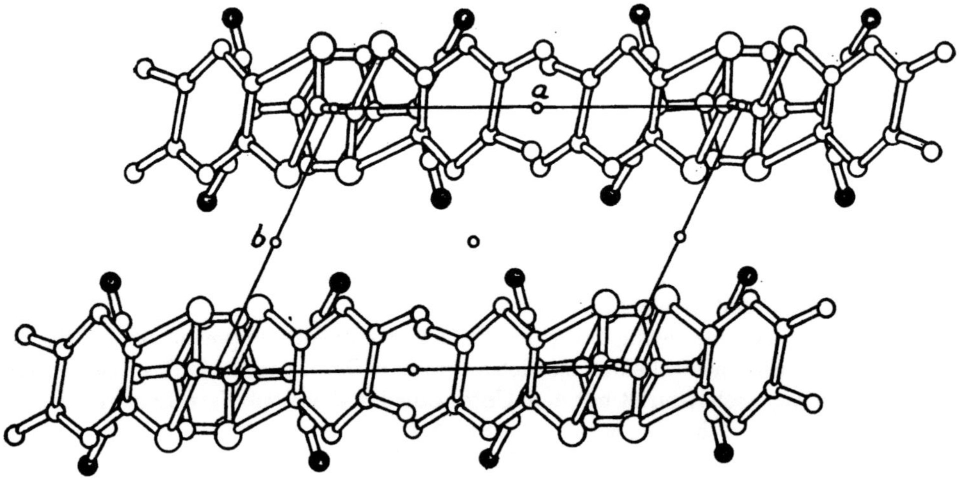

Abb. 1.103. Dimethyl-dibenz-tetrathiofulvalen TCNQ. Projektion der Struktur in Richtung [001]

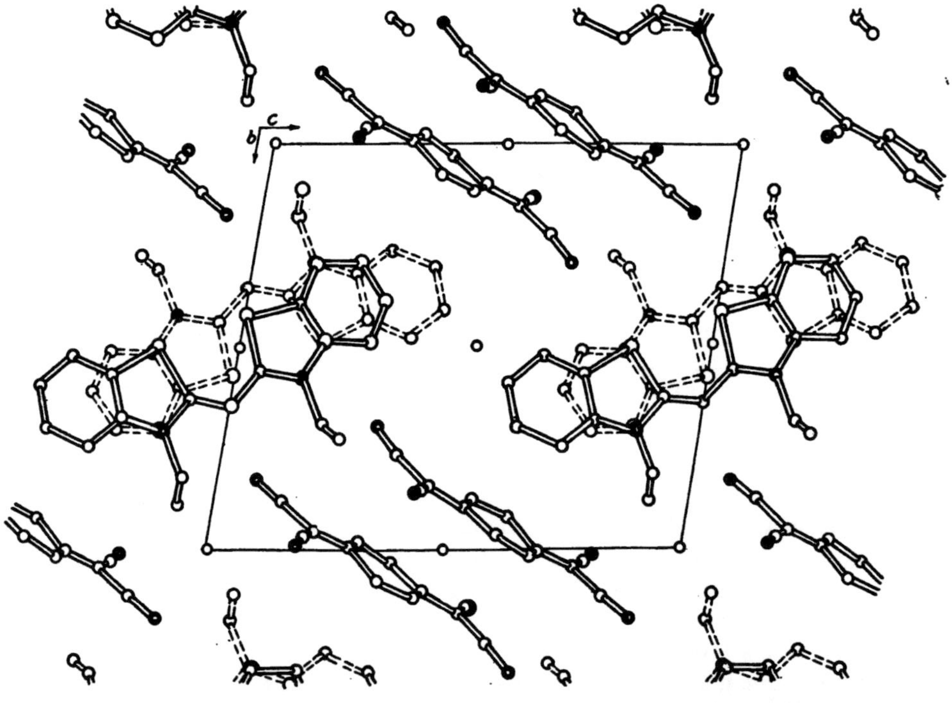

Abb. 1.104. (3,3'-Diethylthiacyanin)+ (TCNQ)$^{-}$. Projektion der Struktur in *a*-Richtung. Der Zwischenebenenabstand im TCNQ–TCNQ-Paar beträgt 3,23 Å, der mittlere Abstand im Stapel der Farbstoffmoleküle 3,65–3,68 Å. Das Farbstoffmolekül ist angenähert eben, der Winkel zwischen den Ebenen zweier Benzthiazolringe ist etwa 4°

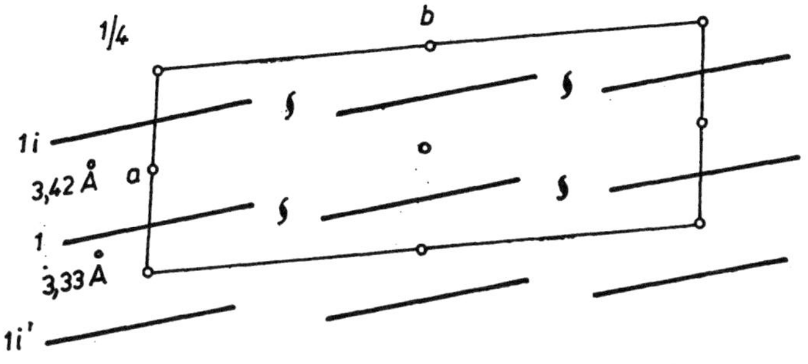

Abb. 1.105. $[(C_6H_5CH_3)_2Cr]^+$ $(TCNQ)^{\overline{\cdot}}$. Schematische Anordnung der Anionen $(TCNQ)^{\overline{\cdot}}$ n *ac*-Projektion

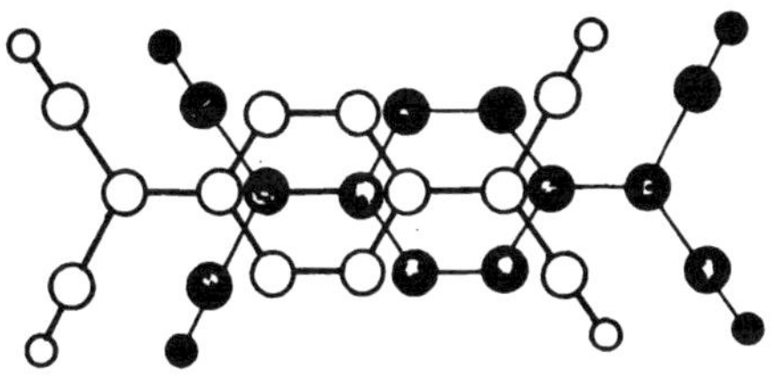

Abb. 1.106. Art der Überlagerung benachbarter TCNQ-Moleküle in allen gutleitenden Komplexen

Komplexe mit Strukturen der Gruppen a) und b) sind in der Regel schlecht leitend Die Leitfähigkeit der Komplexe mit Strukturen der Gruppe c) jedoch hängt von der Größe des Zwischenebenenabstandes TCNQ—TCNQ in dem leitenden Stapel ab. So ist für den Komplex $(NMF)^+(TCNQ)^{\overline{\cdot}}$ der Zwischenebenenabstand im Stapel gleich 3,26 Å (die Leitfähigkeit des Komplexes ist $\sigma_{293K} = 1{,}7 \cdot 10^2$ S cm^{-1}). Die Vergrößerung dieses Abstandes auf 3,43 Å (faktisch der normale Van-der-Waals-Abstand) im Komplex $Rb^+(TCNQ)^{\overline{\cdot}}$ (trikline Modifikation) [157] führt zu starker Verschlechterung der leitenden Eigenschaften des Komplexes ($\sigma \approx 10^{-2}$ S cm^{-1}), obgleich im übrigen der Charakter der Stapel aus TCNQ derselbe ist wie im Komplex $(NMF)^+(TCNQ)^{\overline{\cdot}}$ [156]. Im Komplex $(TTF)^+(TCNQ)^{\overline{\cdot}}$ ist innerhalb dieser Verbindungsgruppe der Zwischenebenenabstand TCNQ—TCNQ mit 3,17 Å am kürzesten.

Die Reihe der Strukturarbeiten über einfache Ion-Radikal-Salze des TCNQ ist mit genügend hoher Genauigkeit ausgeführt worden, so daß man verfolgen konnte, wie sich die Geometrie des Moleküls TCNQ beim Übergang zum Anion-Radikal verändert. Die Analyse der Verteilung der Bindungslängen im Anion-Radikal $(TCNQ)^{\overline{\cdot}}$ zeigte, daß sie dem pseudoaromatischen Charakter entspricht, das heißt die Mehrfachbindungen sind verlängert [158], die einfachen dagegen verkürzt, wobei die maximale Veränderung der Bindungslängen 0,04 Å beträgt.

Alle Strukturen der zusammengesetzten Ion-Radikal-Salze des TCNQ können ebenfalls nach dem Typ der Molekülpackung des TCNQ im Kristall in drei Gruppen eingeteilt werden:

a) Strukturen ohne unendliche Stapel aus TCNQ, aber mit isolierten Tetraedern und Paaren des TCNQ. Beispiele dafür sind die Komplexe mit 3,3'-Diethylthiacarbocyanin [152], Tetraphenylphosphonium $[P(C_6H_5)_4]^+$ [159] und anderen (Abb. 1.107).

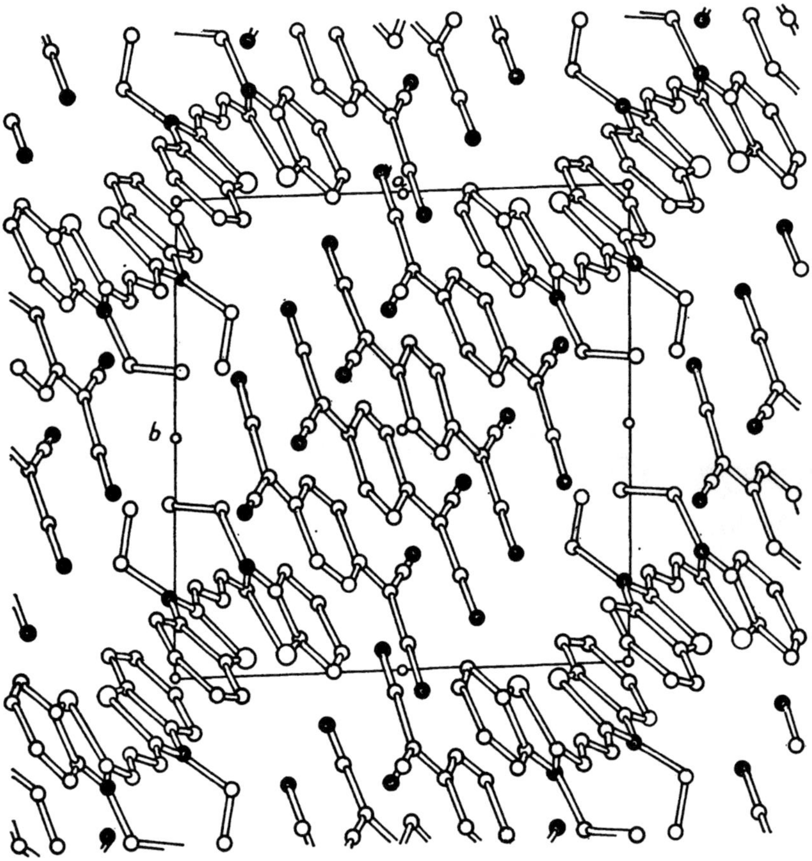

Abb. 1.107. (3,3′-Diethylthiacarbocyanin)$^{+}$ $(TCNQ)_2^{\cdot-}$. Projektion der Struktur in *c*-Richtung. Der Zwischenebenenabstand TCNQ–TCNQ in der Viererschicht beträgt 3,28 Å. Im Farbstoffmolekül ist der Winkel zwischen den Ebenen zweier Benzthiazolringe 20°

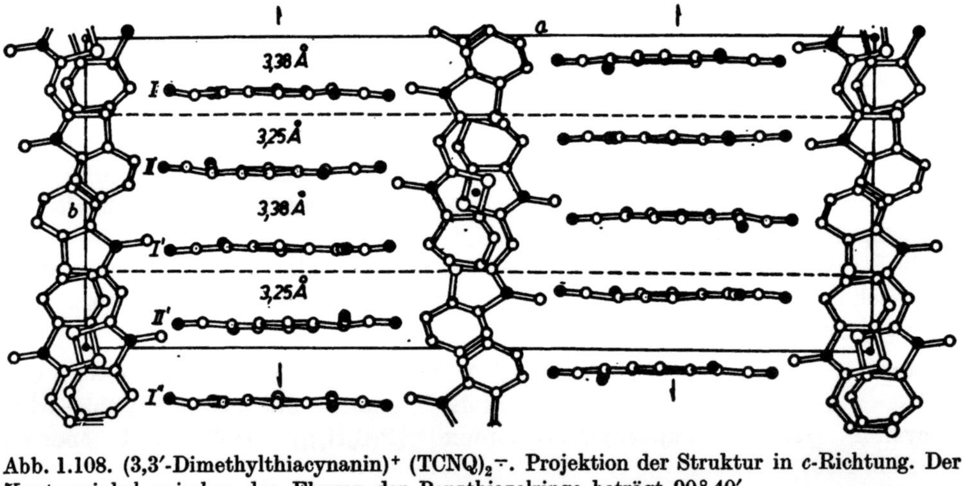

Abb. 1.108. (3,3′-Dimethylthiacynanin)$^{+}$ $(TCNQ)_2^{\cdot-}$. Projektion der Struktur in *c*-Richtung. Der Kantenwinkel zwischen den Ebenen der Benzthiazolringe beträgt 90° 40′

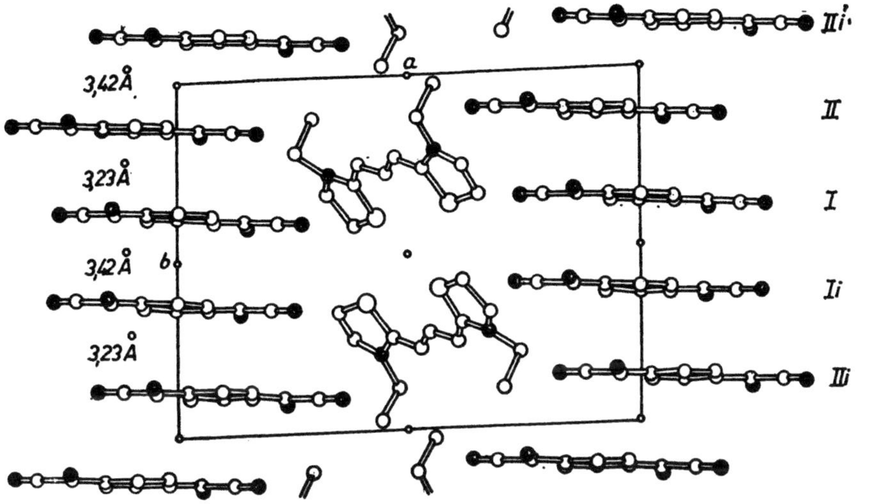

Abb. 1.109. (3,3'-Diethylthiazolino-carbocyanin)$^+$ $(TCNQ)_2^{\cdot -}$. Projektion der Struktur in c-Richtung

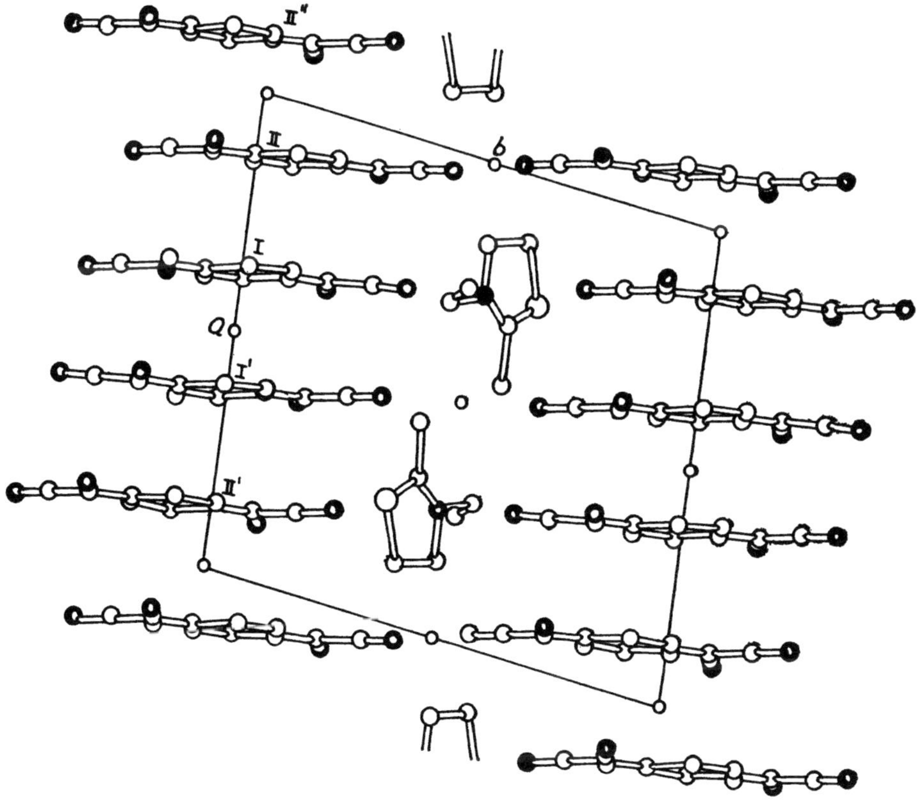

Abb. 1.110. (N-Ethyl-2-methylthiazolin)$^+$ $(TCNQ)_2^{\cdot -}$. Projektion der Struktur in c-Richtung

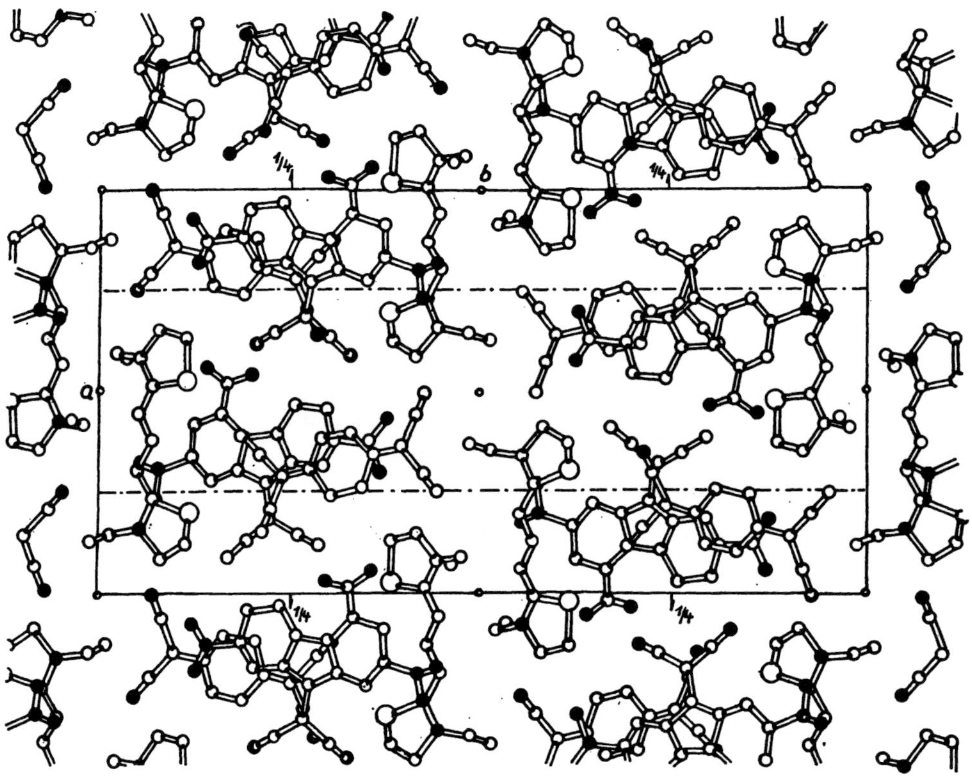

Abb. 1.111. (3,3'-Diethylthiazolino-carbocyanin) (TCNQ · 9-Dicyanomethylen-2,4,7-trinitrofluoren)⁻. Projektion der Struktur in *c*-Richtung

b) Strukturen mit unendlichen Stapeln aus TCNQ, die im Innern in Paare und Tetraeder untergliedert sind, unterschiedliche Zwischenebenenabstände TCNQ—TCNQ innerhalb der Paare (Tetraeder) und zwischen ihnen sowie unterschiedliche Arten der Überlagerung benachbarter TCNQ-Moleküle besitzen. Die Wechselwirkung zwischen den TCNQ-Einheiten innerhalb der Paare (Tetraeder) ist in der Regel stärker als zwischen den Paaren (Tetraedern). Zu dieser Strukturgruppe gehört die Mehrzahl zusammengesetzter Ion-Radikal-Salze des TCNQ.

In Abbildung 1.108 ist die Projektion der Struktur des Komplexes mit einem Cyanin-Farbstoff [160] dargestellt. Es ist charakteristisch, daß hier die Stapel aus TCNQ mit abwechselndem Abstand von 3,25 und 3,28 Å nicht entlang der kurzen Periode im Kristall, die mit der Richtung der Kristallnadeln zusammenfällt, verlaufen; in Richtung der kurzen Periode sind die Moleküle des Farbstoffs ausgerichtet. In der Abbildung 1.109 sehen wir die Projektion der Struktur des zusammengesetzten Ion-Radikal-Salzes des TCNQ mit einem Thiazolin-Farbstoff [161]. Die Stapel aus den TCNQ-Molekülen untergliedern sich darin in Paare mit einem Zwischenebenenabstand von 3,23 Å innerhalb der Paare und einer maximalen Überlagerung des in der Abbildung 1.105 gezeigten Typs. Der Zwischenebenenabstand zwischen den Paaren beträgt 3,42 Å, und die Moleküle verschiedener Paare überlagern sich nur schwach. In der Struktur des zusammengesetzten Ion-Radikal-

Salzes des TCNQ mit der quaternären Base des N-Ethyl-2-Methylthiazolins (Abb. 1.110) ist der Abstand TCNQ—TCNQ in allen Stapeln gleich (3,30 Å), jedoch zeigt die Überlagerung benachbarter Moleküle des TCNQ die Tendenz zur Bildung von Tetraedern [162]. Der Komplex mit einem Carbothiazolin-Farbstoff, dessen Strukturprojektion die Abbildung 1.111 zeigt, ist formal auch ein zusammengesetztes Ion-Radikal-Salz, nur daß er neben dem TCNQ noch einen weiteren Akzeptor — das Dicyanomethylentrinitrofluoren — enthält, das heißt, ein Komplex mit zwei Akzeptoren ist. In der Struktur gibt es Stapel aufeinanderfolgender Akzeptoren mit einem Zwischenebenenabstand von 3,30 Å und mit zwei Überlagerungsarten. Die Röntgenstrukturanalyse erlaubte nicht, festzustellen, welche Komponente das Anion-Radikal bildet. Aus anderen physiko-chemischen Untersuchungen folgt jedoch, daß das ungepaarte Elektron hauptsächlich am TCNQ lokalisiert ist [163].

c) Strukturen mit unendlichen regulären Stapeln aus TCNQ, in denen sowohl die Zwischenebenenabstände TCNQ—TCNQ als auch die Art der Überlagerung benachbarter TCNQ-Moleküle gleich sind (Abb. 1.112). Das ist die interessanteste Verbindungsklasse des TCNQ. Solche zusammengesetzten Ion-Radikal-Salze sind die Verbindungen des TCNQ mit Chinolin $(Qn)^+$ [164], Tetramethyl-para-phenylen-

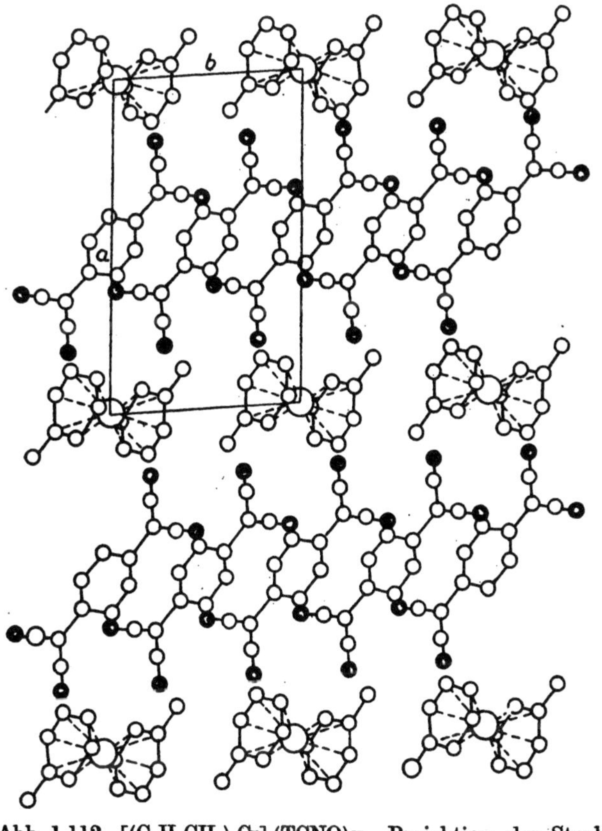

Abb. 1.112. $[(C_6H_5CH_3)_2Cr]\,(TCNQ)^{\overline{\cdot}}$. Projektion der Struktur in c-Richtung. Der Zwischenebenenabstand TCNQ–TCNQ beträgt 3,29 Å bei Zimmertemperatur und 3,16 Å bei $T = 153$ K

diamin (TMPD)$^+$ [165], Ditoluolchrom (DTCr)$^+$, Acridin (Ad)$^+$ [166] und Tetrathiotetrazen (TTT)$^+$, die sämtlich eine hohe Leitfähigkeit besitzen.

Eine der Hauptfragen, die bei der Interpretation der physikalischen Eigenschaften, insbesondere der Temperaturabhängigkeit der magnetischen und elektrischen Eigenschaften zusammengesetzter Ion-Radikal-Salze, auftreten, ist die nach der Verteilung der Anionladung im festen Körper: Ist sie auf bestimmte TCNQ-Einheiten konzentriert oder nicht lokalisiert? Häufig können Strukturuntersuchungen prinzipiell keine Antwort auf diese Frage geben, da bekanntlich ein kristallographisch gemitteltes Bild beobachtet wird, zum Beispiel in den Komplexen (TMPD)$^+$(TCNQ)$_2^{\dot{-}}$, (Qn)$^+$(TCNQ)$_2^{\dot{-}}$, (Ad)$^+$(TCNQ)$_2^{\dot{-}}$, [P(C$_6$H$_5$)$_4$]$^+$(TCNQ)$_2^{\dot{-}}$ und anderen, in denen zwei TCNQ-Moleküle im Symmetriezentrum miteinander verbunden sind. Allerdings beweist dies nicht eindeutig, daß alle Moleküle (sowohl (TCNQ)° als auch (TCNQ)$^{\dot{-}}$) äquivalent sind und die formale Ladung $-\,^1/_2$ besitzen (TCNQ)$^{-1/2}$, weil (TCNQ)° und (TCNQ$^{\dot{-}}$) entweder gesetzmäßig oder zufällig aufeinander folgen können, so daß das Symmetriezentrum nur statistisch aufgefüllt wird.

Außerdem ist der Unterschied zwischen den Bindungslängen des neutralen Moleküls (TCNQ)° und des Anion-Radikals (TCNQ)$^{\dot{-}}$, wie wir schon anführten, klein (Δr_{max} = 0,04 Å), so daß sehr genaue Strukturuntersuchungen erforderlich sind, um einen solchen Effekt festzustellen. Es zeigte sich, daß in allen gutleitenden zusammengesetzten Ion-Radikal-Salzen des TCNQ mit Strukturen der Gruppe c) die Werte der Bindungslängen im TCNQ zwischen den entsprechenden Werten lagen, die für (TCNQ)° und (TCNQ)$^{\dot{-}}$ charakteristisch sind, so daß man annehmen kann, daß sie formal einem (TCNQ)$^{-1/2}$ entsprechen.

Wir dürfen feststellen, daß für den Komplex (DTCr)$^+$(TCNQ)$_2^{\dot{-}}$ auf Grund der Analyse der ^{1}H-NMR-Breitlinienspektren des TCNQ, aufgenommen bei Heliumtemperatur, gezeigt wurde [167], daß die Extra-Elektronen der linearen leitenden Ketten lokalisiert sind. Wenn diese Elektronen bei Zimmertemperatur delokalisiert sind, dann könnte man sagen, daß bei Erniedrigung der Temperatur im Komplex etwas einem Mott-Übergang Ähnliches vor sich geht. Wie eine Röntgenstrukturuntersuchung des Komplexes (DTCr)$^+$(TCNQ)$_2^{\dot{-}}$ bei T = 153 K zeigte [168], sind die Moleküle des TCNQ in diesem Komplex in bezug auf den Charakter der Bindungslängenverteilung einander äquivalent (Genauigkeit ± 0,006 Å) (Abb. 1.113), obwohl sie sich in verschiedenen Symmetriezentren befinden. Also ist die Ladung in der leitenden Kette des Komplexes bei der Temperatur 153 K delokalisiert (selbstverständlich um so mehr bei Zimmertemperatur). In diesem Zusammenhang besitzt die Untersuchung dieser Kristalle bei noch tieferen Temperaturen ungeteiltes Interesse.

Alle bisher bekannten Komplexe des TCNQ kann man nach ihren gemeinsamen physikalischen Eigenschaften in drei große Klassen untergliedern: schlechtleitende, mittelleitende und gutleitende. Die Zusammensetzung der Komplexe bestimmt nicht unmittelbar ihre physikalischen Eigenschaften. So gibt es in allen drei Klassen sowohl einfache als auch zusammengesetzte Ion-Radikal-Salze des TCNQ. Außerdem existieren einige Komplexe in verschiedenen kristallinen Modifikationen, die sich ungeachtet ihrer gleichen Zusammensetzung in ihren Eigenschaften scharf voneinander unterscheiden. Der Unterschied in den physikalischen Eigenschaften der Komplexe des TCNQ ist durch den Unterschied in den Kristallstrukturen bedingt.

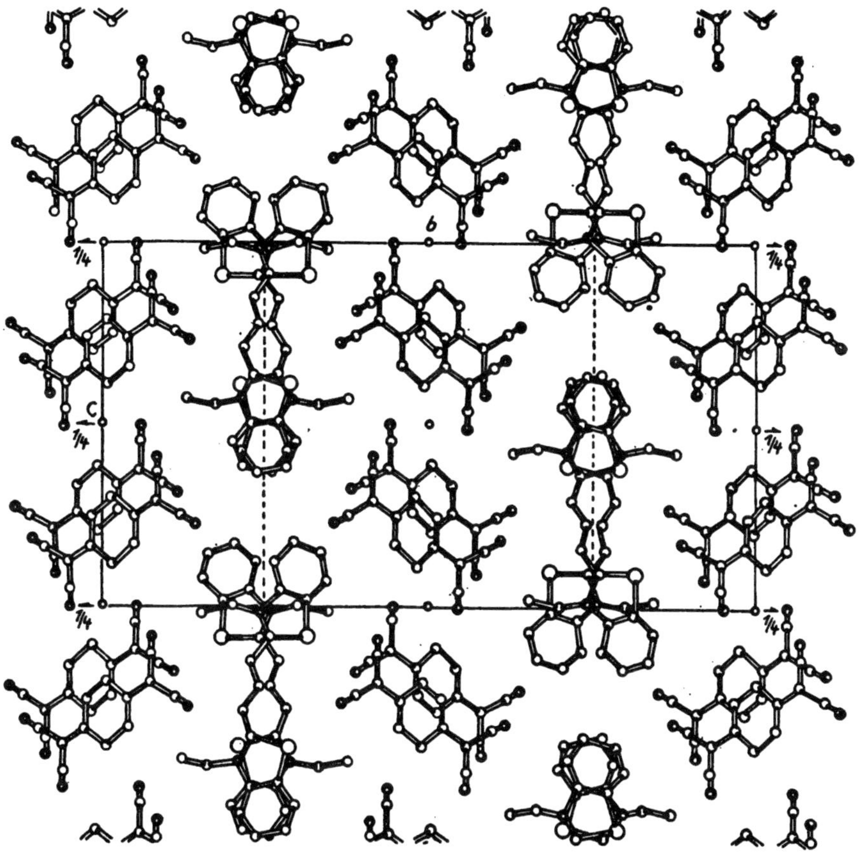

Abb. 1.113. (3,3'-Diethylthiacarbocyanin)$^+$ $(TCNQ)_2^-$ (monokline Modifikation). Projektion der Struktur in a-Richtung. Im Farbstoffmolekül ist der Winkel zwischen den Ebenen der beiden Benzthiazolringe 11°

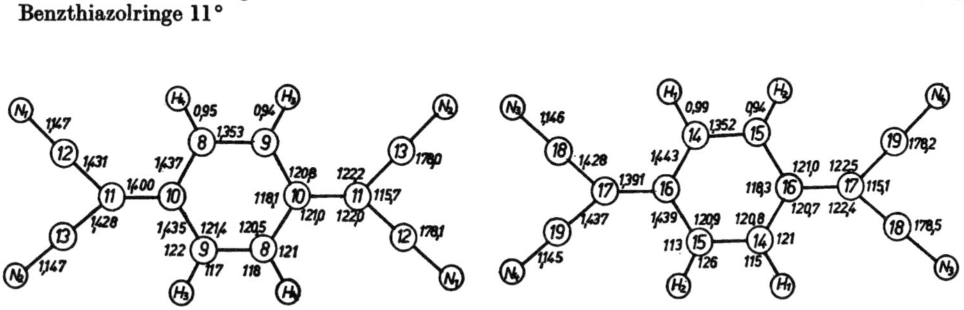

Abb. 1.114. $[(C_6H_5CH_3)_2Cr]^+$ $(TCNQ)_2^{-}$. Bindungslängen (in Å) und Valenzwinkel (in °) in zwei kristallographisch nicht abhängigen Molekülen TCNQ

So bildet zum Beispiel TCNQ mit einem 3,3'-Diäthyl-thiacarbocyanin-Farbstoff einen Komplex, der in drei verschiedenen Modifikationen auskristallisiert. Die Struktur der triklinen Modifikation dieses Komplexes ist in der Abbildung 1.107 dargestellt und die Projektion der Struktur der monoklinen Modifikation desselben Komplexes in der Abbildung 1.113. Charakteristisch für sie sind Schichten aus Molekülen des

TCNQ und des Farbstoffes, die angenähert senkrecht zur Richtung *b* verlaufen. Die Schichten des TCNQ sind paarweise abgeteilt; die Moleküle des Farbstoffs bilden Stapel, die in Richtung der kurzen Periode verlaufen.

Eine charakteristische Besonderheit der Modellstruktur der Mehrzahl der Komplexe des TCNQ ist die, daß die TCNQ-Moleküle im Kristall Ebene an Ebene gepackt sind und unendliche Stapel bilden. Die Abstände zwischen den TCNQ-Molekülen im Stapel sind viel kleiner als die Abstände zwischen den Stapeln und häufig im Vergleich zu den normalen Van-der-Waals-Abständen verkürzt. Die Wellenfunktion des ungepaarten Elektrons am Anion-Radikal $(TCNQ)^{\dot{-}}$ besteht aus Molekül-π-Orbitalen und hat einen ausgeprägt gerichteten Charakter. All dies führt dazu, daß sich die Elektronen parallel zu den Stapeln leicht bewegen können, aber nur äußerst gehemmt von Stapel zu Stapel. Das äußert sich darin, daß die Leitfähigkeit längs der Stapel groß ist, und zwar um vieles größer als in den Querrichtungen. So haben wir es faktisch mit einem System linearer Leiterketten zu tun, die im dreidimensionalen Kristall regulär gepackt sind, das heißt mit einem quasieindimensionalen Elektronensystem. Die Eigenschaften der TCNQ-Komplexe hängen in erster Linie davon ab, ob in ihrer Struktur TCNQ-Stapel vorhanden sind oder nicht. So sind alle Komplexe mit Ladungsübertragung auf der Basis des TCNQ bekanntermaßen schlechtleitend, weil für ihre Struktur Stapel aus aufeinanderfolgenden Donator- und Akzeptormolekülen charakteristisch sind, das heißt, es gibt keine leitende Kette — keinen TCNQ-Stapel. Komplexe, in denen isolierte Paare oder Tetraeder aus TCNQ-Molekülen vorhanden sind, erweisen sich ebenfalls als schlechtleitend, die Leitfähigkeit derartiger Komplexe ist bei Zimmertemperatur in der Regel nicht höher als 10^{-5} bis 10^{-12} S cm^{-1}.

Die Eigenschaften der einfachen und zusammengesetzten Salze des TCNQ, in denen TCNQ-Stapel existieren, sind durch den Bau dieser Stapel bedingt. In der Mehrzahl der Komplexe ist die innere Struktur der Stapel so, daß sie sich in einfachen Salzen in Paare aus TCNQ-Molekülen untergliedern, aber in zusammengesetzten in Paare und Viererschichten. Das kommt entweder im Alternieren der Zwischenebenenabstände TCNQ—TCNQ im Stapel zum Ausdruck oder in entsprechenden Verschiebungen der TCNQ-Moleküle relativ zueinander. In der Regel ist der Zwischenebenenabstand für TCNQ-Moleküle innerhalb eines Paares (Viererschicht) kürzer und die gegenseitige Überlagerung größer als für TCNQ-Moleküle aus verschiedenen Paaren (Viererschichten). Die entsprechenden Zwischenebenenabstände schwanken für verschiedene Komplexe in den Grenzen 3,15—3,33 Å und 3,38—3,62 Å. Hierbei kommt stets auf jede Periode der linearen Kette ein Paar Elektronen. Aus diesem Grunde stellen diese Komplexe vom Standpunkt des Bändermodells Dielektrika dar: Ihr oberes Band ist vollständig aufgefüllt. Man muß hier erwähnen, daß dieser Bau der Stapel dem bekannten Peierls-Theorem über die Unbeständigkeit des eindimensionalen metallischen Zustandes im Verhältnis zum Alternieren von Zwischengitterzuständen entspricht, im Ergebnis dessen ein lineares Elektronensystem unbedingt ein Dielektrikum sein sollte.

Einige dieser Komplexe gehören zu den schlechtleitenden, die Mehrzahl jedoch zu den mittelleitenden Verbindungen des TCNQ mit einer Leitfähigkeit von 10^{-5} bis 10^{-1} S cm^{-1}. Die Leitfähigkeit dieser Komplexe ist, wie die der Mehrzahl organischer Verbindungen, exponentiell von der Temperatur abhängig. Sie fällt bei Temperaturerniedrigung mit merklicher Aktivierungsenergie.

Die Spezifik der Struktur der schlecht- und mittelleitenden Komplexe des TCNQ bestimmt auch den Charakter der magnetischen Wechselwirkungen in diesen Komplexen. Es wurde gezeigt, daß die magnetischen Eigenschaften der schlecht- und mittelleitenden Komplexe des TCNQ gut durch das Modell der eindimensionalen Heisenbergschen Antiferromagnetika mit an den Molekülen des TCNQ lokalisierten Spins beschrieben werden können [146].

Tabelle 1.15. Elektrische und Strukturparameter gutleitender Komplexe des TCNQ

Komplexe	Formel des Kations M^+	d(TCNQ—TCNQ) Å	$d(M^+—M^+)$ Å	σ_{293K} *) S cm^{-1}	Literatur
$(NMF)^+(TCNQ)^{\overline{\cdot}}$	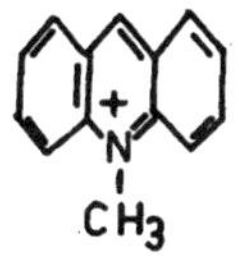	3,26	3,36	$1{,}7 \cdot 10^2$	[155, 146]
$(Qn)^+(TCNQ)_2^{\overline{\cdot}}$		3,22	3,50	$0{,}7 \cdot 10^2$	[164, 146]
$(Ad)^+(TCNQ)_2^{\overline{\cdot}}$	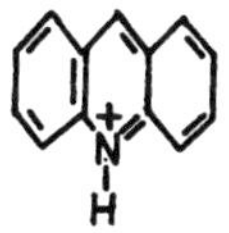	3,25	3,42	10^2	[166]
$(TTF)^+(TCNQ)^{\overline{\cdot}}$	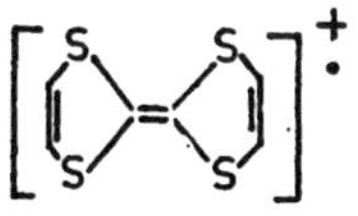	3,17	3,47	$\approx 10^3$	[156, 169]
$(TTT)^+(TCNQ)^{\overline{\cdot}}$	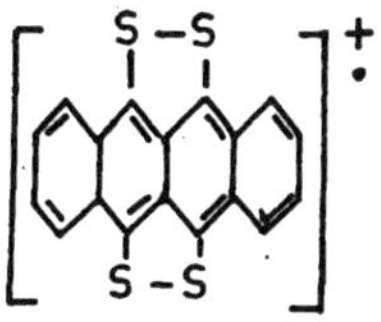	3,18	3,52	$\approx 10^2$	[170, 171]

*) Leitfähigkeit in Richtung der Stapel

Das größte Interesse gilt den Ion-Radikal-Salzen des TCNQ, die zur Klasse der gutleitenden Substanzen gehören und deren Leitfähigkeit bei Zimmertemperatur 10^1 bis 10^2 S cm^{-1} beträgt. In der Tabelle 1.15 sind die elektrischen und Strukturparameter der bisher am besten untersuchten derartigen Komplexe des TCNQ zusammengestellt. In allen Komplexen, unabhängig davon, ob es sich um einfache oder zusammengesetzte Ion-Radikal-Salze handelt, befinden sich alle TCNQ-Moleküle in der Kette auf voneinander gleich entfernten Zwischenebenen (Abstände 3,17 – 3,36 Å), haben gleiche gegenseitige Orientierung (Art der Überlagerung) und gleiche Umgebung, das heißt, sie sind völlig äquivalent. Hierbei kommt auf eine Periode der linearen Kette aus TCNQ-Molekülen, die gleichzeitig eine Periode im Kristall darstellt, ein Elektron.

Nach der Bänder-Näherung sind diese Komplexe offensichtlich quasieindimensionale Metalle mit einem leitenden Band, das in einfachen Salzen zur Hälfte und in zusammengesetzten zu einem Viertel aufgefüllt ist.

Eine charakteristische Besonderheit der Leitfähigkeit aller gutleitenden Komplexe des TCNQ ist das Auftreten eines Maximums in der Kurve der Temperaturabhängigkeit im Bereich hoher Temperaturen und die wichtigste — das Fehlen einer Aktivierungsenergie im Zimmertemperaturbereich [146]. Die paramagnetische Suszeptibilität dieser Komplexe verändert sich im Bereich hoher Temperaturen wenig mit der Temperatur, im Bereich tiefer Temperaturen wächst sie mit Abnahme der Temperatur. So hat die Temperaturabhängigkeit der Leitfähigkeit und der paramagnetischen Suszeptibilität für die gutleitenden Komplexe im Bereich nicht zu tiefer Temperaturen Metallcharakter, das heißt, man kann sagen, daß die gutleitenden Komplexe des TCNQ bei diesen Temperaturen sowohl bezüglich ihrer Struktur als auch ihrer Eigenschaften quasieindimensionale Metalle sind.

Die ersten drei in der Tabelle 1.15 angeführten Komplexe kann man sich als aus linearen leitenden TCNQ-Molekülketten bestehend vorstellen, die sich in einer nichtleitenden Matrix befinden, die von nichtsymmetrischen Kationen gebildet wird. Den Strukturen dieser drei Komplexe ist eine gewisse Unordnung eigen, die mit dem Zufallscharakter der Kationenpackung zusammenhängt. Diese innere Unordnung des Gitters kann ein den eindimensionalen metallischen Zustand stabilisierender Faktor in diesen Komplexen sein [146).

Die letzten beiden Komplexe (Tabelle 1.15) enthalten symmetrische stark polarisierbare Molekül-Kation-Radikale. Der Kationenteil in diesen Komplexen kann selbst ein leitendes System sein. In der Struktur des Komplexes $(TTT)^{+}(TCNQ)_2^{\dot{-}}$ gibt es tatsächlich zwei Arten von Ketten — TCNQ-Ketten und TTT-Ketten (Abb. 1.115). Alle TCNQ- und TTT-Moleküle sind in den Stapeln äquivalent, und es gibt kein Alternieren der Zwischenebenenabstände. Dasselbe wird auch in der Struktur des Komplexes $(TTF)^{+}(TCNQ)^{\dot{-}}$ [156] beobachtet. Die Gründe für die Stabilisierung des metallischen Zustandes in diesen beiden Komplexen sind wahrscheinlich andere als die oben genannten. Sie können sowohl mit dem Einfluß schwacher dreidimensionaler Effekte zusammenhängen als auch mit dem gleichzeitigen Vorhandensein verschiedener leitender Ketten (anionische und kationische) [147].

Ein Vergleich aller bekannten Strukturen der Molekülkomplexe mit ihren physikalischen Eigenschaften zeigte, daß die charakteristischen Besonderheiten der Kristallstruktur aller gutleitenden Ion-Radikal-Salze des TCNQ folgende sind:

1. Es ist ein leitendes System unendlicher Stapel aus TCNQ-Molekülen vorhanden, die in der Regel noch zu zweidimensionalen Gebilden (Schichten) formiert sind.
2. Der Zwischenebenenabstand TCNQ-TCNQ ist in allen Stapeln gleich und im Vergleich zum gewöhnlichen van der Waals-Abstand (3,40 Å) verkürzt (3,17 — 3,26 Å).
3. Gleich ist auch die charakteristische Art der Überlagerung benachbarter TCNQ-Moleküle im Stapel: Die Moleküle ordnen sich mit einer Verschiebung um ein Viertel der Moleküllänge so zueinander an, daß das Zentrum des Sechserrings eines Moleküls sich über der Mitte der chinoiden Doppelbindung eines anderen befindet. Gerade dadurch wird eine maximale Überlappung der π-Orbitale der Moleküle bei minimaler Coulomb-Abstoßung erreicht (die Bedingungen 2 und 3 sind faktisch Aussagen über die strenge Regelmäßigkeit der linearen Leiterketten).

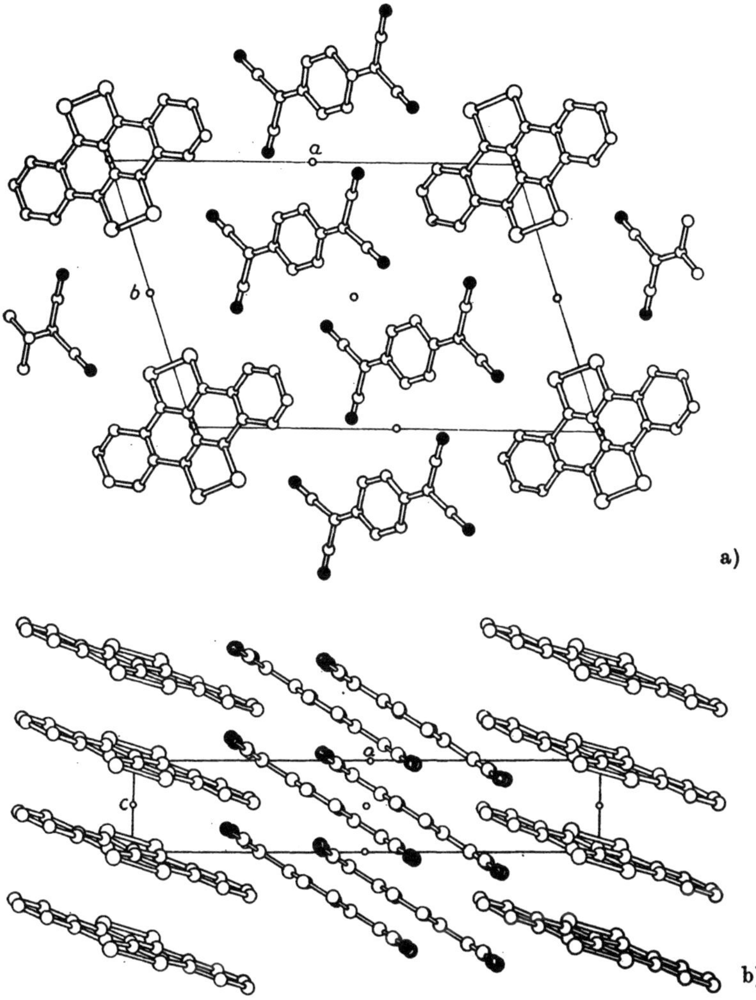

Abb. 1.115. $(TTT)^+ (TCNQ)_2^{-}$; a — Projektion der Struktur in *c*-Richtung, b — Projektion der Struktur in *b*-Richtung.
Die Zwischenabstände TCNQ–TCNQ und TTT–TTT betragen entsprechend 3,18 bzw. 3,52 Å. Der Winkel zwischen den Normalen der Ebenen TCNQ und TTT ist 15°

4. Neben den anionischen TCNQ-Stapeln gibt es auch kationische Stapel, die ihrerseits ein leitendes System bilden können. Dann ist der Zwischenebenenabstand in den Kationenstapeln im Vergleich zum normalen van der Waals-Abstand auch verkürzt.
5. Auf eine Periode der linearen Leiterkette kommt immer ein TCNQ-Molekül. Diese Periode fällt mit der Periode der Elementarzelle im Kristall zusammen (und folglich auch mit der Periode des Kationenstapels).

Die Anforderungen zur Einhaltung dieser Bedingungen sind sehr hart, die Nichterfüllung einer davon oder geringfügige Abweichungen von der einen oder anderen führen zu einer wesentlichen Verschlechterung der Leitfähigkeit des Komplexes.

So ist es klar, daß für die Interpretation der physikalischen Eigenschaften der TCNQ-Komplexe die Packung der TCNQ-Moleküle im Kristall als Grundlage genommen werden muß. Ob sie sich für eine hohe Leitfähigkeit des Komplexes als günstig erweist, hängt in vielem vom Charakter des zweiten Bestandteils (Kation) des Komplexes ab. Die Größe und Form des Kations übt einen wesentlichen Einfluß auf die gegenseitige Anordnung der TCNQ-Moleküle im Stapel und den Abstand zwischen ihnen aus und, demzufolge, auf die leitenden und magnetischen Eigenschaften des Komplexes.

Was für ein Kation müssen wir nun für den TCNQ-Komplex wählen, damit dieser eine hohe Leitfähigkeit besitzt?

Nach dem Modell des hypothetischen Supraleiters von LITTLE [145] soll die Supraleitung auf Grund der Coulombschen Wechselwirkung zwischen den Leitungselektronen und den Elektronen hochpolarisierter Nebengruppen entstehen. In diesem Zusammenhang schienen die hochpolarisierten Moleküle organischer Farbstoffe als Kation im TCNQ-Komplex am besten geeignet. Jedoch sind die Moleküle organischer Farbstoffe (insbesondere der Carbocyanine) ziemlich groß, so daß sie, wie Strukturuntersuchungen zeigten, bei der Kristallbildung die Molekülpackung im Kristall „diktieren" und häufig selber in erster Linie in Stapeln aufgebaut werden. Außerdem zeigte es sich, daß diese Moleküle sehr biegsam sind und im Kristall leicht ihre Konformation ändern.

So hat ein und derselbe Carbocyanin-Farbstoff 3,3'-Diethylthiacarbocyanin in zwei kristallographischen Modifikationen ein und desselben Komplexes mit TCNQ verschiedene Konformation der Moleküle: In einem Komplex beträgt der Winkel zwischen den Ebenen der beiden Benzthiazolringe 20°, im anderen, in dem das Molekül ebener ist, 11°. Deshalb gibt der Übergang von Farbstoffen zu organischen quarternären Basen, deren Moleküle bedeutend weniger polarisierbar sind als die Farbstoffmoleküle, keinen starken Abfall der Leitfähigkeit der Komplexe. Im Gegenteil, die Leitfähigkeit der Komplexe mit Basen ist manchmal größer als die der TCNQ-Komplexe mit Farbstoffen.

In der letzten Zeit wurde klar, daß zur Erreichung einer maximalen Leitfähigkeit der Komplexe des TCNQ das Kation ein hochpolarisierbares, ebenes aromatisches heterocyklisches Moleklül sein soll, wobei dieses eine maximale Polarisierbarkeit bei optimal kleiner Größe, möglichst vergleichbar mit der Größe des TCNQ-Moleküls, besitzen sollte. Solche Kationen sind die des Phenazins, Chinolins, Acridins und, natürlich, des Tetrathiofulvalens und Tetrathiotetracens in den in der Tabelle 1.15 zusammengestellten Komplexen. Außerdem sind die Moleküle des TTF und TTT starke Donatoren und können leicht zu Kation-Radikalen oxydiert werden, die selber eine Leiterkette im Kristall bilden können, die zur Gesamtleitfähigkeit des Komplexes beiträgt.

Man muß dazu erwähnen, daß alle in der Tabelle 1.15 angeführten TCNQ-Komplexe, die bei hohen Temperaturen metallisch sind, bei Erniedrigung der Temperatur früher oder später in den dielektrischen Zustand übergehen. Eine charakteristische Besonderheit des dielektrischen Zustandes dieser Komplexe ist die hohe Polarisierbarkeit ihres Elektronensystems, die Dielektrizitätskonstante erreicht bei 4,2 K manchmal Werte von einigen Tausend Einheiten [146].

In letzter Zeit wurde begonnen, eine andere Klasse von Verbindungen mit quasieindimensionalem Elektronensystem zu untersuchen, Verbindungen auf der Basis von

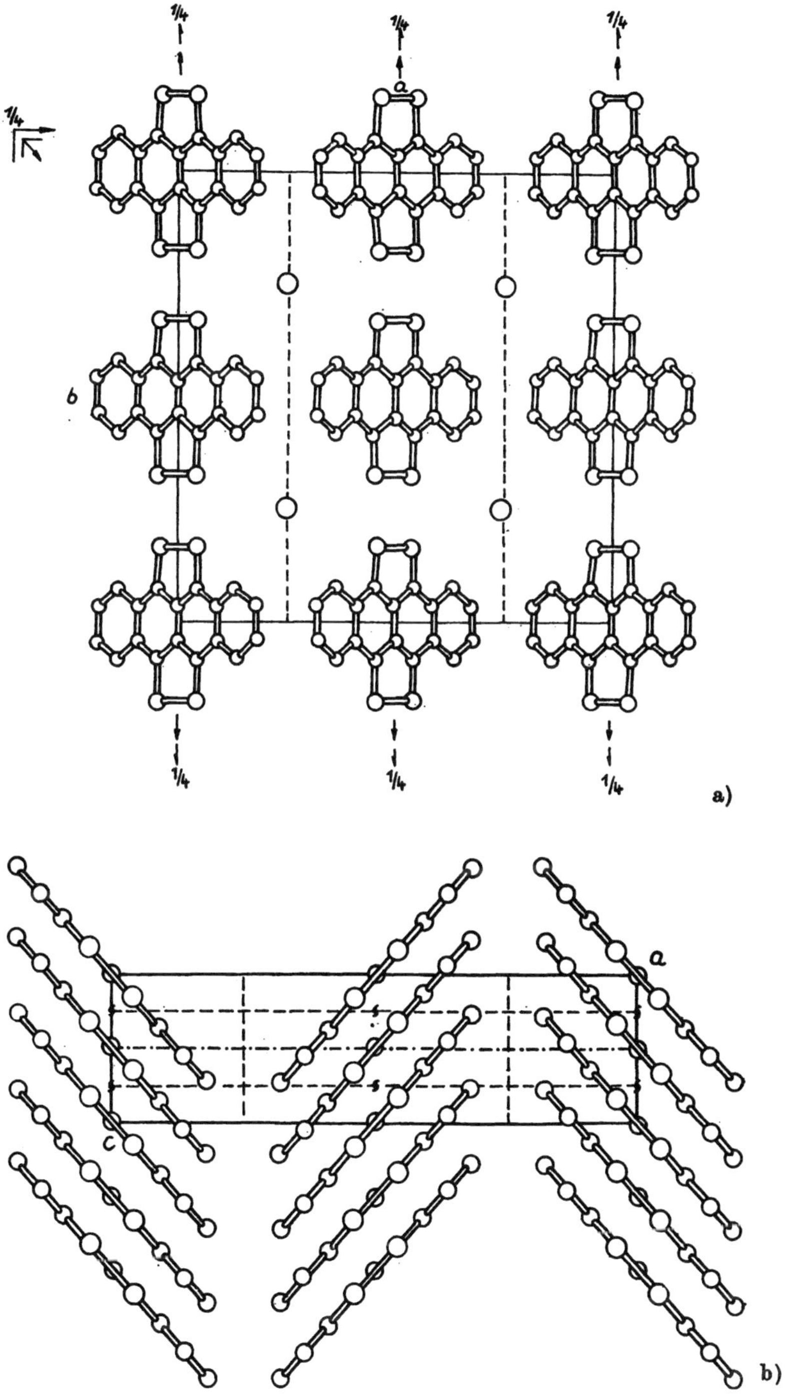

Abb. 1.116. $(TTT)_2^+J_3^-$; a — Projektion der Struktur auf die *ab*-Ebene, b — Seitenansicht eines Stapels TTT (in der Projektion auf die *ac*-Ebene)

nur Kation-Radikalen. Die Komplexe $(TTF)^+(TCNQ)^{-}$ und $(TTT)^+(TCNQ)_2^{-}$ nehmen faktisch eine Mittelstellung zwischen zwei Klassen von elektrisch leitenden organischen Verbindungen — den Anion-Radikal- und Kation-Radikal-Salzen — ein.

In Abbildung 1.116a ist die Projektion der Struktur des $(TTT)_2^+J_3^-$ [172] dargestellt. In der Struktur gibt es die gleiche Anzahl von kationischen und anionischen Stapeln. Die Moleküle des TTT sind auf Achsen zweiter Ordnung angeordnet, ihre Ebenen sind parallel zur Ebene $(\bar{4}01)$ und bilden mit der Richtung [001] einen Winkel von 42°. Die Zwischenebenenabstände TTT—TTT im Stapel sind gleich und betragen 3,32 Å, was wesentlich kürzer ist als die entsprechenden Abstände in den bekannten Komplexen des TTT und TTF [156, 171]. In den Kanälen zwischen den TTT-Stapeln befinden sich Jodketten, die durch eine eindimensionale Ausrichtung charakterisiert sind. Als Beweis dient das Auftreten von diffusen Linien auf den Röntgenogrammen mit einer Translationsperiode $2c$ bei Drehung um [001]. In Abbildung 1,116b ist eine Seitenansicht auf einen Stapel TTT im Komplex $(TTT)_2^+J_3^-$ gezeigt.

Die Leitfähigkeit der Kristalle dieses Komplexes in Richtung der c-Achse ist bei Zimmertemperatur sehr hoch ($600-1200\ S \cdot cm^{-1}$). Bei Temperaturerniedrigung wächst sie stark, während sie ab etwa 50 K wieder zu fallen beginnt.

So kann man sagen, daß die Verbindungen mit einem quasieindimensionalen Elektronensystem einen prinzipiell neuen Typ von Leitern darstellen, deren Eigenschaften sich in vielerlei Hinsicht von den früher bekannten unterscheiden und noch sehr unverständlich sind, besonders die Natur ihres Tieftemperaturzustandes.

Welche Wege gibt es nun zur Stabilisierung des quasieindimensionalen metallischen Zustandes?

Welche Möglichkeiten gibt es zur Verwirklichung des Übergangs Metall Supraleiter in synthetischen Metallen des erörterten Typs? Bis heute bleibt in theoretischer und natürlich auch in experimenteller Hinsicht die Frage über die Möglichkeiten der Supraleitung in quasieindimensionalen Systemen offen.

Vor kurzem wurde gezeigt, daß die polymere Verbindung $(SN)_x$ bis zu tiefsten Temperaturen metallisch bleibt und bei 0,26 K in den supraleitenden Zustand übergeht [173]. Wenngleich diese Verbindung auch keine organische ist, so enthält sie aber auch keine Metallatome. Man muß erwähnen, daß aus der Kristallstruktur des $(SN)_x$ [174] ersichtlich ist, daß das Elektronensystem in ihm eher zweidimensional als eindimensional ist, da es eine starke Bindung zwischen den Ketten besitzt. Dennoch ist $(SN)_x$ eine Verbindung mit einem Elektronensystem erniedrigter Dimension.

Wie bereits betont, besteht eine charakteristische Besonderheit in der Kristallstruktur aller hochleitenden Ion-Radikal-Salze darin, daß die leitenden Stapel in ihnen unbedingt in Schichten angeordnet sind, obwohl es keinerlei spezifische Wechselwirkungen zwischen ihnen gibt, sondern, in der Regel, gewöhnliche van der Waals-Wechselwirkungen. Und doch kann man sich strukturell die Bildung zweidimensionaler Schichten vorstellen, wenn eine starke Überlagerung der ebenen Moleküle des TCNQ oder TTT in zwei kristallographische Richtungen stattfindet. Es ist möglich, daß uns die Entdeckung der Ion-Radikal-Salze mit zweidimensionalem Elektronensystem bevorsteht.

2. Die Gitterenergie

A. *Wechselwirkungen der Moleküle*

2.1. Van der Waalssche Kräfte

Die Bindung zwischen ungeladenen Atomen und Molekülen ohne merklichen Elektronenaustausch wird durch schwache Kräfte realisiert, welche gewöhnlich als van der Waalssche Kräfte bezeichnet werden. Durch diese Kräfte sind die Moleküle in der Mehrzahl der organischen Kristalle untereinander verknüpft.

Für Strukturen solcher Kristalle ist auch die dichte Packung charakteristisch. Zum Beispiel bilden die Edelgase im festen Zustand Kristalle mit dichtgepackter kubischer oder hexagonaler Struktur.

Die Sublimationswärmen solcher Kristalle sind im Vergleich zu den Kristallen mit ionogener oder kovalenter Bindung sehr gering. Für die Edelgase Ne, Ar, Kr und Xe ergeben sich 0,6; 2,0; 2,8 und 3,9 kcal/mol (= 2,5; 8,4; 11,7 und 16,7 kJ/mol) [175]. Auch für organische Substanzen betragen die Sublimationswärmen nur 10 bis 20 kcal/mol (= 42 bis 84 kJ/mol). Selbst bei Kristallen mit sehr großen Molekülen erreichen sie höchstens 40 bis 50 kcal/mol (= 168 bis 210 kJ/mol). Beispiele sind das 9,10-Diphenylanthracen $C_{26}H_{18}$ mit 37,5 kcal/mol (= 157 kJ/mol) und das Violanthren $C_{34}H_{11}$ mit 53,5 kcal/mol (= 224 kJ/mol). Eine große Zahl von Sublimationswärmen organischer Verbindungen sind in einer Übersichtsarbeit von Westrum und McCullough [176] zu finden.

Die Londonsche Theorie der van der Waalsschen Kräfte

Der Ursprung der van der Waalsschen Kräfte konnte lange Zeit keine befriedigende Erklärung finden, obwohl man schon Informationen über diesen Typ von Wechselwirkung erhalten kann, wenn man solche einfachen physikalischen Erscheinungen untersucht wie die Kapillarität unpolarer Flüssigkeiten und das nicht ideale Verhalten realer Gase.

Einige einfache Vorstellungen über den Charakter dieser Kräfte wurden lange vor dem Erscheinen einer strengen Theorie entwickelt (siehe auch Margenau [177]). Die Wechselwirkungen zwischen polaren Molekülen fanden eine teilweise Erklärung durch die Theorie des Orientierungseffektes von Keesom (elektrostatische Anziehung permanenter Multipole) und durch die Theorie des Induktionseffektes (infolge der Polarisierbarkeit der Moleküle) von Debye. Aber die Hauptsache, die Anziehung neutraler Teilchen unabhängig von ihrer Polarität, bedurfte noch der Erklärung.

Die erste exakte Erklärung der van der Waalsschen Kräfte wurde 1930 in den Arbeiten von London [178] gegeben. Er führte sie auf elektrische Wechselwirkungen zurück. Die physikalische Natur des Anziehungseffektes neutraler Teilchen, die sich in hinreichend großem Abstand voneinander befinden, kann wie folgt beschrieben werden. Auch in solchen Atomen oder Molekülen, deren elektrische Multipolmomente im Mittel gleich Null sind, existieren einige fluktuierende Multipolmomente, die von der augenblicklichen Lage der sich um den Kern bewegenden Elektronen abhängen. Das dadurch entstehende kurzzeitig wechselnde elektrische Feld, das mit diesen Momenten verknüpft ist, führt zum Auftreten induzierter Multipolmomente in Nachbaratomen. Die mittlere Wechselwirkung der elektrischen Momente des Ausgangsatoms oder -moleküls mit induzierten Momenten der benachbarten führt zum Auftreten von Anziehungskräften zwischen den Teilchen. LONDON zeigte, daß der größte Teil dieses Effektes durch die äußersten, am lockersten gebundenen Elektronen hervorgerufen wird, die auch die Dispersion des Lichtes bewirken. Aus diesem Grunde wurde diese Art der chemischen Bindung zwischen neutralen Teilchen von LONDON Dispersionseffekt genannt. Dieser Begriff ist gegenwärtig allgemein gebräuchlich (LONDONsche Dispersionskräfte).

Wechselwirkung von Teilchenpaaren. LONDON leitete auf der Grundlage einer quantenmechanischen Störungstheorie zweiter Ordnung eine exakte Beziehung für die Energie der Dispersionswechselwirkung von Molekülpaaren ab. Dabei wurden die wechselwirkenden Moleküle als quasielastische Oszillatoren aufgefaßt, deren Energie verschieden von Null ist und die sich im niedrigsten Energiezustand befinden (quantenmechanische Nullpunktenergie). Wenn man das elektrische Wechselwirkungspotential zweier Moleküle nach den Koordinaten der Ladungselemente in eine Multipolreihe zerlegt und sich auf das Dipol-Dipol-Glied beschränkt, dann verändert sich die Wechselwirkungsenergie U, gemittelt über verschiedene Orientierungen der Moleküle, bezüglich des sie verknüpfenden Vektors $\boldsymbol{R}$ umgekehrt proportional der 6. Potenz des Abstandes zwischen ihren Zentren R:

$$U(R) = -A/R^6$$

mit A als Konstante, die gleich

$$A = \frac{2}{3} \sum_{i'}' \sum_{j'}' \frac{|\langle i|\mu_1|i'\rangle|^2 |\langle j|\mu_2|j'\rangle|^2}{E_{i'} + E_{j'} - E_i - E_j}$$

ist. Hier werden mit i und j die Grenzzustände ruhender Moleküle, mit i' und j' die angeregten Zustände bezeichnet; E_i, E_j, $E_{i'}$, $E_{j'}$ sind die Energiewerte der Moleküle, und $\langle i|\mu_1|i'\rangle$ und $\langle j|\mu_2|j'\rangle$ sind die Matrixelemente der Dipolmomente zwischen den Zuständen i, i' im Molekül 1 und zwischen den Zuständen j, j' im Molekül 2. Die Striche an den Summen schließen eine Summierung der Glieder mit $i = i'$ und $j = j'$ aus. Wie wir sehen, ist die Energie $U(R)$ eine negative Größe, und folglich sind die entsprechenden van der Waalsschen Kräfte Anziehungskräfte.

Außer der exakten Gleichung, die sich für praktische Berechnungen als sehr kompliziert erwies, leitete LONDON eine Näherungsformel ab, die die van der Waalsschen Kräfte mit den Polarisierbarkeiten der Moleküle (α_1, α_2) und den Ionisierungspotentialen (I_1, I_2) verknüpft:

$$E_{\text{Dip-Dip}} = -\frac{3}{2}\alpha_1\alpha_2 \frac{I_1 I_2}{I_1 + I_2} \frac{1}{R^6}.$$

SLATER und KIRKWOOD [179] erhielten eine ähnliche Abhängigkeit für Wechselwirkungen in großem Abstand unter Benutzung einer Variationsmethode. Dabei werden die wechselwirkenden Systeme als kugelsymmetrisch angenommen. Die Anwendung dieser Methode ist im Gegensatz zur LONDONschen Störungstheorie begrenzter. Sie ist jedoch für viele unpolare Moleküle unter Normalbedingungen brauchbar. Die Beziehung von SLATER und KIRKWOOD lautet

$$E_{\text{Dip-Dip}} = -\frac{1}{R^6}\frac{3eh}{8\pi}\sqrt{\frac{N\alpha^3}{m}},$$

worin N die Elektronenzahl in der äußeren Schale und α die Polarisierbarkeit des Atoms (Moleküls) ist.

Die Übereinstimmung der Ergebnisse beider Formeln ist nicht immer die beste, wobei es schwierig ist, dieser oder jener Formel den Vorzug zu geben, da sie, bedingt durch Vereinfachungen, Ungenauigkeiten enthalten, so daß die Fehler nicht abgeschätzt werden können.

Eine analoge Betrachtung von Dipol-Quadrupol- und Quadrupol-Quadrupol-Wechselwirkungen liefert einen Ausdruck für zusätzliche Van-der-Waals-Potentiale des Typs $-A'/R^8$ und $-A''/R^{10}$, die sich umgekehrt proportional der 8. und 10. Potenz des Abstandes ändern. Aus Schätzungen der Konstanten A' und A'', die von MARGENAU [177] durchgeführt wurden, folgt, daß sogar für nächstbenachbarte Moleküle das Potential der Dipol-Quadrupol-Wechselwirkung nur einen geringen Teil des Potentials der Dipol-Dipol-Wechselwirkung ausmacht. Bei weiter entfernten Molekülen werden alle Glieder im Wechselwirkungspotential, außer dem Dipol-Dipol-Term, vernachlässigbar. Nimmt man zum Beispiel ein CH_4-Molekül als Anziehungszentrum an, dann würden die Dipol-Dipol- und Dipol-Quadrupol-Energie gleich sein, wenn der Abstand zwischen den Molekülzentren 1,66 Å wäre. Die realen Abstände zwischen nächsten Molekülen werden aber nie kleiner als 4 Å.

Der Ausdruck für die van der Waalsschen Kräfte, der aus der Störungstheorie zweiter Ordnung erhalten wird, ist für weiter entfernt angeordnete Atome (Moleküle) zufriedenstellend. Bei Abständen, die mit der Größe der Teilchen vergleichbar sind, ist die Zerlegung nach Multipolen weniger genau, obwohl auch hier das Potential der Dipol-Dipol-Wechselwirkung wahrscheinlich insgesamt die richtige Größenordnung der Gesamtwechselwirkung widerspiegelt. Bei weiterer Annäherung der Teilchen beginnt die Überlappung der Elektronenschalen, die zum Auftreten starker Abstoßungskräfte führt. Sie sind in der Londonschen Theorie nicht berücksichtigt. Bisher gibt es keinen einfachen theoretischen Ausdruck für die Berechnung der Abstoßungsenergie. Deshalb verwendet man zur einfachen Darstellung der Abstoßungsenergie sowohl für die van der Waalsschen Kräfte als auch für Wechselwirkungen von Ionen bei kurzen Abständen eine potentielle (B/r^n) oder exponentielle $(a \cdot \exp(-r/\varrho))$ Abhängigkeit. Die Konstanten dieser Ausdrücke werden empirisch bestimmt.

Die Wechselwirkung einer Gruppe von Teilchen und das Additivitätsproblem. Wenn man die Londonsche Theorie auf eine Molekülgruppe anwendet, erhält man die Summe der Wechselwirkungsenergien der Teilchen, paarweise genommen. Mit anderen Worten, in der Störungstheorie zweiter Ordnung besitzt der Dispersionseffekt die Eigenschaft der Additivität.

Später wurde gezeigt, daß für nichtüberlappende Moleküle beim Übergang von Störungsrechnungen zweiter Ordnung zu Näherungen höherer Ordnung die strenge Additivität der van der Waalsschen Kräfte verlorengeht.

AXILROD und TELLER [180] behandelten als erste die Dispersionskräfte nach einer Störungstheorie dritter Ordnung für drei Teilchen. Sie versuchten, die Rolle des

Nichtadditivitätseffektes mit Hilfe der Berechnung der Stabilitätsbedingungen der Kristallgitter fester Edelgase und des dritten Virialkoeffizienten der Gase zu erklären. Der Effekt ist jedoch äußerst gering. Ähnliche Resultate für feste Edelgase erhielt JANSEN [181], der unter Einführung einer Reihe vereinfachender Voraussetzungen eine Abschätzung des Nichtadditivitätseffektes im Überlappungsgebiet der Elektronenwolke vornahm.

Eine genauere Betrachtung der Nichtadditivität bei kleinen Abständen machte WOJTALA [182]. Aus seinen Abschätzungen für das Wasserstoffatom folgt, daß der nichtadditive Anteil des Abstoßungspotentials groß ist, wenn sich die Teilchen in Abständen von 0,5—1 Å befinden (für Teilchengruppen, die Abstände von 1 Å haben, erreicht er ungefähr 20%). Bei realen flüssigen und festen Körpern sind die Abstände zwischen Wasserstoffatomen benachbarter Moleküle nicht kleiner als 2 Å. Bei solchen Abständen nimmt der nichtadditive Beitrag schnell ab und geht praktisch gegen Null.

Einen größeren Effekt kann man für drei Körper erwarten, wenn einer von ihnen sehr große Abmessungen hat. Die Gegenwart einer Oberfläche in unmittelbarer Nachbarschaft von zwei wechselwirkenden Molekülen kann die Wechselwirkungsenergie sowohl in Richtung einer stärkeren Anziehung als auch Abstoßung ändern.

Die Anwendung der Londonschen Theorie auf Molekülkristalle

Das erste Anwendungsgebiet der Londonschen Theorie der intermolekularen Kräfte war die Untersuchung der Zustandsgleichung idealer Gase. Bekanntlich hängt der zweite Virialkoeffizient dieser Gleichung vom Wechselwirkungspotential eines Teilchenpaares des Gases ab. Die Berechnung dieses Koeffizienten und der Vergleich der Ergebnisse mit dem Experiment eröffnete die Möglichkeit, eine Beziehung für das Potential anzugeben. MIE [189] schlug schon 1903 vor, die Wechselwirkungsenergie von Atompaaren als Summe zweier Glieder zu schreiben, nämlich der Abstoßung φ_1 und der Anziehung $-\varphi_2$, die sich umgekehrt proportional dem Abstand ändern. Später wurde folgende Beziehung eingeführt:

$$\varphi = -\frac{A}{r^m} + \frac{B}{r^n}, \tag{1.1}$$

worin $n > m > 0$ ist. Sie wurde kurz als die der $(m:n)$-Wechselwirkung bezeichnet.

In den letzten Jahren wurden auch andere analytische Ausdrücke vorgeschlagen. Sie werden gewöhnlich in der Form geschrieben:

$$\varphi = \varepsilon u(z), \quad z = r/r_m,$$

mit ε und r_m als Anpassungsfaktoren. Die Funktion $u(z)$ beschreibt die eigentliche Form der Kurve. Sie kann selbst einen oder mehrere Parameter haben.

Nach den Arbeiten von LONDON wurde der Koeffizient m in der Gleichung (1.1) gleich 6 gesetzt. LENNARD-JONES [124] zeigte, daß eine bestmögliche Übereinstimmung mit dem Experiment für eine Reihe von Werten n (von 8 bis 15) möglich ist, wenn man Potentialkurven der Form $(6:n)$ auswählt und sie mit Hilfe der zweiten Virialkoeffizienten der Gase berechnet. BUCKINGHAM [185] prüfte die Anwendung des Potentials mit $n = 6$ (Exponentialgesetz für das Abstoßungspotential), wobei er auch eine geringe Empfindlichkeit des zweiten Virialkoeffizienten bezüglich der Form der

Potentialkurven feststellte.[1]) Dafür sprechen auch die Ergebnisse anderer späterer Arbeiten. Um mehr Klarheit über die Form der Potentiale zu erhalten, wurden Versuche unternommen, die Theorie der van der Waalsschen Kräfte auf den festen Zustand anzuwenden. Das gibt erstens die Möglichkeit, den Charakter der Teilchenwechselwirkung in den sogenannten Zwischenabständen zu untersuchen, und zweitens, für den Vergleich der Theorie mit dem Experiment neue experimentelle Größen, vor allem die Gitterparameter und die Sublimationswärmen der Kristalle, zu benutzen.

Im Anfangsstadium wurde die Theorie der Van-der-Waals-Kräfte auf die einfach gebauten Edelgase angewendet. Diese Kristalle sind hochsymmterisch, und die Atome, die in den Gitterpunkten liegen, entsprechen mit hoher Genauigkeit den Forderungen der Londonschen Theorie. Sie sind auch gegenwärtig noch aktuelles Untersuchungsobjekt.

Die erste in sich geschlossene Arbeit, die zum Ziel hatte, das Verhalten eines Kristalls in einem großen Temperaturintervall mit Hilfe der Atomwechselwirkung zu beschreiben, stammt von RICE [186]. Er formulierte die Gesamtenergie eines Argonkristalls als Summe der Anziehungsenergien

$$U_{\mathrm{An}} = -c_6 r^{-6} - c_8 r^{-8},$$

die mit Hilfe der Gittersumme nach LENNARD-JONES und INGHAM [187] berechnet wurden. Die Abstoßungsenergie

$$U_{\mathrm{Ab}} = U_0 + \sum_{i=2,3,4} b_i (r - r_0)^i,$$

die nur 12 nächste Nachbarn berücksichtigt, enthält einen Term, der die Änderungen der Gitterparameter in Abhängigkeit von der Temperatur beschreibt, und einen Term, der die Schwingungsenergie am absoluten Nullpunkt berücksichtigt. Für die Beschreibung des Potentials wählte RICE fünf Konstanten aus (c_6, c_8, b_2, b_3, b_4). Als Ergebnis erhielt er eine Kurve, die die zu der Zeit bekannten Eigenschaften der festen Phase des Argons von 0 K bis zum Schmelzpunkt und den zweiten Virialkoeffizienten der Gasphase befriedigend beschreibt.

Durch neue experimentelle Daten wurden die Potentialkurven der festen Edelgase von verschiedenen Autoren durch methodische Variationen präzisiert; sie ergeben vernünftige Resultate in hinreichend großen Grenzen.

In geringerem Maße wurden Kristalle untersucht, die durch van der Waals-Kräfte verknüpft sind und aus zwei-, drei- und mehratomigen Molekülen bestehen.

Wie wir sahen, wurden die Londonsche Theorie und alle nachfolgenden Ergänzungen unter der Voraussetzung zentraler Kräfte entwickelt. LONDON selber wandte seine Theorie nicht nur auf Kristalle an, die aus Edelgasatomen aufgebaut sind, sondern auch auf einfachste Molekülkristalle (N_2, O_2, CO_2, CH_4, NO), jedoch unter der Voraussetzung, daß jedes Molekül für sich ein punktförmiges Anziehungszentrum darstellt. Das Zentralkräfte-Modell wurde auch von SLATER und KIRKWOOD [179] auf die Wechselwirkung der Moleküle N_2, H_2, O_2 und CH_4 angewandt.

Indes ist klar, daß diese Näherung nur für einfachste Fälle annehmbar ist. So hängt die Wechselwirkungsenergie des H_2-Moleküls auch von der gegenseitigen Orien-

[1]) Die Potentialkurve der Form (6:n) entspricht einem LENNARD-JONES-Potential und in der Form (6-exp) einem BUCKINGHAM-Potential.

tierung ab, wobei der Orientierungseffekt bis zu 25% der mittleren Energie betragen kann. Ein besonders großer Effekt ist bei kurzen Abständen zu erwarten, wo die Wechselwirkung sehr empfindlich gegenüber dem Grad der Überlappung der Elektronenwolken ist. Alle diese Einschränkungen gelten besonders für Kristalle, in denen sich Moleküle in fixierten Lagen und in engem Kontakt befinden. Was die organischen Molekülkristalle angeht, so ist klar, daß die Betrachtung der Moleküle als punktförmige Zentren unzutreffend ist.

2.2. Berechnung der Gitterenergie von Molekülkristallen

Ein exaktes Herangehen an diese Probleme erfordert die Untersuchung der Schrödinger-Gleichung, die durch Einsetzen des Hamilton-Operators

$$\hat{H} = \hat{H}_0 + \hat{U}\,(r_1, r_2, \ldots) \tag{2.1}$$

für ein System wechselwirkender Teilchen in die allgemeine Wellengleichung

$$i\hbar \frac{\partial \psi}{\partial t} = \hat{H} \Psi$$

erhalten wird. Das erste Glied H_0 ist die Summe der Hamilton-Operatoren der einzelnen Moleküle und das zweite die potentielle Energie ihrer Wechselwirkung im Kristallgitter.

Molekülkristalle besitzen einige Besonderheiten, die ihre theoretische Betrachtung etwas erleichtern. Da die Bindungskräfte zwischen den Teilchen schwächer sind, kann man die potentielle Energie im Hamilton-Operator (2.1) als geringe Korrektur von H_0 auffassen und zur Lösung der Schrödinger-Gleichung die quantenmechanische Störungstheorie anwenden.

Im allgemeinen Fall der asymmterischen Moleküle ergibt sich die gesuchte Korrektur der Energie des ungestörten Systems schon bei Anwendung einer Störungstheorie erster Ordnung. Sie wird durch die Mittelwerte der Multipolmomente der wechselwirkenden Teilchen bestimmt. Wenn die Dipol- oder Multipolmomente der Moleküle von Null verschieden sind, dann sinkt die Wechselwirkungsenergie mit $\approx 1/r^3$ oder $\approx 1/r^5$ und hängt von der gegenseitigen Molekülorientierung ab.

Besitzen die wechselwirkenden Teilchen keine konstanten elektrischen Momente, dann wird die Wechselwirkungsenergie nach der Störungstheorie erster Ordnung gleich Null. In diesem Fall tritt in der Störungstheorie zweiter Ordnung ein von Null verschiedenes Ergebnis auf, das bezüglich der Matrixelemente des Operators der potentiellen Energie quadratisch ist. Dabei ist das mit dem Abstand am langsamsten abnehmende Glied in dem Ausdruck für die Wechselwirkungsenergie der Teilchen $1/r^6$ proportional.

Für kleine Abstände im Kristallgitter, bei Überlappung der Elektronenwolken der Atome, aus denen die Moleküle aufgebaut sind, führt die Störungstheorie erster Ordnung über das Ausschlußprinzip zu einer starken Abstoßung, die von der Symmetrie der wechselwirkenden Teilchen abhängt. Für kugelsymmetrische Teilchen mit kurzen Abständen führt die Quantentheorie zu einer Energie, die mit dem Abstand nach einem Exponentialgesetz abnimmt.

Was sind die grundlegenden Terme? Die Berechnung der elektrostatischen Wechselwirkungsenergie im Kristallgitter führt unter Berücksichtigung der Multipolmomente der Moleküle, wie wir weiter unten sehen werden, selbst näherungsweise nicht zu den Werten der Bindungsenergie, die man im Experiment beobachtet; diese Energie erweist sich als sehr klein. Infolgedessen müssen für die Bindungsenergie der Molekülkristalle die Effekte der Störungstheorie zweiter Ordnung für große Abstände und die Abstoßung infolge der sich überlappenden Elektronenwolken für kleine Abstände eine grundlegende Rolle spielen. Diese Wechselwirkungen werden wir van der Waalssche Wechselwirkungen nennen.[1]) Inwieweit sich eine solche Annahme bestätigt, werden wir im folgenden sehen.

Für alle detaillierten Berechnungen, die das Ziel haben, die Gitterenergie mit der Kristallstruktur zu verknüpfen, erweisen sich die Methoden der Störungstheorie als wenig brauchbar. Ohne Kenntnis der potentiellen Wechselwirkungsenergie ist ein wesentlicher Fortschritt unmöglich.

Die Behandlung der potentiellen Wechselwirkungsenergie der Moleküle hat nur auf der Basis einer adiabatischen Näherung Sinn, wie sie von Born und Oppenheimer in die Quantentheorie eingeführt wurde. Diese Autoren zeigten, daß die Schrödinger-Gleichung für Systeme aus N Atomkernen und n Elektronen in folgende Form transformiert werden kann:

$$\left(H_{\text{Kern}}^{\text{kin}} + E_\alpha^{\text{el}} + \sum_k \frac{P_{k;\alpha,\alpha}^2}{2M_k}\right)\Psi_\alpha + \sum_{k,\alpha'(\neq\alpha)} \left(\frac{P_{k;\alpha,\alpha'}^2}{2M_k} + \frac{P_{k;\alpha,\alpha'}\,P_k}{M_k}\right)\Psi_{\alpha'} = i\hbar\dot{\Psi}_\alpha ,$$

wo $H_{\text{Kern}}^{\text{kin}}$ die kinetische Energie des Kerns, E_α^{el} der α-te Eigenwert der Energie des Elektronenzustandes für ein System von Kernen mit den Koordinaten X_k $(k = 1, \dots, N)$, Ψ_α die Wellenfunktion der Kernkoordinaten X_k und $P_{k;\alpha,\alpha'}^2$ und $P_{k;\alpha,\alpha'}$ Matrixelemente in bezug auf die Eigenfunktion der Elektronen sind.

Die adiabatische Näherung besteht in der Vernachlässigung des zweiten Terms des linken Teils der Gleichung. Eine solche Vereinfachung ist möglich, wenn man die Verknüpfung zwischen den Zuständen der Kerne, die verschiedenen angeregten Elektronenzuständen angehören, vernachlässigt.

Wenn ferner auf Grund der großen Masse der Kerne auch die Summe in der ersten Klammer (im Vergleich mit E_α) vernachlässigt wird, erhält die Schrödinger-Gleichung die Form

$$(H_{\text{Kern}}^{\text{kin}} + E_\alpha^{\text{el}})\,\Psi_\alpha = i\hbar\dot{\Psi}_\alpha .$$

Auf diese Weise wird das Elektron-Kern-System in ein atomares System transformiert. Die Rolle der potentiellen Wechselwirkungsenergie $\Phi(X_k)$ spielt E_α.

Im Fall des Grundzustandes ist die Elektronenkonfiguration

$$\Phi(X_k) = E_0^{\text{el}}(X_k) ,$$

das heißt, die potentielle Wechselwirkungsenergie der Atome ist gleich dem Eigenwert der Energie des niedrigsten Elektronenzustandes.

Es gibt theoretische Rechnungen, die zeigen, daß für Dielektrika, deren Energiedifferenz zwischen dem nullten und ersten Zustand ≈ 1 eV ist, eine solche Näherung völlig brauchbar ist.

[1]) Einige Autoren fassen unter „van der Waalsschen Kräften" elektrostatische Wechselwirkungen — Dispersions- und Abstoßungskräfte — zusammen.

Die adiabatische Näherung, die die Elektronen „vergißt", gestattet es, das Problem auf atomare Wechselwirkungen zurückzuführen. Dabei folgt aus der Theorie nicht die Form des Potentials Φ_k. Weitere Schritte in dieser Richtung können nur mit Hilfe neuer Vereinfachungen und ergänzender Hypothesen gemacht werden.

Die Tatsache, daß die Moleküle im organischen Kristall dichte Packungen bilden und daß dabei das Atom jedes Moleküls bestrebt ist, sich zwischen den Atomen benachbarter Moleküle so nahe wie möglich anzuordnen, brachte uns auf die Idee, die Additivität der Wechselwirkungsenergie nicht nur in bezug auf die Wechselwirkung eines Moleküls mit anderen zu betrachten, sondern auch auf die Atom-Atom-Wechselwirkung auszudehnen.

Es versteht sich, daß die Möglichkeit der Darstellung der Wechselwirkungsenergie der Moleküle als Summe der Wechselwirkung der Atome, aus denen sie bestehen, heuristischen Wert haben wird, wenn sich zeigt, daß dieses oder jenes Inkrement der Energie charakteristisch ist für zwei Atomarten, unabhängig davon, welchem Teil des Moleküls diese Atome angehören. Tatsächlich erfüllen organische Substanzen diese Forderung. Bei großen Verbindungsklassen, wie zum Beispiel den Kohlenwasserstoffen, die nur aus zwei Atomsorten bestehen, kann man die Eigenschaften und Strukturen tausender Stoffe mit Hilfe empirischer Konstanten voraussagen, die aus der Analyse der Eigenschaften und der Struktur weniger Vertreter gewonnen wurden.

Das Inkrement der Wechselwirkung sollte natürlich nicht eine Zahl sein, sondern eine Kurve des Atom-Atom-Potentials. Die Grundfrage, die einer Erklärung bedarf, ist die nach dem Grad der Universalität dieser Kurve. Wenn sich die Kurven zum Beispiel für alle Kohlenwasserstoffe wesentlich unterscheiden würden, wäre ein derartiges Herangehen von geringem Wert. Interessant wäre jedoch schon ein Beweis der Universalität ähnlicher Kurven für aliphatische, aromatische Kohlenwasserstoffe und andere. Es wäre ein wesentlicher Erfolg, wenn Struktur und Eigenschaften aller Kohlenwasserstoffe mittels einheitlicher Kurven mit einer akzeptierbaren Genauigkeit beschrieben werden könnten.

Ob man hoffen kann, daß sich bei Berechnungen der Wechselwirkungsenergie die Spezifik der Elektronenverteilung und das Fehlen der Kugelsymmetrie der Elektronenverteilung des Atoms, die streng genommen im organischen Molekül vorliegt, als unwesentlich erweisen werden? Im voraus ist es schwierig, diese Frage zu beantworten, und eine endgültige Beurteilung wird das Experiment liefern. Indes erlauben es zwei Umstände, optimistisch zu sein. Präzisionsröntgenstrukturuntersuchungen zeigen, daß es gelingt, eine sehr gute Übereinstimmung mit dem Experiment zu erreichen, wenn man die isotropen Atomfaktoren der Röntgenstreuung berechnet, und daß die Elektronendichtediagramme entsprechend der experimentellen Genauigkeit als Superposition kugelsymmetrischer Atome dargestellt werden können. Ferner liefern die elektrischen Restladungen der Atome, die dazu führen, daß das Molekül dieses oder jenes Multipolmoment besitzt, elektrostatische Wechselwirkungsenergien, die im Vergleich mit der Sublimationswärme vernachlässigt werden können, wie zum Beispiel bei Kohlenwasserstoffen. Vergleichsweise geringe Werte besitzen sogar Moleküle mit großen Dipolmomenten. Letzterer Umstand ist nicht ohne weiteres einzusehen und muß durch direkte Rechnungen bewiesen werden.

Ausgehend von diesen qualitativen Erwägungen wurde von uns folgendes Modell für die potentielle Wechselwirkungsenergie der Moleküle vorgeschlagen:

1. Die Wechselwirkungsenergie der Moleküle ist gleich der Summe der Wechselwirkungsenergien der Atome, aus denen das Molekül besteht (Additivität).

2. Zwischen den Atomen wirken zentrale Kärfte (ein etwas komplizierteres Modell kann, falls notwendig, eingeführt werden (siehe Seite 179)).

3. Das Wechselwirkungspotential zweier Atome u_{ik} kann in zwei Komponenten zerlegt werden:

$$u_{ik} = \varphi_{ik} + \varphi_{ik}^{\text{elektrost}} .$$

Die erste Komponente φ_{ik} berücksichtigt die Abstoßungskräfte und die der Dispersionsanziehung.

4. Die Potentiale φ_{ik} sind universell, das heißt, sie hängen von der Atomsorte des betreffenden Moleküls und vom Valenzzustand ab.

5. Für φ_{ik} können verschiedene analytische Ausdrücke der Art der (6-exp)-oder $(6:n)$-Potentiale benutzt werden. Die freien Parameter erhält man aus dem Experiment.

Die eindrucksvollste Bestätigung des Modells wäre die Berechnung der Gitterenergie des Kristalls als Funktion der Gitterparameter. Die Koordinaten des Minimums solcher Energieflächen liefern die Werte der Sublimationswärmen und die Strukturparameter am absoluten Nullpunkt. Hinreichend überzeugend wäre bereits die Feststellung, daß die reale Struktur am absoluten Nullpunkt dem Minimum der Energiefläche entspricht. Natürlich könnten auf diese Weise auch die besten interatomaren Potentialkurven ermittelt werden, mit denen möglicherweise die Berechnung von Kristalleigenschaften erfolgen kann.

B. Die elektrostatische Energie

2.3. Die Dipol–Dipol-Wechselwirkungen im Molekülkristall [188]

Bei der Entwicklung der intermolekularen potentiellen Energie für neutrale Moleküle nach den Koordinaten der Ladungselemente müßten die Glieder mit dem niedrigsten nicht verschwindenden Multipolmoment am wesentlichsten sein. In einem Gitter, das aus Dipolmolekülen besteht, wird der Beitrag der elektrostatischen Wechselwirkung zur Gitterenergie vor allem durch die Dipol-Dipol-Wechselwirkung bestimmt.

Die Wechselwirkungsenergie zweier gleichartiger Punktdipole mit den Momenten μ, die durch den Vektor $\boldsymbol{r}_{12}$ verknüpft werden und die Richtungen s_1 und s_2 haben, ist gleich

$$\varepsilon_\mu = \mu^2 \left\{ \frac{s_1 s_2}{|\boldsymbol{r}_{12}|^3} - \frac{3(s_1 \boldsymbol{r}_{12})\,(s_2 \boldsymbol{r}_{12})}{|\boldsymbol{r}_{12}|^5} \right\} . \tag{3.1}$$

Legen wir den Dipol μs_1 in den Koordinatenursprung, so erhalten wir dessen Energie im Feld des Dipolgitters als Summe der Wechselwirkungen mit allen anderen Dipolen des Gitters:

$$E_\mu = \frac{\mu^2}{2} \sum_{n=2}^{\infty} \left\{ \frac{s_1 s_n}{|\boldsymbol{r}_{1n}|^3} - \frac{3(s_1 \boldsymbol{r}_{1n})(s_n \boldsymbol{r}_{1n})}{|\boldsymbol{r}_{1n}|^5} \right\} . \tag{3.2}$$

Die Summe (3.2) ist eine bedingt konvergierende alternierende unendliche Reihe. Die Größe der Summe und die Geschwindigkeit der Konvergenz der Reihe hängt von der Wahl der Summationsordnung ab.

Am einfachsten kann die Summation der Reihe (3.2) für Gitter kubischer Symmetrie erfolgen. Die Arten der Berechnung dieser Summen für Dipole und Quadrupole kubischer Gitter wurden früher von KORNFELD betrachtet, der die von EWALD [189] für Ionengitter vorgeschlagene Summierung benutzte. Wie CAMPBELL [190] zeigte, gibt es in den Betrachtungen KORNFELDS bei der Übertragung der Summierungsmethode von Ionenkristallen auf Multipolgitter einen logischen Fehler, der zu falschen Resultaten führte. KORNFELD schlußfolgerte, daß die Energie des einfachen kubischen Dipolgitters von Null verschieden ist, während sie tatsächlich exakt gleich Null ist (siehe weiter unten).

Die Berechnung der Gittersummen für Molekülkristalle ist eine sehr schwierige Aufgabe, da sie eine große Mannigfaltigkeit an symmetrischen Lagen der Moleküle im Gitter und auch in den Parameterbeziehungen, die die Elementarzellen beschreiben, berücksichtigen muß. In der Regel beziehen sich die Berechnungen der Multipolenergie auf konkrete Kristalle. Das geschieht nach den Gleichungen (3.1) und (3.2) mit einem Computer [191, 192, 193]. Dabei ist es notwendig, in jedem speziellen Fall für alle Gitterpunkte den vollständigen Satz von Abständen und Dipolorientierungen zu finden.

Wenn man auch die Abstände in einem beliebigen Gitter im voraus nicht kennt, so gehorcht zunächst die gegenseitige Orientierung der Dipole bestimmten Gesetzmäßigkeiten. Sie hängt signifikant von der Symmetrie der Raumgruppe des Kristalls ab. Deshalb ist die Abhängigkeit der Dipolenergie des Kristallgitters von der Dipolorientierung von ganz allgemeiner Natur.

Wenn wir dieses Problem lösen wollen, werden wir verschiedene Dipolgitter, bei denen die Zentren der Dipole einheitlich entsprechend einer dichten Kugelpackung angeordnet sind, vergleichen. Hält man die gegenseitige Lage der Zentren unverändert, so ergibt sich eine unterschiedliche räumliche Symmetrie der Anordnung der Dipolvektoren. Eine solche Betrachtung erlaubt es, für jede Raumgruppe die Abhängigkeit der elektrostatischen Gitterenergie von der Orientierung desjenigen Dipolvektors zu ermitteln, der als Koordinatenursprung benutzt wurde. Die so erhaltenen analytischen Abhängigkeiten können als Polfiguren dargestellt werden, die eine anschauliche Vorstellung von der Orientierungsabhängigkeit der Dipolenergie liefern und darüber hinaus aus der Sicht der elektrostatischen Energie die Gebiete der günstigsten Molekülorientierungen im Gitter markieren. Der Vergleich dieser Ergebnisse mit den wirklichen Strukturen zeigt dann, in welchem Maße die elektrostatischen Wechselwirkungen an der Bildung der Gleichgewichtsstruktur des Kristalls Anteil haben. Durch den Vergleich der analytischen Ausdrücke mit den Polfiguren verschiedener Raumgruppen ergibt sich die Möglichkeit, den Einfluß der Symmetrie des Kristallgitters auf seine elektrostatische Energie zu erklären.

Beschränken wir uns auf eine Symmetrie der Lage der Dipolvektoren (diese Annahme kann leicht fallen gelassen und das Rechenschema allgemeiner formuliert werden), die nicht höher als rhombisch sein soll, und betrachten Zellen, in denen es nur einen unabhängigen Vektor gibt. In diesem Fall kann man alle möglichen symmetrischen Anordnungen der Dipolvektoren für die einfachsten dichtesten Packungen, die kubische und die hexagonale, erhalten.

Für Gitter, die nach dem Prinzip der dichten Kugelpackung aufgebaut sind, ist folgende Art der Summierung sinnvoll, die sich, indem sie die diesen Gittern charakteristische Eigensymmetrie ausnutzt, als hinreichend einfach erweist und eine gute Konvergenz der Reihe (3.2) gewährleistet.

Wir betrachten ein rechtwinkliges Gitter mit den Perioden $a\sqrt{3}/6$ längs der X-Achse, $a/2$ längs der Y-Achse und $a\sqrt{2/3}$ längs der Z-Achse (a — kürzester Abstand zwischen den Dipolzentren). Die Gitterpunkte numerieren wir mit den Indizes m, n und p durch; dann ist der Radius-Vektor eines beliebigen Punktes gleich

$$\boldsymbol{r} = a\left[\frac{\sqrt{3}}{6}m\boldsymbol{i} + \frac{1}{2}n\boldsymbol{j} + \sqrt{2/3}\,p\boldsymbol{k}\right].$$

Die Länge des Vektors beträgt $r = (a/\sqrt{12})\,(m^2 + 3n^2 + 8p^2)^{1/2}$. Das dimensionslose Verhältnis r/a bezeichnen wir mit R.

Belegen wir einen Teil der Punkte dieses Gitters, so kann man dichteste Kugelpackungen mit beliebiger Periodizität längs der Z-Achse erhalten (dichte Schichten bilden sich in der X,Y-Ebene aus). Die hexagonal dichteste (Zweischicht-)Packung (Abb. 2.1a) entsteht bei Belegung der geradzahligen Schichten ($p = 0, 2, 4, \ldots$)

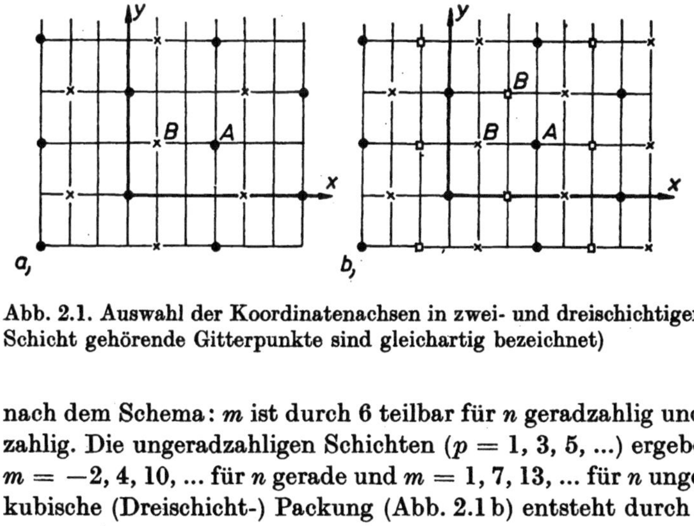

Abb. 2.1. Auswahl der Koordinatenachsen in zwei- und dreischichtigen Kugelpackungen (zu einer Schicht gehörende Gitterpunkte sind gleichartig bezeichnet)

nach dem Schema: m ist durch 6 teilbar für n geradzahlig und durch 3 für n ungeradzahlig. Die ungeradzahligen Schichten ($p = 1, 3, 5, \ldots$) ergeben sich folgendermaßen: $m = -2, 4, 10, \ldots$ für n gerade und $m = 1, 7, 13, \ldots$ für n ungeradzahlig. Die dichteste kubische (Dreischicht-) Packung (Abb. 2.1b) entsteht durch Belegung der Schichten mit $p = 0, 3, 6, \ldots$ auf die gleiche Weise wie für geradzahlige Schichten in der hexagonalen Packung. Schichten mit $p = 1, 4, 7, \ldots$ werden in Analogie zu den ungeradzahligen Schichten in der hexagonalen Packung sowie Schichten mit $p = 2, 5, 8, \ldots$ entsprechend $m = -4, 2, 8, \ldots$ für n geradzahlig und $m = -1, 5, 11, \ldots$ für n ungeradzahlig gebildet.

Auf diese Art kann man jede beliebige kompliziertere dichteste Packung beschreiben. In die Gitterpunkte legen wir Dipole, und bei der Summierung durchläuft der Vektor $\boldsymbol{r}$, dessen Nullpunkt im Ursprung des Gitters liegt, alle besetzten Gitterpunkte.

Man faßt alle Dipole im Gitter zu Gruppen zusammen, die mit dem Nulldipol durch eine Familie von Symmetrieelementen verknüpft sind. Dabei werden die Dipole, die durch parallele Symmetrieelemente verknüpft sind — 2- oder 2_1-Achsen oder Symmetrie- und Gleitspiegelebenen —, zu einer Gruppe gezählt. Der Sinn dieser Zerlegung wird sofort klar.

Wenn $\boldsymbol{s}_1 = x\boldsymbol{i} + y\boldsymbol{j} + z\boldsymbol{k}$ der Basisvektor ist und x, y, z die Richtungskosinus, dann sind diejenigen Vektoren, die mit ihm durch verschiedene Symmetrieelemente verknüpft sind, wie folgt zu beschreiben:

$\boldsymbol{s}_2 = -x\boldsymbol{i} - y\boldsymbol{j} - z\boldsymbol{k}$ für das Inversionszentrum ($\bar{1}$),

$\boldsymbol{s}_2 = -x\boldsymbol{i} + y\boldsymbol{j} - z\boldsymbol{k}$ für eine 2-zählige Achse $\parallel Y$,

$\boldsymbol{s}_2 = x\boldsymbol{i} - y\boldsymbol{j} - z\boldsymbol{k}$ für die Symmetrieebene $m \perp Y$,

$\boldsymbol{s}_2 = -x\boldsymbol{i} - y\boldsymbol{j} + z\boldsymbol{k}$ für eine 2-zählige Achse $\parallel Z$ usw.

Die Unterschiede zwischen den 2- und 2_1-Achsen, den Symmetrieebenen und den Gleitspiegelebenen spielen dabei keine Rolle.

Entsprechend der allgemeinen Formel (3.1) ist die Wechselwirkungsenergie zweier Dipole, die sich im Nullpunkt bzw. in einem Gitterpunkt mnp befinden, falls sie translationsidentisch sind, gleich. Die Energie eines Dipols ist

$$\varepsilon_{\mu,t} = \frac{\mu^2}{a^3}\left\{\frac{1}{2R^3} - \frac{3}{2R^5}\left[\frac{\sqrt{3}}{6}mx + \frac{1}{2}ny + \sqrt{\frac{2}{3}}\,pz\right]^2\right\}. \tag{3.3}$$

In dem Fall, wenn der Dipol, der sich im Punkt mnp befindet, mit dem Dipol im Nullpunkt durch eine zweizählige Achse verknüpft ist, läßt sich ihre Wechselwirkungsenergie wie folgt formulieren:

$$\varepsilon_{\mu,2\parallel Y} = \frac{\mu^2}{a^3}\left\{\frac{2^2y - 1}{2R^3} - \frac{3}{2R^5}\left[\frac{1}{4}n^2y^2 - \left(\frac{\sqrt{3}}{6}mx + \sqrt{\frac{2}{3}}\,pz\right)^2\right]\right\}. \tag{3.4}$$

Analoge Beziehungen erhält man für die übrigen Fälle.

Auf Grund der Symmetrie können die Gitterpunkte in zwei Typen eingeteilt werden (siehe Abbildung 2.1): Punkte des Typs A sind in allgemeiner Lage achtzählig (das bedeutet, daß es 8 Punkte gibt, deren Indizes sich nur nach den Vorzeichen unterscheiden: mnp, $\bar{m}np$, $m\bar{n}p$, $mn\bar{p}$, $\bar{m}\bar{n}p$, $m\bar{n}\bar{p}$, $\bar{m}n\bar{p}$, $\bar{m}\bar{n}\bar{p}$), in speziellen Lagen haben diese Punkte die Zähligkeit 4 oder 2; Punkte vom Typ B sind in allgemeiner Lage vierzählig (mnp, $\bar{m}n\bar{p}$, $m\bar{n}p$, $\bar{m}\bar{n}\bar{p}$ für die kubische Packung und mnp, $m\bar{n}p$, $mn\bar{p}$, $m\bar{n}\bar{p}$, für die hexagonale) und in speziellen Lagen zweizählig.

Bezeichnet man die Punkte, deren Indizes sich nur im Vorzeichen unterscheiden, mit $\{mnp\}$, dann ist der Beitrag eines solchen „Punktes" zur Dipolenergie des Gitters für den Fall, daß zum Beispiel der „Punkt" translationsidentisch mit dem Nullpunkt ist, entsprechend der Formel (3.3) gleich

$$\varepsilon_{\mu,t}^{\{mnp\}} = \frac{\mu^2}{a^5}\left(\frac{4\gamma}{R^3} - \frac{\gamma m^2}{R^5}x^2 - 3\frac{\gamma n^2}{R^5}y^2 - 8\frac{\gamma p^2}{R^5}z^2 - 4\sqrt{2}\,\frac{\gamma mp}{R^5}xz\right). \tag{3.5}$$

Der Koeffizient γ berücksichtigt die Zähligkeit des Punktes $\{mnp\}$ und ist gleich 1, $^1/_2$ oder $^1/_4$, wenn die Zähligkeit 8, 4 oder 2 ist. Für die Punkte des Typs A und auch für Punkte des Typs B in der hexagonalen Kugelpackung ist der letzte Term der Summe in Gleichung (3.5) gleich Null.

Der Energiebeitrag aller Dipolgruppen, die mit demjenigen des Nullpunktes translationsidentisch sind, ist gleich

$$E_{\mu,t} = \frac{\mu^2}{a^3}(4A_0 - A_m x^2 - 3A_n y^2 - 8A_p z^2 - 4\sqrt{2}\,A_{mp} xz), \tag{3.6}$$

worin

$$A_0 = \sum_i \frac{\gamma_i}{R_i^3}, \qquad A_m = \sum_i \frac{\gamma_i m_i^2}{R_i^5}, \qquad A_n = \sum_i \frac{\gamma_i n_i^2}{R_i^5},$$

$$A_p = \sum_i \frac{\gamma_i p_i^2}{R_i^5}, \qquad A_{mp} = \sum_i \frac{\gamma_i m_i p_i}{R_i^5}$$

sind. Die Summierung erfolgt über die Punkte, die zu der Gruppe gehören. Dabei ist es ausreichend, nur einen Vertreter von jedem Punkt der Form $\{mnp\}$ anzugeben. Das bedeutet, daß man sich im Falle der Punkte des Typs A auf den positiven Oktanten und für Punkte des Typs B auf den negativen Quadranten ($n > 0$, $p > 0$) beschränken kann. Die Summe A_{mp} braucht nur für Punkte des Typs B in der kubischen Packung berechnet zu werden.

Verfährt man analog, führt γ ein und summiert über die Punkte der Form $\{mnp\}$ für den Fall, daß eine Dipolgruppe mit dem Dipol im Nullpunkt durch eine 2-zählige Achse $\parallel Y$ verknüpft ist, so erhalten wir mit Gleichung (3.4)

$$E_{\mu,2\parallel Y} = \frac{\mu^2}{a^3}\left[4A_0(2y^2 - 1) + A_m x^2 - 3A_n y^2 + 8A_p z^2 + 4\sqrt{2}\,A_{mp} xz\right].$$

Wie wir sehen, wird der Energiebeitrag dieser Dipolgruppe durch dieselben Summen (3.6) ausgedrückt. Es wird lediglich über andere Indexgruppen summiert. Offenbar ist dieses Ergebnis von allgemeingültiger Natur.

Die Beziehungen der Energiebeiträge aller möglichen Dipolgruppen ergeben sich zu

$$\left.\begin{aligned}
E_{\mu,t} &= \frac{\mu^2}{a^3}\left(4A_0 - A_m x^2 - 3A_n y^2 - 8A_p z^2 - 4\sqrt{2}\,A_{mp} xz\right),\\
E_{\mu,\bar{1}} &= -E_{\mu,t},\\
E_{\mu,2\parallel X} &= \frac{\mu^2}{a^3}\left[4A_0(2x^2 - 1) - A_m x^2 + 3A_n y^2 + 8A_p z^2\right],\\
E_{\mu,m\perp X} &= -E_{\mu,2\parallel X},\\
E_{\mu,2\parallel Y} &= \frac{\mu^2}{a^3}\left[4A_0(2y^2 - 1) + A_m x^2 - 3A_n y^2\right.\\
&\qquad\left. + 8A_p z^2 + 4\sqrt{2}\,A_{mp} xz\right],\\
E_{\mu,m\perp Y} &= -E_{\mu,2\parallel Y},\\
E_{\mu,2\parallel Z} &= \frac{\mu^2}{a^3}\left[4A_0(2z^2 - 1) + A_m x^2 + 3A_n y^2 - 8A_p z^2\right],\\
E_{\mu,m\perp Z} &= -E_{\mu,2\parallel Z}.
\end{aligned}\right\} \qquad (3.7)$$

Nun teilen wir die Punkte der kubischen und hexagonalen Gitter auf folgende vier Gruppen auf:

Gruppe I — p gerade, n gerade,
Gruppe II — p gerade, n ungerade,
Gruppe III — p ungerade, n gerade,
Gruppe IV — p ungerade, n ungerade. (3.8)

Wenn man die Punkte dieser Gruppen mit verschieden orientierten Dipolen belegt, erhält man eine hinreichend große Zahl von Beispielen symmetrischer Anordnung der Dipole, die charakteristisch sind für Molekülkristalle.

Es ist klar, daß bei einer derartigen Zerlegung für die Dreischicht- und Zweischichtpackung der Satz der Werte R und der Indizes mnp in ein und derselben Gruppe unterschiedlich wird. Deshalb muß man die Summen A_0, A_m, A_n, A_p und A_{mp} für jede der vier Gruppen sowohl für die Zweischicht- als auch für die Dreischichtvarianten berechnen. Die Grenzen der Summation werden durch die Konvergenzgeschwindigkeit der Reihe (3.2) bestimmt. Man erreichte so Abstände, die die kürzesten Abstände zwischen den Dipolen um das Fünffache überstiegen.

Berechnet man die Summen, so werden nach den Gleichungen (3.7) sofort die Ausdrücke für die Dipolwechselwirkungsenergie für alle diejenigen Raumgruppen erhalten, die keine höhere Symmetrie als die rhombische haben und bei denen die Zähligkeit der allgemeinen Lage nicht größer als vier ist. Einige symmetrische Anordnungen können sowohl aus der Zweischicht- als auch der Dreischichtpackung erhalten werden, andere wiederum nur in einer von beiden (unter den oben benutzten Einschränkungen).

Die Ergebnisse für die Raumgruppen, die diese Bedingungen erfüllen, sind in Tabelle 2.1 dargestellt. Es zeigt sich, daß für jeden Fall der symmetrischen Lage der Dipole die Gittersummen

$$E'_\mu = \frac{E_\mu}{\mu^2/a^3}$$

in der Form

$$E'_\mu = Kf(x, y, z)$$

dargestellt werden können, wo die x, y und z die Orientierung des Dipols im Gitter charakterisieren. Das Aussehen der Funktion $f(x, y, z)$ hängt nicht von dem Radius der Summierung ab, jedoch streben die K-Werte bestimmten Grenzwerten zu, die in der entsprechenden Spalte der Tabelle 2.1 angeführt sind. Über die Konvergenzgeschwindigkeit gibt Abbildung 2.2 Aufschluß. Die Extremwerte der Gittersummen für jede Raumgruppe, die den Extremwerten der Funktion $f(x, y, z)$ entsprechen, sind in den beiden letzten Spalten der Tabelle 2.1 aufgelistet.

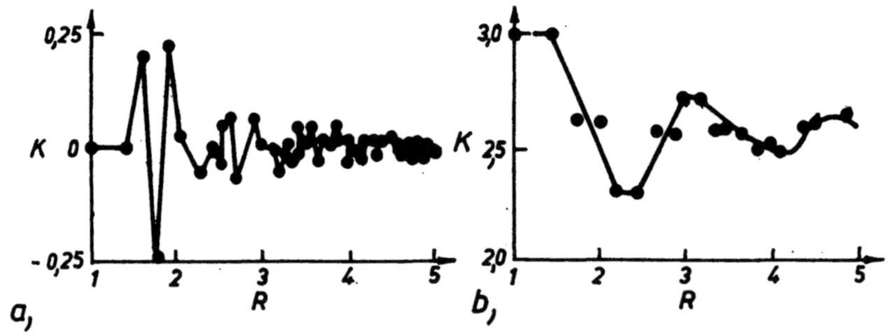

Abb. 2.2. Konvergenz der Gittersummen für Dipolgitter. a) Symmetrie $P1$, hexagonale Packung; b) Symmetrie $P1$, kubische Packung

Tabelle 2.1. Abhängigkeit der Dipolenergie des Kristallgitters von der Orientierung der Dipole und der Raumgruppensymmetrie

Gittersymmetrie	Packung	Symmetrieoperationen nach Gruppen				$f(x, y, z)$	K	$E'_{\mu, \min}$	$E'_{\mu, \max}$
		I	II	III	IV				
$P1$	kub.	t	t	t	t	0	0	0	0
	hex.	t	t	t	t	$3z^2 - 1$	0	0	0
$P\bar{1}$	kub.	t	t	$\bar{1}$	$\bar{1}$	$3z^2 - 1$	2,57	−2,57	5,14
	hex.	t	t	$\bar{1}$	$\bar{1}$	$3z^2 - 1$	2,57	−2,57	5,14
	kub.	t	$\bar{1}$	t	$\bar{1}$	$(\sqrt{2}\,x - z)^2 - 1$	1,50	−1,50	3,00
	hex.	t	$\bar{1}$	t	$\bar{1}$	$9x^2 - 6y^2 - 1$	0,21	−1,50	1,71
	kub.	t	$\bar{1}$	$\bar{1}$	t	$(\sqrt{8}\,x + z)^2 - 3$	0,86	−2,57	5,14
	hex.	t	$\bar{1}$	$\bar{1}$	t	$11x^2 + z^2 - 4$	0,64	−2,57	4,50
$P2_1$	kub.	t	$2 \parallel Y$	t	$2 \parallel Y$	$x^2 - \sqrt{2}\,xz$	1,50	−1,50	3,00
Pa	kub.	t	$m \perp Y$	t	$m \perp Y$	$-y^2$	1,50	−1,50	0
$A2$	kub.	t	$2 \parallel Y$	$2 \parallel Y$	t	$5x^2 - 2x^2 + 4\sqrt{2}\,xz$	0,86	−2,57	5,14
Aa	kub.	t	$m \perp Y$	$m \perp Y$	t	$-y^2$	2,57	−2,57	0
$P2_1/c$	kub.	t	$2 \parallel Y$	$\bar{1}$	$m \perp Y$	$(\sqrt{8}\,x + z)^2 - 3$	0,86	−2,57	5,14
$P2_12_12_1$	hex.	t	$2 \parallel X$	$2 \parallel Z$	$2 \parallel Y$	$11z^2 - 12$	0,21	−2,57	−0,21
$P2_122_1$	hex.	t	$2 \parallel X$	$2 \parallel Y$	$2 \parallel Z$	$5y^2 + 3z^2 - 12$	0,21	−2,57	−1,50
$Pca2_1$	hex.	t	$m \perp Y$	$m \perp X$	$2 \parallel Z$	$-(12x^2 + 7y^2)$	0,21	−2,57	0
$Pna2_1$	hex.	t	$m \perp Y$	$2 \parallel Z$	$m \perp X$	$z^2 - 1$	2,57	−2,57	0

Aus der Tabelle ist zu sehen, daß die Symmetrien $P1$ und $P\bar{1}$ sowohl im Zweischicht- als auch im Dreischichtfall realisiert werden können. Die Rechnung zeigte, daß für die Dreischichtpackung jede Koordinationssphäre, die aus translationsidentischen Dipolen besteht, einen Null-Beitrag zur Energie liefert, unabhängig davon, ob die Dipole dieser Sphäre parallel oder antiparallel zum Dipol im Nullpunkt sind. Deshalb ist die Dipolenegie des Gitters mit der Symmetrie $P1$, das auf der Basis

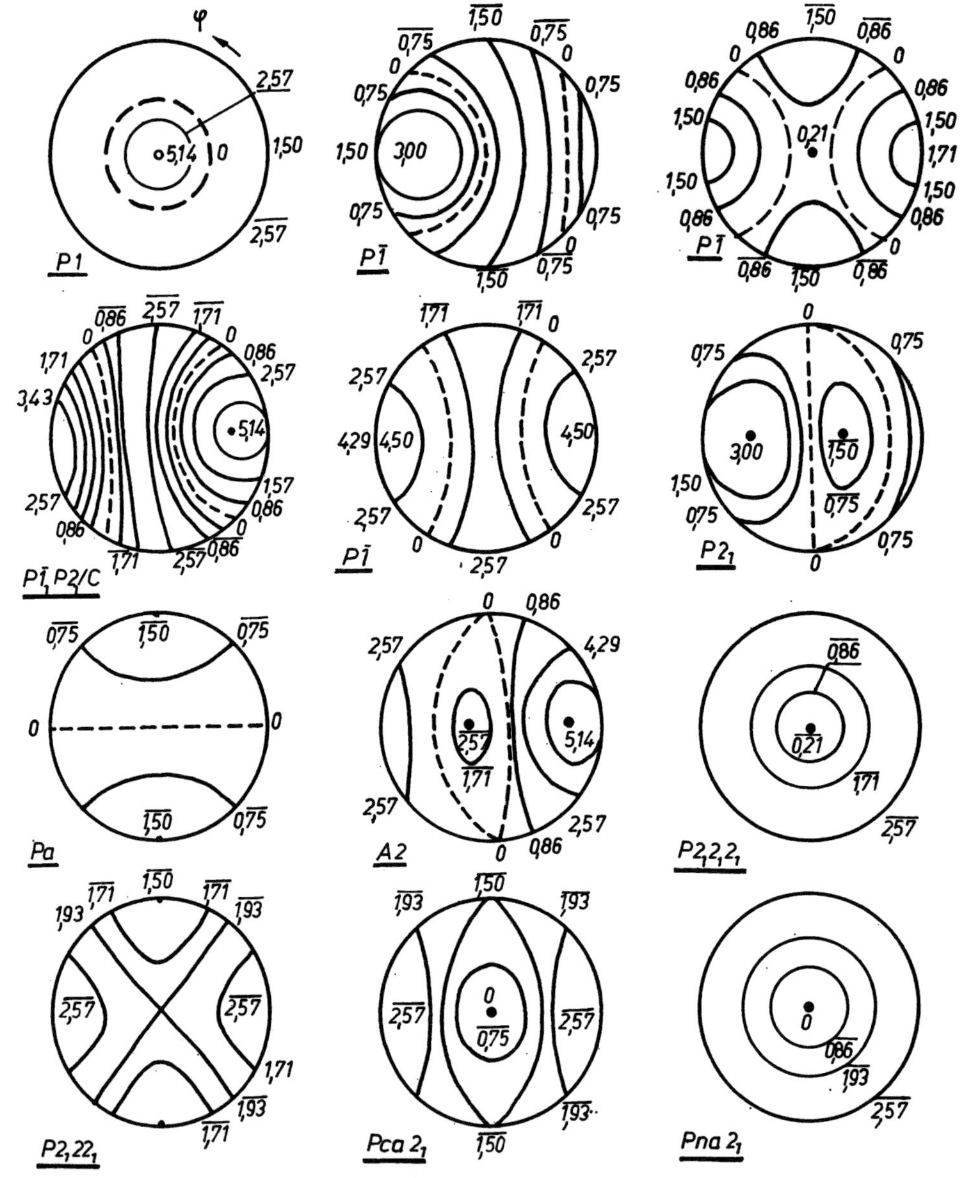

Abb. 2.3. Polfiguren der Dipolenergie $E'_{\mu}(\Theta, \varphi)$ für Kristallgitter verschiedener Raumgruppensymmetrie

der Dreischichtpackung aufgebaut wurde, exakt Null. Einige Koordinationssphären geben bei anderen symmetrischen Anordnungen auch keinen Beitrag zu E_μ, da die entsprechenden Punkte nur einer der vier Gruppen (3.8) angehören und folglich nur einander parallele Dipole enthalten. Im Fall der Zweischichtpackung ist die Dipolenergie des Gitters der Symmetrie $P1$ nicht genau Null. Sie strebt um so schneller gegen Null, je mehr Koordinationssphären in die Rechnung einbezogen werden (Abb. 2.2a).

Gehen wir bei den Formeln $E'_\mu = Kf(x, y, z)$ von den kartesischen zu Kugelkoordinaten ($x = \sin\Theta \cos\varphi$, $y = \sin\Theta \sin\varphi$, $z = \cos\Theta$) über, so können wir Polfiguren konstruieren, die die Abhängigkeit der Dipolenergie von der Orientierung der Dipole in bezug auf die Symmetrieelemente widerspiegeln (siehe zum Beispiel Abbildung 2.3). Hier wird der Polabstand Θ von der Z-Achse, senkrecht zur Zeichenebene, und die Länge φ von der X-Achse, die von links nach rechts verläuft, gerechnet. Die Linien „gleichen Potentials“ sind zu sehen. Durch die Punkte werden die Richtungen angezeigt, in denen die Dipolenergie ein Maximum oder Minimum hat. Vergleicht man die Polfiguren, so bemerkt man, daß in Gittern verschiedener Raumgruppensymmetrie die Orientierungen der Dipole, die zu Extremwerten der Energie führen, nicht gleich sind, obwohl die Extremwerte der Gittersummen E'_μ oft zusammenfallen — und das sogar in Gittern mit verschiedener Periodizität der dichten Schichten. Die Dipolenergien der Gitter rhombischer Symmetrie sind bei fast allen Orientierungen der Dipole negativ. Das wird in Gittern niedrigerer Symmetrie nicht beobachtet.

Die in Tabelle 2.1 angeführten Ausdrücke versetzen uns in die Lage, näherungsweise die möglichen Werte des Dipolbeitrages zur Gitterenergie verschiedener Molekülkristalle ohne Durchführung einer vollständigen Berechnung entsprechend den Beziehungen (3.1) und (3.2) abzuschätzen.

Natürlich kann man den in die Energiebeziehung eingehenden Wert für a nicht unmittelbar aus Strukturdaten berechnen, da die Parameter der realen Elementarzellen nicht mit denen identisch sind, die aus den Kugelpackungen erhalten werden. Man kann jedoch folgendermaßen verfahren: Es wird das Volumen der Elementarzelle, bezogen auf ein Molekül, V^{Mol} berechnet. Dann nimmt in einer dichten Packung kugelförmiger Moleküle jedes Molekül das Volumen V^{Mol} ein. Unter Berücksichtigung des Kugelpackungskoeffizienten ergibt sich der Wert $a^3 = \sqrt{2}\, V^{\mathrm{Mol}}$. Auf diese Weise kommt man zu einem „mittleren“ Gitter, das näherungsweise dem ursprünglichen entspricht. Die genaue Richtung der Dipole in diesem Gitter ist unbekannt. Es ist jedoch klar, daß der Wert für die Dipolenergie zwischen dem Maximal- und Minimalwert der betreffenden Raumgruppe liegen muß. Einige Beispiele solcher Abschätzungen für Kristalle, die aus Molekülen mit großen Dipolmomenten bestehen, enthält Tabelle 2.2. Eine genaue Rechnung mit den Gleichungen (3.1) und (3.2) wurde für Nitrobenzol durchgeführt. Sie ergab $E_\mu = -1{,}4$ kcal/mol ($= -5{,}9$ kJ/mol) (das Zentrum des Dipols wurde in das Kohlenstoffatom gelegt, an dem sich die NO_2-Gruppe befindet).

Die Sublimationswärmen der in der Tabelle angeführten Verbindungen liegen im Bereich von 20 kcal/mol ($=$ 84 kJ/mol). Die Dipolenergien haben, auch wenn das Dipolmoment des Moleküls groß ist, einen relativ geringen Anteil an diesem Wert. Für Kristalle, deren Moleküle Momente $\mu < 1\,D$ haben, ist der Dipolbeitrag zur

Tabelle 2.2. Näherungswerte der Dipolwechselwirkungsenergie von einigen Kristallgittern

Verbindung	Gitter-geometrie	μ, D	V^{Mol}, Å³	E_μ, kcal/mol	
				min.	max.
Nitrobenzol $C_6H_5NO_2$	$P2_1/c$	3,96	148,2	−2,8	5,6
Nitroanthracen $C_{14}H_9NO_2$	$P2_1/a$	3,96	267,0	−1,5	3,0
m-Dinitrobenzol $C_6H_4(NO_2)_2$	$Pbn2_1$	3,96	175,2	−2,3	0
Acenaphthenchinon $C_{10}H_2(CO_2)_2$	$P2_12_12_1$	4,90	203,0	−3,6	0,3

Gitterenergie fast gänzlich zu vernachlässigen, da er dem Quadrat des Dipolmoments proportional ist.

Aus diesen Darlegungen folgt jedoch nicht, daß die Dipolwechselwirkung überhaupt keinen Einfluß auf die Eigenschaften des Molekülkristalls, besonders auf die Herausbildung seiner Gleichgewichtsstruktur hat. Aus der Tabelle 2.2 kann man schlußfolgern, daß sich die Gleichgewichtsstruktur in der Nähe des Minimums von E_μ herausbildet, weil die Unterschiede zwischen den beiden Extremwerten der Dipolenergie wohl nicht sehr groß, aber doch nicht vernachlässigbar sind. Gleichzeitig muß die reale Struktur nach dem Prinzip der dichten Packung dem Minimum der Energie U, die von der Van-der-Waals-Wechselwirkung herrührt, entsprechen (siehe weiter unten).

Dabei ist die Dipolenergie E_μ offenbar meist eine recht unempfindliche Funktion der Strukturparameter. Das hat zur Folge, daß man die Struktur nicht aus der Lage des Energieminimums der Van-der-Waals-Wechselwirkung herleiten kann. Als Beispiel wollen wir die Grenze des Winkelwertes abschätzen, bei dem die Dipolwechselwirkungen die Lage des Energieminimums U für Strukturen mit starken Dipolmolekülen ändern könnten. Dazu verwenden wir eine Methode, die für analoge Abschätzungen in Quadrupolgittern von Craig und anderen [194] benutzt wurde. Wenn man annimmt, daß die Variation von U in der Nähe des Minimums durch ein quadratisches Gesetz $U = (1/2)\, k(\Theta - \Theta_0)^2$ beschrieben wird und sich die elektrostatische Komponente $E_\mu = \lambda\Theta$ linear ändert, dann ist die Änderung des Gleichgewichtswinkels Θ nach den Rechnungen der Elektrostatik gleich $-\lambda/k$. Der Wert der Kraftkonstanten k für Strukturen des Naphthalintyps, die keine Dipole besitzen, ist etwa mit 20 cm⁻¹ grd⁻² abgeschätzt worden. Mit der Formel, die in Tabelle 2.1 benutzt wurde, ergibt sich für die Gruppe $P2_1/c$ der Maximalwert

$$\left(1\bigg/\frac{\mu^2}{a^3}\right)(\partial E_\mu/\partial\Theta) = 0{,}13\ \text{grd}^{-1}\,.$$

Beim Nitronaphthalinmolekül ($\mu = 3{,}96\,D$) wird der größte λ-Wert ungefähr 30 cm⁻¹grd⁻¹ und die Verschiebung des Minimums ungefähr 1,5° betragen. Das ist vom Standpunkt der Packungseffekte unwesentlich.

In realen Kristallen ist eine solche Anordnung der Moleküle verwirklicht, bei der sich die Struktur in einem möglichst niedrigen Energieminimum der van der Waals-Wechselwirkungen befindet. In dieser Lage kommt auch E_μ dem Minimalwert am nächsten. Bisher fehlen jedoch Berechnungen, um diese Behauptung zu erhärten.

Berechnet man die Dipolenergie, indem man ein vollständiges Gitter, das aus Punktdipolen besteht, betrachtet, wobei in den Kristallgittern die kürzesten Abstände zwischen den Dipolen ihre Längen sogar um das Drei- bis Vierfache übersteigen, so zeigen exakte Rechnungen, daß der Gesamtfehler unwesentlich ist. Die Schwierigkeit besteht, wie auf Seite 177 gezeigt wird, in der Lokalisierung der Dipole.

2.4. Die Quadrupolenergie

Wenn die Summe der Ladungen im Molekül und das Dipolmoment gleich Null sind, treten die Quadrupolwechselwirkungen in den Vordergrund. Für einige einfache Moleküle (N_2, N_2O, CO_2, CO), die bei tiefen Temperaturen im kubisch flächenzentrierten Gitter kristallisieren, wurden die Quadrupolmomente von NAGAI und NAKAMURA [195] studiert. Es wurden Bereiche geringster Quadrupolenergie gefunden, die den realen Orientierungen der Moleküle in den Kristallen nahekommen.

Wir betrachten die Quadrupolwechselwirkungen im Kristall allgemeiner und benutzen die Methode, die bereits für die Dipolgitter beschrieben wurde. Die Ergebnisse verwenden wir zur näherungsweisen Abschätzung der Rolle dieser Wechselwirkungen für den Molekülkristall.

Die Wechselwirkungsenergie zweier Quadrupole bei axialer oder zylindrischer Ladungsverteilung im Molekül ist bekanntlich gleich

$$\varepsilon_Q = \frac{3}{16}\frac{Q^2}{r^5}\{1 + 2(\mathbf{s}_1\mathbf{s}_2)^2 - 5(s_{1r}^2 + s_{2r}^2) - 20 s_{1r}s_{2r}(\mathbf{s}_1\mathbf{s}_2) + 35 s_{1r}^2 s_{2r}^2\}\,. \quad (4.1)$$

Hier ist $\mathbf{r}$ ein Vektor, der die Zentren der Quadrupole verbindet; die Einheitsvektoren $\mathbf{s}_1$ und $\mathbf{s}_2$ mit den Komponenten x, y und z charakterisieren die Richtungen der Quadrupolachsen bezüglich der Achsen des Gitters; s_{1r} und s_{2r} sind die Projektionen von $\mathbf{s}_1$ und $\mathbf{s}_2$ auf r, und Q ist ein Skalar, der den Tensor des Quadrupolmoments des axialen Quadrupols bestimmt (übliche Bezeichnung: $Q = Q_{zz}$).

Wie im vorhergehenden Fall werden wir wieder die Punkte mit den Indizes mnp eines rechtwinkligen Gitters mit den Perioden $a\sqrt{3}/6$ längs der X-Achse, $a/2$ längs der Y-Achse und $a\sqrt{2/3}$ längs der Z-Achse (a ist der kürzeste Abstand zwischen den Gitterpunkten) durchnumerieren. Der Radiusvektor eines beliebigen Punktes hat dann die Form

$$R = (\mathbf{r}/a)\,[(\sqrt{3}/6)\,m\mathbf{i} + (^1/_2)\,n\mathbf{j} + \sqrt{2/3}\,p\mathbf{k}]\,.$$

Wir erhalten so für die Gruppen der Quadrupole, die mit demjenigen im Nullpunkt durch verschiedene Symmetrieelemente verknüpft sind, die Beziehungen für die Energiebeiträge, analog den Formeln (3.7). Im Unterschied zu den Dipolen fallen die Wechselwirkungsenergien der Quadrupole, die von zweizähligen Achsen parallel X und Symmetrieebenen m senkrecht X (analog für Y und Z) herrühren, zusammen. Bei Dipolen treten dagegen verschiedene Vorzeichen auf. Die Ursache ist, daß ein Quadrupol einen axialen Vektor darstellt, ein Dipol aber einen polaren. Die Unterschiede zwischen 2- und 2_1-Achsen, und zwischen Symmetrie- und Gleitspiegelebenen spielen ebenfalls keine Rolle.

Die Formeln der Energiebeiträge aller möglichen Gruppen von Quadrupolen für trikline, monokline und rhombische Symmetrie haben die Form

$$
\left.
\begin{aligned}
E_{Q,t} = E_{Q,1} = \frac{Q^2}{a^5}\biggl(&\frac{9}{2} B_0 - \frac{15}{4} B_m x^2 - \frac{45}{4} B_n y^2 \\
&- 30 B_p z^2 - 15\sqrt{2}\, B_{(mp)}\, xz + \frac{35}{96} B_{mm} x^4 + \frac{105}{32} B_{nn} y^4 \\
&+ \frac{70}{3} B_{pp} z^4 + \frac{105}{16} B_{mn} x^2 y^2 + \frac{35}{2} B_{mp} x^2 z^2 \\
&+ \frac{105}{2} B_{np} y^2 z^2 + \frac{35\sqrt{2}}{12} B_{m(mp)} x^3 z \\
&+ \frac{70\sqrt{2}}{3} B_{(mp)\,p}\, x z^3 + \frac{105\sqrt{2}}{4} B_{n(mp)}\, x y^2 z\biggr); \\
E_{Q,2\|X} = E_{Q,m\perp X} = \frac{Q^2}{a^5}\biggl\{&\frac{3}{2} B_0 \left[1 + 2(2x^2 - 1)^2\right] \\
&- \frac{5}{4} B_m x^2 \left[1 + 2(2x^2 - 1)\right] - \frac{15}{4} B_n y^2 \left[1 - 2(2x^2 - 1)\right] \\
&- 10 B_p z^2 \left[1 - 2(2x^2 - 1)\right] + \frac{35}{96} B_{mm} x^4 + \frac{105}{32} B_{nn} y^4 \\
&+ \frac{70}{3} B_{pp} z^4 - \frac{35}{16} B_{mn} x^2 y^2 - \frac{35}{6} B_{mp} x^2 z^2 + \frac{105}{2} B_{np} y^2 z^2\biggr\}; \\
E_{Q,2\|Y} = E_{Q,m\perp Y} = \frac{Q^2}{a^5}\biggl\{&\frac{3}{2} B_0 \left[1 + 2(2y^2 - 1)^2\right] \\
&- \frac{5}{4} B_m x^2 \left[1 - 2(2y^2 - 1)\right] - \frac{15}{4} B_n y^2 \left[1 + 2(2y^2 - 1)\right] \\
&- 10 B_p z^2 \left[1 - 2(2y^2 - 1)\right] \\
&- 5\sqrt{2}\, B_{(mp)}\, xz \left[1 - 2(2y^2 - 1)\right] + \frac{35}{96} B_{mm} x^4 \\
&+ \frac{105}{32} B_{nn} y^4 + \frac{70}{3} B_{pp} z^4 - \frac{35}{16} B_{mn} x^2 y^2 \\
&+ \frac{35}{2} B_{mp} x^2 z^2 - \frac{35}{2} B_n y^2 z^2 + \frac{35\sqrt{2}}{12} B_{m(mp)} x^3 z \\
&+ \frac{70\sqrt{2}}{3} B_{(mp)\,p}\, x z^3 - \frac{35\sqrt{2}}{4} B_{n(mp)}\, x y^2 z\biggr\}; \\
E_{Q,2\|Z} = E_{Q,m\perp Z} = \frac{Q^2}{a^5}\biggl\{&\frac{3}{2} B_0 \left[1 + 2(2z^2 - 1)^2\right] \\
&- \frac{5}{4} B_m x^2 \left[1 - 2(2z^2 - 1)\right] - \frac{15}{4} B_n y^2 \left[1 - 2(2z^2 - 1)\right] \\
&- 10 B_p z^2 \left[1 + 2(2z^2 - 1)\right] + \frac{35}{96} B_{mm} x^4 + \frac{105}{32} B_{nn} x y^4 \\
&+ \frac{70}{3} B_{pp} z^4 + \frac{105}{16} B_{mn} x^2 y^2 - \frac{35}{6} B_{mp} x^2 z^2 - \frac{35}{2} B_{np} y^2 z^2\biggr\}.
\end{aligned}
\right\} \quad (4.2)
$$

In diesen Beziehungen sind

$$\left.\begin{aligned}
B_0 &= \sum_i \frac{\gamma_i}{R_i^5}, & B_m &= \sum_i \frac{\gamma_i m_i^2}{R_i^7},\\
B_n &= \sum_i \frac{\gamma_i n_i^2}{R_i^7}, & B_p &= \sum_i \frac{\gamma_i p_i^2}{R_i^7},\\
B_{(mp)} &= \sum_i \frac{\gamma_i m_i p_i}{R_i^7}, & B_{mm} &= \sum_i \frac{\gamma_i m_i^4}{R_i^9},\\
B_{nn} &= \sum_i \frac{\gamma_i n_i^4}{R_i^9}, & B_{pp} &= \sum_i \frac{\gamma_i p_i^4}{R_i^9},\\
B_{mn} &= \sum_i \frac{\gamma_i m_i^2 n_i^2}{R_i^9}, & B_{mp} &= \sum_i \frac{\gamma_i m_i^2 p_i^2}{R_i^9},\\
B_{np} &= \sum_i \frac{\gamma_i n_i^2 p_i^2}{R_i^9}, & B_{m(mp)} &= \sum_i \frac{\gamma_i m_i^3 p_i}{R_i^9},\\
B_{(mp)p} &= \sum_i \frac{\gamma_i m_i p_i^3}{R_i^9}, & B_{n(mp)} &= \sum_i \frac{\gamma_i m_i n_i^2 p_i}{R_i^9}.
\end{aligned}\right\} \quad (4.3)$$

Die Summierung erfolgt über die Punkte, die zu einer Gruppe gehören. Der Koeffizient γ berücksichtigt die Zähligkeit der Punkte $\{mnp\}$. Die Summen $B_{(mp)}$, $B_{(mp)p}$, $B_{m(mp)}$, $B_{n(mp)}$ berechnet man nur für vierzählige Punktlagen der kubischen Packung.

Um unter Benutzung der Formeln (4.2) einen Ausdruck für die Quadrupolenergie für Gitter verschiedener Raumsymmetrie zu erhalten, ist es wie im Fall der Dipole zweckmäßig, die Punktlagen der kubischen und hexagonalen dichten Packungen in 4 Gruppen einzuteilen:

I	— p gerade,	n gerade,
II	— p gerade,	n ungerade,
III	— p ungerade,	n gerade,
IV	— p ungerade,	n ungerade.

Für jede dieser Gruppen bildet man die Summe (4.3), getrennt nach den Zweischicht- und Dreischichtvarianten.

Bei der Summenbildung braucht man in Anologie zu den Dipolen nur Abstände zu berücksichtigen, die das Fünffache der kürzesten Abstände zwischen den Gitterpunkten nicht übersteigen.

Mit Hilfe der Summe (4.3), deren Berechnung recht schwierig ist, kann man jedoch leicht Ausdrücke für die Energie der Quadrupolgitter verschiedener Raumgruppensymmetrie als Funktion der Winkel Θ und φ erhalten, die durch Quadrupole, die im [000]-Punkt liegen, mit den Achsen des rechtwinkligen Gitters gebildet werden. Diese Ausdrücke haben die Form

$$E_Q = (1/2)\,(Q^2/a^5)\,f(\Theta, \varphi)\,.$$

Die Funktion $f(\Theta, \varphi)$ hängt von der Symmetrie der gegenseitigen Anordnung der Quadrupole ab. In Tabelle 2.3 sind die Formeln der Funktion $f(\Theta, \varphi)$ und auch ihre Extremwerte für verschiedene Raumgruppen angeführt.

Tabelle 2.3. Abhängigkeit der Quadrupolenergie von der Orientierung eines axialen Quadrupols

Gitter-geometrie	Packung	$f(\Theta, \varphi)$	$f_{\max}(\Theta, \varphi)$	$f_{\min}(\Theta, \varphi)$
$P1$, $P\bar{1}$	kub.	$1{,}33 - 6{,}67 \sin^2 \Theta + 5{,}84 \sin^4 \Theta$		
		$+ 4{,}70 \sin^3 \Theta \cos \Theta \cos \varphi(1 - 4 \sin^2 \varphi)$	1,33	−2,00
	hex.	$1{,}35 - 6{,}75 \sin^2 \Theta + 5{,}90 \sin^4 \Theta$	1,35	−0,58
$P2_1$	kub.	$1{,}33 - \sin^2 \Theta(6{,}67 + 11{,}47 \sin^2 \varphi)$		
Pa		$+ \sin^4 \Theta(5{,}84 - 4{,}22 \sin^2 \varphi + 15{,}67 \sin^4 \varphi)$		
$P2_1/c$		$+ \sin^3 \Theta \cos \Theta \cos \varphi(4{,}70 - 6{,}91 \sin^2 \varphi)$	1,33	−3,98
$A2$	kub.	$1{,}33 - \sin^2 \Theta(6{,}67 - 7{,}04 \sin^2 \varphi)$		
Aa		$+ \sin^4 \Theta(5{,}84 - 21{,}46 \sin^2 \varphi + 14{,}42 \sin^4 \varphi)$		
		$+ \sin^3 \Theta \cos \psi \cos \varphi(4{,}70 - 11{,}89 \sin^2 \varphi)$	1,41	−3,15
$P2_12_12_1$	hex.	$1{,}35 - \sin^2 \Theta(4{,}90 + 11{,}72 \sin^2 \varphi)$		
		$+ \sin^4 \Theta(4{,}05 - 3{,}97 \sin^2 \varphi + 15{,}69 \sin^4 \varphi)$	1,35	−3,52
$P2_122_1$	hex.	$1{,}35 - \sin^2 \Theta(-13{,}49 + 30{,}11 \sin^2 \varphi)$		
		$+ \sin^4 \Theta(-14{,}33 + 15{,}70 \sin^2 \varphi$		
		$+ 14{,}41 \sin^4 \varphi)$	4,51	−3,10
$Pca2_1$	hex.	$1{,}35 - \sin^2 \Theta(16{,}62 + 1{,}59 \sin^2 \varphi)$		
		$+ \sin^4 \Theta\,(15{,}77 - 12{,}82 \sin^2 \varphi)$		
		$+ 14{,}41 \sin^4 \varphi)$	1,35	−4,50
$Pna2_1$	hex.	$1{,}35 - \sin^2 \Theta(16{,}62 - 16{,}92 \sin^2 \varphi)$		
		$+ \sin^4 \Theta(15{,}77 - 32{,}62 \sin^2 \varphi$		
		$+ 15{,}69 \sin^4 \varphi)$	1,35	−3,42

Wie aus Tabelle 2.3 zu sehen ist, fallen einige Koeffizienten in den Formeln $f(\Theta, \varphi)$ für verschiedene Gitter zusammen. Die Gleichheit der Koeffizienten bedeutet eine Entartung der Symmetrie in einigen speziellen Richtungen (zum Beispiel in Richtungen senkrecht zu dichten Schichten, für die $\Theta = 0$ ist). Man beobachtet bei Vergrößerung des Summationsradius eine schnelle Konvergenz der Werte $f(\Theta, \varphi)$. Aus Abbildung 2.4 wird klar, daß es praktisch ausreicht, die Summenbildung nur bis zu den 3- bis 4fachen Werten der kürzesten Abstände durchzuführen.

Entsprechend den Beziehungen $f(\Theta, \varphi)$ wurden Polfiguren konstruiert, die es gestatten, sofort die Gebiete der niedrigsten Quadrupolenergie für jede Symmetriegruppe aufzufinden. Beim Vergleich dieser Figuren fällt der Einfluß der Gittersymmetrie auf die Quadrupolenergie ins Auge (Abb. 2.5).

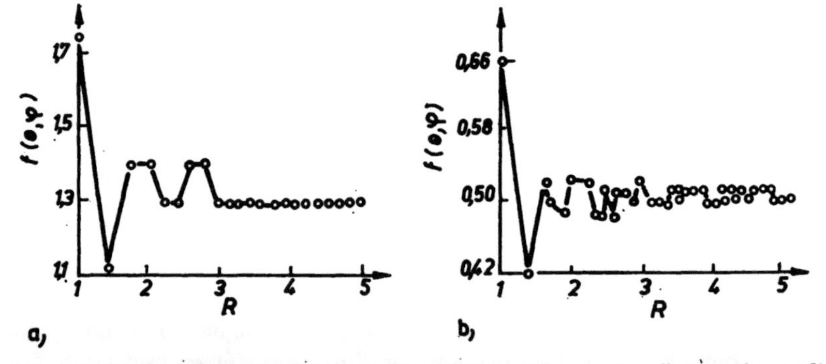

Abb. 2.4. Abhängigkeit der Quadrupolenergie des Gitters vom Summationsradius. a) $f(\Theta, \varphi)$ für die Raumgruppe $P2_1/c$ ($\Theta = 0$); b) $f(\Theta, \varphi)$ für die Raumgruppe $P2_12_12_1$ ($\varphi = 0$, $\Theta = 90°$)

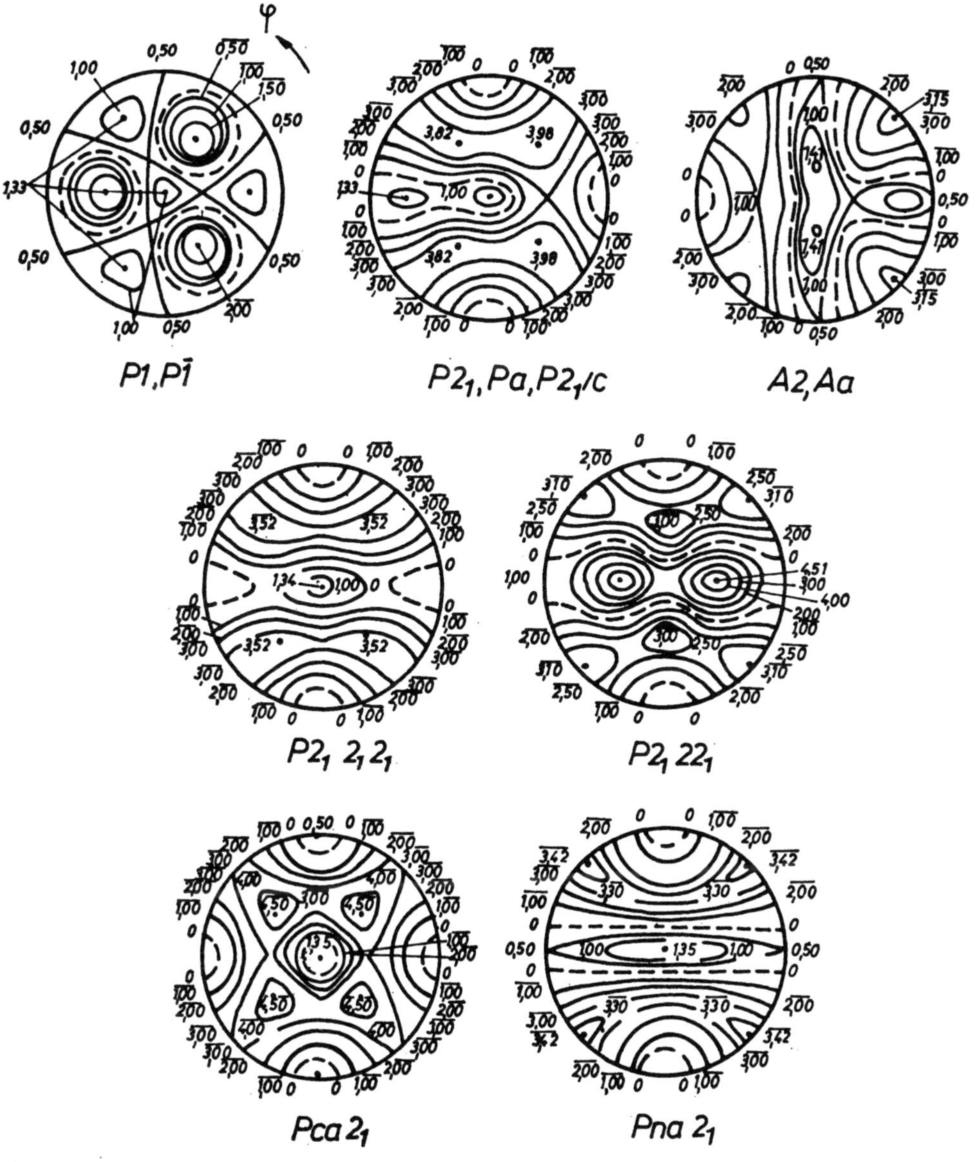

Abb. 2.5. Polfiguren der Quadrupolenergie $E'_Q(\Theta, \varphi)$ für Kristallgitter verschiedener Raumgruppensymmetrie

Die Abschätzung der Größenordnung von E_Q für einen bestimmten Molekülkristall kann analog zur Dipolwechselwirkungsenergie nur näherungsweise erfolgen. In diesem Fall wird die wahre Zelle durch eine kubisch-flächenzentrierte oder hexagonale desselben Volumens ersetzt. Außerdem muß man für die Berechnung von E_Q das Quadrupolmoment des Moleküls kennen. Die experimentelle Bestimmung der Quadrupolmomente ist bisher jedoch nur an einigen einfachen Molekülen durchgeführt worden, und zwar aus der Verbreiterung der Mikrowellenspektren unter Druck [196,

197, 198]. Wenn die räumliche Verteilung der Ladungen im Molekül bekannt wäre, dann könnte man das Quadrupolmoment wie folgt berechnen:

$$Q_{ij} = 3 \sum_k e_k(x_i x_j - \tfrac{1}{3} r^2 \delta_{ij}) ,$$

worin e_k die Größe der Ladung, $\boldsymbol{r}$ die Radiusvektoren getrennter Ladungen, x_i die Komponenten des Vektors $\boldsymbol{r}$ und δ_{ij} das KRONECKER-Symbol sind. Leider sind auf diese Weise auch nur grobe Abschätzungen möglich.

Für das Benzolmolekül zum Beispiel erhalten wir unter der Annahme, daß das Dipolmoment der Bindung C—H gleich $0{,}4 \cdot 10^{-18}$ CGSE ist [199] und daß sich die positiven Ladungen auf die Kohlenstoffatome und die negativen auf die Wasserstoffatome konzentrieren $Q \approx 2$ Å^2. Der experimentelle Wert von HILL und SMITH [196] beträgt 1,3 Å^2. Benutzt man ein analoges Modell für das Naphthalinmolekül und setzt voraus, daß die nichtdiagonalen Komponenten des Tensors Q_{ij} gleich Null sind und daß $Q_{xx} = Q_{yy} = -(1/2)Q_{zz}$ ist, so ergeben sich für Q etwa 3 Å^2. Zumindest gibt diese Näherung die richtige Größenordnung wieder.

Am Beispiel des Naphthalinkristalls (Raumgruppe $P2_1/a$) kann man eine Vorstellung über die Größenordnung des Quadrupolanteils der Gitterenergie für organische Kristalle erhalten. Wenn man die Parameter der Elementarzelle kennt, kann man auch diejenigen der äquivalenten kubisch-flächenzentrierten Zelle ermitteln ($a \approx 6{,}3$ Å). Die Extremwerte der Funktion $f(\Theta, \varphi)$ für die Gruppe $P2_1/a$ sind in Tabelle 2.3 aufgeführt. Man findet, daß der E_Q-Wert für Naphthalin zwischen $-0{,}7$ und 0,2 kcal/mol ($-2{,}9$ und 0,84 kJ/mol) liegt. Dieses Ergebnis stimmt gut mit dem von CRAIG und anderen erhaltenen Wert von $-0{,}4$ kcal/mol ($-1{,}7$ kJ/mol) überein, der mit genauen Gittersummen und Näherungswerten der Komponenten des Tensors Q_{ij} berechnet wurde [194]. Es ist klar, daß dieser Quadrupolbeitrag zur Gitterenergie, die nach experimentellen Daten $-16{,}7$ kcal/mol (-70 kJ/mol) beträgt, unbedeutend ist.

Die Quadrupolenergie ändert sich noch langsamer mit den Strukturparametern als die Dipolenergie. Für Naphthalin zum Beispiel ist der größte Wert $\partial E_Q/\partial\Theta \approx 7$ cm^{-1} grd^{-1}, was schätzungsweise nur zu einer unwesentlichen Verschiebung des Minimums der van der Waals-Wechselwirkungen führt (höchstens 0,3°).

2.5. Abschließende Bemerkungen

Es ist offensichtlich, daß der Einfluß elektrostatischer Wechselwirkungen, die von höheren Momenten als den Quadrupolmomenten herrühren, sogar noch unbedeutender ist. Wir haben auch gesehen, daß die statischen Multipolwechselwirkungen im Kristallgitter eine untergeordnete Bedeutung haben, obwohl sie zum Beispiel in Dipolgittern wesentlich langsamer mit dem Abstand abnehmen als die ungerichteten Wechselwirkungen vom Dispersionstyp. Die Ursache ist die starke Richtungsabhängigkeit solcher Wechselwirkungen. Im Kristallgitter ist jeder Multipol von einer großen Zahl Nachbarn mit verschiedener Orientierung umgeben, und die statische Wechselwirkung geht bei einer Mittelwertbildung über die verschiedenen Orientierungen gegen Null.

Daß in vielen Fällen und bei den meisten Verbindungen die elektrostatischen Wechselwirkungen unwesentlich sind, ist sehr günstig. Die Schwierigkeit besteht nicht in den

Rechnungen. Diese können mit Computern erfolgen. Das Grundhindernis dagegen ist die fehlende Kenntnis über den Ort der Lokalisierung des Dipols in Dipolmolekülen, das heißt die geringen Informationen über die Art der elektrischen Ladungsverteilung im Molekül.

Bei Molekülen, die mehrere Bindungen enthalten, die Dipolmomente besitzen können, gibt es noch größere Schwierigkeiten, da das Experiment nur das resultierende Moment liefert. Man muß sich auch daran erinnern, daß die Verteilung der Dipolmomente auf die Bindungen konventionell und beliebig erfolgt.

Der Ansatz zur Berechnung der elektrostatischen Energie kann unterschiedlich sein. Wenn es möglich ist, jedem Atom eine „Rest"ladung e (d. h. entweder Elektronenunter- oder -überschuß gegenüber dem neutralen Atom) zuzuschreiben, dann ergibt sich

$$E = \sum_{ik} \left(- \frac{e_i e_k}{r_{ik}} \right).$$

Die Fehler, die von geringen Abweichungen der Elektronenverteilung um die Atome von der Kugelform herrühren, sind unerheblich. Die Schwierigkeit besteht lediglich in der Unkenntnis von e_i. Versuche zur quantenchemischen Berechnung dieser „Rest"-ladungen scheinen jedoch nicht überzeugend zu sein.

Natürlich ist es möglich, Dipol-Dipol-Wechselwirkungen für Dipolmoleküle und Quadrupol-Quadrupol-Wechselwirkungen für Nichtdipolmoleküle, die häufig Quadrupolmomente besitzen, abzuschätzen. Im ersten Fall besteht die Grundschwierigkeit in der Lokalisierung des Zentrums des Dipols. Unklar ist auch, welche Bedeutung die folgenden Glieder der Reihe, nach der die elektrostatische Energie entwickelt wurde, besitzen (Dipol-Quadrupol- und Quadrupol-Quadrupol-Wechselwirkung).

Die exakteste Rechnung muß auf einer integralen Darstellung der Energie beruhen. Aber auch hier bestehen die Schwierigkeiten nicht in der Berechnung, sondern in der Unkenntnis der Ladungsverteilung.

C. *Die Methode der Atom-Atom-Potentiale*

2.6. Van der Waalssche Wechselwirkungen im Molekülkristall

Da der elektrostatische Beitrag zur Gitterenergie des Molekülkristalls gering ist, kann in dem meisten Fällen die Berechnung dieser Energie auf die Untersuchung der van der Waals-Wechselwirkungen — die Londonsche Dispersionsanziehung und die Abstoßung, die durch die Überlappung der Elektronenwolken entsteht — reduziert werden.

Das $-A/R^6$-Gesetz für die Anziehung und das Exponentialgesetz für die Abstoßung ist nur bei einer über alle möglichen Orientierungen gemittelten Wechselwirkung erfüllt, das heißt unter der Voraussetzung, daß die Teilchen Kugelsymmetrie besitzen. Wenn im Kristall als wechselwirkende Teilchen ganze Moleküle betrachtet werden, wie es London in seinen ersten Arbeiten tat, dann ist klar, daß sich die Annahme einer Kugelsymmetrie für die meisten Moleküle als äußerst grob erweist. Auch wenn man wie Müller [200] versucht, das Molekül in Kräftezentren zu zerlegen, dann ist offensichtlich die sehr genaue Mittelwertsformel von London weder für Atomgruppen noch für Bindungen erfüllt (wie es jedoch in einigen Arbeiten angenommen wird), sondern nur für einzelne Atome im Molekül.

Erstens ist tatsächlich der Mittelwert des Dipolmoments für das Elektronensystem des Atoms in stationären Zuständen immer gleich Null, was von einer Atomgruppe nicht gesagt werden kann [201]. Zweitens zeigen Ergebnisse kristallchemischer Untersuchungen, daß man die Elektronendichte der Atome in Molekülkristallen mit großer Genauigkeit (0,1—0,2 Elektron) als kugelsymmetrische Funktion darstellen kann. Hinsichtlich der Polarisierbarkeit sind die Atome, wie in einer Abhandlung von PITZER [202] bemerkt wird, als fast isotrop anzusehen. Außerdem erfordert die Anwendung der Störungstheorie auf einzelne Atome keine speziellen Annahmen über die Form der Funktion der Elektronendichte des Moleküls oder eines seiner Teile. Schließlich ist sogar für die Atome mit den kürzesten Abständen untereinander in Kristallen das Verhältnis Teilchengröße/Abstand zwischen den Teilchen immer günstiger als für ganze Moleküle oder beliebige Atomgruppen.

Das Wechselwirkungspotential zweier Atome i und j im Abstand r_{ij} kann man durch

$$\varphi_{ij} = -Ar_{ij}^{-6} + Be^{-\alpha r_{ij}}$$

beschreiben. Bei dieser Schreibweise beschränken wir uns auf die Dipol-Dipol-Näherung in der Störungstheorie zweiter Ordnung und benutzen für das Abstoßungspotential das Exponentialgesetz. Man muß dann entsprechend dem in Abschnitt 2.2. beschriebenen Modell zur Berechnung der Molekülwechselwirkung als Summe der Wechselwirkungsenergien der Atome die Konstanten A, B und α für jede Atomsorte finden.

Die theoretische Formel für den Koeffizienten A ist für alle Fälle, außer den einfachsten, für praktische Rechnungen etwas kompliziert. Sie erfordert Kenntnis der Energieeigenwerte der nicht angeregten Atome, die durch Lösung der Schrödinger-Gleichung für jedes Atom erhalten werden können. Es ist jedoch bekannt, daß für Mehrelektronensysteme gewöhnlich selbst die besten Lösungen der Schrödinger-Gleichung, die durch irgendwelche Näherungsmethoden erhalten wurden, Energiewerte liefern, die merklich von den experimentellen Daten abweichen. Deshalb kommt man in der praktischen Berechnung der Konstanten des Anziehungspotentials zu mehr oder weniger groben Näherungen, deren relative Genauigkeit nur schwer abzuschätzen ist.

Für die Ermittlung der Konstanten B und α des Abstoßungspotentials benutzt man gewöhnlich keine theoretischen Methoden, sondern wählt sie empirisch aus. Im Kristallgitter wird die theoretische Berechnung der Wechselwirkungsenergie auch noch dadurch erschwert, daß es ein Gebiet der sogenannten Zwischenabstände gibt, für die keine strengen quantenmechanischen Berechnungen existieren, die es gestatten, diese Energie mit hinreichendem Genauigkeitsgrad anzugeben.

Ausgehend von diesen Tatsachen erscheint es im folgenden zweckmäßig, die Auswahl aller Konstanten der Potentialkurven sowohl für große als auch für kleine interatomare Abstände rein empirisch zu treffen. Die organischen Molekülkristalle können dazu ein umfangreiches Material liefern.

2.7. Die Potentialkurven

Der Haupterfolg der Anwendung der Atom-Atom-Potentiale auf organische Substanzen ist, daß die Möglichkeit besteht, die interatomaren Potentiale für einige Vertreter einer beliebigen Stoffklasse aus experimentellen Daten zu ermitteln, um dann die erhaltenen Kurven zur Berechnung der Eigenschaften der restlichen Vertreter dieser Klasse heranzuziehen. So kann man zum Beispiel die Eigenschaften der Kohlenwasserstoffe berechnen, wenn man die Wechselwirkungspotentiale C—C, C—H und H—H kennt.

Zur Prüfung dieser Methode und der gewählten Potentialkurven kann eine außerordentliche Fülle experimenteller Daten herangezogen werden, zum Beispiel der Elastizitäts- und der Dehnungstensor sowie das Normalschwingungsspektrum des Kristalls. Der direkteste und damit erste Kontrollschritt ist die Berechnung der Sublimationswärmen und der Kristallstruktur. Auf diese Weise können die besten interatomaren Potentialkurven ausgewählt werden, mit deren Hilfe man dann weitere Kristalleigenschaften berechnen kann.

Für das (6-exp)-Wechselwirkungspotential neutraler Atome haben die Parameter A, B und α keine anschauliche Bedeutung. Man kann sie jedoch ohne Schwierigkeit durch die folgenden drei Parameter ausdrücken: den Gleichgewichtsabstand r_0, die Tiefe der Potentialmulde ε und den Wert D, der der zweiten Ableitung im Energieminimum entspricht.

Die Größen r_0 und ε lassen sich leicht in den Ausdruck für das Potential (siehe Seite 178) einführen, der dann folgende Form bekommt:

$$\varphi(r) = \frac{\varepsilon}{6 - \alpha r_0}\left(-\frac{\alpha r_0^7}{r^6} + 6\mathrm{e}^{-\alpha(r-r_0)}\right).$$

Der Parameter α ist mit den obengenannten drei Parametern durch folgenden Ausdruck verknüpft:

$$\frac{Dr_0^2}{\varepsilon} = \frac{6(\alpha r_0)^2 - 42\alpha r_0}{6 - \alpha r_0}.$$

Zum Vergleich von experimentellen und berechneten Daten werden zweckmäßigerweise diese Parameter r_0, ε und D verwendet. Erstens liegen ihre Werte in einem schmalen Intervall, und zweitens ist jeder von ihnen gegenüber bestimmten Eigenschaften besonders empfindlich. Bekanntlich bestimmen die Gleichgewichtsabstände im wesentlichen die Gitterparameter, die Tiefe der Potentialmulden die Sublimationswärmen und der Parameter D die Frequenz der Molekülschwingungen und den Elastizitätstensor des Kristalls.

Erste Berechnungen zeigten, daß die r_0-Werte (wie auch zu erwarten war) die mittleren Abstände zwischen nächsten Atomen benachbarter Moleküle des Kristalls um etwa 15% übersteigen. Von Kitaigorodski und Mirskaja [94, 203] wurden für die Wechselwirkungen C ... C, C ... H und H ... H die Gleichgewichtsabstände 3,8, 3,3 bzw. 2,8 Å benutzt.

Die Parameter ε wurden noch nicht ausreichend untersucht. Wahrscheinlich unterscheiden sich die Werte für verschiedene Atompaare nur wenig voneinander. Auf alle Fälle liegen die ε-Werte der Kohlenwasserstoffe bei 0,06 kcal/mol (= 0,25 kJ/mol). Die Werte des Produkts αr_0 liegen ebenfalls in dem schmalen Intervall von 12—16.

In Abbildung 2.6a sind die Atom-Atom-Potentiale aufgetragen, die in verschiedenen Arbeiten benutzt wurden. Abbildung 2.6b vergleicht unsere Kurven mit denen von Williams [204], die bis jetzt die einzigen Potentiale sind, die für die Gitterenergieberechnung benutzt wurden.

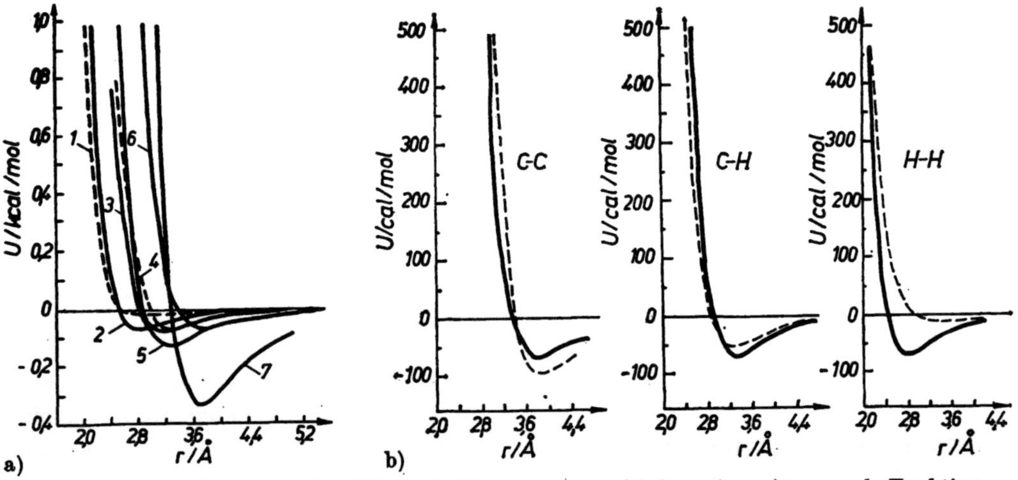

Abb. 2.6. Energie der paarweisen Wechselwirkung von verschiedenartigen Atomen als Funktion des zwischenatomaren Abstandes. a) 1 — He—He [172]; 2 — H—H [139]; 3 — F—F [173]; 4 — C—H [139]; 5 — O—O [11]; 6 — C—C [139]; 7 — Cl—Cl [174]; b) Potentialkurven nach KITAIGORODSKI (durchgezogene Linie) und nach WILLIAMS (gestrichelte Linie)

Gegenwärtig besteht keine Notwendigkeit, den Schematismus zur Berechnung der Molekülwechselwirkungsenergie durch die Berücksichtigung der Nichtzentrizität der Atom-Atom-Potentiale komplizierter zu machen. Gleichzeitig zeigen Versuche, die Atom-Atom-Potentiale zur Berechnung der Energiebarrieren der Rotation um Einfachbindungen für einen Teil eines Moleküls gegenüber einem anderen zu verwenden, daß eine Abhängigkeit der Wechselwirkungsenergie der Atome von der Richtung der interatomaren Vektoren in bezug auf die Valenzbindungen existiert.

Dieser Umstand veranlaßte einige Autoren, eine zusätzliche Energiekomponente zu berücksichtigen, die den Charakter einer Wechselwirkungsenergie der Bindungen besitzt. Für diese Unkorrektheit besteht jedoch keine Notwendigkeit. Um die richtigen Werte der Barrieren für die innere Rotation von Ethan und ähnlichen Molekülen zu erhalten, ist die vernünftige Voraussetzung (unabhängig hiervon durch die Erfahrungen der organischen Kristallchemie bestätigt), daß der Gleichgewichtsradius eines einwertigen Atoms vom Winkel der Valenzbindung abhängig ist, völlig ausreichend. Unter der Annahme, daß r_0 gleich a ist und a/ε längs und quer zur Bindung gilt, berechneten wir die Wechselwirkungsenergie der Wasserstoffatome im Ethanmolekül nach unserer (6-exp)-Potentialformel, indem nur die eine Ergänzung eingeführt wurde, daß der Gleichgewichtsradius r_0 gleich

$$r_0 = \frac{a}{2}\left[(\varepsilon \sin^2 \psi_1 + \cos^2 \psi_1)^{-1/2} + (\varepsilon \sin^2 \psi_2 + \cos^2 \psi_2)^{-1/2}\right]$$

gesetzt wurde. ψ_1 und ψ_2 sind die Winkel, die der interatomare Vektor mit den Bindungen bildet. In der Formel erscheint ein neuer Parameter. Für $\varepsilon = 0{,}82$ erhält man einen experimentellen Wert für die Energiebarriere von 3 kcal/mol (= 12,6 kJ/mol).

Eine solche Elliptizität für einwertige Atome ist völlig ausreichend. Die Wechselwirkung der Kohlenstoffatome kann man nach wie vor als zentral annehmen. Das steht nicht im Widerspruch zum Experiment.

Was die Wasserstoffbrückenbindung angeht, so geschieht ihre Behandlung mit dem Modell der Atom-Atom-Potentiale zweckmäßig auf folgende Weise. Alle Wechselwirkungen werden wie zuvor berechnet, mit Ausnahme der Wechselwirkung des Wasserstoffatoms, das mit dem Sauerstoffatom (oder Stickstoff) die Wasserstoffbrückenbindung bildet. Für dieses Atompaar wird ein Potential für geringe Reichweiten eingeführt. Die Potentialmulde der Wasserstoffbrückenbindung kann man parabolisch, wobei die Parabel im Schnittpunkt mit der Abszisse abbricht, oder durch eine Kurve vom Typ eines Morse-Potentials usw. darstellen.

Wahrscheinlich hat irgendeine beliebige Form des Potentials geringen Einfluß auf die Ergebnisse der Berechnung der optimalen Konformationen oder Molekülpackungen. Wesentlicher sind jedoch die Koordinaten der Senke der Potentialmulde. Selbstverständlich wählt man eine Kurve mit einer großen Parameterzahl aus, wenn man die Potentialform der Wasserstoffbrückenbindung detaillierter untersuchen will, und versucht, verschiedenartige physikalisch-chemische Daten heranzuziehen.

Sehr günstig für das Modell des Atom-Atom-Potentials ist der Umstand, daß sich die Abhängigkeit der Energie der Wasserstoffbrückenbindung von dem Winkel O—H ... O automatisch ergibt. Man kann leicht erkennen, daß eine Abweichung dieses Winkels von 180° bei Beibehaltung der Abstände O---H und H ... O zu einer starken Erhöhung der Energie auf Grund der Abstoßung der Sauerstoffatome führt. So erhalten wir unter Benutzung unseres „universellen" Potentials und des Wertes von 1,46 Å für den Gleichgewichtsradius des Sauerstoffs einen Energieverlust von 0,05 kcal/mol (= 0,21 kJ/mol) für einen Winkel von 160° und 0,15 kcal/mol (= 0,63 kJ/mol) bei 140°. Für Winkel von 100—120° übersteigt dieser Wert 1 kcal/mol (= 4,2 kJ/mol). Bei dieser Berechnung wird nur die sterische Wechselwirkung der Sauerstoffatome berücksichtigt. Die realen Verluste können auch größer sein. Nach dem beschriebenen Formalismus wurden bisher noch keine Berechnungen der Molekülwechselwirkungsenergie durchgeführt.

Unter einem anderen Aspekt untersuchten Lippincott und Shroeder [205] und besonders detailliert Reid [206] die Potentialkurven der Wasserstoffbrückenbindung.

Das Potential O—H ... O wurde als Summe dreier Komponenten betrachtet: der O—H-, der H ... O- und der O—O-Wechselwirkungen. Dabei interessierte die Autoren die Bindung zwischen O—H und H ... O.

Das Potential von Reid hat die Form

$$V(r, R) = D_0 \left[1 - \exp\left(\frac{-n(r - r_e)^2}{2r}\right)\right] + CD_0 \left[1 - \exp\frac{-n(R_e - r - r_e)^2}{2C(R_e - r)}\right] + \frac{259{,}5}{R_e^6} - 4{,}55 \cdot 10^6 e^{-4{,}8 R_e},$$

worin R_e der Gleichgewichtsabstand O---O, r der Gleichgewichtsabstand O---H und r_e die Gleichgewichtsbindungslänge O---H sind. Die Konstanten wurden empirisch bestimmt.

2.8. Die Energie als Funktion der Gitterparameter

Die Berechnung der Gitterenergie eines geordneten Kristalls bekannter Struktur mit Hilfe der Methode der Atom-Atom-Potentiale besteht in der Aufstellung von Tabellen aller möglichen Abstände von Atompaaren verschiedener Moleküle und der Berechnung der Gittersummen $\sum r^{-6}$ und $\sum e^{-\alpha r}$. Die Gittersummen für einfache kubische Strukturen, in deren Gitterpunkten sich Atome befinden, die nach αr^{-n} wechselwirken, wurden von LENNARD-JONES und INGHAM [187] berechnet und in der Arbeit [207] für den Fall verallgemeinert, daß der Ausgangspunkt kein Gitterpunkt ist. Für Molekülkristalle kann die Berechnung der Gittersummen im allgemeinen nur über eine direkte Summation ausgeführt werden, die durch die Benutzung von Computern erleichtert wird. Weil die Dispersionsenergie und besonders die Abstoßungsenergie der Atome schnell mit dem Abstand abnehmen (siehe zum Beispiel Abbildung 2.7), reicht es aus, sich auf Abstände von 15—20 Å zu beschränken.

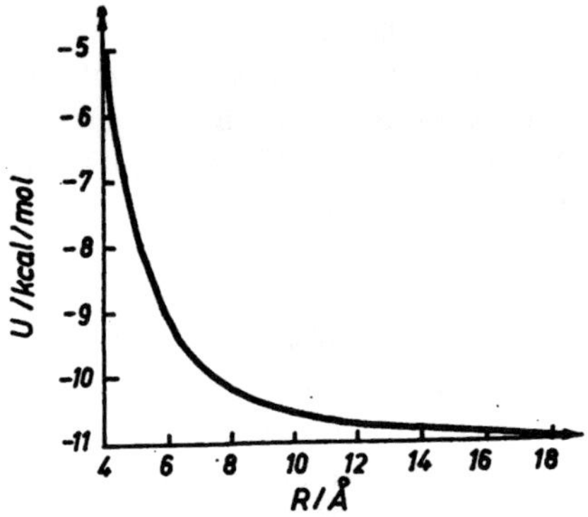

Abb. 2.7. Abhängigkeit der Gitterenergie des Benzolkristalls vom Summationsradius

Wie die Berechnungen für eine Reihe organischer Kristalle zeigen, ist der Gesamtfehler für die Gitterenergie kleiner als 1%.

Bei der Berechnung der Gitterenergie von Molekülkristallen benutzte man Strukturangaben, die durch Röntgenstrukturanalyse bestimmt wurden. Die Koordinaten der Wasserstoffatome, die mit dieser Methode nicht erhalten werden können, lassen sich in vielen Fällen hinreichend genau berechnen aus der Lage anderer Atome, den Valenzrichtungen und auch aus den Längen der C—H-Bindungen, die durch Elektronen- oder Neutronenbeugung ermittelt wurden.

Die Wechselwirkungsenergie der Paare nicht kovalent gebundener Atome ist eine Funktion des Abstandes r zwischen ihren Zentren. Die Abstände in einem Kristallgitter gegebener Symmetrie hängen offenbar von der Größe der Gitterparameter und der gegenseitigen Lage der im Kristall enthaltenen Moleküle ab. Deshalb ist es für die theoretische Untersuchung der Kristalleigenschaften günstig, alle möglichen Änderungen der Gittergeometrie zu berücksichtigen, indem man die Gitterenergie als Funktion der Perioden a, b, c, der Winkel der Elementarzelle α, β, γ, der EULER-Winkel Θ, φ, ψ, die die Lage des Bezugsmoleküls relativ zu den Kristallachsen beschreiben, und der Koordinaten des Schwerpunktes dieses Moleküls X, Y, Z betrachtet. Die Lage der Atome innerhalb des Moleküls kann man bei geringen Änderungen dieser Parameter als unverändert annehmen.

Auf diese Weise erhalten wir anstatt der Werte für die Gitterenergie in irgendeinem Punkt eine mehrdimensionale Fläche, deren Abszissenswerte die geometrischen Gitterparameter und deren Ordinatenwerte die Energie repräsentieren:

$$U = U(a, b, c, \alpha, \beta, \gamma, \Theta, \varphi, \psi, X, Y, Z). \tag{8.1}$$

Im Prinzip hat eine solche Fläche bei gegebener Molekülform und -dimension eine Vielzahl von Minima, von denen eines der Gleichgewichtsstruktur des Kristalls entspricht. Es ist nicht notwendig zu prüfen, ob das unbedingt das nach dem Absolutwert tiefste Minimum ist, da die Energiefläche einige sehr ähnliche Minima haben kann. Die Festlegung der endgültigen Struktur kann sowohl durch elektrostatische Wechselwirkungen als auch durch geringere Effekte beeinflußt werden, die wir in dem vorgeschlagenen Schema zur Gitterenergieberechnung vernachlässigt haben.

Für die Untersuchung der Flächen (8.1) benötigt man Computerprogramme, die es gestatten, die Energie an einem beliebigen Punkt der Fläche, die Energiewerte als Funktion eines, zweier und mehrerer geometrischer Parameter bei Konstanthaltung der anderen, das heißt die sogenannten ein-, zwei- und mehrdimensionalen Schnitte der Energiefläche zu berechnen sowie die Lage der Minima der Fläche in jedem beliebigen dieser Schnitte und das Gesamtminimum der Fläche über alle Variablen zu bestimmen.

Der Ordinatenwert des Minimums der Potentialmulde liefert eine Aussage über die Sublimationswärme des Kristalls. Diese Größe ist bei gegebenen äußeren Bedingungen gleich der Differenz der inneren Energie des Kristalls und des Gases plus der Ausdehnungsarbeit. Da die Sublimationsdrucke gering sind, ist die Sublimationswärme praktisch gleich der Differenz zwischen den inneren Energien des Gases und des Kristalls. Grundlegende Bedeutung besitzt die Sublimationswärme, die durch Extrapolation auf den absoluten Nullpunkt erhalten wird. Da sich das Gitter, bedingt durch die Nullpunktschwingungen, bei dieser Temperatur entsprechend der Quantenmechanik nicht im Zustand des statischen Gleichgewichts befindet, stellt die Sublimationswärme am absoluten Nullpunkt eine Summe aus zwei Komponenten — der Potentialwechselwirkungsenergie U_0 der Teilchen im Gitter und der Nullpunktschwingungsenergie K_0 — dar:

$$-\Delta H_0 = U_0 + K_0\,. \tag{8.2}$$

Die Größe des Beitrages des zweiten Terms wird durch die Teilchengrößen und den Charakter der Kohäsionskräfte im Kristallgitter bestimmt. Die Nullpunktenergie ist für diejenigen Kristalle am größten, die aus leichten Molekülen mit kleinem Trägheitsmoment bestehen. Sie kann auch an Bedeutung gewinnen, wenn im Kristall stark gerichtete Wechselwirkungen vorliegen (Wasserstoffbrückenbindungen und ähnliches). Jedoch nimmt mit der Zunahme der Masse der Teilchen und der Vergrößerung der Trägheitsmomente und auch mit der Verringerung der intermolekularen Kräfte, insbesondere der gerichteten, das Verhältnis von Nullpunktenergie zur Sublimationswärme stark ab.

Nach Schätzungen verschiedener Autoren liefert die Nullpunktenergie in Atomkristallen wie He und Ne und auch in Molekülkristallen wie H_2 einen wesentlichen Beitrag zur Sublimationswärme ΔH_0 (für He und H_2 ist dieser Beitrag dominierend). Für Wasser(Eis) macht die intermolekulare Nullpunktenergie, bedingt durch die H-Brückenbindung, nach Angaben von WALLEY [208] 31% der Sublimationswärme aus. Bei Kristallen wie N_2, O_2, CO beträgt die Nullpunktenergie nur 10%, und bei fester Kohlensäure CO_2 übersteigt sie 2% der Sublimationswärme ΔH_0 nicht. Offenbar kann man bei großen Molekülen mit zum Beispiel 10 oder mehr Atomen den Beitrag der Nullpunktenergie zur Gesamtenergie des Kristalls vernachlässigen. Die Größe K_0

kann nach der Debyeschen Näherungsformel (siehe Seite 314) mit $K_0 = (9/8)\,R\Theta$ abgeschätzt werden, wobei Θ die charakteristische Temperatur des Kristalls ist.

Für Molekülkristalle ohne Wasserstoffbrückenbindungen muß die Frage nach der Berechnung der Sublimationswärme am absoluten Nullpunkt offensichtlich zur Frage nach der Berechnung des ersten Terms von (8.2) führen, das heißt zur potentiellen Energie des Kristallgitters. Diese Energie eines Gitters, das sich im statischen Gleichgewichtszustand befindet, müßte ein Minimum sein. Deshalb läßt sich die Sublimationswärme ΔH_0 als Ordinate des Gesamtminimums der Fläche (8.1) über alle Variablen mit einer Genauigkeit bis zur Nullpunktenergie berechnen. Da die Nullpunktenergie nicht von der Gesamtenergie des Gitters getrennt erhalten werden kann, bezieht man sie in die Bestimmung der Gitterenergie ein und paßt die theoretische Kohäsionsenergie bis zur Übereinstimmung der Ergebnisse von Theorie und Experiment an.

Tatsächlich wird die Sublimationswärme nie bei 0 K gemessen, sondern bei höheren Temperaturen. Da die Temperaturabhängigkeit latenter Wärmen gewöhnlich gering ist, sind die Korrekturen zwischen ΔH_T und ΔH_0 nicht groß, und es ist keine besondere Schwierigkeit, sie ausreichend zu berücksichtigen (siehe [209]).

Die Gleichgewichtsstruktur des Kristalls wird von den Abszissenwerten der Senke der Potentialmulde bestimmt. Die Kristallstruktur bei der Temperatur T wird durch das Minimum der freien Energie bestimmt, die man wie folgt schreiben kann:

$$F = U_{\text{gitt}} + E_{\text{Vibr}} - TS\,.$$

Bei Temperaturerniedrigung nimmt die Rolle der Schwingungen und des Entropiefaktors bei der Herausbildung des Gleichgewichts im Gitter ab. Am absoluten Nullpunkt wird die Gleichgewichtsstruktur durch das Minimum der potentiellen Energie des Gitters mit der Genauigkeit der Effekte der Nullschwingungen bestimmt.

Die Nullpunktschwingungen bedingen im Vergleich zum Zustand des völligen statischen Gleichgewichts eine gewisse Ausdehnung des Gitters. Diese Ausdehnung ist gewöhnlich gering, sogar für Kristalle, die aus kleinen, leichten Teilchen bestehen. Für Argon ist sie nach Berechnungen von Herzfeld und Goeppert-Mayer [210] ungefähr 0,05 Å, für Neon etwa 0,15 Å bei Parametern der Elementarzelle von 3,83 und 3,20 Å. Eine annähernde Abschätzung der Auswirkungen der Nullschwingungen kann durchgeführt werden, wenn die Abhängigkeit der charakteristischen Temperatur vom Volumen und der Kompressibilität des Kristalls bei tiefen Temperaturen bekannt ist. Zum Beispiel ist der Druck, der für die Kompensation der Nullpunktschwingungen des Naphthalins notwendig ist (siehe Kapitel 6, Seite 337) etwa 250 kg/cm^2. Ein solcher Druck kann das Volumen der Elementarzelle um weniger als 1 Å^3 ändern (die Kompressibilität des Naphthalins bei tiefen Temperaturen ist von der Größenordnung 10^{-5} cm^2/kg). Das ist für die Größe der Gitterparameter praktisch bedeutungslos.

Es ist klar, daß der Einfluß der Nullpunktschwingungen auch bei anderen Kristallen, die aus größeren Molekülen bestehen, für die Herausbildung der Gleichgewichtsstruktur bei 0 K sehr gering ist. Deshalb wird die Kristallstruktur, die dem Minimum der potentiellen Energie entspricht, mit großer Wahrscheinlichkeit mit der Struktur übereinstimmen, die beim absoluten Nullpunkt vorliegt.

2.9. Beispiele für die Berechnung der Kristallstruktur und der Energieflächen von Molekülkristallen

Eine Reihe von Berechnungen mit dem Ziel, sowohl die Lage und die Tiefe des Minimums der Energiefläche des Gitters als Funktion der Parameter der Elementarzelle und der EULER-Winkel zu finden als auch die Form der Energiefläche in der Umgebung des Minimums zu untersuchen, wurden für einige typische Kristalle der Kohlenwasserstoffe, zum Beispiel Benzol [211], Naphthalin und Anthracen [212], durchgeführt. Alle Berechnungen wurden mit Hilfe der Atom-Atom-Potentiale ohne Berücksichtigung der elektrostatischen Wechselwirkung vorgenommen, weil solche Wechselwirkungen wie in den Abschnitten 2.3. und 2.4. gezeigt wurde, einen vernachlässigbar kleinen Beitrag sowohl zur Gitterenergie der Kohlenwasserstoffkristalle als auch zur Herausbildung der Gleichgewichtsorientierung der Moleküle im Kristall liefern. Die benutzten intermolekularen Potentialkurven für C—C, C—H- und H—H-Wechselwirkungen werden durch die Form

$$\varphi = -Ar^{-6} + B \exp(-\alpha r)$$

beschrieben, wobei die Parameter A, B und α die folgenden Werte haben:

Wechselwirkung	A, (kcal/mol) · Å^6	B, kcal/mol	α, Å^{-1}
C—C	358	$4{,}2 \cdot 10^4$	3,58
C—H	154	$4{,}2 \cdot 10^4$	4,12
H—H	57	$4{,}2 \cdot 10^4$	4,86

Der Weg, auf dem das Minimum der Energiefläche ermittelt werden kann, wird in der Arbeit von SHIDKOW [213] beschrieben.

Benzol C_6H_6

Für die Berechnungen wurden die Strukturdaten von COX, CRUICKSHANK und SMITH [214], die bei −3 °C bestimmt wurden, benutzt sowie die Angaben von KOSHIN und KITAIGORODSKI [215] und BACON, CURRY und WILSON [215] für den Tensor der thermischen Ausdehnung des Benzols.

a) *Die Kristallstruktur bei der Temperatur* $T > 0$ K. Entsprechend der Struktur dieses Kristalls bei −3 °C finden wir die Lage der Benzolmoleküle im Gitter der Symmetrie *Pbca* mit vier Molekülen pro Elementarzelle und den Gitterparametern $a = 7{,}46$ Å, $b = 9{,}666$ Å, $c = 7{,}033$ Å vor. Die Längen der C—H-Bindungen im Molekül nehmen wir mit 1,08 Å an.

Wir setzen voraus, daß uns die Winkelwerte Θ, φ und ψ, die die Drehung des Koordinatensystems x', y', z' des Moleküls relativ zum Koordinatensystem des Kristalls (Abb. 2.8) beschreiben, unbekannt sind. Zu Beginn setzen wir sie gleich Null (das „Nullmolekül" befindet sich dabei ganz in der (a,b)-Ebene). Ändern wir nun die gegenseitige Lage der Moleküle so, daß der Winkel alle Werte von 0 bis 180° durchläuft, und berechnen dabei gleichzeitig die Variationskurve der Gitterenergie (Abb. 2.9a), so ist diese Kurve erwartungsgemäß bei $\Theta = 90°$ symmetrisch und hat zwei äquivalente Minima bei −8,4 kcal/mol (= −35,2 kJ/mol), von denen wir zum Beispiel das kleine mit dem Abszissenwert $\Theta = 24°$ auswählen. Für den Winkel $\Theta = 24°$ suchen wir die günstigste Lage der Moleküle bei Änderung des Winkels ψ von 0 bis 180° (Abb. 2.9b).

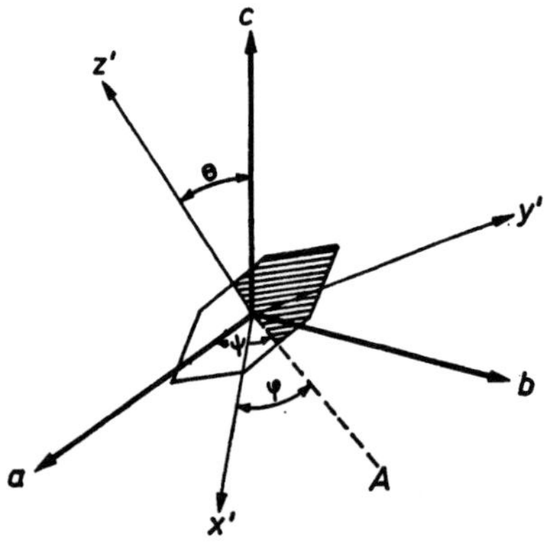

Abb. 2.8. Relative Orientierung des Koordinatensystems des Benzolmoleküls und des Koordinatensystems des Kristalls (Θ, φ, ψ — Euler-Winkel)

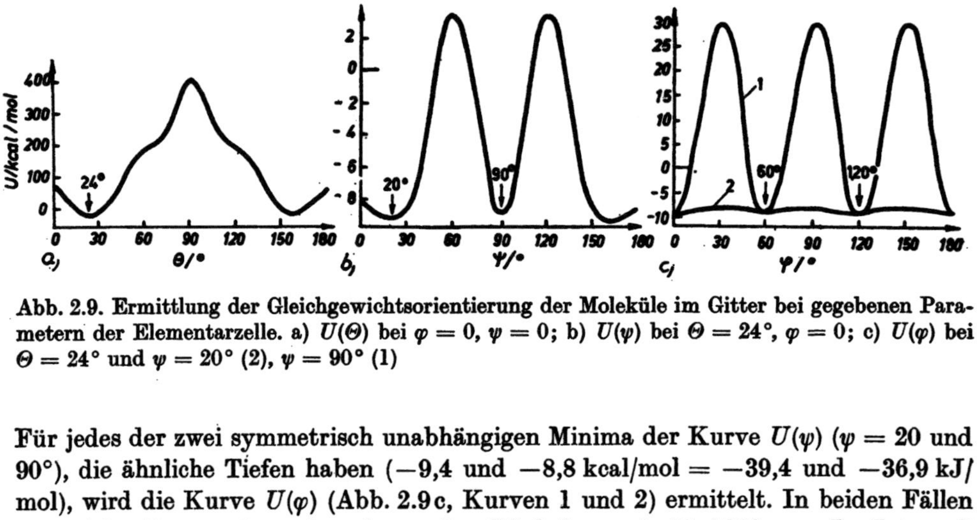

Abb. 2.9. Ermittlung der Gleichgewichtsorientierung der Moleküle im Gitter bei gegebenen Parametern der Elementarzelle. a) $U(\Theta)$ bei $\varphi = 0$, $\psi = 0$; b) $U(\psi)$ bei $\Theta = 24°$, $\varphi = 0$; c) $U(\varphi)$ bei $\Theta = 24°$ und $\psi = 20°$ (2), $\psi = 90°$ (1)

Für jedes der zwei symmetrisch unabhängigen Minima der Kurve $U(\psi)$ ($\psi = 20$ und $90°$), die ähnliche Tiefen haben (−9,4 und −8,8 kcal/mol = −39,4 und −36,9 kJ/mol), wird die Kurve $U(\varphi)$ (Abb. 2.9c, Kurven 1 und 2) ermittelt. In beiden Fällen entspricht die günstigste Anordnung den Winkeln um 0, 60, 120° usw. Im Intervall 0—360° gibt es sechs äquivalente Lagen, die durch die im Benzolmolekül enthaltene sechszählige Achse bedingt sind. Eine beliebige davon (z. B. $\varphi = 180°$) wählen wir aus.

So führte dieses Absuchen über die Koordinaten zu zwei Sätzen von Euler-Winkeln ($\Theta = 24°$, $\varphi = 180°$, $\psi = 20°$ und $\Theta = 24°$, $\varphi = 180°$, $\psi = 90°$), die als Näherungen für eine genauere Ermittlung der Gleichgewichtsstruktur dienen können. Die weitere Annäherung an das Minimum wird erreicht, indem alle Euler-Winkel gleichzeitig variiert werden. Im ersten Fall hat das Minimum die Abszissenwerte 22, 180 und 20° und einen Ordinatenwert von −9,6 kcal/mol (= −40,2 kJ/mol), im zweiten sind die Gleichgewichtswinkel Θ, φ, ψ 47,6, 178 bzw. 104,7°, und die Energie im Minimum ist − 11 kcal/mol (= 46,1 kJ/mol). Auf diese Weise erwies sich die zweite Struktur von den möglichen Strukturen als die energetisch günstigere. Im ersten Fall ist das Minimum der Fläche $U(\Theta, \varphi, \psi)$ nicht nur flacher, sondern auch verwaschener, wie in Abbildung 2.9 zu sehen ist, was offenbar mit der instabileren Lage der Moleküle im Gitter zusammenhängt.

Tatsächlich stimmt die reale Struktur mit guter Genauigkeit mit der zweiten von uns gefundenen Struktur überein ($\Theta_{exp} = 47{,}3°$, $\varphi_{exp} = 178°$, $\psi_{exp} = 107{,}5°$). Eine solche Rechnung kann man als physikalisches Argument für das Auffinden der Molekülpackung durch die sogenannte geometrische Analyse, die mit Hilfe von Modellen am Struktursuchgerät (Abb. 1.1) durchgeführt wird, auffassen.

Interessant ist es zu untersuchen, welche der drei Typen von Wechselwirkungen — C—C, C—H und H—H — den größten Beitrag zur Herausbildung der Gleichgewichtsorientierung der Moleküle im Kristall liefert. Die Analyse der Beiträge verschiedener Atomsorten zeigt, daß im Benzolkristall das Gleichgewicht vor allem durch die Wechselwirkungen C—H und H—H (Abb. 2.10) bestimmt wird. Auch wenn

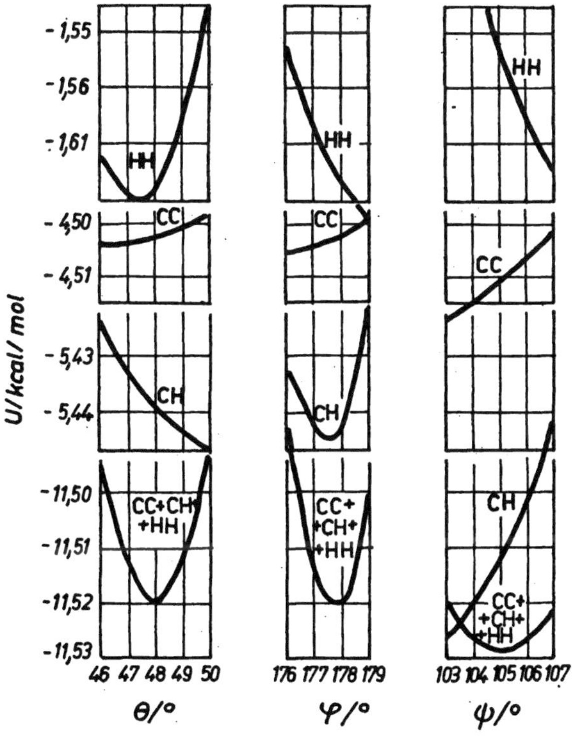

Abb. 2.10. Beiträge der C—C-, C—H- und H—H-Wechselwirkungen zur Festlegung der Gleichgewichtsorientierung der Moleküle im Kristall

weder U_{C-H} noch U_{H-H} für sich allein genommen durch das Minimum in der Nähe des Gleichgewichtspunktes gehen, wird die Gleichgewichtsstruktur durch die Summe dieser Wechselwirkungen bestimmt. Die Wechselwirkungsenergie der Kohlenstoffatome in der Nähe des Gleichgewichts ändert sich nur wenig und beeinflußt die Lage des allgemeinen Minimums der Energiekurve praktisch nicht. Dieses Ergebnis stimmt mit der bekannten Tatsache überein, daß im Benzolkristall eine größere Zahl intermolekularer C—H- und H—H-Berührungen existiert als solche zwischen Kohlenstoffatomen. In diesem Zusammenhang ist die Schlußfolgerung von Craig und Mitarbeitern [194], daß die Abstoßung der Wasserstoffatome die vorrangige Rolle bei der

Herausbildung der intermolekularen Orientierungen im Benzol spielt, nicht unbestritten, da die Wechselwirkung der C- und H-Atome in der zitierten Arbeit nicht betrachtet wurde.

b) *Die Kristallstruktur bei* 0 K. Zur Bestimmung der Kristallstruktur am absoluten Nullpunkt muß man das Minimum der Energiefläche $U(a, b, c, \Theta, \varphi, \psi)$ für alle sechs Variablen (die Winkel α, β, γ sind für rhombische Kristalle gleich 90°) ermitteln. Physikalisch teilt man diese sechs Variablen in zwei Gruppen ein, die Euler-Winkel Θ, φ, ψ und die Gitterparameter a, b, c, und führt die Ermittlung des Minimums für jede Gruppe getrennt durch.

Da die Genauigkeit der Bestimmung der Lage des Minimums der Energiefläche von der Genauigkeit der Energieberechnung in jedem Punkt der Fläche und von den Ableitungen der Parameter bei der Suche nach der Richtung des steilsten Abfalls abhängt, erhalten wir bei Näherung an das Minimum von verschiedenen Punkten der Fläche aus nicht völlig einheitliche Koordinatenwerte des Minimums. Deshalb führte das Annähern an verschiedene, dem Minimum der Fläche nahe Punkte und die Mittelung der erhaltenen Ergebnisse zur Lokalisierung des Minimums.

Zu Beginn wurde für irgendeinen beliebigen Punkt der Energiefläche (in diesem Fall einem solchen, der mit dem experimentellen Strukturparameter übereinstimmt) bei gegebenen a, b und c die gegenseitige Gleichgewichtsorientierung der Moleküle gefunden, indem man die Gitterenergie als Funktion der Euler-Winkel gegen ein Minimum gehen ließ. Danach führt man die Annäherung an das Minimum der Fläche $U(a, b, c)$ unter Konstanthaltung der gefundenen Euler-Winkel aus. Dasselbe macht man noch für ein bis zwei weitere Ausgangspunkte der Fläche und mittelt die erhaltenen Werte der Gitterparameter. Unter Beibehaltung der mittleren Werte der Parameter ermittelten die Autoren die entsprechenden Werte der Gleichgewichts-Euler-Winkel und schließlich die endgültige Verfeinerung der Lage des Minimums, indem sie von einem mittleren Punkt angefangen mit den a, b, c und dann den Θ, φ und ψ ausgingen. Das beschriebene Verfahren kann schematisch wie folgt dargestellt werden:

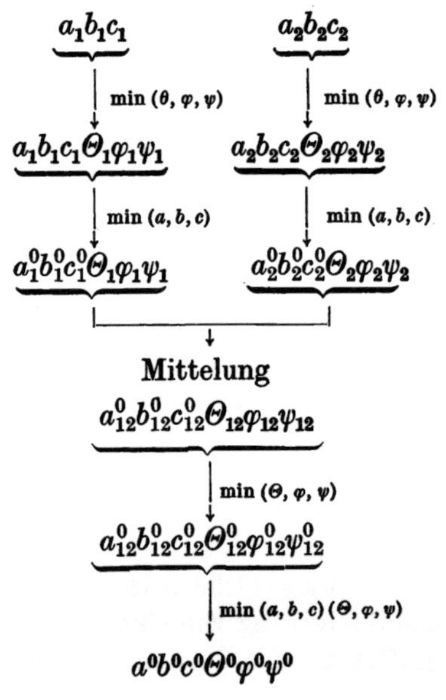

Tabelle 2.4. Gleichgewichtsorientierung der Moleküle im Benzolkristall bei verschiedenen Temperaturen

t, °C	Gitterparameter, Å			Euler-Winkel, °		
	a	*b*	*c*	Θ	φ	ψ
−3 [149]	7,46	9,67	7,03	47,6 (48,1)	178,0	104,7
−55 [151]	7,44	9,55	6,92	47,1 (47,1)	178,2	104,0
−135 [151]	7,39	9,42	6,81	46,6	178,2	104,2

In Tabelle 2.4 sind die berechneten Gleichgewichts-Euler-Winkel für drei Punkte der Energiefläche angegeben, die der Kristallstruktur des Benzols bei drei Temperaturen entsprechen. Die Gitterparameter für diese Rechnung wurden den Arbeiten [214] und [216] entnommen. In Klammern sind die experimentell gewonnenen Winkel der Normalen auf die Molekülebene zur *c*-Achse (Winkel Θ) angegeben. Die Berechnung befindet sich in voller Übereinstimmung mit dem Experiment und zeigt die schwache Abhängigkeit der Gleichgewichts-Euler-Winkel von den temperaturbedingten Änderungen der Gitterparameter. Der Mittelwert aus drei aufeinanderfolgenden Rechnungen nach den Gitterparametern *a*, *b*, *c* diente als Ausgangswert für die endgültige Fixierung des Minimums der Fläche über alle Variablen. Die Koordinaten des Minimums sind $a = 7{,}26$ Å, $b = 9{,}41$ Å, $c = 6{,}75$ Å, $\Theta = 47{,}3°$, $\varphi = 178{,}3°$ und $\psi = 104{,}3°$
Um die berechneten Koordinaten des Minimums der Energiefläche mit dem Experiment vergleichen zu können, werden die Strukturdaten bei tiefen Temperaturen gegen den absoluten Nullpunkt extrapoliert. Wie wir sehen, stimmen die experimentellen und theoretischen Werte mit einer Genauigkeit von 1−1,5% überein (Tab. 2.5).

Tabelle 2.5. Parameter der Elementarzelle des Benzols (in Å) beim absoluten Nullpunkt

Gitter-parameter	Theorie	Experiment [215]	[216]
a	7,26	7,27	7,36
b	9,41	9,43	9,32
c	6,75	6,71	6,75

Die gute Übereinstimmung der Ergebnisse von Experiment und Berechnung bei den Parametern der Elementarzelle und den Euler-Winkeln spricht dafür, daß die Werte der Gleichgewichtsabstände r_0 zwischen den Atompaaren C---C, C---H und H---H in den interatomaren Potentialkurven, von denen ja die Ergebnisse der Berechnung der Gleichgewichtsstruktur abhängen, hinreichend genau ausgewählt wurden. Bei einer experimentellen Sublimationswärme von 10−10,5 kcal/mol (41,9 bis 44 kJ/mol) [217, 218] beträgt die Gitterenergie des Benzols im Minimum der Energiefläche −11,73 kcal/mol. Dieses Ergebnis ist jedoch nicht völlig zufriedenstellend; das um so weniger, als sich bei anderen Kohlenwasserstoffen, die von uns untersucht wurden, die Gitterenergiewerte im Minimum der Energiefläche gegenüber den experimentellen Sublimationswärmen als zu niedrig erwiesen haben.

Offensichtlich ergibt sich die Größe der Sublimationswärmen aus der Tiefe der Potentialmulden der interatomaren Kurven. Bei den oben angeführten Kurven für C—C, C—H und H—H wurde die Tiefe der Potentialmulden einheitlich mit 0,067 kcal/mol (= 0,28 lkJ/mol) angenommen. Wenn man die Lage der Minima und die Größe α in den Potentialen konstant läßt und die Tiefe der Potentialmulde der C—H-Kurve auf 0,057 kcal/mol (= 0,239 kJ/mol) und der H—H-Kurve auf 0,048 kcal/mol (= 0,201 kJ/mol) verringert, dann erhält man zum Beispiel für das Benzol im Minimum der Potentialfläche einen Gitterenergiewert von 10,5 kcal/mol (= 44 kJ/mol), der sich in guter Übereinstimmung mit dem Experiment befindet.

c) *Die Form der Energiefläche in der Umgebung des Minimums.* In Abbildung 2.11 wird in drei Projektionen ein dreidimensionaler Schnitt der Energiefläche des Benzols $U(\Theta, \varphi, \psi)$ durch das Energieminimum gezeigt. Der Schnitt wurde in Schritten von 3° bei Variation der Winkel Θ, φ, ψ mit $\pm 9°$ um die Gleichgewichtswerte berechnet. Außerdem wurde die Berechnung in unmittelbarer Nähe des Minimums mit einer Schrittweite von 1° durchgeführt, um die Details der Fläche in der Nähe des Mini-

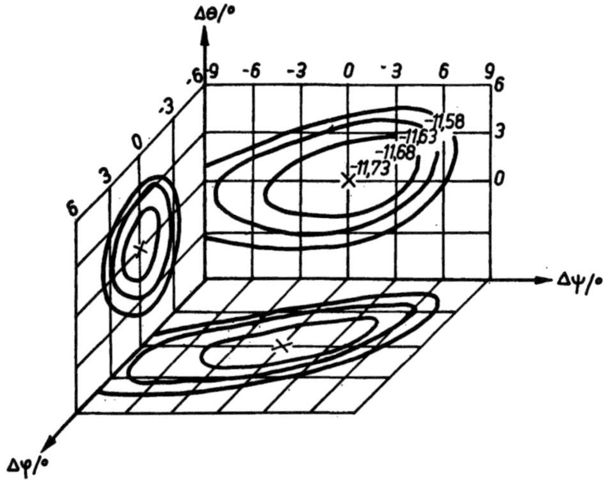

Abb. 2.11. Schnitt $U(\Theta, \varphi, \psi)$ durch das Minimum der Energiefläche (die Energie ist auf den Äquipotentiallinien in kcal/mol angegeben)

mums besser sichtbar zu machen. Die dreidimensionale Potentialmulde ist in diesem Gebiet völlig eben und leicht ansteigend mit Änderung des Winkels (in der Nähe des Minimums ist $\partial U/\partial \psi = 0{,}011$ kcal/mol grd = 0,046 kJ/mol K) und wird steiler in den Richtungen Θ und φ ($\partial U/\partial \Theta = 0{,}018$ (0,075), $\partial U/\partial \varphi = 0{,}023$ kcal/mol grd = 0,096 kJ/mol K). Der Schnitt zeigt im gesamten betrachteten Intervall der Euler-Winkel keine Besonderheiten (lokale Minima, „Unebenheiten"). Dieses Intervall umfaßt unter anderem das Gebiet der möglichen Amplituden der Winkelschwingungen des Moleküls im Gitter, die sich zum Beispiel für die Schwingungen des Benzols in der Ringebene je nach der Temperatur von 2,5—7,9° [194] ändern.

Bei Gitterdeformationen, die nicht zur Änderung der Raumgruppe und der gegenseitigen Molekülorientierung führen, ist die Gitterenergie eine dreidimensionale Funktion der Perioden der Elementarzelle $U = U(a, b, c)$. Drei Schnitte durch diese

Fläche — $U(a, b)$, $U(a, c)$, $U(b, c)$ —, im Energieminimum berechnet in 0,5 Å-Schritten, zeigt Abbildung 2.12. Die Fläche $U(a, b, c)$ unterscheidet sich von der Fläche $U(\Theta, \varphi, \psi)$ dadurch, daß sie im Prinzip nur ein Minimum haben kann, dessen Lage einmal durch die Dimension und die Orientierung der Moleküle im Gitter und zum anderen durch die Wahl der interatomaren Potentialkurven bestimmt wird. Die Fläche hat eine Form analog der des interatomaren Potentials — steiler Anstieg vom Gleichgewichtspunkt mit abnehmenden Gitterperioden, das heißt den Abständen zwischen

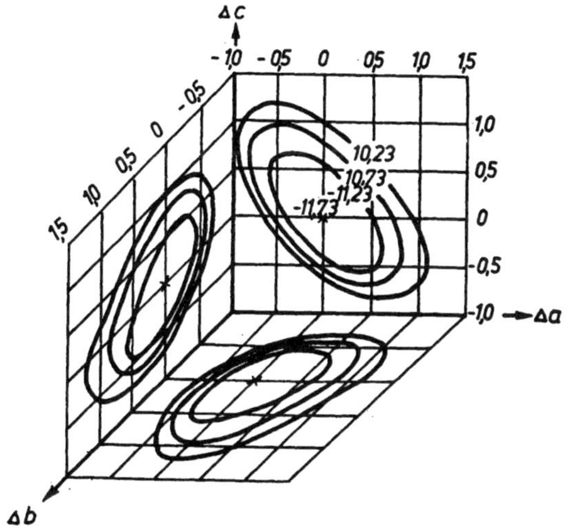

Abb. 2.12. Schnitt $U(a, b, c)$ durch das Minimum der Energiefläche

den Molekülen, und noch steilerer Anstieg in der entgegengesetzten Richtung. Ein Schnitt mit kleinerer Schrittweite (0,1 Å) zeigt, daß die Fläche $U(a, b, c)$ in der Nähe des Minimums ziemlich eben ist, wobei den Änderungen der Gitterparameter um 0,1 Å eine Änderung der Gitterenergie um einige hundertstel kcal/mol (kJ/mol) entspricht. Deshalb ist die Potentialmulde steiler. Bei gleichzeitiger Vergrößerung aller Parameter des Benzolgitters, entsprechend einem Übergang vom Minimum der Fläche zu einem Punkt nahe dem Schmelzpunkt (270 K), ändert sich die Gitterenergie nach unseren Berechnungen um etwa 0,6 kcal/mol (= 2,5 kJ/mol), was ganz vernünftig ist.

Naphthalin $C_{10}H_8$

Der Kristall ist monoklin mit der Raumgruppe $P2_1/a$. Für die theoretische Ermittlung der Gleichgewichtsstruktur wurde die von Abrahamson und Mitarbeitern [53] bei Zimmertemperatur bestimmte als Ausgangsstruktur genommen. Die Koordinaten der

Tabelle 2.6. Gleichgewichtsorientierung der Moleküle im Naphthalinkristall bei verschiedenen Temperaturen

T, K	Gitterparameter				Euler-Winkel, °		
	a, Å	b, Å	c, Å	β	Θ	φ	ψ
78	8,081	5,955	8,630	124° 30′	30,3	47,0	292,6
173	8,138	5,971	8,649	124° 11′	30,3	46,6	293,0
293	8,240	5,997	8,666	122° 55′	28,8	44,2	294,7

Wasserstoffatome wurden bei einer angenommenen C---H-Bindungslänge von 1,08 Å berechnet. Darüber hinaus wurden die Gitterkonstanten, die von Ryshenkow und Koshin [219] bei tiefen Temperaturen erhalten wurden, verwendet. Die berechnete Gleichgewichtsorientierung der Moleküle in drei Punkten der Energiefläche, die dieser Struktur bei drei Temperaturen entsprechen, wird durch die Euler-Winkel charakterisiert, die in Tabelle 2.6 aufgeführt sind. Das Experiment liefert für Zimmertemperatur die Werte $\Theta = 29°$, $\varphi = 40°$, $\psi = 296°$.

Die anschließende Variation der Gitterpatameter und danach der Euler-Winkel nach dem auf Seite 188 angeführten Schema (als weiterer Parameter, der ebenfalls zum Minimumwert geführt wird, tritt noch der monokline Winkel β auf) führte zu folgendem Ergebnis: Im Punkt des Minimums ergeben sich $a = 7{,}94$ Å; $b = 5{,}59$ Å; $c = 8{,}57$ Å; $\beta = 123°\ 32'$; $\Theta = 29{,}2°$; $\varphi = 46{,}0°$; $\psi = 293{,}8°$. Das Experiment (Extrapolation der Daten von Ryshenkow und Koshin gegen 0 K) liefert für 0 K $a = 8{,}06$ Å; $b = 5{,}95$ Å; $c = 8{,}62$ Å; $\beta = 124°\ 36'$. Die auf diese Weise mit den Atom-Atom-Potentialen sowohl für das Naphthalin als auch beim Benzol berechneten Werte der Gleichgewichtsparameter stimmen mit dem Experiment mit einer Genauigkeit von 1–2% überein.

Die Untersuchung des Verhaltens der $U(\Theta, \varphi, \psi)$ für Naphthalin in der Umgebung des Minimums bei Abweichungen der Euler-Winkel um $\pm 12°$ von der Gleichgewichtslage führte zu folgenden Ergebnissen. Die Potentialmulde zeigt bei geringen Abweichungen von der Gleichgewichtslage ($\pm 4°$) in den Richtungen Θ, φ, ψ einen einheitlichen Abfall (0,2 bis 0,3 kcal/mol grd = 0,84 bis 1,26 kJ/mol K) und einen wesentlich steileren Abfall (0,06 kcal/mol grd = 2,51 kJ/mol K) bei gleichzeitiger Änderung der Winkel φ und ψ. Der Vergleich der Schnitte $U(\varphi, \psi)$ beim Gleichgewichtswert Θ (Abb. 2.13a) mit dem Schnitt bei $\Theta = \Theta_0 + 8°$ (Abb. 2.13b) zeigt, daß in der Nähe des eigentlichen Minimums bei −17,9 kcal/mol grd (= 75,1 kJ/mol K)

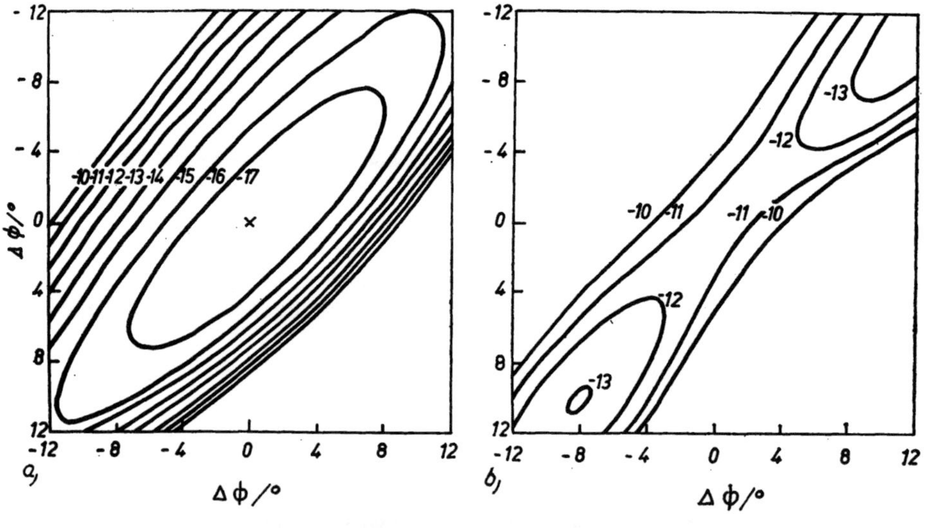

Abb. 2.13. Darstellung der Gitterenergie des Naphthalins als Funktion der Euler-Winkel. a) Schnitt $U(\varphi, \psi)$ durch das Minimum der Energiefläche (Lage des Minimums ×); b) Schnitt $U(\varphi, \psi)$ bei $\Theta = \Theta_0 + 8°$ (Schnittlinien mit einer Energie > -10 kcal/mol sind weggelassen)

zwei zusätzliche, viel weniger tiefe Minima existieren (etwa bei −12 kcal/mol grd = − 54 kJ/mol K). Der Schnitt (a, b, c^*) durch den Punkt des Minimums der Energiefläche (c^* ist hier der Abstand zwischen dicht gepackten Molekülschichten) stellt wie auch beim Benzol das dreidimensionale Analogon der interatomaren Potentialfunktion $\varphi(r)$ dar. Eine Veränderung der Werte von $c \cos \beta$ — der Verschiebungsgröße der Schichten — verändert das allgemeine Bild nicht. Es verschiebt sich lediglich die Lage des eigentlichen Minimums der Energiefläche.

Anthracen $C_{14}H_{10}$

Die Raumgruppe ist $P2_1/a$, $Z = 2$. Die Struktur bei Zimmertemperatur wurde von Mathieson und Mitarbeitern [28] bestimmt und von Cruickshank [290] verfeinert. Die der Arbeit von Cruickshank entnommenen Koordinaten der Wasserstoffatome ergeben eine C---H-Bindungslänge im Molekül von 1,09 Å. Die Euler-Winkel, die das Koordinatensystem der Moleküle mit dem kristallographischen verknüpfen, sind 66,3, 110,2 und 61,7°. Die Bestimmung der Gitterparameter bei tiefen Temperaturen für Anthracen wurde von Koshin und Kitaigorodski [221], Mason [222] und Ryshenkow [223] durchgeführt. In der Arbeit von Mason werden auch die Neigungswinkel der Molekülachsen gegen die kristallographischen Achsen für 290 und 95 K angegeben. Aus diesen Angaben folgt (siehe Tabelle 2.7), daß die Euler-Winkel bei Temperaturänderung nur geringfügig variieren. Am stärksten (um 1°) ändert sich der Winkel Θ.

Tabelle 2.7. Gleichgewichtsorientierung der Moleküle im Anthracenkristall bei verschiedenen Temperaturen

T, K	Gitterparameter				Euler-Winkel, °		
	a, Å	b, Å	c, Å	β	Θ	φ	ψ
78	8,439	5,992	11,112	125° 05′	65,2	109,1	64,0
300	8,550	6,028	11,173	124° 35′	66,0	109,2	64,3
425	8,685	6,059	11,240	123° 32′	67,7	109,4	63,8

Die Übereinstimmung der theoretischen mit den experimentellen Werten ist zufriedenstellend. Die Abhängigkeit der Neigungen der Moleküle gegen die Koordinatenachsen von der Temperatur ist gering. Im Grunde drückt sie sich nur in der Änderung des Winkels Θ aus.

Wendet man vorher das beschriebene Verfahren zur Ermittlung des Minimums an, so erhält man für Anthracen folgende Werte für die Gleichgewichtsgitterparameter und die Euler-Winkel: $a = 8{,}39$ Å; $b = 5{,}59$ Å; $c = 11{,}02$ Å; $\beta = 124° 30'$; $\Theta = 66{,}3°$; $\varphi = 109{,}6°$; $\psi = 64{,}9°$. Die Extrapolation der experimentellen Tieftemperaturdaten gegen den absoluten Nullpunkt liefert Gitterparameter, die den theoretischen nahekommen: $a = 8{,}44$ Å; $b = 5{,}99$ Å; $c = 11{,}11$ Å; $\beta = 125° 05'$.

Der Schnitt $U(\Theta, \varphi, \psi)$ für Anthracen hat eine interessante Form, wenn man den Euler-Winkel $\pm 12°$ um den Gleichgewichtswinkel schwanken läßt (Abb. 2.14). Auf diesen Schichtdiagrammen sind ein Hauptminimum bei −23,2 kcal/mol (= −97,3 kJ/mol), energetische „Hügel" und „Täler" sowie ein lokales Minimum (Abb. 2.14d) bei etwa 21 kcal/mol (−88 kJ/mol) zu sehen.

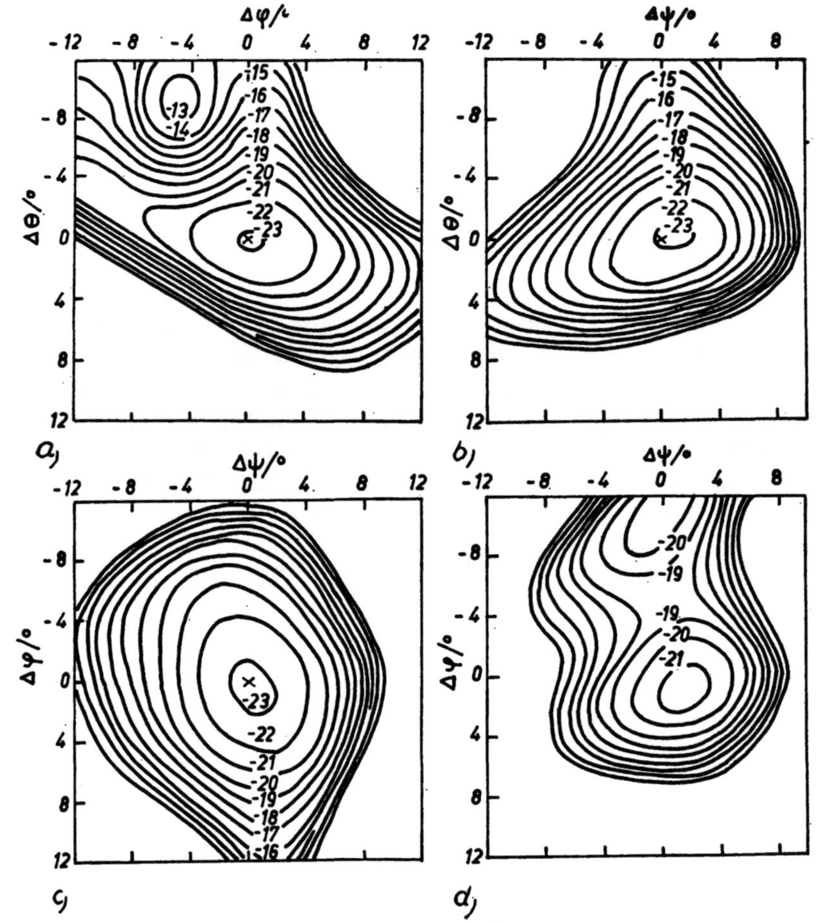

Abb. 2.14. Gitterenergie des Anthracens als Funktion der EULER-Winkel. a), b), c) Schnitte $U(\Theta,\varphi)$, $U(\Theta,\psi)$, $U(\varphi,\psi)$ durch das Minimum der Energiefläche; d) Schnitt $U(\varphi,\psi)$ bei $\Theta = \Theta_0 - 4°$ (Schnittlinien mit einer Energie > -13 kcal/mol sind weggelassen)

Weitere Arbeiten, in denen gemäß der oben dargelegten Vorstellung die Gitterenergie als Summe der Atom-Atom-Potentiale aufgefaßt und die Packung der Moleküle durch Variation ihrer Lage in der Zelle ermittelt wird, wurden von italienischen und amerikanischen Autoren veröffentlicht.

GIGLIO und LIQUORI [224] untersuchten auf dieser Basis die Struktur des Hexamethylbenzols. Diese Verbindung ist deshalb geeignet, weil sie in der Gruppe $P\bar{1}$ mit einem Molekül in der Zelle kristallisiert. Die Autoren berechneten die potentielle Energie des Kristalls, die hier nur eine Funktion des Rotationsfreiheitsgrades der Orientierung ist. Es zeigte sich, daß in der dreidimensionalen Energieverteilung das tiefste Minimum sehr gut mit der realen Lage des Moleküls übereinstimmt.

CORRANDINI und Mitarbeiter [225] führten sowohl Strukturanalysen einer Reihe von Dicarbonsäuren wie auch Berechnungen der Gitterenergie für diese Kristalle durch. Das Ziel der Autoren bestand darin, das Prinzip der dichtesten Packung als heuristische Möglichkeit für die Voraussage der Art der Molekülpackung zu überprüfen. Als Beispiel diente die Meso-β,β'-Dimethyladipinsäure. Die Analyse führte zu einer einzigen Strukturvariante, die mit dem Prinzip der dichtesten Packung vereinbar war. Das gleiche Ergebnis wurde durch Gitterenergieberechnungen mit der Atom-Atom-Potentialmethode erhalten und durch anschließende Verfeinerung der Struktur erhärtet. Das zeigt noch einmal die Möglichkeit, die Struktur organischer Kristalle vorauszusagen.

In Arbeiten von Williams [226, 227] wurde die Molekülpackung im Kristall durch Entwicklung nach dem Minimum der Energie der Moleküllagen mit Hilfe der Methode des steilsten Abfalls berechnet. Bei diesem Vorgehen wurden die drei Translationsparameter, die die Koordinaten des Molekülzentrums bestimmen, die drei Orientierungsparameter, sechs oder weniger Gitterkonstanten und, falls notwendig, die Parameter variiert, die die Rotation um die Einfachbindungen im Molekül charakterisieren. Zur Berechnung der Gitterenergie des Kristalls wurde die im vorliegenden Buch beschriebene Methode der Atom-Atom-Potentiale benutzt. Dabei konnten Potentialfunktionen der Art (6-exp) mit Parametern, wie sie vom Autor und von Bartell [228] angegeben wurden, angewandt werden. Um einen größeren Rechenaufwand zu vermeiden, wurde die Summation dann beendet, wenn die interatomaren Abstände die Lage des Minimums der Potentialfunktion um mehr als 2 Å überstiegen. Ein solcher Abbruch der Reihe beeinflußt den Wert der Gitterenergie zwar stark, die Molekülpackung jedoch wenig. Gute Ergebnisse wurden für Naphthalin- (die Lagen der Kohlenstoffatome weichen vom Experiment um etwa 0,04 Å ab), Anthracen- und Phenanthrenkristalle erhalten, schlechtere für das 1,3,5-Triphenylbenzol.

Mit der Entwicklung der Rechentechnik wuchs die Zahl der Arbeiten zur Berechnung der Molekülpackung im Kristall unter Anwendung der Atom-Atom-Potentials rasch an. So führten zum Beispiel Simonetta und Mitarbeiter [229] eine Serie von Untersuchungen mit dem Hauptziel durch, die Konformation von Diphenylderivaten im freien Zustand und im Kristall zu vergleichen. Obgleich, allgemein gesagt, die Packung keine wesentlichen Veränderungen in der Konformation der Moleküle, insbesondere in den interatomaren Abständen, hervorruft, können die zwischenmolekularen Kräfte im Kristall die Rotationswinkel um die Einfachbindung merklich verändern. Die Autoren berechneten im Rahmen des Modells der Additivität der zwischenmolekularen Wechselwirkungen die Konformation freier Moleküle und danach mit derselben Parameterwahl die Packung der Moleküle in den Kristallen, wobei hier außer den Rotationsfreiheitsgraden des Moleküls als ganzem die Möglichkeit der Drehung um die Bindung zwischen den Phenylringen berücksichtigt wurde. Die Übereinstimmung der berechneten Packung der Moleküle mit Daten der von den Autoren durchgeführten Röntgenstrukturanalyse war die Grundlage für die Annahme, daß die für die Berechnung der Konformation des freien Moleküls benutzten Potentialparameter richtig gewählt wurden. Von ihnen wurden auch analoge Untersuchungen für eine Reihe von Annulenderivaten durchgeführt.

Das Verhältnis der intra- und intermolekularen nichtvalenten Wechselwirkungen und ihr Einfluß auf die Molekülpackung wird auch in den Arbeiten [230; 231] betrachtet; beschrieben ist die Berechnung der Struktur des Benzols, Diphenyls, der β-Ionylyden-γ-Krotonsäure und anderer Verbindungen, wobei die Moleküle sowohl als starr als auch als beweglich betrachtet wurden.

Wenn in den ersten der Molekülpackung in Kristallen gewidmeten Arbeiten das Hauptaugenmerk auf unpolare Moleküle gerichtet war, dann entstand jetzt mit dem Anwachsen des Interesses an Berechnungen der Konformation und Packung der Polypeptide und Eiweiße das Erfordernis, die Potentialparameter für Wechselwirkungen polarer Moleküle unter Berücksichtigung des Beitrages der Wasserstoffbrückenbindung auszuwählen. Durch die Gruppe von Scheraga wurde eine Parameterwahl durchgeführt, die die Packung solcher Objekte zu berechnen gestattet, wie aliphatische und aromatische Moleküle, Schwefel- und Stickstoffheterocyklen, Carbonsäuren, Amine und Amide [232]. Die Dispersionswechselwirkungen wurden durch das Lennard-Jones-Potential, die elektrostatischen durch die Coulomb-Gleichung und die Energie der Wasserstoffbrückenbindung durch das Lennard-Jones-Potential mit speziell ausgewählten Parametern berücksichtigt. In den Arbeiten [233, 234, 235] wurde die Packung einer großen Reihe von Aminosäuren, einschließlich einiger Polyaminosäuren bestimmt, mit guter Übereinstimmung zwischen den experimentellen röntgenographischen Daten und denen, die auf rechnerischem Wege erhalten wurden.

In einer Artikelreihe [236, 237, 238] mit dem Titel „Energetische Funktionen für Peptide und Eiweiße" haben Halger und Mitarbeiter auf der Grundlage der Berechnung der optimalen Packung Dutzender verschiedener Moleküle, die die Amidgruppierung enthalten, Potentialparameter des Lennard-Jones- und Coulomb-Typs ausgewählt (die Wasserstoffbrückenbindung wurde im Rahmen dieser Potentiale gut beschrieben), die darauf für die Berechnung der Packung in Dutzenden Kristallen benutzt wurden, wobei in drei Fällen, erstmals für solche Objekte, als Ausgangsdaten nur die Zahl der Moleküle im Gitter gewählt wurde. Die berechneten und experimentellen Daten stimmen gut überein: Die Abweichungen der berechneten von den experimentell gefundenen zwischenmolekularen Kontakten schwanken von 0,04 bis 0,18 Å, die Länge der Wasserstoffbrückenbindung von 0,00 bis 0,09 Å und die Winkel bei Wasserstoffbrückenbindungen von 0,5 bis 11,9°.

Zu dieser Gruppe gehört auch die Arbeit von Ramachandren und Mitarbeitern [239], die die Molekülpackung im Kristall des N-Methylacetamids berechnet haben.

Bei der Untersuchung einer Kristallstruktur, die aus polymeren Molekülen besteht, macht die Unzulänglichkeit der röntgenographischen Daten die maschinelle Berechnung der Packung besonders erforderlich. In vielen Fällen gibt erst das Hinzuziehen der berechneten Daten die Möglichkeit, eine vollständige Beschreibung der Kristallstruktur vorzunehmen. So studierten Zugenmaier und Mitarbeiter [240, 241, 242] die Packung der Polysaccharidmoleküle und ihrer Derivate auf folgendem Wege. In der ersten Etappe führten sie eine Konformationsanalyse der isolierten Moleküle unter Berücksichtigung der intramolekularen Dispersionswechselwirkung und der Wasserstoffbrückenbindungen durch. Der dann folgende Schritt war die Berechnung der optimalen Packung der Ketten im Kristall unter alleiniger Berücksichtigung der Abstoßungsenergie. Danach wurden für die berechneten Modelle die Strukturfaktoren ausgerechnet und mit den experimentellen Werten verglichen. Auf diese Weise sind die Kristallstrukturen des Mannans, der Methylamylose, Methylcellulose und des Methylmannans untersucht worden. Auf analoge Art kam in der Arbeit [243] auch die Strukturbestimmung zweier polymorpher Modifikationen der Cellulose zustande.

Außer in den oben beschriebenen Untersuchungen werden noch in einer großen Reihe von Arbeiten berechnete Daten von Kristallstrukturen, die sowohl aus polymeren [244, 245] als auch aus monomeren Molekülen [246, 247, 248] bestehen, angeführt.

So gibt die Entwicklung der Technik der Berechnung der Kristallpackung und der detaillierten Überprüfung der Parameterwahl an Beispielen der Berechnung von Strukturen, die aus kleinen Molekülen bestehen, in immer breiterem Maße die Möglichkeit der Anwendung dieser Methode zur Berechnung von Strukturen, die aus Makromolekülen (insbesondere Eiweiße) bestehen.

2.10. Stabilitätsbedingungen für die Struktur organischer Kristalle und das Prinzip der dichten Packung

Die wahre Struktur entspricht dem Minimum der freien Energie. Um zu erklären, warum eine Molekülpackung im Kristall gerade dieser Art ist und nicht anders, bedeutet zu zeigen, daß alle anderen Packungen, die sich von der wirklichen unterscheiden, eine höhere freie Energie besitzen.

Vernachlässigen wir den Einfluß des Kristallfeldes auf die Molekülform und die innermolekülaren Schwingungen. Er ist im allgemeinen unbedeutend und wird im folgenden Kapitel behandelt.

Wenn die gegenseitige Anordnung der Moleküle bekannt ist, kann man die freie Energie des Kristalls F bei bekanntem Wechselwirkungsgesetz zwischen den Molekülen als Funktion der Symmetrie und der Größe der Elementarzelle, der Koordinaten des Molekülschwerpunktes und der Euler-Winkel, die die Molekülorientierung bestimmen [249], finden.

Die Stabilitätsbedingung für eine Struktur — das heißt, daß die Änderung der freien Energie Null sein muß — kann wie folgt geschrieben werden:

$$\delta F = \delta U + \delta F^{\mathrm{Schw}} = 0 \,.$$

Bei $T = 0$ K ist die Schwingungsenergie $F^{\mathrm{Schw}} \approx 0{,}2$ kcal/mol ($= 0{,}84$ kJ/mol) und ihre Differenz für verschiedene Strukturen nicht größer als einige hundertstel kcal/mol.

Da die Tiefe der Potentialmulde um vieles größer ist, entspricht die Struktur am absoluten Nullpunkt dem Energieminimum der intermolekularem Wechselwirkungen, das heißt, die stabile Struktur erfüllt die Bedingung

$$\delta F = \delta U = \frac{\partial U}{\partial R_i}\,\delta R_i + \frac{\partial U}{\partial \varphi_i}\,\delta \varphi_i + \frac{\partial U}{\partial a_i}\,\delta a_i = 0 \,,$$

worin R_i die Radiusvektoren der Molekülzentren, φ_i die Euler-Winkel und a_i die Zellparameter sind.

Beschränkt man sich auf zentrosymmetrische Strukturen vom Typ des Naphthalins, so fällt der erste Summand heraus. Für die monokline Symmetrie ist die Energiefläche siebendimensional. Beim gegenwärtigen Stand der Rechentechnik ist die Konstruktion einer solchen Fläche eine durchaus realisierbare Aufgabe. Bis zu einem bestimmten Grad ist diese Aufgabe von uns für das rhombische Benzol (siehe oben) und von Giglio und Liquori für das trikline Hexamethylbenzol [224] gelöst worden. In beiden Fällen hat die Energiefläche (das betrifft den Teil der Fläche, der der Symmetrie nur einer der möglichen Raumgruppen entspricht) ein tiefes Minimum, das die reale Struktur kennzeichnet.

Die vollständige Untersuchung (einschließlich der Betrachtung verschiedener Symmetriefälle) der Energiefläche ist deshalb interessant, weil sie gestattet, das Phasendiagramm einer Substanz im festen Zustand zu verstehen. Tatsächlich sollte eine Energiefläche eine ganze Reihe von Minima haben. Die flachen Minima sind jedoch nicht interessant, weil sie, bedingt durch die thermische Fluktuation, nicht zur Bildung einer Struktur beitragen. Von den tiefen Minima sucht man zunächst das tiefste heraus. Ihm sollte die Struktur am absoluten Nullpunkt entsprechen. Was die anderen tiefen Minima angeht, so beziehen sie sich nur in dem Fall auf reale Hochtemperaturmodifikationen, wenn sie auch dem Minimum der freien Energie entsprechen.

Betrachten wir zwei Minima. Das tiefste mit der Energie U_0 und das mit der ihm nächst höheren Energie U_1. Am absoluten Nullpunkt werden die stabile Struktur U_0 und die metastabile U_1 durch die Abszissenwerte der Senke der Potentialmulden charakterisiert. Bei Erhöhung der Temperatur werden sich die Punkte zum Rand der Mulde hin bewegen. Bei einer Temperatur T wird die Gitterenergie gleich $U_0 + \Delta U_0$ und $U_1 + \Delta U_1$, und die Schwingungsanteile der freien Energie werden F_0^{Schw} und F_1^{Schw}. Eine polymorphe Umwandlung erfolgt dann, wenn die gesamte freie Energie der Struktur 1 die gesamte freie Energie der Struktur, die bei Null Grad stabil ist, „einholt", das heißt, wenn

$$U_0 + \Delta U_0 + F_0^{\text{Schw}} = U_1 + \Delta U_1 + F_1^{\text{Schw}} .$$

Einer solchen Forderung genügen nur einige oder keine der Potentialmulden. Aus den bisherigen Betrachtungen geht hervor, daß für das Zustandekommen einer Umwandlung das Wachstumstempo der freien Schwingungsenergie für die metastabile Struktur mit steigender Temperatur schneller sein muß. Diese Schlußfolgerung ist jedoch nicht ausreichend, da der Kristall noch vor Erreichen der Kompensation des Verlustes an potentieller Energie schmelzen kann.

Wir wissen, daß die Umwandlungswärme beim Übergang einer kristallinen Phase in eine andere (mit Ausnahme im rotations-kristallinen Zustand) selten 1 kcal/mol (= 4,2 kJ/mol) übersteigt. Man muß daher annehmen, daß die freie Schwingungsenergie bei einer Umwandlung um diesen Betrag zunimmt. Das heißt, wenn die Struktur, die beim absoluten Nullpunkt stabil ist, einer Potentialmulde entspricht, die gegenüber den anderen Mulden um diesen Betrag niedriger liegt, dann werden wir keine polymorphen Modifikationen dieser Substanz finden.

Da die Änderung der potentiellen Wechselwirkungsenergie der Moleküle bei Erwärmung des Kristalls gering ist, liefert die Energiefläche mit ihren Minima ein Bild aller Strukturen, unter denen sich einige reale befinden; das heißt, jede reale Struktur entspricht in unserem Modell einem Minimum der Energiefläche.

Wie in den Abschnitten 2.3. und 2.4. gezeigt wurde, verschieben sich die Koordinaten des Minimums durch elektrostatische Wechselwirkung nur geringfügig. Das bedeutet, daß die gegenseitige Anordnung der Moleküle dem Minimum der Energiefläche entspricht, die mit der Atom-Atom-Potential-Methode berechnet wurde. Natürlich ist dieses Minimum nicht das tiefste, sondern nur eines der tiefsten. Aber das ist unwesentlich.

Der Umstand, daß die Struktur dem Minimum der Energiefläche entspricht, die sich additiv aus den Atom-Atom-Wechselwirkungen zusammensetzt, führt uns zum Prinzip der dichten Packung. Bei diesem Übergang muß man nur folgende zusätzliche

Vereinfachung einführen: die Vorstellung, daß die Moleküle starre Körper sind; das heißt, der Abstoßungsteil der Potentialkurve ist durch eine vertikale Gerade zu ersetzen. Offenbar ist in diesem Fall das Streben nach einem Energieminimum gleichbedeutend mit der Forderung, die überwiegende Anzahl der Atome in kürzesten Abständen voneinander anzuordnen.

2.11. Die Atom-Atom-Potential-Methode für das Molekül

Die außerordentliche Kompliziertheit, die der Molekülberechnung, bei der ein System aus Elektronen und Kernen betrachtet wird, entgegensteht, und die geringe Voraussagekraft dieser Berechnungen erfordern es, neue, einfachere Methoden zu finden.

Durch den Erfolg des Atom-Atom-Potential-Formalismus bei der Berechnung der intermolekularen Kräfte erscheint es sehr aussichtsreich, dieses Konzept auch zur Molekülberechnung zu benutzen.

Es ist offensichtlich, daß eine Reihe von Situationen, die prinzipiell durch quantenmechanische Methoden geklärt werden könnten, vor allem die Ladungsverteilung und die Bindungen, von dieser Methode nicht erfaßt werden. Wenn man jedoch die Bindungslängen und elektrischen Ladungen als gegeben annimmt, könnte man eine einfache Methode für die Lösung der übrigen Probleme — und das sind nicht wenige — angeben, die eine große Voraussagekraft hat [250].

Grundsätzlich sind für die Anwendung der Atom-Atom-Potential-Methode auf Moleküle folgende Grundvoraussetzungen erforderlich:

1. Das Molekül kann als System von Atomen (Atomgruppe) betrachtet werden, die durch starre Bindungen („Stäbe") verknüpft sind.

2. Die Wechselwirkung von Atomen ein und desselben Moleküls, die nicht auf Valenzbindungen zurückzuführen sind, kann durch dieselben (6-exp)-Kurven (oder andere ähnliche) beschrieben werden, die für die intermolekularen Wechselwirkungen benutzt wurden. Diese Wechselwirkung ist von zentraler Natur. Von Fall zu Fall ist es aber auch notwendig, die Abhängigkeit des Wechselwirkungspotentials nicht nur von den Abständen zwischen den Atomzentren zu berücksichtigen, sondern auch vom Neigungswinkel des Radius-Vektors zu Richtungen oder Ebenen, die durch gerichtete Bindungen entstehen (siehe Seite 180).

3. Für jedes Atom existieren „ideale" Valenzwinkel, das heißt, man kann vom Zentrum jedes Atoms aus Valenzstriche derart ziehen, daß sie beim Fehlen der Valenzwechselwirkung und der Bindungen zwischen Nachbarn als gerichtet anzusehen sind.

4. Die idealen Valenzwinkel müssen in der Regel empirisch gefunden werden, wobei als Ausgangswert die einfachsten Valenzschemata der Quantenchemie dienen können: Winkel um 90° zwischen den Bindungen existieren bei Atomen des O, S, Se, N, P, As, tetraedrische Winkel treten bei aliphatischen Kohlenstoffatomen auf; einen Winkel von 120° und ebene Bindungsanordnung besitzen Bindungen der aromatischen Systeme.

5. Abweichungen von den idealen Valenzwinkeln bedingen einen Aufwand an Energie.

6. Die Gesamtenergie des Moleküls kann in drei Komponenten zerlegt werden: die Bindungsenergie, die in unserem Modell keine Rolle spielt und als konstant angesehen wird (aber eine solche Vereinfachung ist nicht unbedingt nötig [251]), die Energie der

Winkeldeformationen und die Atom-Atom-Wechselwirkungsenergie von Atomen, zwischen denen es keine Valenzbindung gibt.

7. Die Summe aller Energien, die auf Valenzwinkel zurückzuführen sind, und die Energie, die von Nebenvalenzwechselwirkungen stammt, werden als Spannungsenergie des Moleküls

$$U^{\mathrm{Sp}} = U^{\mathrm{Valenzwinkel}} + U^{\mathrm{Nebenvalenz}}$$

bezeichnet.

Variiert man die gegenseitige Lage der Atome oder Atomgruppen unter Beibehaltung der starren Bindungen, so kann man eine Spannungsfläche U^{Sp} als Funktion der unabhängigen Parameter konstruieren. Die so erhaltene Fläche wird eine Reihe Minima haben. Die Molekülstrukturen, die den Minima entsprechen, sind die Molekülkonformationen.

Ist ein Minimum wesentlich tiefer als die anderen, so hat das Molekül eine stabile Konformation. Hat man einige Minima, die durch Barrieren der Größenordnung von RT getrennt sind, so gibt es Konformationsisomere, die ineinander übergehen können. In einem System gleichartiger Moleküle wird sich im gasförmigen oder flüssigen Zustand ein Konformationsgleichgewicht ausbilden.

Das beschriebene Modell ist jedoch bedeutungslos, wenn es für die Berechnung von U^{Sp} keine universellen a-priori-Methoden gibt und die $U^{\mathrm{Valenzwinkel}}$ und $U^{\mathrm{Nebenvalenz}}$ für jedes Molekül besonders individuelle Größen sind. Umgekehrt hat die empirische Methode der Atom-Atom-Potentiale dann Sinn, wenn eine relativ große Zahl von Parametern der Theorie aus experimentellen Daten von Substanzen, die als Eichsubstanzen dienen, bestimmt wurden. Dann kann man die Konformation und Spannungsenergie einer großen Zahl von Molekülen voraussagen. Die Zahl der zu bestimmenden Größen soll, wenn das Schema Wert haben soll, die Zahl der Parameter um zwei bis drei Größenordnungen übersteigen.

Verschiedene Arbeiten der letzten 10 bis 15 Jahre zeigen, daß das zutrifft. Leider sind die Berechnungen von vielen Autoren, die nach der Methode der Atom-Atom-Potentiale durchgeführt wurden, nicht auf die Vergrößerung des Verhältnisses

$$\frac{\text{Zahl der zu bestimmenden Größen}}{\text{Zahl der theoretischen Parameter}}$$

gerichtet. Jedoch zeigen die erhaltenen Ergebnisse, daß man in einigen Jahren ein ausreichend universelles Berechnungsschema für die Konformation, Spannungsenergie und andere mit ihnen verknüpfte Größen vorschlagen kann, das mit einer geringen Parameterzahl auskommt.

Die Untersuchungen verschiedener Autoren über die Anwendung der Atom-Atom-Potential-Methode unterscheiden sich durch die Berechnungsmethode für die Energiekomponente des Moleküls und die eingesetzten Parameter. Im Prinzip sind jedoch alle Untersuchungen etwa gleich.

Eine große Zahl dieser Arbeiten wird von Daschewski [252] für verschiedene Verbindungsgruppen referiert.

Wie bereits gezeigt wurde, setzt man voraus, daß die Nebenvalenzwechselwirkung zwischen Atomen sowohl verschiedener als auch ein und desselben Moleküls den gleichen Gesetzmäßigkeiten gehorcht. Da die Atom-Atom-Potential-Methode bereits im Detail behandelt wurde, soll hier nur noch die Art der Berechnung der Energie betrachtet werden, die mit den Abweichungen der Valenzlinien vom idealen Schema zusammenhängt.

Setzen wir die idealen Valenzwinkel gleich α_0 und die realen gleich α, dann können wir annehmen, daß die Verzerrungsenergie gleich

$$\sum f(\alpha - \alpha_0)$$

ist, das heißt vor allem, daß sie additiv ist.

Da die Differenz $(\alpha - \alpha_0)$ nicht groß ist, kann man sich auf das quadratische Glied der Reihe der Funktion $f(\alpha - \alpha_0)$ beschränken, indem man die Arbeit zur Erniedrigung und zur Vergrößerung des Winkels α als gleich betrachtet. Wir erhalten eine Beziehung, die eine quasielastische Energie beschreibt,

$$U^{\text{Winkel}} = \tfrac{1}{2} \sum C(\alpha - \alpha_0)^2 .$$

In unseren Berechnungen [252] versuchten wir mit einer minimalen Zahl empirischer Konstanten auszukommen. Deshalb nahmen wir C und α_0 für eine große Verbindungsklasse als universelle Konstanten an. Unserer Meinung nach kann eine hinreichend gute Übereinstimmung mit dem Experiment erreicht werden, wenn man annimmt, daß alle Kohlenstoffatome in solche mit tetraedrischer (sp^3) und solche mit trigonaler (sp^2) Umgebung eingeteilt werden können. Für den ersteren Fall ist $\alpha_0 = 109°\,28'$ und für den zweiten $\alpha_0 = 120°$. Die Werte der Konstanten C liegen im Intervall 20—80 kcal/mol · rad² (84—335 kJ/mol · rad²). Leider hat keiner der Autoren versucht, mit Hilfe der Methode der kleinsten Quadrate die besten Werte für die Konstanten C für diese beiden Fälle zu finden. Die Konstanten C für die O- und N-Atome bewegen sich auch in dem angegebenen Intervall. Die α_0-Werte sind 90°.

Die Konstanten C_i sind mit den spektroskopischen Kraftkonstanten K_α verknüpft:

$$K_\alpha = \frac{1}{N}\left(\frac{\partial^2 U}{\partial \alpha^2}\right)_{\alpha=\alpha_0} .$$

N ist die Anzahl der äquivalenten Wechselwirkungen. Setzt man hier den Ausdruck für die Spannungsenergie ein, so ergibt sich

$$K_\alpha = C_\alpha + \frac{\partial f(r)}{\partial \alpha}\left(\frac{\partial r}{\partial \alpha}\right)^2 + \frac{\partial^2 f(r)}{\partial \alpha^2}\,\frac{\partial r}{\partial \alpha} .$$

In jedem konkreten Fall muß man äquivalente Wechselwirkungen berücksichtigen.

Als sehr typisch erweisen sich die Berechnungen der Gleichgewichtskonformation von Molekülen wie Nortricyclen, Norcamphan und Norpinan (Abb. 2.15). Die Zahl der unabhängigen Parameter ε_i, über die alle Valenzwinkel und alle Abstände zwischen den durch Nebenvalenzen gebundenen Atomen ausgedrückt werden, ist entsprechend 3, 5 und 10. Zur Berechnung der Gleichgewichtskonformation muß man folgendes Gleichungssystem lösen:

$$\frac{\partial U}{\partial \varepsilon_k} = \sum_i C_i \Delta\alpha_i \frac{\partial(\Delta\alpha_i)}{\partial \varepsilon_k} + \sum_{m,n} f'(r_{mn}) \frac{\partial r_{mn}}{\partial \varepsilon_k} = 0 .$$

Dabei wird die erste Summe über alle Valenzwinkel genommen, die zweite über alle Paare nebenvalent gebundener Atome. Die Kurven der Atom-Atom-Potentiale enthalten drei Parameter für jeden Wechselwirkungstyp, für aliphatische Kohlenstoffe ist die Bedeutung von α_0 klar, und man nimmt alle Konstanten C als gleich an.

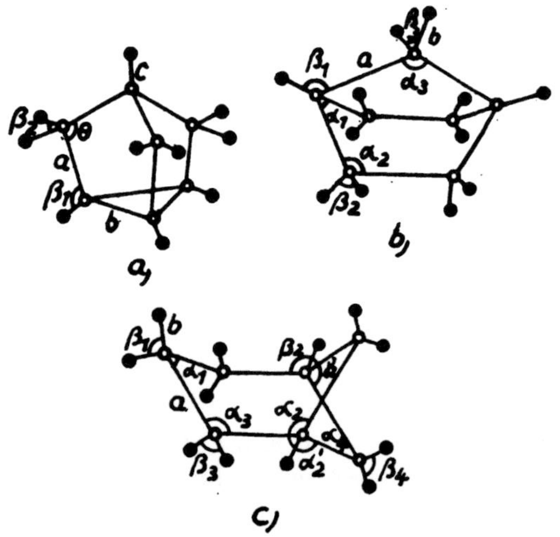

Abb. 2.15. Molekül-Konformationen. a) Nortricyclen C_7H_{10}: $a = 1{,}54$ Å; $b = 1{,}50$ Å; $c = 1{,}08$ Å; Theorie: $\Theta = 96°$, $\beta_1 = 121°$; $\beta_2 = 112°$; Experiment: $\Theta = 96{,}5°$; $\beta_2 = 109{,}5°$; b) Norcamphan C_7H_{12}: $a = 1{,}53$ Å; $b = 1{,}08$ Å; Theorie: $\alpha_1 = 114°$, $\alpha_2 = 103°$, $\alpha_3 = 91°$, $\beta_1 = 106°$, $\beta_2 = 112°$, $\beta_3 = 114°$; c) Norpinan C_7H_{12}: $a = 1{,}53$ Å; $b = 1{,}08$ Å; Theorie: $\alpha_1 = 110°$, $\alpha_2 = 96°$, $\alpha_2' = 91°$, $\alpha_3 = 117°$, $\alpha_4 = 112°$, $\beta_1 = 108°$, $\beta_2 = 128°$, $\gamma_2 = 128°$, $\beta_3 = 107°$, $\beta_4 = 108°$

Das beste wäre, die Parameter der Atom-Atom-Kurven aus Berechnungen der zwischenmolekularen Wechselwirkungen zu entnehmen. Damit hätte die Theorie der Konformation einer großen Molekülklasse nur einen Parameter.

Man muß jedoch darauf hinweisen, daß der Erfolg der Atom-Atom-Potentiale für die Berechnung der zwischenmolekularen Wechselwirkungen in der Auswertung nur eines Teiles der Kurve besteht, nämlich dem, der nahe dem Gleichgewichtszustand und weiter rechts von ihm liegt. Umgekehrt ist für die innermolekularen Wechselwirkungen der Teil der Potentialkurve entscheidend, der links von der Gleichgewichtslage liegt.

Leider arbeiten die Autoren, die Molekülkonformationen berechnen, und diejenigen, die unsere Methode für die Berechnung von Kristallen verwenden, unabhängig voneinander , und ich kenne keine speziellen Arbeiten, deren Ziel es ist, eine universelle Kurve zu finden.

Dennoch kann man gute Ergebnisse erzielen, sogar bei der Verwendung von Kurven, die zur Beschreibung zwischenmolekularer Wechselwirkungen gewählt wurden. Für die Berechnung der Konformation ist die richtige Auswahl des Gleichgewichtsabstandes das Wichtigste.

Wie schon bemerkt wurde, muß man bei der Möglichkeit einer freien Drehung um eine Bindung Elliptizitätsparameter einführen, das heißt die Abhängigkeit des Wechselw rkungspotentials vom Winkel zwischen dem Radius-Vektor und den Valenzbindungen berücksichtigen.

Die Mehrzahl der Autoren führt keine Korrektur in die Formel der Atom-Atom-Potentiale ein. Statt dessen wird die Formel durch einen „Torsionsanteil" der Energie ergänzt, zum Beispiel in Form von $U = U_0\,(1 + \cos 3\varphi)$. Das ist jedoch theoretisch unlogisch. Dennoch kann man eine solche Wirkungsweise als grobes Modell der Berücksichtigung der Elliptizität der Atome betrachten. Wenn sich am C-Atom Substituenten befinden und die Rotationsachse nicht mehr dreizählig ist, führt die Einführung von Torsionskomponenten anstelle der direkten Elliptizität zu empfindlichen Fehlern.

Sehr aussichtsreich ist die Anwendung der Atom–Atom-Potentialmethode bei aromatischen Molekülen. Die guten Ergebnisse bestätigen den geringen Einfluß der nichtlokalisierten Elektronen auf die Geometrie des Moleküls. Abbildung 2.16 zeigt eine erste, sehr vereinfachte Rechnung für Acenaphthen. Da das Molekül eben ist, ändert sich der Ausdruck für die Berechnung der Spannungsenergie nicht.

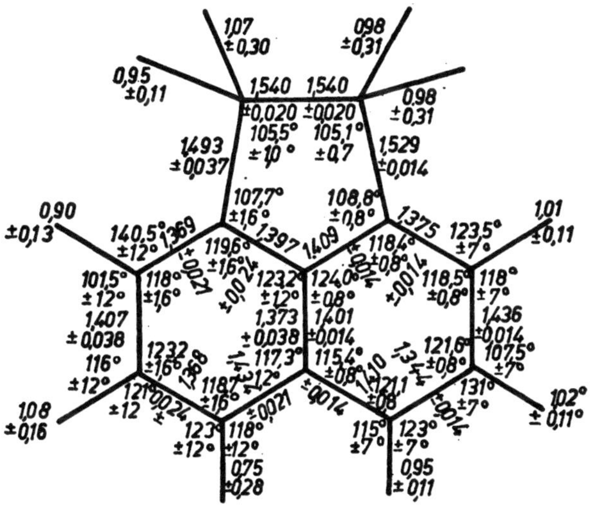

Abb. 2.16. Vergleich von berechneten und experimentellen Atomabständen für das Acenaphthen

Wenn ein aromatisches Molekül (siehe das folgende Beispiel) auf Grund von Nebenvalenzwechselwirkungen seine ebene Struktur verliert (man bezeichnet diesen Typ als überladen, für den eine besonders große Zahl von Atompaaren mit stark verkürzten Abständen charakteristisch ist),

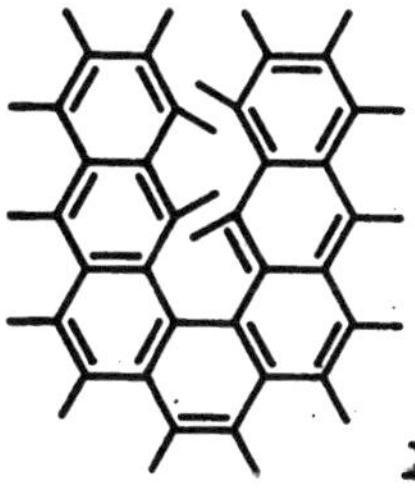

XLI

dann muß in die Energieformel nicht nur ein Term, der die Abweichung der Winkel von 120° berücksichtigt, eingeführt werden, sondern auch Glieder, die das Herausdrehen der Bindungen aus der Ebene beinhalten [253].

In den letzten Jahren wurde der Anwendungsbereich des Modells der Atom-Atom-Potentiale zur Berechnung innermolekularer Wechselwirkungen wesentlich erweitert.

Es wurde gezeigt [254], daß dieses Schema angewandt werden kann für die Voraussage verschiedener thermochemischer Eigenschaften von Verbindungen — der Bildungsenthalpien der Moleküle aus den Atomen, der Enthalpien der Isomerisierung, Hydrierung usw. Die Berechnungen der thermochemischen Größen kann man durchführen, wenn man von folgender Grundgleichung ausgeht.

$$\overline{\Delta H_{\mathrm{At}}} = \sum H_B - U_s\,,$$

mit ΔH_{At}—Atomisierungsenergie, $\sum H_B$—Summe der Enthalpien der Bindungen und U_s—Spannungsenergie, die unter Berücksichtigung der Atom-Atom-Potentiale für die Gleichgewichts-Kernkonfiguration berechenbar ist. Wenn jedoch das Molekül eine gewisse Wahl an Konfigurationen hat, dann kann man U_s berechnen, indem man eine Ausmittelung unter Berücksichtigung des Boltzmann-Ausdrucks durchführt. Die oben angeführte Gleichung zeigt, daß räumliche Spannungen für die Abweichungen von der Additivität der Bindungsenthalpien verantwortlich sind. Besonders deutlich wird die Rolle der sterischen Spannungen in dem Fall sichtbar, in dem thermochemische Eigenschaften der Moleküle verglichen werden, die äquivalente Bindungen enthalten (insbesondere, wenn man Isomerisierungsenergien abschätzt).

Einige Beispiele der Abschätzung von Isomerisierungsenergien aromatischer Moleküle sind in der Publikation des Autors mit Daschewski [253] enthalten. Das Molekül des 1,8-Dimethylphenanthrens III (Abb. 2.17) ist eben, wie die Minimisierung von U_s in bezug auf die unabhängigen geometrischen Parameter zeigte. Die nahe Anordnung der Methylgruppen im Molekül des 4,5-Dimethylphenanthrens IV führt zu ernsten Deformationen — die Atome C_4 und C_5 ragen aus der mittleren Ebene in verschiedene Richtungen um 0,25 Å heraus; noch stärker sind die Methylgruppen herausgedrängt. Die Differenz der Spannungsenergien der Moleküle III und IV beträgt 14,2 kcal/mol (= 59,5 kJ/mol), was ganz gut mit der Differenz der Verbrennungswärmen (d. h. mit der Isomerisierungswärme) dieser Verbindungen (12,6 kcal/mol = 52,7 kJ/mol) übereinstimmt. Eine analoge Berechnung wurde für die Dimethylbenz-phenanthrene V und VI durchgeführt. Beide Moleküle sind nicht eben, aber das erstere ist auf Grund der sterischen Behinderungen stärker deformiert. Die Isomerisierungs-

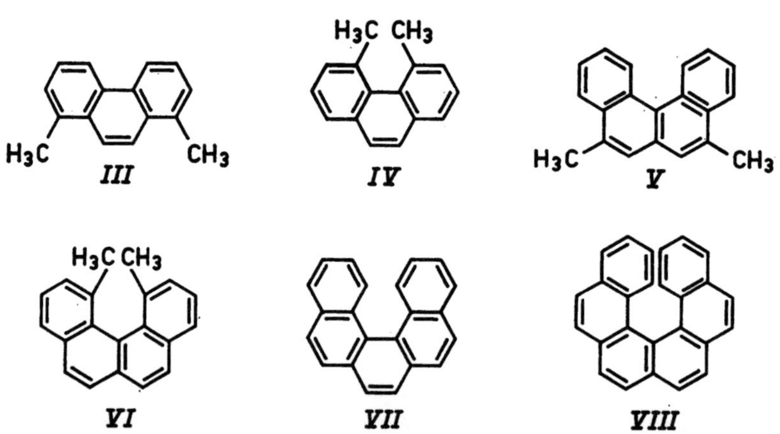

Abb. 2.17

energie wurde zu 11,5 kcal/mol (= 48,2 kJ/mol) berechnet, ihr experimenteller Wert ist 11,0 kcal/mol (= 46,1 kJ/mol). Schließlich beträgt die maximale Isomerisierungswärme der Dimethylderivate des Dibenzphenanthrens VII insgesamt nur 4,3 kcal/mol (= 18 kJ/mol) und für die Methylderivate des Hexahelicens VIII etwa 2 kcal/mol (= 8,4 kJ/mol) (die nicht dargestellten CH_3-Gruppen befinden sich in den Lagen, die der maximalen Spannung entsprechen). Solch niedrige Werte der Isomerisierungswärmen der Derivate VII und VIII sind durch die Besonderheit ihrer Molekülgeometrie bedingt. Sie sind schon so stark deformiert, daß neue Substitutionen nicht von großen Energieverlusten begleitet werden (die Verbrennungswärmen dieser Verbindungen wurden bisher nicht bestimmt).

Die zweiten Ableitungen der potentiellen Energie nach den unabhängigen Koordinaten bestimmen die Matrix der Kraftkonstanten F, die erforderlich ist für die Berechnung der Frequenzen und der Form der Normalschwingungen des Moleküls. Tatsächlich kann man, wenn man die kinematische Matrix G, die nur von den Koordinaten und den Kernmassen abhängt, benutzt und die charakteristische Gleichung

$$|GF - \lambda E| = 0$$

löst, mit E als Einheitsmatrix die Eigenwerte λ_i finden, die der Quadratwurzel aus den Frequenzen ν_i proportional sind.

Einigen Autoren [255] gelang sogar eine solche Parameterwahl der Molekülpotentialfunktion, die gestattete, gleichzeitig die Gleichgewichtsgeometrie, die thermochemischen Eigenschaften der Moleküle und die Frequenzen des Schwingungsspektrums erfolgreich vorauszusagen. Man kann sich jedoch auch auf eine bescheidenere Aufgabe beschränken, wie wir es in unserer Arbeit [256] taten, in der die Abhängigkeit der Schwingungsfrequenzen des Methylamids des N-acetylglycins (Modellmolekül eines Eiweißfragmentes) von dessen Konformation untersucht wurde. In dieser Arbeit wurde auf der Grundlage des beobachtbaren Spektrums die Struktur des Moleküls in zwei verschiedenen kristallinen Modifikationen vorausgesagt.

Es ist außerordentlich wichtig, daß das Modell der Atom-Atom-Potentiale nicht nur gestattet, das Energieminimum zu finden, sondern auch die Potentialoberfläche detaillierter zu studieren. In unserer Arbeit [257] wurden zum Beispiel ermittelte Täler beschrieben, die die lokalen Energieminima des Moleküls α-D-Glukose — eines typischen Vertreters der Saccharide — verbinden. Als Ergebnis wurden erhalten: Die Geometrie des Übergangszustandes (eine Konformation, in der fünf Atome des Ringes angenähert in einer Ebene liegen, während das sechste Atom wesentlich von ihr abweicht) und die dem Sattelpunkt entsprechende Energie 10 kcal/mol (= 41,9 kJ/mol). Der berechnete Wert der Energie stimmt gut mit den Daten überein, die aus der Temperaturabhängigkeit der NMR-Spektren der α-D-Glukose und anderer sechsgliedriger Heterocyklen erhalten wurden. Was die Geometrie des Übergangszustands betrifft, so kann ihn keine experimentelle Methode „sehen", und das Schema der Atom-Atom-Potentiale ist in diesem Sinne einzigartig.

Großes Interesse besitzt die Anwendung des Modells der Atom-Atom-Potentiale für das Studium der Konformation stereoregulärer Makromoleküle, Polypeptide und anderer biologischer Moleküle. Allerdings kann es nicht unsere Aufgabe sein, die in zahlreichen Arbeiten erhaltenen Ergebnisse hier zu erörtern. Wir verweisen auf die Monographien [258, 259].

2.12. Einfluß des Kristallfeldes auf die Molekülform

Zur richtigen Einschätzung des Objektivitätsgrades der Röntgenstrukturanalyse organischer Kristalle und der Bedeutung der im Experiment erhaltenen Variationen der zwischenatomaren Abstände und Valenzwinkel ist es wesentlich, klare Vorstellungen über den Einfluß des Kristallfeldes auf die Struktur des Moleküls zu haben.

Wenn man ein Molekül als hinreichend labil annimmt, dann muß man die Stabilitätsbedingung der Kristallstruktur nicht in der Form wie in Abschnitt 2.10., sondern wie folgt schreiben:

$$\delta F = \delta U + \delta F^{\text{Schw}} + \delta E^{\text{Mol}} = 0 ,$$

worin δE^{Mol} die Änderung der Energie des Moleküls ist.

Das heißt, man muß, wenn man den relativen Wert einiger verschiedener Molekülpackungen beachtet, streng genommen von der unterschiedlichen Energie der Moleküle selbst ausgehen. Diese Unterschiede werden jedoch nicht sehr groß sein. Ist man auf große Genauigkeit bedacht, so muß der Einfluß des Kristallfeldes natürlich unbedingt berücksichtigt werden. Unter diesen Umständen wäre die Suche nach der wahren Struktur durch Minimisierung der Energie eine sehr komplizierte Aufgabe. Die Zahl der Parameter würde stark zunehmen, weil zu den Gitterparametern noch Parameter der Moleküle selbst hinzukämen.

Oft besteht jedoch keine Notwendigkeit, den Einfluß des Kristallfeldes zu berücksichtigen. In speziellen Fällen ist es ausreichend, solche Parameter in die Rechnung einzubeziehen, die der Rotation von Teilen des Moleküls um Einfachbindungen Rechnung tragen.

Das Kristallfeld kann die Molekülform auf zweierlei Art beeinflussen. Entweder tritt eine Abweichung von der optimalen Konformation auf, oder es wird irgendeine der möglichen Konformationen realisiert.

Betrachten wir zuerst Moleküle mit einer Konformation.

Wir wollen versuchen zu klären, in welchem Grade sich die Geometrie der Moleküle im Kristall von der im freien Zustand unterscheidet. Es gibt genügend experimentelle Möglichkeiten, die zur Erklärung des Grades der Deformation der Moleküle, die durch das Kristallfeld verursacht wird, herangezogen werden können. Als erstes kann man die Strukturen der Moleküle im gasförmigen und kristallinen Zustand vergleichen, zweitens vergleichende Betrachtungen zu den Geometrien kristallographisch voneinander unabhängiger Moleküle anstellen und drittens die Struktur eines Moleküls analysieren, dessen Symmetrie im Kristall niedriger ist als die des freien Moleküls, und schließlich kann man viertens Moleküle verschiedener polymorpher Modifikationen vergleichen.

Betrachten wir einige Beispiele. Auf der Grundlage von Untersuchungen im gasförmigen Zustand beschreibt man die Struktur des Benzolmoleküls als ein regelmäßiges ebenes Sechseck, das von Kohlenstoffatomen, die jeweils 1,397 ± 0,001 Å voneinander entfernt sind, gebildet wird. Die C---H-Bindungslänge beträgt 1,084 Å. Die Röntgenstrukturanalyse von Kristallen liefert für dieses Molekül folgende Werte [214]: Bindungslängen 1,379, 1,374, 1,378 Å; die Valenzwinkel sind 119° 50′, 120° 42′, 119° 28′.

Das Phenanthrenmolekül (Abb. 2.18) nimmt im Kristall eine allgemeine Lage ein und besitzt mindestens eine zweizählige Achse. Experimentelle Ergebnisse [260]

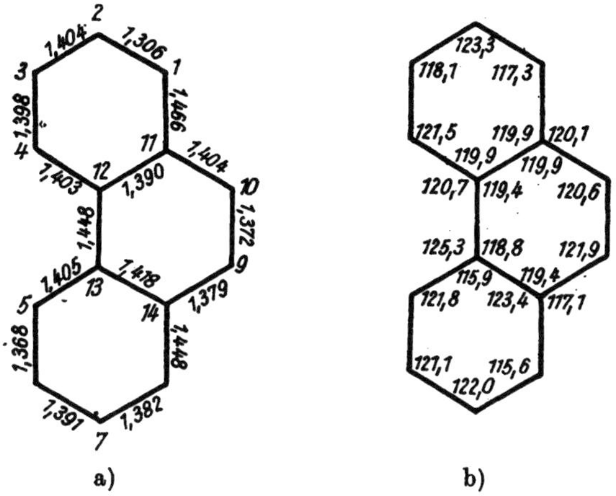

Abb. 2.18. Geometrie des Phenanthrenmoleküls. a) Abstände, b) Winkel

zeigen, daß sich die äquivalenten Winkel um einige Grade voneinander unterscheiden, die äquivalenten Abstände um 0,01—0,03 Å.

Bei Molekülen des Acenaphthens [261], die im Kristall eine spiegelsymmetrische Lage in zwei unabhängigen Positionen einnehmen, wurden gleich große Unterschiede festgestellt.

Soweit einige typische Beispiele. Es bleibt jedoch noch die Frage: sind diese Differenzen experimentellen Fehlern zuzuschreiben, oder spiegeln sie reale Unterschiede in der Struktur der Moleküle wider, die vom Einfluß des Kristallfeldes herrühren?

Man kann jedoch schon durch relativ einfache Rechnungen zeigen, daß wir es in allen diesen Fällen mit experimentellen Unzulänglichkeiten zu tun haben.

Als Kriterium wäre es für jedes konkrete Beispiel notwendig, folgende Untersuchung anzustellen: verschiebt man die Atome derart, daß Spannungen im Molekül beseitigt werden, so erniedrigt sich die Energie um den Betrag ΔE, andererseits wächst die Gitterenergie des Kristalls um ΔU. Die Deformation der Molekülform ist energetisch begünstigt, wenn $|\Delta E| \approx |\Delta U|$. Umgekehrt ist eine Deformation unmöglich, wenn $|\Delta E| \gg |\Delta U|$. Streng genommen muß man nicht die Änderung der potentiellen Energie, sondern die Änderung der freien Energie berechnen. Der Einfluß geringer Deformationen auf die Änderungen der Schwingungen ist unbedeutend.

Die Berechnung von ΔE kann für jeden einzelnen Fall durch ein mechanisches Molekülmodell und die Berechnung von ΔU durch die Atom-Atom-Potentiale erfolgen.

Es ist jedoch ausreichend, die Energieänderung eines Moleküls zu betrachten, die bei der Änderung der Länge einer C—C-Bindung (Abb. 2.19a), bei der Verschiebung eines Wasserstoffatoms eines aromatischen Moleküls in der Ringebene und senkrecht dazu (Abb. 2.19b, c) und bei der Änderung der HCH-Winkel im aliphatischen Molekül (Abb. 2.18d), berechnet nach [253], entsteht.

Als typisches Beispiel wurden für den Benzolkristall die Veränderungen der Gitterenergie berechnet, die sich aus der Verschiebung der C- und H-Atome aus der wirklichen Lage ergeben. Es zeigte sich, daß die Gitterenergie bei Verschiebungen um 0,03 Å weniger als 0,01 kcal/mol (= 0,04 kJ/mol) verändert wird. Das heißt, dieser Wert ist im Maßstab der Abbildung 2.19, die die Deformationsenergie eines Moleküls in Abhängigkeit von der Änderung der Bindungslänge darstellt, vernachlässigbar.

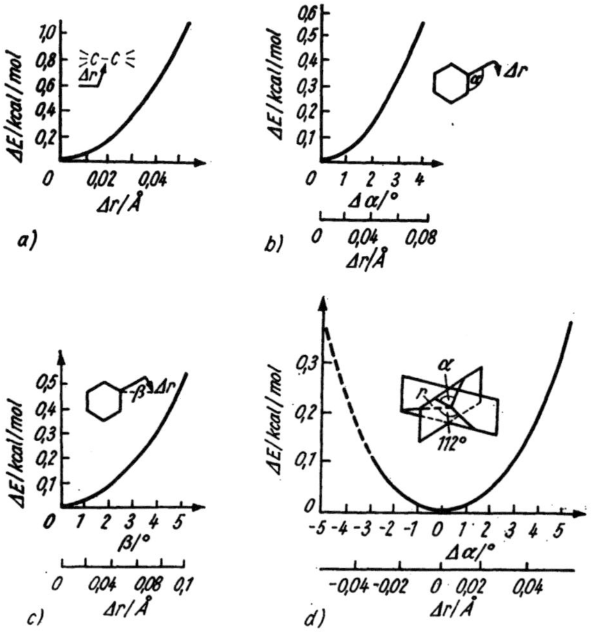

Abb. 2.19. Berechnung des Einflusses des Kristallfeldes auf die Molekülkonfiguration

Zusammenfassend ergibt sich: das Kristallfeld zeigt keinen Einfluß auf die Bindungslänge. Übrigens kann man nach Meinung des Autors die Genauigkeit einer Röntgenstrukturanalyse eines organischen Kristalls am besten dadurch beurteilen, daß man die Abweichungen der Bindungslängen, die aus chemischen Erwägungen heraus gleich sein sollten, betrachtet. Es gibt nicht eine einzige experimentelle Untersuchung, die bei Anwendung dieses Kriteriums eine Genauigkeit von mehr als 0,01 Å besitzt.

Nun verbleibt noch der mögliche Einfluß des Kristallfeldes auf die Energie der Valenzwinkel und auf die Wechselwirkungsenergie zwischen denjenigen Atomen abzuschätzen, die nicht durch Valenzbindungen miteinander verknüpft sind.

Aus Abbildung 2.19 folgt, daß die Änderung der Valenzwinkel nicht durch einen Energiegewinn des Kristallgitters kompensiert wird. Was solche Änderungen im Molekül betrifft, die durch Abstandsänderungen zwischen Atomen mit Nebenvalenzwechselwirkungen hervorgerufen werden, zum Beispiel Rotation um Einfachbindungen, so sind es reine a-priori-Ergebnisse, und alles hängt von der Steilheit der Wände der Potentialmulde, die der Molekülkonformation entspricht, ab.

Solche Fälle trifft man an, wenn sich die Atome mit Nebenvalenzwechselwirkungen bei optimaler Konformation in Abständen befinden, die den Gleichgewichtsabständen nahe sind. Die Steilheit des Abfalls der Mulde im Gebiet des Gleichgewichts ist dann gering. Die Wechselwirkungen zwischen den Atomen zweier Teile eines Moleküls werden von der gleichen Größenordnung sein, wie die Wechselwirkungen zwischen Atomen benachbarter Moleküle. Es ist klar, daß das Kristallfeld unter diesen Bedingungen wirklich eine merkliche Drehung von Molekülen um eine Einfachbindung bewirken kann. Bei der Auswahl der optimalen Struktur müssen wir nicht nur die Veränderung der Packung, sondern auch der Molekülenergie betrachten, wobei letztere dem Drehungswinkel um die Einfachbindungen entspricht. Wenn sich bei der Drehung der Abstand innerhalb des Moleküls zwischen den Atomen mit Nebenvalenzwirkung verringert, beginnt die entsprechende Energie, rasch zu wachsen. Bei einem bestimmten Drehungswinkel gleichen sich die innermolekularen Abstoßungskräfte den Kräften des Kristallfeldes an.

So ist das Kristallfeld in der Lage, den Zustand der optimalen Konformation durch Drehung um eine Einfachbindung zu beseitigen. Das ist jedoch nur dann zutreffend, wenn das freie Molekül nicht unter Spannungen gestanden hat. Wenn aber schon in der günstigsten Konformation des freien Moleküls wesentliche Abstandsverkürzungen zwischen den Atomen mit Nebenvalenzwechselwirkungen auftreten, so wird dieses Molekül durch das Kristallfeld keine Veränderung erfahren, und die Potentialmulde der Konformation wird sehr steil sein.

Als klassisches Beispiel für den Einfluß des Kristallfeldes auf die Molekülkonformation gilt das Biphenyl, das im Gegensatz zum Kristall im gasförmigen Zustand nicht eben ist. Die Einebnung des Moleküls bedeutet einerseits den Verlust an Abstoßungsenergie der in ortho-Stellung befindlichen Atome, ist jedoch andererseits von einem Konjugationsenergiegewinn der Benzolringe bei wahrscheinlich dichterer Packung begleitet, da sich ebene Systeme günstiger ordnen lassen.

Moleküle mit verhältnismäßig frei drehbaren Benzolkernen sind im allgemeinen gute Untersuchungsobjekte für solche Probleme.

Ein Beispiel ist das 2-Brom-1,1-di-p-tolyethylen [262]. Die Kristallstrukturuntersuchung zeigte, daß einer der Phenylringe, der in der Nähe des Bromatoms sitzt, aus der Ebene des Ethylens um 67° und der zweite Ring um 24° herausgedreht ist. Die Berechnung zeigte, daß die optimale Konformation bei Winkeln von 45° und 35° erreicht wird. Mit Hilfe der Atom-Atom-Potentiale nach Abschnitt 2.7. wurden die Wechselwirkungsenergien eines gegebenen Moleküls mit den benachbarten als Funktion dieser Drehungswinkel berechnet. Unter Berücksichtigung der Packung des Moleküls zeigte sich in ausgezeichneter Übereinstimmung mit dem Experiment, daß die günstigsten Drehungswinkel der Ringe 67° und 25° betragen.

Als Gesamtbilanz ergibt sich: das Kristallfeld ändert die Bindungslängen und Valenzwinkel organischer Kristalle nicht. Der Haupteinfluß des Kristallfeldes auf die Molekülform besteht in der Schaffung packungsgünstiger Verdrehungen um Einfachbindungen. Diese Drehungen sind jedoch nur in dem Fall möglich, wenn die optimale Konformation des freien Moleküls nicht verspannt ist.

Da das Kristallfeld das Molekül zusammendrückt, nimmt es unter sonst gleichen Bedingungen jene Konformation ein, die das geringste Volumen hat.

Wenn sich verschiedene Molekülkonformationen energetisch mehr oder weniger stark unterscheiden, so wird der Kristall in optimaler Weise von den Molekülen aufgebaut. In Wirklichkeit sind die Möglichkeiten für die Realisierung verschiedener Packungen sehr vielfältig. Deshalb kann der Energieverlust eines Moleküls in Höhe von 2—3 kcal/mol (= 8,4—12,6 kJ/mol) kaum durch einen Gitterenergiegewinn kompensiert werden.

3. Die Gitterdynamik

3.1. Die Bewegungsgleichungen

In der Regel schwingen die Moleküle im organischen Kristall um ihre Gleichgewichtslagen. Die Schwingungsamplituden des Molekülschwerpunktes betragen etwa 0,1 bis 0,3 Å, die Oszillationswinkel etwa 2—3°. Innermolekulare Verschiebungen haben viel kleinere Amplituden. Daher kann man die Kristalle einer ziemlich repräsentativen Klasse organischer Verbindungen als System starrer Moleküle auffassen. Die Gitterdynamik eines solchen Kristalls wird dann durch kleine Schwingungen bestimmt, die von sechs Koordinaten beschrieben werden: den drei Koordinaten des Molekülschwerpunktes und drei Euler-Winkeln, die die Lage des Moleküls im Raum festlegen. Wesentlich komplizierter sind die sogenannten Reorientierungsbewegungen, die Moleküle ausführen, deren Form einer Scheibe, Kugel oder einem Zylinder ähnelt. Solche Moleküle werden getrennt behandelt.

Das nun zu lösende Problem ist im Prinzip ein Spezialfall aus der Mechanik. Erinnern wir uns, daß bei geringen Abweichungen der Koordinaten des Systems von ihren Gleichgewichtswerten die Beschleunigung — berechnet für jede Koordinate des Systems — als Summe verallgemeinerter Kräfte dargestellt werden kann, die auf die Bezugskoordinate wirken [266]. Dabei ist der Beitrag jeder Koordinate zur gesamten Kraft der ersten Potenz ihrer Verschiebung t proportional.

Wenn die Koordinaten aller Moleküle mit dem Index I durchnumeriert werden, kann dieses Theorem in der Form

$$\ddot{t}_I = -\sum_{I'} \lambda_{II'} t_{I'} \tag{1.1}$$

geschrieben werden.

Bekanntlich werden spezielle Lösungen dieser Gleichung durch Funktionen dargestellt, die harmonische Schwingungen für alle Koordinaten gleicher Frequenz beschreiben:

$$t_I = e_I \exp(-i\omega t),$$

worin e_I die Schwingungsamplitude ist.

Setzen wir diesen Ausdruck in (1.1) ein, erhalten wir

$$\omega^2 e_I = \sum_{I'} \lambda_{II'} e_{I'} . \tag{1.2}$$

Nach einem Grundtheorem der Algebra ist bei

$$|\lambda_{II'} - \omega^2 \delta_{II'}| = 0 \tag{1.3}$$

$\Sigma\lambda_{II}$ gleich der Summe aller Wurzeln der Gleichung (1.3). Wenn das System n Koordinaten enthält, ist

$$\overline{\omega^2} = \frac{1}{n} \Sigma \lambda_{II} \,. \tag{1.4}$$

So wird das mittlere Quadrat der Frequenzen des Systems nur von den Diagonalelementen der Matrix bestimmt, das heißt von den Kräften, die „auf die Koordinate wirken“ und deren Abweichungen vom Gleichgewichtswert verursachen.

Die vollständige Lösung der Gleichung (1.2) ist in der Form (1.3) uninteressant, da wir bedenken müssen, daß wir es mit einer Kristallstruktur zu tun haben. Unter Berücksichtigung des periodischen Charakters der Struktur kann man leicht zeigen, daß die Schwingungsamplituden äquivalenter Koordinaten von durch Translationen verknüpften Molekülen untereinander gleich sind. Mit anderen Worten, die speziellen Lösungen von (1.1) muß man für ebene Wellen ermitteln.

Wir numerieren die Moleküle innerhalb der Zelle mit dem Index μ durch (alle Moleküle mit gleichem μ sind translationsidentisch). Die unterschiedlichen Verschiebungen der Moleküle aus der Gleichgewichtslage bezeichnen wir mit dem Index s. Dieser Index kann Werte von 1—6 annehmen, entsprechend den drei linearen Verschiebungen x, y und z sowie den drei Winkeländerungen φ, ψ, η. Weil es sich um kleine Verschiebungen handelt, unterscheiden sich die EULER-Winkel praktisch nicht von den Drehwinkeln um die entsprechenden Achsen.

Man kann die s-te Verschiebung des μ-ten Moleküls der m-ten Zelle (eine spezielle Lösung der Gleichung (1.1)) in der Form

$$t_{\mu s}^{m} = e_{\mu s} \exp\left[i(\boldsymbol{k}\boldsymbol{R}_{m\mu} - \omega t)\right] \tag{1.5}$$

schreiben. Dabei ist $e_{\mu s}$ die Schwingungsamplitude. Der Vektor $\boldsymbol{R}_{m\mu}$ verbindet die Schwerpunkte des nullten und $m\mu$-ten Moleküls.

Setzt man (1.5) in (1.1) ein, so folgt

$$\omega^2 e_{\mu s} = \sum_{\mu' s'} T_{\mu s \mu' s'} e_{\mu' s'} \,, \tag{1.6}$$

worin

$$T_{\mu s \mu' s'} = \sum_{h} \lambda_{\mu s \mu' s'}^{h} \exp\left(i\boldsymbol{k}\boldsymbol{R}_{h\mu\mu'}\right) \tag{1.7}$$

ist. Der Kopplungskoeffizient λ bezieht sich auf zwei Moleküle, das Molekül μ mit Zentrum im Ursprung und das Molekül μ', das um einen sechsdimensionalen Vektor mit den Komponenten $t_{\mu s}$ und $t_{\mu' s'}$ aus der Gleichgewichtslage verschoben ist. Der Koeffizient $\lambda_{\mu s \mu s'}^{0}$ bezieht sich auf ein und dasselbe symmetrische Molekül mit zwei Verschiebungen s und s'. Der Koeffizient $\lambda_{\mu s \mu' s'}^{0}$ bezieht sich auf zwei Moleküle derselben Elementarzelle. Der Koeffizient $\lambda_{\mu s \mu s'}^{h}$ bestimmt die Kopplung zwischen zwei Molekülen (Index 0 und h) einer translationsidentischen Gruppe.

Die Summierung über h bedeutet folgendes: nimmt man das μ-te Molekül als nulltes, so leitet man die Ausdrücke für alle Paare dieses Moleküls mit den Molekülen μ' (aller Ausdrücke) sowohl für dieselben als auch für alle anderen Elementarzellen des Kristalls ab. Wenn die Bedeutung des Vektors $\boldsymbol{R}_{h\mu\mu'}$ klar ist, werden wir im weiteren die Indizes weglassen und nur $\boldsymbol{R}_h$ schreiben.

Die Säkulargleichung hat die Form

$$|T_{\mu s \mu' s'} - \delta_{\mu s \mu' s'} \omega^2| = 0 \,.$$

Wenn Z die Zahl der Moleküle in der Elementarzelle ist, dann wird die linke Seite der Gleichung bezüglich ω^2 von der Ordnung $6Z$. Diese $6Z$ Wurzeln müssen im allgemeinen für jeden Wellenvektor $\boldsymbol{k}$ gelöst werden. So werden die Eigenschwingungen des Systems durch $6Z$ Dispersions„hyperflächen" dargestellt, die die Abhängigkeit der Schwingungsfrequenz vom Wellenvektor beschreiben.

Aus allgemeinen Betrachtungen folgt, daß von den $6Z$ Zweigen der Schwingungen drei akustische sind (siehe weiter unten), das heißt, daß beim Nullwert des Wellenvektors drei der $6Z$ Frequenzen verschwinden. Für den Vergleich mit optischen Daten aus den Frequenzen der zwischenmolekularen Schwingungen ist es hier nicht notwendig, die Form der Hyperflächen zu bestimmen. Es genügt, die Gleichung für den Fall zu lösen, daß der Wellenvektor Null ist, und die Grenzwerte der optischen Frequenzen zu finden.

Neben den Frequenzen können für jeden Wellenvektor die relativen Schwingungsamplituden der Koordinaten, das heißt die Schwingungsmoden gefunden werden.

Für diesen Zweck ist es notwendig, ein System homogener linearer Gleichungen zu lösen und die $e_{\mu s}$ für alle $6Z$ Werte zu finden, die ω annehmen kann.

Die Verschiebung $t_{\mu s}$ (allgemeine Lösung der Gleichung) ist dann die Summe harmonischer Schwingungen mit den Frequenzen ω_k ($k = 1, \dots, 6Z$). Die harmonische (Normal-) Schwingung mit der Frequenz ω_k verläuft offensichtlich längs der Vektoren mit den Komponenten $e_{\mu s}(\omega_k)$.

So wird die Schwingung von Molekülen im Gitter im allgemeinen durch $6Z$ Vektoren in einem $6Z$-dimensionalen Raum charakterisiert. Jedem Vektor entspricht eine bestimmte Frequenz ω_k. Die Komponenten der Vektoren $e_{\mu s}(\omega_k)$ werden so normiert, daß die Länge des mehrdimensionalen Vektors gleich Eins ist.

3.2. Auswahl der Koordinaten

Damit man die Schwingungsgleichung der Koordinaten des Moleküls in Gleichung (1.1) überführen kann, müßte man jedes Molekül in einem Koordinatensystem beschreiben, das die Trägheitsachsen des Moleküls in der Gleichgewichtslage enthält: u_i sind die Verschiebungen und Ω_i die Winkeldrehungen um diese Achsen. Achsen translationsidentischer Moleküle sind parallel. Molekülachsen, die nicht durch Translationen, sondern durch Symmetrieelemente ineinander übergehen, transformieren sich wie Symmetrieelemente des Kristalls.

Die Bewegungsgleichungen des Moleküls haben in diesem Fall die Form

$$M\ddot{u}_i = -\frac{\partial U}{\partial u_i}, \qquad I_i\ddot{\Omega}_i = -\frac{\partial U}{\partial \Omega_i} \qquad (i = 1, 2, 3),$$

oder, wenn wir die reduzierten Verschiebungen der Koordinaten t_s ($s = 1, \dots, 6$) einführen, so daß

$$t_1 = \sqrt{M}\, u_1, \quad t_2 = \sqrt{M}\, u_2, \quad t_3 = \sqrt{M}\, u_3,$$
$$t_4 = \sqrt{I_1}\, \Omega_1, \quad t_5 = \sqrt{I_2}\, \Omega_2, \quad t_6 = \sqrt{I_3}\, \Omega_3,$$

lauten sie

$$\ddot{t}_{\mu s} = -\frac{\partial U}{\partial t_{\mu s}}. \tag{2.1}$$

Wenn speziell vom Molekül im Kristall die Rede ist, ist die potentielle Energie U eine Funktion der Verschiebungen aller Moleküle. Wir entwickeln U als Reihe nach den Potenzen der Verschiebungen. In harmonischer Näherung gilt

$$\frac{\partial U}{\partial t_{\mu s}} = \sum_h \frac{\partial^2 U^h}{\partial t_{\mu s}^0 \, \partial t_{\mu' s'}} \cdot t_{\mu' s'} \, .$$

Setzen wir (1.2), (1.6) und (2.1) ein, erhalten wir

$$\lambda_{\mu s \mu' s'}^h = \frac{\partial^2 U}{\partial t_{\mu s}^0 \, \partial t_{\mu' s'}^h} \, .$$

Dabei wird die zweite Ableitung im Gleichgewichtspunkt berechnet. Es gelten die Gleichungen

$$\lambda_{\mu s \mu' s'}^h = \frac{1}{M} \frac{\partial^2 U}{\partial u_{\mu s}^0 \, \partial u_{\mu' s'}^h} \qquad \text{für lineare Verschiebungen ,}$$

$$\lambda_{\mu s \mu' s'}^h = \frac{1}{\sqrt{I_{\mu s} I_{\mu' s'}}} \frac{\partial^2 U}{\partial \Omega_{\mu s}^0 \, \partial \Omega_{\mu' s'}^h} \qquad \text{für Winkelverschiebungen ,}$$

$$\lambda_{\mu s \mu' s'}^h = \frac{1}{\sqrt{M_\mu I_{\mu s'}}} \frac{\partial^2 U}{\partial u_{\mu s}^0 \, \partial \Omega_{\mu' s'}^h} \qquad \text{für gemischte Fälle .}$$

Wir verwenden diese Ausdrücke für eine genauere Schreibweise der Formel (1.4). Berücksichtigt man, daß sich in der Formel (1.4) die Summierung nur auf die Moleküle einer Elementarzelle erstreckt und die λ_{II}-Werte für kristallographisch äquivalente Moleküle gleich groß sind, erhalten wir für einen Kristall mit beliebiger Anzahl kristallographisch äquivalenter Moleküle in der Elementarzelle

$$\overline{\omega^2} = \frac{1}{6} \left\{ \frac{1}{M} \left(\frac{\partial^2 U}{\partial u_1^2} + \frac{\partial^2 U}{\partial u_2^2} + \frac{\partial^2 U}{\partial u_3^2} \right) + \frac{1}{I_1} \frac{\partial^2 U}{\partial \Omega_1^2} + \frac{1}{I_2} \frac{\partial^2 U}{\partial \Omega_2^2} + \frac{1}{I_3} \frac{\partial^2 U}{\partial \Omega_3^2} \right\} . \tag{2.2}$$

3.3. Die Kopplungskoeffizienten

Die Kopplungskoeffizienten zwischen Molekülen, das heißt, die zweiten Ableitungen der potentiellen Wechselwirkungsenergie nach den Verschiebungen $t_{\mu s}^0$ und $t_{\mu' s'}^h$, bei Nullwerten aller anderen Verschiebungen und für die Gleichgewichtslage mit

$$\frac{\partial^2 U}{\partial t_{\mu s}^0 \, \partial t_{\mu' s'}^h} \, ,$$

berechnen sich relativ einfach, wenn die Atom-Atom-Potentiale bekannt sind. Diese Berechnungen werden durch die Existenz einer Reihe von Beziehungen zwischen den Kopplungskoeffizienten erleichtert.

Betrachten wir einen Kristall, in dem zwei Moleküle im Abstand $\boldsymbol{R}_h$ von einander angeordnet sind, deren Verschiebungen durch Vektoren mit den Komponenten $t_{\mu s}$ und $t_{\mu' s'}$ ausgedrückt werden. Wenden wir auf diesen Kristall die ihm eigenen Symmetrieoperationen an und verschieben oder drehen den Kristall insgesamt, so verändern wir nicht die gegenseitige Lage der Moleküle; das bedeutet, daß die potentielle Wechselwirkungsenergie nicht geändert wird. Aus diesem Grunde entstehen zwischen den

Kopplungskoeffizienten verschiedene Relationen. Die einfachste von ihnen ist die Wirkung der Invarianz bei Verschiebung um einen Translationsvektor:

$$\frac{\partial^2 U}{\partial t^0_{\mu s}\,\partial t^h_{\mu' s'}} = \frac{\partial^2 U}{\partial t^{\bar{h}}_{\mu s}\,\partial t^0_{\mu' s'}} = \frac{\partial^2 U}{\partial t^0_{\mu' s'}\,\partial t^{\bar{h}}_{\mu s}}\,. \tag{3.1}$$

Es ist günstig, zwei Fälle symmetrischer Beziehungen zwischen den Kopplungskoeffizienten zu betrachten. Im ersten Fall entstehen diese auf Grund der Existenz von Symmetrieelementen, die nichttranslationsidentische Moleküle verknüpfen. Die Beziehungen sind für den ersten Fall durch alle offenen Symmetrieoperationen gegeben, aber auch durch geschlossene Symmetrieelemente in dem Fall, wenn das Molekül sich in allgemeiner Lage befindet. Im zweiten Fall entstehen die Beziehungen durch die Existenz von Symmetrieelementen, die translationsidentische Moleküle verknüpfen. Solche Symmetrieoperationen werden in primitiven Bravais-Gittern nur durch geschlossene Symmetrieoperationen realisiert. Dabei wird das entsprechende Symmetrieelement dem Molekül selbst angehören.

Wählen wir zunächst im Kristall zwei nichttranslationsidentische Moleküle μ und μ' aus, die aus der Gleichgewichtslage um die Vektoren mit den Komponenten $t_{\mu s}$ und $t_{\mu' s'}$ verschoben sind (erster Typ). Der Koordinatenursprung soll sich im Molekül befinden. Übertragen wir die Verschiebungen $t_{\mu s}$ und $t_{\mu' s'}$ auf zwei andere Moleküle. Dabei transformiert sich der Vektor $\boldsymbol{R}_h$, der die Zentren der verschobenen Moleküle verbindet, in den Vektor $\boldsymbol{R}_{h(\sigma)}$ (d. h. $|\boldsymbol{R}_h| = |\boldsymbol{R}_{h(\sigma)}|$).

Wir verlegen den Koordinatenursprung in das Molekül, das durch die Anwendung des Symmetrieelements auf das vorhergehende Bezugsmolekül erhalten wurde. Dann liegt der Ursprung des neuen Koordinatensystems des Kristalls im Molekül μ'. Durch symmetrische Transformation wird das Molekül μ' so verschoben wie das vorhergehende Bezugsmolekül, das heißt um den Vektor mit den Komponenten t_s. Umgekehrt wird das Molekül μ, das sich am Ende des Vektors $\boldsymbol{R}_{h(\sigma)}$ befindet, um den Vektor mit den Komponenten $t_{s'}$ verschoben. Mit anderen Worten: der Kristall mit den Molekülen μ und μ' im gegenseitigen Abstand $\boldsymbol{R}_h$, die um die Vektorkomponente t_s bzw. $t_{s'}$ verschoben sind, ist mit dem Kristall identisch, in dem die Moleküle μ' und μ im gegenseitigen Abstand $\boldsymbol{R}_{h(\sigma)}$ um die Vektorkomponente t_s bzw. $t_{s'}$ verschoben sind. Daraus folgt

$$\frac{\partial^2 U}{\partial t^0_{\mu s}\,\partial t^h_{\mu' s'}} = \frac{\partial^2 U}{\partial t^0_{\mu' s}\,\partial t^{h(\sigma)}_{\mu s'}}\,. \tag{3.2}$$

Solche Überlegungen können auch auf einen Kristall angewendet werden, dessen translationsidentische Moleküle einer Verschiebung um die Vektorkomponenten t_s bzw. $t_{s'}$ unterworfen sind und die beide den gleichen Index haben. Die symmetrische Transformation führt sie in Moleküle mit dem Index μ' über. Der Vektor $\boldsymbol{R}_h$ wird in den Vektor $\boldsymbol{R}_{h(\sigma)}$ transformiert, und der Koordinatenursprung geht auch in das Molekül über, das aus dem Bezugsmolekül resultiert, das heißt

$$\frac{\partial^2 U}{\partial t^0_{\mu s}\,\partial t^h_{\mu s'}} = \frac{\partial^2 U}{\partial t^0_{\mu' s}\,\partial t^{h(\sigma)}_{\mu' s'}}\,. \tag{3.3}$$

Für einige spezielle Lagen können die symmetrischen Transformationen vereinfacht werden. So ist zum Beispiel, falls $\boldsymbol{R}_h$ den 2- und 2_1-Achsen und auch den Symmetrieebenen m oder Gleitspiegelebenen parallel verläuft, $\boldsymbol{R}_{h(\sigma)} = \boldsymbol{R}_h$; und wenn $\boldsymbol{R}_h$ senkrecht auf Achsen oder Ebenen steht, gilt $\boldsymbol{R}_{h(\sigma)} = \boldsymbol{R}_{\bar{h}}$. Folglich ist im ersten Fall ($\mu \neq \mu'$)

$$\frac{\partial^2 U}{\partial t^0_{\mu s}\, \partial t^h_{\mu' s'}} = \frac{\partial^2 U}{\partial t^0_{\mu' s}\, \partial t^h_{\mu s'}}, \qquad \frac{\partial^2 U}{\partial t^0_{\mu s}\, \partial t^h_{\mu s'}} = \frac{\partial^2 U}{\partial t^0_{\mu' s}\, \partial t^h_{\mu' s'}}$$

und im zweiten Fall (unter Berücksichtigung von (3.1))

$$\frac{\partial^2 U}{\partial t^0_{\mu s}\, \partial t^h_{\mu' s'}} = \frac{\partial^2 U}{\partial t^0_{\mu s'}\, \partial t^h_{\mu' s}}, \qquad \frac{\partial^2 U}{\partial t^0_{\mu s}\, \partial t^h_{\mu s'}} = \frac{\partial^2 U}{\partial t^0_{\mu' s}\, \partial t^h_{\mu' s}}.$$

Besonders wesentlich ist die Vereinfachung in dem Fall, wenn das transformierende Symmetrieelement ein Symmetriezentrum ist. Ein beliebiger Vektor $\boldsymbol{R}_h$ transformiert sich durch ein Symmetriezentrum in den Vektor $\boldsymbol{R}_{h(1)} = \boldsymbol{R}_{\bar{h}}$. Folglich haben (3.2) und (3.3) die Form

$$\frac{\partial^2 U}{\partial t^0_{\mu s}\, \partial t^h_{\mu' s'}} = \frac{\partial^2 U}{\partial t^0_{\mu' s}\, \partial t^{\bar{h}}_{\mu s'}} = \frac{\partial^2 U}{\partial t^0_{\mu' s'}\, \partial t^{\bar{h}}_{\mu s}} = \frac{\partial^2 U}{\partial t^0_{\mu s'}\, \partial t^h_{\mu' s}},$$

$$\frac{\partial^2 U}{\partial t^0_{\mu s}\, \partial t^h_{\mu s'}} = \frac{\partial^2 U}{\partial t^0_{\mu' s}\, \partial t^{\bar{h}}_{\mu' s'}} = \frac{\partial^2 U}{\partial t^0_{\mu s'}\, \partial t^h_{\mu s}} = \frac{\partial^2 U}{\partial t^0_{\mu' s'}\, \partial t^h_{\mu' s}}.$$

Im speziellen Fall $h = 0$ gilt auch die zweite Gleichung (für die erste Gleichung kann h nicht Null werden).

Gehen wir jetzt über zum zweiten Typ der Symmetriebeziehungen. Er tritt auf, wenn sich das Molekül in spezieller Lage befindet. Aus den allgemeinen Symmetrieprinzipien des Raumgitters folgt, daß, wenn die Symmetrieelemente $\bar{1}$, m und 2 in Gitterpunkten liegen, wir sie auch in der Mitte zwischen diesen finden. Wir sehen sofort, zu welchen Auswirkungen diese Situation führt.

Betrachten wir einen Kristall, in dem zwei Moleküle mit den Indizes μ und μ' im gegenseitigen Abstand $\boldsymbol{R}_h$ um $t^0_{\mu s}$ bzw. $t^h_{\mu' s'}$ verschoben sind. Wir führen eine symmetrische Transformation durch. Zur Vereinfachung nehmen wir an, daß die Transformation durch ein Symmetrieelement vorgenommen wird, das durch das Bezugsmolekül verläuft. Die Moleküle 0 und h gehen in die Moleküle 0 und $h(\sigma)$ über, wobei sie ihre Indizes beibehalten, da das Molekül h dem Molekül $h(\sigma)$ translationsidentisch ist. Aber die Koordinatensysteme translationsidentischer Moleküle sind einander parallel. Deshalb werden im Unterschied zum ersten Fall, der uns zu den Formeln (3.2) und (3.3) führte, die Verschiebungsvektoren nach der symmetrischen Transformation andere sein, weil einige Komponenten von t_s sich ändern und andere ihr Vorzeichen behalten. Deshalb ist im allgemeinen Fall (sowohl für gleiche als auch ungleiche Indizes μ) die Beziehung

$$\frac{\partial U^2}{\partial t^0_{\mu s}\, \partial t^h_{\mu' s'}} = S \frac{\partial^2 U}{\partial t^0_{\mu s}\, \partial t^{h(\sigma)}_{\mu' s'}}$$

richtig, worin S den Wert $+1$ oder -1 haben kann in Abhängigkeit davon, ob die entsprechenden Verschiebungen gleiches oder verschiedenes Vorzeichen vor und nach der Transformation haben.

Man muß das Verhalten aller sechs Komponenten des Vektors t_s beachten, die wir wie früher mit x, y, z, φ, ψ, η bezeichnen wollen. Dabei sind die φ, ψ, η die Drehungswinkel um die Achsen x, y, z.

Die Transformationsregeln für drei wichtige Symmetriefälle sind (Abb. 3.1):

$\bar{1}$ $\quad x, y, z, \varphi, \psi, \eta \rightarrow \bar{x}, \bar{y}, \bar{z}, \varphi, \psi, \eta$,

2 $\quad x, y, z, \varphi, \psi, \eta \rightarrow \bar{x}, y, \bar{z}, \varphi, \bar{\psi}, \eta$,

m $\quad x, y, z, \varphi, \psi, \eta \rightarrow x, \bar{y}, z, \bar{\varphi}, \psi, \bar{\eta}$,

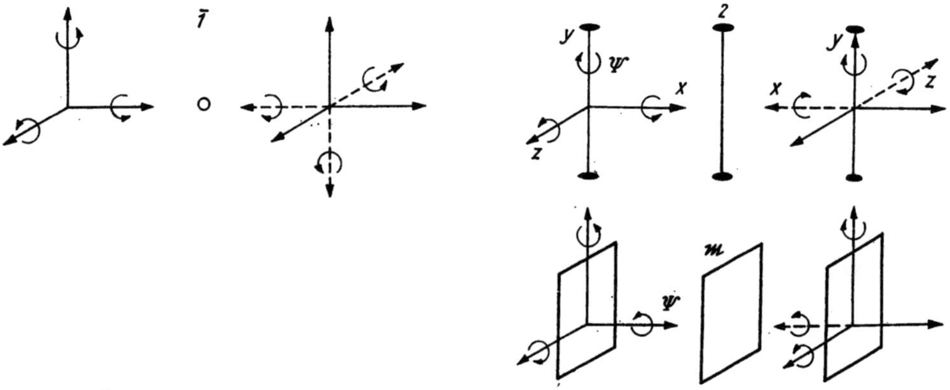

Abb. 3.1. Änderung der Vorzeichen der translatorischen und rotatorischen Verschiebungen bei $\bar{1}$-, 2- und m-Symmetrieoperationen

Die beiden letzten Beziehungen entstehen, weil eine der Trägheitsachsen des Moleküls mit der y-Achse des Kristalls zusammenfällt.

Der Fall des *Inversionszentrums* ist besonders einfach, weil $\boldsymbol{R}_h$ immer gleich $\boldsymbol{R}_{\bar{h}}$ ist. Deshalb erhalten wir für beliebige Molekülpaare unter Verwendung von (3.1)

$$\frac{\partial^2 U}{\partial t^0_{\mu s}\, \partial t^h_{\mu' s'}} = S \frac{\partial^2 U}{\partial t^0_{\mu' s'}\, \partial t^h_{\mu s}}, \tag{3.4}$$

wobei $S = +1$ ist, wenn beide Verschiebungen linear oder Rotationen sind, und $S = -1$ für den gemischten Fall.

Für *Achsen zweiter Art* gilt allgemein

$$\frac{\partial^2 U}{\partial t^0_{\mu s}\, \partial t^h_{\mu' s'}} = S \frac{\partial^2 U}{\partial t^0_{\mu s}\, \partial t^{h(2)}_{\mu' s'}}, \tag{3.5}$$

wobei $S = +1$ ist für Verschiebungen (x, z), (x, ψ), (z, ψ), (y, φ), (y, η) und (φ, η).

Ist $\boldsymbol{R}_h$ der Symmetrieachse parallel, dann gilt

$$\frac{\partial^2 U}{\partial t^0_{\mu s}\, \partial t^h_{\mu' s'}} = S \frac{\partial^2 U}{\partial t^0_{\mu' s'}\, \partial t^h_{\mu s}}, \tag{3.6}$$

ist $\boldsymbol{R}_h$ senkrecht zur Symmetrieachse, dann ist

$$\frac{\partial^2 U}{\partial t^0_{\mu s}\, \partial t^h_{\mu' s'}} = S \frac{\partial^2 U}{\partial t^0_{\mu' s'}\, \partial t^{\bar{h}}_{\mu s}}. \tag{3.7}$$

Für *Spiegelebenen* gilt im allgemeinen Fall

$$\frac{\partial^2 U}{\partial t^0_{\mu s}\, \partial t^h_{\mu' s'}} = S \frac{\partial^2 U}{\partial t^0_{\mu s}\, \partial t^{h(m)}_{\mu' s'}} \tag{3.8}$$

mit $S = +1$ für dieselben Paare von Koordinaten wie im Falle einer zweizähligen Achse. Die Gleichung (3.6) gilt für eine Spiegelebene parallel zum Vektor $\boldsymbol{R}_h$ und die Gleichung (3.7) für $\boldsymbol{R}_h \perp m$.

Lenken wir die Aufmerksamkeit darauf, daß bei $h = 0$, das heißt in dem Fall, in dem sich beide Verschiebungen auf ein Molekül beziehen, die Kopplungskoeffizienten, die den Gleichungen (3.4) bis (3.8) genügen, gegen Null gehen, wenn $S = -1$ ist.

So wird die Gleichung (3.4) für ein Molekül, das im Kristall eine Lage der Symmetrie $\bar{1}$ einnimmt, (für $h = 0$) die Form

$$\frac{\partial^2 U}{\partial t^0_{\mu s}\, \partial t^0_{\mu' s'}} = S\,\frac{\partial^2 U}{\partial t^0_{\mu' s'}\, \partial t^0_{\mu s}}$$

haben.

Wenn eine der Verschiebungen eine Rotation darstellt und die andere linear ist, gilt $S = -1$; andererseits sind die Ableitungen, die in der obigen Gleichung links und rechts stehen, identisch gleich. Folglich sind die Ableitungen des Typs $\partial^2 U/\partial x^0_\mu\, \partial \varphi^0_{\mu'}$ gleich Null. Analog werden die Ableitungen nach den Verschiebungen ein und desselben Moleküls gleich Null, wenn das Molekül im Kristall eine Lage mit der Symmetrie 2 oder m einnimmt. Es ist klar, daß sich bei Gegenwart mehrerer Symmetrieelemente zusätzliche Relationen ergeben.

Betrachten wir als Beispiel den Naphthalinkristall: Raumgruppe $P2_1/a$, $Z = 2$.

Die Existenz einer 2_1-Achse im Gitter bedeutet die Erfüllung der Gleichungen (3.2) und (3.3):

$$\lambda^h_{\mu s \mu' s'} = \lambda^{h(2_1)}_{\mu' s \mu s'}\,, \qquad \lambda^h_{\mu s \mu s'} = \lambda^{h(2_1)}_{\mu' s \mu' s'}\,,$$

und die Existenz eines Inversionszentrums, das vom Molekül besetzt ist, liefert (3.4):

$$\lambda^h_{\mu s \mu' s'} = \lambda^{h(2_1)}_{\mu' s \mu s'} = S\lambda^{h(2_1)}_{\mu s' \mu' s} = S\lambda^h_{\mu' s' \mu s}\,, \qquad \mu \neq \mu'\,,$$

$$\lambda^h_{\mu s \mu s'} = \lambda^{h(2_1)}_{\mu' s \mu' s'} = S\lambda^{h(2_1)}_{\mu' s' \mu' s} = S\lambda^h_{\mu s' \mu s}\,, \qquad \mu = \mu'\,.$$

Wir werden hier keine weiteren Eigenschaften der Kopplungskoeffizienten betrachten. Von grundlegendem Interesse sind sie selbst nicht, aber die Elemente der dynamischen Matrix (1.6) $T_{\mu s \mu' s'}$. Dabei werden die Ausdrücke für die Elemente dieser Matrix durch die Gleichungen (3.2), (3.3) vereinfacht,

$$\lambda^h_{\mu s \mu' s'} = \lambda^{h(\sigma)}_{\mu' s \mu s'}\,, \qquad \lambda^h_{\mu s \mu s'} = \lambda^{h(\sigma)}_{\mu' s \mu' s'}\,, \tag{3.9}$$

bei Existenz eines Symmetrieelements im Gitter, das die nichttranslationsidentischen Moleküle verknüpft. Für den Fall, daß die Moleküle eine spezielle Lage einnehmen, gilt Relation (3.4.):

$$\lambda^h_{\mu s \mu' s'} = S\lambda^h_{\mu' s' \mu s}\,. \tag{3.10}$$

Dabei treten wesentliche Vereinfachungen für die Moleküle auf, die sich in einem Inversionszentrum befinden.

3.4. Grenzfrequenzen und ihre Eigenvektoren

Eine grundlegende Bestätigung der Theorie der Gitterschwingungen erfolgt am besten durch Messung der Absorption im Infrarot-Gebiet oder durch die Raman-Spektren.

Da die Wellenlängen des Lichtes um drei Größenordnungen größer sind als die zwischenmolekularen Abstände, entsprechen die Frequenzen der Resonanzabsorption des Lichtes den Frequenzwerten der optischen Schwingungen des Gitters für den Fall $\boldsymbol{k} = 0$. Die akustischen Frequenzen sind gleich Null.

Es ist sinnvoll, vor allem die Lösung des Gleichungssystems (1.6) für den Grenzfall zu betrachten. Die dynamische Matrix vereinfacht sich hier wesentlich, da

$$T_{\mu s \mu' s'} = \sum \lambda^h_{\mu s \mu' s'} .$$

Die Koeffizientenmatrix $T_{\mu s \mu' s'}$ wird symmetrisch. Tatsächlich sind in

$$T_{\mu s \mu' s'} = \lambda^0_{\mu s \mu' s'} + \sum (\lambda^h_{\mu s \mu' s'} + \lambda^{\bar{h}}_{\mu s \mu' s'})$$

und

$$T_{\mu' s' \mu s} = \lambda^0_{\mu' s' \mu s} + \sum (\lambda^{\bar{h}}_{\mu' s' \mu s} + \lambda^h_{\mu' s' \mu s})$$

wegen (3.1) die Glieder, die untereinanderstehen, unter sich gleich, das heißt

$$T_{\mu s \mu' s'} = T_{\mu' s' \mu s} . \tag{4.1}$$

Wegen der Relationen zwischen den Kopplungskoeffizienten für verschiedene Raumgruppen, der Anzahl Z der Moleküle pro Elementarzelle und der von ihnen eingenommenen symmetrischen Lage, ergeben sich weitere Vereinfachungen.

Wir zeigen, daß sich die Matrix $T_{\mu s \mu' s'}$ für Kristalle mit primitiver Bravais-Gruppe und mit einem unabhängigen Molekül in der Zelle in vier gleiche Blöcke bei $Z = 2$, in 16 gleiche Blöcke für $Z = 4$ usw. aufteilt.

Für diesen Fall schreiben wir $T_{\mu s \mu' s'}$ in der Form

$$T_{\mu s \mu' s'} = \lambda^0_{\mu s \mu' s'} + \sum (\lambda^h_{\mu s \mu' s'} + \lambda^{h(\sigma)}_{\mu s \mu' s'}) ,$$

wobei wir jedem Teil der Summation über h entsprechend der Symmetrie der Kristallklasse des betrachteten Kristalls jeweils eine der beiden Summen über zwei symmetrisch unabhängige Gebiete gleichsetzen (das Bezugsmolekül befindet sich für beide Komponenten in derselben Lage). Für $Z = 2$ ist

$$T_{1s1s'} = \lambda^0_{1s1s'} + \sum (\lambda^h_{1s1s'} + \lambda^{h(\sigma)}_{1s1s'}) ,$$

$$T_{2s2s'} = \lambda^0_{2s2s'} + \sum (\lambda^{h(\sigma)}_{2s2s'} + \lambda^h_{2s2s'}) .$$

Die Summanden, die untereinanderstehen, sind entsprechend (3.9) untereinander gleich. Ferner gilt

$$T_{1s2s'} = \sum (\lambda^h_{1s2s'} + \lambda^{h(\sigma)}_{1s2s'}) ,$$

$$T_{2s1s'} = \sum (\lambda^{h(\sigma)}_{2s1s'} + \lambda^h_{2s1s'}) .$$

Berücksichtigen wir auch (4.1), so erhalten wir endlich

$$T_{1s1s'} = T_{2s2s'} , \qquad T_{1s2s'} = T_{2s1s'} = T_{2s'1s} = T_{1s'2s} . \tag{4.2}$$

So teilt sich die Matrix in vier gleiche diagonal symmetrische Blöcke auf.

Nehmen wir den Fall $Z = 4$. Wenn zwei translationsidentische Moleküle mit dem Index 1 um t_{1s} bzw. $t_{1s'}$ verschoben werden, so kann man durch Symmetrietransformationen äquivalente Lagen für einen Kristall mit Molekülen schaffen, die um t_{2s} bzw. $t_{2s'}$, t_{3s} bzw. $t_{3s'}$ und t_{4s} bzw. $t_{4s'}$ verschoben sind. Der Vektor $\boldsymbol{R}_h$ wird dabei entsprechend der Raumgruppensymmetrie transformiert. Dann erhalten wir

$$\lambda^h_{1s1s'} = \lambda^{h(\sigma_1)}_{2s2s'} = \lambda^{h(\sigma_2)}_{3s3s'} = \lambda^{h(\sigma_3)}_{4s4s'} .$$

Im Spezialfall $h = 0$ erhalten wir $\lambda^0_{\mu s\mu s'} = \lambda^0_{\mu' s\mu' s'}$.

Nun betrachten wir ein Paar verschobener nichttranslationsidentischer Moleküle. Wenn es Moleküle mit den Indizes 1 und 2 sind, dann können sie durch die Symmetrieoperation entweder ihre Plätze nach dem Schema 12 ↔ 21 tauschen oder in die Lage 34 oder 43 überführt werden. Andere Möglichkeiten gibt es nicht. Das bedeutet

$$\lambda^h_{1s2s'} = \lambda^{h(\sigma_1)}_{2s1s'} = \lambda^{h(\sigma_2)}_{3s4s'} = \lambda^{h(\sigma_3)}_{4s3s'} .$$

Analog sind

$$\lambda^h_{1s3s'} = \lambda^{h(\sigma_1)}_{3s1s'} = \lambda^{h(\sigma_2)}_{2s4s'} = \lambda^{h(\sigma_3)}_{4s2s'} ,$$

$$\lambda^h_{1s4s'} = \lambda^{h(\sigma_1)}_{4s1s'} = \lambda^{h(\sigma_2)}_{2s3s'} = \lambda^{h(\sigma_3)}_{3s2s'} .$$

Auf diese Weise, das heißt durch Zerlegung der Summe in Summanden nach symmetrisch unabhängigen Bereichen, prüfen wir für $T_{\mu s\mu' s'}$ die folgenden Gleichungen:

$$T_{1s1s'} = T_{2s2s'} = T_{3s3s'} = T_{4s4s'} , \qquad T_{1s2s'} = T_{2s1s'} = T_{3s4s'} = T_{4s3s'} ,$$

$$T_{1s3s'} = T_{3s1s'} = T_{2s4s'} = T_{4s2s'} , \qquad T_{1s4s'} = T_{4s1s'} = T_{2s3s'} = T_{3s2s'} .$$

Unter Berücksichtigung von (4.1) sehen wir, daß sich die Matrix in 16 symmetrische Blöcke aufteilt.

Eine andere wesentliche Vereinfachung der Aufgabe entsteht dann, wenn das Molekül im Kristall ein Inversionszentrum besetzt. Die Gleichung (3.10) führt uns zu folgendem. Die Elemente der Blöcke der Matrix $T_{\mu s\mu' s'}$, die zwei linearen Verschiebungen oder zwei Rotationen entsprechen, sind gleich

$$T_{\mu s\mu' s'} = \lambda^0_{\mu s\mu' s'} + 2 \sum_{h \neq h(1)} \lambda^h_{\mu s\mu' s'} , \quad \begin{cases} s, s' = 1, 2, 3, \\ s, s' = 4, 5, 6. \end{cases}$$

Die Elemente der Blöcke der Matrix für den gemischten Fall sind gleich Null:

$$T_{\mu s\mu' s'} = 0 , \quad \begin{cases} s = 1, 2, 3; \quad s' = 4, 5, 6, \\ s' = 1, 2, 3; \quad s = 4, 5, 6. \end{cases}$$

Wir betrachteten im vorhergehenden zwei grundlegende Vereinfachungen der dynamischen Matrix, die durch die Symmetrie hervorgerufen wurden. Das geschah aus zwei Gründen: wegen der Vielfältigkeit der allgemeinen Lage der Raumgruppe und wegen des Umstandes, ob das Molekül ein Inversionszentrum belegt oder nicht. Beide können die grundlegenden Besonderheiten des optischen Spektrums des Gitters von Molekülkristallen bestimmen.

Nach diesen allgemeinen Bemerkungen einige Beispiele.

Gruppe $P\bar{1}$, $Z = 1$. Das ist wahrscheinlich der einfachste Fall. Es gibt eine Reihe von Kristallen dieser Symmetrie, zum Beispiel das Hexamethylbenzol. Da $Z = 1$ ist, ist die Matrix $T_{\mu s\mu' s'} = T_{1s1s'} = T_{ss'}$, das heißt, sie ist eine 6×6-Matrix. Auf Grund des Inversionszentrums teilt sich die Matrix in zwei Diagonalblöcke, weil für die Quadranten mit gemischten Indizes die $T_{ss'} = 0$ werden.

Die Gleichung (1.6) gliedert sich in zwei Gleichungen dritten Grades:

$$\omega^2 e_s = \sum T_{ss'} e_{s'}, \begin{cases} s = 1, 2, 3, \\ s = 4, 5, 6. \end{cases}$$

Davon entspricht die erste den translatorischen Schwingungen. Die drei akustischen Frequenzen werden, wie bereits bemerkt, gleich Null. Die translatorischen Schwingungen sind akustisch. Deshalb sollten alle drei Wurzeln der ersten Säkulargleichung verschwinden. Im betrachteten Fall der Gruppe $P\bar{1}$ mit $Z = 1$ ist dies unmittelbar zu erkennen. Dabei liegen alle Moleküle im Kristall parallel. Nehmen wir an, daß der Kristall längs der x-, y- oder z-Achse verschoben wird. Die Komponenten einer verallgemeinerten Kraft auf die Trägheitsachsen des Moleküls sind gleich $T_{ss'}e_{s'} = 0$, das heißt $T_{ss'} = 0$ ($s = 1, 2, 3$). Daraus folgt auch für die Translationsfrequenzen der Wert Null. Das dynamische Problem reduziert sich damit auf eine Gleichung dritten Grades, die die Winkelverschiebungen des Moleküls beschreibt:

$$\omega^2 e_s = \sum T_{ss'} e_{s'} \quad \text{mit} \quad s, s' = 4, 5, 6\,.$$

Als Beispiel dient das Element $T_{\varphi\psi}$:

$$\sqrt{I_\varphi I_\psi}\, T_{\varphi\psi} = \frac{\partial^2 U}{\partial\varphi^0\,\partial\psi^0} + 2 \sum_h \frac{\partial^2 U}{\partial\varphi^0\,\partial\psi^h} \qquad (h \neq h(\bar{1}))\,.$$

Wie später gezeigt wird, ist es praktisch ausreichend, die Wechselwirkung des Bezugsmoleküls mit seinen nächsten Nachbarn zu berücksichtigen. Die Molekülkoordinationszahl liegt zwischen 10 und 14, wobei 12 am häufigsten auftritt. Im betrachteten Fall ist es ausreichend, 5—7 Paar-Wechselwirkungen zu berücksichtigen. Erinnern wir uns noch einmal an die Bedeutung der Ableitungen, die in die Ausdrücke für die Elemente der dynamischen Matrix eingehen. So ist $\partial^2 U/\partial\varphi^2$ die zweite Ableitung im Punkt $\varphi = 0$ auf der $U(\varphi)$-Kurve, worin U die Gitterenergie und φ die Verschiebung des Bezugsmoleküls, bezogen auf die x-Achse des Systems der Trägheitsachsen des Moleküls, sind. Die Größe $\partial^2 U/\partial\varphi^0\,\partial\varphi^h$ ist die zweite Ableitung im Nullpunkt der Fläche $U(\varphi^0, \varphi^h)$ usw.

Die Berechnung der Matrixelemente nach der Methode der Atom-Atom-Potentiale ist nach dem Vorhergehenden äußerst umfangreich und nur mit Hilfe eines Computers möglich. Es ist verständlich, daß man für die Berechnung der zweiten Ableitung im Nullpunkt, zum Beispiel für $U(\varphi^0, \varphi^h)$ ($h = 6$), die Teilgebiete der Flächen $U(\varphi^0, \varphi^1)$ ... $U(\varphi^0, \varphi^6)$ mindestens jeweils in vier Punkten bestimmen muß; das heißt, für die Berechnung eines jeden Kopplungskoeffizienten muß man die Energie primärer Wechselwirkungen der Moleküle 24mal berechnen.

Die Gleichung (1.6) erlaubt es, aus den entsprechenden Gleichungen drei Schwingungsfrequenzen ($\omega_1, \omega_2, \omega_3$) zu berechnen. Setzen wir dann der Reihe nach die Werte dieser drei Frequenzen ein, so finden wir für jede von ihnen die Relativwerte der Amplituden. Bei Normierung der Größen e_s mit Hilfe der Gleichung $e_4^2 + e_5^2 + e_6^2 = 1$ finden wir den dreidimensionalen Einheitsvektor $\boldsymbol{e}(\omega_1)$ als Eigenvektor der Frequenz ω_1. Auf die gleiche Art erhalten wir die Eigenvektoren der Frequenzen ω_2 und ω_3.

Die Schwingungen der Moleküle längs ihrer Eigenvektoren sind harmonisch und Normalschwingungen. Die vollständige Charakteristik der freien Schwingungen des Moleküls im Kristall des Hexamethylbenzols erhält man aus den Richtungen der drei Einheitsvektoren $\boldsymbol{e}(\omega_1)$, $\boldsymbol{e}(\omega_2)$ und $\boldsymbol{e}(\omega_3)$ relativ zu den Achsen des Moleküls, in denen die harmonischen Schwingungen mit den Frequenzen ω_1, ω_2, ω_3 erfolgen. Die Schwingungen um die Trägheitsachsen sind natürlich nicht harmonisch. Unter Berücksichtigung von (3.2) erhalten wir, zum Beispiel

$$t_\varphi = e_\varphi(\omega_1) \exp(-i\omega_1 t) + e_\varphi(\omega_2) \exp(-i\omega_2 t) + e_\varphi(\omega_3) \exp(-i\omega_3 t) .$$

Man sieht deutlich, daß diese Amplituden uninteressant sind, da die Bestimmung der Phasenverschiebungen zwischen den Summanden nicht von Bedeutung ist.

Gruppe $P\bar{1}$, $Z = 2$. Wir betrachten den Fall, in dem die Moleküle sich in allgemeiner Lage befinden. Obwohl das Gitter dieselbe Symmetrie hat wie im vorherigen Beispiel, sind die Beziehungen zwischen den Kopplungskoeffizienten jetzt andere. Sie erfüllen jetzt die Gleichung (3.9).

Wir haben zwei Moleküle in der Zelle, und dafür folgt aus Gleichung (3.9) die Beziehung (4.2). Die Gleichung (1.6) schreiben wir in der Form

$$\left.\begin{aligned} \omega^2 e_{1s} &= \sum L_{ss'} e_{1s'} + \sum M_{ss'} e_{2s'} , \\ \omega^2 e_{2s} &= \sum M_{ss'} e_{1s'} + \sum L_{ss'} e_{2s'} , \end{aligned}\right\} \tag{4.3}$$

in die die Bezeichnungen

$$L_{ss'} = T_{1s1s'} = T_{2s2s'} , \qquad M_{ss'} = T_{1s2s'} = T_{2s1s'}$$

eingeführt sind.

Wir führen gleichzeitig neue Koordinaten ein, die der Summe der ursprünglichen Koordinaten beider Moleküle sowie der Differenz dieser Koordinaten entsprechen. Die Schwingungen haben in den neuen Koordinaten nachstehende Amplituden:

$$e_s^S = e_{1s} + e_{2s} , \qquad e_s^A = e_{1s} - e_{2s} .$$

Addieren und Substrahieren wir die Gleichungen (4.3), so erhalten wir zwei unabhängige Gleichungssysteme

$$\omega^2 e_s^S = \sum T_{ss'}^S e_s^S , \qquad \omega^2 e_s^A = \sum T_{ss'}^A e_{s'}^A , \tag{4.4}$$

in die die Bezeichnungen

$$T_{ss'}^S = T_{1s1s'} + T_{1s2s'} , \qquad T_{ss'}^A = T_{1s1s'} - T_{1s2s'}$$

eingeführt werden.

Den Koeffizienten T_{34}^S schreiben wir zum Beispiel

$$\sqrt{MI_\varphi}\, T_{34}^S = \frac{\partial^2 U}{\partial z^0\, \partial\varphi^0} + \frac{\partial^2 U}{\partial z^0\, \partial\varphi^1} + \frac{\partial^2 U}{\partial z^0\, \partial\varphi^{1'}} + \frac{\partial^2 U}{\partial z^0\, \partial\varphi^2} + \frac{\partial^2 U}{\partial z^0\, \partial\varphi^{2'}} + \ldots$$

und den Koeffizienten T_{34}^A

$$\sqrt{MI_\varphi}\, T_{34}^A = \frac{\partial^2 U}{\partial z^0\, \partial\varphi^0} + \frac{\partial^2 U}{\partial z^0\, \partial\varphi^1} + \frac{\partial^2 U}{\partial z^0\, \partial\varphi^2} - \frac{\partial^2 U}{\partial z^0\, \partial\varphi^{1'}} - \frac{\partial^2 U}{\partial z^0\, \partial\varphi^{2'}} + \ldots .$$

Die ungestrichenen Indizes bezeichnen Moleküle, die mit dem Bezugsmolekül translationsidentisch sind. Praktisch wird die Summe aus 10—14 Summanden bestehen, nämlich den Beiträgen der nächstbenachbarten Moleküle.

Die Gleichungen (4.4) gestatten, die von Null verschiedenen Frequenzen aus ihren neun Eigenvektoren zu berechnen (die Gesamtzahl aller Schwingungsäste ist 12; für $\boldsymbol{k} = 0$ ergeben die drei akustischen Äste $\omega = 0$). Die harmonischen (Normal-) Schwingungen gehen aus den gleichzeitigen Änderungen der Summen oder Differenzen der entsprechenden Koordinaten der Moleküle hervor.

Die Schwingungen S verdienen die Bezeichnung symmetrisch. Die Symmetrie der gegenseitigen Lage der Moleküle bleibt im betrachteten Fall erhalten, wenn sich die beiden Moleküle, die durch ein Symmetriezentrum verknüpft sind, bei gleicher Phase nähern und danach auseinanderbewegen. Die Differenz der Koordinaten bleibt dabei gleich Null; die Summe der Koordinaten schwingt harmonisch. Umgekehrt nennen wir A die asymmetrischen Schwingungen. Die Summe der Koordinaten ist während der Schwingungen gleich Null, und die Differenz schwingt harmonisch, wenn sich die durch das Inversionszentrum verknüpften Moleküle immer in derselben Richtung bewegen.

Die Gleichungen (4.4) ermöglichen die Berechnung von 12 Frequenzen mit ihren 12 Eigenvektoren. So werden durch die harmonischen (Normal-) Schwingungen gleichzeitige Änderungen der sechs Summen oder der sechs Differenzen der entsprechenden Koordinaten der Moleküle längs sechskomponentiger Vektoren erzeugt. Die Translationsschwingung des Moleküls längs einer beliebigen Achse oder die Oszillation des Moleküls wird eine komplizierte Bewegung — die Summe der Projektionen von 12 Vektoren $\boldsymbol{e}^S(\omega_1)$, $\boldsymbol{e}^S(\omega_2)$, ... $\boldsymbol{e}^S(\omega_6)$,$\boldsymbol{e}^A(\omega_1)$, $\boldsymbol{e}^A(\omega_2)$ ... $\boldsymbol{e}^A(\omega_6)$. Es muß noch einmal betont werden, daß die Form dieser Schwingungen nicht bestimmt werden kann, da die Phasenverschiebungen der Normalschwingungen nicht bekannt sind.

Im Gegensatz zu den einfachsten Molekülschwingungen in einem Kristall des Hexamethylbenzol-Typs gibt es keine solchen Richtungen in der Elementarzelle, die als Richtungen reiner Schwingungen oder Rotationen gekennzeichnet werden könnten.

Wir betrachteten hier 12 Frequenzen. Das ist für $\boldsymbol{k} \neq 0$ richtig. Für $\boldsymbol{k} = 0$ werden drei akustische Frequenzen Null. Die Nullfrequenzen sind asymmetrische Schwingungen. Die Existenz von Nullösungen folgt aus solchen Betrachtungen. Entsprechend (4.3) ergibt sich die verallgemeinerte Kraft durch den Ausdruck

$$T_{1s11}\, x_1 + T_{1s12} y_1 + T_{1s13} z_1 + T_{1s14} \varphi_1 + T_{1s15} \psi_1 + T_{1s16} \eta_1 \\ + T_{1s21} x_2 + T_{1s22} y_2 + T_{1s23} z_2 + T_{1s24} \varphi_2 + T_{1s25} \psi_2 + T_{1s26} \eta_2 \,.$$

Jetzt verschieben wir den ganzen Kristall längs der x_1-Achse im System der Trägheitsachsen der Moleküle, die durch den Index 1 gekennzeichnet sind. Bei der Gruppe $P\bar{1}$, $Z = 2$ sind die Moleküle mit dem Index 2 um antiparallele Vektoren gleicher Länge verschoben (je nach Wahl der Koordinaten). Die Bedingung dafür, daß die verallgemeinerte Kraft Null wird, lautet $T_{1s11} - T_{1s21} = 0$, das heißt entsprechend der Bezeichnung in (4.4)

$$T^A_{s1} = 0 \,. \tag{4.5}$$

Betrachten wir Verschiebungen des Kristalls längs der y- und z-Achse, so erhalten wir ebenfalls $T^A_{s2} = T^A_{s3} = 0$. Da diese Begründung ebenfalls für die verallgemeinerte Kraft gilt, die auf eine beliebige Koordinate wirkt, wird nur der rechte untere Block der Matrix $T^A_{ss'}$ von Null verschieden. Drei der sechs Frequenzen ω, die im allgemeinen Fall für $\boldsymbol{k} = 0$ auftreten, verschwinden. Die Frequenzen der Gruppe A, die nicht Null werden, entsprechen den Gleichgewichtsschwingungen.

Bei der Berechnung der dynamischen Elemente nach der Methode der Atom-Atom-Potentiale ist es interessant, inwieweit (4.5) unter Berücksichtigung der Wechselwirkung mit nur einem der nächsten Nachbarn erfüllt wird.

Gruppe $P2_1$, $Z = 2$. Die Vereinfachung der dynamischen Matrix ist für alle Fälle zweier symmetrisch verknüpfter Moleküle in der Elementarzelle einheitlich. Die

Gleichungen (4.4) gelten für $Z = 2$ und die Raumgruppen $P\bar{1}$, $P2$, $P2_1$, Pm und Pc. Die Schwingungen teilen sich in die beiden Gruppen S und A. Diese werden wiederum symmetrisch und antisymmetrisch genannt. Für die Gruppen $P2_1$ und $P2$ gilt nur axiale, für die Gruppen Pm und Pc ebene Symmetrie.

Für $\boldsymbol{k} = 0$ sind 12 Schwingungsfrequenzen möglich, von denen drei gleich Null sind. Die Bedingungen für ihr Verschwinden sind für die Gruppe $P2_1$ (und andere) nicht dieselben wie für $P\bar{1}$. Die Besonderheit des Falles $P\bar{1}$, $Z = 2$ besteht darin, daß die Achsen x, y, z des ersten Moleküls zu den Trägheitsachsen des zweiten Moleküls antiparallel verlaufen. Das ist nicht der Fall, wenn die Moleküle durch Symmetrieachsen oder -ebenen verknüpft sind.

Die Bedingung für das Verschwinden der verallgemeinerten Kraft, die auf die Koordinate t_{1s} wirkt, lautet bei der Verschiebung des gesamten Kristalls

$$T_{1s11}x_1 + T_{1s12}y_1 + T_{1s13}z_1 + T_{1s21}x_2 + T_{1s22}y_2 + T_{1s23}z_2 = 0\,. \tag{4.6}$$

Hier sind x_1, y_1, z_1 und x_2, y_2, z_2 die Verschiebungskomponenten des Kristalls nach den Trägheitsachsen des ersten bzw. zweiten Moleküls.

Für die Gruppe $P2_1$ (und andere) können wir diese Ausdrücke nicht wesentlich vereinfachen, auch nicht für beliebige gegenseitige Lagen der Trägheitsachsen der Moleküle und der Kristallachsen. Die Gleichungen (4.5) gelten jetzt nicht mehr; und welche drei Frequenzen Null werden und ob sie zur Gruppe A oder S gehören, ist nicht ohne weiteres zu erkennen, weil dies von der Orientierung der Trägheitsachsen zu den Kristallachsen abhängt. Die Gleichungen vom Typ (4.6) geben Beziehungen zwischen den Matrixelementen an. Diese Beziehungen könnte man finden, wenn man zum kristallographischen Koordinatensystem übergeht.

Gruppe $P2_1/a$, $Z = 2$. Dieser sehr verbreitete Fall tritt als Symmetrie der Naphtalinklasse auf. Fast alle Substanzen mit symmetrischen aromatischen Molekülen kristallisieren mit dieser Symmetrie.

Da im Kristall nicht translationsidentische Moleküle vorliegen, die durch die 2_1-Achse verknüpft sind, teilt sich die Matrix $T_{\mu s\mu' s'}$, wie wir schon wissen, in vier paarweise gleiche Blöcke auf:

$$T_{1s1s'} = T_{2s2s'}\,, \qquad T_{1s2s'} = T_{2s1s'}\,.$$

Außerdem gibt es Beziehungen, die aus dem Inversionszentrum resultieren, das die Moleküle im Kristall besetzen, das heißt, es gilt die Gleichung (3.4):

$$\lambda^h_{\mu s\mu' s'} = S\lambda^h_{\mu' s'\mu s}\,.$$

Folglich gilt auf Grund der Schlußfolgerungen, die oben für $P\bar{1}$, $Z = 1$ gezogen wurden,

$$T_{1s1s'} = \lambda^0_{1s1s'} + 2\sum_{h \neq h(1)} \lambda^h_{1s1s'}\,, \begin{cases} s, s' = 1, 2, 3, \\ s, s' = 4, 5, 6, \end{cases}$$

$$T_{1s1s'} = 0\,, \begin{cases} s = 1, 2, 3; & s' = 4, 5, 6, \\ s = 4, 5, 6; & s' = 1, 2, 3. \end{cases}$$

Für $T_{1s2s'}$ erhalten wir analog

$$T_{1s2s'} = 2\sum_{h \neq h(1)} \lambda^h_{1s2s'}\,, \begin{cases} s, s' = 1, 2, 3, \\ s, s' = 4, 5, 6, \end{cases}$$

$$T_{1s2s'} = 0\,, \begin{cases} s = 1, 2, 3; & s' = 4, 5, 6, \\ s = 4, 5, 6; & s' = 1, 2, 3. \end{cases}$$

Die Bewegungsgleichungen

$$\omega^2 e_{\mu s} = \sum T_{\mu s \mu' s'} e_{\mu' s'}$$

kann man schreiben in der Form

$$\left.\begin{aligned} \omega^2 e_{1s} &= \sum T_{1s1s'} e_{1s'} + \sum T_{1s2s'} e_{2s'}, \\ \omega^2 e_{2s} &= \sum T_{2s1s'} e_{1s'} + \sum T_{2s2s'} e_{2s'}, \end{aligned}\right\} \quad s, s' = 1, 2, 3,$$

$$\left.\begin{aligned} \omega^2 e_{1s} &= \sum T_{1s1s'} e_{1s'} + \sum T_{1s2s'} e_{2s'}, \\ \omega^2 e_{2s} &= \sum T_{2s1s'} e_{1s'} + \sum T_{2s2s'} e_{2s'}, \end{aligned}\right\} \quad s, s' = 4, 5, 6,$$

auf dem gleichen Weg, der für die Ableitung der Gleichungen (4.4) gegangen wurde, erhalten wir

$$\left.\begin{aligned} \omega^2 e_s^S &= \sum T_{ss'}^S e_{s'}^S, \\ \omega^2 e_s^A &= \sum T_{ss'}^A e_{s'}^A, \end{aligned}\right\} \quad s, s' = 1, 2, 3,$$
$$\left.\begin{aligned} \omega^2 e_s^S &= \sum T_{ss'}^S e_{s'}^S, \\ \omega^2 e_s^A &= \sum T_{ss'}^A e_{s'}^A, \end{aligned}\right\} \quad s, s' = 4, 5, 6. \tag{4.7}$$

Die Schwingungen in Kristallen der Naphthalinklasse werden durch 12 Frequenzen und ihnen entsprechende Eigenvektoren charakterisiert. Diese lassen sich in vier Gruppen einteilen: S-Translations-, A-Translations-, S-Librations- und A-Librationsschwingungen. Die Kennzeichen S und A bezeichnen die Symmetrie der Schwingungen bezüglich der 2_1-Achse. Jede Gruppe wird durch einen dreidimensionalen Vektor beschrieben, dessen Lage in bezug auf die Achsen des Moleküls (des Kristalls) bestimmt werden kann.

Sprechen wir von 12 Frequenzen, so übersehen wir den Umstand, daß bei $\boldsymbol{k} = 0$ die Frequenzen der akustischen Schwingungen Null werden. Es gibt nur 9 von Null verschiedene Frequenzen für $\boldsymbol{k} = 0$ in Kristallen des Naphthalintyps. Man erkennt sofort, daß die verschwindenden Frequenzen durch die Wurzeln der ersten zwei Gleichungen (4.7) gegeben sind. In Abhängigkeit vom Neigungswinkel zwischen den Trägheitsachsen und den Kristallachsen können Frequenzen, die zu einer der beiden Gruppen A oder S oder auch zu einer Frequenz $A(S)$ und zwei anderen $S(A)$ gehören, Null werden.

Als Beispiel schreiben wir die Ausdrücke für einige Matrixelemente aus. Für Translationsschwingungen gilt

$$M T_{12}^S = M(T_{1112} + T_{1122}) = \frac{\partial^2 U}{\partial x^0\, \partial y^0}$$
$$+ 2\left(\frac{\partial^2 U}{\partial x^0\, \partial y^1} + \frac{\partial^2 U}{\partial x^0\, \partial y^2} + \dots\right) + 2\left(\frac{\partial^2 U}{\partial x^0\, \partial y^{1'}} + \frac{\partial^2 U}{\partial x^0\, \partial y^{2'}} + \dots\right)$$

und für Librationsschwingungen

$$\sqrt{I_\psi I_\eta}\, T_{5,6}^A = \sqrt{I_\psi I_\eta}\, (T_{1516} - T_{1526}) = \frac{\partial^2 U}{\partial \psi^0\, \partial \eta^0}$$
$$+ 2\left(\frac{\partial^2 U}{\partial \psi^0\, \partial \eta^1} + \frac{\partial^2 U}{\partial \psi^0\, \partial \eta^2} + \dots\right) - 2\left(\frac{\partial^2 U}{\partial \psi^0\, \partial \eta^{1'}} + \frac{\partial^2 U}{\partial \psi^0\, \partial \eta^{2'}} + \dots\right).$$

Die ungestrichenen Koordinaten beziehen sich auf Moleküle, die dem Bezugsmolekül translationsidentisch sind. Die Glieder in den Klammern beziehen sich auf Beiträge aus dem Halbraum, das heißt, man braucht die Beiträge der Moleküle nicht getrennt zu berücksichtigen, die im Abstand $\boldsymbol{R}_h$ und $\boldsymbol{R}_{\bar{h}}$ vom Bezugsmolekül angeordnet sind.

Gruppe $P2_1/a$, $Z = 4$. Wie vorher ausführlich behandelt wurde, ist diese Symmetrie für die Packung nichtzentrosymmetrischer Moleküle am besten geeignet. Dieser Fall ist sehr verbreitet und verdient deshalb spezielle Aufmerksamkeit. Das um so mehr, als für niedrigsymmetrische Systeme und den Fall kristallographisch äquivalenter Moleküle die weiter unten angeführten Beziehungen für alle Symmetriegruppen gelten.

Führt man für untereinander gleiche Koeffizienten T die vorgesehenen Bezeichnungen ein, so schreiben wir die Bewegungsgleichungen (1.6) in der Form

$$\omega^2 e_{1s} = L_{ss'}e_{1s'} + M_{ss'}e_{2s'} + N_{ss'}e_{3s'} + P_{ss'}e_{4s'}\,,$$
$$\omega^2 e_{2s} = M_{ss'}e_{1s'} + L_{ss'}e_{2s'} + P_{ss'}e_{3s'} + N_{ss'}e_{4s'}\,,$$
$$\omega^2 e_{3s} = N_{ss'}e_{1s'} + P_{ss'}e_{2s'} + L_{ss'}e_{3s'} + M_{ss'}e_{4s'}\,,$$
$$\omega^2 e_{4s} = P_{ss'}e_{1s'} + N_{ss'}e_{2s'} + M_{ss'}e_{3s'} + L_{ss'}e_{4s'}\,.$$

Die Zerlegung dieser Systeme in kleinere unabhängige Systeme erfolgt durch die Einführung folgender Veränderlicher:

$$e^{SSS} = e_{1s} + e_{2s} + e_{3s} + e_{4s}\,,$$
$$e^{SAA} = e_{1s} + e_{2s} - e_{3s} - e_{4s}\,,$$
$$e^{ASA} = e_{1s} - e_{2s} + e_{3s} - e_{4s}\,,$$
$$e^{AAS} = e_{1s} - e_{2s} - e_{3s} + e_{4s}\,.$$

Die Bewegungsgleichungen sind dann

$$\left.\begin{aligned} \omega^2 e_s^{SSS} &= \sum T_{ss'}^{SSS} e_{s'}^{SSS}\,,\\ \omega^2 e_s^{SAA} &= \sum T_{ss'}^{SAA} e_{s'}^{SAA}\,,\\ \omega^2 e_s^{ASA} &= \sum T_{ss'}^{ASA} e_{s'}^{ASA}\,,\\ \omega^2 e_s^{AAS} &= \sum T_{ss'}^{AAS} e_{s'}^{AAS}\,,\\ s, s' &= 1, \dots, 6\,, \end{aligned}\right\} \qquad (4.8)$$

mit

$$T^{SSS} = T_{1s1s'} + T_{1s2s'} + T_{1s3s'} + T_{1s4s'}\,,$$
$$T^{SAA} = T_{1s1s'} + T_{1s2s'} - T_{1s3s'} - T_{1s4s'}\,,$$
$$T^{ASA} = T_{1s1s'} - T_{1s2s'} + T_{1s3s'} - T_{1s4s'}\,,$$
$$T^{AAS} = T_{1s1s'} - T_{1s2s'} - T_{1s3s'} + T_{1s4s'}\,.$$

So führt die Existenz von vier Molekülen in der Elementarzelle, die paarweise durch Symmetrieelemente verknüpft sind, wie zum Beispiel im Fall der Gruppe $P2_1/a$, $Z = 4$, zu 24 Frequenzen, die nach ihrer Schwingungsform vier Gruppen bilden. Die Eigenvektoren sind sechsdimensional, das heißt, die Librations- und Translationsschwingungen sind nicht getrennt. Von Null verschiedene Frequenzen gibt es 21. In welcher Gruppe Nullfrequenzen auftreten, ist im voraus nicht zu sehen.

Gruppe Pbca, $Z = 4$. Sie trifft zu für den Fall des Benzolkristalls. Die Gesetzmäßigkeiten, die an den vorher behandelten Beispielen entwickelt wurden, sind genügend klar, so daß man sofort das Ergebnis formulieren kann.

Da in der Elementarzelle vier Moleküle enthalten sind, gilt die Gleichung (4.8). Da sich das Molekül hier nicht in allgemeiner Lage befindet, sondern ein Inversionszentrum besetzt, spalten sich die Gleichungen (4.8) in zwei auf: eine für die Translations- und die andere für die Librationsschwingungen. Die Nullfrequenzen findet man unter den vier Translationsgruppen.

Das Endergebnis unserer Betrachtung ist in Tabelle 3.1 dargestellt. Sie umfaßt die niedrigsymmetrischen Systeme und davon nur die primitiven Zellen, mit einem unabhängigen Molekül in der Elementarzelle.

Tabelle 3.1. Grenzfrequenzen für Raumgruppen mit niedriger Symmetrie

Zahl der Moleküle in der Zelle	Liegt das Molekül in 1̄?	Raumgruppe	Zahl der Äste	Zahl der Grenzfrequenzen	Art der Frequenzen	Akustische (Null-) Frequenzen des Mediums
1	nein	$P1$	6	3	ω	←
1	ja	$P\bar{1}$	6	3	$\omega_{Libr}, \omega_{Tr}$	←
2	nein	$P\bar{1}, P2, P2_1, Pm, Pc$	12	9	ω^S, ω^A	←
2	ja	$P2_1/a, P2/m$	12	9	$\omega_{Tr}^A, \omega_{Tr}^S,$ $\omega_{Libr}^A, \omega_{Libr}^S$	{← ($\omega_{Tr}^A, \omega_{Tr}^S$)
4	nein	$P2_1/a, P2_12_12_1$, N*)	24	21	$\omega^{SSS}, \omega^{ASA}, \omega^{SAA}, \omega^{AAS}$	{←
4	ja	$Pbca, Pmna$, N **)	24	21	$\omega_{Libr}^{SSS}, \omega_{Libr}^{ASA}, \omega_{Libr}^{SAA}, \omega_{Libr}^{AAS}, \omega_{Tr}^{SSS}, \omega_{Tr}^{ASA}, \omega_{Tr}^{SAA}, \omega_{Tr}^{AAS}$	{← ($\omega_{Tr}^{SSS}, \omega_{Tr}^{ASA}, \omega_{Tr}^{SAA}, \omega_{Tr}^{AAS}$)
8	nein	$Pbca, Pmna$, N **)	48	45	6 Frequenzgruppen	←

*) Alle Gruppen der Klassen V_h^4 und C_{2v} mit einfacher Zelle.
**) Alle Gruppen P der Klasse V_h.

3.5. Die Gitterdynamik von Naphthalin

Betrachten wir im einzelnen die Gleichung der Gitterdynamik für den Naphthalinkristall, dessen Molekülpackung sehr häufig auftritt, nämlich dann, wenn das Molekül zentrosymmetrisch ist.

Die Bewegungsgleichungen (1.6) schreiben wir in der allgemeinen Form, wobei wir nur die Tatsache berücksichtigen, daß wir zwei Moleküle in der Elementarzelle haben:

$$\omega^2 e'_{1s} = \sum (T'_{1s1s'} e'_{1s'} + T'_{1s2s'} e'_{2s'}),$$
$$\omega^2 e'_{2s} = \sum (T'_{2s1s'} e'_{1s'} + T'_{2s2s'} e'_{2s'}).$$

Für $\boldsymbol{k} \neq 0$ und beliebige Richtung gibt es keine Vereinfachungen, und die Matrix $T'_{\mu s \mu' s'}$ ist ohne Nullelemente und ohne Aufspaltung in Blöcke. Wir schreiben sofort die Werte der dynamischen Elemente (deren Aussehen durch die Symmetrie bedeutend vereinfacht wird) und zeigen, daß die Matrix durch die Einführung eines 12dimensionalen Eigenvektors mit den Komponenten $e'_{11}, e'_{12}, \ldots, e'_{16}, e'_{21}, e'_{22}, \ldots, e'_{26}$, des Vektors $\boldsymbol{e}_{\mu s}$ mit den Komponenten $e'_{11}, e'_{12}, e'_{13}, ie'_{14}, ie'_{15}, ie'_{16}, e'_{21}, e'_{22}, e'_{23}, ie'_{24}, ie'_{25}, ie'_{26}$ dargestellt werden kann. Gleichzeitig zeigen wir damit, daß die Librationskomponenten des 12komponentigen Vektors um $\pi/2$ gegenüber den Translationskomponenten verschoben sind.

Somit müssen wir die Elemente der dynamischen Matrix nach

$$T'_{\mu s \mu' s'} = \sum \lambda^h_{\mu s \mu' s'} \exp (i\boldsymbol{k}\boldsymbol{R}_h)$$

berechnen.

Die Symmetriebedingungen, die den Koeffizienten $\lambda^h_{\mu s \mu' s'}$ zugrunde liegen, wurden für die Gruppe $P2_1/a$, $Z = 2$ auf Seite 217 betrachtet. Sie lauten

$$\lambda^h_{\mu s \mu' s'} = \lambda^{h(2_1)}_{\mu' s \mu s'}\,, \qquad \lambda^h_{\mu s \mu s'} = \lambda^{h(2_1)}_{\mu' s \mu' s'}\,.$$

Die Untermatrizen $T'_{1s1s'}$ und $T'_{2s2s'}$ haben die gleiche Struktur. Schreiben wir das Matrixelement

$$T'_{\mu s \mu' s'} = \sum \lambda^h_{\mu s \mu' s'} \exp (i\boldsymbol{k}\boldsymbol{R}_h) + \lambda^{\bar{h}}_{\mu s \mu' s'} \exp (i\boldsymbol{k}\boldsymbol{R}_{\bar{h}})$$

und benutzen die Beziehung für die Besetzung des Inversionszentrums durch das Molekül im Gitter, so erhalten wir

$$\left.\begin{aligned}
T'_{\mu s \mu s'} &= \lambda^0_{\mu s \mu s'} + 2 \sum_{h \neq h(1)} \lambda^h_{\mu s \mu s'} \cos \boldsymbol{k}\boldsymbol{R}_h\,, && \begin{cases} s = 1, 2, 3;\; s' = 1, 2, 3; \\ s = 4, 5, 6;\; s' = 4, 5, 6; \end{cases} \\
T'_{\mu s \mu s'} &= 2i \sum_{h \neq h(1)} \lambda^h_{\mu s \mu s'} \sin \boldsymbol{k}\boldsymbol{R}_h\,, && \begin{cases} s = 1, 2, 3;\; s' = 4, 5, 6; \\ s = 4, 5, 6;\; s' = 1, 2, 3; \end{cases} \\
T'_{\mu s \mu' s'} &= 2 \sum_{h \neq h(1)} \lambda^h_{\mu s \mu' s'} \cos \boldsymbol{k}\boldsymbol{R}_h\,, && \begin{cases} s = 1, 2, 3;\; s' = 1, 2, 3; \\ s = 4, 5, 6;\; s' = 4, 5, 6; \end{cases} \\
T'_{\mu s \mu' s'} &= 2i \sum_{h \neq h(1)} \lambda^h_{\mu s \mu' s'} \sin \boldsymbol{k}\boldsymbol{R}_h\,, && \begin{cases} s = 1, 2, 3;\; s' = 4, 5, 6; \\ s = 4, 5, 6;\; s' = 1, 2, 3. \end{cases}
\end{aligned}\right\} \tag{5.1}$$

Die Matrix $T'_{\mu s \mu' s'}$ ist hermitisch, aber ihre Glieder sind in unserem Fall nicht komplex, sondern teilweise reell und zum Teil imaginär.

Für die reellen Glieder erhalten wir

$$T'_{\mu s \mu' s'} = T'_{\mu' s' \mu s}\,, \quad \begin{cases} s = 1, 2, 3;\; s' = 1, 2, 3; \\ s = 4, 5, 6;\; s' = 4, 5, 6; \end{cases}$$

für die imaginären

$$T'_{\mu s \mu' s'} = -\,iT'_{\mu' s' \mu s} \begin{cases} s = 1, 2, 3;\; s' = 4, 5, 6; \\ s = 4, 5, 6;\; s' = 1, 2, 3. \end{cases}$$

Das folgt sowohl aus den allgemeinen Darstellungen als auch unmittelbar aus der Gleichung (3.4). Wir konnten uns jetzt von der Richtigkeit der Bemerkung, die wir zu Anfang des Paragraphen machten, überzeugen: für Vektoren, bei denen die Librationskomponenten um 90° verschoben sind, wird die Koeffizientenmatrix reell.

Wir schreiben die Grundgleichungen in der Form

$$\omega^2 e'_{1s} = \sum_{s'=1,2,3} T'_{1s1s'} e'_{1s'} + \sum_{s'=4,5,6} T'_{1s1s'} e'_{1s'} + \sum_{s'=1,2,3} T'_{1s2s'} e'_{2s'} + \sum_{s'=4,5,6} T'_{1s2s'} e'_{2s'}, \qquad s = 1, 2, 3,$$

$$\omega^2 e'_{1s} = \sum_{s'=1,2,3} T'_{1s1s'} e'_{1s'} + \sum_{s'=4,5,6} T'_{1s1s'} e'_{1s'} + \sum_{s'=1,2,3} T'_{1s2s'} e'_{2s'} + \sum_{s'=4,5,6} T'_{1s2s'} e'_{2s'}, \qquad s = 4, 5, 6,$$

$$\omega^2 e'_{2s} = \sum_{s'=1,2,3} T'_{2s1s'} e'_{1s'} + \sum_{s'=4,5,6} T'_{2s1s'} e'_{1s'} + \sum_{s'=1,2,3} T'_{2s2s'} e'_{2s'} + \sum_{s'=4,5,6} T'_{2s2s'} e'_{2s'}, \qquad s = 1, 2, 3,$$

$$\omega^2 e'_{2s} = \sum_{s'=1,2,3} T'_{2s1s'} e'_{1s'} + \sum_{s'=4,5,6} T'_{2s1s'} e'_{1s'} + \sum_{s'=1,2,3} T'_{2s2s'} e'_{2s'} + \sum_{s'=4,5,6} T'_{2s2s'} e'_{2s'}, \qquad s = 4, 5, 6,$$

und führen die symmetrische reelle Matrix $T_{\mu s\mu' s'}$ (ohne Strich) ein, die mit $T'_{\mu s\mu' s'}$ durch folgende Beziehungen verknüpft ist: $T' = iT$ und $T' = -iT$ für gemischte Elemente der Matrix links und rechts der Hauptdiagonalen, $T' = T$ für nicht gemischte.

Schreiben wir die Gleichungen um, indem wir die zweite und vierte Zeile mit i multiplizieren, und führen neue ungestrichene Größen ein, so erhalten wir Gleichungen derselben Art wie die Ausgangsgleichungen, das heißt

$$\omega^2 e_{1s} = \sum \left(T_{1s1s'} e_{1s'} + T_{1s2s'} e_{2s'}\right),$$

$$\omega^2 e_{2s} = \sum \left(T_{2s1s'} e_{1s'} + T_{2s2s'} e_{2s'}\right).$$

Die Ausdrücke für $T_{\mu s\mu' s'}$ werden durch die Gleichungen (5.1) gegeben, dadurch, daß die imaginären Einheiten weggelassen werden. Mit diesen Gleichungen werden wir auch im weiteren operieren.

Wenn die Formen von 12 Dispersionsflächen $\omega(\boldsymbol{k})$ bestimmt werden sollen, so vereinfacht sich die Matrix nicht. Die Gleichungen, die oben nur formal beschrieben wurden, werden nicht in zwei Zeilen aufgeteilt. Die Frequenzen werden als Wurzeln der Säkulargleichung 12. Grades bestimmt, und die Eigenvektoren sind 12dimensional. Vor der Berechnung der dynamischen Elemente der Matrix muß man alle notwendigen

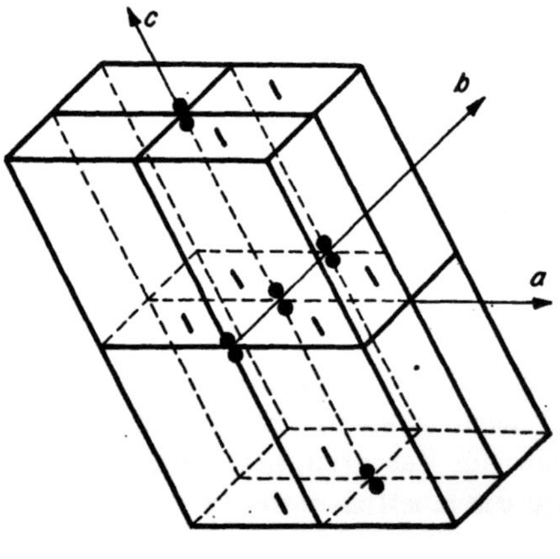

Abb. 3.2. Kristallgitter des Naphthalins. •, | — nächste Nachbarn des Nullmoleküls

Kopplungskoeffizienten berechnen, und danach werden die $T_{\mu s \mu' s'}$ für das räumliche Netz der $\boldsymbol{k}$-Werte berechnet. Für jedes $\boldsymbol{k}$ müssen 12 Frequenzen und 144 Komponenten der 12dimensionalen Vektoren bestimmt werden.

Die Rechnung wird erleichtert, wenn nur erstnächste Nachbarn berücksichtigt werden. So liefern für den Naphthalinkristall nur die unmittelbaren Nachbarn (Abb. 3.2) einen merklichen Beitrag: Moleküle mit dem Index μ und den Koordinaten des Zentrums bei [010], das heißt mit $\boldsymbol{R} = \boldsymbol{b}$, oder bei [001], das heißt mit $\boldsymbol{R} = \boldsymbol{c}$, und Moleküle mit anderen Indizes μ mit den Koordinaten: $[\frac{1}{2}\,\frac{1}{2}\,0]$, das heißt mit $\boldsymbol{R} = \frac{1}{2}(\boldsymbol{a} + \boldsymbol{b})$; $[\frac{\bar{1}}{2}\,\frac{1}{2}\,0]$, das heißt mit $\boldsymbol{R} = \frac{1}{2}(-\boldsymbol{a} + \boldsymbol{b})$; $[\frac{1}{2}\,\frac{1}{2}\,1]$, das heißt mit $\boldsymbol{R} = \frac{1}{2}(\boldsymbol{a} + \boldsymbol{b}) + \boldsymbol{c}$; $[\frac{\bar{1}}{2}\,\frac{1}{2}\,1]$, das heißt mit $\boldsymbol{R} = \frac{1}{2}(-\boldsymbol{a} + \boldsymbol{b}) + \boldsymbol{c}$.

Die Matrixelemente haben die Form:

für ungemischte Indizes s

$$T_{\mu s \mu s'} = \lambda^{0}_{\mu s \mu s'} + 2\lambda^{001}_{\mu s \mu s'} \cos \boldsymbol{k}\boldsymbol{R}_{001} + 2\lambda^{010}_{\mu s \mu s'} \cos \boldsymbol{k}\boldsymbol{R}_{010}\,.$$

Das Element $T_{\mu s \mu' s'}$ hat die Form

$$\begin{aligned} T_{\mu s \mu' s'} = {} & 2\lambda^{\frac{1}{2}\frac{1}{2}0}_{\mu s \mu' s'} \cos \boldsymbol{k}\boldsymbol{R}_{\frac{1}{2}\frac{1}{2}0} + 2\lambda^{\frac{\bar{1}}{2}\frac{1}{2}0}_{\mu s \mu' s'} \cos \boldsymbol{k}\boldsymbol{R}_{\frac{\bar{1}}{2}\frac{1}{2}0} \\ & + 2\lambda^{\frac{1}{2}\frac{1}{2}1}_{\mu s \mu' s'} \cos \boldsymbol{k}\boldsymbol{R}_{\frac{1}{2}\frac{1}{2}1} + 2\lambda^{\frac{\bar{1}}{2}\frac{1}{2}1}_{\mu s \mu' s'} \cos \boldsymbol{k}\boldsymbol{R}_{\frac{\bar{1}}{2}\frac{1}{2}1}\,. \end{aligned}$$

Für gemischte Indizes s gilt

$$T_{\mu s \mu s'} = 2\lambda^{001}_{\mu s \mu s'} \sin \boldsymbol{k}\boldsymbol{R}_{001} + 2\lambda^{010}_{\mu s \mu s'} \sin \boldsymbol{k}\boldsymbol{R}_{010}\,.$$

Das Element $T_{\mu s \mu' s'}$ hat die Form

$$\begin{aligned} T_{\mu s \mu' s'} = {} & 2\lambda^{\frac{1}{2}\frac{1}{2}0}_{\mu s \mu' s'} \sin \boldsymbol{k}\boldsymbol{R}_{\frac{1}{2}\frac{1}{2}0} + 2\lambda^{\frac{\bar{1}}{2}\frac{1}{2}0}_{\mu s \mu' s'} \sin \boldsymbol{k}\boldsymbol{R}_{\frac{\bar{1}}{2}\frac{1}{2}0} \\ & + 2\lambda^{\frac{1}{2}\frac{1}{2}1}_{\mu s \mu' s'} \sin \boldsymbol{k}\boldsymbol{R}_{\frac{1}{2}\frac{1}{2}1} + 2\lambda^{\frac{\bar{1}}{2}\frac{1}{2}1}_{\mu s \mu' s'} \sin \boldsymbol{k}\boldsymbol{R}_{\frac{\bar{1}}{2}\frac{1}{2}1}\,. \end{aligned}$$

Eine wesentliche Vereinfachung ergibt sich für einen Schnitt der Dispersionsflächen, nämlich für $\boldsymbol{k} \parallel \boldsymbol{b}$.

In jede der Summen (5.1) gehen Summanden ein, die sich auf Moleküle beziehen, deren Schwerpunkte sich in m, n, p und $\bar{m}, n, \bar{p}$ oder $m + {}^1/_2$, $n + {}^1/_2$, p und $\bar{m} + {}^1/_2$, $n + {}^1/_2$, $\bar{p}$ befinden. So läßt sich zum Beispiel die erste der Summen in der Form

$$2 \sum_{h \neq h(1)} \lambda^{mnp} \cos \boldsymbol{k}\boldsymbol{R}_{mnp} + \lambda^{\bar{m}n\bar{p}} \cos \boldsymbol{k}\boldsymbol{R}_{\bar{m}n\bar{p}}$$

schreiben. Aber im Falle $\boldsymbol{k} \parallel \boldsymbol{b}$ gilt die Beziehung

$$\boldsymbol{k}\boldsymbol{R}_{mnp} = \boldsymbol{k}\boldsymbol{R}_{\bar{m}n\bar{p}} = kR_y\,,$$

und folglich kann man $\cos kR_y$ ausklammern.

Die Gleichungen (5.1) (erinnern wir uns, daß der imaginäre Anteil beim Übergang von T' zu T verschwindet) haben jetzt die Form:

$$T_{\mu s \mu s'} = \lambda^{0}_{\mu s \mu s'} + 2 \sum_{h \neq h(1)} (\lambda^{mnp}_{\mu s \mu s'} + \lambda^{\bar{m}n\bar{p}}_{\mu s \mu s'}) \cos kR_y\,, \quad \begin{cases} s = 1, 2, 3;\; s' = 1, 2, 3; \\ s = 4, 5, 6;\; s' = 4, 5, 6; \end{cases}$$

$$T_{\mu s \mu s'} = 2 \sum_{h \neq h(1)} (\lambda^{mnp}_{\mu s \mu s'} + \lambda^{\bar{m}n\bar{p}}_{\mu s \mu s'}) \sin kR_y\,, \quad \begin{cases} s = 1, 2, 3;\; s' = 4, 5, 6; \\ s = 4, 5, 6;\; s' = 1, 2, 3; \end{cases}$$

$$T_{\mu s\mu' s'} = 2 \sum_{h \neq h(\bar{1})} \left(\lambda_{\mu s\mu' s'}^{m+\frac{1}{2},\, n+\frac{1}{2},\, p} + \lambda_{\mu s\mu' s'}^{\bar{m}+\frac{1}{2},\, n+\frac{1}{2},\, \bar{p}}\right) \cos kR_y\,, \quad \begin{cases} s = 1, 2, 3;\; s' = 1, 2, 3; \\ s = 4, 5, 6;\; s' = 4, 5, 6; \end{cases}$$

$$T_{\mu s\mu' s'} = 2 \sum_{h \neq h(\bar{1})} \left(\lambda_{\mu s\mu' s'}^{m+\frac{1}{2},\, n+\frac{1}{2},\, p} + \lambda_{\mu s\mu' s'}^{\bar{m}+\frac{1}{2},\, n+\frac{1}{2},\, \bar{p}}\right) \sin kR_y\,, \quad \begin{cases} s = 1, 2, 3;\; s' = 4, 5, 6; \\ s = 4, 5, 6;\; s' = 1, 2, 3. \end{cases}$$

(Für Indizes der Form $0n0$ und $m0p$ fällt in den Klammern das zweite Glied heraus.)

Die gesamte Matrix teilt sich in vier Blöcke auf, die diagonal gleich sind. Es gilt

$$\lambda^0_{1s1s'} = \lambda^0_{2s2s'}\,, \quad \lambda^{mnp}_{1s1s'} = \lambda^{\bar{m}\bar{n}\bar{p}}_{2s2s'}\,, \quad \lambda^{\bar{m}n\bar{p}}_{1s1s'} = \lambda^{mnp}_{2s2s'}\,.$$

Daraus folgt für die beiden oberen Zeilen

$$T_{1s1s'} = T_{2s2s'}\,,$$

weiter

$$\lambda_{1s2s'}^{m+\frac{1}{2},\, n+\frac{1}{2},\, p} = \lambda_{2s1s'}^{\bar{m}+\frac{1}{2},\, n+\frac{1}{2},\, \bar{p}}\,, \qquad \lambda_{1s2s'}^{m+\frac{1}{2},\, n+\frac{1}{2},\, p} = \lambda_{2s1s'}^{\bar{m}+\frac{1}{2},\, n+\frac{1}{2},\, \bar{p}}\,,$$

folglich

$$T_{1s2s'} = T_{2s1s'}\,.$$

Was mit den Bewegungsgleichungen vor sich geht, wissen wir aus dem vorhergehenden Abschnitt. Die Schwingungen gliedern sich nämlich in symmetrische und antisymmetrische und werden durch zwei Gleichungen beschrieben, die gegenseitig unabhängig sind:

$$\left.\begin{aligned} \omega^2 e^S_s &= \sum T^S_{ss'} e^S_{s'}\,, \\ \omega^2 e^A_s &= \sum T^A_{ss'} e^A_{s'}\,, \end{aligned}\right\} \qquad s, s' = 1, \ldots, 6\,.$$

Die Matrixelemente haben die Form:

für ungemischte Indizes s

$$T^S_{ss'} = \lambda^0_{1s1s'} + 2 \sum_{h \neq h(\bar{1})} (\lambda^{mnp}_{1s1s'} + \lambda^{\bar{m}n\bar{p}}_{1s1s'}) \cos kR_y + 2 \sum_{h \neq h(\bar{1})} \left(\lambda_{1s2s'}^{m+\frac{1}{2},\, n+\frac{1}{2},\, p} + \lambda_{1s2s'}^{\bar{m}+\frac{1}{2},\, n+\frac{1}{2},\, \bar{p}}\right) \cos kR_y\,,$$

$$T^A_{ss} = \lambda^0_{1s1s'} + 2 \sum_{h \neq h(\bar{1})} (\lambda^{mnp}_{1s1s'} + \lambda^{\bar{m}n\bar{p}}_{1s1s'}) \cos kR_y - 2 \sum_{h \neq h(\bar{1})} \left(\lambda_{1s2s'}^{m+\frac{1}{2},\, n+\frac{1}{2},\, p} + \lambda_{1s2s'}^{\bar{m}+\frac{1}{2},\, n+\frac{1}{2},\, \bar{p}}\right) \cos kR_y\,,$$

für gemischte Indizes

$$\left.\begin{aligned} T^S_{ss'} &= 2 \sum_{h \neq h(\bar{1})} (\lambda^{mnp}_{1s1s'} + \lambda^{\bar{m}n\bar{p}}_{1s1s'}) \sin kR_y \\ &\quad + 2 \sum_{h \neq h(\bar{1})} \left(\lambda_{1s2s'}^{m+\frac{1}{2},\, n+\frac{1}{2},\, p} + \lambda_{1s2s'}^{\bar{m}+\frac{1}{2},\, n+\frac{1}{2},\, \bar{p}}\right) \sin kR_y\,, \\ T^A_{ss'} &= 2 \sum_{h \neq h(\bar{1})} (\lambda^{mnp}_{1s1s'} + \lambda^{\bar{m}n\bar{p}}_{1s1s'}) \sin kR_y \\ &\quad - 2 \sum_{h \neq h(\bar{1})} \left(\lambda_{1s2s'}^{m+\frac{1}{2},\, n+\frac{1}{2},\, p} + \lambda_{1s2s'}^{\bar{m}+\frac{1}{2},\, n+\frac{1}{2},\, \bar{p}}\right) \sin kR_y\,. \end{aligned}\right\} \quad (5.2)$$

Erinnern wir uns, daß λ mit negativem Index entfällt, wenn das Molekül auf der b-Achse oder a,c-Ebene liegt.

Für $\boldsymbol{k} = 0$ verschwinden die Glieder mit gemischten Indizes, und beide Matrizen gehen jeweils in zwei über, die Librations- und die Translationsmatrizen, und als Folgerung erhalten wir Ergebnisse, wie sie weiter oben behandelt wurden.

Die erhaltenen Gleichungen liefern 12 $\omega(\boldsymbol{k})$-Kurven, von denen drei bei Null beginnen (welche es sind, hängt, wie bereits früher behandelt, vom Neigungswinkel der Trägheitsachsen des Moleküls zu den kristallographischen Achsen ab), und die übrigen neun Kurven beginnen bei ihren Grenzwerten, die man im optischen Experiment erhalten kann.

Beschränkt man sich auf die erstnächsten Nachbarn, wie oben gezeigt wurde, erhalten wir folgende Vereinfachung der Formel (5.2):
für ungemischte Indizes

$$\begin{aligned} T^S_{ss'} &= \lambda^0_{1s1s'} + 2\lambda^{001}_{1s1s'} + 2\lambda^{010}_{1s1s'} \cos kb \\ &\quad + 2\left(\lambda^{\frac{1}{2}\frac{1}{2}0} + \lambda^{\frac{\bar{1}}{2}\frac{1}{2}0} + \lambda^{\frac{1}{2}\frac{1}{2}1} + \lambda^{\frac{\bar{1}}{2}\frac{1}{2}1}\right) \cos k\frac{b}{2}\,, \end{aligned}$$

$$\begin{aligned} T^A_{ss'} &= \lambda^0_{1s1s'} + 2\lambda^{001}_{1s1s'} + 2\lambda^{010}_{1s1s'} \cos kb \\ &\quad - 2\left(\lambda^{\frac{1}{2}\frac{1}{2}0} + \lambda^{\frac{\bar{1}}{2}\frac{1}{2}0} + \lambda^{\frac{1}{2}\frac{1}{2}1} + \lambda^{\frac{\bar{1}}{2}\frac{1}{2}1}\right) \cos k\frac{b}{2}\,, \end{aligned}$$

für gemischte Indizes

$$T^S_{ss'} = 2\lambda^{010}_{1s1s'} \sin kb + 2\left(\lambda^{\frac{1}{2}\frac{1}{2}0} + \lambda^{\frac{\bar{1}}{2}\frac{1}{2}0} + \lambda^{\frac{1}{2}\frac{1}{2}1} + \lambda^{\frac{\bar{1}}{2}\frac{1}{2}1}\right) \sin k\frac{b}{2}\,,$$

$$T^A_{ss'} = 2\lambda^{010}_{1s1s'} \sin kb - 2\left(\lambda^{\frac{1}{2}\frac{1}{2}0} + \lambda^{\frac{\bar{1}}{2}\frac{1}{2}0} + \lambda^{\frac{1}{2}\frac{1}{2}1} + \lambda^{\frac{\bar{1}}{2}\frac{1}{2}1}\right) \sin k\frac{b}{2}\,.$$

Bei $k = \pi/b$ haben die Matrixelemente die Form:
für ungemischte Indizes

$$T^S_{ss'} = T^A_{ss'} = \lambda^0_{1s1s'} + 2\lambda^{001}_{1s1s'} - 2\lambda^{010}_{1s1s'}\,,$$

für gemischte Indizes

$$T^S_{ss'} = -\,T^A_{ss'} = 2\left(\lambda^{\frac{1}{2}\frac{1}{2}0} + \lambda^{\frac{\bar{1}}{2}\frac{1}{2}0} + \lambda^{\frac{1}{2}\frac{1}{2}1} + \lambda^{\frac{\bar{1}}{2}\frac{1}{2}1}\right).$$

Der Unterschied in den Vorzeichen von $T^S_{ss'}$ und $T^A_{ss'}$ für gemischte Matrixelemente kann auf folgende Weise gedeutet werden:

Für $k = \pi/b$, das heißt bei $\lambda = b/2$, fallen die Gleichungen für die symmetrischen Schwingungen mit denen der antisymmetrischen zusammen, wenn sich bei einer von ihnen die Rotationskomponenten um $\pi/2$ verschieben.

Wenn das nicht so wäre, würden bei $k = \pi/b$ die antisymmetrischen und die symmetrischen Zweige paarweise zusammenfallen, wobei sechs Frequenzen erhalten würden. Weiterhin wird sich bei divergierenden Kurven das Bild des Verlaufs der Kurven $\omega(\boldsymbol{k})$ wiederholen.

3.6. Berechnung der Gitterdynamik nach der Atom-Atom-Potential-Methode

Die Anwendung des Modells der Atom-Atom-Potentiale für die Berechnung der Wechselwirkungsenergie der Moleküle ändert das Problem des Vergleichs theoretischer mit experimentellen Daten der Gitterdynamik grundsätzlich.

Wie vom Autor [267] gezeigt wurde, gestattet die erfolgreiche Anwendung des Modells bei der Berechnung der Gitterenergie die Annahme, daß sich die Methode auch für die Berechnung der dynamischen Koeffizienten als günstig erweisen könnte. Das heißt, es müßten Rechenprogramme zur Berechnung der Gitterenergie als Funktion zweier Verschiebungen zweier Moleküle (oder nur eines Moleküls für die Bestimmung der Nullkoeffizienten) aufgestellt werden.

Da die Bindungskoeffizienten für eine Struktur berechnet werden, die dem Energieminimum entspricht, benutzt man gewöhnlich nicht die durch Röntgenstrukturanalyse erhaltene Struktur, sondern die durch Minimierung der Gitterenergie erhaltene, sonst wird die dynamische Matrix nicht eindeutig positiv. Für die Anfangsnäherung wählt man eine durch Röntgenstrukturanalyse erhaltene Struktur. Die experimentell ermittelte Struktur und die berechnete sollen sich nicht wesentlich unterscheiden, nur in den Grenzen der Genauigkeit des Experiments.

Die dynamischen Koeffizienten können für verschieden große Elementarzellen berechnet werden. Damit wird es ermöglicht, die Temperaturabhängigkeit der Frequenzen der Gitterschwingungen zu ermitteln.

Je nach dem Grad der Kompliziertheit sind nun verschiedenartige Programme notwendig. Am allgemeinsten wird ein Programm sein, das die Berechnung der Dispersionsflächen für eine gegebene Elementarzelle und für eine Reihe von Elementarzellen längs eines isobaren Schnittes der Energiefläche gestattet.

Man kann auch Programme zur Bestimmung und Minimisierung der freien Energie aufstellen, was am einfachsten mit Hilfe der allgemeinen Formel der quasiharmonischen Näherung erfolgt (Kap. 6, Formel (2.2)).

Einfacher ist das Programm zur Berechnung der Grenzfrequenzen, die auch als Funktion der Temperatur in quasiharmonischer Näherung erhalten werden können.

Schließlich ist die einfachste Aufgabe überhaupt die Berechnung des mittleren Quadrats der Frequenz des Spektrums, für deren Ermittlung nur die Kenntnis der sechs (Null-) dynamischen Koeffizienten entsprechend der Formel (2.2) notwendig ist. Danach haben wir

$$\overline{\omega^2} = \frac{1}{6}\left[\frac{1}{M}\frac{\partial^2 U}{\partial u_1^2} + \frac{1}{M}\frac{\partial^2 U}{\partial u_2^2} + \frac{1}{M}\frac{\partial^2 U}{\partial u_3^2} + \frac{1}{I_1}\frac{\partial^2 U}{\partial \Omega_1^2} + \frac{1}{I_2}\frac{\partial^2 U}{\partial \Omega_2^2} + \frac{1}{I_3}\frac{\partial^2 U}{\partial \Omega_3^2}\right].$$

Das bedeutet, daß man für eine gegebene Größe der Elementarzelle nur sechs Kopplungskoeffizienten berechnen muß. Will man die Abhängigkeit der Gitterenergie von jeder der sechs Verschiebungen des Bezugsmoleküls in der Nähe der Gleichgewichtslage der Kurven darstellen, so liefern die zweiten Ableitungen im Gitterpunkt die Summanden des Ausdrucks für $\overline{\omega^2}$.

Die erste Lösung der dynamischen Aufgabe nach der Atom-Atom-Potential-Methode wurde vom Autor dieses Buches mit seinen Mitarbeitern vorgenommen. Für eine Reihe von Molekülkristallen wurden die $\overline{\omega^2}$-Werte als Funktion der Temperatur berechnet. Diese $\overline{\omega^2}$-Werte darf man nicht mit dem Experiment vergleichen, bei dem man die Änderung der Grenzfrequenzen mit der Temperatur untersucht, da in (1.4)

Tabelle 3.2. Frequenzen und Eigenvektoren der Translations- und Librationsschwingungen in Kristallen

$\omega^S_{exp.}$	$\omega^S_{ber.}$	U	V	W	$\omega^A_{exp.}$	$\omega^A_{ber.}$	U	V	W	$\omega_{exp.}$	$\omega_{ber.}$	a	b	c
Naphthalin														
109	126	0,947	−0,298	−0,113	125	116	0,997	−0,077	0,012	98	85^A	0,857	0,004	0,515
74	79	0,298	0,954	−0,017	71	65	0,075	0,896	−0,438	73	51^S	0,012	0,993	0,017
51	51	0,113	−0,018	0,993	46	40	0,022	0,437	0,899	39	41^A	−0,513	−0,028	0,857
Anthracen														
121	155	0,969	−0,156	−0,193	125	135	0,995	−0,074	−0,067	—	101^A	0,893	−0,051	0,582
70	85	0,197	0,956	0,217	65	62	−0,038	0,899	−0,437	—	59^S	0,065	0,982	0,035
39	34	0,150	−0,248	0,957	45	47	0,093	0,432	0,897	—	42^A	−0,579	−0,060	0,810
Diphenyl														
—	94	0,956	0,121	0,266	—	50	0,970	0,242	0,022	—	80^A	0,892	−0,515	−0,275
43	36	−0,256	0,784	0,566	—	82	−0,232	0,951	−0,205	56	57^S	0,323	0,735	−0,020
94	119	−0,140	−0,609	0,780	59	88	−0,070	0,194	0,978	116	92^A	0,576	−0,211	0,805

die Mittelwertbildung über das Gesamtspektrum erfolgt. Dafür ist, wie auf Seite 335 gezeigt wird, die Größe $\overline{\omega^2}$ bis auf einen konstanten Faktor mit der gleichen Genauigkeit zu erhalten wie die charakteristische Temperatur Θ, die aus thermodynamischen Experimenten bestimmt werden kann; ein Vergleich der berechneten $\overline{\omega^2}$-Werte und Θ wird in Kapitel 6 behandelt.

Das in der Publikation [267] vorgeschlagene Berechnungsschema der Frequenzen und ihrer Eigenvektoren der intermolekularen Schwingungen wurde in den Arbeiten [268, 269, 270, 271, 272, 273] angewandt.

Vom Autor wurden gemeinsam mit Muchtarow [274] Berechnungen der Frequenzen zwischenmolekularer Schwingungen für Naphthalin-, Anthracen- und Diphenylkristalle vorgenommen und auch der Schnitt der Dispersionsfläche in der Richtung $\boldsymbol{k} \parallel \boldsymbol{b}$ berechnet. Da diese Berechnungen sehr umfangreich sind — in ihr sind Angaben zur Temperaturabhängigkeit der Frequenzen enthalten (die Berechnungen erfolgten für eine Reihe von Elementarzellen, die bei verschiedenen Temperaturen bestimmt wurden) —, führen wir hier nur die Ergebnisse an. Alle Kristalle besitzen die Symmetrie $P2_1/a$ mit $Z = 2$. Die Gitterdynamik wurde oben (Seite 226) eingehend behandelt. Bei der Berechnung der Matrix der dynamischen Koeffizienten wurden das quasiharmonische Modell und die Atom-Atom-Potentiale benutzt, wie wir sie in Kapitel 2 kennengelernt haben. Die Ergebnisse für die Librationsschwingungen für Naphthalin [275] (Frequenzen und Eigenvektoren) für $T = 293$ K sind in Tabelle 3.2 zusammen mit experimentellen Daten [276] angeführt.

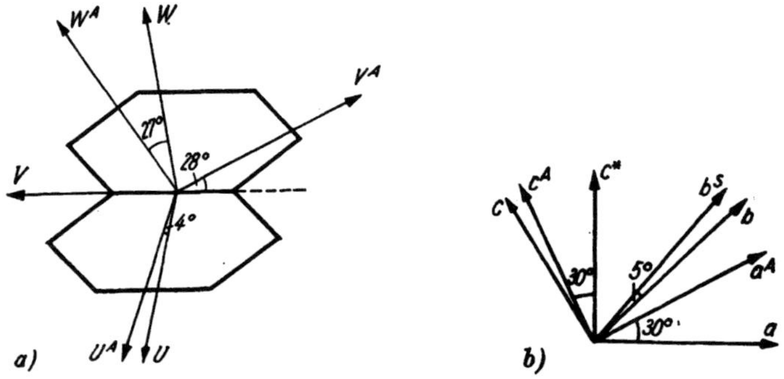

Abb. 3.3. Neigung der Schwingungsachsen gegen die Trägheitsachsen des Moleküls und gegen die kristallographischen Achsen des Naphthalinkristalls

Wie aus Abbildung 3.3 und Tabelle 3.2 zu sehen ist, erfolgen die Schwingungen um Achsen, die sehr nahe den Trägheitsachsen liegen, aber nicht mit ihnen zusammenfallen. Trotzdem rechnet man bei allen bisher durchgeführten Untersuchungen der zwischenmolekularen Schwingungen mit Hilfe von Raman-Spektren damit, daß die Achsen der Normalschwingungen mit den Trägheitsachsen zusammenfallen. Die Entstehung dieses Irrtums, der zu fehlerhaften Frequenzbeziehungen führt, ist unklar. Unsere Rechenergebnisse führten zu folgendem: Die Eigenvektoren der symmetrischen und der antisymmetrischen Schwingung mit der Frequenz 116 cm^{-1} weichen von der Trägheitsachse nicht mehr als 10° ab; gleichzeitig sind die Eigenvektoren zweier niederfrequenter asymmetrischer Schwingungen um etwa 30° gegen die Trägheitsachsen V und W gedreht.

Einen Vergleich der berechneten Translationsschwingungsfrequenzen mit den experimentellen [277] bei $T = 293$ K für Naphthalin zeigt Tabelle 3.2.

Wie aus der Tabelle zu entnehmen ist, erfolgen die Translationsschwingungen in Richtungen nahe den Kristallachsen (siehe auch Abbildung 3.3), weshalb man sie auch als *a*-, *b*- oder *c*-Typ bezeichnet. Von den drei Kurven der Translationsschwingungen, die bei $\boldsymbol{k} = 0$ verschwinden (akustische) gehören zwei (*a*- und *c*-Typ) zur antisymmetrischen Form und eine (*b*-Typ) zur symmetrischen. Die *c*-Achse in der Tabelle gehört als dritte orthogonale Achse zu den orthogonalen kristallographischen Achsen *a* und *b*.[1])

In dieser Tabelle sind die von uns berechneten Frequenzen der Librationsschwingungen und ihre Eigenvektoren für Anthracen [278] im Vergleich mit den in [276] bei der Temperatur $T = 293$ K experimentell festgestellten Frequenzen angeführt. Wie auch beim Naphthalin sind hier die Abweichungen der Achsen der normalen Librationsschwingungen von den Trägheitshauptachsen des Moleküls nicht groß. In der Literatur fehlen Mitteilungen über experimentelle Messungen der Translationsschwingungen des Anthracens.

Das Translations- und Librationsschwingungsspektrum des Diphenylkristalls wurde in [279] experimentell untersucht; jedoch wurden nicht alle Frequenzen des Spektrums gefunden. Tabelle 3.2 gibt die in der Arbeit [279] ermittelten experimentellen Frequenzen der Librationsschwingungen wieder sowie die von uns berechneten Frequenzen und Eigenvektoren für $T = 220$ K. Die Abweichungen der Lage der Schwingungsachsen für V^S und W^S der Normalschwingungen von der der Trägheitsachsen sind so groß, daß es nicht korrekt ist, sie auf irgendeine beliebige Trägheitsachse zu beziehen.

Die Tabelle enthält die berechneten und gemessenen Frequenzen der Translationsschwingungen bei $T = 293$ K. Die Zuordnung der Frequenzen der Translationsschwingungen in der Arbeit [279] sind offensichtlich fehlerhaft.

Die in diesem Abschnitt mitgeteilten Ergebnisse der Berechnung von Spektren von Naphthalin-, Anthracen- und Diphenylkristallen zeigen eine gute Übereinstimmung mit experimentellen Angaben. Sehr bezeichnend ist in dieser Beziehung der Vergleich der experimentellen mit den berechneten Frequenzen der Naphthalin- und der Anthracenkristalle, deren Spektren in der Arbeit [276] mit hohem experimentellem Aufwand umfassend untersucht wurden. Die beobachtete Divergenz unserer Berechnungen mit dem Experiment für hohe Frequenzen ist offensichtlich in starkem Maße durch die Vernachlässigung der Wechselwirkung der Kristallschwingungen mit den innermolekularen Schwingungen bedingt. Wir werden diese Frage im Zusammenhang mit der Untersuchung der Temperaturabhängigkeit der Frequenzen der Gitterschwingungen ausführlicher behandeln.

Die Temperaturabhängigkeit der Frequenzen der optischen Anteile wurde in derselben Arbeit auch mit der quasiharmonischen Näherung bestimmt. Als Beispiel soll die Berechnung des Spektrums des Naphthalinkristalls dienen, die für das Temperaturintervall von 0 bis 300 K durchgeführt wurde. Aus Abbildung 3.4 ist zu ersehen, daß die berechnete und die experimentelle Kurve für die niederfrequenten Teile gut übereinstimmen (Abweichung weniger als 10%). Dabei ist eine Tendenz der Annäherung bei niedrigen Temperaturen zu bemerken. Das stärkere Abweichen der

[1]) In der oben zitierten Arbeit ist die Beziehung der Frequenzen zu den symmetrischen und antisymmetrischen Moden nicht angeführt.

berechneten von den experimentellen Kurven bei hohen Temperaturen wird offensichtlich durch die Anharmonizität der Schwingungen hervorgerufen, die nicht vollständig durch die quasiharmonische Näherung berücksichtigt wird. Wie in den Arbeiten [280] und [281] gezeigt wurde, ist die Anharmonizität in Molekülkristallen bedeutend. So erreicht ihr Beitrag in den berechneten harmonischen Schwingungen des *n*-Hexans und *n*-Octans 40% [280], und beim Dichlorbenzol erfolgen die harmonischen Librationen bei Temperaturen, die nicht höher als 230 K [282] liegen. Der große Unterschied zwischen der berechneten und der experimentellen Kurve für die relativ niederfrequente Schwingung des *b*-Typs ist auffällig. Möglicherweise bedarf die experimentelle Kurve einer Verfeinerung.

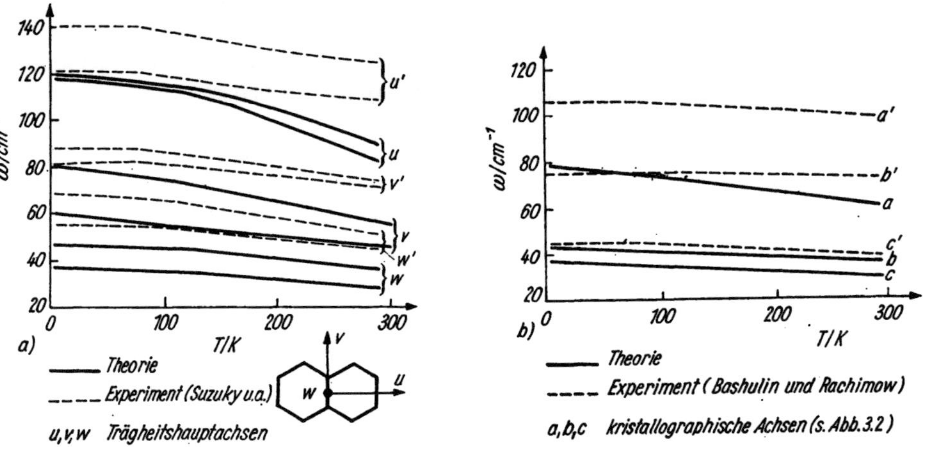

Abb. 3.4. Temperaturverlauf (a) der Librations- und (b) der Translationsfrequenzen der Molekülschwingungen im Naphthalinkristall. *U, V, W, a, b, c* — Schwingungstypen

Für die hochfrequenten Librationsschwingungen (U^A, U^S, V^S) beobachtet man beträchtliche Abweichungen der experimentellen von den theoretischen Kurven. Sie steigen bei tiefen Temperaturen bis zu 20%. Ursache ist aller Wahrscheinlichkeit nach die Wechselwirkung zwischen Gitterschwingungen und den innermolekularen Schwingungen. In den Schwingungsspektren des Naphthalinmoleküls werden zwei niederfrequente Banden beobachtet: 176 cm^{-1} und 195 cm^{-1} (die nächstgrößere ist 359 cm^{-1}). Die Existenz solch niedriger Frequenzen spricht natürlich nicht für die Näherung, das Molekül im Gitter als starren Kreisel zu betrachten. Mehr noch, die relativ kleinen Frequenzinkremente der niederfrequenten innermolekularen Schwingungen und der hochfrequenten Gitterschwingungen führen, wie aus der Theorie der Schwingungen der klassischen Mechanik oder der Störungstheorie der Quantenmechanik bekannt ist, zu einer starken Änderung der Frequenzen der wechselwirkenden Schwingungssysteme sogar bei schwacher kinematischer oder potentieller Wechselwirkung von Kräften. Im betrachteten Fall liegen beide Arten von Wechselwirkungen vor.

Die Berücksichtigung der intramolekularen Schwingungen führt zum Auftreten zusätzlicher Koordinaten im Ausdruck für die Energie sowohl der Corioliswechselwirkung als auch der Fliehkraftanregung in der Gleichung der kinetischen Energie der

Molekülbewegung im Gitter.

$$V = \frac{1}{2} \sum_k [u(\overline{R}_k, \overline{\Omega}_k, q_{1k}, \dots, q_{nk}) + K_1 q_{1k}^2 + \dots + K_n q_{nk}^2]$$

$$T = \frac{1}{2} \sum_k [M R_k^2 + I_x \Omega_{kx}^2 + I_y \Omega_{ky}^2 + I_z \Omega_{kz}^2 + \mu_1 q_{1k}^2 + \dots + \mu_n q_{nk}^2 + a \Omega_{kx} q_{1k} + \dots + f \Omega_{kz} q_{nk} + I_{\alpha\beta}(q_{1k}, \dots, q_{nk}) \Omega_\alpha \Omega_\beta] .$$

Hierbei sind: k — Index des Moleküls in der Elementarzelle; M — Masse, I_x, I_y, I_z — Hauptwerte des Tensors der Trägheitsmomente; R, Ω — entsprechende Linear- bzw. Winkelverschiebungen des Moleküls; μ_n, K_n — reduzierte Massen und Kraftkonstanten; q — intramolekulare Koordinaten; $a, \dots, f$ — Koeffizienten der Glieder der Corioliswechselwirkung; $I_{\alpha\beta}(q_1, q_2, \dots, q_n)$ — von den intramolekularen Schwingungsverschiebungen abhängiger Teil des Trägheitstensors des Moleküls.

Im Schwingungsgrundzustand ist die Fliehkraftanregung gering, und die Corioliswechselwirkung, die bei großen Amplituden der intramolekularen Schwingungen deutlicher ist, kann ein Minimum einnehmen.

Man kann unter Berücksichtigung nur der Kraftwechselwirkungen zwischen den intramolekularen und den Gitterschwingungen die Bewegungsgleichungen des Moleküls im Kristall wie folgt schreiben:

$$\left.\begin{aligned} M\ddot{R}_{kx} &= -\frac{\partial V}{\partial R_{kx}} \\ I_x \Omega_{kx} &= -\frac{\partial V}{\partial \Omega_{kx}} \\ \mu_1 q_{1k} &= -K_1 q_{1k} - \frac{\partial V}{\partial q_{1k}} \\ &\vdots \\ \mu_n q_{nk} &= -K_n q_{nk} - \frac{\partial V}{\partial q_{nk}} \end{aligned}\right\} . \qquad \text{(A)}$$

Die Aufgabe vereinfacht sich wesentlich, wenn die intramolekulare Bewegung mit der Frequenz ω_n durch eine natürliche Koordinate q_n beschrieben werden kann. In diesem Falle sind die Größen K_n/μ_n im Gleichungssystem (A), offensichtlich, die Quadrate der experimentellen Frequenzwerte. Bei der Lösung von (A) genügt es, sich auf die niederfrequenten intramolekularen Schwingungen zu beschränken.

Unter Berücksichtigung der intramolekularen Schwingungen im Rahmen der oben beschriebenen Näherung wurde in der Arbeit [283] eine Berechnung des Spektrums niederer Schwingungen des Naphthalinkristalls in Abhängigkeit von der Temperatur durchgeführt. Die Schwingungsformen (Abb. 3.5a), von denen die Autoren ausgingen, sind in der Arbeit [284] dargestellt.

Die Ergebnisse der Berechnung sind in der Abbildung 3.5b angegeben. Wie aus der Zeichnung ersichtlich ist, führt die Berücksichtigung der intramolekularen Schwingungen zur Annäherung der berechneten und experimentellen Kurven für hohe Frequenzen (u^S, u^A und v^S).

Die niederfrequenten Kurvenäste blieben unverändert, wie zu erwarten war. Für die aufgespaltenen intramolekularen Frequenzbanden wurden folgende Werte erhalten ($T = 293$ K): $\omega_1^A = 192\ \text{cm}^{-1}$, $\omega_1^s = 174\ \text{cm}^{-1}$, $\omega_2^A = 236\ \text{cm}^{-1}$, $\omega^s = 238\ \text{cm}^{-1}$.

Die Aufgabe der Berechnung der intramolekularen und Gitterschwingungen wurde für den Naphthalinkristall in allgemeiner Form gelöst [285]. Die in dieser Arbeit für $T = 293$ K berechneten Frequenzen niederer Schwingungen und zweier aufgespaltener intramolekularer Banden befinden sich in guter Übereinstimmung mit den oben angegebenen. Der in [285] vorgeschlagene Weg zur Lösung der Aufgabe, die Wechselwirkungen zwischen den intramolekularen und Gitterschwingungen zu berücksichtigen, ist etwas kompliziert und aufwendig.

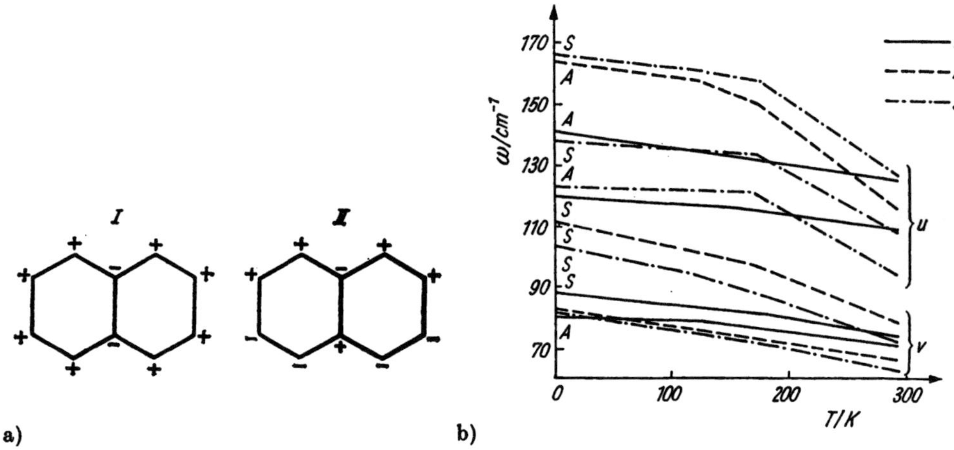

Abb. 3.5. a) Formen der niederfrequenten intramolekularen Schwingungen für die Frequenzen $\omega_I = 176$ cm^{-1}, $\omega_{II} = 195$ cm^{-1}; b) Temperaturabhängigkeit der Frequenzen der Librationsschwingungen. *1* — Experiment, *2* — Berechnung ohne Berücksichtigung der Wechselwirkung, *3* — mit Berücksichtigung der Wechselwirkung

Aus dem Dargelegten folgt, daß die gleichen Resultate auf bedeutend einfacherem Weg erhalten werden können.

Der auffällig starke Abfall der Kurve der Temperaturabhängigkeit der Frequenzen im Bereich hoher Temperaturen ist offensichtlich durch die Anharmonizität der Gitterschwingungen bedingt, die in der quasiharmonischen Näherung nicht vollständig berücksichtigt wird.

Die Analyse des Temperaturverlaufs der Frequenzen der Anthracen- und Diphenylkristalle zeigt auch eine gute Übereinstimmung mit dem Experiment und ist in vieler Hinsicht den Verhältnissen beim Naphthalinkristall analog.

In derselben Arbeit wurden die Schnitte der Dispersionsflächen $\omega(\boldsymbol{k})$ im Falle $\boldsymbol{k} \parallel \boldsymbol{b}$ für Naphthalin-, Anthracen- und Diphenylkristalle berechnet. Abbildung 3.6 zeigt den Schnitt für Naphthalin. Die Berechnung der Schnitte der Dispersionsflächen wurde durch Diagonalisierung der Matrizen der dynamischen Koeffizienten für jeden Wert von $\boldsymbol{k}$ durchgeführt. Die für die betrachteten Fälle ausreichende Schrittweite von $\boldsymbol{k}$ betrug 0,05. In der Nähe von Schnittpunkten oder bei Näherung verschiedener Kurven wurde die Schrittweite auf 0,01 verringert, um eine sichere Zuordnung der Frequenzen zu den Schwingungstypen zu erhalten.

Der Vergleich der berechneten und der experimentellen Frequenzen und auch die Analyse der Temperaturabhängigkeit der Frequenzen ergeben eine gute Näherung an das Experiment. Indes gibt es keinen Zweifel darüber, daß die Ergebnisse noch

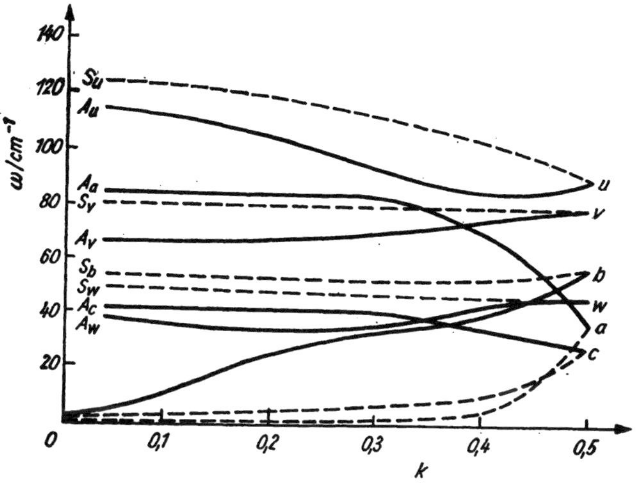

Abb. 3.6. Schnitt der Dispersionsflächen für den Naphthalinkristall. $T = 293$ K

verbessert werden können, wenn bessere Atom–Atom-Potential-Kurven ausgewählt werden. Gegenwärtig findet man in der Literatur eine ganze Reihe empirischer Potentiale, von denen sich viele ganz erheblich unterscheiden. In einer Reihe von Arbeiten, zum Beispiel [286, 287], wurde ein Vergleich der verschiedenen Potentiale durch Gegenüberstellung der berechneten und experimentellen zwischenmolekularen Frequenzen und thermodynamischen Größen von Molekülkristallen durchgeführt. Diese Gegenüberstellung weist darauf hin, daß die berechneten Größen sehr empfindlich von der Auswahl der Potentialkurven der Atom–Atom-Wechselwirkungen abhängen. Wenn man berücksichtigt, daß das Spektrum der zwischenmolekularen Schwingungen und die thermodynamischen Größen ein reiches Datenmaterial liefern und eine relativ große experimentelle Genauigkeit besitzen, ergibt sich das Erfordernis, diese Daten für die Auswahl optimaler Parameter der Potentialkurve hinzuzuziehen. Die ersten Versuche in dieser Richtung einer Optimierung nach der Methode der kleinsten Fehlerquadrate wurden in den Arbeiten [285, 288, 289, 290] unternommen.

Die Vervollkommnung des Optimierungsmodells, zum Beispiel die Berücksichtigung der intramolekularen Schwingungen, der Anharmonizität für einen exakten Vergleich des Experiments mit der Berechnung, die weitere Sammlung von rechnerischem und experimentellem Material gestattet in Zukunft, die Parameter der Potentialkurven den Verbindungsklassen zuzuordnen.

3.7. Die mittlere Schwingungsamplitude

Die Frequenz einer Normalschwingung wird entsprechend den Grundprinzipien der statistischen Physik durch ihre mittlere Energie

$$\varepsilon = \frac{1}{2}\hbar\omega + \frac{\hbar\omega}{\exp\left(\hbar\omega/kT\right) - 1}$$

bestimmt.

Andererseits ist die mittlere Energie einer Translationsschwingung gleich $1/2m\omega^2a^2$. Daraus erhält man die Schwingungsamplitude. Uns interessiert aber die mittlere Verschiebung in Richtung einer bestimmten Achse. Aus der Lösung des dynamischen Problems sind uns die normalisierten Eigenvektoren mit ihren Komponenten e_i ($i = 1, \ldots, 6Z$) für jede Frequenz bekannt. Wollen wir die quadratische mittlere Verschiebung längs der x-Achse erhalten, so muß die quadratische mittlere Verschiebung, die eine Normalschwingung mit der Frequenz ω liefert, das heißt die Größe $\varepsilon/m\omega^2$, mit e_1^2 (dem Quadrat der Richtungskosinus) multipliziert werden. Damit sind die quadratischen mittleren Verschiebungen längs der Achsen x, y und z des Koordinatensystems des Moleküls gleich

$$\frac{e_1^2\varepsilon}{m\omega^2}, \quad \frac{e_2^2\varepsilon}{m\omega^2}, \quad \frac{e_3^2\varepsilon}{m\omega^2}.$$

Wenn uns der Schwingungsbeitrag ω mit dem Eigenvektor $\boldsymbol{e}$ zur Verschiebung längs des Einheitsvektors $\boldsymbol{l}$ interessiert, dann muß man

$$\frac{\varepsilon}{m\omega^2}(\boldsymbol{el})^2 = \frac{\varepsilon}{m\omega^2} e_i e_j l_i l_j$$

berechnen.

Auf gleiche Weise wird die Translationsverschiebung des Tensors

$$\frac{e}{m\omega^2} e_i e_j$$

bestimmt. Diese Größe liefert jedoch nur den Beitrag einer einzelnen Normalschwingung.

Insgesamt gibt es pro Elementarzelle $6\,Z$ Schwingungen. Folglich ist der gesuchte Tensor

$$T_{ij} = \sum_{6Z} \frac{\varepsilon}{m\omega^2} e_i e_j .$$

Wenn die verfügbaren Daten gestatten, eine Berechnung vorzunehmen, die nicht nur von den Grenzfrequenzen ausgeht, sondern auch Dispersionsflächen einbezieht, dann muß T_{ij} über die Elementarzelle des reziproken Raums, d. h. über die Brillouin-Zone, gemittelt werden.

Bisher haben wir die Berechnung der Translationsverschiebung des Moleküls betrachtet. Sie wird durch einen Tensor charakterisiert, dessen Komponenten durch die Translation der Eigenvektoren ausgedrückt werden.

Völlig analog sind die mittleren Rotationen um die Gleichgewichtslage bei Drehungen um die Achsen x, y, z mit

$$\Theta_1 = \frac{e_4\varepsilon}{I_1\omega^2}, \quad \Theta_2 = \frac{e_5\varepsilon}{I_2\omega^2}, \quad \Theta_3 = \frac{e_6\varepsilon}{I_3\omega^2},$$

worin I_1, I_2, I_3 die entsprechenden Trägheitsmomente sind.

Der Schwingungsbeitrag ω mit dem Eigenvektor $\boldsymbol{e}$ zur Rotation um eine Achse $\boldsymbol{l}$ wird gleich

$$(\boldsymbol{\Theta l})^2 = \Theta_i \Theta_j l_i l_j .$$

Der Tensor $\omega_{ij} = \Theta_i \Theta_j$ berechnet sich nach

$$T_{ij} = \sum_{6Z} \frac{e_i e_j \varepsilon(\omega)}{\sqrt{I_i I_j}\, \omega^2},$$

worin $e_i e_j$ die Librationskomponenten der Eigenvektoren sind.

Bisher gibt es nur von Pawley eine nach diesem Algorithmus durchgeführte Berechnung für Naphthalin- und Anthracenkristalle bei Zimmertemperatur. Für Naphthalin haben die Tensoren folgende numerischen Werte:

$$T = \begin{vmatrix} 4{,}14 & 0{,}08 & -0{,}05 \\ & 4{,}14 & -0{,}18 \\ & & 3{,}44 \end{vmatrix} 10^{-2}\,\text{Å}^2,$$

$$\omega = \begin{vmatrix} 21{,}9 & 2 & 0{,}6 \\ & 15{,}7 & 2{,}5 \\ & & 17{,}2 \end{vmatrix} \text{grd}^2.$$

Das sind sehr typische Zahlenwerte für einen organischen Molekülkristall: eine mittlere Verschiebung des Schwerezentrums um etwa 0,02 Å und ein mittlerer Schwenkwinkel von $\approx 4°$.

Die Tensoren T und ω können aus den Röntgenstrukturanalysen der Kristalle gewonnen werden, weil in die Strukturamplitude der Röntgenstreuung

$$F = \sum f_j \exp(-M_j) \exp(hx_j + ky_j + ez_j)$$

als Temperaturfaktor der Debye-Waller-Faktor $\exp(-M_j)$ eingeht, der unmittelbar mit der mittleren quadratischen Verschiebung des Atoms zusammenhängt:

$$M_j = 8\pi^2 \overline{u_j^2} \frac{\sin^2 \Theta}{\lambda^2},$$

worin Θ der Beugungswinkel der Röntgenstrahlen (Bragg-Winkel) und λ die Wellenlänge der Röntgenstrahlung ist (siehe Seite 247).

Die Größe $\overline{u_j^2}$ wird im Grunde durch die Molekülschwingungen bestimmt. Die Amplitude der innermolekularen Schwingungen kann man nach verschiedenen Methoden abschätzen, so auch mit der Elektronenbeugung an Molekülen in der Dampfphase. Die mittleren Quadrate der Amplituden sind mehr als eine Größenordnung kleiner als die entsprechenden Werte der zwischenmolekularen Schwingungen. Deshalb ist die Berechnung von $\overline{u_j^2}$ über die Tensoren T_{ij} und ω_{ij} von wesentlichem Interesse. Es ist hinreichend klar, daß ein Atom, wenn es an allen Normalschwingungen teilnimmt, anisotrop schwingt. Man kann annehmen, daß

$$\overline{u^2} = \sum_{i=1}^{3} \sum_{j=1}^{3} U_{ij} l_i l_j$$

gilt, worin U_{ij} ein symmetrischer Tensor mit sechs unabhängigen Komponenten ist.

Mit Hilfe der Methode der kleinsten Quadrate, wie sie zur Zeit allgemein in der Röntgenstrukturuntersuchung üblich ist, können die Tensoren U_{ij} bestimmt werden. Jedes Atom wird durch ein speziell orientiertes Ellipsoid beschrieben. Abbildung 3.7 zeigt das Strukturbild des Sucrose-Kristalls aus den Daten einer Röntgenstrukturanalyse. Solche Strukturbilder werden heute von elektronischen Rechenmaschinen gezeichnet.

Nimmt man an, daß das Molekül als starrer Körper schwingt, so läßt sich schreiben:

$$\overline{u^2} = \sum_{i=1}^{3} \sum_{j=1}^{3} U_{ij} l_i l_j + \sum_{i=1}^{3} \sum_{j=1}^{3} [T_{ij} l_i l_j + \omega_{ij} (\boldsymbol{l} \times \boldsymbol{r})_i (\boldsymbol{l} \times \boldsymbol{r})_j],$$

worin $\boldsymbol{r}$ der Abstand des Atoms vom Schwerezentrum des Moleküls ist. Es ist gezeigt worden (Trueblood, Shoemaker [302]), daß die angegebene Formel für solche Moleküle richtig ist, die eine symmetrische Lage im Kristall einnehmen. Im allgemeinen Fall muß man noch einen weiteren Tensor einführen.

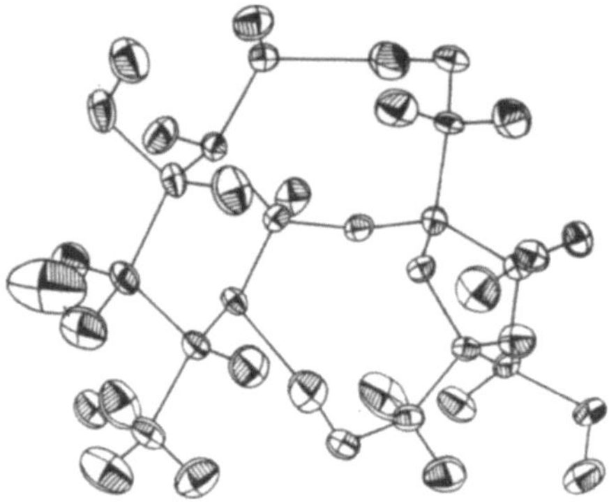

Abb. 3.7. Darstellung der Ergebnisse der Röntgenstrukturanalyse eines Sucrosekristalls

Die Bestimmung des Tensors U_{ij} für jedes Atom ist in der Regel sehr ungenau, und in vielen Fällen sind die Schlußfolgerungen über den Charakter der Atomschwingung aus den atomaren Tensoren ziemlich unsicher. Mit größerer Genauigkeit können jedoch die Tensoren T_{ij} und ω_{ij} bestimmt werden. Wenn das Molekül zum Beispiel 20 Atome enthält, so werden deren Schwingungen durch 60 experimentell nur grob ermittelte Werte charakterisiert. Von diesen 60 Zahlenwerten erhalten wir nach der Methode der kleinsten Quadrate 12 (sechs Komponenten T_{ij}, sechs Komponenten ω_{ij}). Damit erhöht sich die Genauigkeit etwas. Man sollte sich jedoch mit Abweichungen von 20—30% zwischen den nach der Atom–Atom-Potential-Methode berechneten und den mit der Röntgenstrukturanalyse gemessenen Tensoren T_{ij} und ω_{ij} für die Diagonalglieder und mit einer Übereinstimmung in der Größenordnung für die Nichtdiagonalglieder zufrieden geben.

3.8. Die Reorientierung der Moleküle

Bisher haben wir von den Schwingungsbewegungen der Moleküle gesprochen. Aber diese Bewegungen sind nicht die einzig möglichen. Durch NMR wurde die bereits früher vermutete Reorientierungsbewegung der Moleküle im Kristall nachgewiesen. Eine derartige Bewegung kann dann erfolgen, wenn die Energieschwelle der Reorientierung die Größe kT wenig übersteigt. Das bedeutet, daß die Reorientierung nur für Moleküle mit geeigneter Form möglich ist: Scheibe, Kugel und Zylinder.

Die Reorientierung der Moleküle ist mit der streng kristallinen Ordnung gut zu vereinbaren. Eine gute bildliche Darstellung der Elektronendichte, die durch Röntgenstrukturanalyse gewonnen wird, fixiert die mittlere Lage der Atome. Wenn die Reorientierung bewirkt, daß die Atome ihre mittlere Lage wieder einnehmen, so hat eine solche Bewegung nicht den geringsten Einfluß auf das Röntgenexperiment. Das ist der Fall in Benzol- und Hexamethylbenzolkristallen. Die Moleküle reorientieren sich durch eine Drehung um ihre sechszählige Achse.

Die Frequenz der Reorientierung muß folgender Gleichung genügen:

$$\omega_c = \omega_0 \exp(-U/kT),$$

worin U die Aktivierungsenergie der Reorientierungsbewegungen bedeutet. Bei Erhöhung der Temperatur nimmt die Frequenz der Reorientierung in bestimmten Schritten von Null aufwärts zu. Bei einer typischen Höhe der Energieschwelle um 3 kcal/mol (= 12,6 kJ/mol) liegt die Zahl der Reorientierungssprünge bei 85 K um $10^5\,s^{-1}$, bei 170 K bei $10^8\,s^{-1}$. Die Schwingungsfrequenz des Benzolmoleküls ist von der Größenordnung $10^{12}\,s^{-1}$. Damit ist klar, daß sich das Molekül fast ständig im Schwingungszustand befindet. Sogar bei einer Temperatur in der Nähe des Schmelzpunktes kommt nur ein Sprung auf etwa tausend Schwingungen. Daraus folgt, daß die thermodynamischen Größen geordneter Kristalle durch die Reorientierung der Moleküle nicht beeinflußt werden.

Angaben über die Reorientierung der Moleküle im Kristall erhält man, wie schon erwähnt, aus der Untersuchung der Linienbreite der NMR. Bei tiefen Temperaturen

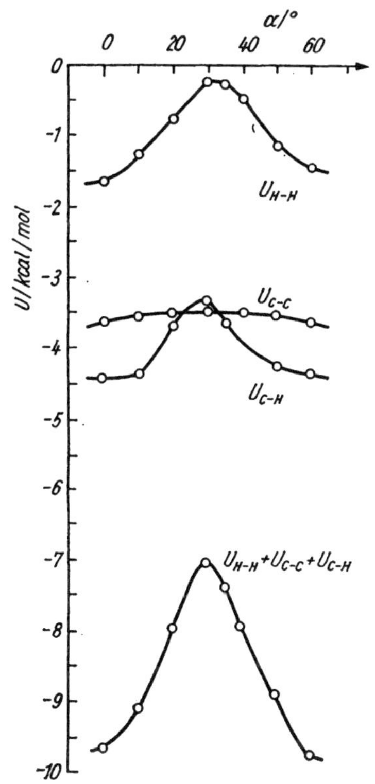

Abb. 3.8. Wechselwirkungsenergie eines rotierenden Moleküls mit ruhenden Nachbarn (neben der Summenkurve wird auch das Verhalten der einzelnen Summanden, die durch Wechselwirkung verschiedenartiger Atome entstehen, gezeigt)

liefert eine Substanz eine breite Linie. Es gibt jedoch eine bestimmte Temperatur, bei der die Reorientierungsfrequenz des Moleküls der Linienbreite entspricht. Die Theorie zeigt, daß unter solchen Bedingungen die Linienbreite schnell erheblich schmaler wird.

Häufig wird fälschlicherweise angenommen, daß der Zeitpunkt des Schmalerwerdens der NMR-Linie einem Phasenübergang entspricht. Tatsächlich ist die Temperatur, bei der die Linienbreite spontan abnimmt, die Temperatur, bei der diese Methode die Molekülreorientierung zu erfassen beginnt.

Obwohl die Reorientierung eine seltene Erscheinung ist, sollte man bei ihrer Diskussion auf der Basis eines geometrischen oder physikalischen Modells davon ausgehen, daß die Nachbarn des rotierenden Moleküls sich im Ruhezustand befinden. Man kann ohne jede Rechnung die Möglichkeit der Reorientierung abschätzen, indem man die Änderungen bei der Drehung eines Moleküls aus einer Gleichgewichtslage in die benachbarte analysiert. Wenn sich in irgendeinem Augenblick der Drehung der zwischenmolekulare Abstand zwischen nächsten Atomen verkürzt, sagen wir um das Doppelte, ist eine Rotation schon nicht mehr möglich.

Ohne besondere Schwierigkeit kann man mit Hilfe der Atom–Atom-Potentiale die Energie berechnen, die der Reorientierungsdrehung entspricht. Derartige Berechnungen wurden von uns für den Benzolkristall vorgenommen (Abb. 3.8). Bei einer Abweichung des Moleküls von der Gleichgewichtslage um 35° beträgt die Energieschwelle 4,9 kcal/mol (= 20,5 kJ/mol). Das ist ein etwas höherer Wert als sich aus dem Experiment ergibt. Da die experimentellen Angaben alle etwas widersprüchlich sind, ist es nicht sinnvoll, ein Modell auszuwählen, das eine bessere Übereinstimmung mit dem Experiment verspricht. Wir möchten noch bemerken, daß sich bei gleichzeitiger Reorientierung von zwei oder drei benachbarten Molekülen die Energieschwelle der Reorientierungsrotation wesentlich verkleinert. Wenn man sich vorstellt, daß sich das Molekül gemeinsam mit seinen Nachbarn in der ersten Koordinationssphäre reorientiert, wird die Energieschwelle etwa 3 kcal/mol (= 12,6 kJ/mol) betragen. Es stellt sich interessanterweise heraus, daß die Anwendung der Atom–Atom-Potential-Methode zur Aufklärung eines Mechanismus derartig feiner Effekte wie die Reorientierungssprünge der Moleküle im Kristall führen kann.

4. Methoden zur Untersuchung der Struktur und Bewegung von Molekülen

A. *Die Beugungsmethoden*[1])

4.1. Grundlagen der Beugungsmethoden für die Kristallstrukturanalyse

Die Struktur der Kristalle wird mit Hilfe von Beugungsmethoden bestimmt. Dazu gehören die Röntgenstrukturanalyse, die Elektronen- und die Neutronenstrukturanalyse. Die erstere hat die weitaus größte Verbreitung gefunden. Ihre physikalischen Grundlagen unterscheiden sich nicht prinzipiell voneinander.

Betrachten wir ein beliebiges Atom der Elementarzelle des Kristalls, dessen Lage durch den Radius-Vektor $\boldsymbol{r}$ bestimmt wird. Den Gangunterschied zwischen den Wellen, die an diesem Atom gestreut werden, und der Welle, die an einem Atom gestreut wird, das auf einem Gitterpunkt liegt, berechnet man analog der Ableitung des Braggschen Gesetzes. Dieser Gangunterschied ist gleich $2\Delta \sin \Theta$ mit $\Delta = \boldsymbol{ur}$ ($\boldsymbol{u}$ = Einheitsvektor). Damit ist die Phase der an einem beliebigen Atom gestreuten Welle relativ zum Koordinatenursprung der Elementarzelle (d. h. Gangunterschied, multipliziert mit $2\pi/\lambda$) gleich $\alpha = \boldsymbol{sr}$, worin $\boldsymbol{s}$ einen Vektor senkrecht zur reflektierenden Netzebenenschar darstellt, mit $|\boldsymbol{s}| = 4\pi \sin \Theta/\lambda$.

Unschwer läßt sich zeigen, daß der auf diese Weise eingeführte Vektor $\boldsymbol{s}$ gleich $2\pi\boldsymbol{H}$ ist, mit $\boldsymbol{H}$ als Vektor des reziproken Raums:

$$\boldsymbol{H} = h_1\boldsymbol{a}_1^* + h_2\boldsymbol{a}_2^* + h_3\boldsymbol{a}_3^* .$$

Die h_i sind ganze Zahlen, und die Länge der Zelle des reziproken Gitters ist durch die Gleichungen $\boldsymbol{a}_i\boldsymbol{a}_j^* = \delta_{ij}$ gegeben (δ_{ij} ist das Kronecker-Symbol).

Die Intensität des Strahls hängt von der Geometrie der experimentellen Anordnung für die Kristallstrukturbestimmung ab. Wenn man mit F die Streuamplitude einer Elementarzelle bezeichnet (F ist im allgemeinen Fall eine komplexe Größe), so ist die Intensität $I_{hkl} = k\,|F|^2$, wobei k von der Größe, Form und Absorption des Kristalls, von der Intensität und der Wellenlänge des einfallenden Strahls und vom Streuwinkel abhängt. Die Formeln, nach denen man k für die verschiedenen Geometrien der experimentellen Anordnung bestimmen kann, findet man in den entsprechenden Monographien. Das Quadrat des Moduls der Amplitude F wird durch die Struktur des Kristalls bestimmt. Deshalb bezeichnet man F als Strukturamplitude.

Dic Empfindlichkeit der Intensität des Strahls in bezug auf die Struktur folgt daraus, daß die Atome in der Elementarzelle in verschiedenen Phasen in Abhängigkeit von ihrer gegenseitigen Anordnung streuen. Die Phase des k-ten Atoms wird, wie man

[1]) Es gibt eine Reihe von Lehrbüchern, die die Beugungsmethoden behandeln. Deshalb beschränken wir uns hier nur auf allgemeine Bemerkungen, die für unser Thema besondere Bedeutung haben.

sieht, durch das Produkt $\boldsymbol{H}\boldsymbol{r}_k$ bestimmt. Schließlich ist die Strukturamplitude

$$F = \sum_1^N f_k \, e^{i(\boldsymbol{H}\boldsymbol{r}_k)}$$

mit f_k als Streuamplitude des k-ten Atoms.

Wenn f_k und $\boldsymbol{r}_k$, das heißt die Struktur, bekannt sind, dann ist die Intensität jedes reflektierten Strahls, das heißt für beliebiges $\boldsymbol{H}$, berechenbar. Sie ist gleich n^2F^2, worin n die Zahl der an der Streuung beteiligten Elementarzellen im Kristallvolumen ist.

Die Röntgenstrukturanalyse löst die umgekehrte Aufgabe. Sie Struktur wird aus Hunderten und Tausenden gemessener F^2-Werte bestimmt.

Der erste Schritt besteht im Aufsuchen eines groben Strukturmodells des Kristalls. Ob die gefundene mit der vom Kristall realisierten Struktur übereinstimmt, ergibt sich aus dem Vergleich der Werte der gemessenen mit den nach dem Strukturvorschlag berechneten Strukturamplituden. Am schwierigsten sind die ersten Schritte. Nachdem man die Sicherheit hat, daß der gewählte Vorschlag auf alle Fälle richtig ist, was sich zumindest in der Mehrzahl der Vorzeichen der Strukturamplituden ausdrückt, wird die Annäherung der berechneten und der experimentellen Strukturamplituden mit Hilfe der Methode der kleinsten Quadrate vorgenommen, indem man den Ausdruck

$$R = \sum \frac{|F^{\text{beob}}| - |F^{\text{ber}}|}{|F^{\text{beob}}|}$$

minimisiert.

Die Auswahl des Strukturvorschlags bedeutet in erster Linie die Wahl der richtigen Atomlagen. Außerdem ist es notwendig, die richtigen Werte der Atomamplituden f auszuwählen.

Die Methode der kleinsten Quadrate ist generell der Methode der Berechnung der Fourier-Reihen der Elektronendichte gleichzusetzen. Für zentrosymmetrische Kristalle gilt für die Elektronendichte innerhalb der Elementarzelle

$$\varrho(\boldsymbol{r}) = 2 \sum F_H \cos 2\pi(\boldsymbol{H}\boldsymbol{r}) \, .$$

Sobald die Struktur annähernd gefunden ist und die Vorzeichen der F_H im wesentlichen richtig sind, kann $\varrho(\boldsymbol{r})$ berechnet, ihre Maxima bestimmt und damit die Vorzeichen von F_H nochmals berechnet werden. Danach wird $\varrho(\boldsymbol{r})$ neu berechnet und schließlich ihre Maxima, das heißt die Atomkoordinaten bestimmt.

Jedes Elektron wird durch seine eigene „Verteilungsfunktion" $\varrho_i(x, y, z)$ charakterisiert, die die Dichte der Elektronenwolke anzeigt, die als Überlagerung einer unendlichen Zahl von Bahnen des Elektrons zu verstehen ist. Die vollständige Elektronendichte im Atom (Anzahl der Elektronen pro Volumeneinheit) ist

$$\varrho(x, y, z) = \sum_{i=1}^{z} \varrho_i(x, y, z) \, .$$

Die Größe $\varrho \, dv$ (dv als Volumenelement) gibt die Anzahl Elektronen an, die sich im Mittel in dv aufhält.

Die Streuung durch das Volumenelement dv läßt sich offenbar wie folgt ausdrücken: $\varrho \, dv \, e^{i(\boldsymbol{s}\boldsymbol{r})}$, worin $\boldsymbol{r}$ der Radius-Vektor ist, der den Koordinatenursprung mit dem

Volumenelement verbindet. Entsprechend bestimmt man den atomaren Streufaktor nach

$$f(\mathbf{s}) = \int_v \varrho\, e^{i(\mathbf{s}\mathbf{r})}\, dv\,. \tag{1.1}$$

Mit der Kenntnis der Funktion $\varrho(x, y, z)$ gewinnen wir den atomaren Streufaktor. Im allgemeinen Fall ist f eine Funktion des Vektors $\mathbf{s}$; das bedeutet, daß die atomare Streuung von dem Argument $\sin \Theta/\lambda$ abhängt, aber auch von der Orientierung des Atoms in der Streulage.

Wir führen bei der Berechnung der atomaren Streuung eine grundlegende Vereinfachung ein, indem wir Kugelsymmetrie der Elektronenverteilung voraussetzen. Es ist klar, daß in diesem Fall der Wert f nicht von der Orientierung des Atoms abhängt und die Streuung eine Funktion des skalaren Arguments

$$f = f\left(\frac{\sin \Theta}{\lambda}\right)$$

ist. Eine ähnliche Annahme gibt auch sehr gut die Besonderheiten der Elektronenverteilung des freien Atoms wieder. Bei Vorliegen kugelförmiger Symmetrie läßt sich der Ausdruck (1.1) für den Atomfaktor bequem umformen, wenn man die Funktion

$$U(r) = 4\pi r^2 \varrho(r) \tag{1.2}$$

einführt (der Koordinatenursprung liegt im Zentrum des Atoms). $U(r)$ ist offensichtlich die Zahl der Elektronen, die zwischen den Kugeln mit den Radien r und $r + dr$ liegen. Die Funktion $U(r)$ heißt Radialverteilungsfunktion und charakterisiert das Atom sehr anschaulich, wie wir später sehen werden.

Bekanntlich ist das Volumenelement in sphärischen Koordinaten gleich

$$dv = r^2 \sin\alpha\, d\alpha\, dr\, d\varphi\,.$$

Wählt man die Richtung von $\mathbf{s}$ als Radius der Kugel, von dem aus α gezählt wird, erhalten wir $\sphericalangle(\mathbf{s}, \mathbf{r}) = \alpha$. Setzen wir ϱ aus (1.2) ein und benutzen den angegebenen Ausdruck für dv, so erhalten wir

$$f(s) = \frac{1}{4\pi} \int_0^\infty \int_0^\pi \int_0^{2\pi} U(r)\, e^{isr\cos\alpha}\, r^2 \sin\alpha\, dr\, d\alpha\, d\varphi\,.$$

Integrieren wir über die Winkel, so erhalten wir ohne Schwierigkeiten

$$f(s) = \int_0^\infty U(r) \frac{\sin sr}{sr}\, dr\,.$$

Somit ist der Atomfaktor eine Funktion von $\sin \Theta/\lambda$. Die Form dieser Funktion wird durch die Radialverteilung der Elektronen im kugelsymmetrischen Atom bestimmt (Abb. 4.1).

f_0 sei die Streuamplitude des Atoms, das sich in der Gleichgewichtslage befindet. Die thermische Verschiebung des Atoms sei $\mathbf{\Delta}$. Dann ist die Streuamplitude gleich $f_0 e^{i2\pi \mathbf{H}\mathbf{\Delta}}$. Uns interessiert hier die zeitlich gemittelte Streuamplitude, die gleich $\overline{f_0 e^{i2\pi \mathbf{H}\mathbf{\Delta}}}$ ist. Wir bezeichnen jetzt die Projektion des Vektors $\mathbf{\Delta}$ auf den Vektor $\mathbf{H}$ mit z. Gerade durch diese Projektion bestimmt $\mathbf{\Delta}$ die Streuung unter einem bestimmten Winkel. Dann kann man die augenblickliche Streuamplitude in der Form

$$f_0 \, e^{i2\pi Hz}$$

schreiben.

$w(z)$ sei die Wahrscheinlichkeit der Verschiebung des Atoms um den Betrag z. Wir nehmen eine Gauß-Verteilung für die Verschiebung des Atoms an, das heißt, daß

$$w(z) = \frac{1}{\sqrt{2\pi D}} \, e^{-z^2/2D}$$

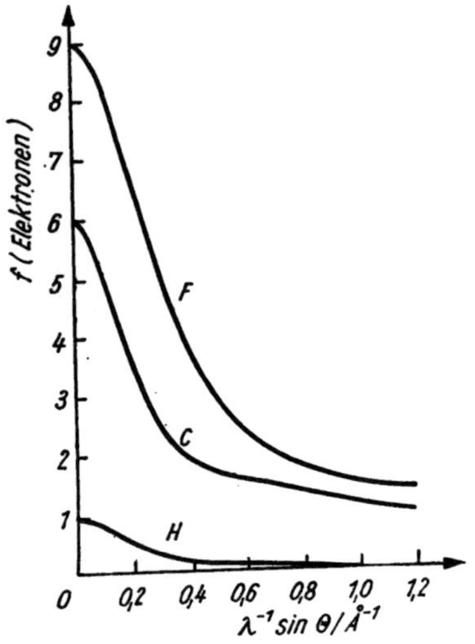

Abb. 4.1. Abhängigkeit von f vom Beugungswinkel für die Atome H, C und F

ist, worin die Standard-Abweichung der Verteilung D die mittlere quadratische Abweichung u_H^2 in Richtung des reziproken Vektors darstellt. Dann ist die uns interessierende mittlere Amplitude gleich

$$f_0 \int_{-\infty}^{\infty} w(z) \, e^{i2\pi Hz} \, dz = f_0 \, e^{-M}$$

mit

$$M = 8\pi^2 u_H^2 \left(\frac{\sin \Theta}{\lambda}\right)^2 = 2\pi^2 (\Delta \boldsymbol{H})^2 \, .$$

Den letzten Ausdruck kann man auch in der Form

$$M = 2\pi^2 (\Delta_x H_x + \Delta_y H_y + \Delta_z H_z)^2$$

schreiben, wobei Δ_x, Δ_y, Δ_z die Verschiebungen auf den Achsen des reziproken Gitters ausdrücken. Dieser Ausdruck gilt für einen Kristall rhombischer Symmetrie.

Unschwer kann man sich überlegen, daß im allgemeinen Fall der Ausdruck für M in die Form

$$M = (h^2\alpha + k^2\beta + l^2\gamma + 2hk\delta + 2kl\varepsilon + 2hl\eta)$$

übergeführt werden kann, der die Anisotropie durch sechs Konstanten charakterisiert.

Sehr genaue Atomkoordinaten können unter der Annahme der Isotropie des atomaren Temperaturfaktors gefunden werden. So kann zunächst die bezüglich der Atomlagen richtige Struktur gefunden und die geringe Anisotropie des Atomstreufaktors unabhängig davon festgestellt werden (aber nur in einfachen Fällen und nur bei sehr genauem Experiment).

4.2. Die Kugelsymmetrie der Atome

Durch direkte Berechnung (nämlich durch Berechnung des Fourier-Integrals) kann man aus der Abhängigkeit des Atomfaktors von Winkel und Richtung der Streuung die Elektronenverteilungsfunktion des gegebenen Atoms erhalten. Das Fehlen einer wesentlichen Abhängigkeit des Atomfaktors von der Streurichtung gilt als Beweis für die Kugelsymmetrie der Elektronendichte eines Atoms. Aus der Erfahrung bei Röntgenstrukturuntersuchungen folgt, daß die Elektronendichte eines Moleküls und eines Kristalls mit hinreichender Genauigkeit eine Superposition kugelförmiger Atome ist. Es geht dabei um eine Elektronendichte, die über die Zeit und den Raum gemittelt ist, denn nur eine solche Elektronenverteilung kann im Experiment gefunden werden.

Dieses Ergebnis ist etwas unerwartet. Man könnte denken, daß der wesentliche Teil der Elektronen zum Molekül im ganzen gehört oder an der Ausbildung der chemischen Bindung teilnimmt. Es zeigt sich, daß die Realisierung der chemischen Bindung im Grunde in der Annäherung der Atome und in der additiven Überlagerung der Elektronenwolken benachbarter Atome besteht.

Die wichtigsten Ursachen für die Abweichung der Atome von der Kugelsymmetrie ist die Wärmebewegung, und dabei schwingen die Moleküle, wie das Experiment zeigt, als Ganzes. Eine wesentliche Rolle bei den Schwingungen der Atome im Kristall spielen Drehungen des Moleküls um sein Schwerezentrum. Deshalb sind die Schwingungsamplituden der Atome, die in der Nähe des Schwerezentrums liegen, wesentlich geringer als die Schwingungsamplituden der Randatome. Damit übereinstimmend zeigt sich, daß die Elektronendichte der weiter vom Zentrum entfernten Atome diffuser ist als die der zentraleren Atome. Natürlich ist, daß bei solchen Schwingungen die Elektronendichte der äußeren Atome anisotrop „verschmiert" ist. Die „Verschmierung" ist größer in der Richtung senkrecht zu dem Radius, der das betrachtete Atom mit dem Schwerezentrum des Moleküls verknüpft. Die Größe dieser Anisotropie kann man indirekt beurteilen aus der Tatsache, daß die Amplituden der Winkelschwenkungen gewöhnlich 4–5° betragen.

Die Abweichung der Elektronendichte des Atoms von der Kugelsymmetrie, die durch die intramolekularen Schwingungen auftritt, ist wesentlich geringer. Verwertbare Bestimmungen dieser Anisotropie sind sehr schwierig.

Offensichtlich ist es schwer, die Abweichung von der Kugelsymmetrie, die durch die Atombewegungen hervorgerufen wird, von derjenigen zu trennen, die infolge der chemischen Bindung durch Deformation der Elektronenwolke hervorgerufen wird. Mehr oder weniger exakte Hinweise können aus Untersuchungen am Diamantkristall abgeleitet werden. Eine rohe Abschätzung der „Bindungsladung", die zwischen benachbarten Kohlenstoffatomen liegt (und die die Additivität der kugelsymmetrischen Elektronendichten verletzt), ergibt 0,2 Elektronen. Das heißt, daß die Elektronendichte des Diamanten durch kugelförmige Atome dargestellt werden sollte, die etwa

0,4 Elektronen zur Bildung der verdichteten Elektronendichte in den Zentren der Bindungslinien abgeben.

So ist die Abweichung eines Kohlenstoffatoms von der Kugelsymmetrie unbedeutend. Aus anderen Untersuchungen geht hervor, daß ähnliche schwache Abweichungen auch bei anderen leichten Atomen auftreten, darunter auch besonders beim kovalent gebundenen Wasserstoffatom, das nur ein Elektron besitzt. Anders bei schweren Atomen, deren Abweichung von der Kugelsymmetrie beim heutigen Stand der experimentellen Technik wahrscheinlich nicht bestimmt werden kann.

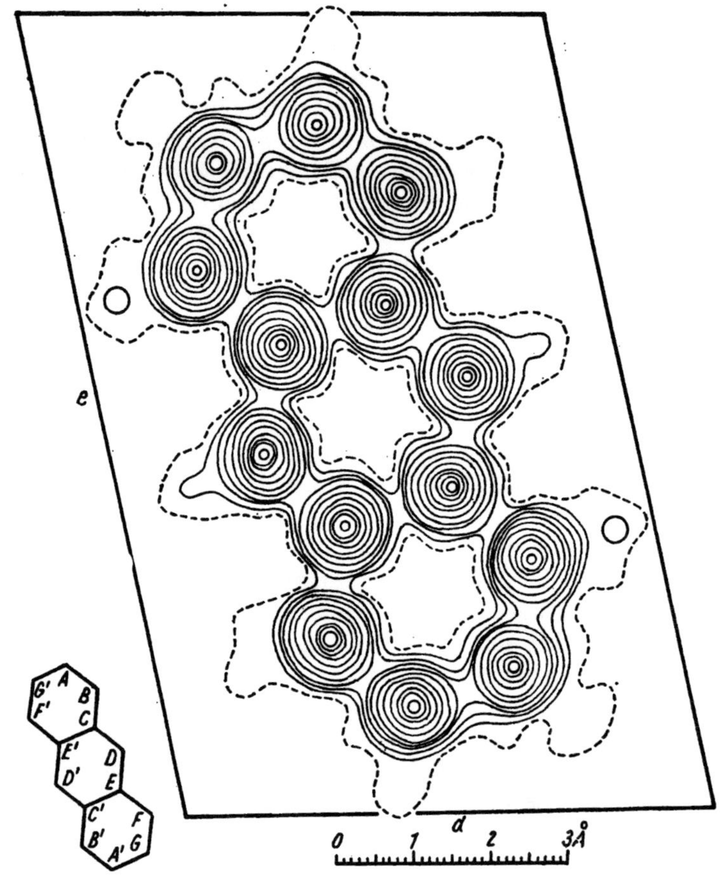

Abb. 4.2. Anthracen (Schnitt der dreidimensionalen Elektronendichte parallel zur Molekülebene)

Das Schema der Atom–Atom-Potentiale, das in diesem Buch bevorzugt angewandt wird, erlaubt folgenden Schluß: mit einer Genauigkeit von wenigen Prozent kann die Elektronendichte der Atome in Molekülen und im Molekülkristall als Summe kugelsymmetrischer Dichten der Einzelatome dargestellt werden. Es gibt keinen Grund, für aromatische Systeme und für Mehrfachbindungen eine Ausnahme von dieser Regel zu machen. Die Struktur des Anthracenkristalls wurde sehr genau bestimmt; abhängig von der experimentellen Genauigkeit kann die Elektronendichte als Summe der Dichten kugelförmiger Atome dargestellt werden (Abb. 4.2). Dabei führt weder die Bewegung der π-Elektronen innerhalb der aromatischen Ringe noch die Existenz von Bindungen zu einer merklichen Störung der Kugelsymmetrie der Atome.

4.3. Die Genauigkeit von Strukturbestimmungen

Zwei grundlegende Umstände bestimmen die Genauigkeit, mit der die interatomaren Abstände aus der Elektronendichte der Atome bestimmt werden können. Der erste ist die begrenzte Ähnlichkeit des realen Kristalls mit dem idealen Modellkristall, für den die grundlegende Beziehung richtig ist, die die Struktur mit den Intensitäten der gestreuten Röntgenstrahlung (oder anderen Strahlung) verknüpft, das heißt eine begrenzte Genauigkeit der Berechnung der Strukturamplituden F^{ber}. Der zweite Umstand ist die Schwierigkeit der Messung und der Berücksichtigung verschiedener experimenteller Faktoren und vor allem des Absorptionsfaktors, das heißt eine begrenzte Genauigkeit der Kenntnis der beobachteten Werte der Strukturamplituden F^{beob}.

Die experimentellen Schwierigkeiten überwindet man durch Herstellung von kugelförmigen Kristallproben, Aufnahmen mit streng monochromatisierter Strahlung, Registrierung der integralen Intensität mit Zählrohrmethoden. Durch diese und andere Mittel kann im allgemeinen eine Genauigkeit der Messung der Amplituden von 1—2% erreicht werden. Man muß aber hinzufügen, daß bei den meisten Strukturuntersuchungen die Genauigkeit viel geringer und wahrscheinlich nicht besser als 10—30% ist. Die Praxis der Strukturanalyse zeigte, daß die Verbesserung der Genauigkeit der Messung der Strukturamplituden sehr oft nur bedingt in der Genauigkeit der erzielten Ergebnisse zum Ausdruck kommt. Das erklärt sich vor allem dadurch, daß es fast immer möglich ist, so umfassendes experimentelles Material zu sichern, daß auf einen geometrischen Strukturparameter einige Dutzend Strukturamplituden kommen.

So wurden zum Beispiel für die Untersuchung des Naphthalinkristalls die Intensitäten von 644 Reflexen gemessen. Das Molekül nimmt im Kristall ein Symmetriezentrum ein. Deshalb müssen fünf Radius-Vektoren der Kohlenstoffatome bestimmt werden. Somit kommen auf jede Koordinate 43 Reflexe. Wenn man berücksichtigt, daß sich die Intensitäten verschiedener Reflexe um das Tausendfache voneinander unterscheiden können (und diese Unterschiede wurden festgestellt), erscheint ein Fehler in der Messung von zehn Prozent als nicht sehr groß.

Theoretische Berechnungen der wahrscheinlichen Genauigkeit der Messung der Elektronendichte und der interatomaren Abstände zeigten, daß bei sehr grob gemessenen Reflexintensitäten interessante Werte mit hinreichend großer Genauigkeit durch die Erhöhung der Anzahl der experimentellen Daten erzielt werden können.

Es gibt noch einen Grund, warum genaue Intensitätsmessungen sich als nicht adäquat erweisen. Die Formel der Strukturamplitude, wie sie oben angegeben wurde, ist für einen kleinen Idealkristall (10^3—10^4 Å) richtig. Nur in diesem Fall kann man sekundäre Erscheinungen vernachlässigen, das heißt die Streuung von Wellen, die bereits an einem Atom und weiteren gestreut wurden (sogenannte dynamische Streueffekte).

Für die Praxis der Strukturanalyse ist der Umstand außerordentlich wesentlich, daß die Kristalle, wie es die Regel ist, eine Mosaikblockstruktur besitzen. Dabei ist die Blockgröße von einer Größenordnung, die die dynamischen Effekte zu vernachlässigen gestattet. Jedoch besteht keine Sicherheit dafür, daß die Blöcke des Kristalls diese notwendigen Größen haben. Gewöhnlich beschränkt man sich darauf, die Blockstruktur des Kristalls zum Beispiel durch Abschrecken in flüssiger Luft zu verbessern.

Die Mosaikblockstruktur des Kristalls entsteht durch die Gegenwart einer großen Anzahl von Stufen- und Schraubenversetzungen im Kristall. Versetzungsverschiebungen eines Teils des Gitters gegenüber dem anderen können zu den verschiedensten Verschiebungen und Drehungen benachbarter Gebiete führen. Es gibt keine Möglichkeit, den Charakter von Spannungen erschöpfend zu berücksichtigen und ihren Einfluß auf die Reflexintensität abzuschätzen. Ist ein Block gegenüber einem benachbarten um einige Bogensekunden, das heißt nur leicht verschwenkt, so wird der Strahl, der an einem Block reflektiert wird, teilweise auch an dem anderen in umgekehrter Richtung reflektiert: Die Intensität wird geringer als sie bei starker Desorientierung der Blöcke wäre. Die Verteilung der Blöcke nach Orientierungen ist optimal. In diesem Falle, und nur in diesem Falle, reflektiert bei jeder gegebenen Lage nur ein Block des Kristalls. Mit der Drehung des Kristalls reflektieren nacheinander alle Blöcke, aus denen der Kristall aufgebaut ist. Sekundäre Reflexion in der umgekehrten Richtung findet nicht statt; so ist die Intensität in diesem Fall maximal.

Aus dem Gesagten wird klar, daß diese Erscheinungen streng genommen nicht berücksichtigt werden können. Da die Versetzungsverschiebungen kristallographisch gesetzmäßig sind, kann die Desorientierung der Blöcke verschiedenartige Einflüsse auf die Strahlen ausüben, die an den verschiedenen Netzebenenscharen reflektiert werden.

Schließlich gibt es noch eine Folgerung aus der Mosaikblockstruktur des Kristalls. Die Elementarzellen, die sich an den Blockgrenzen befinden, sind deformiert. Wir messen die Struktur einer mittleren Elementarzelle, zu der auch die deformierten Elementarzellen ihren Beitrag liefern. Die Anzahl der Grenzzellen bei einer Blockgröße von 1000 Å wird etwa 1% der Gesamtzahl der Zellen im Block ausmachen. Vorhandene Beimengungen können diesen Anteil erhöhen.

Die Fehler, die wir bei der Berechnung der Strukturamplitude nach der Grundformel, indem wir diese mit der Struktur in Beziehung setzen, unvermeidlich in Kauf nehmen müssen, läßt Versuche zur Erreichung einer höheren Genauigkeit bei der Bestimmung der Reflexintensitäten als sinnlos erscheinen. Die Erfahrung zeigt, daß die Meßgenauigkeit, die 10% übersteigt, meistens unnötig ist.

Wie sieht nun die Genauigkeit aus, mit der die interatomaren Abstände und Elektronendichten bei sorgfältigster Untersuchung ermittelt werden können, das heißt dort, wo einem unbekannten Strukturparameter mehrere Dutzend gemessene Reflexe zugeordnet werden können? Es gibt viele Versuche der Berechnung der wahrscheinlichen Fehler dieser Bestimmungen. Am überzeugendsten sind die Angaben aus der Röntgenstrukturanalyse, die den Vergleich unabhängiger Abschätzungen ein und desselben Wertes gestatten.

Wir haben bisher eine wichtige Besonderheit der organischen Kristalle unterstrichen: Die intermolekulare Wechselwirkung ist viel schwächer als die intramolekulare. Die Bindungsenergie nicht valent gebundener Atome ist um zwei Größenordnungen geringer als die der kovalent gebundenen. Die Eigenschaften des freien Moleküls unterscheiden sich nur geringfügig von den Eigenschaften des Moleküls, das im Kristall vorliegt. Was die stabilsten Parameter, die Bindungslängen, angeht, so kann mit Sicherheit folgendes festgestellt werden: Die Bindungslängen im freien Molekül und im kristallisierten Molekül fallen innerhalb der Fehlergrenzen, die von der Genauigkeit der Strukturuntersuchung bestimmt werden, zusammen.

Eine gute Vorstellung von der Genauigkeit erhalten wir, wenn wir chemisch äquivalente Bindungslängen vergleichen, die im Kristall verschiedene Lagen einnehmen und damit unabhängig bestimmt wurden. Als Vergleichsbeispiele sollen das Naphthalin, Anthracen und Acenaphthen (Abb. 2.16) dienen. Ausreichend signifikant ist auch der Vergleich der Bindungslängen ein und desselben Moleküls in verschiedenen polymorphen Modifikationen. So führt Iitaka zum Beispiel für die drei kristallographischen Formen des Glycins folgende Tabelle [292] (Å) an:

N---C	1,491	1,484	1,474
C---C	1,527	1,521	1,524
$[C---O]_1$	1,254	1,233	1,252
$[C---O]_2$	1,237	1,257	1,255
N---O	2,687	2,701	2,690

Als Ergebnis vieler Strukturuntersuchungen (darunter auch von Untersuchungen ein und desselben Objektes von verschiedenen Autoren) läßt sich feststellen, daß der wahrscheinliche Fehler bei der Bestimmung des interatomaren Abstandes bei den besten Analysen bei 0,01 Å liegt.

Bezüglich der Genauigkeit der Bestimmung der Elektronendichte sieht es nicht so gut aus: Die Elektronenzahl pro Atom kann mit einer Genauigkeit von 0,2—0,3 Elektronen bestimmt werden, auch für solche Atome wie C, N und O.

B. Die Kernresonanz

4.4. Theoretische Grundlagen der kernmagnetischen Resonanz

Im Festkörper hat die NMR-Absorptionslinie eine solch große Breite, daß sie die natürliche Breite für einen isolierten Spin um das Hunderttausendfache übertrifft. Die Hauptursache der Verbreiterung ist das lokale Magnetfeld, das um einen betrachteten Kern durch die präzessierenden magnetischen Momente der umgebenden Kerne geschaffen wird.

Infolge der Präzession wird das Feld des magnetischen Dipols $\boldsymbol{h}$ im Punkte $\boldsymbol{R}$ durch die Komponente $\boldsymbol{\mu}_n$ des magnetischen Moments $\boldsymbol{\mu}$ in Richtung eines konstanten Feldes $\boldsymbol{H}_0$ bestimmt. Es gilt

$$\boldsymbol{h} = \frac{3(\boldsymbol{\mu}_n \boldsymbol{r})\, \boldsymbol{r} - \boldsymbol{\mu}_n}{R^3}, \tag{4.1}$$

worin $\boldsymbol{r} = \boldsymbol{R}/R$ ist. Mittels einfacher Transformationen und unter Berücksichtigung, daß

$$\boldsymbol{\mu}_n = \boldsymbol{\mu n}$$

mit $\boldsymbol{n} = \boldsymbol{H}_0/H_0$ ist, schreibt man die Komponenten des Vektors $\boldsymbol{h}$ in folgender Form:

$$\left.\begin{aligned} h_x &= \mu_n R^{-3}[(3r_x^2 - 1)\, n_x + 3r_y r_x n_y + 3r_z r_x n_z]\,, \\ h_y &= \mu_n R^{-3}[3r_x r_y n_x + (3r_y^2 - 1)\, n_y + 3r_z r_y n_z]\,, \\ h_z &= \mu_n R^{-3}[3r_x r_z n_x + 3r_y r_z n_y + (3r_z^2 - 1)\, n_z]\,. \end{aligned}\right\} \tag{4.2}$$

Aus (4.2) ist ersichtlich, daß der Vektor $\boldsymbol{h}$ als Produkt einer symmetrischen Matrix $||A_{kl}||$ mit dem Vektor $\boldsymbol{n}$ dargestellt werden kann:

$$\boldsymbol{h} = \mu_n \, ||A_{kl}|| \, \boldsymbol{n} \,. \tag{4.3}$$

Die Matrix

$$||A_{kl}|| = R^{-3}(3 r_k r_l - \delta_{kl})$$

wird als Tensor der Dipol–Dipol-Wechselwirkung bezeichnet. δ_{kl} ist das KRONECKER-Symbol.

Aus einer der Darstellungen des Vektors $\boldsymbol{h}$ (d. h. aus (4.1) oder (4.3)) kann man leicht die Größe des lokalen Feldes durch skalare Multiplikation von $\boldsymbol{h}$ mit dem Vektor $\boldsymbol{n}$ erhalten. Im Falle (4.3) ergibt sich

$$h^{\text{lok}} = \boldsymbol{h}\boldsymbol{n} = \mu_n A_{klhkhl} \,.$$

Wirkt das Magnetfeld $\boldsymbol{H}_0$ in Richtung der z-Achse, so erhält man bei Verwendung von Kugelkoordinaten h^{lok} als Funktion des Winkels zwischen den Vektoren $\boldsymbol{H}_0$ und $\boldsymbol{R}$ in folgender Form:

$$h^{\text{lok}} = \mu_z R^{-3}(3 \cos^2 \Theta - 1) \,.$$

Die Berechnung quantenmechanischer Wechselwirkungen zwischen den Kernen einer Sorte führt zu entsprechenden Korrekturen von h^{lok} des betrachteten Kerns. Zum Beispiel zeigte eine elementare Berechnung von PAKE für ein isoliertes Protonenpaar, daß ein Drittel der gemessenen Größe h^{lok} durch die Resonanzaustauschenergie zwischen den Protonen hervorgerufen wird. Im allgemeinen kann die Form der Absorptionslinie bei beliebiger Kernkonfiguration nicht vorausgesagt werden.

Die theoretische Beschreibung der NMR-Linienform in Festkörpern kann mit der Momentenmethode erfolgen. Dabei wird die Linienform $g(h)$ durch einen Satz von Zahlen (Momente) charakterisiert, die das Verhalten der Funktion g mit Zunahme der Ordnungszahl bei immer größerer Entfernung vom Punkt $h = 0$ beschreiben. Für das Moment n-ter Ordnung einer Funktion g gilt

$$m_{ng} = \langle h^n \rangle = \int_{-\infty}^{\infty} h^n g(h) \, \mathrm{d}h \Big/ \int_{-\infty}^{\infty} g(h) \, \mathrm{d}h \,.$$

Die NMR-Linie ist symmetrisch bei $h = 0$. Das bedeutet, daß alle ungeraden Momente gegen Null gehen (die Zahl der negativen Summanden im Ausdruck unter dem Integral ist gleich der Zahl der positiven). Somit kommen für die Berechnung die Momente zweiter, vierter und höherer gerader Ordnung in Frage. Das zweite Moment kann als mittleres Quadrat des lokalen Feldes

$$m_{2g} = \int_{-\infty}^{\infty} h^2 g(h) \, \mathrm{d}h \Big/ \int_{-\infty}^{\infty} g(h) \, \mathrm{d}h$$

abgeschätzt werden.

VAN VLECK [293] zeigte, daß für einen Einkristall, der aus resonanzfähigen Kernen, die einen Abstand r voneinander haben und eine Spinquantenzahl I mit dem gyromagnetischen Verhältnis γ besitzen, das zweite Moment gleich

$$m_{2g} = \frac{3}{8\pi^2} I(I+1) N^{-1} \gamma^2 h^2 \sum_{j>k} \sum_{k} (3 \cos^2 \Theta_{jk} - 1)^2 r_{jk}^{-6}$$
$$+ \frac{N^{-1} h^2}{12\pi^2} \sum_{j} \sum_{f} I_f(I_f + 1) \gamma_f^2 (3 \cos^2 \Theta_{jf} - 1)^2 r_{jf}^{-6} + \dots \tag{4.4}$$

ist. Hier beziehen sich γ_f und I_f auf Kerne eines anderen Typs, r_{jk} ist die Länge des Vektors, der den j-ten mit dem k-ten Kern verbindet, Θ_{jk} ist der Winkel zwischen $\boldsymbol{H}_0$ und dem Vektor $\boldsymbol{r}_{jk}$, N ist die Gesamtzahl der resonanzfähigen Kerne.

Wenn im Kristall noch Kerne eines dritten Typs vorhanden sind, wird die Formel durch einen weiteren Summanden usw. erweitert. Bei einer polykristallinen Probe wird der Ausdruck (4.4) über alle Θ-Werte gemittelt. VAN VLECK ermittelte auch eine Beziehung für das vierte Moment.

Das Verhältnis des zweiten Moments zum vierten ergibt eine Information über die Linienform. Für eine Gauß-Kurve beträgt es 1,32 und für ein rechtwinkliges Signal 1,16. Die Gesamtanzahl aller geraden Momente kann im Prinzip die Linienkontur vollständig charakterisieren. Allerdings erlauben die rechnerischen Schwierigkeiten und die experimentelle Genauigkeit meist nur eine Berechnung des ersten und zweiten Moments.

Die Formel von VAN VLECK [293] ist ihrer ursprünglichen Form nach für die Benutzung der Strukturanalyse mit der NMR geeignet. Dabei benutzt man die „trial and error"-Methode, indem für irgend einen Strukturvorschlag das zweite Moment berechnet und das Ergebnis mit dem Experiment verglichen wird. Bei Modifizierung des Strukturvorschlages wiederholt man die Rechnungen, bis eine zufriedenstellende Übereinstimmung zwischen den experimentellen und den berechneten zweiten Momenten erreicht ist. Wegen der außerordentlich starken Abhängigkeit der berechneten Werte vom Abstand sind für die meisten Berechnungen keine Computer erforderlich. Den Hauptbeitrag zum zweiten Moment liefert die nächste Umgebung des betrachteten Protons (oder eines anderen Kerns) im Umkreis von 5 Å. Ein Kern, der sich auf der Oberfläche dieser Kugel befindet, liefert einen um drei Größenordnungen kleineren Beitrag zum zweiten Moment als die unmittelbar benachbarten Kerne. Deshalb wird die Berechnung (4.4) der Winkel und Abstände nur für das Innere dieser Kugel durchgeführt.

Sollen Wechselwirkungen weiter entfernter Kerne berücksichtigt werden, so benutzt man das Integral

$$\int_{r_0}^{\infty} 4\pi r^2 n_0 \frac{1}{r^6}\, dr = n_0 \int_{r_0}^{\infty} 4\pi r^{-4}\, dr = n_0 \frac{4}{3} \pi r_0^{-3},$$

worin $n = N/r^3$ die Anzahl der Protonen pro Volumeneinheit ist. Wie man sieht, enthält dieses Integral weder die Größe Θ_{jk} noch die C---H-Bindungslänge.

Viele Autoren benutzten bei der Anwendung der VAN VLECKschen Beziehung eine formale Zerlegung des Moments in einen intra- und intermolekularen Anteil [294]. Dieses Verfahren hat sich besonders bei der Untersuchung der Kristallinität von Polymeren durch NMR eingebürgert.

Die Theorie der Strukturanalyse von Einkristallen mit der NMR-Methode wurde von MCCALL und HAMMING [295] erfolgreich weiterentwickelt. Sie betrachteten als erste allgemein das Problem des notwendigen Umfangs des experimentellen Aufwands und der maximalen Zahl der aus einem vollständigen Experiment zu gewinnenden Parameter. Die Überlegungen dieser Autoren sind einfach.

In der VAN VLECKschen Formel (4.4) muß die Richtung durch die polaren Winkel Θ und φ ausgedrückt werden. Unter Verwendung der Beziehung

$$\cos \gamma_{kl} = \cos \Theta \cos \Theta_{kl} + \sin \Theta \sin \Theta_{kl} \cos (\varphi - \varphi_{kl})$$

fanden McCALL und HAMMING, daß sich folgender Ausdruck ergibt:

$$(3\cos^2\gamma_{kl} - 1)^2 = 9a^4 + 9b^4c^4 + 9b^4d^4 + 54a^2b^2c^2 + 54a^2b^2d^2$$
$$+ 54b^2c^2d^2 + 10ab^3cd^2 + ab^3c^2d + 108a^2b^2cd + 36b^4cd^3$$
$$+ 36b^4c^3d + 36ab^3d^3 + 36a^3bc + 36a^3bd - 6a^2 - 6b^2c^2$$
$$-6b^2d^2 - 12abc - 12abd - 12b^2cd + 1$$

mit

$$a = \cos\Theta\cos\Theta_{kl}\,,\qquad b = \sin\Theta\sin\Theta_{kl}\,,\qquad c = \cos\varphi\cos\varphi_{kl}\,,$$
$$d = \sin\varphi\sin\varphi_{kl}\,.$$

Nach umfangreichen Umformungen kann das zweite Moment als Funktion der Winkel Θ und φ ausgedrückt werden:

$$m_{2g}(\Theta, \varphi) = \Gamma \sum_{k=1}^{22} R_k F_k(\Theta, \varphi)\,.$$

Die Summe des zweiten Moments wird von den Autoren in zwei Teile zerlegt: R_k ist der Koordinatenanteil der Summe, und F_k ist der Winkelanteil:

$$R_k = w \sum_i \sum_j x_{ij}^r y_{ij}^s z_{ij}^t r_{ij}^{-(6+r+s+t)}\,,$$
$$F_k(\Theta, \varphi) = \sin^a\Theta\cos^b\Theta\sin^c\varphi\cos^d\Theta\,.$$

Die Konstanten w, r, s, t und a, b, c, d, entsprechend der Ordnung k der Glieder der Summe, sind in Tabelle 4.1 enthalten.

Tabelle 4.1. Daten zur Berechnung der zweiten Momente der NMR-Linien von Einkristallen

k	w	r	s	t	a	b	c	d	k	w	r	s	t	a	b	c	d
1	1	0	0	0	0	0	0	0	12	36	3	0	1	3	1	0	3
2	−6	2	0	0	2	0	0	2	13	36	1	3	0	4	0	3	1
3	−6	0	2	0	2	0	2	0	14	36	0	3	1	3	1	3	0
4	−6	0	0	2	0	2	0	0	15	36	1	0	3	1	3	0	1
5	−12	1	1	0	2	0	1	1	16	36	0	1	3	1	3	1	0
6	−12	1	0	1	1	1	0	1	17	54	2	2	0	4	0	2	2
7	−12	0	1	1	1	1	1	0	18	54	2	0	2	2	2	0	2
8	9	4	0	0	4	0	0	4	19	54	0	2	2	2	2	2	0
9	9	0	4	0	4	0	4	0	20	108	2	1	1	3	1	1	2
10	9	0	0	4	0	4	0	0	21	108	1	2	1	3	1	2	1
11	36	3	1	0	4	0	1	3	22	108	1	1	2	2	2	1	1

Die Funktionen R_k wurden von McCALL und HAMMING [295] als Gittersummen bezeichnet. Von 22 Gittersummen können bei niedrigster Kristallsymmetrie nur 15 Summen voneinander unabhängig sein. Die restlichen sieben sind mit den 15 unabhängigen durch die Beziehungen

$$R_{20} = -9R_7 - 3R_{10} - 3R_{14}\,,$$
$$R_{21} = -9R_6 - 3R_{15} - 3R_{12}\,,$$
$$R_{22} = -9R_5 - 3R_{11} - 3R_{13}\,,$$
$$R_{19} = -27R_1 - 9R_4 - 3R_{10} + 3R_8 - 9R_9 - 9R_3\,,$$
$$R_{18} = 27R_1 + 9R_4 + 3R_{10} - 3R_8 - 3R_9\,,$$
$$R_{17} = 27R_1 - 3R_{10} - 3R_8 + 3R_9 + 9R_3\,,$$
$$R_2 = -R_4 + 6R_1 - R_3$$

verknüpft.

Das bedeutet, daß ein vollständiges NMR-Experiment nicht mehr als 15 Strukturparameter liefert.

Sehr wesentlich ist die Frage nach dem notwendigen und ausreichenden Umfang des Experiments. Die 15 unbekannten R_k, entsprechend den 15 unabhängigen Gleichungen, kann man nach McCall aus 5 Aufstellungen des Kristalls erhalten, wobei jede einzelne über einen ausgewählten kleinen Schritt der φ-Abhängigkeit bei konstantem Θ aufgenommen wird. Die Variation von φ gegenüber Θ ist experimentell bedingt, da eine befriedigende Empfindlichkeit gewöhnlich nur bei zylindrischen Proben erreicht wird, weil sie die Spulen der NMR-Spektrometer vollständig ausfüllen.

Dereppe und Mitarbeiter wiesen darauf hin, daß die Strukturanalyse durch die NMR ihre Grenzen hat [296]:

1. Die unzureichende Empfindlichkeit führt in vielen Fällen zu einer geringen Genauigkeit der experimentellen Werte der zweiten Momente.

2. Der Einfluß der Molekülbewegung im Gitter kann die beobachtete Θ-Abhängigkeit in komplizierter Weise verfälschen.

3. Die 15 Strukturparameter kann man nur für Kristalle trikliner Symmetrie bestimmen.

Bei Erhöhung der Kristallsymmetrie sind die n Gittersummen nicht mehr von den $(15 - n)$ anderen linear unabhängig. Dabei erniedrigt sich die Zahl der bestimmbaren Parameter bis auf $(15 - n)$, und es zeigt sich, daß die Maximalzahl der Atome, deren Koordinaten durch NMR erhalten werden können, für trikline Kristalle $15/3 + 1 = 6$, für monokline $9/3 = 3$ und für rhombische und kubische $6/3 = 3$ ist.

Die Möglichkeiten der NMR-Methode sind also nicht groß. Wenn wir uns aber die Schwierigkeiten der Neutronenbeugung und die relativ geringen Möglichkeiten der Röntgenstrukturanalyse zur Bestimmung der Koordinaten der Wasserstoffatome vor Augen halten, so ist die NMR besonders im Endstadium der Strukturanalyse organischer Kristalle doch recht aussagekräftig.

Andererseits hat die NMR, bedingt durch ihre außerordentliche Empfindlichkeit gegenüber verschiedenen Bewegungsformen der Moleküle (Schwingungen, Reorientierungen, Rotationen, Diffusion), auch in der Perspektive große Bedeutung zur Untersuchung der Gitterdynamik.

Wie aus der Theorie der NMR folgt [297], wirkt bei Vorliegen einer inneren Beweglichkeit mit einer Bewegungsfrequenz von $\gtrapprox 20^4$ Hertz auf den betrachteten Kern kein augenblickliches lokales Feld $h(t)$, sondern ein über die Zeit gemitteltes mit dem Wert $\langle h(t) \rangle$, das zu einer Änderung der Breite und Form der Absorptionslinie führt. Die Analyse der Temperatur- und Winkelabhängigkeit der Spektren gestattet es im Prinzip, die Bewegung der Kerne nach einer vorgegebenen Strukturgeometrie zu berechnen oder aus der Bewegung Rückschlüsse auf die Struktur zu ziehen. Allgemein führt die Berechnung der Linienform zur Berechnung der Dichtefunktion $\varrho(\langle h^i \rangle)$ (i — Indexziffer des Kerns) für ein gegebenes Bewegungsmodell der Kerne (Bewegungsfigur). Sie ist jedoch im Prinzip undurchführbar. Das Problem vereinfacht sich bedeutend, wenn das Spin-System aus isolierten Gruppen von Kernen besteht. In diesem Fall entfällt die Berechnung der Funktion $g(h)$, und das Problem beschränkt sich auf die Berechnung der Größe und der Winkelabhängigkeit der Feinstruktur der NMR-Spektren.

Solche Berechnungen wurden für verschiedene konkrete „Bewegungsfiguren" durchgeführt und entsprechende Winkelabhängigkeiten von der Größe $\langle h \rangle$ erhalten. Dieses Problem wird allgemein in [298] am Beispiel eines isolierten Elektronenpaares abgehandelt. Alle denkbaren „Bewegungsfiguren" eines Proton–Proton-Vektors ($p-p$-Vektor), unabhängig von der physikalischen Natur der Beweglichkeit, sind in der Mehrzahl aller Bewegungslinien enthalten, die man auf einer Kugel angeben kann. Dieser Umstand liefert die Grundlage für die Systematisierung der Berechnungsformeln und auch für das Auftreten allgemeiner Elemente in konkreten Berechnungen. Es ist bekannt, daß die Größe des mittleren lokalen Feldes allgemein als quadratische Form bezüglich der Veränderlichen n_x, n_y, n_z ($\boldsymbol{n} = \boldsymbol{H}_0/H_0$) dargestellt werden kann:

$$\langle h \rangle = \pm \tfrac{3}{2} \mu R^{-3} (\bar{a}_{xx} n_x^2 + \bar{a}_{yy} n_y^2 + \bar{a}_{zz} n_z^2 + \ldots) \,. \tag{4.5}$$

Die Koeffizienten für diskrete Bewegungsfiguren, die m Lagen der $p-p$-Vektoren haben, sind

$$\bar{a}_{kl} = \sum_{i=1}^{m} p_i a_{kl}^i \qquad (k, l = x, y, z) \tag{4.6}$$

und

$$\bar{a}_{kl} = \int\int \varrho(\bar{r})\, a_{kl}\, \mathrm{d}s \tag{4.7}$$

für kontinuierliche Figuren mit einer Verteilungsfunktion der Wahrscheinlichkeitsdichte der Orientierung des $p-p$-Vektors $\varrho(\bar{r})$; a_{kl} setzt sich aus den Komponenten des Einheitsvektors $\boldsymbol{r}^i$

$$a_{kl}^i = 3 r_k^i r_l^i - \delta_{kl}$$

zusammen.

Ferner wurde gezeigt, daß sich alle möglichen Winkelabhängigkeiten der Größe $\langle h \rangle$ durch die Matrixelemente $||\bar{a}_{kl}||$ der Koeffizienten der Form (4.5) voneinander unterscheiden. Dadurch wurde die Übereinstimmung der Symmetrieklassen der „Bewegungsfiguren" mit der Form der Matrix $||\bar{a}_{kl}||$ festgestellt Das wesentliche Ergebnis der Arbeit ist die Ableitung eines einfachen Algorithmus für die Berechnung der mittleren lokalen Felder, der zur Berechnung der Matrixelemente $||\bar{a}_{kl}||$ nach den Beziehungen (4.6) und (4.7) führt.

Man kann hoffen, daß es die Weiterentwicklung des Rechenformalismus der mittleren lokalen Felder erlaubt, gewisse allgemeine Schemata der dynamischen Analyse der NMR-Spektren zu formulieren.

Es ist jedoch auf die begrenzten Möglichkeiten der NMR bei der Untersuchung der Winkelschwingungen der Moleküle hinzuweisen. Die Änderung der Aufspaltungsgröße $2\Delta h$ ist proportional dem mittleren Quadrat der Amplitude.

Während für Winkelabweichungen von etwa 10° (z. B. beim Wassermolekül) $2\Delta h \approx 1-1{,}5$ Gauß eine deutlich wahrnehmbare Größe ist, so ist sie für schwere Moleküle mit $\alpha \approx 1°$ praktisch vernachlässigbar.

4.5. Die Untersuchung von Molekülbewegungen im Kristall mit der NMR

Gutowsky und Pake [299] untersuchten die Temperaturabhängigkeit der NMR-Linienbreite für Kerne mit dem Spin 1/2 in einigen Molekülkristallen. Die Temperatur wurde von 90 K bis zum Schmelzpunkt variiert. In einigen Fällen war es möglich, die beobachtete Linienstruktur und die Linienbreitenveränderung mit der Art und der Frequenz bestimmter Arten behinderter Rotation im festen Zustand zu korrelieren. Der Einfluß solcher Bewegungstypen auf die Struktur und das zweite Moment der Absorptionslinie wurde qualitativ untersucht. Es zeigte sich, daß eine vergleichsweise langsame Bewegung (mit der Frequenz $\approx 10^5$ Hertz) schon eine merkliche Verringerung der Linienbreite hervorruft.

Im 1,2-Dichlorethan, 1,1,1-Trichlorethan und Perfluorethan fallen die Sprünge der Linienbreite mit Phasenübergängen und anomalen Wärmekapazitäten zusammen. Im 1,2-Dichlorethan entsprechen diese Sprünge der Rotation um die Längsachse des Moleküls. Viele Moleküle (Acetonitril, Methyljodid, Nitromethan, Hg-Dimethyl, Ammoniak) geben bei 90 K eine NMR-Linie, die der Rotation der Protonen um eine dreizählige Achse entspricht. Weiterhin werden auch Angaben für das 2,2-Dimethylpropan, Ethanol, Methanol, Aceton, Methylamin und für Ethylhalogene gemacht.

Powles und Gutowsky [300] untersuchten die Reorientierung der CH_3-Gruppen in einer Reihe organischer Kristalle bei tiefen Temperaturen: im 1,1,1-Trichlorethan, 2,2-Dinitropropan und 2-Chlor-2-Nitropropan. Sie benutzen dazu die Temperaturabhängigkeit der NMR-Linienform und weisen vor allem auf zwei Aspekte hin. Erstens kann man die Reorientierung der CH_3-Gruppe um die entsprechende dreizählige Achse experimentell nachweisen, und zwar durch die Abnahme der Linienbreite in einem bestimmten Temperaturintervall bei Erhöhung der Temperatur. Man konnte zeigen, daß diese Bewegung eine thermisch aktivierte abgebremste Rotation ist. Powles und Gutowsky [300] erhielten eine Beziehung, die die Linienbreite mit der Reorientierungsfrequenz verknüpft und die weiterhin die Reorientierungsgeschwindigkeit als Funktion der Temperatur ergibt. Mit dieser Funktion kann man die Höhe der Barriere der Reorientierung abschätzen. Zweitens gestattete die Untersuchung der NMR-Linienform als Funktion der Temperatur der Probe, einige Angaben über den Reorientierungsmechanismus zu machen. Das einfachste Reorientierungsmodell ist eine klassische Überwindung der Potentialbarriere E_0 durch die Teilchen. Wenn an der Bewegung jedoch nur Protonen teilnehmen, dann ist auf Grund der geringen Masse und der geringen Barrierenhöhe auch der Tunneleffekt möglich.

Da gleichzeitig mit der Änderung der Linienbreite auch ihre Form geändert wird, ist das beste Maß für die Temperatureffekte das zweite Moment. Für drei isolierte Protonen, die an den Ecken eines gleichseitigen Dreiecks angeordnet sind, wird das zweite Moment nach der Formel

$$m_{2g} = (^2/_3)\,\alpha^2 \sum_{n=1}^{3} (3\cos^2\gamma_n - 1)^2$$

berechnet, worin $\alpha = (3/2\,\mu)R^3$ und μ das magnetische Moment des Protons sind. Die Bewegung der CH_3-Gruppe um die dreizählige Achse beschreibt man am besten durch die Funktion $\Phi(t)$ mit folgender Gleichung:

$$3\cos^2(\gamma_n - 1) = (^3/_2)\sin^2\psi - 1 + (^3/_2)\sin^2\psi\cos\left[2\Phi_0 + (n-1)\,{}^4/_3\pi + 2\Phi(t)\right], \qquad (5.1)$$

worin ψ der Winkel zwischen der dreizähligen Achse und dem äußeren magnetischen Feld $\boldsymbol{H}_0$ und Φ_0 die azimutale Orientierung der CH_3-Gruppe zum Zeitpunkt $t = 0$ sind. Damit der Einfluß der Rotation auf das zweite Moment sichtbar wird, ist es notwendig, die Gleichung (5.1) über ein entsprechendes Zeitintervall zu mitteln.

Wenn ein gegebener Kernspinzustand eine solche Lebensdauer besitzt, die lang genug ist, daß während dieser Zeit eine Fluktuation der lokalen Felder stattfindet, so wird eine mittlere Linienverbreiterung resultieren, die dieser Lebensdauer entspricht. Ihrerseits ist die Lebensdauer δt eines gegebenen Zustandes durch das Unbestimmtheitsprinzip mit der Breite der Spektrallinie durch die Beziehung $h \cdot \delta\nu \cdot \delta t \approx h/2\pi$ verbunden. Deshalb ist für die Mittelwertbildung der Zeit das Intervall $^1/_2 \cdot \pi\delta\nu$ geeignet. Für eine starre CH_3-Gruppe ist $\delta\nu \approx 2 \cdot 10^4$ Hertz. In Wirklichkeit ist dieses Intervall selbst eine mittlere Größe, da eine Verteilung der Lebensdauer über die Kernspinzustände existiert.

Die Molekülreorientierung kann ungeordnet sein: Die Reorientierungsenergie verteilt sich auf die Moleküle mit einer Geschwindigkeit, die die mittlere Reorientierungsfrequenz etwas übersteigt. Andererseits kann sich eine geringe Anzahl „heißer" Moleküle so schnell orientieren (gemäß der Boltzmann-Verteilung), daß die Mehrzahl der übrigen Moleküle unbeweglich bleibt. Das würde zu einer Verringerung des zweiten Moments um einige Prozent führen. Jedoch zeigt das Experiment, daß das zweite Moment sich um das Vierfache verringert. Das bedeutet, daß sich alle CH_3-Gruppen der Probe hinreichend schnell entsprechend einer effektiven Mittelung der Linienverbreiterung reorientieren.

Die Rechnungen vereinfachen sich wesentlich, wenn man annimmt, daß die Bewegung die Linienbreite nur dann verringert, wenn die Frequenz die Breite $\delta\nu$ der Resonanzlinie übersteigt.

Powles und Gutowsky zeigten, daß die experimentellen Ergebnisse für die CH_3-Gruppe durch drei verschiedene Modelle übereinstimmend gut beschrieben werden können: 1. eine beliebige Reorientierung von der Art der Brownschen Bewegung, 2. die klassische Bewegung über eine Potentialbarriere, 3. den Tunneleffekt. Eine begründete Auswahl zwischen diesen drei Mechanismen der Mittelung der lokalen Felder kann man nur auf der Grundlage des Vergleichs des physikalischen Inhalts der numerischen Parameter treffen, die für das Erreichen einer genauen Übereinstimmung zwischen den theoretischen und experimentellen Kurven notwendig sind. Powles und Gutowsky neigen dazu, dem Tunneleffekt bei der Reorientierung der Methylgruppen in Methylchloroform-, 2,2-Dinitropropan- und 2-Chlor-2-Nitropropan-Kristallen den Vorrang einzuräumen.

Sehr interessante Untersuchungen über die Rotation von CH_3-Gruppen führte El-Saffar durch [301]. Er ermittelte das zweite Moment der NMR-Linie des Hexamethylbenzols im Temperaturintervall von 1 K bis Zimmertemperatur. Für Temperaturen über 95 K ist das zweite Moment 13 Gauß² und im Intervall von 1 bis 38 K 19 Gauß². Die Berechnung für das starre Gitter ergibt 32,5 Gauß². Das heißt, daß die Rotation der Methylgruppen sogar bei 1 K nicht aufhört. El-Saffar kam deshalb zu dem Schluß, daß die Reorientierung durch einen Tunneleffekt hervorgerufen wird.

Uo und Fedin [254] zeigten auf der Grundlage der Arbeit von Powles und Gutowsky [300], daß die Abschätzung von Rotationsbarrieren auf der Grundlage eines sehr einfachen Experiments durchgeführt werden kann. Wenn T die Temperatur des Beginns der Abnahme der Linienbreite ist, dann ist die Potentialbarriere gleich

$$V_0 = kT \cdot 2{,}5 \lg \frac{n}{\Delta} \sqrt{\frac{kT}{2I}}\,, \tag{5.2}$$

worin I das Trägheitsmoment, n der Multiplizitätsfaktor der Barriere und Δ die Linienbreite im starren Gitter sind.

Die Tatsache, daß die Potentialbarriere von n und Δ logarithmisch abhängt, bedeutet, daß oft auch noch einfachere Näherungsformeln völlig befriedigende Resultate liefern können. Die Rechnungen zeigen, daß sich bei häufig anzutreffenden Molekülen die rechte Seite der Gleichung (5.2) ($\lg [(n/\Delta) \sqrt{kT/2I}]$) von Substanz zu Substanz um nicht mehr als 10% ändert. Wenn man keine höheren Ansprüche bezüglich der Genauigkeit stellt, kann man

$$V_0(\text{kcal/mol}) \approx 37\ T\ (\text{K})$$

schreiben.

Diese lineare Abhängigkeit wurde erst für drei Moleküle festgestellt, aber aus dem Gesagten wird klar, daß sie eine allgemeinere Bedeutung hat.

Interessant ist zu bemerken, daß die nach Formel (5.2) abgeschätzten Barrierenhöhen gut mit den aus Spin-Gitter-Relaxationsmessungen erhaltenen Werten übereinstimmen. Da Gleichung (5.2) aus dem rein klassischen Modell hergeleitet wurde, weist die Übereinstimmung offensichtlich auf eine geringere Rolle des Tunneleffektes im Mechanismus der behinderten Rotation hin. Endgültige Schlußfolgerungen bedürfen dabei noch zusätzlicher sorgfältiger Untersuchungen.

Die Reorientierung eines Moleküls als Ganzes wurde zuerst von Andrew [303] in festem Benzol entdeckt. Das zweite Moment des NMR-Signals in Benzol verkleinert sich bei einer Temperaturerhöhung von 77 auf 110 K sprunghaft um das Anderthalbfache. Dieser Sprung wurde mit einer behinderten Rotation um die sechszählige Achse erklärt.

McCall und Douglass [304] untersuchten die Temperaturabhängigkeit von m_{2g} an einem Adamantankristall und stellten fest, daß oberhalb -130 °C $m_{2g} = 0{,}9$ Gauß² und unterhalb dieses Punktes $m_{2g} = 40$ Gauß² ist. Theoretische Schätzungen des intramolekularen Beitrags ergaben 31,5 Gauß² und für den intermolekularen Beitrag (im starren Gitter) 7 Gauß². Die Autoren meinen, daß dies eine gute Übereinstimmung zwischen Theorie und Experiment sei. Die starke Verringerung der Linienbreite beim Übergang in den rotations-kristallinen Zustand (siehe Seite 80) konnte unter der Voraussetzung einer isotropen schnellen Rotation der Adamantanmoleküle quantitativ erklärt werden. Der berechnete Wert für m_{2g} ist 0,95 Gauß². J. Smith [305] berechnete jedoch den intramolekularen Beitrag zum zweiten Moment des Adamantans sorgfältig und fand, daß er 16 Gauß² nicht übersteigen kann. Der intramolekulare Beitrag ist dabei gleich 6,63 Gauß² und das gesamte zweite Moment 22,4 Gauß². Auf Grund dieser Tatsache überrechnete McCall den intramolekularen Beitrag und „senkte" ihn auf 20,16 Gauß². Im Ergebnis der folgenden Diskussion wurde beschlossen, das Experiment zu wiederholen. Es zeigte sich, daß das zweite Moment beim Adamantan bei tiefen Temperaturen tatsächlich gleich 22 Gauß² ist. Das ist ein illustratives Beispiel für die Größe der Fehler, die bei der Messung der zweiten Momente der NMR-Signale in Molekülkristallen auftreten können.

4.6. Bestimmung der Koordinaten der Protonen in organischen Kristallen

Es gibt nur wenige Untersuchungen auf diesem Gebiet. Dabei ist der Wert einiger, wie es uns scheint, dadurch bedeutend gemindert, daß geometrische Effekte von dynamischen Effekten überlagert sind. Die erste Arbeit auf diesem Gebiet erfolgte durch Andrews und Eades im Jahre 1953 [306]. Sie benutzten zum ersten Mal die Röntgenbeugung und Breitlinienkernresonanz zur Verfeinerung der Lagen der Wasserstoffkerne in Benzol. Als Versuchssubstanz wählten sie 1,3,5-Deuterobenzol und stellten folgende Überlegungen an: m_{2g} sei das beobachtete zweite Moment im Molekül des undeuterierten Benzols. Es setzt sich aus dem intramolekularen Anteil m'_{2g} und dem intermolekularen m''_{2g} zusammen, die durch alle anderen Kerne im Kristall hervorgerufen werden:

$$m_{2g} = m'_{2g} + m''_{2g} .$$

Die Änderungen von m'_{2g} und m''_{2g}, die sich infolge Deuterierung ergeben, wurden theoretisch berechnet. In erster Näherung kann man den Deuteriumkern als unmagnetisch ansehen. Dabei fällt für den intramolekularen Beitrag des zweiten Moments der Summand, der die Protonenwechselwirkung mit den nächsten Nachbarn charakterisiert, heraus. Das gleiche gilt für die Wechselwirkung mit diametral entgegengesetzten Kernen. Bei m'_{2g} wird nur die Wechselwirkung mit zwei Protonen berücksichtigt. Die Größe von m''_{2g} verkleinert sich um das Zweifache, und es entsteht folgendes Gleichungssystem:

$$m_{2g} = m'_{2g} + m''_{2g} , \qquad m^D_{2g} = a m'_{2g} + \tfrac{1}{2} m''_{2g} ,$$

worin $a \ll 1/2$ ist. Andrew und Eades verwendeten ein komplizierteres Gleichungssystem, da sie das magnetische Moment des Deuteriums, das nur wenig von Null verschieden ist, mit berücksichtigten. Durch die Lösung dieses Systems wurden m'_{2g} und m''_{2g} gefunden, woraus schon $r_{C\text{---}H}$, die C---H-Bindungslänge im Benzol, bestimmt werden kann. Der Fehler beträgt 0,02 Å.

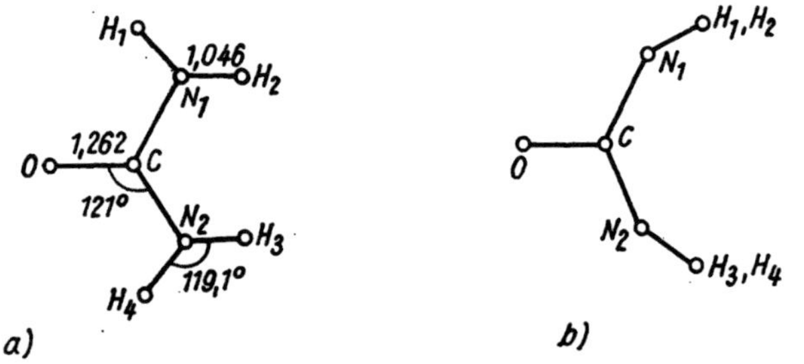

Abb. 4.3. Atomanordnung im Harnstoffkristall

1955 untersuchten Andrew und Hyndman [307] mit der NMR die Struktur des Harnstoffs. Aus der Röntgenstrukturanalyse war bekannt, daß vier schwere Atome in einer Ebene liegen. Die interatomaren Abstände und Winkel wurden ebenfalls röntgenographisch ermittelt. Es war jedoch nicht klar, ob die vier Wasserstoffatome in einer Ebene mit den schweren Kernen (Abb. 4.3a) liegen oder ob sie symmetrisch über und unter dieser Ebene (Abb. 4.3b) angeordnet sind oder ob diese Molekülkonfiguration eine niedrigere Symmetrie als *mm*2 fordert. Bei der Analyse der Molekülschwingungen setzte Kellner [121] ein symmetrisches, nicht ebenes Modell voraus (Abb. 4.3b) und interpretierte auf dieser Grundlage die IR-Spektren. Weitere infrarotspektroskopische Untersuchungen, die auch von Waldner und Balger durchgeführt wurden, lassen den Schluß zu, daß das Modell in Abbildung 4.3a der Realität am nächsten kommt. Dieses Beispiel demonstriert die Leistungsfähigkeit der NMR, wenn es darum geht, zwischen zwei Strukturen auszuwählen und eine quantitative Information über die Lage der Protonen zu erhalten.

Harnstoffkristalle besitzen tetragonale Symmetrie und kristallisieren oft in Nadeln mit quadratischem Querschnitt. Die Nadelachse fällt mit der tetragonalen [001]-Achse zusammen. Zunächst wurde der Kristall so montiert, daß die tetragonale [001]-Achse senkrecht stand. Danach wurde die [110]-Achse senkrecht gestellt. Da der Kristall jedoch in der [001]-Richtung gestreckt ist, mußte er in vier Stücke zerschnitten und diese Stücke mußten übereinander gestapelt werden. Danach wurden die Winkel zwischen der Feldrichtung und der [001]-Achse geändert. Für jede Aufstellung wurden mehrere Messungen gemacht. Das zweite Moment wurde für jede einzelne Messung berechnet und für jede Aufstellung der Mittelwert gebildet. Die Modulationsamplitude wurde geringfügig korrigiert. Der wahrscheinliche Fehler war 0,3 Gauß². Der Minimalwert des zweiten Moments war 13 Gauß², der Maximalwert 29 Gauß².

Das zweite Moment wurde für die ebene und nicht ebene Konfiguration theoretisch nach der Formel von VAN VLECK berechnet. Bei der Verfeinerung der Parameter wird der theoretische Wert des zweiten Moments in eine Taylor-Reihe entwickelt und der Einfluß der Variation der Strukturparameter auf den Wert des zweiten Moments abgeschätzt. Um eine völlige Übereinstimmung mit dem Experiment zu erhalten, muß man drei Gleichungen mit drei Unbekannten lösen. Als Endresultat ergeben sich folgende Werte: N---H-Bindungslänge 1,046 Å, Winkel $H_1N_1H_2$ 119,1°, Winkel CN_1H_1 120,5°. Die Genauigkeit der Bestimmung der Bindungslänge ist ±0,01 Å, der Winkel ±2°. Der Proton-Proton-Abstand in beiden Aminogruppen ist 1,803 Å.

EMSLEY und SMITH [308] führten Untersuchungen an Thioharnstoffeinkristallen durch. Die Ergebnisse waren den von ANDREW und HYNDMAN für Harnstoff ähnlich.

In einer anderen Arbeit beschäftigen sich ENSLEY und SMITH mit der Untersuchung von Formamideinkristallen [309]. DEREPPE, TOUILLAUX und VAN MEERSCHE [310] bestimmten die Struktur des Dihydrates der Oxalsäure $C_2H_2O_4 \cdot 2H_2O$, wobei das Hauptaugenmerk auf die Verfeinerung der Protonenlagen gerichtet war.

Die Protonenresonanzspektren wurden bei Zimmertemperatur mit einem Spektrometer der Firma „Varian“ (56,6 MHz) unter folgenden Bedingungen aufgenommen: Modulationsfrequenz 40 Hz, Modulationsamplitude 0,99 Gauß, Zeitkonstante 3s,

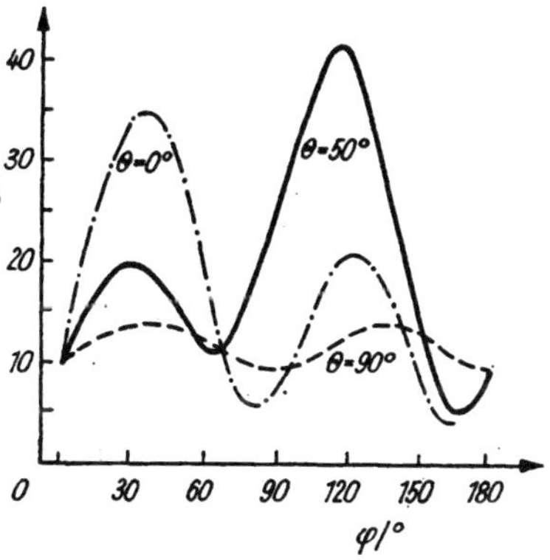

Abb. 4.4. Zweites Moment der NMR-Linie des Oxalsäure-Dihydrats als Funktion des Drehwinkels

Geschwindigkeit 3,78 Gauß/min. Der Kristall war auf einem Teflongoniometer befestigt. Abbildung 4.4 zeigt die typischen Abhängigkeiten $m_{2g}(\Theta, \varphi)$.

Bei Abkühlung der polykristallinen Probe bis zu 77 K wurde eine Zunahme von m_{2g} beobachtet bis zu einem Wert, der um den Faktor 1,391 größer ist als das zweite Moment bei 25 °C. Die Autoren setzten voraus, daß bei beliebiger Orientierung eines Einkristalls die Temperaturabhängigkeit des zweiten Moments einheitlich ist. Dann werden die Gittersummen für die starre Struktur um 1,391mal größer sein als die experimentellen. Es wurde eine „grobe" Struktur ausgewählt, für die die Gittersummen berechnet wurden. Als linearer Divergenzfaktor dieser Struktur ergab sich

$$I = \sum_k |R_{k_0} - R_{k_c}| / \sum_k |R_{k_0}| = 0{,}22 \,.$$

Ferner wurde eine Verfeinerung der Protonenstruktur vorgenommen. Dabei wurden zur Bestimmung der neun Koordinatenwerte neun Gittersummen (verschieden von Null) angenommen. Es ergeben sich neun Gleichungen mit neun Unbekannten folgender Form:

$$\Delta R_k = \sum_i \left(\frac{\delta R_{k_c}}{\delta u_i}\right) \Delta x_i = \sum_i a_{k_i} \Delta x_i \,,$$

$$k = 1, \dots, 9, \quad i = 1, \dots, 9, \quad \Delta R_k = R_{k_0} - R_k \,.$$

Löst man dieses System, so kann man die Korrekturgröße Δx_i für die Ausgangskoordinaten finden.

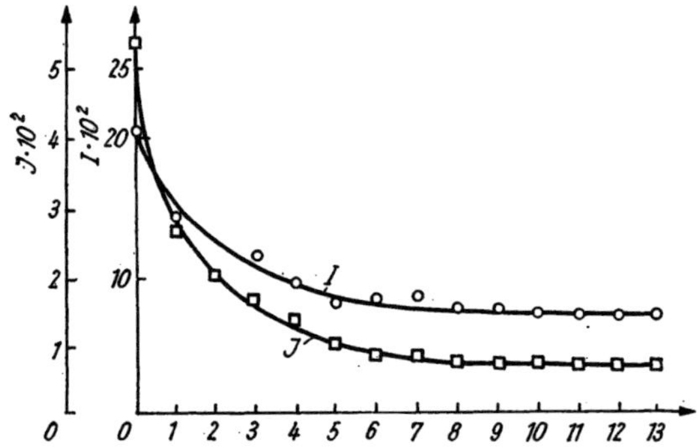

Abb. 4.5. Änderung des linearen (I) und quadratischen (J) Divergenzfaktors während der Verfeinerung bei Oxalsäure-Dihydrat

Abbildung 4.5 zeigt die Veränderung des Divergenzfaktors während der sukzessiven Verfeinerung der Koordinaten mit der Methode der kleinsten Quadrate. Es ist zu sehen, daß wenn $I_0 = 0{,}22$ I_3 schon 0,12 und $I_{13} = 0{,}07$ ist, wobei die sechs letzten Schritte die Struktur praktisch gar nicht mehr ändern.

Die Untersuchung kann man nicht als sehr überzeugend bezeichnen, da die Anfangs- und Endstruktur sich nur unbedeutend unterscheiden. Gleichzeitig stimmt die Endstruktur nicht sehr gut mit der aus Neutronenbeugungsexperimenten erhaltenen überein. In jedem Fall ist aber der Unterschied zwischen der neutronographisch bestimmten Struktur und der endgültigen NMR-Struktur von derselben Größenordnung wie der zwischen der Ausgangs- und Endstruktur.

Gorskaja und Fedin [294] untersuchten die Abhängigkeit des H-NMR-Signals eines Naphthalineinkristalls von der Orientierung im Magnetfeld. Die Probe hatte eine zylindrische Form, die aus einem Einkristall herausgeschnitten wurde. In Abbildung 4.6 wird die experimentelle φ-Abhängigkeit des zweiten Moments mit drei berechneten Abhängigkeiten verglichen. In Kurve 1 wurde angenommen, daß die Bindungslänge C---H in der idealen Naphthalinstruktur gleich 1,08 Å ist. Kurve 2 entspricht einem C---H-Abstand von 1,03 Å und Kurve 3 von 1,13 Å. Der Wert von 1,08 Å ist ein Mittelwert aus einer großen Zahl von Literaturdaten. Aus Abbildung 4.6 ist er-

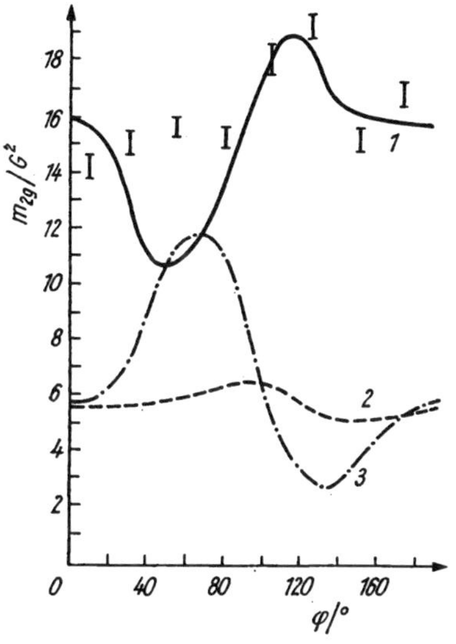

Abb. 4.6. Zweites Moment der NMR-Linie als Funktion des Drehungswinkels für den Naphthalinkristall

sichtlich, daß die NMR-Daten diesen Wert bestätigen, aber der beobachtete merkliche Unterschied zwischen der Kurve 1 und der experimentellen φ-Abhängigkeit zeigt, daß die NMR die Bestimmung geringer Abweichungen der Molekülgeometrie von dem idealen Modell ermöglicht.

NMR-Spektrometer, die für die Lokalisierung von Protonen in einer Kristallstruktur geeignet sind, müssen eine Reihe von spezifischen Anforderungen erfüllen. Erstens muß das Spektrometer notwendigerweise eine Goniometervorrichtung zur genauen Orientierung des Kristalls im Magnetfeld besitzen. Zweitens muß das Problem einer hinreichend großen Empfindlichkeit bei NMR-Untersuchungen von Einkristallen mit kleinem Volumen gelöst werden. Die Empfindlichkeitsanforderungen liegen bei Molekülkristallen besonders hoch, weil es auf Grund großer Relaxationszeiten nicht gelingt, große Feldstärken des Radiofrequenzfeldes H_1 zu erreichen. Drittens ist eine hohe Stabilität des Magnetfeldes und der Reproduzierbarkeit seiner Änderung zu sichern. Diese Forderung ergibt sich daraus, daß in einigen Fällen eine ausreichende Empfindlichkeit nur realisiert werden kann, wenn man die Signalakkumulationsmethode anwendet. Viertens muß das Gerät eine hohe Stabilität der Nullinie geben, da namentlich diese Stabilität die Genauigkeit der Messung der zweiten Momente garantiert.

Die erste Orientierung eines Kristalls im Magnetfeld eines NMR-Spektrometers wurde in einer Arbeit von Pake angegeben [311]. Die von ihm benutzte Goniometereinrichtung ist äußerst einfach. Die Radiofrequenzspule ist im Magnetgehäuse vertikal angeordnet; die obere Fläche des in der Spule befindlichen Einkristalls ist gegen einen zylindrischen Teflonstreifen geklebt. Ein Zeiger am oberen Ende des Streifens und eine Kreisskala mit großem Durchmesser gestatten, die Orientierung des Kristalls mit einer Genauigkeit bis zu 0,5° vorzunehmen. Die Unzulänglichkeit dieses Systems besteht darin, daß der Kristall zylindrische Form haben muß, da bei beliebiger Form der Füllfaktor stark verringert würde.

Auch ANDREW und HYNDMAN [307] benutzten eine Goniometereinrichtung. Sie paßten die Form der Radiofrequenzspule der Kristallform an, indem sie den Draht direkt um den Einkristall wickelten. Dadurch erhielt die Spule einen rechtwinkligen Querschnitt. Ein Messingbehälter mit Radiofrequenzbrücke befand sich am oberen Ende der vertikalen Messingröhre; sein unteres Ende befand sich im Zentrum des Magnetspaltes; in diesem Teil der Röhre war die Spule starr befestigt.

Die großen Möglichkeiten der NMR-Methode zur Untersuchung der Gitterdynamik bedürfen keines Beweises. Umgekehrt ist es jedoch noch nicht klar, welchen Nutzen die Anwendung dieser Methode hinsichtlich der Untersuchung der Geometrie organischer Moleküle bringt.

Uns erscheint die NMR-Methode bei der Bestimmung der Koordinaten der Protonen in den Fällen nützlich, wenn keine Reorientierung von Molekülen oder Molekülteilchen vorliegt und wenn kein Protonenaustausch erfolgt.

4.7. Die Theorie der Kernquadrupolresonanz

1949 beobachteten DEHMELT und KRÜGER [312] als erste die Kernquadrupolresonanz. Die Kernquadrupolresonanz ist ein Zweig der Spektroskopie, der Energiedifferenzen im Festkörper untersucht, die einer Emission oder Absorption elektromagnetischer Strahlung mit Wellenlängen im Dezimeter- und Meterbereich (Frequenzen von 1 bis 1000 MHz) entsprechen. Welcher Natur sind nun diese Energieniveaus?

Die Kerne vieler Elemente haben keine strenge Kugelform. Ein Maß der Abweichung der Kernform von einer Kugel stellt das Quadrupolmoment des Kernes dar:

$$Q = \frac{1}{e} \int \varrho (3z_m^2 - r^2)\, dx\, dy\, dz\,, \tag{7.1}$$

worin e die Elektronenladung ist, ϱ die Dichteverteilung der Ladung im Kern, $r^2 = x^2 + y^2 + z^2$ und z_m die Achse, die mit der Richtung des Kernspins I zusammenfällt.

Aus (7.1) ist zu sehen, daß Q positiv ist, wenn der Kern längs des Spinvektors gestreckt ist, und negativ, wenn er in dieser Richtung gestaucht ist (Abb. 4.7).

Das Quadrupolmoment ist mit dem Kernspin I wie folgt verknüpft: wenn $I = 0$ oder $1/2$ ist, dann ist $Q = 0$; Q ist nur von Null verschieden bei $I \geqq 1$.

Betrachten wir ein Atom, das zu einem Molekül gehört, das in einem Kristall angeordnet ist und dessen Kern ein von Null verschiedenes Quadrupolmoment hat. In Abbildung 4.8 ist A ein Atom, das keine Kugelform hat und A_1 ein Atom, das an A kovalent gebunden ist. Längs der Bindungsrichtung Oz existiert eine starke Inhomogenität des elektrischen Feldes, deren Maß der Gradient der Spannung $q_{zz} = \partial^2 V/\partial z^2$ ist. Hier ist V das elektrostatische Potential im Kernzentrum, das von allen umgebenden Ladungen stammt. Streng genommen ist q eine tensorielle Größe, die neun Komponenten in den Raumkoordinaten x, y und z hat. Die mathematische Beschreibung der Wechselwirkungsenergie eines solchen inhomogenen elektrischen Feldes mit einem Kern, dessen Symmetrie der Ladungsverteilung sich von einer Kugel unterscheidet, ist sehr kompliziert. Gewöhnlich setzt man voraus, daß q axiale Symmetrie bezüglich der z-Achse hat, das heißt $\partial^2 V/\partial x^2 = \partial^2 V/\partial y^2$, und wählt solche Koordinatenachsen aus, bei denen der Tensor q Diagonalform hat. Man kann dann auf quantenmechanischem Wege zeigen, daß die Energie eines Kerns mit dem Quadrupolmoment Q, der

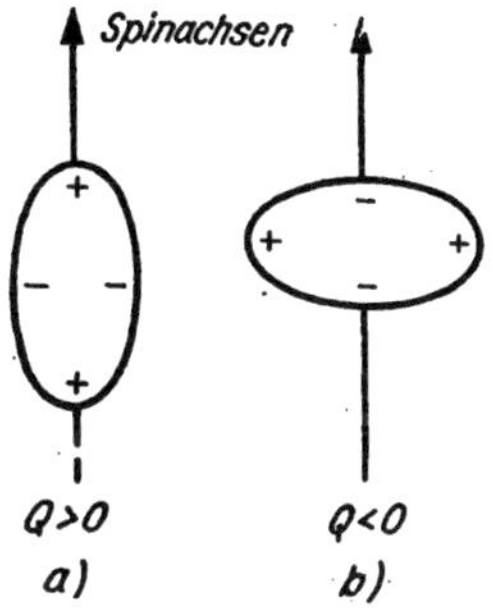

Abb. 4.7. Quadrupolkerne der Atome

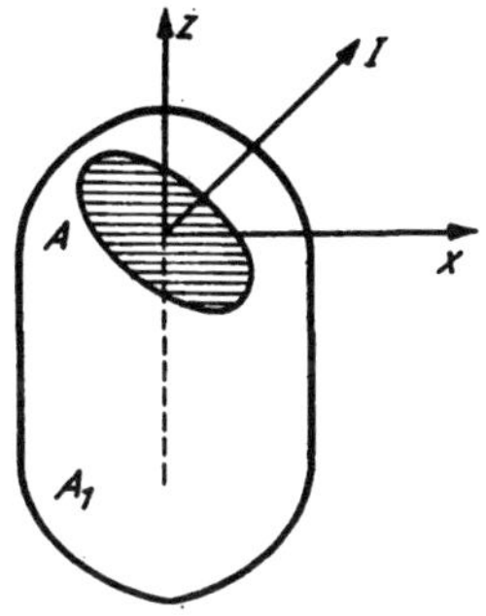

Abb. 4.8. Quadrupolkern im inhomogenen elektrischen Feld, das durch die Elektronendichte des Moleküls geschaffen wird (z-Achse in Bindungsrichtung)

sich im elektrischen Feld mit axialer Symmetrie in bezug auf die Bindungsrichtung und einem Gradienten q befindet, die Form

$$E_m = \frac{eq_{zz}Q\,[3m^2 - I(I+1)]}{4I\,(2I-1)} \tag{7.2}$$

hat.

In der Gleichung (7.2) ist m die magnetische Quantenzahl. Bei gegebenem Kernspin I ändert sie sich von I bis $-I$, das heißt, es ergeben sich $2I + 1$ Werte. Aus (7.2) ist zu sehen, daß die Quadrupolenergieniveaus bezüglich m doppelt entarten, da E_m nur von der Absolutgröße von m abhängt und nicht von dem Vorzeichen. Zum Beispiel haben die Kerne des N und Cl nur zwei sich unterscheidende Energieniveaus. Es ist klar, daß die Übergänge zwischen ihnen nur zu einer Absorptionslinie oder Emissionslinie führen können. Um die Übergänge zwischen den Niveaus (7.2) zu bewirken, muß man an den Kristall ein elektromagnetisches Feld mit den Frequenzen

$$h\nu = E_m - E_{m-1} \tag{7.3}$$

anlegen.

Aus (7.2) und (7.3) folgen die Frequenzen, bei denen man eine Kernquadrupolresonanz beobachten kann:

$$\nu_{\text{Res}} = \frac{3eQq_{zz}}{4hI(2I-1)}(2\,|m_I| - 1)\,.$$

Dabei ist m_I die nach dem Absolutwert größere von den beiden magnetischen Quantenzahlen, zwischen denen der Übergang vor sich geht. Der Wert eQq/h wird in der Literatur gewöhnlich als „Quadrupolwechselwirkungskonstante" bezeichnet. Er wird in Millionen Hertz ausgedrückt, wobei man die Plancksche Konstante herausläßt. Somit erhalten wir für $I = 1$ $\nu_{\text{Res}} = 3/4eQq$; für $I = 3/2$ wird $\nu_{\text{Res}} = eQq/2$ usw.

Sehr häufig besitzt der Gradient des elektrischen Feldes keine axiale Symmetrie. Dann wird ein Asymmetrieparameter eingeführt:

$$\eta = \frac{q_{xx} - q_{yy}}{q_{zz}}.$$

Die Quadrupolwechselwirkungskonstante eQq_{zz} und der Asymmetrieparameter η geben Informationen über die chemische Verbindung.

Charakteristisch für die Quadrupolresonanz ist eben der große chemische Einfluß auf eQq_{zz} und η. So sind die Quadrupolfrequenzen des Cl^{35} im Tri- und Dichlormethan gleich 38,2809 bzw. 35,9912 MHz, das heißt, sie unterscheiden sich bereits in der zweiten Ziffer, bei einer Meßgenauigkeit von 6—7 Ziffern. Die experimentellen η-Werte schwanken von 0,05 bis 0,8.

Nichtäquivalente Moleküllagen in der Elementarzelle liefern eine gut aufgelöste Struktur der Linie. Zum Beispiel beobachtet man beim $CHCl_3$ ein zweikomponentiges Quadrupolresonanzspektrum mit den Frequenzen 38,3081 und 38,2537 MHz, was auf die Anwesenheit zweier kristallographisch verschiedener Molekülsorten im Kristall hinweist. Die Größe dieser Kristalleffekte übersteigt die Linienbreite um 1—2 Größenordnungen.

Wenn an den Kristall ein äußeres konstantes Magnetfeld H_0 angelegt wird, dann wird der Zustand mit dem Präzisionswinkel Θ eine größere Energie haben als der mit dem Winkel $180° - \Theta$. Da die Energiedifferenz $\Delta E \ll kT$ zwischen den Zuständen ist, wenn μ_I in und gegen die Richtung des konstanten Meagntfeldes gerichtet ist, sind diese neuen Niveaus als Folge der Wärmeschwingungen besetzt, und die Entartung nach m ist aufgehoben. So zeigen einfache qualitative Darstellungen, daß beim Anlegen eines konstanten Magnetfeldes an den Kristall die Linie der Quadrupolresonanz jedes Kerns aufgespalten erscheint.

Der summarische Effekt dieser Aufspaltung ist für polykristalline und Einkristallproben verschieden. Im Einkristall liefern alle Kerne Signale und ein aufgespaltenes mehrkomponentiges Quadrupolresonanzspektrum. Im Polykristall bedingt die Unordnung der Orientierung der einzelnen Kristallite eine wesentliche Linienverbreiterung, was eine entsprechende Abnahme der Intensität der Signale zur Folge hat. Diese Eigenschaft der Quadrupolresonanzlinie benutzt man für die Identifizierung des Signals: Wenn sich die Linie bei Anlegen eines schwachen Magnetfeldes verbreitert, dann stammt sie von einer Quadrupolresonanz, wenn nicht, so hat das Signal einen anderen Ursprung.

Im einfachsten Fall ist die Größe der Aufspaltung der Niveaus bei Anlegen eines Feldes H_0 gleich

$$\Delta E = \pm \frac{m \mu_I H_0 \cos \Theta}{I}. \tag{7.4}$$

Hier ist μ_I/I das gyromagnetische Verhältnis. Es beträgt für den Cl^{35}-Kern 417,214 Hz/Gauß. Aus dieser Beziehung folgt, daß die Aufspaltung fehlt, wenn das äußere Magnetfeld H_0 mit der Symmetrieachse q einen Winkel von 90° bildet. Komplizierter ist der Fall, wenn H_0 die Entartung des Niveaus $E_{1/2}$ aufhebt. Die Zustände mit $m = +1/2$ und $m = -1/2$ der Nachbarn, die durch das Intervall $\Delta m = 1$ getrennt sind, wechselwirken bei Anlegen des Feldes H_0. Die Rechnungen zeigen, daß das erregende Feld

H_0 in diesem Fall zur Entstehung gemischter Niveaus führt, die durch die Formel

$$E_\pm = \frac{eQq_{zz}}{4I(2I-1)}\left[\frac{3}{4} - I(I+1)\right] \pm \left[\cos^2\Theta + \left(I + \frac{1}{2}\right)^2 \sin^2\Theta\right]\frac{\mu_I}{2I} H_0 \tag{7.5}$$

beschrieben werden können.

Aus (7.5) folgt, daß die Null-Feldaufspaltung bei keinem Winkel möglich ist. Aus Abbildung 4.9 sehen wir, daß die ZEEMAN-Aufspaltung der Quadrupolresonanz bei einem Kernspin $I = 3/2$ zur Entstehung von vier beobachtbaren Linien führt. Der

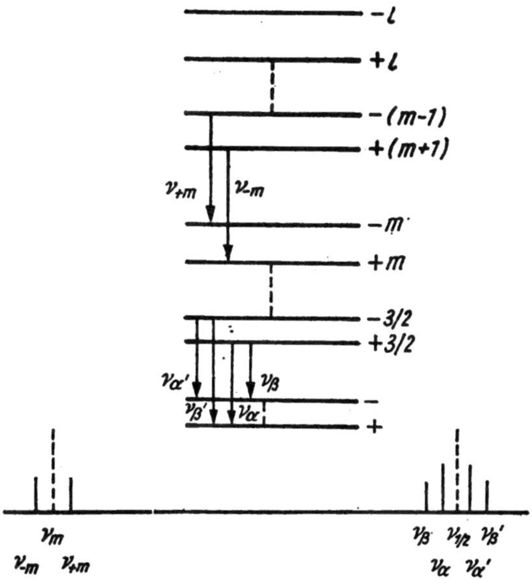

Abb. 4.9. ZEEMAN-Aufspaltung der Quadrupolenergieniveaus

Übergang $E_+ \rightleftarrows E_-$ wird bei den gebräuchlichen Feldern H_0 im Quadrupolresonanzspektrum nicht beobachtet, da die ihm entsprechende Frequenz um zwei Größenordnungen kleiner als ν_{Res} ist. Aus Abbildung 4.10 (S. 272) und den Gleichungen (7.4) und (7.5) folgt, daß die inneren Linien des ZEEMAN-Quadrupletts durch das Fre-

$$\nu_{\alpha\alpha'} = 3\frac{\mu_I}{I} H_0 \cos\Theta + \frac{\mu_I}{I} H_0 \sqrt{\cos^2\Theta + \left(I + \frac{1}{2}\right)^2 \cos^2\Theta} \tag{7.6}$$

quenzintervall getrennt sind.

Aus (7.6) geht hervor, daß die inneren, intensivsten Linien des ZEEMAN-Multipletts bei einer bestimmten Orientierung des Magnetfeldes koinzidieren, indem sie auf die Frequenz ν_{Res} fallen. Der Winkel Θ, bei dem das für einen Spin $= 3/2$ entsprechend Gleichung (7.6) geschieht, wird durch die Bedingung $\operatorname{tg}\Theta = \sqrt{2}$ bestimmt und ist $\Theta = 54°\,44'$. Diesen Umstand nutzt man für Strukturuntersuchungen an Einkristallen. Ändert man die Kristallorientierung im konstanten Magnetfeld, so findet man Richtungen von H_0, die keine Aufspaltung des Signals liefern. Diese Richtungen bilden einen Kegel, dessen Achse die Orientierung der chemischen Bindung anzeigt (siehe unten).

Die Linien der Kernquadrupolresonanz sind häufig stark verbreitert und ihre Amplitude entsprechend verringert. Daraus ergeben sich erhöhte Forderungen an die Empfindlichkeit des Spektrometers. Auch Kerne, die einen zu untersuchenden Kern umgeben, können magnetische Momente haben. Dann befindet sich der untersuchte Kern in einer Umgebung lokaler Magnetfelder. In Abhängigkeit von der Größe dieser lokalen Magnetfelder und vom Grad ihrer Ordnung im Kristall kann ein solcher innerer ZEEMAN-Effekt entweder zum Auftreten einer Feinstruktur der Quadrupolresonanzlinien führen oder auch, wie es häufiger beobachtet wird, einer Linienverbreiterung.

Wichtige statische Faktoren, die die Linienbreite beeinflussen, sind Defekte und Spannungen im Kristall. Defekte des Kristallgitters rufen eine ungeordnete Streuung der Gradientenwerte q des elektrischen Feldes hervor, indem sie selbst die entsprechenden Kerne aus dem Gebiet der Grundresonanz herausführen, wodurch sich die Linien verbreitern. Ähnlich wirken Spannungen im Kristall, die durch zu schnelle Kristallisation oder Abkühlung, örtliche Erhitzungen und andere Effekte entstehen können. Eine quantitative Theorie der Linienverbreiterung als Folge von Spannungen und Defekten im Kristall kann nur dann entwickelt werden, wenn das Gesetz der intermolekularen Wechselwirkung bekannt ist und der Einfluß dieser Wechselwirkung auf den Gradienten des elektrischen Feldes im Kristall.

Die Schwingungen der Moleküle im Kristall können auch die Quadrupolresonanzlinienform beeinflussen. Die Wärmeschwingungen begrenzen die Lebensdauer der Quadrupolenergieniveaus und bestimmen auf diese Weise die „natürliche“ Breite der Linie. Dieser Beitrag ist jedoch wesentlich kleiner als der Einfluß der statischen Faktoren. Es ist qualitativ völlig klar, daß die Wärmeschwingungen außer dem Einfluß auf die Lebensdauer der Energieniveaus auch eine analoge Wirkung wie Defekte und Spannungen zeigen, was zu einer weiteren Streuung der q-Werte von Kern zu Kern und damit zur Linienverbreiterung führt.

Ob eine NQR beobachtet wird, hängt von der Stärke des an die Probe angelegten Radiofrequenzfeldes und der Spin-Gitter-Relaxionszeit T_1, die die Lebensdauer der Quadrupolniveaus charakterisiert, ab. Die Wechselwirkung der Quanten des Radiofrequenzfeldes entsprechend (7.3) mit dem System der Quadrupolenergieniveaus führt zum Ausgleich der Populationen dieser Niveaus.

Schaltet man das Radiofrequenzfeld ab, dann strebt unter dem Einfluß der Wärmeschwingungen die Differenz der Populationen Δn, die durch das Feld geschaffen wurde, der Ausgangsdifferenz der Populationen Δn_0 (wird durch die Temperatur des Experiments bestimmt) nach dem Gesetz

$$\Delta n = \Delta n_0 \left(1 - e^{t/T_1}\right)$$

zu, wobei t die Zeit ist, die seit der Abschaltung des Radiofrequenzfeldes verstrichen ist. T_1 ist die Spin-Gitter-Relaxationszeit.

Ist T_1 groß, dann wird die Lebensdauer im angeregten Zustand auch groß sein. Unter solchen Bedingungen kann eine lang andauernde Wirkung des Radiofrequenzfeldes dazu führen, daß die Wärmeschwingungen nicht in der Lage sind, das Gleichgewicht zwischen den Übergängen vom oberen Niveau zum niederen und umgekehrt zu realisieren; es tritt ein Moment ein, wo die Populationen des oberen und des unteren Niveaus gleich werden. Danach ist die aus dem Radiofrequenzfeld in der Zeiteinheit absorbierte Energie gleich der vom System der Kernspins in derselben Zeit abgestrahlten Energie, das heißt, die Probe ist im Meßkreis nicht mehr beobachtbar. Um diese sogenannte Sättigung der Resonanz zu vermeiden, arbeitet man bei minimalen Energiedichten im Meßkreis. Bei der Kernquadrupolresonanz wird die Sättigung bedeutend seltener erreicht. Für para-Dichlorbenzol ergibt sich $T_1 = 2 \cdot 10^{-2}$ s. Trotzdem kann diese Erscheinung bei einer bestimmten Energiedichte auftreten; wenn sie auch kein völliges Verschwinden des Signals hervorruft, so führt sie doch zu einer wesentlichen Linienverbreiterung.

Zur unmittelbaren Charakteristik der Linienform verwendet man in der NQR auch den Begriff der Spin-Spin-Relaxionszeit T_2. Die Funktion $g(\nu)$ soll die summarische Verteilung der Resonanzfrequenzen, die durch alle statischen und dynamischen Faktoren hervorgerufen werden, beschreiben. Diese Funktion wird gewöhnlich durch die Bedingung $\int_{-\infty}^{\infty} g(\nu)\, d\nu = 1$ normiert. Dann ist die Spin-Spin-Relaxionszeit wie folgt definiert:

$$T_2^* = 2g(\nu_{\text{Res}})\,.$$

Deshalb kann aus der Linienform auf Relaxationsprozesse geschlosesn werden. Die Werte von T_2 für Paradichlorbenzol schwanken, bedingt durch Verunreinigungen im Kristall, zwischen $5 \cdot 10^{-4}$ und $7 \cdot 10^{-5}$ s, während T_1 konstant bleibt.

4.8. Die Anwendung der NQR zur Untersuchung der Struktur von Molekülkristallen

a) *Die Bestimmung der Molekülorientierung in der Elementarzelle.* Die folgende Untersuchung der Zeeman-Aufspaltung des NQR-Spektrums von 1,2,4,5-Tetrachlorbenzol wurde von Dean und Mitarbeitern durchgeführt [313]. Sie benutzten eine speziell konstruierte halbautomatische Apparatur und führten eine vollständige Kristallstrukturuntersuchung durch. Im Ergebnis zeigte sich, daß die NQR Röntgenstrukturuntersuchungen sehr sinnvoll ergänzt. So ist die Genauigkeit der Bestimmung von Bindungsrichtungen mit der NQR höher. Der Fehler ist nicht größer als $\pm 1°$.

Die Linienaufspaltung hängt von der Orientierung des Kristalls im Magnetfeld ab. Die Aufspaltung ist die gleiche für alle translationsidentischen Atome, aber verschieden für Atome, die durch Symmetrieelemente verknüpft sind. Indes gibt es eine besondere Richtung, die unverändert bleibt oder sich durch Symmetrieoperationen umkehrt, die dem Kristall eigen sind. Für einen zentrosymmetrischen Kristall ist diese Forderung für jede beliebige Richtung erfüllt.

Die Zeeman-Aufspaltung wird zur Ermittlung der Richtungen des Gradienten des elektrischen Feldes benutzt, indem für jede Linie des Nullfeldes (für jeden Kern) die Magnetfeldrichtung relativ zu den Kristallachsen aufgesucht wird, in der die Aufspaltung fehlt. Zum Beispiel erfolgt die Nullaufspaltung für den Spin 3/2 in einer Feldrichtung, die auf der Oberfläche eines Doppelkegels liegt, dessen Achse mit der Richtung des Feldgradienten zusammenfällt. Die Richtung des Nullfeldes bildet mit der Kegelachse einen Winkel von 54° 44′. Auf der Ermittlung der Kegel der Nullfeldaufspaltung beruht im Prinzip die Strukturuntersuchung mit Hilfe dieser Methode.

Es ergibt sich weiterhin die Möglichkeit, die Asymmetrie des elektrischen Feldes am Atomkern zu messen. Der Kegel ist nur im idealen Falle rund, wenn diese Asymmetrie fehlt. Aus der Elliptizität des Kegels kann der Asymmetriefaktor des Feldes hinreichend genau bestimmt werden, der zum Beispiel im Falle der Bindung Kohlenstoff-Chlor Aufschluß über die Rolle der p-Elektronen gibt.

b) *Untersuchungen der Gitterdynamik.* BAYER [314] betrachtete den Einfluß der Drehschwingungen der Moleküle auf die Frequenz der Quadrupolresonanz Q_{zz}. Wie IR- und Raman-Spektren zeigen, übersteigen die niedrigsten Frequenzen dieser Schwingungen die oberen möglichen Frequenzen der Quadrupolresonanz um nicht weniger als um zwei Größenordnungen. BAYER zeigte, daß sich die Kerne in Wirklichkeit in einem elektrischen Feld befinden, dessen Parameter q sich von dem unterscheidet, der bei völliger Unbeweglichkeit vorliegen würde, und daß der effektive Wert von q von der Temperatur abhängt. Für $I = 3/2$ ergibt sich zum Beispiel folgende Temperaturabhängigkeit der Quadrupolresonanzfrequenz:

$$\frac{1}{\nu_{\text{Res}}}\frac{d\nu}{dT} = -\frac{3h^2}{8\pi^2 kT^2}\left[\frac{e^{h\nu_X/kT}}{A_X(e^{h\nu_X/kT}-1)^2} + \frac{e^{h\nu_Y/kT}}{A_Y(e^{h\nu_Y/kT}-1)^2}\right], \qquad (8.1)$$

wobei ν_{Res} die Quadrupolresonanzfrequenz bei $\eta = 0$ ist und ν die gesuchte Frequenz, T die Temperatur und ν_X und ν_Y die Frequenzen der Drehschwingungen, bezogen auf die X- und Y-Achse des Tensors q, und A_X und A_Y die entsprechenden Trägheitsmomente. Die Drehschwingungen, bezogen auf die Z-Achse, geben keinen Beitrag zu q, sondern ändern nur η. Für $I = 3/2$ kann man diesen Einfluß in Gleichung (8.1) vernachlässigen. Aus Abbildung 4.10, die auf der Grundlage von Gleichung (8.1) erhalten wurde, ist ersichtlich, daß die Resonanzfrequenz mit sinkender Temperatur stark anwächst.

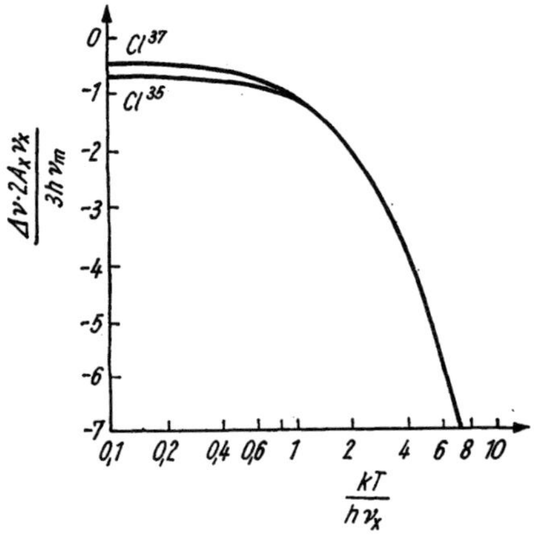

Abb. 4.10. Temperaturabhängigkeit der Quadrupolresonanzfrequenz des Cl^{35} und des Cl^{37} nach der Theorie von BAYER

Der Temperaturkoeffizient der Quadrupolresonanzfrequenz für das para-Dibrombenzol ist 18,7 kHz/grd und für para-Dichlorbenzol 2,7 kHz/grd. Diese starke Abhängigkeit von der Temperatur macht eine Thermostatierung der Probe erforderlich, denn schon Temperaturschwankungen der Probe von 2—3° können zu einer sehr starken Linienverbreiterung führen.

Der von BAYER vorhergesagte Temperaturverlauf der Quadrupolresonanzfrequenz wird für die meisten Verbindungen gut erfüllt. Detaillierte Untersuchungen der Temperaturabhängigkeit der NQR-Frequenzen und die Bestätigung der Theorie von BAYER für kompliziertere Fälle wurden von T. A. BABUSCHKINA [315] durchgeführt.

c) *Feste Lösungen.* MONFILS [316] schlug als erster vor, die Wirkung beigemengter Moleküle auf das NQR-Signal in einer festen Lösung durch die Zahl N der benachbarten Moleküle der Grundsubstanz zu charakterisieren, die durch das beigemengte Molekül aus der Resonanz herausgeführt werden. Bei geringen Konzentrationen kann man annehmen, daß N als Eigenschaft des beigemengten Moleküls im gegebenen Gitter nicht von der Konzentration abhängt. Es ergibt sich, daß die Intensität des Signals mit der Zunahme der Konzentration des gelösten Stoffes c nach dem Gesetz

$$A = A_0 \, e^{-Nc}$$

abnimmt, wobei A_0 die Signalamplitude in der reinen Probe ist. Im Experiment beobachtet man drei verschiedene Abhängigkeiten A von c (Abb. 4.11). Kurve 1 ist charakteristisch für eine unbegrenzte Löslichkeit im gegebenen Konzentrationsintervall, Kurve 2 weist auf begrenzte Löslichkeit hin, Kurve 3 entspricht dem Fall, wenn Form und Größe des Beimengungsmoleküls die Bildung einer festen Lösung völlig behindert.

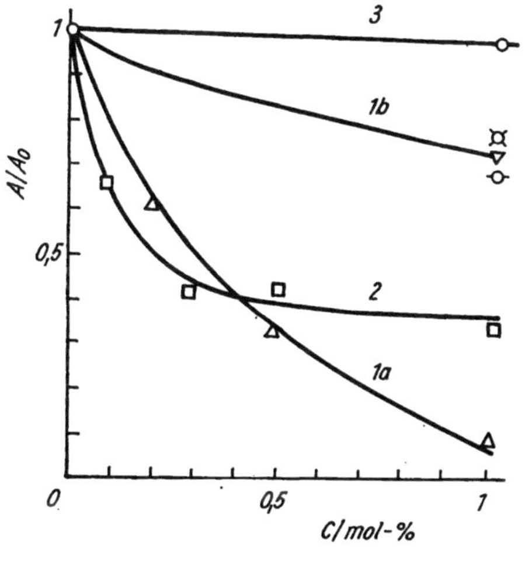

Abb. 4.11. Abhängigkeit der Amplitude des NQR-Signals von der Fremdstoffkonzentration im p-Dichlorbenzol. Kurve 1 — lückenlose Mischbarkeit (a — Fremdmolekül ist größer als das Matrixmolekül, b — Fremdmolekül ist kleiner als das Matrixmolekül);
2 — beschränkte Mischbarkeit;
3 — keine Mischbarkeit

BARR und DEAN [317] schlugen vor, die NQR-Frequenzverschiebung am gelösten Molekül zu messen. Die von ihnen veröffentlichten Ergebnisse sind sehr interessant und erfordern weitere Untersuchungen. FEDIN und KITAIGORODSKI [128] zeigten mit einer sehr genauen Methode, daß bei festen Lösungen einer Reihe von Verbindungen mit para-Dichlorbenzol keine merkliche NQR-Frequenzverschiebung am Basismolekül auftrat. Es wurde auf der Grundlage der organischen Kristallchemie der Versuch unternommen, den Wert N für einige Systeme vorauszusagen. Dabei wurde vorausgesetzt, daß die Erniedrigung von A in der festen Lösung durch statische Deformationen im Gitter hervorgerufen wird. Diese Annahme basiert auf Messungen der Spin-Gitter-Relaxationszeit T_1 in der festen Lösung. Daraus ergibt sich, daß T_1 unabhängig von c ist, während nach Angaben von FEDIN, KITAIGORODSKI [128] T_1 ausschließlich stark von der Temperatur abhängt (Abb. 4.12). Man kann deshalb schlußfolgern, daß sich die Gitterdynamik bei kleinen Werten von c in erster Näherung nicht ändert. Dafür spricht auch das Fehlen von Frequenzverschiebungen am Basismolekül. Aus den Experimenten folgt, daß die Spannungen des Gitters um jedes Beimengungsmolekül mit der Zunahme des Abstandes von diesem Molekül abnehmen.

d) *Polymorphie.* Prinzipiell sollte sich die Polymorphie auch in den NQR-Spektren widerspiegeln und auch eine Aussage darüber erlauben, ob der Übergang enantiotrop oder monotrop ist.

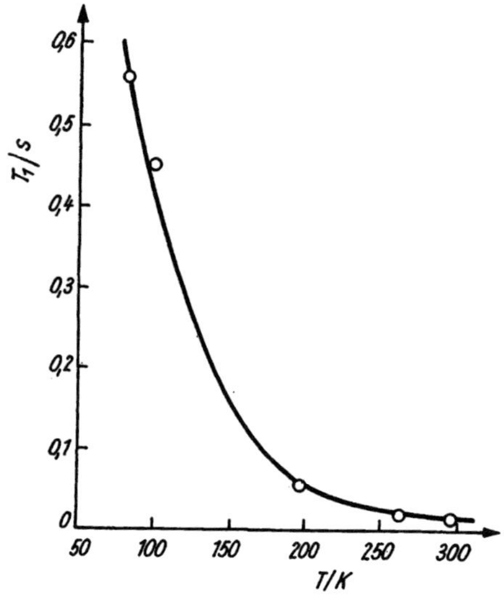

Abb. 4.12. Temperaturabhängigkeit von T_1 im p-Dichlorbenzol

Die Untersuchung der Phasenübergänge in einer Reihe von Molekülkristallen, wie o-Dichlorbenzol, Chloranil, Trichloracetamid, Dihalogenmethan, Dichlordinitromethan, Trichlorgerman, Jodbenzol, zeigen eine Zunahme der Multipletts des NQR-Spektrums bei der Tieftemperaturphase.

Die Änderung der Multiplizität der NQR-Spektren bei Phasenübergängen kann nicht nur Informationen über die Änderung der Kristallgittersymmetrie liefern, sondern auch über die intra- und intermolekularen Wechselwirkungen und die Konformation der Moleküle. Die rein kristallographische Aufspaltung im NQR-Spektrum kann 2% der gemessenen Größe nicht übersteigen. Die Entstehung sehr starker Aufspaltungen bei Phasenübergängen kann auf das Auftreten von koordinativen Wechselwirkungen hinweisen. Im Falle der $SnBr_4$-Kristalle wird das durch die Röntgenstrukturanalyse nachgewiesen. Die Tieftemperaturphase des $SnBr_4$ enthält vier NQR-Linien, wobei die eine von den drei anderen um etwa 4% weiter entfernt ist. Aus Röntgenstrukturuntersuchungen ergibt sich, daß diese Phase aus Dimeren besteht. Die Hochtemperaturphase des $SnBr_4$ hat zwei sehr dicht beieinander liegende NQR-Linien gleicher Intensität, da die starke intermolekulare Wechselwirkung nicht mehr vorhanden ist.

Wenn sich die Multiplizität der NQR-Spektren nicht ändert, können die Phasenübergänge sowohl einen Frequenzsprung als auch eine Änderung der Steigung der Kurve der Temperaturabhängigkeit der Frequenz bewirken. Als Beispiele dafür seien die $\alpha \rightarrow \beta$-Übergänge im para-Dichlorbenzol genannt. Die NQR-Frequenz des Cl^{35} der β-Phase ist bei der Phasenübergangstemperatur von 32 °C um 24 kHz niedriger als die der α-Phase. Im Tetrabrombenzol wird der $\alpha \rightarrow \beta$-Phasenübergang bei 32 °C nicht nur durch den Sprung der NQR-Frequenz auf 0,15%, sondern auch durch die Änderung der Temperaturabhängigkeit der Frequenz vor und nach dem Phasenübergang charakterisiert. Oberhalb des Phasenüberganges gilt

$$\frac{1}{\nu}\frac{\mathrm{d}\nu}{\mathrm{d}T} = 3{,}9 \cdot 10^{-5}\,\mathrm{grd}^{-1}$$

und

$$\frac{1}{\nu}\frac{\mathrm{d}\nu}{\mathrm{d}T} = 5{,}9 \cdot 10^{-5}\,\mathrm{grd}^{-1}$$

unterhalb.

Bei langsam ablaufenden Phasenübergängen können mit der NQR-Spektroskopie gegenseitige Anordnungen und Bewegungen derselben Moleküle in verschiedenen Kristallgittern bei derselben Temperatur untersucht werden.

Betrachtet man das gesamte vorliegende experimentelle Material, so kann man schlußfolgern, daß die Differenz der mittleren NQR-Frequenzen zweier Modifikationen bei derselben Temperatur etwa 1,5% der mittleren Signalfrequenz nicht übersteigt. Diese Frequenzverschiebungen unterscheiden sich ihrer Größe nach nicht von den üblichen Aufspaltungen für kristallographisch nichtäquivalente Atome. Die NQR-Frequenzänderung am Phasenübergang ist das Ergebnis der Änderung der Nahordnung beim Umbau des Kristallgitters. Die Änderung des Temperaturkoeffizienten der Frequenz charakterisiert die Änderung der Dynamik der Nahordnung (Amplituden und Schwingungsfrequenzen).

Charakteristisch für die Fernordnung ist die Spin-Gitter-Relaxationszeit T_1. Ihre Änderung kann bei Phasenübergängen wesentlich größer sein als der Unterschied von T_1 für Linien kristallographisch nichtäquivalenter Chloratome in demselben Gitter. Dieser Umstand gestattet es, Spektren verschiedener Phasen zu trennen.

Für Phasen, deren Spektren eine hohe Multiplizität besitzen, sind große Relaxationszeiten T_1 typisch. Sie weisen auf eine geringere Beweglichkeit der Moleküle und eine dichtere Packung im Kristall hin.

5. Experimentelle thermodynamische Untersuchungen

5.1. Die thermische Ausdehnung

Röntgenographische Messungen der Parameter der Elementarzelle liefern die genauesten Werte des Ausdehnungstensors oder des kubischen Ausdehnungskoeffizienten.

Dazu wählt man einige Netzebenenabstände d_{hkl}, die großen Braggschen Winkeln Θ_{hkl} entsprechen, aus und mißt ihre Werte in Abhängigkeit von der Temperatur. Ohne Schwierigkeiten erhält man auf dem Röntgenogramm die Beugungsmaxima des zu untersuchenden Stoffes und des Standards (z. B. Steinsalz).

Im monoklinen System wird die Elementarzelle durch vier Parameter beschrieben. Deshalb ist es ausreichend, das Verhalten von vier Reflexen zu verfolgen. Man kann jedoch auch viele Reflexe benutzen und die Methode der kleinsten Quadrate anwenden.

Die Wärmeausdehnung beschreibt man gewöhnlich mit den Hauptkoeffizienten der Ausdehnung α_{11}, α_{22} und α_{33}. Diese Größen geben die Längenänderung des Kristalls in Richtung der Hauptachsen des Wärmeausdehnungsellipsoids bei Erhitzung des Kristalls um 1° an. Dieses Ellipsoid entsteht als Folge der Deformation einer Kugel mit dem Radius 1. Deshalb ist jeder Radiusvektor des Ellipsoids als eine Größe $1 + \Delta$ darstellbar, wobei Δ der lineare Ausdehnungskoeffizient in Richtung des betrachteten Radiusvektors ist und wie folgt formuliert werden kann:

$$\Delta = \alpha_{11}x^2 + \alpha_{22}y^2 + \alpha_{33}z^2 .$$

In dieser Gleichung ist die thermische Ausdehnung auf die Hauptachsen des Ellipsoids bezogen.

Die thermische Ausdehnung, bezogen auf die Achsen des Kristallgitters, läßt sich in der Form

$$\Delta = A_1l^2 + A_2m^2 + A_3n^2 + A_4mn + A_5ln + A_6lm$$

darstellen, worin A_1, A_2, A_3, A_4, A_5, A_6 Konstanten sind, die die Ausdehnung charakterisieren mit l, m, n als Richtungskosinus einer gegebenen Richtung, bezogen auf ein dem Kristall zugeordnetes orthogonales Koordinatensystem.

Im monoklinen Kristall sind die Richtungen l, m, n; $l, \bar{m}, n$; $\bar{l}, m, \bar{n}$; $\bar{l}, \bar{m}, \bar{n}$ aus Symmetriegründen äquivalent. Deshalb ist $A_4 = A_6 = 0$, und es ergibt sich

$$\Delta = A_1l^2 + A_2m^2 + A_3n^2 + A_5nl .$$

Zur Ermittlung der Konstanten A_1, A_2, A_3 und A_5 betrachten wir Richtungen, die in den Ebenen ac und bc' des Kristalls liegen, wobei c' die Normale zur ab-Ebene ist.

1. Für die ac-Ebene ($\beta = 0$) ist

$$\Delta = A_1 l^2 + A_3 n^2 + A_5 nl\,.$$

Anstatt der Darstellung von Δ als Funktion zweier miteinander verknüpfter Größen l und n führen wir den Winkel ψ ein, den eine gegebene Richtung mit der Richtung der a-Achse bildet. Dann ist

$$\Delta = A_1 \cos^2 \psi + A_3 \sin^2 \psi + A_5 \cos \psi \sin \psi\,.$$

Durch trigonometrische Transformation erhalten wir

$$\Delta = \tfrac{1}{2} \{(A_1 + A_3) + (A_1 - A_3) \cos 2\psi + A_5 \sin 2\psi\}$$

oder

$$\Delta = P + Q \cos 2\psi + R \sin 2\psi\,,$$

worin $P = {}^1/_2\,(A_1 + A_3)$, $Q = {}^1/_2\,(A_1 - A_3)$ und $R = {}^1/_2\,A_5$ sind.

Ist eine Reihe Werte von Δ_i für verschiedene ψ_i experimentell bestimmt, so erhält man die optimalen Werte von P, Q und R mit der Methode der kleinsten Quadrate, indem das Minimum des Ausdrucks

$$W_1 = \sum_i (\Delta_i - P - Q \cos 2\psi_i - R \sin 2\psi_i)^2$$

ermittelt wird. Setzt man $\partial W_{\mathrm{I}}/\partial \Delta_i$, $\partial W_I/\partial P$ usw. gleich Null, so ergibt sich

$$P \sum i + Q \sum \cos 2\psi_i + R \sum \sin 2\psi_i = \sum \Delta_i\,,$$

$$P \sum \cos 2\psi_i + Q \sum \cos^2 2\psi_i + R \sum \sin 2\psi_i \cos 2\psi_i = \sum \Delta_i \cos 2\psi_i\,,$$

$$P \sum \sin 2\psi_i + Q \sum \sin 2\psi_i \cos 2\psi_i + R \sum \sin^2 2\psi_i = \sum \Delta_i \sin 2\psi_i\,.$$

Wenn man diese drei Gleichungen mit drei Unbekannten löst, findet man die besten Werte für A_1, A_3 und A_5.

2. Für die bc'-Ebene ($l = 0$) ist

$$\Delta_2 = A_2 m^2 + A_3 n^2\,.$$

Mit φ_i wird der Winkel bezeichnet, den eine beliebige Ausdehnungsrichtung mit der b-Achse bildet, und es folgt

$$\Delta_i = A_2 \cos^2 \varphi_i + A_3 \sin^2 \varphi_i\,.$$

Optimale Werte A_2 und A_3 ergeben sich wie oben, indem das Minimum des Ausdruckes

$$W_{\mathrm{II}} = \sum (\Delta_i - A_2 \cos^2 \varphi_i - A_3 \sin^2 \varphi_i)^2$$

ermittelt wird. Setzt man $\partial W_{\mathrm{II}}/\partial A_2$ und $\partial W_{\mathrm{II}}/\partial A_3$ gleich Null, so ist

$$A_2 \sum \cos^4 \varphi_i + A_3 \sum \cos^2 \varphi_i \sin^2 \varphi_i = \sum \Delta_i \cos^2 \varphi_i\,,$$

$$A_4 \sum \cos^2 \varphi_i \sin^2 \varphi_i + A_3 \sum \sin^4 \varphi_i = \sum \Delta_i \sin^2 \psi_i\,.$$

Auf diese Weise findet man die besten Werte für die Konstanten A_1, A_2, A_3 und A_5. A_3 erhält man unabhängig davon durch zwei Messungen in den Ebenen ac und bc.

Die Hauptkoeffizienten der thermischen Ausdehnung α_{11}, α_{22}, α_{33} und den Neigungswinkel ψ_0 der Ellipsoidachse (ihre Länge ist gleich α_{11}) mit der a-Achse des Kristalls findet man aus den Gleichungen

$$A_1 + A_3 = \alpha_{11} + \alpha_{33} \, ,$$
$$A_1 - A_3 = (\alpha_{11} - \alpha_{33}) \cos 2\psi_0 \, ,$$
$$A_5 = (\alpha_{11} - \alpha_{33}) \sin 2\psi_0 \, ,$$
$$A_2 = \alpha_{22} \, .$$

(In monoklinen Kristallen fällt die Ellipsoidachse α_{22} mit der b-Achse zusammen.)

Die Ausdehnungstensoren organischer Kristalle sind für ein breites Temperaturintervall bisher nur in wenigen Fällen bestimmt worden.

Typische Daten für einige Beispiele sind als Diagramme in Abbildung 5.1 bis 5.7 durch Temperaturverlaufskurven der Elemente des Ausdehnungstensors, Ausdehnungsfiguren und ihre Schnitte [318] dargestellt.

Der unmittelbare Vergleich des Ausdehnungstensors mit der Kristallstruktur ist, wie man leicht sehen kann, nicht sehr erfolgversprechend. Um die Ausdehnung zu erklären, sind Berechnungen notwendig. Dabei ergibt sich erwartungsgemäß, daß die

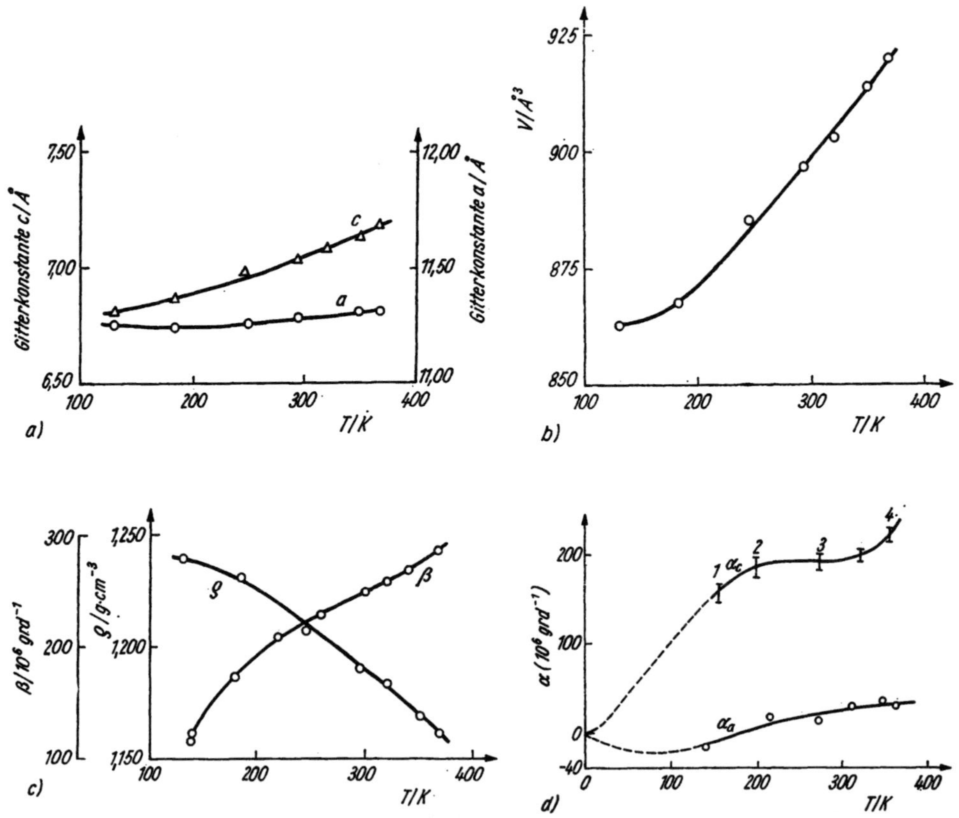

Abb. 5.1. Thermische Ausdehnung des Siliciumtetraphenyls. a) Zellparameter *a* und *c*; b) Zellvolumen; c) Dichte und kubischer Ausdehnungskoeffizient; d) linearer Ausdehnungskoeffizient

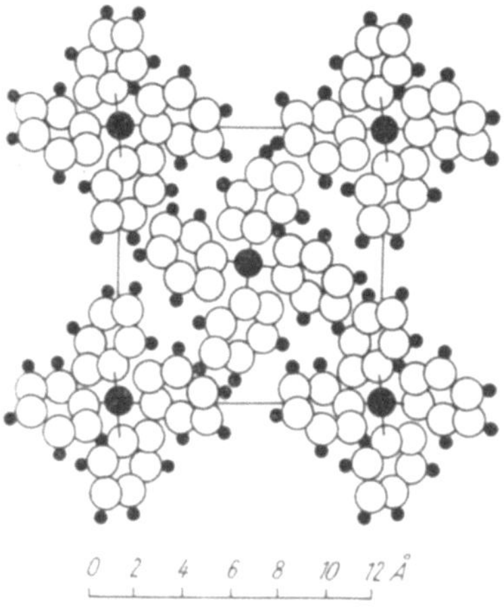

Abb. 5.2. Projektion der Struktur des Typs $X(C_6H_5)_4$ auf die (a,b)-Ebene

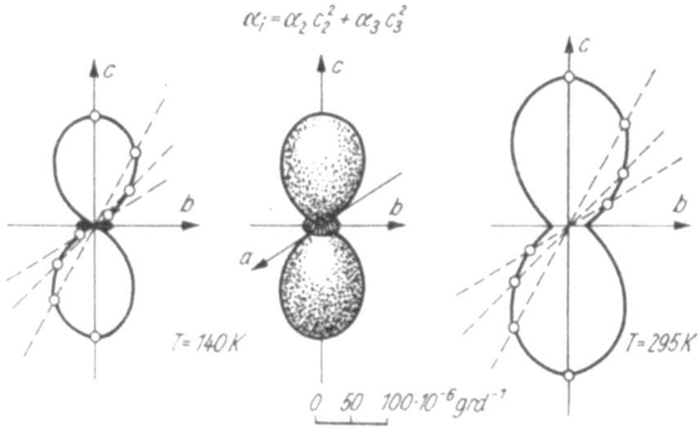

Abb. 5.3. Ebene und räumliche Ausdehnungsfiguren des Siliciumtetraphenyls bei 140 und 295 K

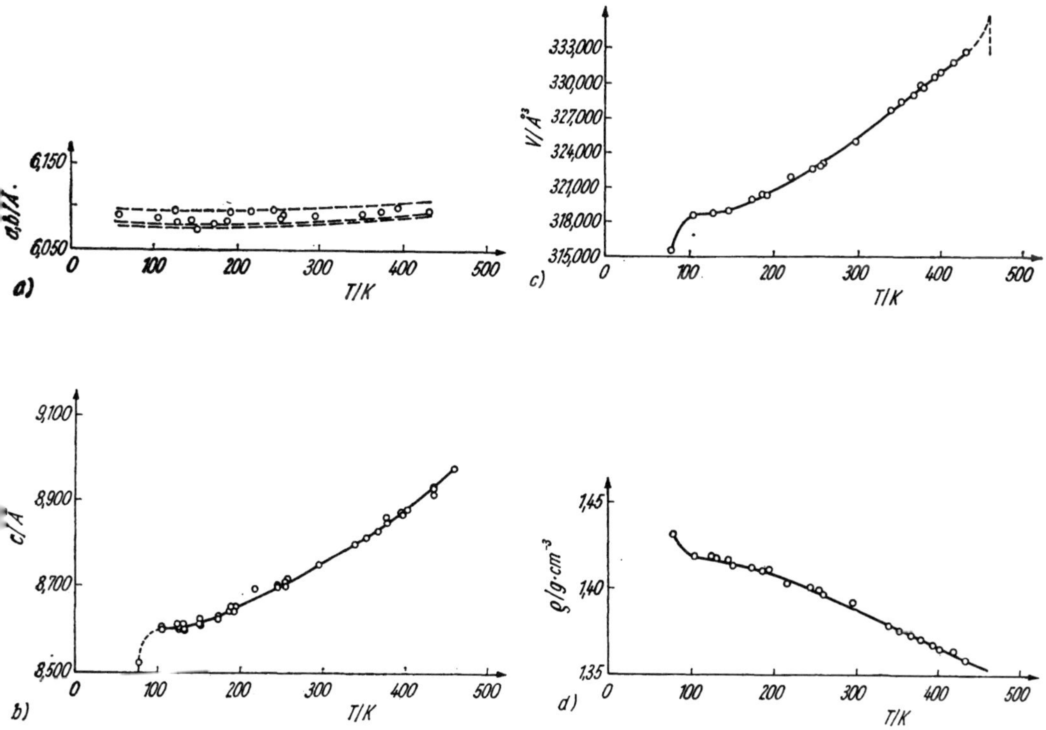

Abb. 5.4. Thermische Ausdehnung von Pentaerythrit. a) Zellparameter a und b; b) Parameter c; c) Zellvolumen; d) Dichte

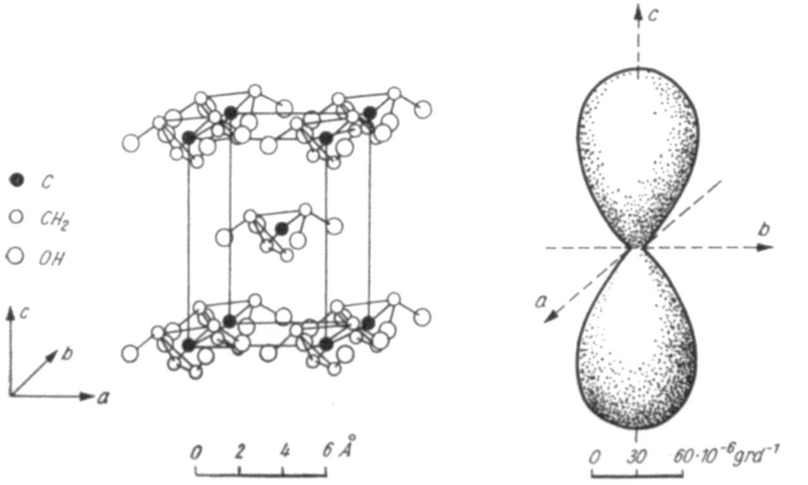

Abb. 5.5. Struktur des Pentaerythrits und räumliche Ausdehnungsfigur bei 300 K

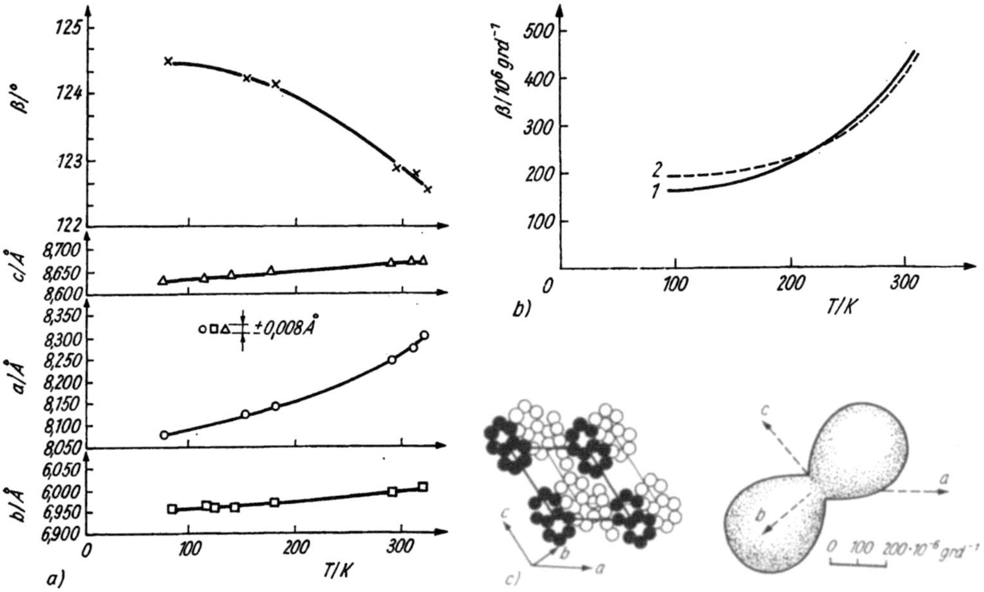

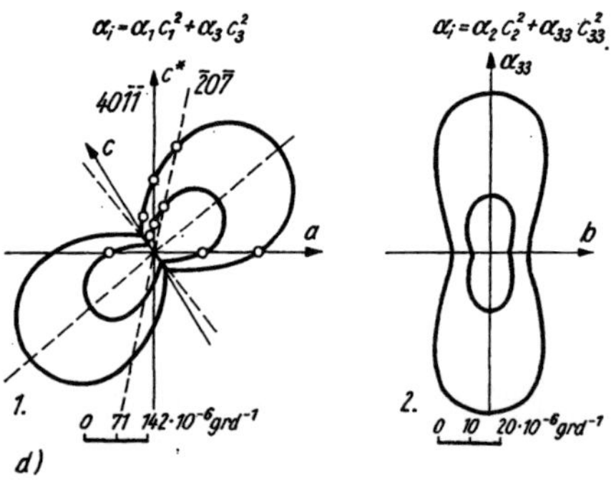

Abb. 5.6. Thermische Ausdehnung von Naphthalin. a) Zellparameter; b) räumlicher Ausdehnungskoeffizient (— — — Messung am Quarzdilatometer; c) Struktur und räumliche Ausdehnungsfigur bei 300 K; d) Polfiguren der Ausdehnung: 1. in der [hOl]-Ebene, 2. in der Ebene senkrecht zur Hauptachse α_{11}. Die äußere Linie gilt für 308 K, die innere für 90 K

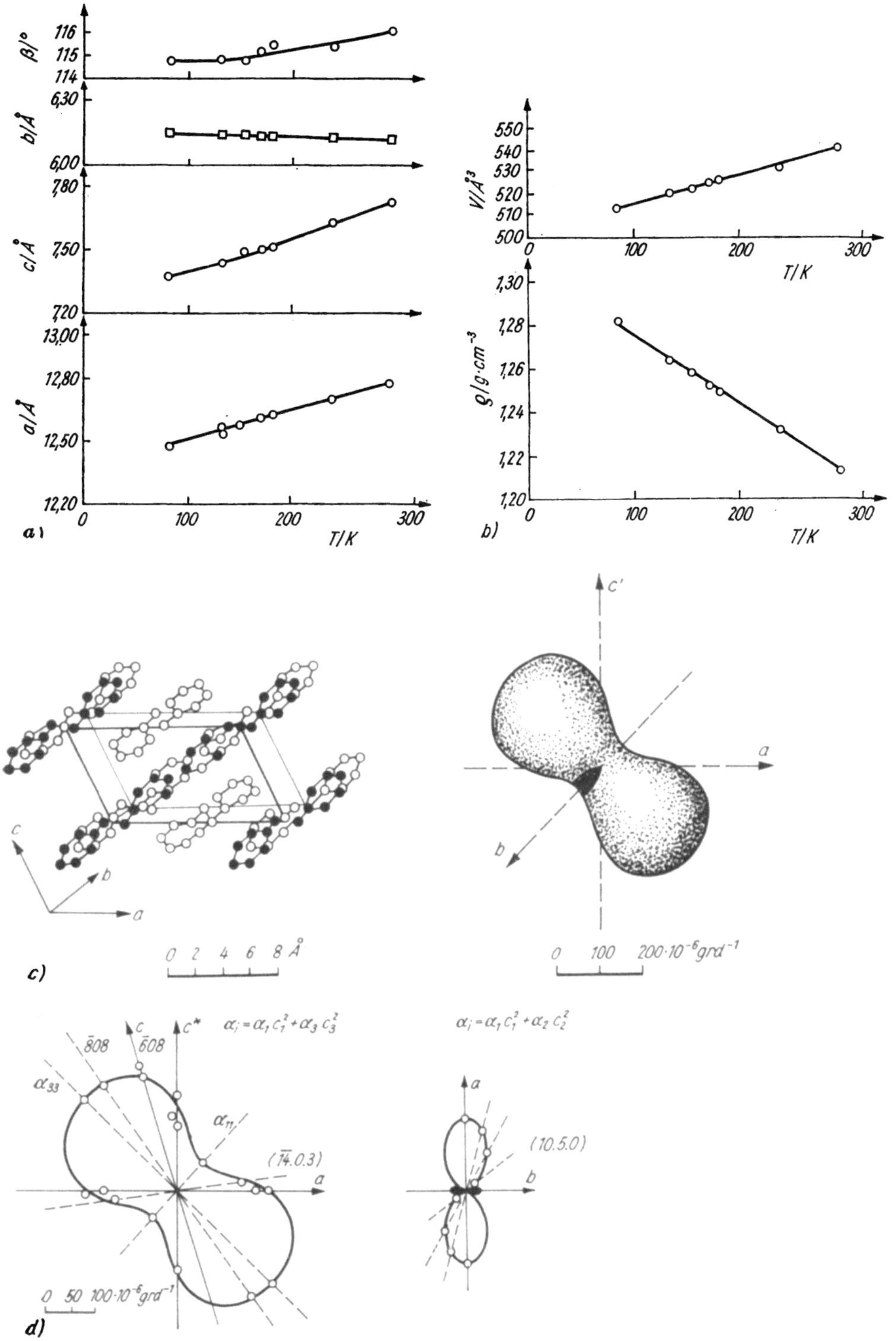

Abb. 5.7. Thermische Ausdehnung von Dibenzyl. a) Zellparameter; b) Zellvolumen und Dichte; c) Struktur und räumliche Ausdehnungsfigur bei 295 K; d) Polfiguren der Ausdehnung in den Ebenen [h0l] und [hk0]

Kristallstruktur insgesamt das Verhalten der Ausdehnungstensoren, der Elastizität und der Wärmekapazität (siehe weiter unten, Kapitel 6) bestimmt.

Trotzdem fallen einige einfache Zusammenhänge bei der Betrachtung der experimentellen Resultate ins Auge. Klar ist zum Beispiel, daß aus rein geometrischen Überlegungen die Ausdehnung in denjenigen Richtungen immer am geringsten sein wird, in denen die zwischenmolekularen Abstände nicht groß sind. Weiterhin wird die Ausdehnung in Richtung der Längsachsen der Moleküle gering sein. In Kristallen aromatischer Verbindungen ergeben sich häufig senkrecht zu den Netzebenen der Kohlenstoffe Richtungen mit großen zwischenmolekularen Abständen. In diesen Richtungen wird die Ausdehnung am größten sein. Die Ausdehnungsfiguren sind mit den Strukturen relativ einfach in Übereinstimmung zu bringen, wenn pro Elementarzelle nur ein Molekül vorliegt. Wenn sie jedoch zwei, vier oder mehrere Moleküle enthält, die auf komplizierte Weise miteinander verknüpft sind, dann wird die Verbindung des Ausdehnungstensor mit der Struktur weniger anschaulich.

Ein fast völliges Ausbleiben der thermischen Ausdehnung in den Richtungen, in denen die Moleküle durch eine Wasserstoffbrückenbindung verknüpft sind, ist ein vorauszusehender Effekt. Beim Pentaerythritkristall wird das deutlich (Abb. 5.4).

Untersuchungen des Ausdehnungstensors allein haben nur begrenzten Wert für die Untersuchung des Charakters der Molekülwechselwirkung. Ohne seine Kenntnis wäre jedoch die Aufstellung und die experimentelle Bestätigung von Festkörpermodellen nicht möglich.

Nicht immer kann wie am Beispiel des Glycins ein einfacher Zusammenhang zwischen der Kristallstruktur und dem Ausdehnungstensor gezeigt werden.

Tabelle 5.1. Die Hauptkoeffizienten der Wärmeausdehnung der drei Glycinmodifikationen in verschiedenen Temperaturbereichen

Modifikation	T/K	$\alpha_{11} \cdot 10^6$	$\alpha_{22} \cdot 10^6$	$\alpha_{33} \cdot 10^6$
α-Glycin	185 (77–293)	31,0	55,9	7,6
	324 (293–355)	22,1	92,9	0
	385 (355–415)	16,3	123,9	0
β-Glycin	185 (77–293)	0	90,1	5,1
$\beta \to \alpha$	$T > 293$			
γ-Glycin	185 (77–293)	34,9	34,9	0
	354 (293–415)	52,0	52,0	0
$\gamma \to \alpha$	$T > 438$			

Es sind drei kristalline Modifikationen des Glycins bekannt. Für alle drei wurden in unserem Laboratorium von Kosin die Ausdehnungstensoren bestimmt. Aus Tabelle 5.1 ist ersichtlich, daß die α- und β-Modifikation in bezug auf die Wärmeausdehnungstensoren ähnlich sind. Unmittelbar in der Schicht (die Ebene *ac* der monoklinen Elementarzellen beider Modifikationen) sind die Hauptkoeffizienten sehr klein oder haben den Wert Null. In Richtung der Normalen zur Schicht (*b*-Achse der Elementarzelle) ist die Wärmeausdehnung für beide Modifikationen am größten.

Für die dritte, die hexagonale γ-Modifikation des Glycins, ist die Wärmeausdehnung in der *ab*-Ebene isotrop, aber in Richtung der Normalen zu dieser Ebene (*c*-Achse der Elementarzelle) fehlt die Wärmeausdehnung im Temperaturintervall 77 — 415 K.

Diese Ergebnisse sind logisch, wenn man die Starrheit der Wasserstoffbrückenbindung berücksichtigt.

5.2. Messung des Elastizitätstensors von Einkristallen

Es gibt einige Untersuchungen über den Elastizitätstensor niedrigsymmetrischer Molekülkristalle. Dazu werden hauptsächlich Schallgeschwindigkeitsmessungen in verschiedenen kristallographischen Richtungen benutzt.

Befriedigende Ergebnisse für die Messung des adiabatischen Elastizitätskoeffizienten liefert die Ultraschallimpuls-Methode. Die Messungen werden so angelegt, daß der Kristall als unabhängig von seiner Begrenzung (Flächen) betrachtet werden kann.

Die grundlegenden Beziehungen gehen auf die Bewegungsgleichungen ebener Wellen zurück, die bei Vernachlässigung der Gravitationskräfte folgendes Aussehen haben:

$$\frac{\partial \sigma_{ik}}{\partial x_k} = \varrho \frac{\partial^2 u_i}{\partial t^2}. \tag{2.1}$$

Dabei ist ϱ die Dichte des Mediums und u_i die Verschiebungskomponente entlang der x_i-Achse.

Erfüllen die elastischen Eigenschaften des Mediums das Hookesche Gesetz, dann hat das Gleichungssystem (2.1) eine Lösung, die der für eine ebene Welle entspricht:

$$u_i = A_i \exp\left\{i \frac{2\pi}{\lambda} (lx + my + nz - v_n t)\right\}.$$

A_i sind die Verschiebungsamplituden der Teilchen nach den Koordinatenachsen x, y, z; l, m, n die Richtungskosinus der Ausbreitungsrichtung der Welle; v_n dieAusbreitungsgeschwindigkeit in der Richtung l, m, n und λ die Wellenlänge.

Nach einer Reihe von Umformungen kann (2.1) gemäß [319] in folgender Form geschrieben werden:

$$\left.\begin{aligned} (\Gamma_{11} - \varrho v_i^2) A_x + \Gamma_{12} A_y + \Gamma_{13} A_z &= 0, \\ \Gamma_{12} A_x + (\Gamma_{22} - \varrho v_i^2) A_y + \Gamma_{23} A_z &= 0, \\ \Gamma_{13} A_x + \Gamma_{23} A_y + (\Gamma_{33} - \varrho v_i^2) A_z &= 0, \end{aligned}\right\} \tag{2.2}$$

Γ_{ik} sind Funktionen der elastischen Konstanten und der Richtungskosinus:

$$\begin{aligned} \Gamma_{11} &= l^2 c_{11} + m^2 c_{66} + n^2 c_{55} + 2mnc_{56} + 2nlc_{15} + 2lmc_{16}, \\ \Gamma_{22} &= l^2 c_{66} + m^2 c_{22} + n^2 c_{44} + 2mnc_{24} + 2nlc_{46} + 2lmc_{26}, \\ \Gamma_{33} &= l^2 c_{55} + m^2 c_{44} + n^2 c_{33} + 2mnc_{34} + 2nlc_{35} + 2lmc_{46}, \\ \Gamma_{12} &= l^2 c_{56} + m^2 c_{24} + n^2 c_{34} + mn (c_{23} + c_{44}) + nl (c_{36} + c_{45}) + lm (c_{25} + c_{46}), \\ \Gamma_{13} &= l^2 c_{15} + m^2 c_{46} + n^2 c_{35} + mn (c_{35} + c_{46}) + nl (c_{13} + c_{55}) + lm (c_{14} + c_{56}), \\ \Gamma_{23} &= l^2 c_{16} + m^2 c_{26} + n^2 c_{45} + mn (c_{25} + c_{46}) + nl (c_{14} + c_{56}) + lm (c_{12} + c_{66}). \end{aligned}$$

Bekanntlich kann das Gleichungssystem (2.2) nur von Null verschiedene Lösungen haben, wenn die Determinante

$$\begin{vmatrix} \Gamma_{11} - \varrho v_k^2 & \Gamma_{12} & \Gamma_{13} \\ \Gamma_{12} & \Gamma_{22} - \varrho v_k^2 & \Gamma_{23} \\ \Gamma_{13} & \Gamma_{23} & \Gamma_{33} - \varrho v_k^2 \end{vmatrix} = 0 \tag{2.3}$$

ist.

Die Wurzeln dieser Gleichung entsprechen drei Geschwindigkeiten ebener elastischer Wellen, die sich in beliebigen Richtungen im anisotropen Medium ausbreiten. Eine dieser Wellen ist eine Longitudinalwelle, und die anderen zwei sind Transversalwellen. Es werden nur reine Longitudinal- oder reine Transversalwellen sein, wenn sie sich entlang ausgezeichneter Richtungen ausbreiten [320]. In diesem Fall fällt der Polarisationsvektor einer der Wellen mit der Wellennormalen zusammen, und die Polarisationsvektoren der beiden anderen Wellen werden infolge ihrer gegenseitigen Orthogonalität auf der Wellennormalen senkrecht stehen. Jedoch können im allgemeinen Fall die Polarisationsvektoren aller drei Wellen, die senkrecht zueinander verlaufen, eine beliebige Orientierung zur Ausbreitungsrichtung der Wellenfront haben. Solche Wellen nennt man quasilongitudinal und quasitransversal. Ein zwischen beiden liegender Fall ergibt sich, wenn der Polarisationsvektor von nur einer Welle senkrecht auf der Wellennormalen steht. Die Polarisationswellen der beiden anderen Wellen bilden dann beliebige Winkel mit der Bewegungsrichtung der Wellen. Dann ist die erste eine reine Transversalwelle, und die beiden anderen sind quasilongitudinal bzw. quasitransversal.

Mit Hilfe der charakteristischen Vektorgleichung (2.3), die in der Elastizitätstheorie als Christoffelsche Gleichung bekannt ist, ermittelt man gewöhnlich die Phasengeschwindigkeiten der ebenen Wellen und die Polarisationsrichtungen jeder Welle für eine beliebige Richtung im Kristall aus den elastischen Konstanten.

Uns interessiert jedoch umgekehrt die Bestimmung des Elastizitätstensors aus experimentellen Geschwindigkeitswerten elastischer Wellen in verschiedenen kristallographischen Richtungen.

Die homogene Spannung σ_{kl} und die homogene Deformation ε_{ij} sind Tensoren zweiter Stufe. Das Hookesche Gesetz, verallgemeinert für den Einkristall, hat die Form

$$\varepsilon_{ij} = s_{ijkl}\,\sigma_{kl}\,, \tag{2.4}$$

worin s_{ijkl} ein Tensor vierter Stufe, der sogenannte Spannungs-Dehnungs-Tensor, ist. Für eine beliebige Komponente der Deformation ε_{ij} besteht der rechte Teil der Gleichung aus neun Summanden. Da insgesamt neun Gleichungen existieren, gibt es 81 Koeffizienten s_{ijkl}.

Die Gleichung kann wie folgt umgeformt werden:

$$\sigma_{ij} = c_{ijkl}\,\varepsilon_{kl}\,. \tag{2.5}$$

Der Tensor c_{ijkl} ist der Elastizitätstensor. Man kann leicht zeigen, daß

$$s_{ijkl} = s_{ijlk} \quad \text{und} \quad s_{ijkl} = s_{jikl}$$

ist. Somit sind von den 81 Komponenten nur 36 unabhängig. Dasselbe gilt für den Elastizitätstensor.

Zur Abkürzung schreibt man diese als Matrix nach dem Schema

$$\begin{vmatrix} \sigma_{11} & \sigma_{12} & \sigma_{31} \\ \sigma_{12} & \sigma_{22} & \sigma_{23} \\ \sigma_{31} & \sigma_{23} & \sigma_{33} \end{vmatrix} \to \begin{vmatrix} \sigma_1 & \sigma_6 & \sigma_5 \\ \sigma_6 & \sigma_2 & \sigma_4 \\ \sigma_5 & \sigma_4 & \sigma_3 \end{vmatrix}$$

und

$$\begin{vmatrix} \varepsilon_{11} & \varepsilon_{12} & \varepsilon_{31} \\ \varepsilon_{12} & \varepsilon_{22} & \varepsilon_{23} \\ \varepsilon_{31} & \varepsilon_{23} & \varepsilon_{33} \end{vmatrix} \to \begin{vmatrix} \varepsilon_1 & {}^1/_2\varepsilon_6 & {}^1/_2\varepsilon_5 \\ {}^1/_2\varepsilon_6 & \varepsilon_2 & {}^1/_2\varepsilon_4 \\ {}^1/_2\varepsilon_5 & {}^1/_2\varepsilon_4 & \varepsilon_3 \end{vmatrix}.$$

Der Indexwechsel bei einem Tensor vierter Stufe erfolgt entsprechend

11	22	33	23,32	31,13	12,21
1	2	3	4	5	6

mit

$$s_{ijkl} = s_{mn}, \quad \text{wenn } m \text{ und } n \text{ gleich } 1, 2 \text{ oder } 3;$$

$$2s_{ijkl} = s_{mn}, \quad \text{wenn entweder } m \text{ oder } n \text{ gleich } 4, 5 \text{ oder } 6;$$

$$4s_{ijkl} = s_{mn}, \quad \text{wenn sowohl } m \text{ als auch } n \text{ gleich } 4, 5 \text{ oder } 6\,.$$

Das Hookesche Gesetz geht in die Form

$$\varepsilon_i = s_{ij}\sigma_i \quad \text{oder} \quad \sigma_i = c_{ij}\varepsilon_j$$

über. Die Faktoren 2 und 4 treten bei den s_{ij} auf, bei den c_{ij} nicht.

So können Spannungs-Dehnungs-Verhalten und Elastizität durch symmetrische (6×6)-Matrizen dargestellt werden:

$$c_{ij} = c_{ji} \quad \text{und} \quad s_{ij} = s_{ji}\,.$$

Das folgt auch aus den Beziehungen (2.4) und (2.5), wonach die Elastizitätskoeffizienten als zweite Ableitung nach der Energie ausgedrückt werden können. Die Ordnung der Differentiation fällt nicht ins Gewicht. Hieraus folgt auch die Symmetrie. So haben in einem triklinen Kristall die Matrizen der Elastizität und des Spannungs-Dehnungs-Verhaltens 21 unabhängige Komponenten. Der Übergang von c_{ij} auf s_{ij} erfolgt durch Inversion der Matrix

$$c_{ij} = s_{ij}^{-1}\,.$$

Eine weitere Verringerung der Zahl der unabhängigen Komponenten des Tensors geht aus der Erhöhung der Symmetrie des Kristalls hervor.

So gibt es in monoklinen Kristallen insgesamt 13 unabhängige Komponenten. Die Matrix der Elastizitätskoeffizienten (Achse 2 || Y) hat die Form

$$\begin{vmatrix} c_{11} & c_{12} & c_{13} & 0 & c_{15} & 0 \\ & c_{22} & c_{23} & 0 & c_{25} & 0 \\ & & c_{33} & 0 & c_{35} & 0 \\ & & & c_{44} & 0 & c_{46} \\ & & & & c_{55} & 0 \\ & & & & & c_{66} \end{vmatrix}\,.$$

In rhombischen Kristallen gibt es neun und in kubischen nur drei unabhängige Komponenten.

Um einen Ausdruck für die Volumen- und auch die lineare Kompressibilität zu erhalten, muß man den Elastizitätstensor entsprechend invertieren.

5.3. Berechnung elastischer Konstanten von Einkristallen aus Messungen der Geschwindigkeit elastischer Wellen

Für die Untersuchung der elastischen Eigenschaften von Kristallen benutzt man gewöhnlich ein orthogonales Koordinatensystem. Bei monoklinen Kristallen ist die kristallographische b-Achse eine zweizählige Symmetrieachse. Die Form des Elastizitätstensors c_{ij} bleibt bei einer Drehung um diese Achse unverändert. Deshalb fällt die Y-Achse mit der kristallographischen b-Achse zusammen. Die Koordinaten X und Z liegen innerhalb der ac-Ebene beliebig. Aus Bequemlichkeitsgründen wählt man die X- und Y-Achse so, daß X mit der kristallographischen a-Achse und Z mit der Normalen auf die ab-Ebene zusammenfällt. (Das ist besonders dann günstig, wenn die zu untersuchenden Kristalle die ab-Ebene als Spaltfläche haben.)

Zur Bestimmung der insgesamt 13 unabhängigen Elastizitätsmoduln eines monoklinen Kristalls mit der Ultraschallimpuls-Methode muß man die Ausbreitungsgeschwindigkeit der elastischen Wellen in mindestens sechs beliebigen kristallographisch nicht äquivalenten Richtungen [321] messen. In jeder Richtung breiten sich drei Wellen aus — eine quasilongitudinale und zwei quasitransversale.

Mißt man alle 18 Geschwindigkeiten dieser Wellen und setzt sie in die Christoffelsche Gleichung (2.3) ein, so erhält man ein System von 18 Gleichungen mit 13 Unbekannten. Da die Werte der Geschwindigkeiten v_k einen experimentellen Fehler aufweisen werden (bedingt durch die benutzte Apparatur), wird das Gleichungssystem in sich nicht völlig compatibel sein. Man bestimmt deshalb die wahrscheinlichen Werte der Konstanten, die jedoch hinsichtlich ihrer Genauigkeit für die verschiedenen Konstanten wiederum unterschiedlich sein werden.

Betrachten wir nun die Lösung dieses Systems bei einer konkreten Anzahl von Ausbreitungsrichtungen der elastischen Wellen.

Die Aufgabe der Bestimmung elastischer Konstanten c_{ij} aus gemessenen Geschwindigkeiten v_k vereinfacht sich bedeutend in dem Fall, wenn mindestens eine der drei Wellen, die sich in einer gegebenen Richtung ausbreiten, eine reine Welle ist.

Für monokline Kristalle (bei günstiger Orientierung und Probevorbereitung) führt man die Messung der Schallgeschwindigkeit am besten in folgenden Richtungen unter Zugrundelegung der Koordinaten X, Y und Z durch:

$$[001],\ [110],\ [010],\ [101],\ [100],\ [011]\,.$$

Die Richtung [010] ist dadurch ausgezeichnet, daß alle drei Wellen, die sich entlang dieser Richtung ausbreiten, reine Wellen sind. Von den drei Wellen, die sich entlang einer der Richtungen [001], [101], [100] ausbreiten, ist eine eine reine Transversalwelle. Diese Welle hat einen Polarisationsvektor parallel [010]. In den anderen beiden Richtungen entstehen nur quasilongitudinale und quasitransversale Wellen.

In Tabelle 5.2 sind alle 18 zu messenden Geschwindigkeiten der elastischen Wellen einschließlich der Polarisationsrichtung sowie die Orientierung der Proben aufgeführt.

Wählt man die genannten Richtungen für die Messung der Ausbreitungsgeschwindigkeiten ebener elastischer Wellen aus, so kann man die allgemeine Christoffelsche Gleichung (2.3) in eine sehr einfache Form überführen, die für die Bestimmung der Komponenten des Tensors c_{ij} geeignet ist.

So werden zum Beispiel die Richtungskosinus in [001]-Richtung die Werte $l = m = 0$ und $n = 1$ haben. Folglich ist

$$\begin{vmatrix} c_{55} - \varrho v_k^2 & 0 & c_{35} \\ 0 & c_{44} - \varrho v_k^2 & 0 \\ c_{35} & 0 & c_{33} - \varrho v_k^2 \end{vmatrix} = 0\,.$$

Tabelle 5.2. Bezeichnung der Geschwindigkeiten elastischer Wellen in Abhängigkeit von der Ausbreitungs- und Verschiebungsrichtung. Orientierungen der Proben in einem vorgegebenen orthogonalen Koordinatensystem

v_k	Wellentyp	Ausbreitungs-richtung	Polarisation	Probenorientierung zu den Koordinatenachsen
v_1	quasilongitudinal	[001]	[001]	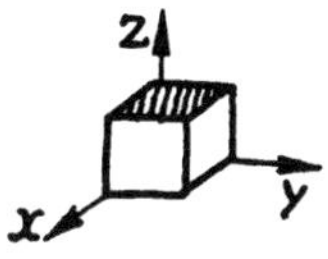
v_2	quasitransversal	[001]	[100]	
v_3	transversal	[001]	[010]	
v_4	quasilongitudinal	[110]	[110]	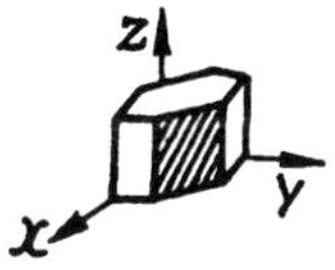
v_5	quasitransversal	[110]	[110]	
v_6	quasitransversal	[110]	[001]	
v_7	longitudinal	[010]	[010]	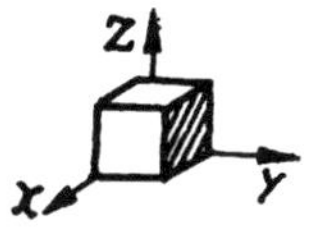
v_8	quasitransversal	[010]	[001]	
v_9	quasitransversal	[010]	[100]	
v_{10}	quasilongitudinal	[101]	[101]	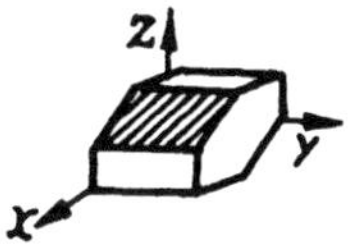
v_{11}	quasitransversal	[101]	[101]	
v_{12}	transversal	[101]	[010]	
v_{13}	quasilongitudinal	[100]	[100]	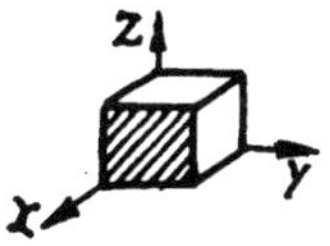
v_{14}	transversal	[100]	[010]	
v_{15}	quasitransversal	[100]	[001]	
v_{16}	quasilongitudinal	[011]	[011]	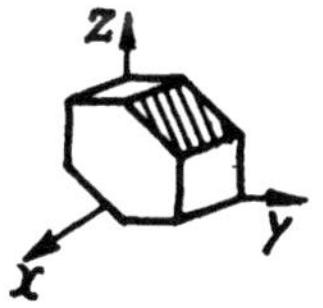
v_{17}	quasitransversal	[011]	[011]	
v_{18}	quasitransversal	[011]	[100]	

Die Wurzeln dieser Gleichung sind die Geschwindigkeiten v_1, v_2 und v_3 (siehe Tabelle 5.2).

Ist die Ausbreitungsrichtung der elastischen Wellen [110], so sind die Richtungskosinus gleich $l = m = \sqrt{2}/2$, $n = 0$. Gleichung (2.3) hat dann die Form

$$\begin{vmatrix} c_{11} + c_{66} - 2\varrho v_k^2 & c_{12} + c_{66} & c_{15} + c_{46} \\ c_{12} + c_{66} & c_{22} + c_{66} - 2\varrho v_k^2 & c_{25} + c_{46} \\ c_{15} + c_{46} & c_{25} + c_{46} & c_{55} + c_{44} - 2\varrho v_k^2 \end{vmatrix} = 0 .$$

Hier ist $k = 4, 5, 6$, das heißt, die Wurzeln dieser Gleichung sind die Geschwindigkeiten v_4, v_5, v_6.

Insgesamt haben wir sechs Säkulargleichungen dritter Ordnung in bezug auf die Ausbreitungsgeschwindigkeit. Alle 18 Geschwindigkeiten sind mit den 13 Koeffizienten c_{ik} verknüpft.

Die Berechnung der c_{ik} aus den Ausbreitungsgeschwindigkeiten des Schalls ist sehr aufwendig. Infolge der begrenzten Meßgenauigkeit können die Gleichungen sich als incompatibel erweisen. Am zweckmäßigsten ist offenbar, die Elastizitätskoeffizienten zunächst grob zu bestimmen und dann mit der Methode der kleinsten Quadrate zu verfeinern, um Schallgeschwindigkeiten zu erhalten, die mit dem Experiment maximal übereinstimmen.

Durch algebraische Transformationen kann man einige einfache Relationen zwischen den Schallgeschwindigkeiten und den Tensorkomponenten finden, so zum Beispiel

$$c_{22} = \varrho v_7^2 , \quad c_{33} - c_{11} = \varrho v_1^2 + \varrho v_2^2 - \varrho v_{13}^2 - \varrho v_{15}^2 .$$

Zur Prüfung der Richtigkeit der Theorie, mit deren Hilfe die c_{ik} berechnet werden, ist es am zweckmäßigsten, die Experimente mit den Resultaten, die auf der Grundlage der eben diskutierten Beziehungen erhalten wurden, zu vergleichen.

5.4. Elastische Eigenschaften einiger Molekülkristalle

Um allgemeingültige Aussagen zu erhalten, muß man aus der Fülle der organischen Kristalle geeignete Untersuchungsobjekte auswählen. Solche sind vor allem die aromatischen Kohlenwasserstoffe, da sie nur aus zwei Atomsorten bestehen und starre Moleküle besitzen. Diese Umstände erweisen sich als günstig für die Prüfung der

Tabelle 5.3. Schallgeschwindigkeiten in Naphthalin-, Dibenzyl-, Tolan- und Stilbenkristallen bei Zimmertemperatur und Normaldruck

v_i	Schallgeschwindigkeiten $v \cdot 10^{-5}$cm/s			
	Naphthalin	Dibenzyl	Tolan	Stilben
v_1	3,34 ± 0,02	2,56 ± 0,02	2,48 ± 0,02	2,64 ± 0,02
v_2	1,06 ± 0,01	1,50 ± 0,01	2,09 ± 0,02	2,32 ± 0,02
v_3	1,70 ± 0,02	1,67 ± 0,02	1,60 ± 0,02	1,68 ± 0,02
v_4	3,13 ± 0 02	2,84 ± 0,02	2,62 ± 0,02	2,86 ± 0,02
v_5	1,25 ± 0,02	1,26 ± 0,02	1,38 ± 0,02	1,40 ± 0,02
v_6	1,44 ± 0,02	1,60 ± 0,02	1,85 ± 0,02	2,03 ± 0,02
v_7	2,94 ± 0,02	2,49 ± 0,02	3,10 ± 0,02	2,89 ± 0,02
v_8	1,64 ± 0,02	1,83 ± 0,02	1,66 ± 0,02	1,81 ± 0,02
v_9	1,96 ± 0,02	1,40 ± 0,02	1,27 ± 0,02	1,40 ± 0,02
v_{10}	3,22 ± 0,02	2,29 ± 0,02	3,10 ± 0,02	3,32 ± 0,02
v_{11}	1,46 ± 0,02	1,38 ± 0,01	1,07 ± 0,01	1,12 ± 0,01
v_{12}	1,63 ± 0,01	1,82 ± 0,02	1,45 ± 0,02	1,70 ± 0,02
v_{13}	2,63 ± 0,03	3,04 ± 0,02	2,64 ± 0,02	2,84 ± 0,02
v_{14}	1,91 ± 0,02	1,54 ± 0,01	1,28 ± 0,01	1,45 ± 0,01
v_{15}	1,33 ± 0,02	1,28 ± 0,01	2,20 ± 0,02	2,34 ± 0,02
v_{16}	2,96 ± 0,03	2,68 ± 0,02	2,82 ± 0,02	3,06 ± 0,03
v_{17}	2,26 ± 0,02	1,08 ± 0,01	1,20 ± 0,02	1,20 ± 0,02
v_{18}	1,20 ± 0,02	1,60 ± 0,02	1,80 ± 0,02	1,85 ± 0,02

Anwendungsmöglichkeiten der Atom-Atom-Potential-Methode zur Berechnung der elastischen Eigenschaften.

Einfache Verhältnisse liegen vor, wenn die Moleküle eine hohe Symmetrie besitzen.

Im folgenden werden Untersuchungsergebnisse an Naphthalin, Stilben und Dibenzyl bei Zimmertemperatur und Normaldruck diskutiert.

Eine Vielzahl von Messungen dieser Art wurden von Teslenko [322] durchgeführt. Die Resultate sind in Tabelle 5.3 aufgelistet. Die Meßgenauigkeit liegt bei 1%. Die Messung der Ausbreitungsgeschwindigkeit der Wellen wurde in jeder Richtung einige Male und an verschiedenen Objekten durchgeführt. In einigen Fällen war die Streuung der Meßwerte beträchtlich. Als Ursache kommen Defekte wie Inhomogenitäten, Blockstrukturen, Risse und ähnliches in Frage. Die in der Tabelle angeführten Daten sind Mittelwerte. Wie man sieht, unterliegen die Geschwindigkeiten der elastischen

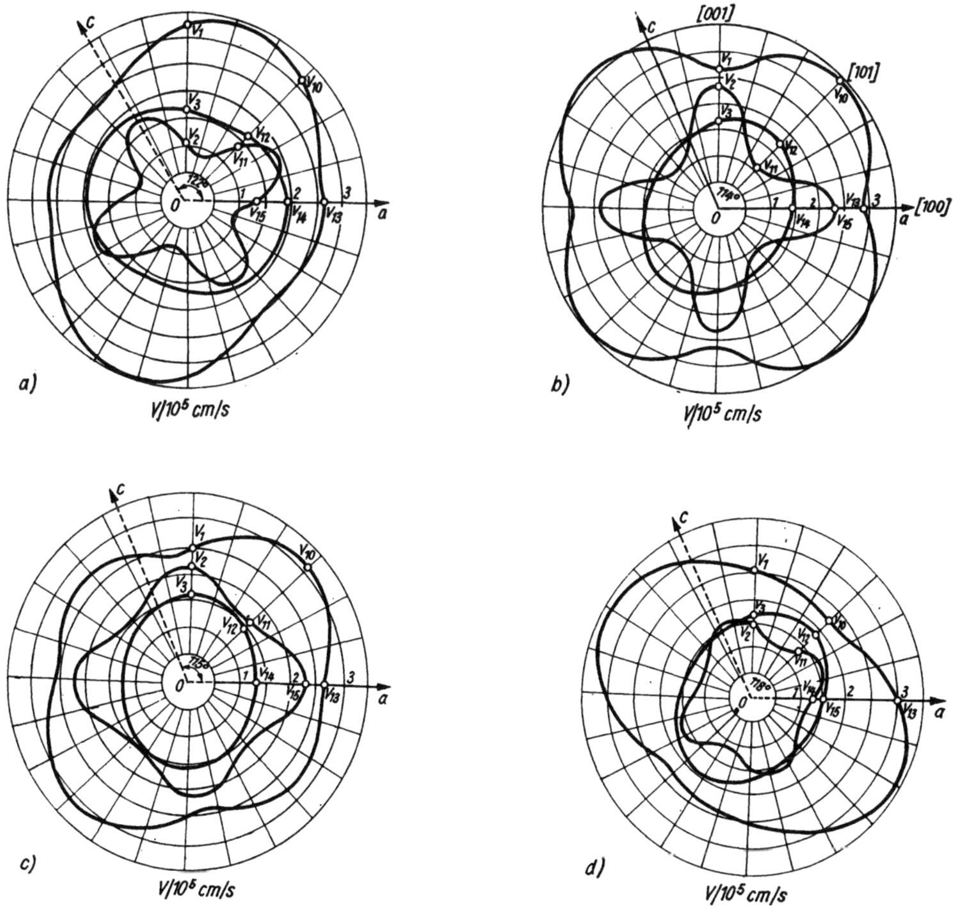

Abb. 5.8. Schnitte der Flächen der Normalengeschwindigkeiten im Einkristall durch die (a,c)-Ebene: a) Naphthalin, b) Stilben, c) Tolan, d) Dibenzyl. Die Punkte sind experimentelle Werte der Wellengeschwindigkeiten v_k, die sich in den Richtungen [001], [101] und [100] ausbreiten. Die Symbolik für die Geschwindigkeiten v_k ist in Tabelle 5.2 angegeben

Wellen der untersuchten Kristalle einer deutlichen Anisotropie. Ein umfassendes Bild der Anisotropie der Geschwindigkeiten in einem Kristall erhält man, wenn man die Fläche der Normalengeschwindigkeit konstruiert.

Für monokline Kristalle ist der Schnitt der Normalengeschwindigkeitsfläche mit der *ac*-Ebene anschaulich, da diese Ebene eine Symmetrieebene ist. Löst man die Christoffelsche Gleichung für eine Welle, die sich in dieser Ebene ausbreitet, so erhält man für jede Richtung ein Zahlentripel, das den drei Ausbreitungsgeschwindigkeiten der elastischen Wellen in der gegebenen Richtung entspricht.

In Abbildung 5.8 sind die Schnitte der Normalengeschwindigkeitsfläche mit der *ac*-Ebene für Naphthalin, Stilben, Tolan und Dibenzyl dargestellt. Wie aus ihnen zu ersehen ist, ist die Anisotropie der Geschwindigkeiten sehr stark. Deshalb ist eine geringe Fehlorientierung ausreichend, um einen falschen Geschwindigkeitswert zu erhalten.

Tabelle 5.4. Elastizitätskoeffizienten und Elastizitätsmoduln von Naphthalin, Dibenzyl, Stilben und Tolan bei 298 K

Index des Matrix-elements	Elastizitätsmodul $c_{ij} \cdot 10^{-10}$ dyn/cm²				Elastizitätskoeffizient $s_{ij} \cdot 10^{11}$ cm²/dyn			
	Naphthalin	Dibenzyl	Stilben	Tolan	Naphthalin	Dibenzyl	Stilben	Tolan
11	7,80	9,45	9,30	7,85	1,90	2,06	2,26	1,58
22	9,90	6,80	9,20	8,55	5,63	2,15	1,90	2,06
33	11,90	7,20	7,90	6,45	4,72	2,09	2,44	2,01
44	3,30	3,10	3,25	2,90	3,09	3,54	3,15	3,46
55	2,10	2,55	6,40	5,45	37,86	5,25	1,57	2,14
66	4,15	2,60	2,45	1,85	2,45	4,16	4,22	5,41
12	2,30	3,95	5,70	3,50	−0,46	−0,65	−0,81	−0,75
13	3,40	4,15	5,70	1,15	−0,67	−0,74	−1,13	0,09
23	4,45	3,35	4,85	3,50	−4,05	−0,64	−0,58	−0,88
15	−0,6	−2,4	−0,3	0,3	0,88	1,56	−0,55	0,25
25	−2,7	−0,8	−0,5	2,5	12,72	−0,14	0,63	−0,74
35	2,9	−0,7	−0,5	0,9	−11,92	−0,35	1,07	0,07
46	−0,5	0,8	0,5	0,1	0,37	−1,10	−0,61	−0,13

Die Umrechnung der Geschwindigkeiten auf elastische Größen ist in Tabelle 5.4 dargestellt. Die Fehler des Experiments betragen etwa 2% für c_{22}, c_{44}, c_{66}, 3 bis 4% für c_{11}, c_{33}, c_{55}, c_{13}. Für c_{23} und c_{12} ist der Fehler etwa 10%. Die Werte der Konstanten c_{15}, c_{25}, c_{35} und c_{46} kann man jedoch nur als Orientierungsgrößen ansehen (Fehler von 30 bis 50%). Wie eine unmittelbare Abschätzung zeigt, verteilt sich der Fehler der Elemente der Ursprungsmatrix beim Übergang von c_{ij} zu s_{ij} auf alle Komponenten der Matrix s_{ij}. Bei Genauigkeitsangaben von s_{ij} ist deshalb große Vorsicht geboten.

In den letzten Jahren wird fortlaufend eine große Anzahl von Arbeiten veröffentlicht, die den Elastizitätskonstanten der Molekülkristalle gewidmet sind. Für die Messungen werden sowohl die schon traditionellen Impuls-Echo-, Impuls- und Resonanzmethoden angewandt, als auch die unlängst auf den festen Körper ausgedehnte Methode der Beugung von Lichtwellen an Ultraschallgittern (Schaefer-Bergmann-Methode).

Tabelle 5.5. Elastizitätskoeffizient c_{ij} bei 293 K in 10^4 N/mm²

Nr. des Matrix-elementes c_{ij}	Oxalsäure-dihydrat [323]	Taurin [324]	Nr. des Matrix-elementes c_{ij}	Oxalsäure-dihydrat [323]	Taurin [324]
11	2,172	3,178	13	1,218	1,347
22	1,163	4,692	23	0,614	1,495
33	4,009	1,399	15	−0,039	−0,135
44	0,208	0,722	25	0,096	0,39
55	0,809	0,960	35	−0,704	0,09
66	0,916	1,00	46	0,036	0,008
12	0,946	1,631			

Für das monokline Oxalsäuredihydrat $H_2C_2O_4 \cdot 2\,H_2O$ [323] ist eine starke Anisotropie der Elastizität charakteristisch (Tabelle 5.5), obwohl der Grüneisen-Tensor fast isotrop ist. Die Anisotropie der elastischen Eigenschaften stimmt mit einigen Besonderheiten der Struktur der Substanz überein.

Beim monoklinen Taurin $NH_2(CH_2)_2\,SO_3H$ [324] besitzt der Elastizitätstensor fast rhombische Struktur, worauf die niedrigen Werte von c_{15}, c_{25}, c_{35}, c_{46} hinweisen. Aus der Anordnung der Wasserstoffbrückenbindung ist erklärbar, weshalb die Konstanten c_{11} und c_{22} den Wert von c_{33} übertreffen (Tabelle 5.5).

Die Untersuchung der Kristalle des Benzils $(C_6H_5CO)_2$, Hexamethylentetramins, Benzalazins und 1,3,5-Triphenylbenzols [325] zeigte, daß die früher durchgeführten Messungen der Elastizitätskonstanten dieser Kristalle mittels der diffusen Röntgenstreuung sogar für kubische Kristalle ungenaue Werte liefern und eine entsprechend gröbere Näherung für Kristalle geringerer Symmetrie (Tabelle 5.6).

Von Interesse ist es, den Spannungs-Dehnungs-Tensor s_{ij} zur Charakterisierung der Anisotropie der Deformationen bei allseitigem Druck zu benutzen. Es besteht die Möglichkeit, die Kompressibilität in jeder beliebigen Richtung bei Wirkung eines gleichförmigen hydrostatischen Drucks zu berechnen. Da die lineare Kompressibilität

Tabelle 5.6. Elastizitätskonstanten c_{ij} bei 293 K in 10^4 N/mm² [325]

Nr. des Matrix-elementes c_{ij}	1,3,5,-Triphenyl-benzol	*)	Benzil	*)	Benzalazin	*)	Hexamethylen-tetramin **)	*)
11	0,720	0,031	1,092	1,12	1,428	4,10	1,643	1,5
22	1,353	0,136			0,799	0,52		
33	1,433	0,233	0,823	0,295	0,636	0,94		
44	0,632	0,502	0,108	0,416	0,240	0,074	0,515	0,7
55	0,097	0,034			0,106	0,67		
66	0,185	0,369	0,274	0,598	0,324	0,84		
12	0,430	−0,178	0,544	−0,076	0,511	1,22	0,433	0,3
13	0,421	0,092	0,326	−0,098	0,337	1,46		
14			−0,051	−0,146				
23	0,468	0,080			0,494	0,66		

*) Mittels diffuser Streuung von Röntgenstrahlen erhaltene Werte
**) Bei $T = 295$ K bestimmt

von der Richtung abhängt, können wir sie durch einen Vektor bestimmter Länge darstellen, der eine Oberfläche beschreibt, die das Bild des allseitigen Drucks widerspiegelt.

Die lineare Kompressibilität β ist mit dem Spannungs-Dehnungs-Tensor durch die Beziehung

$$\beta = s_{ijkk} l_i l_j$$

verknüpft, wobei l der Richtungskosinus ist.

Für das monokline System erhält diese Formel folgende Gestalt:

$$\beta = A_1 l_1^2 + A_2 l_2^2 + A_3 l_3^2 + A_5 l_1 l_3 .$$

Die Komponenten des Tensors A_i werden über den Spannungs-Dehnungs-Tensor ausgedrückt (in Matrixschreibweise):

$$A_1 = s_{11} + s_{12} + s_{13} , \qquad A_2 = s_{12} + s_{22} + s_{23} ,$$
$$A_3 = s_{13} + s_{23} + s_{33} , \qquad A_5 = s_{15} + s_{25} + s_{35} .$$

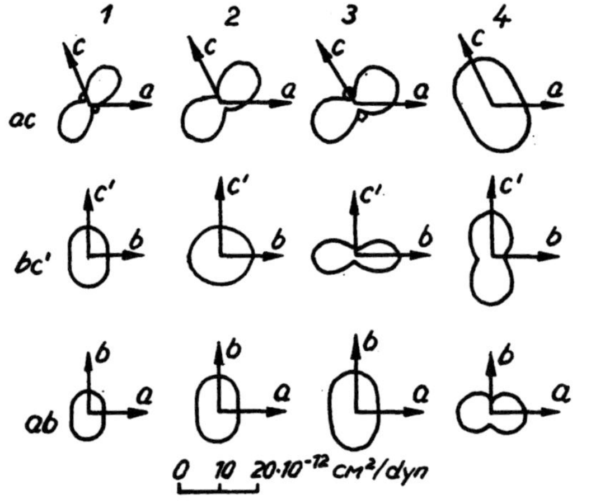

Abb. 5.9. Schnitte durch die Figur allseitiger Kompression in verschiedenen Koordinatenebenen:
1 – Stilben ($\beta = 114°$), 2 – Dibenzyl ($\beta = 116°$), 3 – Naphthalin ($\beta = 122°$) und 4 – Tolan ($\beta = 115°$)

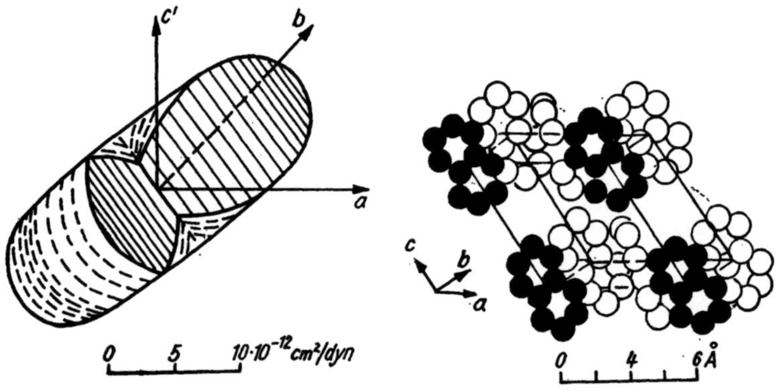

Abb. 5.10. Bezugsfigur der allseitigen Kompression des Naphthalins und Lage der Moleküle in der Elementarzelle

Aus der Figur für die allseitige Kompression erhält man Informationen, wenn man Schnitte in den entsprechenden Koordinatenebenen betrachtet (Abbildung 5.9). Abbildung 5.10 zeigt das räumliche Bild der allseitigen Kompression und die Lage der Moleküle in der Elementarzelle des Naphthalins. Die Zeichnung basiert auf Daten der Tabelle 5.7.

Tabelle 5.7. Aus den Werten s_{ij} berechnete Komponenten des Tensors A_i für Dibenzyl, Stilben, Tolan und Naphthalin

A_i	Werte für $A_i \cdot 10^{11}$ cm²/dyn			
	Dibenzyl	Stilben	Tolan	Naphthalin
A_1	0,67	0,32	0,92	0,78
A_2	0,86	0,51	0,42	1,12
A_3	0,71	0,73	1,21	−0,01
A_5	1,08	1,15	−0,43	1,67

Beim Dibenzyl fällt die Richtung der stärksten Kompression mit der Richtung der längsten Molekülachsen zusammen. Dieses Ergebnis erscheint vernünftig. Tatsächlich sind die zwischenmolekularen Vektoren in Richtung der längsten Molekülachse größer als die entsprechenden quer dazu liegenden Vektoren.

Verwunderlich ist, daß die Richtung der stärksten Kompressibilität nicht senkrecht zu der Spaltfläche (*ab*) des Kristalls liegt. Folglich kann man die stärkste Molekülverschiebung bei hydrostatischem Druck durch eine Annäherung der Schichten dichter Packung 2_1a bei gleichzeitiger Gleitung der Ebenen relativ zueinander interpretieren. Für Stilben und Tolan ist die Richtung größter Kompressibilität schwieriger mit der Molekülorientierung in Zusammenhang zu bringen, da sich die Strukturen aus zwei symmetrisch unabhängigen Schichten, deren Packungen identisch sind, aufbauen. Trotzdem kann man aus den Bildern der gleichförmigen Kompression ablesen, daß — wie für das Dibenzyl — die größte Molekülverschiebung, die durch einen hydrostatischen Druck hervorgerufen wird, bei Annäherung der dicht gepackten Schichten 2_1a bei gleichzeitiger gegenseitiger Verschiebung eintreten wird.

Im Naphthalin sind die ebenen Moleküle in der Elementarzelle so angeordnet, daß die Richtung der stärksten Kompression der Annäherung der Molekülebenen bei gleichzeitiger Gleitung längs dieser Ebenen entspricht.

Die Bilder der gleichförmigen Kompression haben in den betrachteten Fällen ein und dieselbe Form und unterscheiden sich nur durch die Größe und Orientierung bezüglich der Koordinatenachsen.

Die „geometrische" Interpretation dieser Resultate wird dadurch gestützt, daß sich die Absolutwerte der Kompressibilität in der gleichen Richtung ändern wie die Packungskoeffizienten *k*, wie aus den Angaben von [1] folgt (siehe nachfolgende Tabelle).

Kristall	Stilben	Dibenzyl	Naphthalin	Tolan
k	0,720	0,705	0,702	0,685

Man kann annehmen, daß die Relation zwischen Kompressibilität und Dichte der Molekülpackung in organischen Kristallen von allgemeiner Natur ist und mit der nicht gerichteten, zwischenmolekularen Wechselwirkung zusammenhängt.

5.5. Elastische Eigenschaften polykristalliner Proben

Über die Untersuchung elastischer Eigenschaften von Polykristallen gibt es viele Arbeiten. Hauptgegenstand ist die Bestimmung der elastischen Konstanten eines polykristallinen Aggregats aus den elastischen Eigenschaften der Einzelkristallite. Umgekehrt besitzt die Möglichkeit, die elastischen Eigenschaften eines Einkristalls aus Messungen von polykristallinen Proben zu bestimmen, auch ein gewisses Interesse.

Der einfachste Fall ist der, wenn die Orientierung der kleinen Einzelkristallite zufällig ist. Ein solches elastisch isotropes Medium wird durch zwei unabhängige elastische Konstanten charakterisiert. Die Koeffizientenmatrix der Elastizität hat in diesem Fall die Form

$$\begin{vmatrix} c_{11} & c_{12} & c_{12} & 0 & 0 & 0 \\ c_{12} & c_{11} & c_{12} & 0 & 0 & 0 \\ c_{12} & c_{12} & c_{11} & 0 & 0 & 0 \\ 0 & 0 & 0 & c_{44} & 0 & 0 \\ 0 & 0 & 0 & 0 & c_{44} & 0 \\ 0 & 0 & 0 & 0 & 0 & c_{44} \end{vmatrix} . \tag{5.1}$$

Hierbei muß die folgende Isotropiebedingung erfüllt sein:

$$c_{44} = \tfrac{1}{2}\,(c_{11} - c_{12}) \,. \tag{5.2}$$

Jedoch sogar für diesen einfachen Fall ist bisher eine exakte Berechnung der elastischen Eigenschaften eines Polykristalls aus bekannten Daten eines Einkristalls nicht realisiert worden. Eine grundlegende Schwierigkeit dabei ist die ungenügende Berücksichtigung der Vorgänge an den Korngrenzen, da sich beim Anlegen von äußeren Spannungen an den Polykristall die Spannungs- und Deformationswerte von Korn zu Korn ändern. Die Berechnungsmethoden der elastischen Eigenschaften der Polykristalle aus entsprechenden elastischen Eigenschaften der Kristallite durch Mittelwertbildung beruhen auf der Annahme, daß im nichtdeformierten Aggregat die inneren Spannungen gleich Null sind.

Betrachten wir nun kurz einige solche Mittelwert-Methoden. Die ersten und einfachsten wurden von Voigt [326] und Reuss [327] vorgeschlagen. In beiden Fällen wird die Wechselwirkung zwischen den Kristalliten vernachlässigt. Dann ist es möglich, die Werte des Polykristalls der elastischen Konstanten $\overline{\ }_{ijkl}$ (nach der Methode von Voigt) und die Moduli $\bar{s}_{ijkl}$ (nach der Methode von Reuss) direkt zu ermitteln, nämlich als Mittelwerte der entsprechenden Größen c'_{ijkl} und s'_{ijkl} der einzelnen Kristallite.

Bei der Methode von Voigt wird Gleichförmigkeit (Kontinuität) der Deformationen im gesamten Polykristall vorausgesetzt und bei Reuss die Stetigkeit aller Komponenten des Spannungstensors an den Korngrenzen.

Diese Annahmen treffen jedoch beim realen Kristall nicht zu. Somit sind die Ansätze von Voigt und Reuss nur für Spezialfälle brauchbar. Zum Beispiel ist die Voigtsche Mittelwertbildung für eine Stapelung vieler einkristalliner anisotroper, beliebig orientierter Plättchen anwendbar, während die Reusssche Näherung ein Paket anisotroper einkristalliner Bänder mit beliebiger Achsenrichtung beschreibt [328].

Die Bedingung der Gleichheit der Spannungen und Deformationen wird in den angegebenen Fällen nur erfüllt, wenn die Belastung in einer bestimmten Richtung wirkt.

Betrachtet man den Polykristall als heterogenen elastisch-anisotropen Körper, dann werden die Ausdrücke für Elastizitäts- und Spannungs-Dehnungs-Tensor in einem beliebigen Punkt eines beliebigen Kristalls die Form

$$c'_{ijkl} = l_{ip} l_{jq} l_{kr} l_{ls} c_{pqrs} , \tag{5.3}$$

$$s'_{ijkl} = l_{ip} l_{jq} l_{kr} l_{ls} s_{pqrs} \tag{5.4}$$

haben.

Hier bedeuten die gestrichenen Werte die Konstanten eines Kristallits für ein der gesamten Probe zugeordnetes Koordinatensystem, und die ungestrichenen sind die Konstanten des Kristallits in seinem Hauptachsensystem. Mit l_{ik} werden die Richtungskosinus der Winkel zwischen den Hauptachsen des betrachteten Kristallits und den Koordinatenachsen bezeichnet. Um die elastischen Konstanten und die Spannungs-Dehnungs-Moduln zu erhalten, muß man (5.3) und (5.4) über den gesamten Orientierungsbereich integrieren, der durch die Eulerschen Winkel bestimmt wird:

$$\bar{c}_{ijkl} = \frac{1}{8\pi^2} \int c'_{ijkl} \sin \Theta \, \mathrm{d}\Theta \, \mathrm{d}\varphi \, \mathrm{d}\psi ,$$

$$\bar{s}_{ijkl} = \frac{1}{8\pi^2} \int s'_{ijkl} \sin \Theta \, \mathrm{d}\Theta \, \mathrm{d}\varphi \, \mathrm{d}\psi .$$

Nach Umformung liefert die Mittelung nach Voigt [329]

$$\left.\begin{aligned} \bar{c}_{11} &= \tfrac{1}{5} (3A + 2B + 4C) = \lambda + 2\mu , \\ \bar{c}_{12} &= \tfrac{1}{5} (A + 4B - 2C) = \lambda , \\ \bar{c}_{44} &= \tfrac{1}{5} (A - B + 3C) = \mu . \end{aligned}\right\} \tag{5.5}$$

Hier sind λ und μ die Lamé-Konstanten.

Dabei muß für die Mittelwerte die Isotropiebedingung gemäß Gleichung (5.2) erfüllt sein. In (5.5) werden die Ausdrücke

$$3A = c_{11} + c_{22} + c_{33} , \quad 3B = c_{12} + c_{13} + c_{23} , \quad 3C = c_{44} + c_{55} + c_{66}$$

eingeführt.

Wir diskutieren jetzt Ausdrücke einiger wichtiger Spezifika der Elastizität von Polykristallen, die durch Voigtsche Mittelung erhalten wurden und die wir im weiteren benutzen.

Für den räumlichen Kompressionsmodul K_V und den Scherungsmodul G_V gilt

$$K_V = \tfrac{1}{3} (A + 2B) , \quad G_V = \tfrac{1}{5} (A - B + 3C) .$$

Völlig analog ergibt sich nach Reuss

$$\bar{s}_{11} = \frac{1}{5} (3A' + 2B' + C') , \quad \bar{s}_{44} = \frac{1}{5} (4A' - 4B' + 3C') = \frac{1}{G_R} ,$$

$$\frac{1}{K_R} = 3A' + 6\mathrm{B}' \tag{5.6}$$

mit

$$3A' = s_{11} + s_{22} + s_{33} , \quad 3B' = s_{23} + s_{31} + s_{12} , \quad 3C' = s_{44} + s_{55} + s_{66} .$$

Man muß jedoch noch einmal unterstreichen, daß die Mittelung nach VOIGT die Homogenität der Deformationskomponenten an der Korngrenze der Kristallite voraussetzt. In Wirklichkeit bleiben beim Übergang von einem Korn zum anderen nur die zur Korngrenze normalen Spannungskomponenten und die tangentialen Deformationskomponenten konstant. Da die Körner in einem polykristallinen Aggregat beliebig angeordnet sind und anisotrope elastische Eigenschaften besitzen, werden die Spannungen in verschiedenen Körnern unterschiedlich sein. Zur Erhaltung des Gleichgewichts entstehen an den Korngrenzen zusätzliche Kräfte. In Realkristallen bestehen im allgemeinen Fall solche Verhältnisse nicht.

Aus dem Gesagten wird klar, daß die Ergebnisse nach VOIGT sich mit dem Experiment nur dann in befriedigender Übereinstimmung befinden können, wenn die Anisotropie der Kristallite sehr klein ist und mit ihrer Vergrößerung auch erhöhte Werte auftreten.

Das Verfahren nach REUSS setzt voraus, daß alle Spannungskomponenten an den Korngrenzen der Kristallite mit verschiedener Orientierung stetig sind, obwohl das nur für die zur Korngrenze normalen Spannungskomponenten zutrifft. Das Verfahren nach REUSS liefert daher einen im Vergleich zum Experiment zu niedrigen Wert, wobei die Abweichung um so größer ist, je größer die Anisotropie der Kristallite ist, aus denen der Polykristall besteht.

Diese Tatsache — die zu hohen Werte nach VOIGT und die zu niedrigen nach REUSS — wurden von HILL untersucht [330]. HILL zeigte exakt, daß die realen makroskopischen Werte der Elastizitätsmoduln zwischen den Mittelwerten, die nach VOIGT und REUSS erhalten wurden, liegen. Dabei sind die wahrscheinlichsten Werte der Elastizitätsmoduln die arithmetischen oder die geometrischen Mittel der elastischen Konstanten, die nach diesen Methoden bestimmt wurden:

$$K = \frac{1}{2}(K_V + K_R), \quad G = \frac{1}{2}(G_V + G_R). \tag{5.7}$$

Sind die Messungen an Polykristallen richtig durchgeführt worden (bei Ausschluß des Einflusses der Porosität und Textur), so unterscheiden sich die experimentellen Werte der Konstanten von den nach VOIGT-REUSS-HILL berechneten um nicht mehr als 1—2%. Das trifft sogar für stark anisotrope Materialien wie Kupfer [331], Korund und andere [332], [333] zu. Man kann daher erwarten, daß die Methode auch erfolgreich auf organische Stoffe angewendet werden kann.

5.6. Messung und Berechnung der elastischen Eigenschaften von Polykristallen

Im einfachsten Fall, wenn die Kristallite gleichmäßig verteilt sind, hat die Koeffizientenmatrix der Elastizität die Form (5.1). Die elastischen Konstanten einer solchen Probe (es gibt zwei) kann man leicht aus den Ausbreitungsgeschwindigkeiten der Longitudinal- und Transversalwellen ermitteln.

Die elastischen Konstanten werden nach den bekannten Formeln

$$\varrho v_{\text{long}}^2 = c_{11}, \quad \varrho v_{\text{Scher}}^2 = c_{44}$$

bestimmt [334]. Die Konstante c_{12} findet man aus der Isotropiebedingung (5.2).

Wenn die Proben in Form von sorgfältig zerkleinertem Pulver, das zu Tabletten gepreßt wurde, vorliegen, wird sich bei der Kompression mittels eines Druckkolbens eine Textur mit hexagonaler Symmetrie ausbilden [335]. Ein derartig texturiertes Präparat ist durch fünf unabhängige elastische Konstanten charakterisiert. In diesem Fall hat der Tensor die Form

$$\begin{vmatrix} c'_{11} & c'_{12} & c'_{13} & 0 & 0 & 0 \\ c'_{12} & c'_{11} & c'_{13} & 0 & 0 & 0 \\ c'_{13} & c'_{13} & c'_{33} & 0 & 0 & 0 \\ 0 & 0 & 0 & c'_{44} & 0 & 0 \\ 0 & 0 & 0 & 0 & c'_{44} & 0 \\ 0 & 0 & 0 & 0 & 0 & c'_{66} \end{vmatrix} . \qquad (6.1)$$

(Die Elastizitätsmoduln der texturierten Proben sind mit einem Strich versehen.) In dieser Schreibweise bedeutet die Richtung, in der die Kompression des Pulvers in der zylindrischen Preßform erfolgt, die Z-Achse.

Tabelle 5.8. Bezeichnung der Geschwindigkeiten der elastischen Wellen in texturierten Proben in Abhängigkeit von der Ausbreitungsrichtung und der Polarisation

Wellentyp	Ausbreitungs-richtung	Polarisation	Probenorientierung	Bezeichnung der Geschwindigkeit
longitudinal	$\parallel Z$	$\parallel Z$	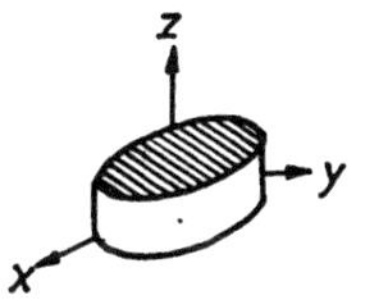	v_1
Scherung	$\parallel Z$	$\perp OZ$		v_2
longitudinal	$\parallel Y$	$\parallel Y$	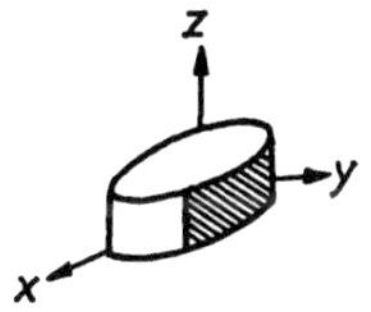	v_3
Scherung	$\parallel Y$	$\parallel Z$		v_4
Scherung	$\parallel Y$	$\parallel X$		v_5
quasilongitudinal	$\parallel$ *ab*-Ebene	$\parallel$ *ab*-Ebene	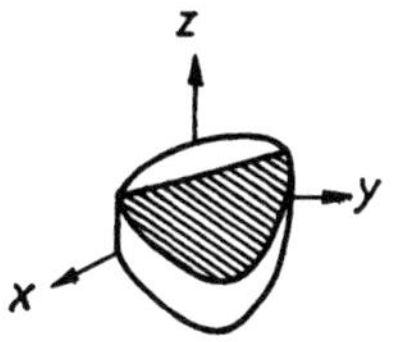	v_6
Quasischerung	$\parallel$ *ab*-Ebene	$\parallel$ *cd*-Ebene	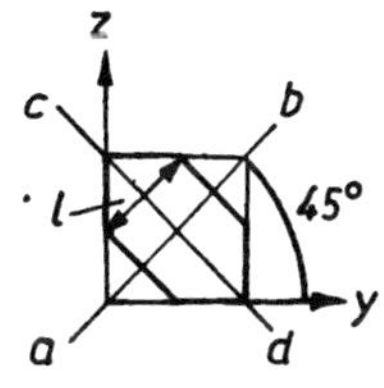	v_7

Hier ist

$$c'_{66} = \tfrac{1}{2}\,(c'_{11} - c'_{12})\,. \tag{6.2}$$

Zur Bestimmung der elastischen Konstanten muß man die Schallgeschwindigkeitsmessung in drei nichtäquivalenten Richtungen vornehmen: längs der Richtung der Kompression (Z-Achse), senkrecht zu dieser Achse und unter einem Winkel von 45° zu ihr. Die Bezeichnung für die Geschwindigkeiten in Abhängigkeit von der Ausbreitungsrichtung und die Polarisation der Wellen sind in Tabelle 5.8 dargestellt.

Die elastischen Konstanten, die man aus Proben hexagonaler Symmetrie erhält, sind mit den obengenannten Geschwindigkeiten durch folgende Beziehungen verknüpft (Abschnitt 5.3.):

$$\varrho v_1^2 = c'_{33}\,,\quad \varrho v_2^2 = c'_{11}\,,\quad \varrho v_3^2 = c'_{44}\,,\quad \varrho v_4^2 = c'_{44}\,,\quad \varrho v_5^2 = c'_{66}\,,$$

wobei ϱ die Dichte ist. Aus (6.2) findet man

$$c'_{12} = c'_{11} - 2c'_{66}\,.$$

Um die Konstante c'_{13} zu ermitteln, muß man die Ausbreitungsgeschwindigkeit v_7 der Welle unter 45° zum XZ-Schnitt (siehe Tabelle 5.9) heranziehen.

Wenn man die Christoffelsche Determinante für den entsprechenden Schnitt hat, erhält man für c'_{13} folgenden Ausdruck:

$$c'_{13} = (-\,c'_{44}) \pm \sqrt{(c'_{11} + c'_{44})\,(c'_{44} + c'_{33}) - 2\varrho v_7^2 \cdot 2\varrho v_6^2}\,. \tag{6.3}$$

Mit Hilfe der Gleichung (6.3) kann man c'_{13} durch Messung der Geschwindigkeiten v_7 oder v_8 erhalten.

Bei Verwendung der angeführten Formeln ist es möglich, aus den experimentell bestimmten Geschwindigkeiten $v_1, \ldots, v_7$ alle Elastizitätsmoduln (siehe Gleichung (6.1)) einer texturierten Probe mit hexagonaler Symmetrie zu bestimmen.

Um die elastischen Eigenschaften eines isotropen Polykristalls zu beurteilen, mittelt man die erhaltenen Werte nach der Methode von Voigt, Reuss und Hill. Die Resultate müßten eine hohe Genauigkeit besitzen, da die Anisotropie der elastischen Eigenschaften der Tablette nicht sehr groß ist. Die Werte des räumlichen Kompressionsmoduls K und des Schermoduls G berechnet man nach den Formeln (5.6). Um diese Werte gemäß der Reussschen Näherung zu finden, muß man zunächst die Spannungs-Dehnung-Matrix s'_{ij} — die inverse Matrix zu c'_{ij} — berechnen (siehe (6.1)) und danach die Formel (5.6) anwenden. Die resultierenden Werte findet man nach (5.7).

Untersuchungen zur Elastizität von polykristallinem Naphthalin wurden von Teslenko [322] durchgeführt. Naphthalintabletten waren für diesen Versuch unter einem Druck von 30 t gepreßt worden. Die Dichtebestimmung ergab pyknometrisch $1{,}16_7$ g/cm³.

Zur Durchführung der Messungen ist es notwendig, eine solche Packung zu erreichen, die den Einfluß der Porosität ausschließt. Versuche ergaben, daß dafür ein Druck von 10 t/cm² ausreicht.

Die Meßergebnisse und die Berechnungen sind in den Tabellen 5.9 bis 5.11 aufgeführt.

Tabelle 5.9. Schallgeschwindigkeit ($v \cdot 10^{-5}$ cm/s) in texturierten Naphthalintabletten bei Zimmertemperatur

v_1	v_2	v_3	v_4	v_5	v_6	v_7
2,82	2,84	1,52	1,53	1,76	2,88	1,45

Tabelle 5.10. Elastizitätsmoduln ($c \cdot 10^{-10}$ dyn/cm²) und die Elastizitätskoeffizienten ($s \cdot 10^{11}$ cm²/dyn) von texturierten Naphthalinproben

	11	33	44	66	12	13
c	9,44	9,30	2,72	3,63	2,18	4,48
s	1,38	1,71	3,68	2,75	—	−0,66

Tabelle 5.11. Räumlicher Kompressionsmodul $K \cdot 10^{10}$ und Torsionsmodul $G \cdot 10^{10}$, ermittelt nach der Näherung von VOIGT-REUSS-HILL (dyn/cm²)

K'_V	K'_R	K'_H	G'_V	G'_R	G'_H
5,61	5,52	5,56	2,96	2,80	2,88

5.7. Kalorimetrie

Die Anwendung dieser Methode auf den organischen Festkörper ist in der Monographie von A. WESTRUM und MCCULLOUGH [336] dargelegt. Deshalb beschränken wir uns hier nur auf grundlegende Bemerkungen.

Zur Untersuchung thermodynamischer Funktionen ist die Kenntnis der spezifischen Wärme C_p als Funktion der Temperatur erforderlich. In der Regel mißt man C_p beim Sättigungsdampfdruck.

Da der innere Druck des Kristalls von der Größenordnung einiger Hundert bis Tausend Atmosphären ist, kann man die experimentell gemessenen C_p-Werte mit vollem Recht auf einen äußeren Druck von Null bezogen ansehen. Aus den kalorimetrischen Messungen bestimmt man durch Integration der Funktion $C_p(T)$ die thermodynamischen Potentiale. Die Enthalpie (bis auf den Summanden für $T = 0$) und die Entropie sind gegeben durch

$$H = \int_0^T C_p \, \mathrm{d}T \,, \quad S = \int_0^T \frac{C_p \, \mathrm{d}T}{T} \,.$$

Das thermodynamische Potential kann berechnet werden, wenn nur die $C_p(T)$-Kurve bekannt ist. Bei $p = 0$ ist das thermodynamische Potential gleich der freien Energie, und die Enthalpie ist gleich der inneren Energie.

So erhält man alle thermodynamischen Potentiale für Normaldruck aus dem kalorimetrischen Experiment.

Die Ableitungen der thermodynamischen Funktionen nach dem Volumen können nur durch Messung der Ausdehnung und der Elastizität bestimmt werden.

Um zuverlässige Werte der thermodynamischen Funktionen zu erhalten, muß man die Funktion $C_p(T)$ bis zu tiefen Temperaturen integrieren. Jedoch sind die Möglichkeiten der Extrapolation von C_p auf Null mit Hilfe des T^3-Gesetzes durch die niedrigen Werte der charakteristischen Temperatur beschränkt. Mit hinreichender Genauigkeit ist die Tieftemperaturnäherung nur unterhalb der Temperatur des flüssigen Heliums erfüllt.

Im Experiment mißt man die mittlere spezifische Wärme für ein beliebiges Temperaturintervall ΔT. Bei ΔT kleiner als 0,1 T ist der Fehler vernachlässigbar. Die grundlegende Schwierigkeit einer genauen Messung besteht in der Schaffung adiabatischer Bedingungen. Man muß eine solche Anordnung finden, bei der die Wärme einzig und allein der Probe durch eine spezielle Quelle zugeführt wird. Ein Wärmeaustausch mit der Umgebung während der Einstellung der Gleichgewichtstemperatur soll nicht stattfinden. Mit der Erhöhung der Temperatur im Kalorimeter während der Messung heizt man deshalb auch die Ummantelung des Kalorimeters auf und senkt damit den Wärmeaustausch auf ein Minimum. Stoppt man die Energiezufuhr zur Probe, so stellt sich ein neues Temperaturgleichgewicht ein. Dazu ist eine Zeit von etwa zehn Minuten notwendig; in besonderen Fällen (z. B. in der Nähe eines Phasenumwandlungspunktes) kann diese Zeit sogar einige Tage betragen.

Bekanntlich wird neben dem adiabatischen Kalorimeter oft das isotherme Kalorimeter verwendet, bei dem der Wärmeaustausch aus dem Temperaturverlauf vor und nach der Messung ermittelt wird. Dabei scheint es, daß das adiabatische Kalorimeter einige wesentliche Vorteile gegenüber dem isothermen hat, insbesondere bei der Anwendung auf organische Stoffe.

Die Wärmekapazität resultiert aus einer Zahl von Eigenschaften, deren Messungen sich nicht durch eine hohe Genauigkeit auszeichnen. Die meisten Autoren geben die Wärmekapazität mit einer Genauigkeit bis zur vierten Stelle an. Dabei streuen die Wärmekapazitätswerte um etwa $\pm 0{,}2\%$, wenn die Messung an ein und demselben Gerät und an ein und derselben Probe durchgeführt wird. Die Messungen verschiedener Autoren unterscheiden sich in der Regel höchstens um 1%. Außer der Ungenauigkeit der Messungen, spielt die Reinheit der Probe eine große Rolle. Normalerweise enthalten organische Substanzen bis zu 1% Verunreinigungen. Es versteht sich von selbst, daß dadurch die Werte der spezifischen Wärme stark beeinflußt werden.

Die zufälligen Fehler der Messungen der spezifischen Wärme gleichen sich mehr oder weniger bei der Berechnung der thermodynamischen Funktionen aus. Die Entropiewerte können somit mit einer Genauigkeit bis zur vierten Stelle angegeben werden. Real bestimmte Entropien (Größenordnung 50 bis 100 cal/grd · mol = 210 bis 420 J/K mol) haben eine Genauigkeit bis zu 0,1.

Ein wichtiges Gebiet der thermodynamischen Messungen ist die Kalorimetrie der Phasenübergänge. Diese Untersuchungen fordern vor allem Substanzen großer Reinheit. In der Literatur sind die verschiedensten Verhaltensweisen von Stoffen am Umwandlungspunkt beschrieben worden. McCullough schlägt vor, die Umwandlungen in sieben Arten gemäß dem Charakter der $_pC(T)$-Kurve im Umwandlungsgebiet einzuteilen.

Uns scheint jedoch, daß sich eine Reihe von Widersprüchen und Ungenauigkeiten vermeiden ließe, wenn es möglich wäre, die Messung der Umwandlungswärme gleichzeitig mit der mikroskopischen Beobachtung der Verschiebung der Umwandlungsgrenze, die sich durch den Einkristall bewegt, vorzunehmen.

5.8. Die isotherme Kompressibilität

Die Messung der Kompressibilität bei konstanter Temperatur führt man mit einer direkten Methode durch: Man mißt die Volumenverringerung, die durch einen bestimmten Druck hervorgerufen wird. Viele Substanzen wurden auf diese Art untersucht. Die Ergebnisse und Methoden sind in den Arbeiten von BRIDGMAN [220] ausführlich behandelt.

Die Kompressibilitätsmessungen organischer Stoffe sind dadurch einfacher, daß ihre Kompressibilität mindestens um eine Größenordnung höher liegt als bei Kristallen, in denen die Atome kovalent gebunden sind. Bereits MÜLLER [35, 43] zeigte, daß die lineare Kompressibilität der Paraffine senkrecht zu den Ketten 3 bis $12 \cdot 10^{-12}$ cm²/dyn und in Kettenrichtung weniger als $3 \cdot 10^{-13}$ cm²/dyn beträgt.

Um Kompressibilitätswerte aus der Änderung der Größe der Elementarzelle zu erhalten, muß man Röntgenuntersuchungen unter Druckbedingungen durchführen. Dazu müssen die Proben vor der Messung sehr sorgfältig getempert werden, um mögliche Hohlräume zu beseitigen.

Als Meßergebnis erhält man die Volumenkontraktion ΔV im Verhältnis zum Anfangsvolumen $\Delta V/V_0$ als Funktion des Drucks. Daraus kann man unmittelbar die Volumen-Kompressibilität (Koeffizient der allseitigen Kompression) in der Form $(1/V_0)\ (\partial V/\partial p)_T$ berechnen. Man kann auch aus dem Experiment die wahre Kompressibilität berechnen, die thermodynamisch durch $(1/V)\ (\partial V/\partial Vp)_T$ dargestellt wird. Wie zu erwarten ist, verringert sich der Koeffizient der allseitigen Kompression immer mit steigendem Druck.

Die unmittelbare Messung der Volumenänderung unter Druck bei konstanter Temperatur ist für die Untersuchung der Abhängigkeit der Kompressibilität vom Volumen von besonderem Interesse. Messungen mit Ultraschall sind genauer und einfacher hinsichtlich ihrer Auswertung für den Elastizitätstensor. Da die Experimente bei hohen Drucken sehr schwierig sind, beziehen sich die meisten Angaben der adiabatischen Kompressibilitäten und die Elastizitätstensoren auf Normaldruck. Abgesehen davon sind jedoch die Messungen bei veränderlichem Druck für das Studium der Molekülwechselwirkung von großer Bedeutung. Nur auf diese Weise kann man die Zustandsgleichung eines Stoffes aufstellen, mit deren Hilfe man die Ableitungen der inneren Energie des Kristalls nach dem Volumen bei konstantem Druck und konstantem Volumen berechnen kann.

Eine der grundlegenden thermodynamischen Beziehungen ist

$$\left(\frac{\partial E}{\partial V}\right)_T = T\,\frac{\alpha}{\beta} - p\,.$$

Beim absoluten Nullpunkt ist die innere Energie mit der Gitterenergie identisch, und wir erhalten eine direkte Methode zur Bestimmung der Abhängigkeit der Gitterenergie vom Druck und vom Volumen. Diese Untersuchungen konnten bis jetzt wegen der erheblichen experimentellen Schwierigkeiten nicht durchgeführt werden. Messungen bei $T > 0$ ergeben zwar die Abhängigkeit der Energie vom Volumen, aber gestatten nicht ohne zusätzliche Voraussetzungen, die Gitterenergie von der Schwingungskomponente zu trennen.

Einige Angaben nach BRIDGMAN [337] von Messungen der räumlichen isothermen Kompressibilität organischer Stoffe sind in Tabelle 5.12 aufgeführt.

Tabelle 5.12. Isotherme Kompressibilität einiger Kristalle ($\beta_T \cdot 10^{11}$ cm²/dyn)

Verbindung	kbar					
	0	2	4	6	8	10
Naphthalin	1,88	1,28	1,05	0,89	0,74	0,60
Anthracen	1,73	1,06	0,88	0,76	0,66	0,58
Harnstoff	1,44	0,79	0,64	0,73	0,59	0,52
Hexamethylen-tetramin	1,22	0,88	0,76	0,68	0,61	0,55
Anthrachinon	1,18	0,95	0,76	0,64	0,58	0,52

Verbindung	kbar						
	12	14	16	18	20	22	
Naphthalin	0,50	0,45	0,41	0,38	0,36	0,36	
Anthracen	0,52	0,45	0,41	0,36	0,34	0,33	
Harnstoff	0,47	0,43	0,40	0,37	0,36	0,34	
Hexamethylen-	0,50	0,45	0,43	0,39	0,35	0,33	0,29
tetramin						0,28	0,28
Anthrachinon	0,48	0,44	0,40	0,36	0,34	0,84	

Ein Vergleich der Daten für Naphthalin mit dem Wert β_S, der auf Ultraschallmessungen basiert und auf β_T umgerechnet wurde, zeigt befriedigende Übereinstimmung.

5.9. Messung der Sublimationswärme

Ergebnisse der direkten Messung der Sublimationswärme organischer Kristalle sind relativ selten publiziert worden. Die Sublimationswärmen können im Prinzip durch direkte Messung derjenigen Wärmemenge, die zur Verdampfung einer gegebenen Menge eines Stoffes erforderlich ist, in solchen Kalorimetern bestimmt werden, die denen für die Bestimmung der spezifischen Wärme ähnlich sind. Dabei sollte der Sublimationsprozeß nahe dem thermodynamischen Gleichgewicht ablaufen. Die Zuführung elektrischer Energie und die Abführung des Dampfes müssen so aufeinander abgestimmt werden, daß die Temperatur des Kalorimeters während der Versuchszeit konstant bleibt. Außerdem soll im System kein toter Raum vorhanden sein; das Volumen, das zu Beginn vom festen Stoff eingenommen wird, darf am Ende des Prozesses nicht von Dampf ausgefüllt sein, und die Temperatur muß konstant bleiben.

Einige Probleme, die mit der direkten Bestimmung der Sublimationswärme zusammenhängen, bleiben noch ungelöst, Gewöhnlich bestimmt man die Sublimationswärme aus der Temperaturabhängigkeit des Dampfdruckes über der kristallinen Phase. Die Dampfphase befindet sich im Gleichgewicht mit der kondensierten Phase (fest, flüssig). Will man den Dampfdruck im Gleichgewicht mit dem festen Stoff vom Gleichgewichtsdruck über der Flüssigkeit unterscheiden, benutzt man den Begriff des „Sublimationsdrucks".

Die am häufigsten benutzten Methoden zur Messung des Druckes eines gesättigten Dampfes sind:

1. Statische Methoden, die unmittelbar zur Druckmessung des gesättigten Dampfes bei gegebener Temperatur dienen. Dabei existiert zwischen der kondensierten Phase und dem Dampf ein praktisch konstantes Gleichgewicht. Der Gleichgewichtsdruck wird direkt mit Meßeinrichtungen wie Quecksilber-, Ionisations-, Spiral- oder Membranmanometer bestimmt.

2. Die Siedepunktmethode beruht darauf, daß eine Flüssigkeit siedet, wenn der Druck des gesättigten Dampfes dem äußeren Druck gleicht. Es gibt zwei Varianten dieser Methode. Bei der ersten ändert man kontinuierlich die Temperatur bei konstantem Druck, bei der zweiten wird der äußere Druck bei konstanter Temperatur geändert. In beiden Fällen wird der Siedepunkt fixiert. Die Grundschwierigkeiten und Fehler ergeben sich bei der Bestimmung der Siedetemperatur.

3. Dampfübertragung durch einen Inertgasstrom (Mitführungsmethode). Über einen Stoff, der sich bei einer bestimmten Temperatur befindet, wird ein Inertgasstrom geleitet, der einer anschließenden Kondensation unterworfen wird. Die Strömungsgeschwindigkeit wird so reguliert, daß das Gas durch die Dämpfe der Probesubstanz gesättigt wird. Da eine vollständige Sättigung des Gases schwierig zu erreichen ist, liefert diese Methode keine sehr genauen Ergebnisse.

4. Verdampfungsmethode nach Langmuir. Diese Methode beruht auf der Bestimmung der Verdampfungsgeschwindigkeit eines Stoffes bei offener Oberfläche im Vakuum. Der Massenverlust pro Zeiteinheit wird durch die Beziehung

$$C = \alpha p \sqrt{\frac{M}{T}}$$

ausgedrückt, wo α der Akkomodationskoeffizient oder Verdampfungskoeffizient (Langmuirscher Koeffizient), M die Molmasse ist. Nachteilig ist, daß dieser Koeffizient bekannt sein muß.

5. Die Effusionsmethode nach Knudsen beruht auf der Messung der Austrittsgeschwindigkeit eines gesättigten Dampfes aus einem Raum durch eine kleine Öffnung. Die Schwierigkeit besteht in der Fertigung einer sogenannten Knudsen-Zelle mit bestimmten Parametern. Die Methode nach Knudsen ist unter Berücksichtigung der möglichen Fehler für niedrige Dampfdrücke die zuverlässigste.

Ausgangsgleichung zur Berechnung der Elastizität des Dampfes bei beliebigen Temperaturen ist die Clausius-Clapeyronsche Gleichung, die auf dem zweiten Hauptsatz der Thermodynamik beruht. Diese Gleichung liefert den Zusammenhang zwischen dem Druck und der Temperatur entlang der Phasengleichgewichtskurve. Aus der Gleichgewichtsbedingung in einem zweiphasigen Einkomponentensystem folgt die Gleichung

$$\frac{\mathrm{d}p}{\mathrm{d}T} = \frac{S_1 - S_2}{V_1 - V_2},$$

worin S_1, S_2, V_1, V_2 die molaren Entropien und Molvolumina beider Phasen sind. Die Differenz $S_1 - S_2$ drückt man durch die Enthalpie der Umwandlung der einen Phase in die andere bei konstantem Druck und konstanter Temperatur aus.

Setzt man $\Delta H = T(S_2 - S_1)$, so nimmt die Clausius-Clapeyronsche Gleichung folgende Form an:

$$\frac{\mathrm{d}p}{\mathrm{d}T} = \frac{\Delta H}{T(V_2 - V_1)}, \quad \frac{\mathrm{d}p}{\mathrm{d}T} = \frac{\Delta H}{T \Delta V}.$$

Im Fall der Dampfbildung (Verdampfung bzw. Sublimation) kann man diese Formel vereinfachen. Betrachten wir den Fall des Gleichgewichts eines festen oder flüssigen Stoffes mit seinem Dampf. Da das Gasvolumen V_2 bedeutend größer ist als das der kondensierten Phase V_1, kann man letzteres vernachlässigen, und es ergibt sich

$$\frac{\mathrm{d}p}{\mathrm{d}T} = \frac{\Delta H_S}{TV_2}.$$

Wenn man annimmt, daß sich der Dampf wie ein ideales Gas verhält, kann man $V_2 = RT/p$ setzen und erhält

$$\frac{\mathrm{d}p}{\mathrm{d}T} = \frac{\Delta H_S p}{RT^2}$$

oder

$$\frac{\mathrm{d}p}{p} = \frac{\Delta H_S}{R}\frac{\mathrm{d}T}{T^2}, \qquad \ln p = -\frac{\Delta H_S}{RT} + B.$$

In dem Temperaturintervall, in dem man die Umwandlungswärme als konstant ansehen kann, kann man die Größe $\Delta H_S/R$ mit A bezeichnen. Für die Dampfdruckformel folgt nun

$$\ln p = -\frac{A}{T} + B.$$

Diese Formel benutzt man für die experimentelle Bestimmung der Sublimationswärme. Die experimentelle Bestimmung des Sättigungsdampfdruckes in Abhängigkeit von der Temperatur aus der Austrittsgeschwindigkeit des Dampfes aus einem kleinen Spalt wird wie folgt realisiert: wir nehmen an, daß die Gasmenge, die durch die Öffnung auf die Gefäßwand trifft, gleich der Gasmenge ist, die für den Druck auf diese Fläche verantwortlich ist.

Wenn die Molekülzahl pro Volumeneinheit gleich n und ihre mittlere Geschwindigkeit $\bar{v}$ ist, dann berechnet man die Zahl der Molekülstöße pro Flächeneinheit durch Integration einer Maxwell-Verteilung [338]. Die Gesamtzahl der Aufschläge auf die Flächeneinheit der Wand in der Zeiteinheit ist

$$\nu = \frac{p}{\sqrt{2\pi M T}}.$$

Darin ist M die Molmasse und T die Temperatur. Die Menge des Stoffes in Gramm ist gleich

$$G = 5{,}833 \cdot 10^{-2}\, p \sqrt{\frac{M}{T}} \tag{9.1}$$

(in diese Formel muß der Druck in Torr eingesetzt werden).

Wenn die Öffnung erlaubt, daß alle Moleküle hindurchgehen, die auf sie fallen, dann ist G in der vorhergehenden Formel gleich der Masse des Stoffes, die durch die Öffnung geht. Offensichtlich wird diese Bedingung um so besser erfüllt, je kleiner die Wanddicke im Vergleich zum Durchmesser der Öffnung ist. Gleichzeitig führt die Öffnung im Gefäß zur Aufhebung des Gleichgewichts kondensierte Phase/Dampf. Der

Grad der Abweichung vom Gleichgewicht, das heißt der Unterschied zwischen dem Sättigungsdampfdruck und dem Druck, der mit Hilfe der Effusionsmethode gefunden wird, hängt von dem Durchmesser der Effusionsöffnung ab. Damit die Abweichung vom Gleichgewicht gering ist, ist es notwendig, den durch die Öffnung gehenden Strom zu einem „Molekülstrahl" zu machen, das heißt, die freie Weglänge eines Moleküls muß gleich der Öffnung oder größer als diese sein. Unter diesen Bedingungen wird die Geschwindigkeit des Gases nicht mehr durch Stöße zwischen den Molekülen (wie bei gewöhnlichen Drucken) bestimmt, sondern durch die Stöße mit den Wänden. Wenn die Fläche der Öffnung so groß oder der Druck so hoch ist, kann man die Formel nach Knudsen (9.1) nicht mehr benutzen.

Deshalb macht man die Öffnung klein und führt eine Korrektur ein, die berücksichtigt, daß ein Teil der Moleküle, die schräg auf die Öffnung fallen, an den inneren Seitenwänden reflektiert werden. Den Korrekturkoeffizienten kann man ohne Schwierigkeit unter Voraussetzung eines elastischen Stoßes berechnen. Für $0 \leqq l/r \leqq 1{,}50$ (l ist die Wanddicke, r ist der Radius der Öffnung) ist er gleich

$$k = \frac{1}{1 + l/2r}.$$

Ist der Stoß nicht elastisch, so kommen komplizierte Adsorptionswechselwirkungen zur Geltung. Zur Korrektur dieses Effektes, der gleichzeitig einen schwachen Punkt der Knudsen-Methode darstellt, muß man noch einen Koeffizienten in die Formel einführen, der nicht mehr als theoretisch gesichert angesehen werden kann. Er wird meist gleich Eins gesetzt.

So findet man den uns interessierenden Druck (in Torr) aus dem Massenverlust der Probe G mit Hilfe der Formel

$$p = 17{,}14 \frac{G}{\alpha k S T} \sqrt{\frac{T}{M}},$$

worin S die Öffnungsfläche in cm², G die Massenänderung in g, t die Effusionszeit in s und α ein Koeffizient ist, der von der Adsorption der Moleküle an den inneren Wänden der Öffnung abhängt.

Ändert man die Effusionstemperatur, so erhalten wir die experimentelle Abhängigkeit des Sättigungsdampfdruckes von der Temperatur. Die experimentellen Punkte werden nach der Methode der kleinsten Quadrate verfeinert, ähnlich der Art der oben eingeführten Gleichung $\ln p = -A/T + B$. Hier ist $A = H_S/R$, und folglich ist die Sublimationswärme $H_S = 4{,}575\ A$ in cal ($= 19{,}2\ A$ in J).

Die Sublimationswärme ist mit der Gitterenergie ΔH_G durch die Beziehung

$$-\Delta H_G = H_S + 2RT + \frac{9R\Theta_D}{8}$$

verknüpft, wobei der letzte Summand die Energie der Nullschwingungen in der Debye-Näherung ist und $2RT$ die Differenz zwischen $6RT$, das heißt der Energie, die ein Molekül des festen Körpers besitzt, und $4RT$, der Energie pro Gasmolekül.

In Tabelle 5.13 sind einige Daten zur Sublimation von organischen Kristallen aufgeführt.

Tabelle 5.13. Sublimationsenthalpien organischer Kristalle

Verbindung	Formel	T,K	ΔH_S, kcal/mol
Normale Paraffine [355]			
Methan	CH_4	90	2,20
Ethan	C_2H_6	90	4,90
Propan	C_3H_8	86	6,81
Butan	C_4H_{10}	107	8,57
Pentan	C_5H_{12}	143	10,03
Hexan	C_6H_{14}	178	12,15
Heptan	C_7H_{16}	183	13,83
Oktan	C_8H_{18}	216	16,27
Nonan	C_9H_{20}	219	17,82
Dekan	$C_{10}H_{22}$	243	20,26
Undekan	$C_{11}H_{24}$	236,6	21,82
Dodekan	$C_{12}H_{26}$	263	24,30
Hexadekan	$C_{16}H_{34}$	291	32,24
Cycloparaffine [355]			
Cycloprotan	C_3H_6	145	6,99
Cyclobutan	C_4H_8	145	8,71
Cyclopentan	C_5H_{10}	122	10,19
Cyclohexan	C_6H_{12}	186	11,13
Cycloheptan	C_7H_{14}	134	12,78
Cyclooktan	C_8H_{16}	166	14,05
Cyclotetradekan	$C_{11}H_{30}$	320	32,0
Polycyclische aromatische Verbindungen			
Benzol [336]	C_6H_6	279	10,7
Azulen [336]	$C_{10}H_8$	321—371	16,2
Naphthalin [336]	$C_{10}H_8$	280—294	17,3
		288—306	15,7
		223—343	18,3
		283—303	19,6
Anthracen [336]	$C_{11}H_{10}$	339—353	24,4
		396—421	23,3
		349—374	22,8
Phenanthren [336]	$C_{14}H_{10}$	310—323	20,7
1,2-Benzanthracen [356]	$C_{18}H_{12}$		28,8
Tetracen [356]	$C_{18}H_{12}$		29,8
	$C_{18}H_{12}$		28,1
Triphenylen [356]	$C_{18}H_{12}$		25,6
Pentacen [356]	$C_{22}H_{14}$		37,7
	$C_{22}H_{14}$		33,5
Koronen [356]	$C_{21}H_{12}$		30,7
Tetrabenzonaphthalin [356]	$C_{25}H_{16}$		33,9
Tetrabenzoperilen [356]	$C_{34}H_{18}$		28,2

6. Die thermodynamische Theorie

6.1. Allgemeine Beziehungen

a) *Die skalare Form.* Die thermodynamischen Eigenschaften eines Stoffes, das heißt das Verhalten eines Körpers bei Zuführung von Energie in Form von Wärme oder Arbeit, lassen sich erschöpfend beschreiben, wenn folgende direkt meßbare Größen bekannt sind: die Temperatur- bzw. Druckabhängigkeit des Volumens V und die Temperaturabhängigkeit der spezifischen Wärme C_p.

Die statistische Physik zeigt, daß die Funktionen $V(p, T)$ und $C_p(p, T)$ nicht unabhängig sind. Zur völligen Beschreibung des Verhaltens eines Körpers ist die Kenntnis eines der thermodynamischen Potentiale als Funktion zweier Zustandsparameter ausreichend. Man geht von der sogenannten freien Energie F aus, die vom Volumen, das ein Mol oder ein Molekül einnimmt, und der Temperatur abhängt. Der Vorteil der Funktion $F(V, T)$ ist, daß sie auf einfache Weise mit dem Bau eines Körpers zusammenhängt:

$$F = -kT \ln Z .$$

Die Zustandssumme Z kann berechnet werden, wenn die Energieniveaus E_m des Systems und die Abhängigkeit aller E_m vom Volumen bekannt sind:

$$Z = \sum_m e^{-\frac{E_m(V)}{kT}} .$$

Ist $F(V, T)$ gegeben, so kann man durch Differentiation die Werte aller meßbaren thermodynamischen Größen erhalten. Zu diesen Beziehungen gelangt man wie folgt:

Der erste Hauptsatz der Thermodynamik sagt aus, daß die Änderung der inneren Energie eines Körpers gleich der Summe der dem Körper zugeführten Arbeit und Wärme ist:

$$dE = dQ + dA .$$

Die Wärmemenge dQ ist kein totales Differential. Nach dem zweiten Hauptsatz der Thermodynamik ist die Entropieänderung $dS = dQ/T$ ein totales Differential. Bei Einführung der freien Energie $F = E - TS$ erhält man

$$dF = - S\,dT - p\,dV .$$

Für die partiellen Differentialquotienten ergibt sich

$$S = -\left(\frac{\partial F}{\partial T}\right)_V, \quad p = -\left(\frac{\partial F}{\partial V}\right)_T \quad \text{und} \quad \left(\frac{\partial S}{\partial V}\right)_T = \left(\frac{\partial p}{\partial T}\right)_V . \tag{1.1}$$

Wenn $F = F(V, T)$ bekannt ist, dann liefert die zweite Beziehung in (1.1) die Zustandgleichung $p = f(V, T)$. Aus dem ersten Differentialquotienten erhält man bei nochmaligem Differenzieren die spezifischen Wärmen

$$C_p = T\left(\frac{\partial S}{\partial T}\right)_p, \qquad C_V = T\left(\frac{\partial S}{\partial T}\right)_V \tag{1.2}$$

usw.

Die experimentelle Untersuchung der Zustandsgleichung ist eine schwierige Aufgabe. Bestenfalls bekommt man Informationen über die linearen Schnitte von $V(T)$ und $V(p)$. Diese Funktionen werden gewöhnlich durch ihre Ableitungen charakterisiert:

den räumlichen Ausdehnungskoeffizienten bei konstantem Druck

$$\alpha = \frac{1}{V}\left(\frac{\partial V}{\partial T}\right)_p$$

und die Kompressibilität bei konstanter Temperatur

$$\beta_T = -\frac{1}{V}\left(\frac{\partial V}{\partial p}\right)_T. \tag{1.3}$$

Von den spezifischen Wärmen wird C_p gemessen. Dabei erhält man, wiederum bedingt durch experimentelle Schwierigkeiten, gewöhnlich die spezifischen Wärmen als Funktion eines Parameters. In der Regel ist die Temperaturabhängigkeit von α und C_p bekannt. Die isotherme Kompressibilität, die mit Hilfe einer Presse gemessen wird, bestimmt man als Funktion des Drucks. Die adiabatische Kompressibilität

$$\beta_S = -\frac{1}{V}\left(\frac{\partial V}{\partial p}\right)_S,$$

die aus Schallgeschwindigkeitsmessungen folgt, ist gewöhnlich als Funktion der Temperatur bekannt.

Wenn man irgendein thermodynamisches Modell eines Körpers aufstellen will, formuliert man die freie Energie F als Funktion des Volumens und der Temperatur. Aus der direkten Differentiation folgen die Kompressibilität bei konstanter Temperatur, der Ausdehnungskoeffizient und die spezifische Wärme C_p als Funktion von V und T, nach denen man Theorie und Experiment vergleichen kann. Aus dem zweiten Ausdruck (1.1) folgt

$$\frac{1}{\beta_T} = V\left(\frac{\partial^2 F}{\partial V^2}\right)_T. \tag{1.4}$$

Wenn F in Kalorien pro Mol ausgedrückt wird, dann ist V das Molvolumen. Die erste der Gleichungen (1.1) liefert

$$C_V = -T\left(\frac{\partial^2 F}{\partial T^2}\right)_V, \tag{1.5}$$

und aus der dritten Gleichung (1.1) folgt mit Hilfe der Beziehung

$$\left(\frac{\partial V}{\partial p}\right)_T \left(\frac{\partial p}{\partial T}\right)_V \left(\frac{\partial T}{\partial V}\right)_p = -1,$$

die für jede beliebige Funktion $V(p, T)$ gilt, durch Umformung

$$\left(\frac{\partial S}{\partial V}\right)_T = -\frac{\partial^2 F}{\partial V\,\partial T} = \frac{\alpha}{\beta_T} \tag{1.6}$$

und schließlich

$$\alpha = -\frac{1}{V}\,\frac{\dfrac{\partial^2 F}{\partial V\,\partial T}}{\dfrac{\partial^2 F}{\partial V^2}}\,. \tag{1.7}$$

Benötigt man für die Auswertung von Experimenten β_S und C_p, so zieht man folgende Gleichungen heran:

$$C_p - C_V = T\,\frac{\alpha^2}{\beta_T}\,V\,, \tag{1.8}$$

$$\frac{\beta_S}{\beta_T} = \frac{C_V}{C_p}\,, \tag{1.9}$$

$$\beta_S = \beta_T - \frac{T\alpha^2 V}{C_p}\,. \tag{1.10}$$

Das Auffinden einer Beziehung zwischen C_p und C_V ist mit dem Übergang von den Variablen p, T zu V, T verbunden. Wenn $V = f(p, T)$ ist, kann man $S(V, T)$ in der Form $S = S[f(p, T), T]$ schreiben. Dann ist

$$\left(\frac{\partial S}{\partial T}\right)_p = \left(\frac{\partial S}{\partial f}\right)_T \left(\frac{\partial f}{\partial T}\right)_p + \left(\frac{\partial S}{\partial T}\right)_f = \left(\frac{\partial S}{\partial V}\right)_T \left(\frac{\partial V}{\partial T}\right)_p + \left(\frac{\partial S}{\partial T}\right)_V .$$

Setzen wir hier (1.6) ein, erhalten wir (1.8). Wenn $V = V(p, T)$ als $V = V[p, f(S, p)]$ geschrieben wird, ergibt sich analog

$$\left(\frac{\partial V}{\partial p}\right)_S = \left(\frac{\partial V}{\partial f}\right)_p \left(\frac{\partial f}{\partial p}\right)_S + \left(\frac{\partial V}{\partial p}\right)_f = \left(\frac{\partial V}{\partial T}\right)_p \left(\frac{\partial T}{\partial p}\right)_S + \left(\frac{\partial V}{\partial p}\right)_T .$$

Berücksichtigen wir, daß

$$\left(\frac{\partial T}{\partial p}\right)_S \left(\frac{\partial p}{\partial S}\right)_T \left(\frac{\partial S}{\partial T}\right)_p = -1\,,$$

dann ergibt sich mit (1.6)

$$\left(\frac{\partial S}{\partial p}\right)_T = \left(\frac{\partial S}{\partial V}\right)_T \left(\frac{\partial V}{\partial p}\right)_T = -\left(\frac{\partial V}{\partial T}\right)_p ,$$

und wir erhalten

$$\left(\frac{\partial T}{\partial p}\right)_S = \frac{\left(\dfrac{\partial V}{\partial T}\right)_p}{\left(\dfrac{\partial S}{\partial T}\right)_p}\,,$$

das heißt

$$\left(\frac{\partial V}{\partial p}\right)_S = \frac{\left(\frac{\partial V}{\partial T}\right)_p^2}{\left(\frac{\partial S}{\partial T}\right)_p} + \left(\frac{\partial V}{\partial p}\right)_T .$$

Dieser Ausdruck stimmt mit (1.10) überein, wie aus der Definition (1.3) folgt. Gleichung (1.9) ergibt sich aus (1.8) und (1.10).

In diesem Kapitel führen wir alle grundlegenden skalaren Beziehungen ein, die zur Bestätigung der Theorie oder zur Berechnung nicht unmittelbar meßbarer Größen benötigt werden.

Wenn das thermodynamische Modell die freie Energie als Funktion von V, T liefert, dann berechnet man aus (1.4), (1.5) und (1.7) die Kompressibilität bei konstanter Temperatur, die spezifische Wärme C_V und den Ausdehnungskoeffizienten. Aus diesen Größen bestimmen wir mit den Gleichungen (1.8) und (1.10) die adiabatische Kompressibilität und die spezifische Wärme C_p.

Wir können auch die umgekehrte Aufgabe lösen, das heißt, jede beliebige thermodynamische Funktion aus gemessenen Daten mit einer Genauigkeit finden, die dem Energiewert beim absoluten Nullpunkt entspricht. Dazu ist es notwendig, die Größen C_p, α und β im gesamten Temperatur- und Druckintervall zu messen. Für Prozesse unter Normaldruck gilt

$$S = \int_0^T \frac{C_p\,\mathrm{d}T}{T}, \qquad E - E_0 = \int_0^T C_p\,\mathrm{d}T, \qquad F = E - TS .$$

Die Differenz $C_p - C_V$, die experimentell ermittelt wurde, gestattet es, unter Verwendung von (1.8) die Ausdehnungsarbeit zu bestimmen. Für $p = 0$ ergibt sich

$$\mathrm{d}Q = \mathrm{d}E = C_V\,\mathrm{d}T + \frac{\partial E}{\partial V}\mathrm{d}V .$$

Der zweite Summand ist die Ausdehnungsarbeit:

$$\frac{\partial E}{\partial V}\mathrm{d}V = (C_p - C_V)\,\mathrm{d}T .$$

Erhitzt man einen Kristall von der Temperatur Null bis zur Temperatur T, so ist die Arbeit gleich

$$\int \frac{T\alpha^2 V}{\beta_T}\mathrm{d}T .$$

Wenn man annimmt, daß die Energie des Kristalls als Summe der Schwingungsenergie E^{Schw} und der Gitterenergie $U(V)$ dargestellt werden kann, dann ergibt sich aus der Messung von $C_p - C_V$ in Abhängigkeit von der Temperatur die Möglichkeit, den Gitterenergiezuwachs zu berechnen:

$$\int \frac{T\alpha^2 V}{\beta_T}\mathrm{d}T = U - U_0 + \Delta_V E^{\mathrm{Schw}} . \tag{1.11}$$

Wenn die Frequenzänderung der Schwingungen mit der Temperatur gering ist, kann man das letzte Glied der rechten Seite der Gleichung vernachlässigen.

b) *Die Tensorform.* Nehmen wir an, daß die Substanz als Einkristall vorliegt, so erhält man wesentlich mehr experimentelles Material, als oben gezeigt wurde.

Relativ einfach lassen sich der Dehnungstensor bei konstantem Druck

$$\alpha_{kl} = \left(\frac{\partial e_{kl}}{\partial T}\right)_p$$

und der adiabatische (durch Messung der Schallgeschwindigkeit) Elastizitätstensor c_{ijkl} (auch für den Druck $p = 0$) messen.

Im anisotropen Fall wird die Arbeit pro Volumeneinheit durch $\Sigma\, \sigma_{ij}\, d\varepsilon_{ij}$ bestimmt. Deshalb haben die Differentiale der inneren Energie und der freien Energie die Form

$$dU = V \sum \sigma_{ij} d\varepsilon_{ij} + T\, dS\,, \qquad dF = V \sum \sigma_{ij}\, d\varepsilon_{ij} - S\, dT\,.$$

Weiterhin gelten folgende thermodynamische Beziehungen:

$$\sigma_{ij} = \frac{1}{V}\left(\frac{\partial F}{\partial \varepsilon_{ij}}\right)_T, \quad \left(\frac{\partial \varepsilon_{ij}}{\partial T}\right)_\sigma = \frac{1}{V}\left(\frac{\partial S}{\partial \sigma_{ij}}\right)_T, \quad \frac{1}{V}\left(\frac{\partial S}{\partial \varepsilon_{ij}}\right)_T = -\left(\frac{\partial \sigma_{ij}}{\partial T}\right)_\varepsilon. \tag{1.12}$$

Da sich als isotherme Elastizität

$$c^T_{ijkl} = \left(\frac{\partial \sigma_{ij}}{\partial \varepsilon_{kl}}\right)_T$$

ergibt, wird

$$c^T_{ijkl} = \frac{1}{V}\left(\frac{\partial^2 F}{\partial \varepsilon_{ij}\, \partial \varepsilon_{kl}}\right)_T. \tag{1.13}$$

Andererseits ist

$$\sigma_{ij} = \frac{1}{V}\left(\frac{\partial U}{\partial \varepsilon_{kl}}\right)_S,$$

und schließlich ist die adiabatische Elastizität

$$c^S_{ijkl} = \frac{1}{V}\left(\frac{\partial^2 U}{\partial \varepsilon_{ij}\, \partial \varepsilon_{kl}}\right)_S.$$

Eine Beziehung analog (1.6) erhält man durch Einsetzen des Ausdrucks für das Hookesche Gesetz (Gleichung (2.5), Kap. 5) in die Gleichung (1.12) für $(\partial S/\partial \varepsilon_{ij})_T$:

$$\left(\frac{\partial S}{\partial \varepsilon_{ij}}\right)_T = -\, V \sum c^T_{ijkl} \alpha_{kl}\,. \tag{1.14}$$

Auf diese Weise kann man, wenn man die Änderung der freien Energie mit der Temperatur und auch der Form und Größe der Elementarzelle kennt, alle Kristalleigenschaften berechnen.

Durch direkte Differentiation erhält man die isotherme Elastizität und die Entropie. Differenziert man die Entropie, gewinnt man die letztere Beziehung, aus der wir den Dehnungstensor erhalten. Ebenfalls durch direkte Differentiation von F wird die spezifische Wärme ermittelt:

$$C_\varepsilon = -\, T\left(\frac{\partial^2 F}{\partial T^2}\right)_\varepsilon.$$

In Analogie zu den skalaren Größen muß man die Beziehung zwischen den spezifischen Wärmen C_σ und C_ε kennen. Die erste ist die spezifische Wärme bei konstantem Spannungstensor, die zweite bei konstantem Volumen und konstanter Form. Notwendig ist auch die Kenntnis der Verknüpfung zwischen adiabatischer und isothermer Elastizität c^S und c^T. Die Schlüsse aus diesen Formeln sind völlig analog den Gleichungen (1.8) und (1.10) (siehe Seite 309), aber bequemerweise sollte man nicht nur den Elastizitätstensor c_{ijkl} benutzen, sondern auch den inversen

$$s_{ijkl} = c_{ijkl}^{-1} .$$

So erhält man

$$C_\sigma - C_\varepsilon = VT \sum c_{ijkl}^T \alpha_{ij} \alpha_{kl} , \tag{1.15}$$

$$s_{ijkl}^S - s_{ijkl}^T = - \alpha_{ij} \alpha_{kl} \frac{TV}{C_p} . \tag{1.16}$$

Der Zusammenhang zwischen (1.16) und (1.10) besteht darin, daß man durch Summierung Gleichung (1.10) erhält. Dazu muß man eine Beziehung benutzen, die β in Elementen des Tensors des Elastizitätskoeffizienten darstellt. Sie wird auf folgende Weise abgeleitet. Im Fall allseitiger Kompression hat das Hookesche Gesetz die Form

$$\varepsilon_{ij} = - p \varepsilon_{ijkl} \delta_{kl} = - p s_{ijkl} .$$

Die Volumenkompression ist aber gleich ε_{ii}, das heißt $\varepsilon_{ii} = - p s_{iikk}$. Daraus folgt

$$\beta = s_{1111} + s_{2222} + s_{3333} + 2(s_{1122} + s_{2233} + s_{3311}) .$$

Setzt man diesen Ausdruck in (1.10) ein und führt die Summation durch, so erhält man die Gleichung (1.16).

6.2. Die Spezifik der Thermodynamik der Molekülkristalle, Einführung der charakteristischen Temperatur

a) *Zerlegung der freien Energie in einen zwischen- und einen innermolekularen Anteil.* Um das Verhalten des organischen Molekülkristalls voraussagen zu können, ist es zweckmäßig, seine thermodynamische Funktion in zwischen- und innermolekulare Komponenten zu zerlegen.

Die freie Energie des Kristalls kann in der Form

$$F = U^{\mathrm{Gitt}} + kT \sum_\alpha \ln \left(1 - \mathrm{e}^{-\frac{h\omega_\alpha}{kT}}\right) \tag{2.1}$$

dargestellt werden, wobei die Summierung über alle Frequenzen ω_α der Normalschwingungen erfolgt. Das ist der sogenannte Gitteranteil der freien Energie. Bei Molekülkristallen ist jedoch die gesamte freie Energie mit diesem Gitteranteil identisch, da der Elektronenaustausch fehlt. Die Gitterenergie U^{Gitt} ist gleich der potentiellen Wechselwirkungsenergie der Moleküle.

Diese Größe wurde ausführlich in Kapitel 2 behandelt. Die Gitterenergie ist für eine gegebene Symmetrie der Molekülanordnung eine Funktion der Parameter der Elementarzelle des Kristalls.

Man kann die innermolekularen Frequenzen leicht von den zwischenmolekularen trennen und schreiben

$$F^{\text{ges}} = F^{\text{Mol}} + F ,$$

worin F der intermolekulare oder kristalline Anteil der freien Energie ist und F^{Mol} der intramolekulare Anteil, der bekanntlich mit Erfolg als Oszillator behandelt wird.

Offenbar gehören zum kristallinen Anteil der freien Energie $6nZ$ Frequenzen (n — Anzahl der Elementarzellen, Z — Zahl der Moleküle in der Elementarzelle), und für die Berechnung von F ist es ausreichend, den Verlauf von $6Z$ Dispersionsflächen $\omega(\boldsymbol{k})$ zu kennen.

Wenn man die Nullpunktenergie der Schwingungen, die wesentlich kleiner ist als die Gitterenergie (siehe Kap. 2), vernachlässigt, ergibt sich für F

$$F = U^{\text{Gitt}} + kT \sum_{\omega} \ln\left(1 - e^{-\frac{h\omega(k)}{kT}}\right) = U^{\text{Gitt}} + kT \sum_{k,s} \ln\left[2 \operatorname{sh}\left(\frac{1}{2} \frac{h\omega_s(k)}{kT}\right)\right] \tag{2.2}$$

(der Index s kennzeichnet die Äste der Dispersionsflächen). Für die praktische Berechnung des Schwingungsanteils von F muß man für jedes ω_s den Beitrag zu F für eine geringe Zahl von Punkten des reziproken Raums berechnen und den Mittelwert bilden.

Sowohl die theoretische Berechnung der Dispersionsflächen als auch deren experimentelle Bestimmung (z. B. mit der Neutronenstreuung) ist sehr kompliziert. Deshalb ist es wesentlich, einfachere Modelle zu untersuchen.

b) *Die Debyeschen Ausdrücke der thermodynamischen Funktionen.* Der große Vorteil der sogenannten Debye-Näherung für die Kristallphysik ist gut bekannt. Dabei wird das individuelle Gitterschwingungsspektrum durch die einfache Abhängigkeit von einem Parameter ersetzt.

Die freie Energie (2.1) kann man in der Form

$$F = U^{\text{Gitt}} + kT \int f(\omega) \ln\left(1 - e^{-\frac{h\omega}{kT}}\right) d\omega$$

schreiben. Dabei ist $f(\omega)\, d\omega$ die Zahl der Frequenzen, die im Intervall von ω bis $(\omega + d\omega)$ liegen. Debye zeigte, daß bei sehr niedrigen Temperaturen $f(\omega) \sim \omega^2$ ist. Bei hohen Temperaturen sind dagegen alle Arten von Schwingungen angeregt. Deshalb kann man das reale Spektrum durch eine Parabel $A\omega^2$ beschreiben, die bei einer Frequenz $\omega_{\max}$ abbricht. Dabei beschreibt das Integral

$$A \int_0^{\omega_{\max}} \omega^2\, d\omega$$

die Gesamtzahl der Normalschwingungen. Debye setzte dieses Integral für Atomgitter gleich der dreifachen Atomzahl. Der kristalline Anteil der Energie des Molekülkristalls bezieht sich auf die Moleküle, die nicht drei, sondern 6 Freiheitsgrade haben. Folglich gilt in diesem Fall

$$A \int_0^{\omega_{\max}} \omega^2\, d\omega = 6N ,$$

wo N die Zahl der Moleküle im Kristall pro Mol ist. Daraus folgt die Konstante

$$A = \frac{18N}{\omega_{\mathrm{max}}^3}$$

und

$$F = U^{\mathrm{Gitt}} + \frac{18RT}{\omega_{\mathrm{max}}^3} \int_0^{\omega_{\mathrm{max}}} \omega^2 \ln\left(1 - \mathrm{e}^{-\frac{h\omega}{kT}}\right) \mathrm{d}\omega .$$

Der einzige Parameter des Spektrums ist die Grenzfrequenz ω_{max} oder, einfacher noch, die charakteristische Temperatur

$$\Theta = \frac{h\omega_{\mathrm{max}}}{k} .$$

Durch partielle Integration und Einführung der Debye-Funktion

$$D(x) = \frac{3}{x^3} \int_0^x \frac{z^3\,\mathrm{d}z}{\mathrm{e}^z - 1}$$

erhalten wir die freie Energie eines Kristalls, der aus Teilchen aufgebaut ist, die sechs Freiheitsgrade besitzen,

$$F = U^{\mathrm{Gitt}} + 2RT\left[3 \ln\left(1 - \mathrm{e}^{-\frac{\Theta}{T}}\right) - D\left(\frac{\Theta}{T}\right)\right].$$

Durch Differentiation ergibt sich

$$\left.\begin{aligned} E &= U^{\mathrm{Gitt}} + 6RTD\left(\frac{\Theta}{T}\right), \\ S &= 6R \ln\left(1 - \mathrm{e}^{-\frac{\Theta}{T}}\right) + 8RD\left(\frac{\Theta}{T}\right), \\ C_V &= 6R\left[D\left(\frac{\Theta}{T}\right) - \frac{\Theta}{T} D'\left(\frac{\Theta}{T}\right)\right], \end{aligned}\right\} \qquad (2.3)$$

worin E die innere Energie und D' das totale Differential der Funktion D ist.

Von besonderem Interesse ist das Verhalten der Debye-Funktionen bei hohen Temperaturen ($\Theta/T \ll 1$) und bei niedrigen Temperaturen ($\Theta/T \gg 1$).

Die charakteristischen Temperaturen vieler organischer Kristalle liegen um 100 K. Somit sind „hohe Temperaturen" streng genommen sowieso nicht realisierbar, da der Kristall vorher schmilzt. Das Hochtemperaturverhalten der quasiharmonischen Funktionen tritt jedoch, wie wir weiter unten sehen werden, im Experiment hinreichend stark hervor.

Bei $\Theta/T \ll 1$ gelten

$$D\left(\frac{\Theta}{T}\right) \approx 1 \quad \text{und} \quad \ln\left(1 - \mathrm{e}^{-\frac{\Theta}{T}}\right) \approx \ln \frac{\Theta}{T} ;$$

folglich ist

$$C_V = 6R; \qquad S = -6R \ln \frac{\Theta}{T} + 8R .$$

Die Näherung für niedrige Temperaturen gilt erst bei Temperaturen unterhalb der des flüssigen Wasserstoffs.

Bei $\Theta/T \gg 1$ ist

$$D(x) \approx \frac{\pi^4}{5x^3} \quad \text{und} \quad \ln\left(1 - e^{-\frac{\Theta}{T}}\right) \approx 0$$

und folglich

$$F = U^{\mathrm{Gitt}} - \frac{2\pi^4 R}{5} \frac{T^4}{\Theta^3}, \qquad E = U^{\mathrm{Gitt}} + \frac{6\pi^4 R}{5} \frac{T^4}{\Theta^3},$$

$$S = \frac{8\pi^4 R}{5} \frac{T^3}{\Theta^3}, \qquad C_V = \frac{24\pi^4 R}{5} \frac{T^3}{\Theta^3}.$$

Diese Formeln sind bei tiefen Temperaturen streng erfüllt. Ihr genauer Geltungsbereich liegt unglücklicherweise bei Temperaturen, die wesentlich kleiner sind als $\Theta/4$, das heißt unterhalb der Temperatur des flüssigen Heliums.

Die Hochtemperaturnäherung würde exakt nur bei Fehlen der Anharmonizität zutreffen. Wenn man Θ als konstant ansieht, so bedeutet das eine Invarianz des Schwingungsspektrums in bezug auf die Zustandsparameter. Ein solches harmonisches Kristallmodell besitzt wenig Bedeutung. Ist $\Theta = \mathrm{const}$, dann ist $C_p = C_V$, und es gibt keine thermische Ausdehnung. Diese Grenzbedingungen kann man jedoch leicht fallen lassen.

c) *Quasiharmonisches Modell. Die skalare Form.* Wir sagten, daß das Kristallspektrum nach Debye durch eine Funktion mit einem Parameter ersetzt wird. Dabei muß Θ nicht konstant sein. Energieniveaus, das heißt die Frequenzen der Normalschwingungen und damit die charakteristische Temperatur, kann man als Funktion der Parameter der Elementarzelle berechnen (quasiharmonisches Modell).

Es sind zwei Varianten möglich. Einmal berechnet man die charakteristische Temperatur und die Gitterenergie als Funktion des Volumens, das ein Molekül einnimmt (skalare Form), zum anderen werden diese Größen als Funktionen der Parameter der Elementarzelle des Kristalls angesehen (tensorielle Form).

Beginnen wir mit dem einfacheren Modell.

Wenn die innere Energie, die Entropie und die spezifische Wärme C_V Ableitungen der freien Energie bei konstantem Volumen sind, so stimmen die quasiharmonischen Funktionen mit den Debyeschen Ausdrücken überein (2.3).

Wir ermitteln jetzt den Kompressibilitätsmodul $1/\beta_T = V(\partial^2 F/\partial V^2)_T$.

Man bildet die erste Ableitung der freien Energie

$$\left(\frac{\partial F}{\partial V}\right)_T = 6R \frac{e^{-\Theta/T}}{1 - e^{-\Theta/T}} \frac{\partial \Theta}{\partial V} - 2RD'\left(\frac{\Theta}{T}\right) \frac{\partial \Theta}{\partial V} + \frac{\partial U}{\partial V}.$$

Für die Debye-Funktion $D(x)$ gilt folgende Beziehung:

$$D(x) = \frac{x}{e^x - 1} - \frac{x}{3} D'(x). \tag{2.4}$$

Mit (2.4) erhält man

$$\left(\frac{\partial F}{\partial V}\right)_T = \frac{\partial U}{\partial V} + \frac{1}{\Theta}\frac{\partial \Theta}{\partial V} 6RTD\left(\frac{\Theta}{T}\right) = \frac{\partial U}{\partial V} + 6RT\frac{\partial \ln \Theta}{\partial V} D\left(\frac{\Theta}{T}\right).$$

Bei Einführung des Grüneisenschen Koeffizienten folgt

$$\gamma = -\frac{V}{\Theta}\frac{\mathrm{d}\Theta}{\mathrm{d}V} = -V\frac{\partial \ln \Theta}{\partial V},$$

$$\left(\frac{\partial F}{\partial V}\right)_T = \frac{\partial U}{\partial V} - \frac{6RT}{V}\gamma D\left(\frac{\Theta}{T}\right). \tag{2.5}$$

Nochmaliges Differenzieren nach dem Volumen und Multiplikation mit V ergibt den isothermen Kompressibilitätsmodul

$$\frac{1}{\beta_T} = V\left(\frac{\partial^2 F}{\partial V^2}\right) = V\left[\frac{\partial^2 U}{\partial V^2} + 6RT\frac{\partial^2 \ln \Theta}{\partial V^2} D\left(\frac{\Theta}{T}\right) + 6R\Theta\left(\frac{\partial \ln \Theta}{\partial V}\right)^2 D'\left(\frac{\Theta}{T}\right)\right]. \tag{2.6}$$

Nun berechnen wir den räumlichen Ausdehnungskoeffizienten. Entsprechend (1.6) ist

$$\alpha = \beta_T\left(\frac{\partial S}{\partial V}\right)_T;$$

$$\left(\frac{\partial S}{\partial V}\right)_T = \frac{\partial S}{\partial \Theta}\frac{\partial \Theta}{\partial V}.$$

Die Entropie S, wie auch eine Reihe anderer thermodynamischer Funktionen, hängt nur von dem Verhältnis $x = \Theta/T$ ab. Für eine beliebige Funktion f, die nur von x abhängt, gilt

$$\frac{\partial f}{\partial \Theta} = -\frac{T}{\Theta}\frac{\partial f}{\partial T}. \tag{2.7}$$

Diese Beziehung benutzen wir für die Entropie und erhalten

$$\frac{\partial S}{\partial V} = -\frac{T}{\Theta}\frac{\partial S}{\partial T}\frac{\partial \Theta}{\partial V};$$

dann ergibt sich

$$\alpha = \frac{1}{V}\beta_T C_V \gamma = -\beta_T C_V \frac{\partial \ln \Theta}{\partial V}$$

und als Endresultat

$$\alpha = -\frac{6R}{V}\frac{\partial \ln \Theta}{\partial V}\left[\frac{\partial^2 U}{\partial V^2} + 6RT\frac{\partial^2 \ln \Theta}{\partial V^2} D\left(\frac{\Theta}{T}\right)\right.$$
$$\left. + 6R\Theta\left(\frac{\partial \ln \Theta}{\partial V}\right)^2 D'\left(\frac{\Theta}{T}\right)\right]^{-1}\left[D\left(\frac{\Theta}{T}\right) - \frac{\Theta}{T}D'\left(\frac{\Theta}{T}\right)\right].$$

Die spezifische Wärme bei konstantem Druck kann man durch C_V und α ausdrücken. Es ist

$$C_p = T\left(\frac{\partial S}{\partial T}\right)_p = T\frac{\partial S}{\partial \Theta}\frac{\partial \Theta}{\partial V}\left(\frac{\partial V}{\partial T}\right)_p = -C_V\frac{\partial \ln \Theta}{\partial V} TV\alpha.$$

Daraus folgt, daß Θ mit Zunahme des Volumens abnimmt ($\gamma > 0$). Das ist für das quasiharmonische Modell spezifisch. Man kann C_p durch die Funktion $\Theta(V)$ und $U(V)$ auch durch die thermodynamische Beziehung (1.8) ausdrücken.

Die adiabatische Kompressibilität ist

$$\beta_S = \beta_T - \frac{\alpha V}{C_V \gamma} . \tag{2.8}$$

Den Ausdruck für $(1/\beta_S - 1/\beta_T)$ kann man auch unmittelbar ableiten (siehe weiter unten).

Auf diese Weise kann man, wenn die Abhängigkeit der Gitterenergie $U(V)$ vom Volumen, das ein Molekül einnimmt, und die Abhängigkeit der charakteristischen Temperatur vom Volumen bekannt sind, alle thermodynamischen Funktionen eines Kristalls in der quasiharmonischen Näherung berechnen.

Die Funktionen $\Theta(V)$ und $U(V)$ sind jedoch nicht unabhängig voneinander. In Wirklichkeit ist (2.5) die Zustandsgleichung des Kristalls

$$-p = \frac{\partial U}{\partial V} + 6RT \frac{\partial \ln \Theta}{\partial V} D\left(\frac{\Theta}{T}\right), \tag{2.5'}$$

die diesen Zusammenhang liefert.

Die Mehrzahl der Experimente wird bei Atmosphärendruck ausgeführt; da $\partial U/\partial V \gg 1$ atm ist, gilt zwischen $\Theta(V)$ und $U(V)$ folgende Beziehung:

$$\frac{\partial U}{\partial V} = -6RT \frac{\partial \ln \Theta}{\partial V} D\left(\frac{\Theta}{T}\right) = -\frac{\partial \ln \Theta}{\partial V} E^D , \tag{2.9}$$

wo E^D die Debye-Energie für Teilchen mit sechs Freiheitsgraden ist.

Ungeachtet dessen, daß die Zimmertemperatur für die Mehrzahl organischer Stoffe keine „hohe" Temperatur darstellt, ist eine Genauigkeit von 10–20% (für $T/\Theta \approx 2-4$) gesichert. Deshalb ist es sinnvoll, für eine Hochtemperaturnäherung einfachere Gleichungen zu benutzen. Für $D(\Theta/T) \approx 1$ ist

$$\ln\left(1 - e^{-\frac{\Theta}{T}}\right) \approx \ln \frac{\Theta}{T}$$

und daraus

$$F = U + 6RT \ln \frac{\Theta}{T} - 2RT , \qquad E = U + 6RT ,$$

$$S = -6RT \ln \frac{\Theta}{T} + 8R ,$$

$$C_V = 6R , \quad \frac{1}{\beta_T} = V\left[\frac{\partial^2 U}{\partial V^2} + 6RT \frac{\partial^2 \ln \Theta}{\partial V^2}\right],$$

$$\alpha = -\frac{6R}{V} \frac{\partial \ln \Theta}{\partial V} \left[\frac{\partial^2 U}{\partial V^2} + 6RT \frac{\partial^2 \ln \Theta}{\partial V^2}\right]^{-1} . \tag{2.10}$$

Die Zustandsgleichung nimmt folgende Form an:

$$\frac{\partial U}{\partial V} = -6RT \frac{\partial \ln \Theta}{\partial V} , \quad \text{das heißt} \quad U = -6RT \ln \frac{\Theta}{\Theta_0} + U_0 .$$

(Der Bezugszustand Θ_0 und U_0 kann dabei beliebig sein.)

Am Beispiel des Naphthalinkristalls demonstrieren wir weiter unten den Grad der Gültigkeit der quasiharmonischen Näherung und bestätigen die Nützlichkeit der in diesem Abschnitt abgeleiteten Formeln.

Die konsequente Anwendung der Methode der Atom–Atom-Potentiale für die thermodynamische Behandlung wird nur für kubische Kristalle möglich sein. Nur in diesem Falle können die Funktionen $U(V)$ und $\Theta(V)$ eindeutig aus dem Ausdruck für die Molekülwechselwirkung berechnet werden. Die Kenntnis dieser beiden Funktionen gestattet es, die Temperatur mit Hilfe von Gleichung (2.9) oder der Formel für α (2.10) einzuführen. Damit sind alle thermodynamischen Abhängigkeiten bekannt.

d) *Das quasiharmonische Modell. Tensorielle Form.* Von Interesse sind Modelluntersuchungen, bei denen die Ausdrücke für die freie Energie und ihre Ableitungen nach der Temperatur alle die Debye-Form haben, aber die Gitterenergie U und die charakteristische Temperatur Θ als Funktion der Parameter der Elementarzelle des Kristalls dargestellt werden. Gewöhnlich gibt man die Dimensionen der Elementarzelle beim absoluten Nullpunkt vor und betrachtet U und Θ als Funktionen der Elemente des Deformationstensors ε_{ik} der Elementarzelle. So sind U und Θ beim triklinen Kristall Funktionen mit sechs Veränderlichen, beim monoklinen mit vier, beim rhombischen mit drei usw.

Wir wollen nun einen Ausdruck für den Ausdehnungs- und den Elastizitätstensor (sowohl isotherm als auch adiabatisch) ermitteln.

Nehmen wir die Debye-Funktion (2.4), so erhalten wir

$$\left(\frac{\partial F}{\partial \varepsilon_{ik}}\right)_T = \frac{\partial U}{\partial \varepsilon_{ik}} + 6RT\,\frac{\partial \ln \Theta}{\partial \varepsilon_{ik}}\,D\left(\frac{\Theta}{T}\right),$$

$$\left(\frac{\partial E}{\partial \varepsilon_{ik}}\right)_T = \frac{\partial U}{\partial \varepsilon_{ik}} + 6R\Theta\,\frac{\partial \ln \Theta}{\partial \varepsilon_{ik}}\,D'\left(\frac{\Theta}{T}\right).$$

Für den isothermen Elastizitätstensor ergibt sich der Ausdruck

$$c_{ijkl}^T = \left(\frac{\partial^2 F}{\partial \varepsilon_{ij}\,\partial \varepsilon_{kl}}\right)_T = \frac{\partial^2 u}{\partial \varepsilon_{ij}\,\partial \varepsilon_{kl}} + \frac{\partial^2 \ln \Theta}{\partial \varepsilon_{ij}\,\partial \varepsilon_{kl}}\,6RTD\left(\frac{\Theta}{T}\right) + \frac{\partial \ln \Theta}{\partial \varepsilon_{ij}}\,\frac{\partial \ln \Theta}{\partial \varepsilon_{kl}}\,6R\Theta D'\left(\frac{\Theta}{T}\right).$$

Die Berechnung der adiabatischen Elastizität verläuft wie folgt: Für die Differenz $E^{\mathrm{Schw}} = E - U$ gilt

$$\left(\frac{\partial E^{\mathrm{Schw}}}{\partial \Theta}\right)_S = \frac{\partial E^{\mathrm{Schw}}}{\partial \Theta} + \frac{\partial E^{\mathrm{Schw}}}{\partial T}\left(\frac{\partial T}{\partial \Theta}\right)_S.$$

Verläuft der Prozeß bei konstanter Entropie, dann ist

$$\mathrm{d}S = \frac{\partial S}{\partial \Theta}\,\mathrm{d}\Theta + \frac{\partial S}{\partial T}\,\mathrm{d}T = 0,$$

woraus folgt, daß

$$\left(\frac{\partial T}{\partial \Theta}\right)_S = \frac{T}{\Theta}$$

ist.

Wenn man $E^{\text{Schw}} = 6RTD(\Theta/T)$ differenziert, resultiert

$$\left(\frac{\partial E^{\text{Schw}}}{\partial \Theta}\right)_S = \frac{E^{\text{Schw}}}{\Theta},$$

und es ist

$$\frac{\partial E^{\text{Schw}}}{\partial \varepsilon_{ik}} = \left(\frac{\partial E^{\text{Schw}}}{\partial \Theta}\right)_S \frac{\partial \Theta}{\partial \varepsilon_{ik}} = E^{\text{Schw}} \frac{\partial \ln \Theta}{\partial \varepsilon_{ik}},$$

$$\frac{\partial^2 E^{\text{Schw}}}{\partial \varepsilon_{ik}\, \partial \varepsilon_{jl}} = E_{\text{Schw}} \left(\frac{\partial^2 \ln \Theta}{\partial \varepsilon_{ik}\, \partial \varepsilon_{jl}} + \frac{\partial \ln \Theta}{\partial \varepsilon_{ik}} \frac{\partial \ln \Theta}{\partial \varepsilon_{jl}}\right).$$

Folglich ergibt sich

$$c^S_{ijkl} = \frac{\partial^2 u}{\partial \varepsilon_{ik}\, \partial \varepsilon_{jl}} + \left(\frac{\partial^2 \ln \Theta}{\partial \varepsilon_{ik}\, \partial \varepsilon_{jl}} + \frac{\partial \ln \Theta}{\partial \varepsilon_{ik}} \frac{\partial \ln \Theta}{\partial \varepsilon_{jl}}\right) 6RTD\left(\frac{\Theta}{T}\right).$$

Die Differenz zwischen dem adiabatischen und dem isothermen Elastizitätsmodul hat die Form

$$c^S_{ijkl} - c^T_{ijkl} = \frac{\partial \ln \Theta}{\partial \varepsilon_{ik}} \frac{\partial \ln \Theta}{\partial \varepsilon_{jl}} TC_V.$$

Wenn man letztere Überlegungen wiederholt, gelangt man zu einer Beziehung für den adiabatischen Kompressibilitätsmodul,

$$\frac{1}{\beta_S} = V \frac{\partial^2 U}{\partial V^2} + V \left[\frac{\partial^2 \ln \Theta}{\partial V^2} + \left(\frac{\partial \ln \Theta}{\partial V}\right)^2\right] 6RTD\left(\frac{\Theta}{T}\right),$$

mit der Differenz der Moduln:

$$\frac{1}{\beta_S} - \frac{1}{\beta_T} = V \left(\frac{\partial \ln \Theta}{\partial V}\right)^2 TC_V.$$

Diese Formel ist (2.8) äquivalent.

Der Ausdruck (1.13) geht für das quasiharmonische Modell über in

$$\frac{\partial S}{\partial \Theta} \frac{\partial \Theta}{\partial \varepsilon_{ij}} = -V \sum c^T_{ijkl} \alpha_{kl},$$

$$C_V \frac{\partial \ln \Theta}{\partial \varepsilon_{ij}} = V \sum c^T_{ijkl} \alpha_{kl}. \tag{2.11}$$

Mit Hilfe von (2.11) kann man bequem den Tensor $\frac{\partial \ln \Theta}{\partial \varepsilon_{ij}}$, der nach der Methode der Atom–Atom-Potentiale berechnet wurde, mit dem Experiment vergleichen.

6.3. Die „experimentelle“ charakteristische Temperatur

Der Begriff der charakteristischen Temperatur eines Festkörpers tritt immer dann auf, wenn man das Debye-Modell anwenden will.

Es ist stets möglich, das reale Kristallspektrum durch eine Parabel zu beschreiben, die bei einer maximalen Frequenz so abbricht, daß die Fläche des realen und des Debye-Spektrums gleich sind. Die so erhaltene charakteristische Temperatur $\Theta = h\omega_{\max}/k$ ist eine Zustandsfunktion wie jede beliebige thermodynamische Funktion.

Die Bestimmung von Θ aus dem Experiment durch Messung des realen Kristallspektrums ist sehr unzweckmäßig, da die Ermittlung des Spektrums sehr kompliziert ist. Für sehr niedrige Temperaturen sind die Debyeschen Ausdrücke für die thermodynamischen Funktionen streng gültig. Jedoch ist das Temperaturintervall sehr klein. Für organische Kristalle sind Temperaturen < 10 K notwendig.

Uns erscheint es daher am zweckmäßigsten, Θ als experimentelle Größe mit Hilfe irgendeiner thermodynamischen Funktion einzuführen, für die der Debye-Ausdruck gilt.

Im allgemeinen kann man $\Theta^{\exp}$ entweder als Funktion von V und T oder als Funktion der Parameter der Elementarzelle und T einführen. Es ist jedoch notwendig festzulegen, welche der thermodynamischen Funktionen zur Bestimmung von $\Theta^{\exp}(V, T)$ ausgewählt wird.

Eine Untersuchung der Funktion $\Theta^{\exp}(V, T)$, die mit Hilfe der Entropieformel von Debye bestimmt wurde,

$$S = -6R \ln\left(1 - e^{-\frac{\Theta^{\exp}}{T}}\right) + 8RD\left(\frac{\Theta^{\exp}}{T}\right),$$

stammt von Kitaigorodski und Koreschkow [339, 340].

Für die Bestimmung von $\Theta^{\exp}$ als Funktion zweier Veränderlicher aus den Ausdrücken für S sind die Formeln (2.3) für E und C_V schon nicht mehr gültig. Wenn $S = S[\Theta^{\exp}(V, T), T]$ ist, dann ändern auch die Formeln der anderen thermodynamischen Funktionen ihr Aussehen. Die Beziehung zwischen freier Energie und Entropie hat jetzt die Form

$$S = -\frac{\partial F}{\partial \Theta^{\exp}} \frac{\partial \Theta^{\exp}}{\partial T} + \frac{\partial F}{\partial T}.$$

Die spezifischen Wärmen sind gleich

$$C_V = T\frac{\partial S}{\partial T} + T\frac{\partial S}{\partial \Theta^{\exp}}\left(\frac{\partial \Theta^{\exp}}{\partial V}\right)_V,$$

$$C_p = T\frac{\partial S}{\partial T} + T\frac{\partial S}{\partial \Theta^{\exp}}\left(\frac{\partial \Theta^{\exp}}{\partial T}\right)_p.$$

Die letzte Formel für C_p stimmt mit dem quasiharmonischen Modell überein.

Betrachten wir nun das Verhalten der Funktion $\Theta^{\exp}(V, T)$ [1]), die mit Hilfe des Debyeschen Ausdrucks für die Entropie für Teilchen mit sechs Freiheitsgraden eingeführt wurde.

[1]) Die Bestimmung von Θ ist für tiefe Temperaturen sowohl mit Hilfe von thermodynamischen Funktionen als auch aus Messungen der mittleren Schallgeschwindigkeit entsprechend der Beziehung $3/\overline{v}^2 = 2/v_t^2 + 1/v_l^2$ möglich. Der Wert von Θ für einen Kristall, der aus Teilchen mit sechs Freiheitsgraden besteht, ist

$$\Theta = \frac{h}{k}\left(\frac{6N\varrho}{4\pi M}\right)^{1/3} \overline{V}.$$

Auf diese Weise wurde von Aleksandrow, Teslenko und Koreschkow [357] Θ für Naphthalinkristalle ermittelt. Dabei wurden v_t und v_l über die Kompressions- und Torsionsmoduln berechnet, die durch Mittelung der elastischen Konstanten (siehe Seite 295) erhalten wurden: $v_t = \sqrt{G/\varrho}$, $v_l = \sqrt{(K + 4/3G)/\varrho}$. Die Autoren erweiterten den Anwendungsbereich der Formel, die für Temperaturen nahe 0 K streng gültig ist, für hohe Temperaturen.

Eine detaillierte Untersuchung dieser physikalischen Größe ist leider nur bei wenigen Fällen möglich [341]. Tatsächlich paßt sie nur für Stoffe, für die C_p im ganzen Temperaturintervall gemessen wurde, so daß man $S = \int_0^T C_p \mathrm{d}T/T$ ermitteln kann. Weiterhin müssen die Frequenzen der intermolekularen Normalschwingungen bekannt sein, damit S^{Mol} und damit $S^{\mathrm{Kr}} = S - S^{\mathrm{Mol}}$ berechnet werden kann. Diese wenigen Angaben erlauben es gerade, den isobaren Schnitt (für $p = 0$) der charakteristischen Temperatur zu untersuchen. Eine vollständigere Beschreibung der Funktion $\Theta^{\exp}(V,T)$ erfordert die Kenntnis des Ausdehnungskoeffizienten und der Kompressibilität als Funktion der Temperatur. Diese Daten sind jedoch nur für einige Kristalle bekannt. Deshalb behandeln wir zunächst die isobaren Schnitte von $\Theta^{\exp}$ für verschiedene Kristalle ausführlicher.

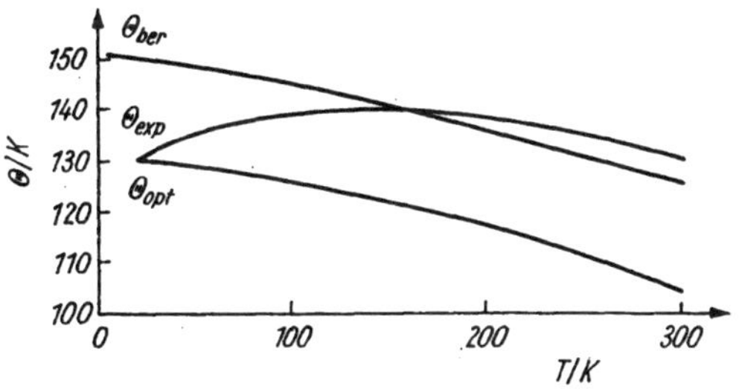

Abb. 6.1. Berechnete und experimentelle Werte der charakteristischen Temperatur des Naphthalins

In Abbildung 6.1 ist zum Beispiel die charakteristische Temperatur für kristallines Naphthalin, das aus starren Molekülen aufgebaut ist, dargestellt. Ebenso ergibt sich auch für andere Kristalle die allgemeine Gesetzmäßigkeit, daß $\Theta^{\exp}$ mit der Temperatur oberhalb 77 K abfällt. Bei tieferen Temperaturen stellt man dagegen eine geringe Zunahme von $\Theta^{\exp}$ mit der Temperatur fest. Wir betrachteten unter diesem Aspekt noch einmal die früheren Ergebnisse der Messung von zwischenmolekularen Schwingungsfrequenzen von japanischen Autoren (siehe Kapitel 3). Sie stellten fest, daß der Abfall der Frequenzen bei Stickstofftemperatur beginnt. Entsprechend ihrer Meßgenauigkeit änderten sich ihre Frequenzen bei tieferen Temperaturen nicht. Bemerkenswert ist, daß die Geschwindigkeit des Abfalls von ω_G und $\Theta^{\exp}$ mit der Temperatur von der gleichen Größenordnung ist (15—20% im Temperaturintervall von 77 bis 300 K). Die Übereinstimmung dieser Ergebnisse und der allgemeine Temperaturverlauf verlangen eine Erklärung. Man könnte meinen, daß dadurch das quasiharmonische Modell bestätigt wird, wobei sich innerhalb der letzten hundert Grad bis zum absoluten Nullpunkt die Abmessungen der Elementarzelle, das heißt die thermische Ausdehnung kaum ändern (siehe Kapitel 5). Sowohl das Intervall, in dem $\Theta^{\exp}$ liegt, als auch die Art der Abhängigkeit unter isobaren Bedingungen ist für starre Moleküle, wie Naphthalin, typisch.

Die Schwingungsfrequenzen der zwischenmolekularen Wasserstoffbrückenbindungen sind etwas höher als die Frequenzen der zwischenmolekularen Schwingungen. Deshalb sollte man, wenn man die Schwingungen der Wasserstoffbrückenbindungen zu den Kristallschwingungen zählt, einige Besonderheiten im Verhalten von $\Theta^{\exp}$ erwarten. $\Theta^{\exp}$ wurde für Harnstoff, Glycin und Hydrazin (Abb. 6.2) berechnet.

Wenn man das $\Theta^{\exp}$ dieser Kristalle mit Kristallen ohne Wasserstoffbrücken vergleicht, bemerkt man deutliche Unterschiede. Auf Grund der größeren Starrheit der Wasserstoffbrückenbindung wächst $\Theta^{\exp}$ an. Bei höheren Temperaturen fällt $\Theta^{\exp}$ stärker ab und nimmt bei tieferen stärker zu. Ungeklärt ist noch, in welchem Maße diese Ergebnisse im Rahmen des quasiharmonischen Modells interpretiert werden können.

In der zitierten Arbeit sind ähnliche Abhängigkeiten für 20 Substanzen angegeben. Daraus folgt, daß der in Abbildung 6.2 dargestellte Schnitt von $\Theta^{\exp}(V, T)$ typisch ist. Bei allen Molekülkristallen haben die $\Theta^{\exp}(T)$-Kurven bei $p = 0$ ein Maximum, das in der Nähe von 100 K liegt, d. h., im Bereich der charakteristischen Temperatur.

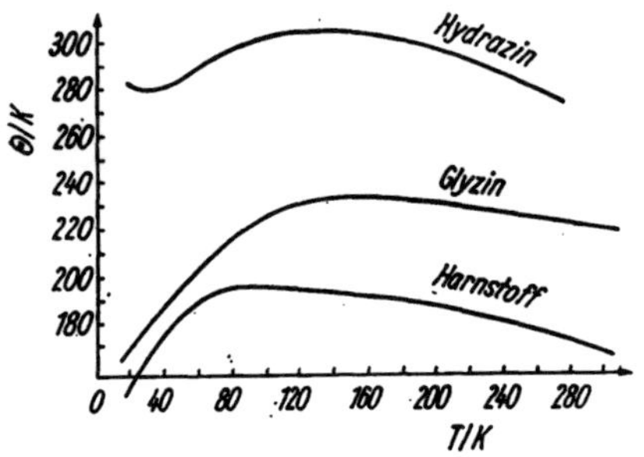

Abb. 6.2. Charakteristische Temperatur von Kristallen mit Wasserstoffbrückenbindung

Die Steilheit des Abfalls von $\Theta^{\exp}$ ist für die verschiedensten Substanzen ziemlich ähnlich ($\Delta\Theta/\Delta T \approx 0{,}07 - 0{,}15$). Größere Unterschiede ergeben sich beim Anstieg im Tieftemperaturgebiet. Dieser Anstieg ist, wie oben gezeigt wurde, für starre Moleküle weniger ausgeprägt. Bei elastischen Molekülen sind die Ableitungen $\mathrm{d}\Theta/\mathrm{d}T$ links und rechts vom Maximum fast gleich.

Wasserstoffbrückenbindungen haben, wie eben dargestellt, einen Einfluß auf die isobaren Schnitte der charakteristischen Temperatur, Dipolmomente (siehe Kapitel 2) jedoch nicht.

Die vollständigere Beschreibung von $\Theta^{\exp}$ kann skalar und tensoriell erfolgen.

a) *Die skalare Form.* In der harmonischen Näherung ist die charakteristische Temperatur eine Konstante, in der quasiharmonischen Näherung ist sie eine Funktion nur des Volumens. Die experimentelle charakteristische Temperatur ist jedoch eine Funktion von zwei Variablen: $\Theta^{\exp} = \Theta(V, T)$. Die Abhängigkeit $\Theta^{\exp}$ von der Temperatur ist eine Folge der Anharmonizität. Um die Größe der Anharmonizität abschätzen zu können, ist die Abhängigkeit $\Theta^{\exp}(T)$ bei konstantem Volumen notwendig. Gibt es diese Abhängigkeit nicht, so ist das quasiharmonische Modell zutreffend.

Im folgenden werden die Ableitungen der charakteristischen Temperatur nach verschiedenen Variablen und unter verschiedenen Bedingungen diskutiert.

Differenziert man den Ausdruck für den Kristallanteil der Entropie nach der Temperatur bei konstantem Druck, findet man nach einigen Umformungen

$$\left(\frac{\partial\Theta^{\exp}}{\partial T}\right)_p = \frac{C_p - C_D - C^{\mathrm{Mol}}}{T\dfrac{\partial S}{\partial\Theta}}$$

oder besser

$$\left(\frac{\partial \Theta}{\partial T}\right)_p = \frac{\Theta^{\text{exp}}}{T}\left(1 - \frac{C_p - C^{\text{Mol}}}{C_D}\right), \tag{3.1}$$

worin $C_D = T(\partial S/\partial T)$ aus Formel (2.3) folgt. Die Bestimmung von $(\partial \Theta/\partial T)_p$ durch (3.1) muß natürlich die gleichen Ergebnisse liefern, wie sie sich beim isobaren Schnitt von Θ^{exp} aus der Entropie ergeben. Die Gleichung (3.1) läßt, wie unten gezeigt wird, noch andere Aussagen zu. Differenziert man die Entropie nach dem Volumen bei konstanter Temperatur und berücksichtigt, daß der Molekülbeitrag zur Entropie nur von der Temperatur abhängt, das heißt $(\partial S^{\text{Mol}}/\partial V)_T = 0$, so erhält man

$$\left(\frac{\partial \Theta^{\text{exp}}}{\partial V}\right)_T = \frac{\alpha}{\beta_T \dfrac{\partial S}{\partial \Theta}}.$$

Mit (1.8) ergibt sich

$$\left(\frac{\partial \Theta^{\text{exp}}}{\partial V}\right)_T \frac{\partial V}{\partial T} = \alpha V \left(\frac{\partial \Theta^{\text{exp}}}{\partial V}\right)_T = -\frac{C_p - C_V}{C_D}\frac{\Theta^{\text{exp}}}{T}. \tag{3.2}$$

Da Θ^{exp} eine Funktion von zwei Veränderlichen ist, gibt es nur die oben beschriebenen zwei unabhängigen Ableitungen. Alle anderen werden über diese beiden und α und β_T ausgedrückt:

$$\left.\begin{aligned} \left(\frac{\partial \Theta^{\text{exp}}}{\partial V}\right)_p &= \frac{1}{\alpha V}\left(\frac{\partial \Theta^{\text{exp}}}{\partial T}\right)_p, \\ \left(\frac{\partial \Theta^{\text{exp}}}{\partial T}\right)_V &= \left(\frac{\partial \Theta^{\text{exp}}}{\partial T}\right)_p - \alpha V \left(\frac{\partial \Theta^{\text{exp}}}{\partial V}\right)_T. \end{aligned}\right\} \tag{3.3}$$

Berücksichtigt man (3.2) und (3.1), so ergibt sich

$$\left.\begin{aligned} \left(\frac{\partial \Theta^{\text{exp}}}{\partial T}\right)_V &= \frac{\Theta^{\text{exp}}}{T}\left(1 - \frac{C_V - C^{\text{Mol}}}{C_D}\right), \\ \left(\frac{\partial \Theta^{\text{exp}}}{\partial p}\right)_T &= \beta_T V \left(\frac{\partial \Theta^{\text{exp}}}{\partial V}\right)_T; \quad \left(\frac{\partial \Theta^{\text{exp}}}{\partial p}\right)_V = \frac{\beta_T}{\alpha}\left(\frac{\partial \Theta_{\text{exp}}}{\partial T}\right)_V. \end{aligned}\right\} \tag{3.4}$$

Es ist verständlich, daß, wenn man Θ^{exp} als Funktion zweier Veränderlicher betrachtet, man auch zwei Grüneisensche „Konstanten" unterscheiden muß:

$$\gamma_T = -\frac{V}{\Theta^{\text{exp}}}\left(\frac{\partial \Theta^{\text{exp}}}{\partial V}\right)_T, \qquad \gamma_p = -\frac{V}{\Theta^{\text{exp}}}\left(\frac{\partial \Theta^{\text{exp}}}{\partial V}\right)_p.$$

Das thermodynamische Verhalten des Kristalls wird durch diese zwei Konstanten bestimmt.

Durch $\Theta^{\text{exp}}(V, T)$ kann man alle notwendigen thermodynamischen Größen ausdrücken. Für die spezifische Wärme bei konstantem Volumen ergibt sich

$$C_V = T\left(\frac{\partial S}{\partial T}\right)_V = T\left(\frac{\partial S}{\partial T}\right)_{\Theta^{\text{exp}}} + T\left(\frac{\partial S}{\partial \Theta^{\text{exp}}}\right)_T \left(\frac{\partial \Theta^{\text{exp}}}{\partial T}\right)_V$$

oder aus Gleichung (2.6), die für die Entropie in Kraft bleibt und für den nichtquasiharmonischen Fall,

$$C_V = C_D\left[1 - \frac{T}{\Theta^{\exp}}\left(\frac{\partial\Theta^{\exp}}{\partial T}\right)_V\right]. \tag{3.5}$$

Dieses Resultat kann man übrigens wie auch die Ausdrücke anderer thermodynamischer Funktionen aus (3.1) und (3.2) erhalten. Viele Berechnungen erweisen sich als sehr umfangreich. Sie sind jedoch nicht unbedingt notwendig.

Für hohe Temperaturen geht (3.5) über in

$$C_V = 6R\left[1 - \frac{T}{\Theta^{\exp}}\left(\frac{\partial\Theta^{\exp}}{\partial T}\right)_V\right].$$

In der quasiharmonischen Näherung sind $(\partial\Theta^{\exp}/\partial T)_V = 0$ und $C_V = 6R$.

Das Hauptaugenmerk gilt natürlich Gleichung (3.4), da sie vor allem die Abweichung vom quasiharmonischen Modell charakterisiert. Den Grad der Quasiharmonizität bestimmt man zweckmäßig mit der Beziehung

$$\eta = -\frac{T}{\Theta^{\exp}}\left(\frac{\partial\Theta^{\exp}}{\partial T}\right)_V, \tag{3.6}$$

das heißt

$$\eta = \frac{C_V - C^{\mathrm{Mol}}}{C_D}.$$

Zahlenwerte für η werden unten angegeben.

b) *Die tensorielle Form.* Im allgemeinen Fall ist die charakteristische Temperatur eine Funktion der Parameter der Elementarzelle und der Temperatur. Günstiger ist es, die Funktion $\Theta^{\exp} = \Theta(\varepsilon_i, T)$ zu betrachten. Dabei ist ε_i die Deformation des zu untersuchenden Kristalls. Man nimmt wiederum an, daß $\Theta^{\exp}$ aus den experimentellen Werten des Kristallanteils der Entropie bestimmt wurde. Sowohl die Entropie als auch $\Theta^{\exp}$ kann man durch Flächen in einem mehrdimensionalen ε_i, T-Raum darstellen. Wie im isotropen Fall geben die Daten des isobaren Experiments die Möglichkeit, einen der Schnitte dieser Flächen zu untersuchen.

Zwei Experimente sind in diesem Zusammenhang interessant. Die thermische Deformation bei $p = 0$ und die isotherme allseitige Kompression. Im ersten Fall wird das Verhalten von Θ durch die Ableitungen $(\partial\Theta/\partial\varepsilon_{ij})_p$ bestimmt, im zweiten durch $(\partial\Theta/\partial\varepsilon_{ij})_T$. Man führt folgende Grüneisensche Tensoren ein:

$$\gamma_T = -\frac{1}{\Theta}\left(\frac{\partial\Theta}{\partial\varepsilon_{ij}}\right)_T, \qquad \gamma_p = -\frac{1}{\Theta}\left(\frac{\partial\Theta}{\partial\varepsilon_{ij}}\right)_p.$$

Im quasiharmonischen Modell ist γ_T gleich γ_p. Die Bestimmung der Tensoren γ_T und γ_p aus unmittelbar gemessenen Größen erfolgt durch folgende Beziehungen.

Aus (1.13) erhalten wir

$$\left(\frac{\partial\Theta}{\partial\varepsilon_{ij}}\right)_T = \frac{V}{\partial S/\partial\Theta)_T}\sum c^T_{ijkl}\alpha_{kl}. \tag{3.7}$$

Daß man die isotherme Elastizität benötigt, ist unbequem, denn im Experiment mißt man die adiabatische, und die Umrechnung von c^S in c^T ist schwierig.

Für γ_p gibt es keine Gleichung analog (3.7). Die Verknüpfung mit dem Experiment ist durch die Formel

$$\left(\frac{\partial \Theta}{\partial T}\right)_p = \Sigma \left(\frac{\partial \Theta}{\partial \varepsilon_{ij}}\right) \alpha_{ij}$$

gegeben.

Für $(\partial \Theta / \partial T)_p$ gilt auch hier (3.1).

In Analogie zu (3.3) erhält man

$$\left(\frac{\partial \Theta}{\partial T}\right)_p = \left(\frac{\partial \Theta}{\partial T}\right)_V + \Sigma \left(\frac{\partial \Theta}{\partial \varepsilon_{ij}}\right)_T \alpha_{ij} \,. \tag{3.8}$$

Bestimmt man die Summe in (3.8) mit (3.7), so findet man den experimentellen Wert $(\partial \Theta^{\text{exp}} / \partial T)_V$, der den Grad der Abweichung vom quasiharmonischen Modell angibt. Der Grad der Quasiharmonizität kann wie vorher aus Gleichung (3.6) berechnet werden, jedoch stimmen die Werte, die mit (3.8) und (3.6) erhalten werden, nicht genau überein, da die Ableitungen $(\partial \Theta / \partial T)_V$ in den Formeln (3.8) und (3.3) verschiedene Bedeutung haben: Zunächst ist vorausgesetzt worden, daß Θ^{exp} nur vom Volumen der Elementarzelle abhängt; aber bei der Berechnung mit (3.8) berücksichtigt man, daß Θ^{exp} eine Funktion der Parameter der Zelle ist. Mit anderen Worten, $\partial \Theta^{\text{exp}} / \partial T$ in (3.6) ist die Ableitung bei Erhaltung des Volumens und in (3.8) die bei Erhaltung des Volumens und der Form.

6.4. Die thermodynamischen Funktionen des Naphtalinkristalls

a) *Skalare Größen.* Für die Physik der Molekülkristalle spielt der Naphthalinkristall dieselbe Rolle wie das Steinsalz bei den Ionenkristallen. Naphthalin ist ein typischer Vertreter sowohl hinsichtlich der Struktur als auch in seinen Eigenschaften. Wir haben schon häufiger bemerkt, daß Molekülkristalle, die keine zwischenmolekularen Wasserstoffbrückenbindungen bilden, untereinander sehr ähnlich sind. Man erhält demnach allgemeine Informationen über eine große Substanzklasse, wenn man die thermodynamischen Funktionen des Naphthalinkristalls eingehender untersucht. Andere Substanzen erweisen sich im Augenblick als ungeeignet, da man für eine tiefgründige Analyse über einen Kristall verfügen muß, bei dem die spezifische Wärme von der Temperatur des flüssigen Heliums an gemessen worden ist. Ferner muß man den Ausdehnungs- und den Elastizitätstensor sowohl bei tiefsten Temperaturen als auch in der Nähe des Schmelzpunktes kennen. Auch für Naphthalin sind Messungen der Elastizität und der Ausdehnung bis jetzt nicht bis zu tiefsten Temperaturen gemacht worden. Außerdem muß für den Kristall das Spektrum der innermolekularen Schwingungen bekannt sein. Abgesehen davon müssen zur Bestätigung des Modells experimentelle Daten hinsichtlich der Gitterdynamik herangezogen werden. Die zwischenmolekularen Schwingungsfrequenzen wurden für die aufgezählten Fälle gemessen, aber die vollständige Untersuchung der Dispersionsflächen (im Falle des Naphthalins) wurde bis jetzt nur von englischen Autoren vorgenommen.

In Tabelle 6.1 sind die grundsätzlichen Daten für den Naphthalinkristall als Funktion der Temperatur bei Normaldruck aufgeführt. Zur Vereinfachung der weiteren Diskussion sind die Spalten der Tabelle durch Ziffern in geschweiften Klammern gekennzeichnet. Die Werte gelten für Atmosphärendruck.

Tabelle 6.1. Thermodynamische Funktionen von Naphthalin

{1}	{2}	{3}	{4}	{5}	{6}	{7}	{8}	{9}	{10}	{11}
T, K	C_p $\frac{\text{cal}}{\text{mol grd}}$	C^{Mol}	$C_p - C^{\text{Mol}}$	$\overline{C_p - C^{\text{Mol}}}$	$\ln \frac{T_1}{T_2}$	ΔS	S	Θ, K	Θ/T	C_D
0	0	0	0				0			0
20	2,652	0,001	2,651	5,865	1,099	6,44	1,01	130,9	6,544	2,645
60	10,21	1,13	9,08	9,78	0,511	5,00	7,45	137,3	2,289	9,30
100	14,34	3,86	10,48	10,86	0,336	3,65	12,45	139,8	1,398	10,82
140	18,44	7,20	11,24	11,595	0,247	2,86	16,10	141,1	1,008	11,33
180	22,97	11,02	11,95	12,495	0,199	2,47	18,96	141,3	0,785	11,55
220	28,12	15,22	12,90	13,525	0,166	2,24	21,43	139,4	0,634	11,67
260	33,81	19,66	14,15	15,18	0,144	2,19	23,67	135,8	0,522	11,75
300	40,43	24,22	16,21	17,21	0,124	2,14	25,86	130,5	0,435	11,81
340	46,90	28,69	18,21				28,00	124,0	0,365	11,83

{1}	{12}	{13}	{14}	{15}	{16}	{17}	{18}	{19}	{20}
T, K	$\frac{C_p - C^{\text{Mol}}}{C_D}$	$\left(\frac{\partial \Theta}{\partial T}\right)_p$	$V, \frac{\text{cm}^3}{\text{mol}}$	$\alpha \cdot 10^6$ grd^{-1}	$\alpha \cdot V$ $\frac{\text{cm}^3}{\text{mol grd}}$	$\beta^S \cdot 10^{10}$ $\frac{\text{cm}^2}{\text{dyn}}$	$\frac{\alpha^2 V T}{C_p}$	$\beta^T \cdot 10^{10}$ $\frac{\text{cm}^3}{\text{dyn}}$	$\frac{\partial S}{\partial V}$ $\frac{\text{cal}}{\text{cm}^3 \text{ grd}}$
0			101,7	0	0	0,095	0	0,095	
20	1,00227	−0,0148	102,0	35	0,00356	0,097	0,000	0,097	0,0860
60	0,978	0,050	102,6	133	0,01365	0,106	0,003	0,109	0,298
100	0,970	0,042	103,2	166	0,0171	0,111	0,004	0,115	0,347
140	0,995	0,005	103,8	181	0,0188	0,116	0,005	0,121	0,358
180	1,035	−0,027	104,7	204	0,0214	0,125	0,007	0,132	0,372
220	1,105	−0,066	105,9	240	0,0254	0,132	0,011	0,143	0,403
260	1,203	−0,106	107,1	308	0,0330	0,150	0,020	0,170	0,436
300	1,374	−0,162	108,7	404	0,0440	0,175	0,032	0,207	0,467
340	1,539	−0,196	110,2	525	0,0580	0,205	0,055	0,260	0,484

{1}	{21}	{22}	{23}	{24}	{25}	{26}	{27}	{28}	{29}
T, K	$\left(\frac{\partial \ln \Theta}{\partial V}\right)_T$ $\frac{\text{mol}}{\text{cm}^3}$	$\left(\frac{\partial \Theta}{\partial V}\right)_p$ $\frac{\text{mol grd}}{\text{cm}^3}$	$\left(\frac{\partial \Theta}{\partial V}\right)_T$	$\left(\frac{\partial \ln \Theta}{\partial V}\right)_p$	γ_T	γ_p	$C_p - C_V$	$\overline{C_p - C_V}$	$\Delta(\Delta U)$ $\frac{\text{cal}}{\text{mol}}$
0							0		
20	−0,0322	−4,2	−4,2	−0,0322	3,28	3,28	0,006	0,003	0,06
60	−0,0321	3,66	−4,41	0,0267	3,30	−2,74	0,240	0,123	4,94
100	−0,0320	2,46	−4,48	0,0176	3,31	−1,82	0,596	0,418	16,72
140	−0,0316	0,27	−4,46	0,0019	3,28	−0,20	0,948	0,772	30,88
180	−0,0322	−1,26	−4,55	−0,0089	3,37	0,93	1,413	1,189	47,56
220	−0,0346	−2,60	−4,82	−0,0186	3,66	1,97	2,25	1,84	73,6
260	−0,0371	−3,22	−5,04	−0,0237	3,97	2,54	3,71	2,98	119,2
300	−0,0394	−3,68	−5,14	−0,0282	4,27	3,06	6,15	4,93	197,2
340	−0,0408	−3,38	−5,06	−0,0273	4,50	3,01	9,53	7,84	313,6

{1}	{30}	{31}	{32}	{33}	{34}	{35}	{36}	{37}	{38}	{39}
T, K	ΔU $\frac{\text{cal}}{\text{mol}}$	$\frac{C_p - C_V}{C_D}$	$\left(\frac{\partial \Theta}{\partial V}\right)_T V\alpha$	C_V	$C_V - C^{\text{Mol}}$	$(C_V - C^{\text{Mol}})\,\Delta T$ $\frac{\text{cal}}{\text{mol}}$	$H, \frac{\text{cal}}{\text{mol}}$	F^{Schw} $\frac{\text{cal}}{\text{mol}}$	$\frac{C_V - C^{\text{Mol}}}{C_D}$	$\left(\frac{\partial \Theta}{\partial T}\right)_V$
0	0		0	0	0		0	0		0
20	0,06	0,0023	0,015	2,646	2,645	26,5	26,5	+6,3	1	0
60	4,98	0,026	0,060	9,97	8,84	229,7	261,1	−186,0	0,950	0,114
100	21,7	0,055	0,077	13,74	9,88	374,4	652,2	−592,8	0,912	0,123
140	52,6	0,083	0,084	17,49	10,29	403,4	1086,5	−1167,5	0,906	0,095
180	100,1	0,124	0,097	21,54	10,52	416,2	1550,2	−1862,6	0,913	0,068
220	173,5	0,193	0,122	25,87	10,65	423,4	2047,0	−2667,6	0,913	0,055
260	292,7	0,316	0,166	30,10	10,44	421,8	2588,0	−3566,2	0,887	0,059
300	489,9	0,520	0,226	34,28	10,06	410,0	3195,2	−4562,8	0,850	0,065
340	803,5	0,803	0,294	37,37	8,68	374,8	3883,6	−5636,4	0,732	0,098

Die spezifische Wärme C_p stammt von TIMMERMANS [342], die spezifische Wärme C^{Mol} wurde aus den intramolekularen Schwingungsfrequenzen berechnet, die in [345] angegeben sind; das Volumen der Elementarzelle ist bei RYSHENKOW [343] angegeben, ebenso der Volumen-Ausdehnungskoeffizient. Der Tensor der adiabatischen Elastizität ergibt sich aus Schallmessungen von AFANASSJEWA [358]; durch Inversion der Matrix c_{ijkl} wurden die Spannungs-Dehnungs-Koeffizienten berechnet und daraus die Werte der adiabatischen Kompressibilität β_S. Der Ausdehnungskoeffizient wurde bis 77 K und die Kompressibilität bis zu 100 K gemessen.

Die Genauigkeit der experimentellen Daten ist nicht immer leicht abzuschätzen, und die Informationen über das Tieftemperaturverhalten sind nicht vollständig. Unter diesen Voraussetzungen spielen Inter- und Extrapolationsoperationen eine große Rolle.

Die Temperaturabhängigkeiten der Mehrzahl der Größen, die in der Tabelle angegeben sind, können einen recht komplizierten Charakter haben und sind nicht durch einfache Polynome der Temperatur auszudrücken. Trotzdem ist es wenig wahrscheinlich, daß die Kurven eine große Zahl von Knicken besitzen. Wenn die Kurven durch die Verschiebung eines oder zweier Punkte, durch die sich die Werte um 2—3% veränderten, geglättet werden konnten, so wurde das getan.

Besonders wichtig ist die Extrapolation auf Null. Sie wird dadurch kompliziert, daß eine Reihe von Besonderheiten bei Temperaturen tiefer als $\Theta/4$ zu erwarten sind (d. h. tiefer als 20—30 K). Das Tieftemperatur-(Debye-)Verhalten der thermodynamischen Funktionen tritt, wie von verschiedenen Autoren gezeigt wurde, bei Temperaturen $T < \Theta/50$ auf. Deshalb sind die Formeln Debyes für eine Extrapolation auf Null oft nicht günstig.

Eine wesentliche Hilfe bei der Extra- und Interpolation der experimentellen Werte kann die Einführung der Funktion $\Theta^{\exp}(V, T)$ bringen.

Man muß folgende Besonderheiten von $\Theta^{\exp}(V, T)$ berücksichtigen. Bei sehr tiefen Temperaturen gilt entsprechend der Theorie von BORN und KARMAN für viele einfache Kristalle

$$\Theta = \Theta_0(1 - bT^2)\,.$$

Das anfängliche Absinken von Θ erstreckt sich nur über einen kleinen Temperaturbereich. Bei den meisten einfachen Kristallen (und auch in unserem Fall) geht die Kurve durch ein Minimum, knickt um, geht durch ein Maximum und fällt dann fast linear mit zunehmender Temperatur ab. Der lineare (oder fast lineare) Abfall von Θ bei konstantem Druck beginnt gewöhnlich bei Temperaturen, die in der Nähe der charakteristischen Temperatur liegen. Die Ableitung $(\partial\Theta/\partial T)_V$ bestimmt die Abweichung des Kristalls vom quasiharmonischen Verhalten. Man nimmt natürlich an, daß $(\partial\Theta/\partial T)_V$ gleichmäßig gegen Null abfällt bei $T \to 0$. Im Fall des quasiharmonischen Modells ist $(\partial\Theta/\partial V)_T = (\partial\Theta/\partial V)_p$. Dabei wird vorausgesetzt, daß diese Ableitungen bei Temperaturen unterhalb beispielsweise 20 K untereinander gleich bleiben.

Diese spezifischen Besonderheiten der Ableitungen werden zur Extrapolation des Ausdehnungskoeffizienten auf Null benutzt. Wie aus Abbildung 5.6 des vorhergehenden Kapitels für das Naphthalin zu entnehmen ist, wird die Extrapolation auf Null recht schwierig, denn bei Temperaturen um 70 bis 100 K verläuft die Kurve $\alpha(T)$ horizontal. Wo der Abfall und der Übergang zur Abhängigkeit $\alpha \sim T^3$ erfolgt, ist nicht zu erkennen.

Nimmt man an, daß $(\partial\Theta/\partial V)_T$ und $(\partial\Theta/\partial V)_p$ bei tiefen Temperaturen gleich sind, so ergibt sich α, da die Extrapolation anderer Größen auf Null, die in die Ausdrücke dieser Ableitungen eingehen, keine Schwierigkeiten bereitet.

Noch einige Bemerkungen zur Tabelle 6.1.

Wir wenden uns der Integration unter Benutzung des Theorems der Mittelbildung für den Vergleich der integralen Größen mit den entsprechenden Funktionen zu. Wenn man das nicht tut, dann stimmt die Kurve $\Theta(T)$, die mit Hilfe der Tabelle der Debye-Funktionen aus den Werten der Entropie S bestimmt wurde, nicht mit den Werten der Ableitungen $(\partial\Theta/\partial T)_p$ überein.

Die Spalte {7} wurde nach der Formel

$$\Delta S = \overline{(C_p - C^{\mathrm{Mol}})} \ln \frac{T_2}{T_1}$$

berechnet, Spalten {9, 10, 11} wurden nach Tabellen der Debye-Funktionen zusammengestellt und $(\partial\Theta/\partial T)_p$ nach

$$\left(\frac{\partial\Theta}{\partial T}\right)_p = \frac{\Theta}{T}\left(1 - \frac{C_p - C^{\mathrm{Mol}}}{C_D}\right)$$

berechnet.

Spalte {15} und die folgenden sind für Temperaturen von 100 K und darüber gültig. β_S kann ohne Schwierigkeiten auf Null extrapoliert werden. Die Werte für 20 und 60 K wurden dann, wie oben gezeigt wurde, nach Gleichsetzung von $(\partial\Theta/\partial V)_T$ und $(\partial\Theta/\partial V)_p$ für die tieferen Temperaturen erhalten. In Spalte {18} ist die Differenz $\beta_S - \beta_T$ und in Spalte {20}

$$\left(\frac{\partial S}{\partial V}\right)_T = \frac{\alpha}{\beta_T}$$

aufgeführt.

Aus diesem Wert und aus {11} berechnet man

$$\frac{1}{\Theta}\left(\frac{\partial\Theta}{\partial V}\right)_T = \left(\frac{\partial \ln \Theta}{\partial V}\right)_T = -\frac{\alpha}{\beta_T C_D}.$$

Spalte {22} enthält die Werte

$$\left(\frac{\partial\Theta}{\partial V}\right)_p = \frac{1}{\alpha V}\left(\frac{\partial\Theta}{\partial T}\right)_p.$$

Die Gleichsetzung für sehr tiefe Temperaturen

$$\frac{1}{\alpha V}\left(\frac{\partial\Theta}{\partial T}\right)_p = -\frac{\alpha}{\beta_T C_D}$$

erleichtert die Extrapolation von α auf Null.

Die Werte γ_T und γ_p in {25} und {26} sind per definitionem gleich $(V/\Theta)\,(\partial\Theta/\partial V)_T$ und $(V/\Theta)\,(\partial\Theta/\partial V)_p$.

In {27} sind die Werte

$$C_p - C_V = \frac{\alpha^2 V T}{\beta_T}$$

berechnet und leicht angepaßt.

Spalte {29} enthält die Werte $\Delta(\Delta U) = \overline{(C_p - C_V)\,\Delta T}$. ΔU ist die Ausdehnungsarbeit des Gitters.

Die Abwesenheit von numerischen Fehlern und die Eindeutigkeit der Interpolation kann man erkennen, wenn man Spalte {32} bildet. Einerseits ergibt sich {32} als Produkt von {23} und {16}, andererseits ist

$$\left(\frac{\partial \Theta}{\partial V}\right)_T V\alpha = -\frac{\Theta}{T}\frac{C_p - C_V}{C_D},$$

das heißt gleich dem Produkt von {10} und {31}.

Die Werte von $C_V - C^{\mathrm{Mol}}$ müssen auf einer glatten Kurve liegen, da die Kurven von $C_p - C^{\mathrm{Mol}}$ und $C_p - C_V$ angepaßt wurden. Spalte {35} enthält $(C_V - C^{\mathrm{Mol}})\,\Delta T$. In unserem Fall ist die Enthalpie gleich der inneren Energie (die Tabelle gilt für Atmosphärendruck). $H = E$ in Spalte {36} kann aus Spalte {5} oder nach

$$\sum (C_V - C^{\mathrm{Mol}})\,\Delta T + \Delta U$$

berechnet werden.

Die freie Energie (der Schwingungsanteil des Kristalls) $F = E - TS$ ist in Spalte {37} angegeben.

Schließlich ist Spalte {39} nach der Formel

$$\frac{\partial \Theta}{\partial T}_V = \frac{\Theta}{T}\left(1 - \frac{C_V - C^{\mathrm{Mol}}}{C_D}\right)$$

berechnet worden.

Wie schon bemerkt, sind die Ergebnisse von Naphthalin typisch und deshalb von allgemeinem Interesse. Zu den charakteristischen Eigenschaften der Molekülkristalle gehören die hohen $C_p - C_V$-Werte, ebenso der Übergang des kristallinen Anteils der spezifischen Wärme $C_V - C^{\mathrm{Mol}}$ in eine Horizontale. Der Wert von 12 cal/mol (= 50,4 J/mol), der ideal ist für ein Gitter, das aus Teilchen mit sechs Freiheitsgraden aufgebaut ist, ist nicht erreicht worden wegen der Abweichung von der Quasiharmonizität. Tatsächlich ist

$$C_V - C^{\mathrm{Mol}} = C_D\left[1 - \frac{T}{\Theta}\left(\frac{\partial \Theta}{\partial T}\right)_V\right] = C_D\eta\,,$$

worin η der Grad der Quasiharmonizität ist.

Man muß jedoch bemerken, daß die Schwingungsanteile der Energie des Kristalls bei Temperaturen unter 100 K nur einen geringen Teil der Gitterenergie ausmachen (die Gitterenergie für Naphthalin ist 16,7 kcal/mol (= 70 kJ/mol)) und daß sie auch bei Zimmertemperaturen keine dominierende Rolle spielen.

Interessant ist, daß Θ bei geringen Abweichungen von der Quasiharmonizität bei tiefen Temperaturen durch ein Minimum und ein Maximum geht. Die Zunahme von Θ bei tiefen Temperaturen ist kein quasiharmonischer Effekt. In Wirklichkeit ist $C_p - C_V > 0$, aber im quasiharmonischen Modell gilt

$$C_p - C_V = T\,\frac{\partial S}{\partial \Theta}\left(\frac{\partial \Theta}{\partial T}\right)_p = -\frac{T}{\Theta}C_D\left(\frac{\partial \Theta}{\partial T}\right)_p,$$

das heißt, Θ muß im gesamten Temperaurintervall fallen.

b) *Tensorielle Größen.* Durch Messungen des adiabatischen Elastizitätstensors (Teslenko [359] und Afanasjewa [358]) und des Ausdehnungstensors (Ryshenkow [343]) können wir Diagramme von einigen tensoriellen Größen angeben, die das Verhalten des Naphthalinkristalls veranschaulichen.

In Abbildung 6.3 sind die Temperaturabhängigkeiten der adiabatischen Moduln, die mit diesen Daten berechnet wurden, die Temperaturabhängigkeit des Tensors $\partial S/\partial \varepsilon_{ij}$ und auch der Temperaturverlauf der Ableitungen von Θ nach der Temperatur dargestellt.

Die Ergebnisse unmittelbarer Messungen und der Berechnung der Ableitungen von S und Θ nach erfolgter Deformation zeigen eine starke Anisotropie dieser Größen. Unserer Meinung nach ist die qualitative Erklärung des unterschiedlichen Verhaltens

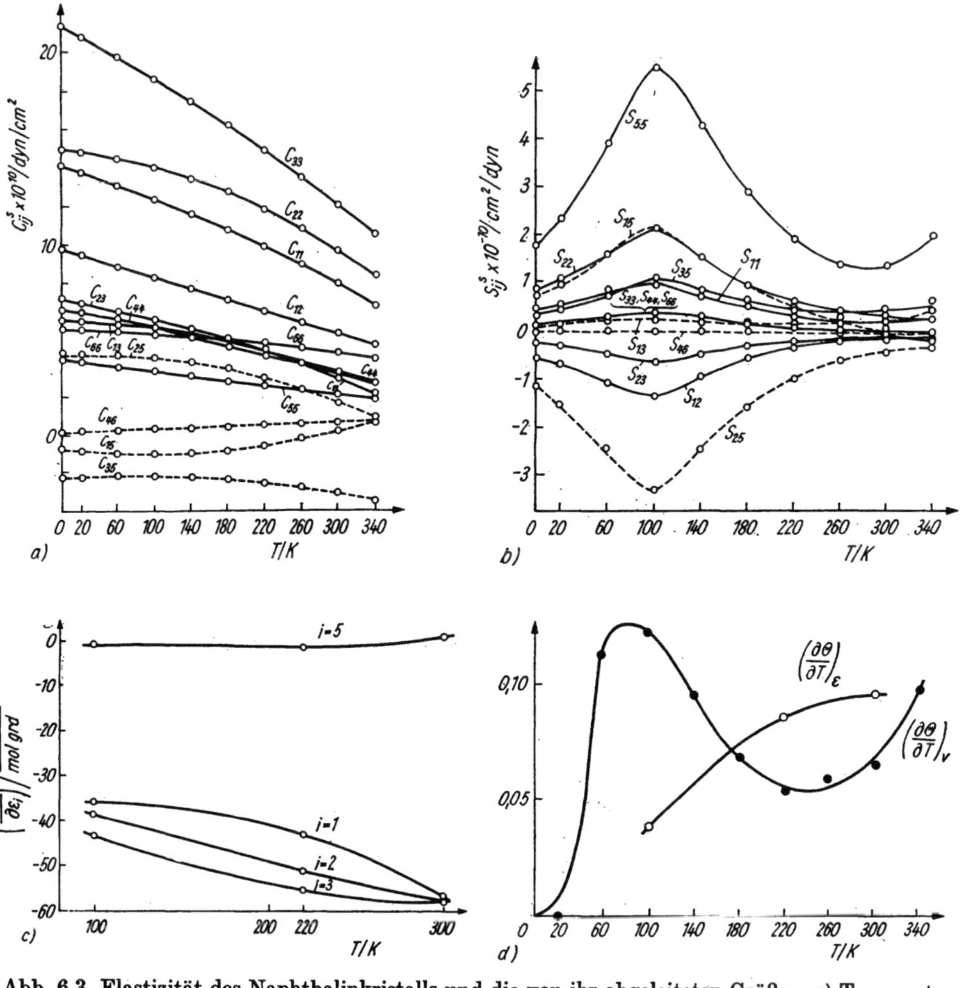

Abb. 6.3. Elastizität des Naphthalinkristalls und die von ihr abgeleiteten Größen. a) Temperaturabhängigkeit der Komponenten des Tensors der adiabatischen Elastizitätsmoduln; b) Temperaturabhängigkeit der Komponenten des reziproken Tensors der adiabatischen Elastizitätsmoduln; c) Tensor der aus der Entropie abgeleiteten Deformationen; d) isochore Ableitung der charakteristischen Temperatur nach der Temperatur

der Elemente dieser Tensoren nicht von besonderem Interesse. Die Berechnung dieser Größen mit Hilfe der Atom–Atom-Potentiale wird im letzten Abschnitt behandelt.

In Abbildung 6.3d vergleichen wir die Auswirkungen auf den Grad der Quasiharmonizität, wenn einmal das Volumen der Elementarzelle und zum anderen Volumen und Form unverändert bleiben.

Das Verhalten dieser Ableitungen ist sehr eigenartig. Es wäre ein stetiges Ansteigen zu erwarten gewesen. Die „Welligkeit" der Anharmonizität bei tiefen Temperaturen findet keine Erklärung im Rahmen des quasiharmonischen Modells.

6.5. Aufstellung eines optimalen quasiharmonischen Modells

Durch Atom–Atom-Potentiale können die thermodynamischen Funktionen in der quasiharmonischen Näherung ohne große Mühe berechnet werden. Solche Untersuchungen haben jedoch nur Sinn, wenn die Analyse des thermodynamischen Experiments darauf hindeutet, daß das quasiharmonische Modell zutreffend ist. Die erfolgreiche Anwendung des quasiharmonischen Modells ist nicht immer abzusehen, da man bei organischen Kristallen wegen der kleinen Moleküle und der schwachen zwischenmolekularen Kräfte a priori mit einer hohen Anharmonizität rechnen muß.

Prinzipiell kann man im Modell der Atom–Atom-Potentiale die Anharmonizität berücksichtigen durch Reihendarstellung der Gitterenergie nach Molekülverschiebungen niedriger Ordnung und Benutzung der höheren Glieder (hinter dem quadratischen) dieser Verschiebungen. Dieser Weg ist kompliziert und deshalb unpraktisch. Deshalb ist die quasiharmonische Näherung, bei der die harmonische Bewegungsgleichung benutzt wird und die Anharmonizität in Form der Abhängigkeit der Kraftkonstanten von den Gitterparametern berücksichtigt wird, von besonderem Interesse. Aus dem Kristallanteil der Entropie berechnet man nach der Debye-Formel die charakteristische Temperatur wie folgt:

$$S^{\mathrm{Kr}} = -6R\ln\left(1 - \mathrm{e}^{-\frac{\Theta}{T}}\right) + 8RD\left(\frac{\Theta}{T}\right).$$

Das berechnete Θ ist im allgemeinen Fall eine Funktion zweier Variabler, zum Beispiel $\Theta = \Theta(V, T)$. Wenn der reale Kristall quasiharmonisch wäre, dann gäbe es keine sichtbare Abhängigkeit des Θ von der Temperatur, das heißt, es gäbe keine offensichtliche Anharmonizität, und es wäre $\Theta = \Theta(V)$.

Aus dieser Diskussion ergibt sich ein einfaches Untersuchungsverfahren für den Grad der Quasiharmonizität: Man berechnet die Ableitungen der charakteristischen Temperatur nach den Zustandsparametern des Kristalls. Im quasiharmonischen Modell existiert für einen beliebigen Prozeß nur die Ableitung nach dem Volumen. Alle Ableitungen unter isochoren Bedingungen werden Null. Weiter oben wurde jedoch gezeigt, daß das quasiharmonische Modell den realen Kristall nur ungenügend beschreibt.

In diesem Abschnitt soll diskutiert werden, welche $\Theta(V)$-Funktion die optimale sein wird, das heißt welche die beste Übereinstimmung mit dem Experiment ergibt, wenn man für alle thermodynamischen Funktionen die Debyeschen Ausdrücke beibehält [344]. Wir verwenden für das optimale quasiharmonische Modell folgenden

Ausdruck:

$$\gamma^{\text{ber}} = \gamma_T ,$$

worin $\gamma = -(V/\Theta)(\partial\Theta/\partial V)$ der Grüneisen-Parameter ist, der im realen Kristall von der Zustandsvariablen abhängt. γ_T beschreibt die Änderung von Θ unter isothermen Bedingungen und entspricht keiner sichtlichen Anharmonizität. Das Verhalten von γ_p oder $(\gamma_T + \gamma_p)/2$ jedoch ist mit dem quasiharmonischen Modell unvereinbar.

Das Modell ist dann vollständig bestimmt, wenn die $V(T)$-Kurve experimentell gewonnen und für 0 K (bequemer für 20 K) auf irgendeine Weise bestimmt wird. Man kann nun beliebige thermodynamische Funktionen, zum Beispiel die isotherme Kompressibilität β_T, die Differenz der spezifischen Wärmen $(C_p - C_V)$, die Ausdehnungsarbeit des Kristalls ΔV, den Zuwachs der Gitterenergie bei thermischer Ausdehnung, und auch kalorische Größen, wie die Entropie S^{Kr}, die spezifischen Wärmen C_p und C_V, berechnen.

Tabelle 6.2. Thermische Daten von Naphthalin

T, K	$C_p - C_V$ cal/mol grd		ΔU cal/mol		$\beta_T \cdot 10^{10}$ cm³ /erg	
	exp.	ber.*)	exp.	ber.	exp.	ber.
0	0	0	0	0	0,095	?
20	0,006	0,006	0,06	0,06	0,097	0,097
60	0,240	0,248	4,98	5,14	0,109	0,104
100	0,596	0,604	21,7	22,2	0,115	0,113
140	0,948	0,950	52 6	53,3	0,121	0,120
180	1,413	1,445	100,1	101	0,132	0,130
220	2,25	2,28	173,5	176	0,143	0,141
260	3,71	3,76	292,7	296	0,170	0,168
300	6,15	6,15	489,9	495	0,207	0,208
340	9,53	9,53	803,5	808	0,260	0,261

*) Berechnet nach dem optimalen quasiharmonischen Modell.

In den Tabellen 6.2 und 6.3 sind Ergebnisse der Berechnung von thermischen Größen mit dem optimalen quasiharmonischen Modell im Vergleich mit dem Experiment dargestellt. Experimentelle und berechnete Werte sind nahezu identisch.

Natürlich können sich, ungeachtet der ausgezeichneten Übereinstimmung der $(C_p - C_V)$-Werte mit dem Experiment, die spezifischen Wärmen selbst stark unterscheiden, weil im optimalen quasiharmonischen Modell $C_V^{\text{Kr}} = C_D$ ist, was durchaus nicht für den realen Kristall gilt. Der Wert C_D besitzt, besonders bei $T > \Theta$, eine leichte Abhängigkeit von der Form der Funktion $\Theta(V)$, deshalb ist es unmöglich, die Übereinstimmung der spezifischen Wärmen selbst durch eine Variation dieser Funktion irgendwie zu verbessern. Das ist ein Beweis dafür, daß der Begriff „optimal" hinsichtlich des vorgeschlagenen Modells gerechtfertigt ist.

Daraus folgt, daß sich die Entropie und die freie Energie von den experimentellen Werten bis zu einigen Prozenten unterscheiden kann. Daher erhofft man aus der Berechnung mit Atom–Atom-Potentialen im Rahmen des quasiharmonischen Modells eine bessere Übereinstimmung für die thermischen Größen mit dem Experiment. Bei

Tabelle 6.3. Kalorische Daten von Naphthalin

T, K	Θ, K		S^{Kr}		$C_p - C^{Mol}$		C_p	
	exp.	ber.*)	cal/mol grd					
			exp.	ber.	exp.	ber.	exp.	ber.
0	?	?	0	0	0	0	0	0
20	130,9	130,9	1,01	1,01	2,651	2,651	2,652	2,652
60	137,3	129,4	7,45	8,00	9,08	10,1	10,21	11,2
100	139,8	126,8	12,45	13,51	10,48	11,5	14,34	15,4
140	141,1	123,9	16,10	17,58	11,24	12,7	18,44	19,9
180	141,3	120,7	18,96	20,76	11,95	13,1	22,97	24,1
220	139,4	116,9	21,43	23,48	12,90	14,3	28,12	29,5
260	135,8	112,0	23,67	25,97	14,15	15,7	33,81	35,4
300	130,5	105,4	25,86	28,43	16,21	18,5	40,43	42,7
340	124,0	96,8	28,00	30,83	18,21	20,1	46,90	48,8

T, K	C^{Kr}		H^{Kr}		$F^{Kr, Schw}$	
	cal/mol grd					
	exp.	ber.	exp.	ber.	exp.	ber.
0	0	0	0	0	0	0
20	2,645	2,645	26,5	26,5	+6,3 ?	+6,3 ?
60	8,84	9,55	261	280	−191	−200
100	9,88	11,01	652	710	−614	−640
140	10,29	11,46	1086	1200	−1220	−1300
180	10,52	11,64	1550	1700	−1963	−2000
220	10,65	11,75	2047	2300	−2841	−2900
260	10,44	11,81	2088	2900	−3859	−3900
300	10,06	11,84	3195	3500	−5053	−5000
340	8,68	11,86	3884	4300	−6440	−6200

*) S. zu Tab. 6.2.

der Berechnung der spezifischen Wärme muß die Anharmonizität berücksichtigt werden.

Die obige Analyse bezieht sich nur auf den isobaren Schnitt bei $p = 0$. Bei Drücken von einigen tausend Atmosphären kann sich sowohl die charakteristische Temperatur als auch ihre Abhängigkeit von den Zustandsparametern wesentlich ändern.

6.6. Berechnung des quasiharmonischen Modells mit Atom-Atom-Potentialen

Streng genommen muß eine solche Berechnung über die vollständige Lösung eines Schwingungsproblems erfolgen. Die Dispersionsflächen $\omega(\boldsymbol{k})$ gestatten es, den Schwingungsanteil der freien Energie exakt (exakt im Sinne der quasiharmonischen Näherung) mit Formel (2.2) zu berechnen. Die Gitterenergie wird mit unabhängigen Methoden, die in Kapitel 2. behandelt wurden, berechnet.

Es hat jedoch wenig Sinn, ähnliche Berechnungen auf breiter Basis durchzuführen. Sie sind sehr umfangreich für die Bestätigung eines Modells, mit dem, wie wir in Abschnitt 6.5. sahen, keine größere Genauigkeit als einige Prozent erreicht wird.

Das quasiharmonische Modell kann man in der Debyeschen Form darstellen. Das bedeutet, daß die Änderung des Spektrums mit Änderung der Abmessungen der Elementarzelle des Kristalls auf die Änderung der Abbruchsfrequenz der Debye-Parabel ω_D, das heißt der charakteristischen Temperatur $\Theta = \frac{\hbar\omega_D}{k}$ beschränkt wird.

Wie in Kapitel 3. gezeigt wurde, kann man mit der Methode der Atom–Atom-Potentiale das mittlere Quadrat der Frequenz des Spektrums $\overline{\omega^2}$ als Funktion der Dimensionen der Elementarzelle berechnen. Zwischen ω_D und $\overline{\omega^2}$ existiert eine einfache Beziehung. Schreibt man für die Frequenzdichteverteilung (siehe Seite 313) $3\omega^2\, d\omega/\omega_D^3$, dann ist

$$\overline{\omega^2} = \frac{3}{\omega_D^3}\int_0^{\omega_D} \omega^4\, d\omega = \frac{3}{5}\omega_D^2$$

oder

$$\sqrt{\overline{\omega^2}} = 0{,}775\Theta\,.$$

Der Vergleich von berechneten $\overline{\omega^2}$-Werten mit Größen, die aus thermodynamischen Experimenten erhalten wurden, ist von Kitaigorodski und Muchtarow vorgenommen worden [274].

Die Auswahl der Kristalle, für die eine Berechnung der charakteristischen Temperatur durchgeführt wurde, war einerseits an die Existenz von Strukturdaten in einem möglichst großen Temperaturintervall gebunden und andererseits an das Vorhandensein bestimmter Werte aus kalorimetrischen Messungen für Θ. Diese Anforderungen erfüllen festes Naphthalin, Anthracen, Hg-Diphenyl, Benzol und Ethylen. Diese Substanzen sind typische Vertreter der Molekülkristalle, und die Untersuchungsergebnisse haben daher eine gewisse Allgemeingültigkeit. Naphthalin wurde im Temperaturbereich von 300 bis 0 K, Anthracen von 400 bis 0 K, Benzol von 270 bis 0 K, Hg-Diphenyl von 300 bis 0 K und Ethylen bei 100 K untersucht. Die charakteristische Temperatur für diese Kristalle wurde mit Rechenprogrammen erhalten, die es gestatten, Θ für Kristalle mit kristallographischen äquivalenten Molekülen mit 80 Atomen je Molekül und bis zu 5 Atomsorten zu berechnen [228]. Darüber hinaus erfolgt die Berechnung der Grüneisen-Konstanten γ, die die thermoelastischen Eigenschaften eines isotropen Körpers charakterisiert. Die Konstante γ kann auch über die thermische Ausdehnung und die Elastizität aus experimentellen Daten erhalten werden. Dieser Weg ist eine zusätzliche Möglichkeit, die Berechnungen mittels der Atom-Atom-Potentiale mit dem Experiment zu vergleichen.

Tabelle 6.4. Vergleich berechneter und gemessener γ-Werte für einige organische Kristalle

Naphthalin			Anthracen			Diphenyl			Benzol		
V, Å^3	γ^{ber}	γ^{exp}	V, Å^3	γ^{ber}	γ^{exp}	V, Å^3	γ^{ber}	γ^{exp}	V, Å^3	γ^{ber}	γ^{exp}
345	2,41	2,05	461	4,10	3,51	445	5,04	4,52	492	4,45	4,32
350	2,48	2,15	463	4,18	3,83	450	5,45	5,03	495	4,30	4,25
355	2,53	2,25	472	4,25	4,02	455	5,89	5,57	501	4,25	4,05
360	2,60	2,35	487	4,30	4,25	460	6,37	6,09	508	4,20	3,85

In Tabelle 6.4 sind die berechneten und experimentellen Werte für Θ und γ aufgeführt (siehe auch Abbildung 6.1), wobei die maximale Abweichung zwischen Rechnung und Experiment, die man nur bei tiefen Temperaturen beobachtet, 20% nicht übersteigt. Bei mittleren und hohen Temperaturen ist die Abweichung bedeutend geringer und von derselben Größenordnung wie die Fehler der experimentellen Werte ($\approx$ 10%) oder sogar geringer als diese Fehler. Qualitativ sind experimentelle und berechnete Temperaturabhängigkeiten gleich. Die einzige Ausnahme bildet Naphthalin unterhalb 100 K [346]: ω^{ber} wächst in diesem Gebiet bei Temperaturerniedrigung, während umgekehrt ω^{exp} abnimmt. Die größere Abweichung zwischen experimentellen und berechneten Kurven bei Temperaturerniedrigung wird hier und auch in anderen Fällen durch die geringere Genauigkeit des Debye-Modells für $T \lesssim \Theta$ hervorgerufen.

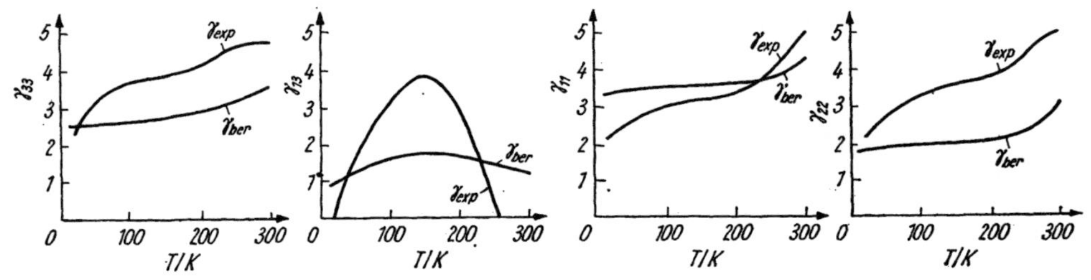

Abb. 6.4. Experimentelle und berechnete Werte der Komponenten des Grüneisen-Tensors für Naphthalin

In [347] wurden auch die Elemente des Grüneisen-Tensors für Naphthalin- und Anthracenkristalle berechnet. Der Vergleich zwischen experimentellen und berechneten γ_{ik} ergibt eine größere Abweichung, die in bestimmten Temperaturintervallen bis zu 30% erreicht (siehe Abbildung 6.4). Zieht man jedoch die Annahmen in Betracht, die sowohl beim theoretischen Modell als auch bei der Bestimmung aus experimentellen Größen gemacht wurden, so kann man mit diesen Ergebnissen zufrieden sein.

In einer späteren Arbeit des Autors [360] (gemeinsam mit E. J. Muchtarow und A. A. Pigurin) wurden Berechnungen der charakteristischen Temperatur Θ der Kristalle einer Reihe aromatischer Verbindungen durchgeführt. Die Ergebnisse für Zim-

Tabelle 6.5. Charakteristische Temperatur der Kristalle aromatischer Verbindungen

Verbindung	Θ, K		Verbindung	Θ, K	
	berechnet	experimentell		berechnet	experimentell
Coronen	91	—	Dibenzcoronen	118	—
Ovalen	102	—	Quaterphenyl	120	—
Phenanthren	112	117	Perylen	123	—
Pyren	113	123	Diphenyl	125	120
Benzanthracen	115	—	Chrysen	125	—
Durol	115	120	Naphthalin	125	131
Oktahydrochrysen	115	—	Dihydro-dibenzanthracen	130	—
Dibenzperylen	116	—	Hexabenzcoronen	134	—
Benzol	117	118	Anthracen	135	134
para-Terphenyl	118	—	Dibenzanthracen	152	—

mertemperatur (Benzol bei 263 K) sind in Tabelle 6.5 angegeben. Die berechneten Θ-Werte liegen hauptsächlich im Bereich 100—130 K. Dies muß man augenscheinlich als Gesetzmäßigkeit für den gegebenen Typ der Kristalle ansehen, da die Berechnungen für genügend vielgestaltige Molekül- und Kristallstrukturen durchgeführt wurden und die berechneten Werte gut mit den thermodynamischen übereinstimmen, falls letztere experimentell ermittelt werden konnten.

Von Kitaigorodski und Mirskaja [348] werden Gitterenergieberechnungen nach der Atom–Atom-Potential-Methode mit thermodynamischen Daten verglichen. Diskutieren wir zuerst den skalaren Aspekt. Wenn man die Energiefläche des Kristalls konstruiert hat, kann man sich jeden thermodynamischen Prozeß als eine Verschiebung eines Punktes auf die Fläche vom Boden der Energiemulde aus (beim absoluten Nullpunkt) auf einer bestimmten Kurve $U(a, b, c, \alpha, \beta, \gamma)$ vorstellen. Hat man zum Vergleich nur skalare thermodynamische Größen, so kann man diese Kurve als Funktion $U(V)$ darstellen. Es ist günstig, nicht nur das isobare Experiment mit $U(V)$, das heißt die Änderung der Gitterenergie bei thermischer Ausdehnung zu vergleichen, sondern auch die erste und zweite Ableitung der Gitterenergie nach dem Volumen $(\partial U/\partial V)$ und $(\partial^2 U/\partial V^2)$ mit heranzuziehen.

Der Grad der Übereinstimmung der $U(V)$-Kurve und ihrer beiden Ableitungen mit dem Experiment ergibt ein klares Bild über die Möglichkeiten der Atom–Atom-Potential-Methode für die Vorhersage verschiedener Größen.

Es ist nicht möglich, die Gitterenergiewerte und ihre Ableitungen aus thermodynamischen Messungen zu erhalten. Zum Vergleich der $U(V)$-Kurve, die durch Atom–Atom-Potentiale berechnet wurde, mit thermodynamischen Daten ist die Einführung eines Festkörpermodells notwendig.

Wir setzen voraus, daß der Kristallanteil der inneren Energie als Summe $E(V, T) = U(V) + E^{\text{Schw}}(V, T)$ dargestellt werden kann, wo $E^{\text{Schw}}(V, T)$ die Energie der zwischenmolekularen Schwingungen ist. Da die Nullpunktenergie der zwischenmolekularen Schwingungen bei der Mehrzahl der Molekülkristalle vernachlässigbar ist, kann man $E_0 = U_0$ setzen. Weiterhin ist klar, daß $(\partial E/\partial V)_T$ und $(\partial^2 E/\partial V^2)_T$ sich nicht stark von den Ableitungen $(\partial U/\partial V)$ und $(\partial^2 U/\partial V^2)$ unterscheiden werden, weil eine sichtbare Abhängigkeit der Schwingungsenergie vom Volumen der Elementarzelle die Abweichung von der harmonischen Näherung charakterisiert, die wenigstens grob erfüllt sein muß. Aus diesen allgemeinen physikalischen Darstellungen ist klar, daß die entsprechenden Ableitungen von E und U desto besser übereinstimmen, je niedriger die Temperatur ist (Volumen).

Ein Vergleich von thermodynamischen Daten, die durch Integration und Differentiation der experimentellen Kurve

$$\left(\frac{\partial E}{\partial V}\right)_T = \frac{C_p - C_V}{\alpha V}$$

erhalten wurden, mit Atom–Atom-Potential-Berechnungen ist in [348] für Naphthalin und Anthracen dargestellt. Abbildung 6.5 zeigt die Ergebnisse für das Naphthalin. Die Größen ΔV und $\Delta_V E$ sind, entsprechend den vorliegenden Daten, ab 78 K eingetragen. Da die Kurven nahe beieinander liegen, ist das Ergebnis vielversprechend. Es müssen jedoch zusätzliche Berechnungen durchgeführt werden, um zu ermitteln, ob die Verschiebung der Kurven von der ungünstigen Auswahl der Potentiale oder der Nichtberücksichtigung des Schwingungsanteils der Energie herrührt. Die Ursache,

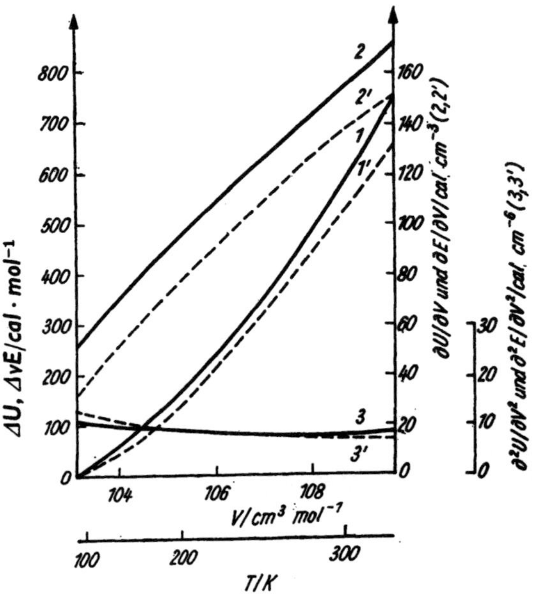

Abb. 6.5. Vergleich zwischen Berechnung und Experiment beim Naphthalin: 1 — ΔU, 1' — $\Delta_V E$, 2 — $(\partial U/\partial V)$, 2' — $(\partial E/\partial V)_T$, 3 — $(\partial^2 U/\partial V^2)$, 3' — $(\partial^2 E/\partial V^2)_T$

warum die $\Delta U(V)$-Kurve über der $\Delta_V E(V)$-Kurve liegt, kann nur mit ungenauen Potentialkurven in Zusammenhang gebracht werden, die aber mit diesen Ergebnissen korrigiert werden können.

Kommen wir jetzt zur Berechnung des Schwingungsanteils der inneren Energie des Kristalls. Wir setzen voraus, daß es möglich ist, die genauen Atom–Atom-Potentiale und die Differenz der Ordinaten der oben aufgeführten $\Delta_V E^{\text{Schw}}$-, $(\partial E^{\text{Schw}}/\partial V)$- und $(\partial^2 E^{\text{Schw}}/\partial V^2)$-Kurven zu finden. Eine unabhängige Ermittlung dieser Größen ist wie folgt möglich:

1. Das dynamische Problem, damit auch das thermodynamische, kann auf der Grundlage der Atom–Atom-Potentiale exakt gelöst werden.

2. Das Schwingungsspektrum des Kristalls und die thermodynamischen Funktionen können mit der quasiharmonischen Näherung berechnet werden.

3. Die quasiharmonische Debye-Darstellung ($\Theta = \Theta(V)$) gilt für den Kristallanteil der thermodynamischen Funktionen. In diesem Fall berechnet man die Kurve $\Theta(V)$ entweder (a) über die mittleren Quadrate $\overline{\omega^2}$ der Frequenzen des Spektrums der intermolekularen Schwingungen, die nach der Atom–Atom-Potential-Methode bestimmt wurden, mit nachfolgender Berechnung des Ausdehnungstensors $(\partial\omega^2/\partial\varepsilon_i)$ unter gleichzeitiger Einführung der Temperatur durch diesen Tensor oder (b) über dasselbe mittlere Frequenzquadrat $\overline{\omega^2}$, das für verschiedene Zellvolumina unter Benutzung einer experimentellen $V(T)$-Kurve erhalten wurde. Schließlich kann man (c) $\Theta(V)$ unmittelbar aus thermodynamischen Messungen optimal auswählen. Wenn die Kurve $(\partial U/\partial V)$ mit der Atom–Atom-Potential-Methode berechnet wurde und Θ aus thermodynamischen Messungen bekannt ist, kann man (d) jedoch nur für eine Temperatur den Verlauf von $\Theta(V)$ aus der Zustandsgleichung des Kristalls, die in der Debye-

Näherung die Form

$$\frac{\partial U}{\partial V} = -6R\frac{T}{\Theta}D\left(\frac{\Theta}{T}\right)\frac{\partial \Theta}{\partial V}$$

hat, berechnen. Dabei wird der atmosphärische Druck bezüglich $(\partial U/\partial V)$ vernachlässigt. In den Fällen 1, 2 und 3(a) wird die Thermodynamik des Kristalls nach der Atom–Atom-Potential-Methode ohne experimentelle Daten berechnet. Die Variante 1 ist kompliziert. Die Möglichkeiten der zweiten Variante sind noch nicht abzusehen. In den Fällen 3(b), (c) und (d) muß man für den Vergleich der theoretischen und experimentellen Energie die experimentellen Daten der thermischen Ausdehnung des Kristalls benutzen. Die Methoden des Falles 3 wurden am Naphthalinkristall getestet. Das Ergebnis war negativ.

Die Schwingungskomponenten der inneren Energie des Kristalls und ihre Ableitungen sind sehr empfindlich hinsichtlich der Auswahl der $\Theta(V)$-Kurve, und da die Ermittlung dieser Kurve selbst an eine Reihe Voraussetzungen geknüpft ist, können die Berechnungen lediglich als Abschätzung der Größenordnung gewertet werden. Abgesehen davon kann die Atom–Atom-Potential-Methode zwar zur Berechnung einer Reihe thermodynamischer Größen, aber nicht für die Ausarbeitung genauer Verfahren zur Abschätzung der Schwingungskomponenten dienen, denn, wie die Kurven in Abbildung 6.5 zeigen, sind die Schwingungskorrekturen im Vergleich zur Gitterenergie und ihren Ableitungen nach dem Volumen nicht groß. Selbstverständlich müßte der Verallgemeinerungsgrad dieser Schlußfolgerung durch Berechnungen anderer Kristalle gestützt werden.

Die Frage nach der Rolle der Schwingungskorrekturen der Werte der Ableitungen der freien Energie nach der Deformation erhebt sich bei der Berechnung der elastischen Modelle der Molekülkristalle mit der Atom–Atom-Potential-Methode [349]. Stellt man die freie Energie eines Molekülkristalls als Summe der Potentialenergie der Molekülwechselwirkung (Gitterenergie U) und der Schwingungsenergie F^{Schw} dar, so kann man den Ausdruck (1.13) für die isothermen Elastizitätsmoduln in der Form

$$c_{ij} = \frac{\partial}{\partial \varepsilon_i}\left(\frac{\partial U}{\partial \varepsilon_j}\right) + \frac{\partial}{\partial \varepsilon_i}\left(\frac{\partial F^{\text{Schw}}}{\partial \varepsilon_j}\right) \tag{6.1}$$

schreiben, worin U und F^{Schw} die Energien pro Volumeneinheit und ε_i die relativen Deformationen sind. Da sich die intramolekularen Frequenzen mit dem Volumen um etwa zwei Größenordnungen langsamer ändern als die intermolekularen [340], kann man die innermolekularen Schwingungen bei kleinen Deformationen als nahezu konstant ansehen. Dann bezieht sich der zweite Summand in (6.1) auf die Änderung der zwischenmolekularen Schwingungsenergie während des Deformationsprozesses.

Am absoluten Nullpunkt kann man die Effekte der zwischenmolekularen Nullschwingungen gewöhnlich vernachlässigen [350], und der Elastizitätstensor wird aus den zweiten Ableitungen der Gitterenergiedichte nach der Deformation bestimmt. Die Temperaturabhängigkeit der elastischen Eigenschaften eines Kristalls steht sowohl mit der Änderung der „Statik“ des Gitters, das heißt der Dimension der Elementarzelle und der darin bestehenden Molekülorientierung, als auch mit der Änderung der freien Energie der zwischenmolekularen Schwingungen in Zusammenhang. Da man, wie bereits früher bemerkt, den Schwingungsanteil nicht aus experimentellen Daten erhalten kann und eine theoretische Abschätzung schwierig ist (obwohl prinzipiell mit der Atom–Atom-Potential-Methode möglich), ist es zweckmäßig, wie folgt vorzugehen: 1. Man wählt zwischenatomare Potentialkurven aus, mit denen man den Elastizitätstensor des Molekülkristalls am absoluten Nullpunkt hinreichend genau bestimmen kann; 2. Wenn man den Tensor der thermischen Ausdehnung des Kristalls kennt und die Potentialkurven für den absoluten Nullpunkt benutzt, kann man die Temperaturabhängigkeit der Elastizitätsmoduln ohne Berücksichtigung der Schwingungskomponenten berechnen. Aus der Differenz zwischen den theoretischen und experimentellen $c_{ij}(T)$-Kurven kann man den Einfluß der Gitterschwingungen auf den Elastizitätsmodul beurteilen.

Bei homogener Deformation werden die Änderungen der Perioden und der Winkel der Elementarzelle (sog. äußere Deformation ε_i, die mit den Parametern der makroskopischen Elastizitätstheorie übereinstimmen) von einer Änderung der Lage der Molekülschwerpunkte sowie der Molekülorientierung in der deformierten Zelle, das heißt der inneren Translations- und Orientierungsdeformation, begleitet [351]. Innere Deformationen, die von den äußeren hervorgerufen werden, sind derart, daß sie zu einem Minimum in den Änderungen der Gitterenergie führen:

$$(\partial U/\partial u_k) = 0\,. \tag{6.2}$$

Aus der Bedingung (6.2) folgt, daß die inneren Deformationen nicht unabhängig von den äußeren Deformationen sind, denn $u_k = \varphi(\varepsilon_i)$. Berücksichtigen wir das, so erhalten wir nach zweifacher Differentiation von $U(\varepsilon_i, u_k)$ nach ε_i

$$c_{ij} = \left(\frac{\partial^2 U}{\partial \varepsilon_i\, \partial \varepsilon_j}\right)_0 + \sum_k \left(\frac{\partial^2 U}{\partial u_k^2}\right)_0 \left(\frac{\partial u_k}{\partial \varepsilon_i}\right)_0 \left(\frac{\partial u_k}{\partial \varepsilon_j}\right)_0 . \tag{6.3}$$

Der Index 0 bedeutet, daß sich die Werte der Ableitungen auf den Gleichgewichtspunkt beziehen.

Berechnet man die Energiefläche des Gitters $U(a_i, X_l, \varphi_k)$, so kann man daraus unmittelbar die Elastizitätsmoduln des Kristalls bestimmen. Dabei bedeuten a_i die Parameter $a, b, c, \alpha, \beta, \gamma$ der Elementarzelle, X_l $(l = 1, 2, 3)$ die Koordinaten der Molekülschwerpunkte und φ_k $(k = 1, 2, 3)$ die Eulerschen Winkel, die die Orientierung der Trägheitsachsen der Moleküle relativ zu den kristallographischen Achsen charakterisieren.

Wir demonstrieren nun das Verfahren für monokline Kristalle, deren Moleküle im Inversionszentrum liegen. In solchen Kristallen treten keine translatorischen inneren Deformationen auf, das heißt, das Inversionszentrum bleibt erhalten, wenn das Gitter einer homogenen äußeren Deformation unterworfen wird [352]. Die inneren Deformationen führen zur Änderung der drei Euler-Winkel φ_k. Die Gitterenergie ist eine Funktion von sieben Variablen $a, b, c, \beta, \varphi_1, \varphi_2, \varphi_3$. Damit kann man vier der sechs Elemente des Tensors der relativen äußeren Deformationen $\varepsilon_1, \varepsilon_2, \varepsilon_3, \varepsilon_5$ und die inneren Orientierungsdeformationen u_k $(k = 1, 2, 3)$ auf folgende Weise beschreiben:

$$\left.\begin{aligned} &\varepsilon_1 = (a - a_0)/a_0\,, \quad &&\varepsilon_2 = (b - b_0)/b_0\,, \quad &&\varepsilon_3 = (c' - c_0')/c_0'\,, \\ &\varepsilon_5 = (s - s_0)/c_0'\,, \quad &&u_k = (\varphi_k - \varphi_{k_0})/\varphi_{k_0} && \end{aligned}\right\} \tag{6.4}$$

mit $c' = c \cdot \cos(\beta - 90°)$, $s = c \cdot \sin(\beta - 90°)$; der Index 0 bezieht sich auf den Gleichgewichtspunkt.

Wenn man im Ausdruck (6.3) die Energiedichte U nach den Komponenten der Deformation als eine mehrteilige Funktion ($U = \varphi_1(\varepsilon_i, u_k)$, $\varepsilon_i = f_2(a_i)$, $u_k = f_3[f_k(a_i)]$) differenziert, erhält man mit Hilfe der Beziehungen (6.4) eine Formel zur Berechnung der Elastizitätsmoduln des Kristalls:

$$c_{ij} = a_{0i}a_{0j}\left(\frac{D^2U}{Da_i\,Da_j}\right)_0 = a_{0i}a_{0j}\left[\left(\frac{\partial^2 U}{\partial a_i\,\partial a_j}\right)_0 + \sum_{k=1,2,3}\left(\frac{\partial^2 U}{\partial \varphi_k^2}\right)_0\left(\frac{D\varphi_k}{Da_i}\right)_0\left(\frac{D\varphi_k}{Da_j}\right)_0\right]. \tag{6.5}$$

Die Größen (D^2U/Da_iDa_j) und $D\varphi_k/Da_i)$ sind Ableitungen nach den Parametern längs der Flächen der Gleichgewichts-Euler-Winkel φ_k (siehe (6.2)). Formel (6.5) ist für die Berechnung der Elastizitätsmoduln monokliner und beliebig höherer symmetrischer Kristalle aus der Energiefläche geeignet, mit Ausnahme von c_{44}, c_{46} und c_{66}.

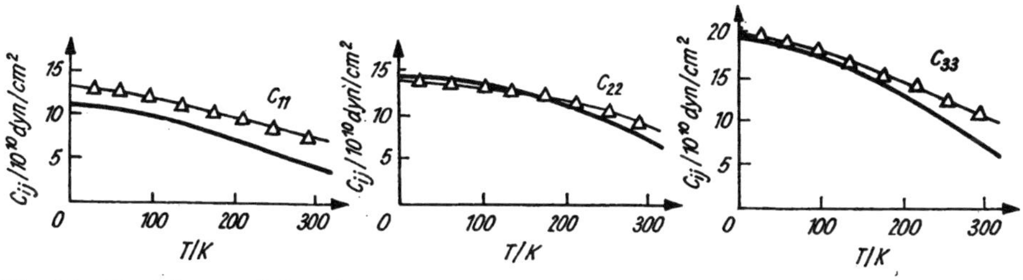

Abb. 6.6. Elastizitätsmoduln des Naphthalin als Funktion der Temperatur: — Theorie, △ — Experiment)

Diese Rechnung wurde für den Naphthalinkristall durchgeführt. Die theoretischen Moduln c_{11}, c_{22}, c_{33} als Funktion der Temperatur sind in Abbildung 6.6 im Vergleich zu den experimentellen Werten [353] dargestellt. Die verwendeten zwischenatomaren Potentialkurven wurden so ausgewählt, daß bei 0 K Theorie und Experiment weitgehend übereinstimmten. Mit steigender Temperatur vergrößern sich die Unterschiede, was offenbar auf das Anwachsen der zwischenmolekularen Gitterschwingungen hinweist. Nahe dem Schmelzpunkt des Naphthalins bei 323 K beträgt die statische Komponente des Ausdrucks (6.1) etwa 60 bis 70% der experimentellen Werte von c_{ij}.

6.7. Das Zellenmodell und seine Anwendung für die thermodynamische Berechnung von Molekülkristallen

Die Vorstellung über den Kristall als System harmonischer Oszillatoren ist seit langem in der Festkörperphysik üblich. So ist es natürlich, daß wir unseren ersten Versuchen zur Berechnung thermodynamischer Eigenschaften der Molekülkristalle gerade diese Vorstellung zugrunde legten. Nunmehr wollen wir uns einer Alternative zur Beschreibung des Kristalls zuwenden, die in der Literatur als Theorie des „freien Volumens" oder als Zellenmodell bezeichnet wird.

Der von Lennard-Jones und Devonshire [361] vorgeschlagene Weg geht von drei grundlegenden Annahmen aus:

a) das Volumen des Systems, das aus N Molekülen besteht, kann in N identische Zellen eingeteilt werden, deren jede nur ein Molekül enthält;
b) die Zellen können so gewählt werden, daß ihre Zentren ein regelmäßiges Gitter bilden;
c) die Bewegung des Moleküls in einer Zelle erfolgt unabhängig von der Bewegung der Moleküle in den Nachbarzellen.

Ursprünglich war das Zellenmodell für die Berechnung der Eigenschaften einfacher Flüssigkeiten vorgesehen. Ungeachtet dessen ist es für feste kristalline Körper anwendbar, ja, sogar mit wesentlich größerem Erfolg, da die Annahmen a) und b) eher für einen Kristall als für eine Flüssigkeit angebracht sind.

Wenn wir das Zellenmodell mit der quasiharmonischen Näherung vergleichen, sehen wir, daß in das Zellenmodell die Annahme der Harmonizität der Wechselwirkungskräfte der Teilchen nicht eingeführt, sondern daß diese durch die Annahme der Unabhängigkeit der Bewegung der einzelnen Teilchen ersetzt ist. In dieser Beziehung ist das Zellenmodell dem Einsteinschen Kristallmodell analog, aber im Unterschied zum letzteren berücksichtigt es voll die Anharmonizität der Schwingungen [362].

Aus sehr allgemeinen Erwägungen folgt, daß für tiefe Temperaturen die quasiharmonische Näherung ein dem Kristall adäquateres Modell liefern sollte, aber für höhere Temperaturen das Zellenmodell. Tatsächlich geben bei tiefen Temperaturen die niederen Frequenzen den Hauptbeitrag zur freien Energie des Kristalls (Abschnitt 2.2.). Die den Niederfrequenzschwingungen entsprechende Bewegung der Moleküle ist auf einer Strecke mit genügend großen Abständen fast synchron. Es ist verständlich, daß eine adäquate Beschreibung dieser Bewegung die Verschiebungskorrelationen der einzelnen Moleküle vollständig in Betracht ziehen muß. Im Modell der harmonischen Oszillatoren können diese Korrelationen völlig exakt berücksichtigt werden.

Umgekehrt geben im Falle hoher Temperaturen die hohen Frequenzen den größten Beitrag zur freien Energie des Kristalls. Die Bewegung der Moleküle, die sich durch die Hochfrequenzschwingungen beschreiben läßt, kann angenähert als unabhängig betrachtet werden. Deshalb ist die mit dem Zellenmodell eingeführte Annahme c) völlig berechtigt. Außerdem gestattet das Zellenmodell, die Anharmonizität der Schwingungen zu berücksichtigen, die gerade im Hochtemperaturbereich wesentlich wird.

Die Gegenüberstellung der quasiharmonischen Näherung und des Zellenmodells mit Ergebnissen eines Computerexperiments für die einfachsten Molekülkristalle zeigt, daß oberhalb der Temperatur von etwa $\Theta/2$ das Zellenmodell die Kristallthermodynamik adäquater wiedergibt [363, 364].

Die Gleichungen für die Berechnung der thermodynamischen Funktionen im Rahmen des Zellenmodells kann man auf folgende Weise erhalten. Wir bezeichnen den Konfigurationsteil der Gibbsschen Verteilungsfunktion mit

$$P = P(q_1, \dots, q_N),$$

dann gilt

$$P = Q^{-1} \exp\left[-\frac{U(q_1, \dots, q_N)}{kT}\right] \tag{7.1}$$

mit dem Konfigurationsintegral

$$Q = \frac{1}{N!} \int\limits_{\Omega} \dots \int\limits_{\Omega} \exp\left[-\frac{U(q_1, \dots, q_N)}{kT}\right] \mathrm{d}q_1, \dots, \mathrm{d}q_N \tag{7.2}$$

wobei $U(q_1, \dots, q_N)$ die potentielle Energie des Systems ist.

Die Annahme über die Unabhängigkeit der Bewegung einzelner Moleküle bedeutet, daß man P in Form eines Produktes aus Einteilchen-Verteilungsfunktionen schreiben kann:

$$P = \prod_{i=1}^{N} \varrho(q_i) . \tag{7.3}$$

Die beste Vorstellung von P in Gleichung (7.3) kann man durch Minimierung des Funktionals der freien Energie, das durch $\varrho(q_i)$ ausgedrückt ist, erhalten. Dieser Weg wurde von KIRKWOOD [365] beschritten. Im Ergebnis wurden für $\varrho(q_i)$ Gleichungen erhalten, die man nach geringfügiger Modifikation wie folgt schreiben kann:

$$\varrho(q_i) = \exp\left[-\frac{\psi(q_i)}{kT}\right]\left[\int_{\Delta i} \exp\left[-\frac{\psi(q_i)}{kT}\right] \mathrm{d}q_i\right]^{-1}, \tag{7.4}$$

$$\psi(q_i) = \sum_{j \neq i}^{N} \int_{\Delta j} U(q_i, q_j)\, \varrho(q_i)\, \mathrm{d}q_j , \tag{7.5}$$

wobei $\psi(q_i)$ die Bedeutung eines bestimmten effektiven Potentials hat, in dessen Feld sich das i-te Molekül bewegt, $U(q_i, q_j)$ — Wechselwirkungsenergie der Moleküle i und j, Δ_i — Volumen der Zelle, die die Bewegung des i-ten Moleküls begrenzt.

Aus den Born-Green-Bogoljubow-Gleichungen kann man ein analoges System von Gleichungen erhalten, wenn man das Korrelationsfunktionspaar als Produkt der einzelnen schreibt [366].

Die Gleichungen (7.4) und (7.5) kann man durch Iteration lösen. Wenn man als nullte Näherung annimmt, daß

$$\varrho^{(0)}(q_i) = \delta(q_i - \bar{q}_i) \tag{7.6}$$

ist, ($\bar{q}_i$ — Mittelwert der Koordinaten des i-ten Moleküls), dann erhalten wir aus (7.5) als erste Näherung für $\psi(q_i)$

$$\psi^{(1)}(q_i) = \sum_{j \neq i}^{N} U(q_i, \bar{q}_j) \equiv U(q_i) . \tag{7.7}$$

Das bedeutet, daß in der ersten Näherung, die im eigentlichen Sinne als Zellenmodell bezeichnet wird, das Potential $\psi(q_i)$ die potentielle Energie der Wechselwirkung des i-ten Moleküls mit den Molekülen der Umgebung ist, die in ihren mittleren Lagen fixiert sind.

Das Konfigurationsintegral des Systems hat im Zellenmodell die Form [365]

$$Q = \exp\left(-\frac{U_0}{2kT}\right) v_f^N \tag{7.8}$$

mit $U_0/2 \equiv U(\bar{q})/2 - U$ ist die Gitterenergie — und

$$v_f = \int_{\Delta} \exp\left[-\frac{U(q) - U(\bar{q})}{kT}\right] \mathrm{d}q \tag{7.9}$$

das sogenannte „freie Volumen“.

Von (7.8) ausgehend, kann man leicht Ausdrücke für alle thermodynamischen Funktionen erhalten (siehe z. B. [367]).

Für Moleküle mit drei Rotations- und drei Translationsfreiheitsgraden wird die innere Energie beispielsweise nach der folgenden Gleichung berechnet:

$$E = \langle U \rangle - \tfrac{1}{2} U_0 + \tfrac{6}{2} kT , \tag{7.10}$$

wobei die Klammern $\langle\,\rangle$ eine Mittelung über die Zustände der Moleküle bedeuten, die sich im Feld $U(q)$ bewegen, das heißt, es gilt

$$\langle\varphi\rangle = v_f^{-1} \int\limits_{\Delta} \varphi(q) \exp\left[-\frac{U(q) - U(\bar{q})}{kT}\right] \mathrm{d}q \tag{7.11}$$

für eine beliebige Funktion $\varphi(q)$.

Die Berechnung der übrigen thermodynamischen Funktionen führt im Zellenmodell zur Berechnung sechsdimensionaler Integrale, die dem Integral (7.11) analog sind. Für die Abschätzung dieser Integrale ist es günstig, die Methode der „wesentlichen Auswahl" zu verwenden [368]. Wir bezeichnen die Integralfunktion in (7.11) mit $f(q)$. Es sei $g(q)$ eine eindeutig positive im Raum Δ auf Eins normierte Funktion. Wenn $q^{(1)}, \ldots, q^{(n)}$ beliebige Punkte sind, die in Δ mit einer Wahrscheinlichkeit von $g(q)$ verteilt sind, dann kann man leicht zeigen, daß die Größe

$$\Theta_n = \frac{1}{n} \sum_{i=1}^{n} f(q^{(i)})/g(q^{(i)}) \tag{7.12}$$

nach der Wahrscheinlichkeit zum gesuchten Integral führt.

$$\Theta_n \xrightarrow{P} I = \int\limits_{\Delta} f(q)\, \mathrm{d}q = \int\limits_{\Delta} \varphi(q) \exp\left[-\frac{U(q) - U(\bar{q})}{kT}\right] \mathrm{d}q\,. \tag{7.13}$$

Man kann ebenfalls zeigen, daß der wahrscheinliche Fehler der Abschätzung (7.13) dann minimal ist, wenn die Dichte $g(q)$ dem Betrag $|f(q)|$ proportional ist [369]. Zur Erreichung der besten Übereinstimmung mit (7.13) muß die Funktion $g(q)$ so gewählt werden, daß sie nach Möglichkeit das Verhalten von $|f(q)|$ im Integrationsbereich gut nachbildet.

In [367, 370] benutzten wir als $g(q)$ die Gauß-Verteilung

$$g(q) = \prod_{\alpha=1}^{6} \frac{1}{\sqrt{2\pi}\,\sigma_\alpha} \exp\left[-\frac{(q_2 - \bar{q}_2)^2}{2\sigma_\alpha^2}\right] \tag{7.14}$$

mit den Streuungen σ_α, die nach der Methode der kleinsten Fehlerquadrate aus der Bedingung der besten Approximation der Potentialoberfläche $\dfrac{U(q) - U(\bar{q})}{kT}$ durch die Summe der Fehlerquadrate

$$\sum_{\alpha=1}^{6} (q_\alpha - \bar{q}_\alpha)^2/2\sigma_\alpha^2$$

abgeschätzt wurden. Die Wahl von $g(q)$ erwies sich als sehr effektiv. So ist der wahrscheinliche Fehler in der Berechnung der freien und inneren Energie nicht größer als einige hundertstel kcal/mol (= kJ/mol) und in der Berechnung der Entropie und Wärmekapazität nicht größer als 0,2 bis 0,3 cal/mol · grd (= 0,8 bis 1,3 J/mol K).

In der Tabelle 7.1 sind einige thermodynamische Funktionen von Kristallen des Benzols, Naphthalins und Anthracens zusammengestellt, die nach der obigen Methode berechnet wurden. Die Berechnungen der intermolekularen Wechselwirkungsenergie wurden nach der Atom–Atom-Näherung mit Potentialkurven [371] durchgeführt. Es wurde angenommen, daß die Summierungsradien für die Wechselwirkungen $H \ldots H$ und $H \ldots C$ 4,5 Å und für $C \ldots C$ 6 Å betragen Die in den Tabellen 2.4, 2.6 und 2.7 angegebenen experimentellen Werte der Parameter der Elementarzelle und der mittleren Koodinaten $\bar{q} = \{\bar{X}, \bar{Y}, \bar{Z}, \bar{\Theta}, \bar{\varphi}, \bar{\psi}\}$ wurden eingesetzt.

Tabelle 7.1. Thermodynamische Funktionswerte des Benzols, Naphthalins und Anthracens (Die Werte F und E sind relativ und beziehen sich auf T^+ — minimale Temperatur für die es Strukturdaten gibt)

T K	$F_{T^+} - F_T$ kJ/mol		$E_T - E_{T^+}$ kJ/mol		S J/mol K		C_V J/mol K	
	ber.	exp.	ber.	exp.	ber.	exp.	ber.	exp.
Benzol								
138	—	—	—	—	66,6	67,0	45,2	44,0 (170 K)
218	6,70	6,45	4,69	4,86	94,2	94,2	44,4	44,4 (220 K)
270	12,48	11,76	7,87	8,75	109,2	110,1	44,0	42,7 (250 K)
Naphthalin								
78	—	—	—	—	36,4	38,1	43,5	39,8
173	5,82	6,03	6,03	4,44	77,5	77,9	44,8	44,4
293	17,12	16,79	9,42	9,63	107,6	107,6	41,0	42,3
Anthracen								
78	—	—	—	—	42,3	41,9	45,2	—
300	18,34	18,38	12,27	12,02	113,0	112,2	44,4	—

In Tabelle 7.1 sind die Gitteranteile der thermodynamischen Größen angeführt, die aus experimentellen kalorimetrischen Daten und intramolekularen Schwingungsfrequenzen berechnet wurden. Im Falle des Naphthalins benutzten wir die Rechenergebnisse, die im Abschnitt 4. dieses Kapitels beschrieben sind. Die thermodynamischen Funktionen des Benzols wurden teilweise aus [372] entlehnt, teilweise aus experimentellen Daten berechnet [373, 374, 375]. Der Gitteranteil an der Entropie des Benzols wurde aus [341] entnommen und die freie Energie durch Integration der Entropie über der Temperatur berechnet. Wie aus Tabelle 7.1 ersichtlich ist, befinden sich die Ergebnisse der Berechnungen nach dem Zellenmodell in guter Übereinstimmung mit dem Experiment.

Das Zellenmodell kann in Kombination mit dem Ising-Modell für die Berechnung der Parameter des Übergangs in den rotationskristallinen Zustand erfolgreich angewandt werden. Betrachten wir den Fall, wenn das Molekül einen beliebigen von zwei bevorzugten Zuständen im Kristall, sagen wir $\bar{q}^1$ und $\bar{q}^2$, einnehmen kann. Dann kann man die nullte Näherung der Lösung der Kirkwoodschen Gleichung (7.4) und (7.5) wie folgt schreiben:

$$\varrho^{(0)}(q_i) = w_i \delta(q_i - \bar{q}_i^1) + (1 - w_i)\, \delta(q_i - \bar{q}_i^2)\,, \tag{7.15}$$

mit w_i — Wahrscheinlichkeit, daß das Molekül i sich im Zustand $\bar{q}_i$ befindet. Die Anwendung von (7.15) anstelle von (7.6) als nullte Näherung verändert nicht die Endform der Ausdrücke für die thermodynamischen Funktionen, mit der Ausnahme, daß bei der Berechnung des Potentials des mittleren Feldes $\psi(q) = U(q)$ jedes der Moleküle der Umgebung mit diskreten Wahrscheinlichkeiten $w_i U(1 - w_i)$ „ausgemittelt" ist:

$$U(q) = \sum_{i>1}^{N} [w_i U(q, \bar{q}_i^1) + (1 - w_i)\, U(q, \bar{q}_i^2)]\,. \tag{7.16}$$

Das Problem der Bestimmung der Wahrscheinlichkeiten w_i besteht in der Berechnung der Verteilungsfunktion der Moleküle nach den diskreten Zuständen $\bar{q}_i^1$ und $\bar{q}_i^2$ und kann im Rahmen des Ising-Modells in Analogie zu [376, 377] gelöst werden.

Wenn wir den angegebenen Weg gehen, können wir nicht nur den Übergang Ordnung–Unordnung beschreiben, sondern auch die Veränderung in der Schwingungsbewegung der Moleküle berücksichtigen, die diesen Übergang begleitet. Die Notwendigkeit dafür ist offensichtlich. So beträgt für das Adamantan, in dem es zwei am meisten begünstigte Molekülzustände gibt [347], die Veränderung der Entropie durch die Zunahme der Unordnung $R \ln 2 = 1{,}38$ cal/mol grd (= 5,78 J/mol K), während der experimentelle Wert des Entropiesprunges 3,87 cal/mol grd (= 16,20 J/mol K) ist. Das bedeutet, daß fast zwei Drittel der gesamten Entropieänderung auf die Änderung der Schwingungsbewegung der Moleküle entfallen.

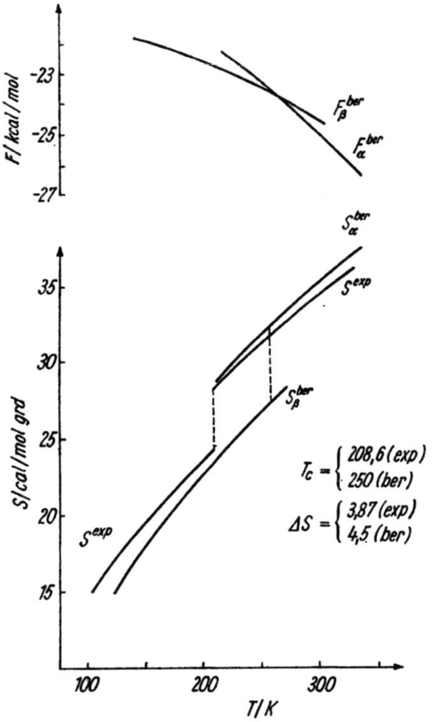

Abb. 6.7. Freie Energie und Entropie des Phasenüberganges im kristallinen Adamantan

In der Arbeit [378] führten wir eine etwas vereinfachte Berechnung der Parameter des Phasenübergangs im Adamantan durch. Insbesondere wurde angenommen, daß die Tieftemperaturphase völlig geordnet ist ($w_i = 1$) und die Hochtemperaturphase völlig ungeordnet ($w_i = {}^1/_2$). Bei der Benutzung dieses Modells für den Übergang Ordnung–Unordnung entfällt die Notwendigkeit der direkten Lösung des Ising-Problems. Statt dessen kann man beide Phasen für sich betrachten, und, wenn man die thermodynamischen Funktionen in jeder Phase berechnet hat, den Punkt des Phasenübergangs aus dem Schnittpunkt der Kurven der freien Energie bestimmen. Die Ergebnisse dieser Berechnung und die entsprechenden experimentellen Daten sind in der Abbildung 6.7 dargestellt. Die Berechnung wurde unter Benutzung experimenteller Kristallstrukturparameter und Wärmeausdehnungskoeffizienten (eine Übersicht der Eigenschaften des Adamantans findet man in [347]) durchgeführt. Die berechnete Übergangstemperatur und die Entropieveränderung stimmen zufriedenstellend mit dem Experiment überein.

Literaturverzeichnis

[1] А. И. Китайгородский (A. I. Kitaigorodski), Органическая кристаллохимия, Изд-во АН СССР, 1955.
[2] J. Trotter, Acta crystallogr. 13, 95 (1960).
[3] И. Н. Стрельцова, Ю. Т. Стручков (I. N. Strelzowa, Ju. T. Strutschkow), Ж. структ. хим. 2, 312 (1961).
[4] А. И. Китайгородский (A. I. Kitaigorodski), Изд-во АН СССР, ОХН, № 6, 587 (1946).
[5] Т. Л. Хоцянова (T. L. Chozjanowa) и др., Ж. физ. хим. 27, 647 (1953).
[6] W. Bolton, Acta crystallogr. 17, 147 (1964).
[7] W. Nowacki, Helv. chim. Acta 28, 1233 (1945).
[8] I. E. Knaggs, Proc. Roy. Soc. A 150, 576 (1935).
[9] З. А. Акопян (S. A. Akopjan) и др., Ж. структ. хим. 7, 408 (1966).
[10] A. Bondi, J. physic. Chem. 68, 441 (1964).
[11] А. И. Китайгородский, К. В. Мирская, В. В. Научитель (A. I. Kitaigorodski, K. W. Mirskaja, W. W. Nautschitel), Кристаллография 14, 900 (1969).
[12] В. М. Кожин (W. M. Koshin), Ж. структ. хим. 9, 671 (1968).
[13] П. М. Зоркий, Ю. В. Зефиров (P. M. Sorki, Ju. W. Sefirow), Вестник МГУ, серия „Химия" 13, 590 (1972).
[14] П. М. Зоркий, М. А. Порай-Кошиц (P. M. Sorki, M. A. Porai-Koschiz), in: „Современные проблемы физической химии", Bd. I, S. 98, Изд-во МГУ, 1968.
[15] П. М. Зоркий, М. А. Порай-Кошиц, В. С. Псалидас (P. M. Sorki, M. A. Porai-Koschiz, W. S. Psalidas), Ж. структ. хим. 7, 577 (1966).
[16] П. М. Зоркий, М. А. Порай-Кошиц, С. Н. Свешникова (P. M. Sorki, M. A. Porai-Koschiz, S. N. Sweschnikowa), Ж. структ. хим. 7, 752 (1966).
[17] П. М. Зоркий, М. А. Порай-Кошиц, Л. М. Презман, Г. П. Муравьева (P. M. Sorki, M. A. Porai-Koschiz, L. M. Presman, G. P. Murawjewa), Ж. структ. хим. 10, 633 (1969).
[18] П. М. Зоркий, Л. М. Презман (P. M. Sorki, L. M. Presman), Ж. структ. хим. 12, 1044 (1971).
[19] L. N. Becka, D. W. J. Cruickshank, Proc. Roy. Soc. A 273, 435 (1963).
[20] Ph. Vaughan, J. Donohue, Acta crystallogr. 5, 530 (1952).
[21] В. К. Бельский, П. М. Зоркий (W. K. Belski, P. M. Sorki), Кристаллография 15, 704 (1970).
[22] В. К. Бельский (W. K. Belski), Ж. структ. хим. 15, 726 (1974).
[23] П. М. Зоркий (P. M. Sorki), Кристаллография, 13, 26 (1968).
[24] П. М. Зоркий, В. К. Бельский (P. M. Sorki, W. K. Belski), in: „Современные проблемы физической химии", Bd. 4, S. 379, Изд-во МГУ, 1970.
[25] П. М. Зоркий, В. К. Бельский (P. M. Sorki, W. K. Belski), Ж. структ. хим. 13, 305 (1972)
[26] S. C. Abrahams, J. M. Robertson, J. G. White, Acta crystallogr. 2, 233 (1949); D. W. J. Cruickshank, Acta crystallogr. 10, 504 (1957).
[27] А. И. Китайгородский (A. I. Kitaigorodski), Dokt. Diss., Moskau 1946.
[28] V. C. Sinclair, J. M. Robertson, A. McL. Mathieson, Acta crystallogr. 3, 245, 251 (1950).

[29] J. M. Robertson, J. Trotter, Acta crystallogr. **15**, 289 (1962).
[30] J. Trotter, Acta crystallogr. **14**, 1135 (1961); Acta crystallogr. **15**, 365 (1962).
[31] J. G. White, J. chem. Soc. **70**, 1398 (1948).
[32] J. Trotter, Acta crystallogr. **11**, 423 (1958).
[33] J. M. Robertson, J. G. White, J. chem. Soc. **61**, 358 (1947).
[34] J. M. Robertson, J. G. White, J. chem. Soc. **53**, 607 (1945).
[35] A. Müller, Nature **164**, 1002 (1949); Proc. Roy. Soc. **A207**, 101 (1951).
[36] Ю. В. Мнюх (Ju. W. Mnjuch), Ж. структ. хим. **1**, 370 (1960).
[37] K. S. Pitzer, Faraday Soc. Disc. **10**, 73 (1951).
[38] W. J. Taylor, Chem. Phys. **16**, 257 (1948).
[39] H. M. Shearer, V. Vand, Acta crystallogr. **9**, 379 (1956).
[40] J. R. Brathovde, E. C. Lingafelter, Acta crystallogr. **11**, 729 (1958).
[41] Б. К. Вайнштейн, З. Г. Пинскер (B. K. Wainschtein, S. G. Pinsker), ДАН СССР **72**, 53 (1950).
[42] A. I. Kitaigorodski, Tetrahedron **14**, 230 (1961).
[43] A. Müller, J. chem. Soc. **127**, 599 (1925); Proc. Roy. Soc. **A120**, 437 (1928); **A127**, 805 (1930); **A138**, 514 (1932).
[44] A. E. Smith J. chem. Physics **21**, 2229 (1953).
[45] C. W. Bunn, Trans. Faraday Soc. **35**, 482 (1939).
[46] V. Vand, Acta crystallogr. **4**, 104 (1951).
[47] A. Müller, K. Lonsdale, Acta crystallogr. **1**, 129 (1948).
[48] S. H. Piper et al., J. chem. Soc. **127**, 2194 (1925); Biochem. J. **25**, 2072 (1931).
[49] I. D. Hoffman, J. chem. Physics **20**, 541 (1952).
[50] А. И. Китайгородский, Ю. В. Мнюх (A. I. Kitaigorodski, Ju. W. Mnjuch), Изд-во АН СССР, ОХН **12**, 2088 (1959).
[51] A. A. Schaerer, G. G. Bayle, W. H. Mazee, Recueil Trav. chim. **75**, 513 (1956).
[52] А. И. Китайгородский (A. I. Kitaigorodski), Кристаллография ,**2** 456, 646 (1957).
[53] A. I. Kitaigorodsky, Acta crystallogr. **10**, 802 (1957).
[54] T. Schoon, Z. physik. Chem. **B 39**, 385 (1938).
[55] А. И. Китайгородский, Ю. В. Мнюх (A. I. Kitaigorodski, Ju. W. Mnjuch), ДАН СССР **121**, 115, 291 (1958).
[56] P. W. Teare, D. R. Holmes, J. Polymer Sci. **24**, 496 (1957).
[57] С. С. Кабалкина (S. S. Kabalkina), ДАН СССР **125**, 114 (1959).
[58] J. D. Dunitz, L. E. Orgel, A. Rich, Acta crystallogr. **3**, 373 (1956).
[59] З. Л. Калуски (S. L. Kaluski) и др., Ж. структ. хим. **5**, 743 (1964).
[60] J. Donohue, A. Caron, Acta crystallogr. **17**, 663 (1964).
[61] H. M. Powell, R. N. G. Ewens, J. chem. Soc. **23**, 286 (1939).
[62] A. R. Luxmoore, M. R. Truter, Acta crystallogr. **15**, 1117 (1962).
[63] H. T. Sumsion, D. McLachlan, Acta crystallogr. **3**, 217 (1950).
[64] Г. С. Жданов, И. Г. Исмаил-Заде (G. S. Shdanow, I. G. Ismail-Sade), ДАН СССР **68**, 95 (1949).
[65] R. D. Lowde, D. C. Phillips, R. G. Wood, Acta crystallogr. **6**, 553 (1953).
[66] D. C. Phillips, Acta crystallogr. **7**, 649 (1954).
[67] F. H. Herbstein, G. M. J. Schmidt, Acta crystallogr. **8**, 399 (1955).
[68] J. Housty, J. Clastre, Acta crystallogr. **10**, 695 (1957).
[69] E. Frasson, C. Garbuglio, S. Bezzi, Acta crystallogr. **12**, 126 (1959).
[70] Yu. V. Mnyukh, J. phys. Chem. Sol. **24**, 631 (1963).
[71] E. G. Cox, M. W. Dougill, G. A. Jeffrey, J. chem. Soc. **115**, 4854 (1952).
[72] J. M. Robertson, Proc. Roy. Soc. **157A**, 79 (1936).
[73] J. M. Robertson, Proc. Roy. Soc. **167A**, 122 (1938).
[74] W. P. Binne, J. M. Robertson, Acta crystallogr. **3**, 424 (1950).
[75] C. I. B. Clews, W. Cochran, Acta crystallogr. **1**, 4 (1948).
[76] Y. Iitaka, Acta crystallogr. **13**, 35 (1960).
[77] Г. В. Гурская (G. W. Gurskaja), Структуры аминокислот, (Наука), 1966.
[78] H. A. Levy, R. B. Corey, J. Amer. chem. Soc. **63**, 2095 (1941).
[79] J. M. Robertson, H. M. M. Shearer, G. A. Sim, D. G. Waston, Acta crystallogr. **15**, 1 (1962).

[80] T. C. W. MAK, J. TROTTER, Acta crystallogr. 15, 1078 (1962).
[81] Т. Л. Хоцянова (T. L. CHOZJANOWA) и др., Ж. структ. хим. 7, 634 (1966); Т. Л. Хоцянова (T. L. CHOZJANOWA) и др., in: Радиоспектроскопия твердого тела, Атомиздат, 233, 1967.
[82] J. MEINNEL et al., J. Chim. physique 63, 100, 108, 114 (1966).
[83] Physics and Chemistry of the Organic Solid State, Bd. I, Hrsg. D. FOX, M. M. LABES, A. WEISSBERGER, Interscience Publ., 1963.
[84] Д. А. Бадалян, А. Г. Хачатурян, А. И. Китайгородский (D. A. BADALJAN, A. G. CHATSCHATURJAN, A. I. KITAIGORODSKI), Кристаллография 14, 404 (1969); Д. А. Бадалян (D. A. BADALJAN), Кристаллография 14, 48 (1969).
[85] А. И. Китайгородский (A. I. KITAIGORODSKI), ДАН СССР 113, 604 (1957).
[86] С. А. Ремыга (S. A. REMYGA) и др., Кристаллография 12, 900 (1967).
[87] J. W. HARRIS, Nature 206, 1038 (1965).
[88] S. N. SRIVASTAVA, Acta crystallogr. 17, 851 (1964).
[89] F. BAERTÁ, Dissertation, Universität Lille, 1976.
[90] А. И. Китайгородский (A. I. KITAIGORODSKI), Ж. структ. хим. 1, 324 (1960).
[91] А. И. Китайгородский (A. I. KITAIGORODSKI) и др., Кристаллография 8, 393 (1963).
[92] A. S. CARSON, D. R. STRANKS,. WILMHURST, Proc. Roy. Soc. A244, 72 (1958); K. L. WOLF, H. WEGHOFER, Z. physik. Chem. B39, 194 (1938).
[93] Б. Д. Корешков (B. D. KORESCHKOW), Kand. Diss., Moskau 1968
[94] А. И. Китайгородский, К. В. Мирская (A. I. KITAIGORODSKI, K. W. MISRKAJA), Кристаллография 9, 174 (1964).
[95] Дж. У. Фрэнк (G. W. FRANK) и др., Кристаллография 16, 329 (1971).
[96] В. Д. Самарская, Р. М. Мясникова, А. И. Китайгородский (W. D. SAMARSKAJA, R. M. MJASNIKOWA, A. I. KITAIGORODSKI), Кристаллография 13, 616 (1968).
[97] А. И. Китайгородский, Л. В. Якушевич (A. I. KITAIGORODSKI, L. W. JAKUSCHEWITSCH), ФТТ 13, 2386 (1971).
[98] А. И. Китайгородский, Р. М. Мясникова, С. А. Ремыга (A. I. KITAIGORODSKI, R. M. MJASNIKOWA, S. A. REMYGA), Кристаллография 12, 900 (1967).
[99] А. И. Китайгородский, Р. М. Мясникова (A. I. KITAIGORODSKI, R. M. MJASNIKOWA), Кристаллография 16, 1253 (1971).
[100] E. G. COX, D. W. I. CRUICKSHANK, J. A. S. SMITH, Proc. Roy. Soc. A247, 1248, 1 (1958).
[101] L. O. BROCKWAY, J. M. ROBERTSON, J. chem. Soc., 1324 (1939).
[102] I. A. S. EDWARDS, H. P. STADLER, Acta crystallogr. A25, 3, 77 (1969).
[103] J. M. ROBERTSON, I. WOODWARD, Proc. Roy. Soc. A162, 568 (1937).
[104] Р. М. Мясникова, И. Е. Козлова, А. И. Перцин, Л. Г. Радченко (R. M. MJASNIKOWA, I. JE. KOSLOWA, A. I. PERZIN, L. G. RADTSCHENKO), Кристаллография 21, 894 (1976).
[105] H. W. EHRLICH, Acta crystallogr. 10, 699 (1957).
[106] В. Г. Дашевский, Ю. Т. Стручков, З. А. Акопян (W. G. DASCHEWSKI, JU. T. STRUTSCHKOW, S. A. AKOPJAN), Ж. структ. хим. 7, 594 (1966).
[107] В. Г. Дашевский (W. G. DASCHEWSKI), Конформации органических молекул, Изд-во „Химия", Moskau 1974.
[108] L. KOFLER, A. KOFLER, Thermo-Mikro-Methoden zur Kennzeichnung organischer Stoffe und Stoffgemische, Univ.-Verl. Wagner, Innsbruck 1954.
[109] С. А. Ремыга, Р. М. Мясникова, А. И. Китайгородский (S. A. REMYGA, R. M. MJASNIKOWA, A. I. KITAIGORODSKI), Кристаллография 10, 875 (1965).
[110] Р. М. Мясникова, И. Е. Козлова, А. И. Перцин, Л. Г. Радченко (R. M. MJASNIKOWA, I. JE. KOSLOWA, A. I. PERZIN, L. G. RADTSCHENKO), Кристаллография 21, 894 (1976).
[111] Ю. Ф. Клочко-Жовнир (JU. F. KLOTSCHKO-SHOWNIR), Ж. прикл. хим. 21, 309 (1948).
[112] А. И. Китайгородский, Р. М. Мясникова, И. Е. Козлова, А. И. Перцин (A. I. KITAIGORODSKI, R. M. MJASNIKOWA, I. JE. KOSLOWA, A. I. PERZIN), Кристаллография 21, 511 (1976).

[113] О. А. Осипов, В. И. Минкин (O. A. Ossipow, W. I. Minkin), Справочник по дипольным моментам, Изд-во „Высшая школа“, Moskau 1965.
[114] T. C. Mak, J. Trotter, Acta crystallogr. 15, 11 (1962).
[115] F. Baumgarth, Nguyen-Ba-Chanh, R. Cay, J. Lascombe, N. Le Calve, J. Chim. physique Physico-Chim. biol. 66, 862 (1969).
[116] А. И. Китайгородский, Р. М. Мясникова (A. I. Kitaigorodski, R. M. Mjasnikowa), Кристаллография 5, 638 (1960).
[117] Р. М. Мясникова, Т. С. Давыдова, В. И. Симонов (R. M. Mjasnikowa, T. S. Dawydowa, W. I. Simonow), Кристаллография 18, 720 (1973).
[118] M. Radomska, R. Radomski, Molec. Cryst. liq. Cryst. 18, 75 (1972).
[119] D. C. Phillips, F. R. Ahmed, W. H. Barnes, Acta crystallogr. 13, 365 (1960).
[120] Р. М. Мясникова, А. И. Китайгородский (R. M. Mjasnikowa, A. I. Kitaigorodski), Кристаллография 3, 160 (1958).
[121] Н. Я. Колосов (N. Ja. Kolossow), Кристаллография 3, 700 (1958).
[122] Н. Я. Колосов (N. Ja. Kolossow), Ж. структ. хим. 6, 926 (1965).
[123] А. И. Китайгородский, Лян Дун-чай (A. I. Kitaigorodski, Ljan Dun-tschai), Кристаллография 5, 238 (1960).
[124] В. Д. Самарская (W. D. Samarskaja) и др., Кристаллография 11, 855 (1966).
[125] Г. С. Беликова, Л. М. Беляев (G. S. Belikowa, L. M. Beljajew), in: Рост кристаллов, Bd. 3, S. 316, Изд-во АН СССР, 1961.
[126] Э. В. Шпольский (E. W. Schpolski), УФН 68, 51 (1959); 71, 215 (1960); 77, 321 (1962); 80, 255 (1963).
[127] Т. Н. Болотникова, Л. А. Климова, Г. Н. Нерцесова, Л. Ф. Уткина (T. N. Bolotnikowa, L. A. Klimowa, G. N. Nerzessowa, L. F. Utkina), Оптика и спектр. 21, 420 (1966).
[128] Э. И. Федин, А. И. Китайгородский (E. I. Fedin, A. I. Kitaigorodski), Кристаллография 6, 406 (1961).
[129] А. И. Китайгородский, Ю. В. Мнюх (A. I. Kitaigorodski, Ju. W. Mnjuch), Высокомолек. соед. 1, 128 (1959).
[130] С. А. Ремыга, Р. М. Мясникова, А. И. Китайгородский (S. A. Remyga, R. M. Mjasnikowa, A. I. Kitaigorodski), Ж. структ. хим. 10, 1131 (1969).
[131] С. А. Ремыга, Р. М. Мясникова (S. A. Remyga, R. M. Mjasnikowa), Ж. физ. хим. 46, 2146 (1972).
[132] Д. А. Бадалян, А. Г. Хачатурян (D. A. Badaljan, A. G. Chatschaturjan), ФТТ 12, 439 (1970).
[133] S. V. Semenovskaya, Physica Status solidi (B) 64, 291 (1974).
[134] S. V. Semenovskaya, D. M. Umidov, Physica Status solidi (B) 64, 627 (1974).
[135] J. Timmermans, Les Solutions concentrées, Paris 1936.
[136] S. P. McGlynn, J. D. Boggus, J. Amer. chem. Soc. 80, 5096 (1958).
[137] D. S. Brown, S. C. Wallwork, A. Wilson, Acta crystallogr. 17, 168 (1964).
[138] H. M. Powell, G. Huse, P. W. Cooke, J. chem. Soc. 4, 153 (1943).
[139] D. H. Saunder, Proc. Roy. Soc. A188, 31 (1946).
[140] А. И. Китайгородский, А. А. Фролова (A. I. Kitaigorodski, A. A. Frolowa), Изв. сектора физ.-хим. анализа АН СССР XIX, 306 (1949).
[141] D. E. Palin, H. M. Powell, J. chem. Soc. 61, 208 (1947).
[142] G. W. Jeffrey, T. Jordan, R. K. McMullan, Abstracts, J. internat. crystallogr. Congress, Bd. VIII, S. 54, Nauka, Moskau 1966.
[143] R. K. McMullan, G. A. Jeffrey, J. chem. Physics 42, No. 8, 2725 (1965).
[144] R. K. McMullan, M. Bonamico, G. A. Jeffrey, J. chem. Physics 39, 3295 (1963).
[145] W. A. Little, Physic. Rev. 134, A 1416 (1964).
[146] I. F. Shchegolev, Physica Status solidi (A) 12, 9 (1972).
[147] М. Л. Хидекель, Р. П. Шибаева, И. Ф. Щеголев, Э. Б. Ягубский (M. L. Chidekel, R. P. Schibajewa, I. F. Stschegolew, E. B. Jagubski), Вестник АН СССР 11, 41 (1975).
[148] R. M. Williams, S. C. Wallwork, Acta crystallogr. B24, 168 (1968).
[149] C. K. Prout, I. J. Tickle, J. D. Wright, J. chem. Soc. (Perk. Trans. II) 5, 528 (1973).
[150] I. J. Tickle, C. K. Prout, J. chem. Soc. (Perk. Trans. II) 6, 720 (1973).

[151] Р. П. Шибаева, О. В. Ярочкина (R. P. Schibajewa, O. W. Jarotschkina), ДАН СССР **222**, 91 (1975).

[152] Р. П. Шибаева, Л. О. Атовмян (R. P. Schibajewa, L. O. Atowmjan), Ж. структ. хим. **13**, 3, 546 (1972).

[153] T. Sundaresan, S. C. Wallwork, Acta crystallogr. **B28**, 3507 (1972).

[154] Р. П. Шибаева, Л. О. Атовмян, Л. П. Розенберг (R. P. Schibajewa, L. O. Atowmjan, L. P. Rosenberg), Ж. структ. хим. **16**, 147 (1975).

[155] C. J. Fritchie, Acta crystallogr. **20**, 892 (1966).

[156] T. J. Kistenmacher, T. E. Phillips, D. O. Cowan, Acta crystallogr. **B30**, 763 (1974).

[157] I. Shirotani, H. Kobayashi, Bull. chem. Soc. Japan **46**, 2595 (1973).

[158] R. E. Long, R. A. Sparks, K. N. Trueblood, Acta crystallogr. **18**, 932 (1965).

[159] P. Goldstein, K. Seff, K. N. Trueblood, Acta crystallogr. **B24**, 778 (1968).

[160] Р. П. Шибаева, Л. О. Атовмян, В. И. Пономарев, О. С. Филипенко, Л,. П. Розенберг (R. P. Schibajewa, L. O. Atowmjan, W. I. Ponomarew, O. S. Filipenko, L. P. Rosenberg), Кристаллография **19**, 95 (1974).

[161] В. Ф. Каминский, Р. П. Шибаева (W. F. Kaminski, R. P. Schibajewa), Кристаллография **21**, 1129 (1976).

[162] Р. П. Шибаева, В. И. Пономарев (R. P. Schibajewa, W. I. Ponomarew), Кристаллография **20**, 297 (1975).

[163] В. Ф. Каминский, Р. П. Шибаева, Л. О. Атовмян (W. F. Kaminski, R. P. Schibajewa, L. O. Atowmjan), Ж. структ. хим. **15**, 509 (1974).

[164] H. Kobayashi, F. Marumo, Y. Saito, Acta crystallogr. **B27**, 373 (1971).

[165] A. W. Hanson, Acta crystallogr. **B24**, 768 (1968).

[166] H. Kobayashi, Bull. chem. Soc. Japan **47**, 1346 (1974).

[167] Р. Б. Любовский, М. К. Макова, М. Л. Хидекель, И. Ф. Щеголев, Э. Б. Ягубский (R. B. Ljubowski, M. K. Makowa, M. L. Chidekel, I. F. Stschegolew, E. B. Jagubski), Письма в ЖЭТФ **15**, 655 (1972).

[168] Р. П. Шибаева, Л. О. Атовмян, В. И. Пономарев (R. P. Schibajewa, L. O. Atowmjan, W. I. Ponomarew), Ж. структ. хим. **16**, 860 (1975).

[169] A. F. Garito, A. J. Heeger, Accounts chem. Res. **7**, 232 (1974).

[170] Р. П. Шибаева, Л. П. Розенберг (R. P. Schibajewa L. P. Rosenberg), Кристаллография **20**, 943 (1975).

[171] Л. И. Буранов, О. Н. Еременко, Р. Б. Любовский, Л. П. Розенберг, М. Л. Хидекель, Р. П. Шибаева, И. Ф. Щеголев, Э. Б. Ягубский (L. I. Buranow, O. N. Jeremenko, R. B. Ljubowski, L. P. Rosenberg, M. L. Chidekel, R. P. Schibajewa, I. F. Stschegolew, E. B. Jagubski), Письма в ЖЭТФ **20**, 457 (1974).

[172] L. I. Buravov, G. I. Zvereva, V. F. Kaminskii, L. P. Rozenberg, M. L. Khidekel, R. P. Shibaeva, I. F. Shchegolev, E. B. Yagubskii, Chem. comms. **18**, 720 (1976).

[173] R. L. Greene, G. B. Street, L. J. Suter, Physic. Rev. Letters **34**, 577 (1975).

[174] M. Boudeulle, Cryst. Str. comms. **4**, 9 (1975).

[175] O. K. Rice, Electronic Structure and Chemical Binding, 1940.

[176] E. F. Westrum, J. P. McCullough, Physics Chem. Org. Solid State, **1**, 1 (1963).

[177] H. Margenau, Rev. Mod. Phys. **11**, 1, (1939).

[178] F. London, Z. physik. Chem. **B11**, 222, 236 (1930); Z. Physik **63**, 245 (1930).

[179] J. Slater, J. Kirkwood, Physic. Rev. **37**, 682 (1931).

[180] B. M. Axilrod, E. Teller, J. chem. Physics **11**, 299 (1943).

[181] L. Jansen, Physic. Rev. **125**, 1798 (1962).

[182] V. J. Wojtala, Acta physica polon. **25**, 27 (1964).

[183] G. Mie, Ann. Physik **11**, 657 (1903).

[184] J. E. Lennard-Jones, Proc. physic. Soc. **43**, 461 (1931).

[185] R. A. Buckingham, Proc. Roy. Soc. **A168**, 264 (1938); R. A. Buckingham, J. Corner, Proc. Roy. Soc. **A189**, 118 (1947).

[186] O. K. Rice, J. Amer. chem. Soc. **63**, 3 (1941).

[187] J. E. Lennard-Jones, L. Ingham, Proc. Roy. Soc. **A107**, 636 (1925).

[188] А. И. Китайгородский, К. В. Мирская (A. I. Kitaigorodski, K. W. Mirskaja), Кристаллография **9**, 634 (1964); **10**, 162 (1965).

[189] P. P. Ewald, Ann. Physik **64**, 253 (1921).

[190] E. S. Campbell, J. Phys. Chem. Sol. **24**, 197 (1963).
[191] D. P. Craig, S. H. Walmsley, Molecular Physics **4**, 113 (1961).
[192] R. G. S. Arridge, C. G. Cannon, Proc. Roy. Soc. **A278**, 91 (1964).
[193] F. W. de Wette, G. E. Schacher, Physic. Rev. **137**, A78 (1965).
[194] D. P. Craig, R. Mason, P. Pauling, D. P. Santry, Proc. Roy. Soc. **A286**, 98 (1965).
[195] O. Nagai, T. Nakamura, Progr. theoret. Physics **24**, 432 (1960).
[196] R. M. Hill, W. V. Smith, Physic. Rev. **82**, 451 (1951).
[197] M. Mizushima, Physic. Rev. **83**, 94 (1951).
[198] G. Hirschfelder, F. Curtiss, R. Bird, Molecular Theory of Gases and Liquids, Wiley, New York 1954. (Russ. Übers.: Дж. Гиршфельдер, Ч. Кертисс, Р. Бёрд, Молекулярная теория газов и жидкостей, ИЛ, 1961.
[199] L. Pauling, The Nature of the Chemical Bounds, Cornell University Press, Ithaca, New York, 1939. (Russ. Übers.: Л. Паулинг, Природа химической связи, Госхимиздат, 1947.)
[200] A. Müller, Proc. Roy. Soc. **A154**, 624 (1936).
[201] L. D. Landau, E. M. Lifschitz, Lehrbuch der Theoretischen Physik, Bd. III, Quantenmechanik, 6., bearbeitete Auflage, Akademie-Verlag, Berlin 1977. (Russ. Original: Л. Д. Ландау, Е. М. Лифшиц, Квантовая механика, Физматгиз, 1963.)
[202] K. S. Pitzer, Adv. Chem. Phys. **2**, 59 (1959).
[203] А. И. Китайгородский, К. В. Мирская (A. I. Kitaigorodski, K. W. Mirskaja), Кристаллография **6**, 507 (1961).
[204] D. E. Williams, J. chem. Physics **47**, Nr. 11 (1967).
[205] E. R. Lippincott, R. Schroeder, J. chem. Physics **23**, 1099 (1955).
[206] C. Reid, J. chem. Physics **30**, 182 (1959).
[207] J. Hove, J. A. Krumhausl, Physic. Rev. **92**, 569 (1953).
[208] E. Walley, Trans. Faraday Soc. **54**, 1613 (1958).
[209] K. Suzuki, S. Oniski, T. Koide, S. Seki, Bull. chem. Soc. Japan **29**, 127 (1956).
[210] K. F. Herzfeld, M. Goeppert-Mayer, Physic. Rev. **46**, 995 (1934).
[211] А. И. Китайгородский, К. В. Мирская, А. Б. Товбис (A. I. Kitaigorodski, K. W. Mirskaja, A. B. Towbis), Кристаллография **13**, 225 (1968).
[212] К. В. Мирская, И. Е. Козлова (K. W. Mirskaja, I. Je. Koslowa), Кристаллография **14**, 412 (1969).
[213] Н. П. Жидков (N. P. Shidkow) и др., Сб. вычислит. центра МГУ, 1968.
[214] E. G. Cox, D. W. J. Cruickshank, J. A. S. Smith, Proc. Roy. Soc. **A247**, 1 (1958).
[215] В. М. Кожин, А. И. Китайгородский (W. M. Koshin, A. I. Kitaigorodski), ЖФХ **29**, 2075 (1955).
[216] G. E. Bacon, N. A. Curry, S. A. Wilson, Proc. Roy. Soc. **A279**, 98 (1964).
[217] K. Wolff, H. Weghofer, Z. physik. Chem. **B39**, 194 (1938).
[218] G. Milazzo, Ann. chimica **46**, 1105 (1956).
[219] А. П. Рыженков, В. М. Кожин (A. P. Ryshenkow, W. M. Koshin), Кристаллография **12**, 1078 (1967).
[220] D. W. Cruickshank, Acta crystallogr. **9**, 915 (1956).
[221] В. М. Кожин, А. И. Китайгородский (W. M. Koshin, A. I. Kitaigorodski), ЖФХ **27**, 1676 (1953).
[222] R. Mason, Acta crystallogr. **17**, 547 (1964).
[223] А. П. Рыженков, В. М. Кожин, Р. М. Мясникова (A. P. Ryshenkow, W. M. Koshin, R. M. Mjasnikowa), Кристаллография **13**, 1028 (1968).
[224] E. Giglio, A. M. Liquori, Abstracts, 7. internat. Crystallogr. Congress, Bd. VIII, S. 37, Nauka, Moskau 1966. Vgl. auch Acta crystallogr. **21** A 112 (1966).
[225] P. Corradini, G. Avitabile, P. Ganis, E. Martuscall, Abstracts, 7. internat. Crystallogr. Congress, Bd. VIII, S. 26, Nauka, Moskau 1966. Vgl. auch Acta crystallogr. **21**, A 108 (1966).
[226] D. E. Williams, Science **147**, 605 (1965).
[227] D. E. Williams, J. chem. Physics **47**, 4680 (1967).
[228] L. S. Bartell, J. chem. Physics **32**, 827 (1960).
[229] M. Simonetta, Accounts chem. Res. **7**, 345 (1974).
[230] E. Huler, A. Warshal, Acta crystallogr. **B30**, 1822 (1974).
[231] A. Warshal, E. Huler, D. Rabinovich, Z. Shakked, J. Mol. Struct. **23**, 175 (1974).

[232] F. A. MOMANY, L. M. CARRUTHERS, F. R. MCGUIRE, H. A. SCHERAGA, J. physic. Chem. 78, 1595 (1974).
[233] R. F. MCGUIRE, G. VANDERKOOI, F. A. MOMANY, R. T. JNDWALL, M. G. CRIPPEN, N. LOTAN, R. W. TUTTLE, K. L. KASHUBA, H. A. SCHERAGA, Macromolecules 4, 112 (1971).
[234] F. A. MOMANY, L. M. CARRUTHERS, H. A. SCHERAGA, J. physic. Chem. 78, 1621 (1974).
[235] FU YI-CHANG, R. F. MCGUIRE, H. A. SCHERAGA, Macromolecules 7, 468 (1974).
[236] A. T. HALGER, E. HULER, S. LIFSON, J. Amer. chem. Soc. 96, 5319 (1974).
[237] A. T. HALGER, S. LIFSON, J. Amer. chem. Soc. 96, 5327 (1974).
[238] A. T. HALGER, S. LIFSON, Acta crystallogr. B30, 1336 (1974).
[239] G. N. RAMACHADRAN, K. P. SARATHY, A. S. KOLASKAR, Z. Naturforsch. 28a, 643 (1973).
[240] P. ZUGENMAIER, A. SARKO, Acta crystallogr. B28, 3158 (1972).
[241] P. ZUGENMAIER, A. SARKO, Biopolymers 12, 435 (1973).
[242] P. ZUGENMAIER, Biopolymers 13, 1127 (1974).
[243] A. SARKO, R. MUGGLI, Macromolecules 7, 486 (1974).
[244] G. MOROSI, M. SIMONETTA, Chem. Phys. Lett. 8, 358 (1971).
[245] L. D. JLARIO, E. GIGLIO, Acta crystallogr. B30, 372 (1974).
[246] M. DENTINI, P. DESANTIS, S. MOROSETTI, P. PIANTANIDA, Z. Kristallogr. 136, 305 (1972).
[247] J. CAILLET, P. CLAVERIE, Acta crystallogr. A31, 448 (1975).
[248] U. SHMULI, J. GOLDBERG, Acta crystallogr. B29, 2466 (1973).
[249] A. I. KITAIGORODSKY, Acta crystallogr. 18, 585 (1965).
[250] A. I. KITAIGORODSKY, Tetrahedron 9, 183 (1960).
[251] E. J. JACOB, H. B. THOMPSON, L. S. BARTELL, J. chem. Physics 47, 3736 (1967).
[252] В. Г. Дашевский, Ю. Т. Стручков, Р.·Л. Авоян (W. G. DASCHEWSKI, JU. T. STRUTSCHKOW, R. L. AWOJAN), in: Кристаллохимия, 1966, (Итоги науки), ВИНИТИ, 1968.
[253] А. И. Китайгородский, В. Г. Дашевский (A. I. KITAIGORODSKI, W. G. DASCHEWSKI). Теор. экспер. хим. 3, 35, 43 (1967); A. I. KITAIGORODSKY, V. G. DASHEVSKY, Tetrahedron 24, 5917 (1968).
[254] В. Г. Дашевский (W. G. DASCHEWSKI), Ж. структ. хим. 9, 289 (1968); 11, 489, 910 (1970).
[255] S. LIFSON, A. WARSHEL, J. chem. Physics 49, 5116 (1968).
[256] M. DAKHIS, V. G. DASHEVSKY, A. I. KITAIGORODSKY, Biopolymers 12, 1763 (1973).
[257] A. A. LUGOVSKOY, V. G. DASHEVSKY, A. I. KITAIGORODSKY, Tetrahedron 29, 287 (1973).
[258] В. Г. Дашевский (W. G. DASCHEWSKI), Конформация органических молекул. „Химия", Moskau 1974.
[259] A. I. KITAIGORODSKY, Molecular Crystals and Molecules, Academic Press 1972.
[260] J. TROTTER, Acta crystallogr. 16, 605 (1963).
[261] H. W. W. EHRLICH, Acta crystallogr. 10, 699 (1957).
[262] G. L. GASALONE, C. MARIANI, A. MUGNOLI, M. SIMONETTA, Acta crystallogr. 22, 228 (1967).
[263] C. VITTORIO, G. C. S. LEOPOLDO, Rev. Mexic. fis. 12, 69 (1963).
[264] M. IWASAKI, J. Polymer Sci. A1, 1099 (1963).
[265] T. L. HILL, J. Chem. Physics 16, 399 (1948).
[266] L. D. LANDAU, E. M. LIFSCHITZ, Lehrbuch der Theoretischen Physik, Bd. I, Mechanik, 9., bearbeitete Auflage, Akademie-Verlag, Berlin 1976. (Russ. Original: Л. Д. Ландау, Е. М. Лифшиц, Механика, Физматгиз, 1958.)
[267] A. I. KITAIGORODSKY, J. Chim. physique 63, 9 (1966).
[268] D. A. OLIVER, Dokt. Diss., Universität London, 1967.
[269] G. S. PAWLEY, Physica Status solidi 20, 347 (1967).
[270] P. WEULERSSE, C. R. Acad. Sci. Paris 264B, 327 (1967).
[271] G. FILLIPINI, C. GRAMACCIOLI, M. SIMONETA, J. chem. Physics 59, 5088 (1973).
[272] J. B. BATES, W. R. BUSIHG, J. chem. Physics 60, 3414 (1974).
[273] N. NETO, G. TADDEI, S. CALIFANO, Molecular Physics 31, 457 (1976).
[274] Э. И. Мухтаров (E. I. MUCHTAROW), Kand. Diss., Baku 1969.
[275] А. И. Китайгородский, Э. И. Мухтаров (A. I. KITAIGORODSKI, E. I. MUCHTAROW), Кристаллография 14, № 5 (1969).
[276] M. SIZUKY, M. ITO, Spectrochim. Acta 24A, 1091 (1968).

[277] П. А. Бажулин, А. А. Рахимов (P. A. Bashulin, A. A. Rachimow), ФТТ 8, 2163 (1966).
[278] А. И. Китайгородский, Э. И. Мухтаров (A. I. Kitaigorodski, E. I. Muchtarow), Оптика и спектроскопия 23, 706 (1971).
[279] А. А. Рахимов (A. A. Rachimow), Kand. Diss., Moskau 1967.
[280] A. Warshel, J. chem. Physics 54, 5324 (1971).
[281] G. G. Dumas, Spectrochim. Acta A30, 1623 (1974).
[282] G. S. Pawley, Physica Status solidi 49, 478 (1972).
[283] Э. И. Мухтаров, А. А. Пичурин (E. I. Muchtarow, A. A. Pitschurin), Оптика и спектроскопия 34, 1143 (1973).
[284] E. Lippincott, E. O. Rejlly, J. chem. Physics 23, 238 (1955).
[285] G. Pawley, Discuss. Faraday Soc. 48, 125 (1969).
[286] E. Huler, A. Warshel, Chem. Phys. 8, 239 (1975).
[287] G. Fillipini, C. M. Gramaccioli, M. Simoneta, G. B. Sufritti, Chem. Phys. 8, 136 (1975).
[288] G. Taddei, H. Bonadeo, M. P. Marzocchi, S. Califano, J. Chem. Physics 58, 966 (1973).
[289] Teh-soong Kuan, A. Warshel, J. chem. Physics 52, 3012 (1970).
[290] H. Bonadeo, D. Alessio, Chem. Phys. Lett. 19, 117 (1973).
[291] Jan, Acta crystallogr. 15, 2 (1968).
[292] Y. Iitaka, Acta crystallogr. 14, 1 (1961).
[293] J. F. Van Vleck, Physic. Rev. 74, 1168 (1948).
[294] Bemerkungen zu einer Originalarbeit in einer Übersicht von Э. И. Федина, Н. Г. Горской (E. I. Fedina, N. G. Gorskoi), Ж. структ. хим. 9, 566 (1968).
[295] G. McCall, R. Hamming, Acta crystallogr. 12, 81 (1959).
[296] J. M. Dereppe, R. Touillaux, M. Van Meersche, J. Chim. physique Physico-Chim. biol. 63, 9, 1265 (1966).
[297] А. Абрагам (A. Abraham), Ядерный магнитный резонанс, ИЛ, 1963.
[298] А. А. Ханагов (A. A. Chanagow), ФТТ 3, 820 (1970).
[299] H. S. Gutowsky, G. E. Pake, J. chem. Physics 18, 162 (1950).
[300] J. G. Powles, H. S. Gutowsky, J. chem. Physics 23, 1692 (1955).
[301] Z. El-Saffar, J. chem. Physics 36, 1093 (1960).
[302] K. N. Trueblood, D. P. Shoemaker, Acta crystallogr. A24, 209 (1968).
[303] E. R. Andrew, J. chem. Physics 18, 607 (1950).
[304] D. M. McCall, D. C. Douglass, J. chem. Physics 33, 777 (1960).
[305] G. Smith, J. chem. Physics 35, 1134 (1961).
[306] E. R. Andrew, R. Eades, Proc. Roy. Soc. A218, 537 (1953).
[307] E. R. Andrew, D. Hyndman, Discuss. Faraday Soc. 35, 19, 195 (1955).
[308] J. W. Emsley, J. A. Smith, Proc. chem. Soc. 1, 53 (1958).
[309] J. W. Emsley, J. A. Smith, Trans. Faraday Soc. 57, 1233 (1961).
[310] J. M. Dereppe, R. Touillaux, M. Van Meersche, J. Chim. physique Physico-Chim. biol. 63 (9), 1265 (1966).
[311] G. S. Pake, J. chem. Physics 16, 327 (1948).
[312] Bemerkungen zu einer Originalarbeit in einer Übersicht von Э. И. Федин, Г. К. Семин (E. I. Fedin, G. K. Semin), Ж. структ. хим. 1, 253, 464 (1960).
[313] C. Dean, M. Pollak, B. Graven, G. Jeffrey, Acta crystallogr. 11, 710 (1958).
[314] H. Bayer, Z. Physik 130, 227 (1951).
[315] Т. А. Бабушкина (T. A. Babuschkina), Kand. Diss., Moskau 1968.
[316] A. Monfils, D. Grosjean, Physica 12, 30 (1956).
[317] R. Baer, C. Dean, J. chem. Physics 31, 1690 (1959).
[318] А. П. Рыженков (A. P. Ryshenkow), Kand. Diss., Moskau 1969.
[319] M. J. P. Musgrave, Proc. Roy. Soc. A226, 339—356 (1954).
[320] К. С. Александров (K. S. Alexandrow), Kand. Diss., Moskau 1957.
[321] К. С. Александров (K. S. Alexandrow), Кристаллография 3, 623 (1958).
[322] В. Ф. Тесленко (W. F. Teslenko), Kand. Diss., Moskau 1966.
[323] G. Gerlich, S. Haussühl, J. Phys. Chem. Sol. 36, 709—711 (1975).
[324] M. Sutherland, D. W. Young, Acta crystallogr. 16, 897 (1963).
[325] S. Haussühl, Acta crystallogr. A30, 106 (1974).
[326] W. Voigt, Lehrbuch der Kristallphysik, Leipzig 1928.

[327] A. Z. REUSS, Z. angew. Math. Mechan. B9, 49 (1929).
[328] С. Д. Волков, Н. А. Клинских (S. D. WOLKOW, N. A. KLINSKICH), ДАН СССР 146, 565 (1963).
[329] R. F. S. HEARMON, Advances in Physics 6, 19, 323 (1956).
[330] R. HILL, Proc. physic. Soc. A65, 349 (1952).
[331] M. MARKHAM, Mater. Res. 1, 2, 107 (1962).
[332] D. H. CHUNG, Philos. Mag. 8, 89, 833 (1963).
[333] W. GRANDAL, D. CHUNG, T. GRAY, Mechanical Properties of Engineering Ceramics N.Y. Interscience, 1961.
[334] Г. Кольский (G. KOLSKI), Волны напряжения в твердых телах, Мир 1965.
[335] И. П. Талашкевич (I. P. TALASCHKEWITSCH), Kand. Diss., Moskau 1966.
[336] E. F. WESTRUM, J. P. MCCULLOUGH, Phys. chem. Organ. Solid State 1, 1 (1963). (Russ. Übers.: Э. Веструм, Мак-Каллаф, in: Физика и химия твердого состояния органического вещества, Мир 1967.)
[337] P. W. BRIDGMAN, The Physics of High Pressure, Bell, London 1931, 2. Auflage 1949. (Russ. Übers.: П. В. Бриджмен, Физика высоких давлений, ОНТИ, 1935; П. В. Бриджмен, Новейшие работы в области высоких давлений, ИЛ, 1948.)
[338] L. D. LANDAU, E. M. LIFSCHITZ, Lehrbuch der Theoretischen Physik, Bd. IV, Statistische Physik, 4. Auflage, Akademie-Verlag, Berlin 1975. (Russ. Original: Л. Д. Ландау, Е. М. Лифшиц, Статистическая физика, Физматгиз, 1964.)
[339] А. И. Китайгородский (A. I. KITAIGORODSKI), Кристаллография 7, 195 (1962).
[340] А. И. Китайгородский, Б. Д. Корешков (A. I. KITAIGORODSKI, B. D. KORESCHKOW), ФФТ 8, 62 (1966)
[341] Б. Д. Корешков (B. D. KORESCHKOW), Kand. Diss., Moskau 1968.
[342] J. TIMMERMANS, Physico-chemical constants of pure organic compounds, Brüssel 1950.
[343] А. П. Рыженков, В. М. Кожин (A. P. RYSHENKOW, W. M. KOSHIN), Кристаллография 13, 6, 1028 (1968).
[344] А. И. Китайгородский, Б. Д. Корешков (A. I. KITAIGORODSKI, B. D. KORESCHKOW), ФТТ 11, 3203 (1969).
[345] А. И. Китайгородский, Э. И. Мухтаров (A. I. KITAIGORODSKI, E. I. MUCHTAROW), ФТТ 13, № 6, 1654 (1971).
[346] А. И. Китайгородский, Э. И. Мухтаров (A. I. KITAIGORODSKI, E. I. MUCHTAROW), ФТТ 10, 3474 (1968).
[347] А. И. Китайгородский, Э. И. Мухтаров (A. I. KITAIGORODSKI, E. I. MUCHTAROW), Кристаллография 13, 889 (1968).
[348] A. I. KITAIGORODSKY, K. V. MIRSKAYA, Molec. Cryst. 6, 339 (1970).
[349] К. В. Мирская (K. W. MIRSKAJA), unveröffentlicht.
[350] G. HUNTINGTON, Solid stat. phys. 7, 213 (1958). (Russ. Übers.: Г. Хантингтон, УФН 74, 461 (1961).)
[351] S. H. WALMSLEY, J. chem. Physics 48, 1438 (1968).
[352] M. BORN, K. HUANG, Dynamical Theory of Crystal Lattices, Oxford University Press, London, New York 1954. (Russ. Übers.: М. Борн, Хуан Кунь, Динамическая теория кристаллических решеток, ИЛ, 1958.)
[353] Г. К. Афанасьева (G. K. AFANASJEWA), Kand. Diss., Moskau 1970.
[354] Д. Уо, Э. Федин (D. Uo, E. FEDIN), ФТТ 4, 8, 2233 (1962).
[355] A. BONDI, J. chem. Engng. Data 8, Nr. 3, 371 (1963).
[356] NOBUKO WAKAYAMA, HIROO INOKUCHI, Bull. chem. Soc. Japan 40, 10, 2267 (1967).
[357] К. С. Александров, В. Ф. Тесленко, Б. Д. Корешков (K. S. ALEXANDROW, W. F. TESLENKO, B. D. KORESCHKOW), ФТТ 9, 739 (1967).
[358] Г. К. Афанасьева, (G. K. AFANASJEWA), Кристаллография 13, 1024 (1968).
[359] В. Ф. Тесленко (W. F. TESLENKO), Кристаллография 12, 1082 (1967).
[360] Э. И. Мухтаров, А. А. Пигурин, А. И. Китайгородский (E. I. MUCHTAROW, A. A. PIGURIN, A. I. KITAIGORODSKI), ФТТ 17, 2803 (1975).
[361] J. E. LENNARD-JONES, A. F. DEVONSHIRE, Proc. Roy. Soc. A163, 53 (1937); A165, 1 (1938).
[362] J. A. BARKER, Lattice Theories of the Liquid State, Pergamon Press, 1963.
[363] T. G. GIBBONS, M. I. KLEIN, J. chem. Physics 60, 112 (1974).
[364] A. C. HOLT, W. G. HOOVER, S. G. GRAY, D. R. SHORTLE, Physica 49, 61 (1970).

[365] J. G. Kirkwood, J. chem. Physics 18, 380 (1950).
[366] T. L. Hill, Statistical Mechanics, McGraw-Hill, 1956.
[367] A. J. Pertsin, V. V. Nauchitel, A. I. Kitaigorodsky, Molec. Cryst. liq. Cryst. 31, 205 (1975).
[368] M. Weissmann, L. Blum, Trans. Faraday Soc. 64, 2605 (1968).
[369] И. М. Соболь (I. M. Sobol), Численные методы Монте-Карло, Наука, Moskau 1973.
[370] А. И. Перцин, А. И. Китайгородский (A. I. Perzin, A. I. Kitaigorodski), Кристаллография 21, 587 (1976).
[371] K. V. Mirskaya, I. E. Kozlova, V. F. Bereznitskaya, Physica Status solidi 62, 291 (1974).
[372] Physics and Chemistry of the organic Solid State, Hg. D. Fox, Interscience, 1965.
[373] М. А. Ковнер (M. A. Kowner), ДАН СССР, 91, 499 (1953).
[374] R. C. Lord, Jr., J. E. Ahlberg, D. H. Andrews, J. chem. Physics 5, 649 (1937); G. D. Oliver, M. Eatin, H. M. Huffman, J. Amer. chem. Soc. 70, 1502 (1948).
[375] J. C. W. Heseltine, D. W. Eliott, O. B. Wilson, Jr., J. chem. Physics 40, 2584 (1964).
[376] P. A. Reynolds, Molec. Phys., 30, 1165 (1975).
[377] C. E. Nordman, D. L. Schmitkons, Acta crystallogr., 18, 764 (1965).
[378] А. И. Перцин, А. И. Китайгородский (A. I. Perzin, A. I. Kitaigorodski), Молекулярная физика 32, 1781 (1976).

Sachverzeichnis

Bei Fragen zur Produktsicherheit wenden Sie sich bitte an:
If you have any questions regarding product safety,
please contact:

Walter de Gruyter GmbH
Genthiner Straße 13
10785 Berlin
productsafety@degruyterbrill.com